Fehlzeiten-Report 2007

B. Badura · H. Schröder · C. Vetter (Hrsg.)

Fehlzeiten-Report 2007
Arbeit, Geschlecht und Gesundheit

Zahlen, Daten, Analysen aus allen Branchen der Wirtschaft

Mit Beiträgen von
B. Badura · B. Beermann · M. Behr · F. Brenscheidt · T. Bütefisch
W. Cornelißen · C. Dressel · G. Elsigan · T. Faltermaier · E. Fischer
H. Hoffmann · G. Hüther · G. Kittel · P. Kolip · H. Kowalski
K. Kuhn · I. Küsgens · J. Lademann · K. Macco · G. Pauli · N. Pieck
U. Rehfeld · M. Ritter · P. Rixgens · A. Siefer · C. Vetter · S. Voglrieder
G. Wildeboer · K. Zok

Prof. Dr. BERNHARD BADURA
Universität Bielefeld
Fakultät für Gesundheitswissenschaften
Universitätsstraße 25
33615 Bielefeld

HELMUT SCHRÖDER
CHRISTIAN VETTER
Wissenschaftliches Institut
der AOK (WIdO)
Kortrijker Str. 1
53177 Bonn

ISBN-13 978-3-540-72543-5 Springer Medizin Verlag Heidelberg

Bibliografische Information der Deutschen Nationalbibliothek
Die Deutsche Nationalbibliothek verzeichnet diese Publikation in der Deutschen Nationalbibliografie; detaillierte bibliografische Daten sind im Internet unter http://dnb.d-nb.de abrufbar.

Dieses Werk ist urheberrechtlich geschützt. Die dadurch begründeten Rechte, insbesondere die der Übersetzung, des Nachdrucks, des Vortrags, der Entnahme von Abbildungen und Tabellen, der Funksendung, der Mikroverfilmung oder der Vervielfältigung auf anderen Wegen und der Speicherung in Datenverarbeitungsanlagen, bleiben, auch bei nur auszugsweiser Verwertung, vorbehalten. Eine Vervielfältigung dieses Werkes oder von Teilen dieses Werkes ist auch im Einzelfall nur in den Grenzen der gesetzlichen Bestimmungen des Urheberrechtsgesetzes der Bundesrepublik Deutschland vom 9. September 1965 in der jeweils geltenden Fassung zulässig. Sie ist grundsätzlich vergütungspflichtig. Zuwiderhandlungen unterliegen den Strafbestimmungen des Urheberrechtsgesetzes.

Springer Medizin Verlag
springer.de
© Springer Medizin Verlag Heidelberg 2008

Die Wiedergabe von Gebrauchsnamen, Warenbezeichnungen usw. in diesem Werk berechtigt auch ohne besondere Kennzeichnung nicht zu der Annahme, dass solche Namen im Sinne der Warenzeichen- und Markenschutzgesetzgebung als frei zu betrachten wären und daher von jedermann benutzt werden dürften.

Produkthaftung: Für Angaben über Dosierungsanweisungen und Applikationsformen kann vom Verlag keine Gewähr übernommen werden. Derartige Angaben müssen vom Anwender im Einzelfall anhand anderer Literaturstellen auf ihre Richtigkeit überprüft werden.

Planung: Dr. Rolf Lange, Heidelberg
Projektmanagement: Hiltrud Wilbertz, Heidelberg
Umschlaggestaltung: WMXDesign GmbH Heidelberg
Titelfoto: Kurt Fuchs, Erlangen
Herstellung und Satz: Elke Fortkamp, Wiesenbach
Gedruckt auf säurefreiem Papier   SPIN 11918127   19/2119 wi - 5 4 3 2 1 0

Vorwort

Männer und Frauen unterscheiden sich im Umgang mit ihrem Körper, ihren Gefühlen und ihren sozialen Beziehungen. Sie unterscheiden sich in ihren Vorlieben für bestimmte Berufe und Tätigkeiten und in ihrem Zugang zum Arbeitsmarkt und zu gehobenen Führungspositionen. In Deutschland ist die Erwerbsbeteiligung der Frauen im Vormarsch, insbesondere in den Wachstumsbereichen Bildung und Gesundheit. Die Verantwortung für die Versorgung der Familie wird allerdings nach wie vor häufiger von Frauen wahrgenommen. Probleme der Vereinbarkeit von Familie und Beruf betreffen Frauen daher immer noch deutlich stärker als Männer. Was bedeutet all das für die Gesundheitsförderung in der Arbeitswelt?

Unterschiede in den Arbeitsbedingungen sind insbesondere damit zu erklären, dass Frauen häufiger im öffentlichen Sektor mit Dienstleistungsarbeit und in untergeordneten Positionen beschäftigt sind. Auch sind Frauen häufiger von Mobbing und Übergriffen am Arbeitsplatz betroffen. Daraus ergibt sich sozial- und gesundheitspolitisch ein klarer Handlungsbedarf. Es muss erstens darum gehen, Diskriminierung von Frauen zu beseitigen und es muss zum zweiten darum gehen, die Vereinbarkeit von Familie und Arbeit zu erleichtern. So lange sich die Anwesenheit von betreuungsbedürftigen Kindern als Hürde für die Erwerbstätigkeit von Müttern erweist, dürfen wir uns nicht über rückläufige Geburtenraten beklagen.

Der diesjährige Fehlzeitenreport gibt darüber und über weitere Problemlagen im Bereich Geschlechtsunterschiede und Arbeitswelt Auskunft. Welches Fazit lässt sich mit Blick auf die betriebliche Gesundheitsförderung ziehen? Arbeitsbedingungen von Frauen und Männern unterscheiden sich durch ihre Verteilung auf unterschiedliche Sektoren, Branchen und Berufe. Männer sind deutlich stärker physischen Arbeitsanforderungen ausgesetzt. Frauen leiden häufiger unter psychosozialen Beeinträchtigungen. Daraus resultieren unterschiedliche arbeitsbedingte Gesundheitsgefahren und Erkrankungen. Auch im Arbeitsunfähigkeits- und Frühberentungsgeschehen sowie bei den Berufskrankheiten lassen sich deutliche geschlechtsspezifische Unterschiede feststellen.

Zahlreiche Erkenntnisse im diesjährigen Fehlzeitenreport legen nahe, zukünftig in der betrieblichen Präventionsarbeit nicht nur stärker alterssensibel, sondern eben auch stärker geschlechtssensibel vorzugehen. Vieles spricht dafür, dass sich die Qualität und Wirksamkeit von Prävention und Gesundheitsförderung verbessern lässt, wenn geschlechtsspezifische Unterschiede berücksichtigt werden. Darüber, was das genau bedeutet, besteht allerdings noch erheblicher Forschungsbedarf.

Dieser Fehlzeiten-Report legt deshalb den Schwerpunkt zunächst auf die Diagnose von geschlechtsspezifischen Problemen in der Arbeitswelt. Wie der bestehende Interventionsbedarf zu decken ist und welche Interventionen hierbei wie einzusetzen und zu evaluieren wären, darüber wissen wir noch viel zu wenig. Über erste Ansätze, wie ein geschlechtergerechtes Gesundheitsmanagement im Betrieb in der Praxis aussehen könnte, wird berichtet.

Neben den Beiträgen zum Schwerpunktthema liefert der Fehlzeiten-Report wie in jedem Jahr aktuelle Daten und Analysen zu den krankheitsbedingten Fehlzeiten in der deutschen Wirtschaft. Die Entwicklung in den einzelnen Wirtschaftszweigen wird detailliert beleuchtet. Um einen schnellen und umfassenden Überblick über das branchenspezifische Krankheitsgeschehen zu gewährleisten, wurden die Branchenkapitel neu gestaltet und das vorhandene Datenangebot erweitert. So wird jetzt beispielsweise auch über die häufigsten Einzeldiagnosen, die zu Krankmeldungen führen, berichtet. In einem eigenen Beitrag wird zudem ausführlich über die Krankenstandsentwicklung und Aktivitäten zur Gesundheitsförderung im öffentlichen Dienst informiert.

Abschließend möchten wir Dr. Henner Schellschmidt, der mit seinem Weggang aus dem Wissenschaftlichen Institut der AOK (WIdO) seine Mitherausgeberschaft beendet hat, für sein langjähriges Engagement danken. Herzlich bedanken möchten wir uns auch bei allen, die zur diesjährigen Ausgabe des Fehlzeiten-Reports beigetragen haben. Zunächst gilt unser Dank den Autorinnen und Autoren, die trotz vielfältiger anderer Verpflichtungen die Zeit gefunden haben, uns aktuelle Beiträge zur Verfügung zu stellen. Danken möchten wir auch den Kolleginnen im WIdO, die an der Buchproduktion beteiligt waren. Zu nennen sind hier vor allem Ingrid Küsgens, die die umfangreichen Datengrundlagen für den Report bereit gestellt hat und Katrin Macco, die uns bei der Aufbereitung und Auswertung der Daten und bei der redaktionellen Arbeit unterstützt hat. Danken möchten wir auch Nauka Holl-Manoharan, die bei den Korrekturen mitgewirkt hat. Nicht zuletzt gilt unser Dank den Mitarbeiterinnen und Mitarbeitern des Springer-Verlags für die gute verlegerische Betreuung.

Bielefeld und Bonn, im September 2007

B. BADURA
H. SCHRÖDER
C. VETTER

Inhaltsverzeichnis

A Schwerpunktthema: Arbeit, Geschlecht und Gesundheit – Geschlechteraspekte im betrieblichen Gesundheitsmanagement

Einführung

1   Geschlechtergerechte Gesundheitsförderung und Prävention
J. Lademann · P. Kolip 5
1.1   Unterschiede in der Gesundheit von Frauen und Männern ... 5
1.2   Ursachen der Geschlechterunterschiede und geschlechtsspezifische Präventionspotenziale 10
1.3   Konsequenzen für geschlechtergerechte Prävention und Gesundheitsförderung 15

2   Biologische Grundlagen der Genderdifferenz
J. E. Fischer · G. Hüther 21
2.1   Männergehirne sind anders als Frauengehirne 22
2.2   Der unterschiedliche Gen- und Hormonmix 24
2.3   Männersorgen 27
2.4   Frauen- und Männerwelten im Berufsleben 30

3   Geschlechtsspezifische Dimensionen im Gesundheitsverständnis und Gesundheitsverhalten
T. Faltermaier 35
3.1   Einleitung 35
3.2   Gesundheitsvorstellungen von Laien: Gibt es Unterschiede zwischen Frauen und Männern? 37
3.3   Gesundheitsverhalten und gesunde Lebensweisen von Frauen und Männern 40

3.4	Geschlechtssensible und subjektorientierte Ansätze der Prävention und Gesundheitsförderung	42
4	**Die Erwerbsbeteiligung von Frauen und Männern – Deutschland im europäischen Vergleich** C. Dressel	49
4.1	Einleitung	49
4.2	Entwicklung auf dem europäischen Arbeitsmarkt	50
4.3	Formen der Erwerbsarbeit: Teilzeitarbeit, Befristung, Selbstständigkeit und Arbeit von zu Hause	53
4.4	Wirtschaftszweige und Berufe	57
4.5	Exkurs: Der Gesundheits- und soziale Sektor als Beschäftigungsmotor	60
4.6	Bildung und Erwerbstätigkeit	62
4.7	Vereinbarkeit von Familie und Beruf	63
4.8	Arbeitslosigkeit	65
4.9	Resümee	65

Arbeit, Geschlecht und Gesundheit

5	**Unterschiede in den Arbeitsbedingungen und -belastungen von Frauen und Männern** B. Beermann · F. Brenscheidt · A. Siefer	69
5.1	Einleitung	69
5.2	Rahmenbedingungen der Arbeit	70
5.3	Arbeitsbelastungen	77
5.4	Fazit	81
6	**Geschlechtsspezifische arbeitsbedingte Gesundheitsgefahren und Erkrankungen** K. Kuhn	83
6.1	Die geschlechtsspezifischen Unterschiede im Arbeitsleben	83
6.2	Folgen der Geschlechtertrennung	85
7	**Krankheitsbedingte Fehlzeiten bei Frauen und Männern – Geschlechtsspezifische Unterschiede im Arbeitsunfähigkeitgeschehen** I. Küsgens · K. Macco · C. Vetter	97
7.1	Einleitung	97
7.2	Versichertenstruktur der AOK-Mitglieder	99
7.3	Allgemeine Krankenstandskennzahlen	101

7.4	Krankheitsbedingte Fehlzeiten nach Altersgruppen	102
7.5	Krankheitsbedingte Fehlzeiten nach Stellung im Beruf	104
7.6	Krankheitsbedingte Fehlzeiten nach Branchen	105
7.7	Krankheitsgeschehen ausgewählter Berufe	107
7.8	Verteilung der Krankheitsarten	109
7.9	Krankheitsarten nach Branche	113
7.10	Krankheitsarten nach Berufsgruppen	115
7.11	Bedeutung geschlechtsspezifischer Faktoren	117
7.12	Zusammenfassung und Fazit	118

8 Krank zur Arbeit: Einstellungen und Verhalten von Frauen und Männern beim Umgang mit Krankheit am Arbeitsplatz
K. Zok 121

8.1	Einführung	121
8.2	Einschätzung der eigenen Gesundheit bei Arbeitnehmern	123
8.3	Ängste von Arbeitnehmern im Arbeitsalltag	125
8.4	Verhalten der Arbeitnehmer bei Krankheit	128
8.5	Begründungen für unterlassene Krankmeldungen	133
8.6	Einstellungen zu Krankmeldungen	135
8.7	Die Wahrnehmung betrieblicher Strategien zur Senkung des Krankenstandes	137
8.8	Einzelne Aktivitäten betrieblichen Gesundheitsmanagements aus Sicht der Beschäftigten	139
8.9	Zusammenfassung der Untersuchungsbefunde	141

9 Gesundheitsbedingte Leistungen der gesetzlichen Rentenversicherung für Frauen und Männer – Indikatoren für die Morbidität
U. Rehfeld · T. Bütefisch · H. Hoffmann 145

9.1	Einleitung: Erwerbsminderung als Risiko der Rentenversicherung	145
9.2	Institutionelle Rahmenbedingungen für Rehabilitations- und Rentenleistungen	146
9.3	Ausgewählte Strukturdaten zu den stationären Rehabilitationsleistungen im Jahr 2005	148
9.4	Rentenzugänge wegen verminderter Erwerbsfähigkeit von Frauen und Männern im Jahr 2005	151
9.5	Fazit	156

10	**Sozialkapital und gesundheitliches Wohlbefinden aus der Sicht von Frauen und Männern – Erste Ergebnisse einer Mitarbeiterbefragung in Produktionsbetrieben** P. Rixgens · B. Badura · M. Behr	159
10.1	Gegenstand und Fragestellung	159
10.2	Erhebungsinstrument	163
10.3	Datenbasis und Stichprobe	164
10.4	Ergebnisse	165
10.5	Diskussion und Fazit	171
11	**Vereinbarkeit von Familie und Beruf** W. Cornelißen	175
11.1	Einleitung	175
11.2	Zur Erwerbstätigkeit von Müttern und Vätern und den Problemen der Vereinbarkeit von Familie und Beruf	176
11.3	Vorherrschende Vorstellungen zur familialen Arbeitsteilung und den Erwerbsmustern von Müttern	180
11.4	Diskrepanzen zwischen tatsächlichen und gewünschten Erwerbsmustern von Paaren mit Kindern	181
11.5	Väter und Familienarbeit	182
11.6	Ansätze zur Verbesserung der Vereinbarkeit von Familie und Beruf	184
11.7	Probleme der Rückkehr in den Beruf nach einem familienbedingten Ausstieg	186
12	**Projekt „Gender Mainstreaming in der betrieblichen Gesundheitsförderung"** M. Ritter · G. Elsigan · G. Kittel	193
12.1	Gender Mainsteaming (GeM) und Betriebliche Gesundheitsförderung (BGF)	193
12.2	Ausgangslage und Idee zum Projekt	194
12.3	Das Projekt: Grundlagen und Rahmen	196
12.4	Ergebnisse und Erfahrungen	198
12.5	Projektprodukt: Leitfaden	206
12.6	Verankerung von Gender Mainstreaming in der Gesundheitsförderung	207

Die Berücksichtigung der Geschlechterperspektive im betrieblichen Gesundheitsmanagement

13 Geschlechtergerechtes Gesundheitsmanagement im öffentlichen Dienst
N. Pieck 211

13.1 Einleitung 211
13.2 Schnittmengen von Gender Mainstreaming und betrieblichem Gesundheitsmanagement................. 212
13.3 Geschlechtergerechtes betriebliches Gesundheitsmanagement............................ 219
13.4 Fazit 224

14 Gesundheitsförderung für Frauen in Gesundheitsberufen – Vorgehensweisen und Ergebnisse
G. Wildeboer 229

14.1 Arbeit im Gesundheitswesen ist Frauenarbeit 229
14.2 Geschlechtsspezifische Krankheitsunterschiede 230
14.3 Krankenstandskennzahlen für das Gesundheits- und Sozialwesen.. 231
14.4 Hohe Arbeitsanforderungen im Gesundheitssektor 233
14.5 Betriebliches Gesundheitsmanagement als wirksame Strategie zum Erhalt und zur Förderung der Gesundheit .. 234
14.6 Projektbeispiele.................................... 237
14.7 Nutzen der Betrieblichen Gesundheitsförderung 241
14.8 Fazit 242

15 Leitfaden gesunder Wiedereinstieg in den Altenpflegeberuf
H. Kowalski · G. Pauli 245

15.1 Einleitung 246
15.2 Erhebungsinstrument Interview bzw. Workshop.......... 248
15.3 Belastungs-Schwerpunkte 248
15.4 Situation der Wiedereinsteigerinnen................... 250
15.5 Elemente eines gesunden Wiedereinstiegs 252
15.6 Förderung eines gesunden Wiedereinstiegs 256

B Daten und Analysen

16 Krankheitsbedingte Fehlzeiten in der deutschen Wirtschaft im Jahr 2006
I. Küsgens · K. Macco · C. Vetter 261

16.1 Branchenüberblick 261
16.2 Banken und Versicherungen 317
16.3 Baugewerbe 329
16.4 Dienstleistungen 342
16.5 Energie, Wasser und Bergbau 358
16.6 Erziehung und Unterricht 372
16.7 Handel 386
16.8 Land- und Forstwirtschaft 398
16.9 Metallindustrie 410
16.10 Öffentliche Verwaltung 426
16.11 Verarbeitendes Gewerbe............................. 438
16.12 Verkehr und Transport.............................. 454

17 Krankenstand und Gesundheitsförderung in der Bundesverwaltung
S. Voglrieder 467

17.1 Einführung 467
17.2 Kosten der Arbeitsunfähigkeit...................... 471
17.3 Allgemeine Krankenstandsentwicklung 472
17.4 Kurz- und Langzeiterkrankungen 472
17.5 Krankenstand nach Geschlecht 474
17.6 Krankenstand nach Laufbahngruppen 475
17.7 Vergleich mit dem Krankenstand der AOK-Versicherten... 475
17.8 Betriebliche Gesundheitsförderung................... 478
17.9 Zwischenbilanz und Ausblick 481

Anhang

Internationale Statistische Klassifikation der
Krankheiten und verwandter Gesundheitsprobleme
(10. Revision, Version 2006, German Modification) 487

Klassifikation der Wirtschaftszweige
(WZ 2003/NACE): Übersicht über den Aufbau
nach Abschnitten und Abteilungen 496

Die Autorinnen und Autoren 501

Sachverzeichnis... 517

A. Schwerpunktthema:
   Arbeit, Geschlecht und Gesundheit

Einführung

KAPITEL 1

Geschlechtergerechte Gesundheitsförderung und Prävention

J. LADEMANN · P. KOLIP

Zusammenfassung. *Das Geschlecht ist eine zentrale Variable, die Gesundheit und Krankheit sowie das gesundheitsrelevante Verhalten und die Nutzung der Angebote gesundheitlicher Versorgung einschließlich Prävention und Gesundheitsförderung beeinflusst. Sollen gesundheitsbezogene Angebote zielgruppenspezifisch entwickelt werden, ist das Geschlecht eine der bedeutsamen Dimensionen sozialer Differenzierung, die berücksichtigt werden müssen. Der folgende Beitrag gibt einen Überblick über die zentralen Geschlechtsunterschiede in Gesundheit und Krankheit und zeigt die Bedeutung des gesundheitlichen Risikoverhaltens auf. Hieraus werden geschlechtsspezifische Präventionspotenziale abgeleitet. Der Beitrag schließt mit einigen Überlegungen zur Frage, wie gesundheitliche Chancengleichheit zwischen den Geschlechtern über Gender Mainstreaming hergestellt werden kann.*

1.1 Unterschiede in der Gesundheit von Frauen und Männern

1.1.1 Lebenserwartung und Mortalität

Im Jahr 2005 betrug die mittlere Lebenserwartung bei der Geburt von Frauen 81,8 Jahre und jene der Männer 76,2 Jahre (www.destatis.de). Damit leben Frauen etwa 5 1/2 Jahre länger als Männer. Jedoch profitieren die Männer stärker von dem Trend der steigenden Lebenserwartung als die Frauen: So hat sich seit 1990 bei Männern die Lebenserwartung um durchschnittlich 3,8 Jahre erhöht, während der Zuwachs bei den Frauen 2,8 Jahre beträgt. Der Geschlechterunterschied in der Lebenserwartung verringert sich mit zunehmendem Alter und ist bei den 65-Jährigen noch etwa halb so groß wie bei der Geburt: 65-jährige Frauen leben im Schnitt noch etwa 20 Jahre, Männer diesen Alters etwa 16 Jahre [14].

Männer sind im Vergleich zu Frauen vor allem im Alter unter 65 Jahren von einer höheren Sterblichkeit betroffen, was deren niedrigere Lebenserwartung erklärt: Die Anzahl der Sterbefälle pro 100 000 Einwoh-

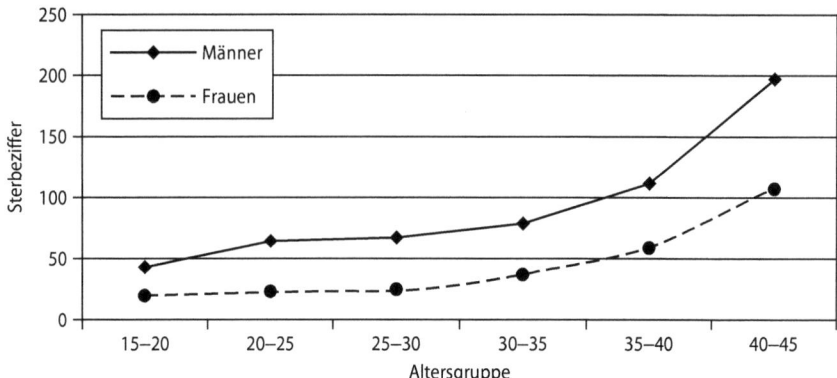

Abb. 1.1. Sterbeziffern von Männern und Frauen im Alter zwischen 15 und 45 Jahren im Jahr 2005 (Anzahl der Sterbefälle pro 100 000 EinwohnerInnen [16])

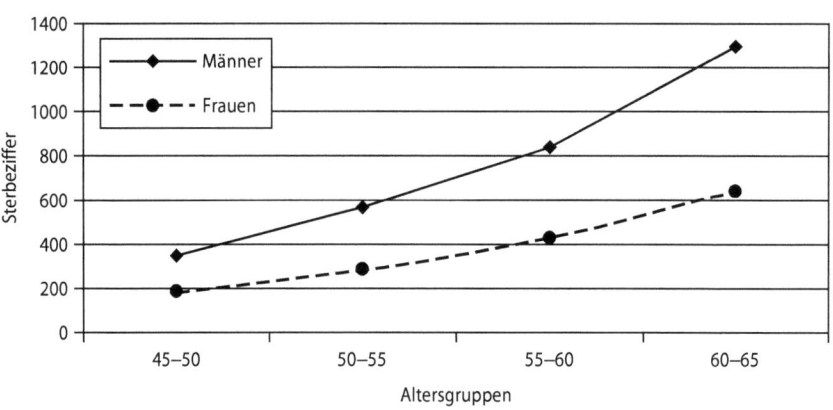

Abb. 1.2. Sterbeziffern von Männern und Frauen im Alter zwischen 45 und 65 Jahren im Jahr 2005 (Anzahl der Sterbefälle pro 100 000 EinwohnerInnen [16])

Geschlechtergerechte Gesundheitsförderung und Prävention

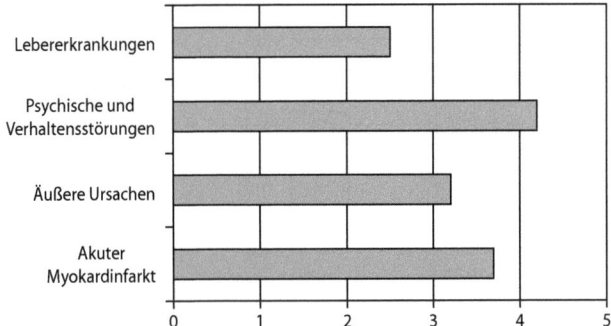

Abb. 1.3. Übersterblichkeit der Männer im Alter zwischen 40 und 45 Jahren aufgrund von Lebererkrankungen (ICD 10: K70–K77), psychischen und Verhaltensstörungen (ICD 10: F00–F99), äußeren Ursachen (ICD 10: V01–Y98) und akutem Myokardinfarkt (ICD 10: I21) im Jahr 2005; Sex Mortality Ratio (SMR): Verhältnis der Sterblichkeit je 100 000 Männer zu der je 100 000 Frauen; Werte > 1 zeigen eine Übersterblichkeit bei Männern an [16, eigene Berechnungen]

nerInnen bis zu diesem Alter ist bei den Männern etwa doppelt so hoch wie bei den Frauen (vgl. Abb. 1.1 und Abb. 1.2). Die vorzeitige Sterblichkeit der Männer ist vor allem auf verhaltensbedingte Todesursachen wie Herzinfarkt, äußere Ursachen (Unfälle, Suizid), Lebererkrankungen (z. B. Leberzirrhose) und psychische Störungen (vorwiegend Suchterkrankungen) zurückzuführen [6]. Im mittleren Lebensalter fällt der Geschlechterunterschied (SMR)[1] für diese Todesursachen besonders deutlich aus, wie hier beispielhaft für die Altersgruppe der 40- bis 45-Jährigen gezeigt ist (vgl. Abb. 1.3). In den jüngeren Altersgruppen zeigt sich, dass Männer vor allem aufgrund von Unfällen und Suiziden versterben (äußere Ursachen: ICD 10: V01–Y98). So sind beispielsweise von den 64 Sterbefällen pro 100 000 Männer im Alter zwischen 20 und 25 Jahren alleine 43 Todesfälle auf äußere Ursachen zurückzuführen. Die Sex Mortality Ratio weist für Männer im Alter zwischen 15 und 35 Jahren je nach Altersgruppe eine drei- bis fünffach erhöhte Sterblichkeit durch Unfälle, Suizide und andere äußere Ursachen aus (vgl. Abb. 1.4). Die Sterblichkeit aufgrund eines Suizids ist unter Männern knapp dreimal höher als bei Frauen, obwohl zwei Drittel aller dokumentierten Suizidversuche von

---
[1] Die „Sex Mortality Ratio" (SMR) gibt das Verhältnis der Sterblichkeit je 100 000 Männer zu der je 100 000 Frauen an.

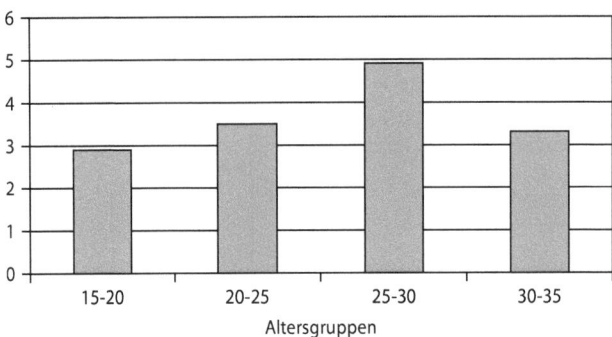

Abb. 1.4. Übersterblichkeit der Männer im Alter zwischen 15 und 35 Jahren aufgrund äußerer Ursachen (ICD 10: V01–Y98); Sex Mortality Ratio (SMR): Verhältnis der Sterblichkeit je 100 000 Männer zu der je 100 000 Frauen; Werte > 1 zeigen eine Übersterblichkeit bei Männern an [16, eigene Berechnungen]

Frauen verübt werden – besonders von jungen Frauen im Alter zwischen 15 und 24 Jahren [14]. Der Geschlechterunterschied hinsichtlich der Suizidsterblichkeit ist besonders in den Altersgruppen der 20- bis 25-Jährigen sowie bei den 25- bis 30-Jährigen eklatant: Die SMR beträgt bei diesen 4,3 bzw. 5,4; in den folgenden Altersgruppen liegt die SMR zwischen 2,0 und 3,5, um dann bei den über 85-Jährigen wieder auf über 4,6 zu steigen [16, eigene Berechnungen]. Da Depressionserkrankungen als die Hauptursachen des Suizids gelten, weist dieser Befund möglicherweise auf ein Defizit hinsichtlich Diagnose, Behandlung und Prävention psychischer Erkrankungen bei jungen und hochaltrigen Männern hin.

1.1.2 Morbidität

Krankheiten des Herzkreislaufsystems stellen sowohl bei Männern als auch bei Frauen nicht nur die häufigsten Todesursachen dar, sondern prägen auch die Krankheitslast der Bevölkerung. Da Männer etwa doppelt so häufig von ischämischen Herzerkrankungen betroffen sind wie Frauen, wurden diese bei Frauen bislang weniger erkannt und behandelt als bei Männern. Mittlerweile ist bekannt, dass beispielsweise die Symptomatik bei einem Herzinfarkt geschlechtsspezifisch ausgeprägt sein kann [3, 14], was für eine geschlechtersensible Betrachtung auch anderer Erkrankungen spricht. Obwohl das Ausmaß an Herz- und Kreislauferkrankungen innerhalb der Gesamtbevölkerung seit 1990 leicht abgenommen hat, zeigt sich bei 25- bis 45-jährigen Frauen eine Steigerung der Neuerkrankungsrate des Herzinfarktes, was in erster Linie auf den erhöhten und früher einsetzenden Tabakkonsum bei Frauen zurückgeführt wird [14].

Glücklicherweise haben sich die Überlebensraten bei Krebserkrankungen innerhalb der letzten 20 Jahre erhöht, aber die Inzidenzen von Krebserkrankungen steigen an, was in erster Linie mit einer früheren Diagnostik und dem zunehmendem Lebensalter innerhalb der Gesamtbevölkerung erklärt wird. Von den Krebserkrankungen sind Männer etwas häufiger betroffen als Frauen – so liegt die Neuerkrankungsrate der männlichen Bevölkerung derzeit bei 452 Fällen pro 100 000 Einwohner, bei den Frauen sind es 335 Fälle pro 100 000 Einwohnerinnen. Darmkrebs ist sowohl bei Männern als auch bei Frauen die zweithäufigste Krebserkrankung, während Prostata- und Brustkrebs als typische geschlechtsspezifische Erkrankungen jeweils Rang eins bei dem entsprechenden Geschlecht einnehmen. Der Lungenkrebs stellt wiederum bei beiden Geschlechtern das dritthäufigste Krebsleiden dar, wobei dreimal so viele Männer wie Frauen erkranken – allerdings zeichnet sich seit 1990 eine sinkende Rate der Neuerkrankungen bei Männern und eine Steigerung bei Frauen ab. Betroffen sind davon vor allem die unter 50-jährigen Frauen, was auf deren gesteigerten Zigarettenkonsum zurückzuführen ist. Aufgrund des sich angleichenden Tabakkonsums von Frauen und Männern (mittlerweile liegt die RaucherInnenrate bei Jugendlichen beiden Geschlechts auf etwa gleich hohem Niveau), ist davon auszugehen, dass die Inzidenzraten für Lungenkrebs bei Frauen weiterhin ansteigen werden [14].

Muskel- und Skeletterkrankungen prägen ebenso wie die Herz-Kreislauf- und Krebserkrankungen das Morbiditätsgeschehen sowohl bei Männern als auch bei Frauen. Sie verursachen die meisten Arbeitsunfähigkeitstage und bilden bei Männern den häufigsten, bei Frauen den zweithäufigsten Grund für eine krankheitsbedingte Frühberentung. Ein herausragendes Symptom bei beiden Geschlechtern stellen Rückenschmerzen dar, von denen in chronischer Ausprägung 22% aller Frauen und 15% der Männer betroffen sind. Osteoporose (Knochenschwund) als eine der häufigsten Knochenerkrankungen im Alter betrifft Frauen häufiger als Männer. Problematische Folgen des Knochenschwundes sind Frakturen, wobei vor allem über 70-jährige Frauen deutlich häufiger betroffen sind als Männer [14].

Die Bedeutung psychischer im Vergleich zu somatischen Erkrankungen wurde lange unterschätzt. Mit Blick auf die krankheitsspezifischen Auswertungen der AU-Daten verschiedener Krankenkassen zeigt sich, dass trotz insgesamt sinkender Krankheitstage diejenigen aufgrund psychischer Erkrankungen ansteigen und gemeinsam mit Muskel- und Skeletterkrankungen, Unfällen sowie Erkrankungen des Atmungs- und Herz-Kreislauf-Systems das Fehlzeitengeschehen dominieren. Geschlechterunterschiede zeigen sich sowohl auf quantitativer als auch auf qualitativer Ebene. Bei Frauen stellen psychische Störungen mit einem Anteil zwischen 10% und 14% die dritthäufigste Diagnosegruppe dar, während diese bei den Männern mit einem Anteil zwischen 6% und 11% je nach Krankenkasse an vierter bis sechster Stelle liegen. Innerhalb des Spektrums psychischer Erkrankungen zeigt sich, dass Depressionen und Angststörungen wesentlich häufiger bei Frauen und Suchterkrankungen bzw. Störungen durch psychotrope Substanzen häufiger bei Männern diagnostiziert werden [9]. Der Bundes-Gesundheitssurvey 1998 dokumentiert eine 12-Monatsprävalenz für depressive Erkrankungen bei 15% der Frauen und 8% der Männer, während der Geschlechterunterschied bei den Angststörungen mit einer Betroffenheit von etwa 19% bei Frauen und cirka 8% bei Männern noch deutlicher ausfällt [14]. Obwohl vor allem Menschen im mittleren Lebensalter von psychischen Erkrankungen betroffen sind, zeigt sich mittlerweile ein deutlicher Anstieg bei den jungen Altersgruppen: Dies ist anhand der AU-Daten sowie der stationären Krankenhausfälle vor allem für junge Männer unter 20 Jahren sowie für beide Geschlechter in der Altersgruppe der 20- bis 30-Jährigen dokumentiert [9].

1.2 Ursachen der Geschlechterunterschiede und geschlechtsspezifische Präventionspotenziale

Die Ursachen der dargestellten Geschlechterunterschiede hinsichtlich Lebenserwartung, Mortalität und Morbidität sind – wenn es sich nicht um spezielle Erkrankungen weiblicher und männlicher Sexualorgane handelt – in erster Linie auf gesundheitsbezogene Verhaltensunterschiede zwischen Männern und Frauen zurückzuführen. Biologische Faktoren tragen lediglich im Ausmaß von ein bis zwei Jahren zur Erklärung der höheren Lebenserwartung der Frauen bei [11]. Dagegen spielen gesundheitsbezogene Verhaltensweisen, wie der Konsum von Tabak und Alkohol, das Ernährungs- und Bewegungsverhalten, die Inanspruchnahme von Präventionsangeboten sowie unterschiedliche Lebens- und Arbeitsbedingungen von Frauen und Männern eine entscheidende Rolle bei der Erklärung geschlechtsspezifischer Unterschiede [4, 6, 8].

1.2.1 Geschlechtsspezifische Verhaltensweisen: Risikofaktoren

Hinsichtlich der „klassischen" Risikofaktoren Tabak- und Alkoholkonsum sowie Übergewicht zeigen sich geschlechtsspezifische Unterschiede, die nicht auf biologische sondern verhaltensbezogene Ursachen zurückzuführen sind. Rauchen gilt als einer der bedeutendsten Risikofaktoren, der vor allem mit der Entstehung von Herz- und Kreislauferkrankungen sowie Krebserkrankungen der Atemwege in Zusammenhang gebracht wird. Da bislang wesentlich mehr Männer als Frauen geraucht haben, treten entsprechende Erkrankungen bei Männern auch häufiger auf. Mittlerweile nähert sich der Anteil an Frauen, die regelmäßig rauchen, dem Niveau der Männer an (insbesondere in jüngeren Altersgruppen). Es ist davon auszugehen, dass sich die Geschlechterunterschiede bei den entsprechenden Erkrankungen und Todesursachen verringern werden. Dennoch liegt gemäß des telefonischen Gesundheitssurveys 2003 der Anteil der Männer, die täglich rauchen, mit rund 29% um etwa sieben Prozentpunkte höher als bei den Frauen, und der Anteil an Nie-Raucherinnen beträgt knapp 50%, während unter den Männern lediglich knapp ein Drittel nie geraucht hat [14]. In Deutschland hat der Tabakkonsum bei Männern seit Mitte der 1980er Jahre leicht abgenommen, während er bei den Frauen deutlich angestiegen ist. Maßnahmen zur Prävention sowie zur Reduktion des Konsums scheinen daher zwar bei Männern, nicht aber bei Frauen ihre Wirkung zu entfalten. Da sich Frauen und Männer in ihrer Motivation zum Tabakkonsum und im Rauchverhalten sowie hinsichtlich der Hürden mit dem Rauchen aufzuhören unterscheiden, spricht dies für eine Entwicklung geschlechtersensibler Präventionsansätze. So rauchen Frauen eher in Stresssituationen als Männer und greifen mehr zu so genannten „leichten" Zigaretten, die allerdings tiefer inhaliert werden, was das Risiko für eine bestimmte – prognostisch besonders ungünstige – Lungenkrebsform steigert; darüber hinaus stellt für Frauen eine vermutete Gewichtszunahme eine bedeutsame Hürde dar, wenn es darum geht, mit dem Rauchen aufzuhören [12]. Eine Berücksichtigung dieser Aspekte bei der Entwicklung wirkungsvoller Präventionsansätze sowie eine verstärkte Ansprache junger Frauen liegen auf der Hand.

Beim Konsum von Alkohol in gesundheitsriskantem Ausmaß verhalten sich Männer deutlich riskanter als Frauen: Laut Daten des Bundesgesundheitssurvey 1998 konsumierten 16% der Frauen und 31% der Männer Alkohol oberhalb der geschlechtsspezifischen Grenzwerte. Diese Geschlechtsunterschiede zeigen sich auch in den jüngeren Altersgruppen, wobei das Phänomen des Rauschtrinkens („Binge-Drinking") im Jahr 2004 unter den 16- bis 19-Jährigen von 25% der jungen Frauen und 43% der jungen Männer angegeben wurde [14]. Ähnlich wie beim Rauchen zeigt sich auch hier eine „nachholende" Entwicklung bei den jungen Frauen. Dies gilt es hinsichtlich der Prävention ebenso zu berücksichtigen wie die Unterschiede im Konsumverhalten (Männer trinken eher Bier und Spirituosen, Frauen eher Wein und Sekt). Dass bei Frauen ein ge-

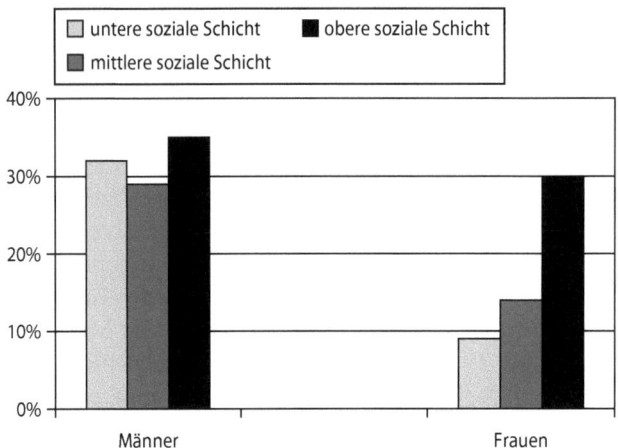

Abb. 1.5. Gesundheitsgefährdender Alkoholkonsum bei Männern und Frauen nach sozialer Schicht [14]

sundheitsriskanter Alkoholkonsum mit steigender Schicht zunimmt, ist ein überraschender Befund, den es ebenfalls in den Blick zu nehmen gilt (vgl. Abb. 1.5).

Von Übergewicht als in erster Linie verhaltensbedingtem Risikofaktor, der vor allem mit Herz- Kreislauferkrankungen, Typ-2-Diabetes, Gelenkschäden und Rückenbeschwerden in Verbindung gebracht wird, sind Männer häufiger betroffen als Frauen. Ergebnissen des telefonischen Gesundheitssurveys 2003 zufolge sind etwa die Hälfte der Männer ab 18 Jahren übergewichtig, weitere 17% adipös, bei den Frauen sind etwa ein Drittel übergewichtig und 20% adipös [14]. Die Ursachen für Übergewicht liegen weniger in biologischen Faktoren, z. B. genetisch bedingten Veranlagungen, sondern sind vorwiegend auf den Lebensstil der Betroffenen zurückzuführen. So spielt das Ernährungs- und Bewegungsverhalten eine entscheidende Rolle: Eine vielseitige Ernährung mit einem hohen Anteil an Obst, Gemüse und Getreideprodukten sowie ein sparsamer Verzehr von tierischem Fett und Zucker gilt als günstig. Ein Vergleich des Ernährungsverhaltens von Männern und Frauen zeigt, dass Frauen sich im Schnitt etwas gesünder ernähren, indem sie mehr Gemüse und Obst essen als Männer [14]. Im Hinblick auf die körperliche Aktivität als weiterer wichtiger Faktor zur Vermeidung und Reduktion von Übergewicht wird der Geschlechterunterschied bislang eher ungünstig für Frauen bewertet. In bevölkerungsbezogenen Umfragen wird das Bewegungsverhalten überwiegend über das Ausmaß sportlicher Aktivitäten erfasst. Hierbei zeigt sich, dass Frauen weniger sportlich aktiv sind als Männer: Knapp 42% der Männer und 33% der Frauen treiben zwei oder mehr Stunden in der Woche Sport; der Geschlechterunterschied ist im Alter zwischen 18 und 40 Jahren besonders prägnant und nimmt in den folgenden Altersgruppen ab [14]. Mittlerweile wird davon ausgegangen, dass die Bedeutung von Alltagsaktivitäten mit ihren positiven gesundheitlichen Auswirkungen bislang unterschätzt wurde und die Erhebung körperlicher Aktivität als wichtige gesundheitliche Determinante einem Gender Bias unterliegt [1]. Frauen betreiben zwar weniger Sport, bewegen sich aber nicht zwangsläufig weniger, da sie z. B. – eher als Männer – Transportwege zu Fuß und mit dem Fahrrad, Haus- und Gartenarbeiten sowie Aktivitäten mit Kindern unternehmen. Angebote der Gesundheitsförderung und Prävention, die sich auf eine Erhöhung körperlicher Aktivität konzentrieren, müssen demnach dem unterschiedlichen Bewegungsverhalten von Frauen und Männern Rechnung tragen.

1.2.2 Geschlechtsspezifische Verhaltensweisen: Inanspruchnahme von Präventionsangeboten

Ein Blick auf die Inanspruchnahme von Präventionsangeboten der Gesetzlichen Krankenversicherungen bestätigt den oben aufgeführten Geschlechterunterschied: Frauen verhalten sich nicht nur gesundheitlich weniger riskant als Männer, sie nehmen auch eher Präventionsangebote in Anspruch, welche auf eine Verringerung der typischen Risikofaktoren abzielen. Im Jahr 2005 haben etwa 1,2 Millionen Versicherte der gesetzlichen Krankenkassen an entsprechenden Präventionsangeboten teilgenommen, von denen mehr als drei Viertel Frauen waren. Angebote in den Bereichen Bewegung, Ernährung und Stressreduktion werden ganz überwiegend von Frauen genutzt, während lediglich Angebote für einen angemessenen Umgang mit Sucht- und Genussmitteln in etwa geschlechterparitätisch besetzt sind – wobei diese die mit Abstand kleinste Gruppe an TeilnehmerInnen ausmacht (vgl. Tabelle 1.1).

Obwohl Präventionsangebote nach § 20 SGB V vor allem sozial benachteiligte Bevölkerungsgruppen erreichen sollen, nehmen diese – beispielsweise Arbeitslose – Maßnahmen der individuellen Primärprävention deutlich weniger in Anspruch als ökonomisch und sozial besser gestellte freiwillig Versicherte. So stellt das Robert-Koch-Institut beispielhaft für eine gesetzliche Krankenversicherung dar, dass von 1000 freiwillig versicherten Mitgliedern elf Frauen und fünf Männer an Kursen der individuellen Primärprävention teilnehmen, während es unter den Arbeitslosen lediglich sieben Frauen und zwei Männer sind [14]. Es zeigt sich, dass

Tabelle 1.1. Inanspruchnahme von verschiedenen Präventionsangeboten der Gesetzlichen Krankenversicherungen (Leistungen nach § 20, Abs. 1 SGB V) im Jahr 2005 nach Geschlecht [2]

	TeilnehmerInnen	Frauenanteil	Männeranteil
Bewegung	838 663	75%	25%
Ernährung	136 482	80%	20%
Stress	182 342	83%	17%
Sucht-/Genussmittel	10 132	55%	45%
Gesamt	1 167 619	77%	23%

der Geschlechterunterschied in der sozial schlechter gestellten Gruppe deutlich höher ist als in der Gruppe der freiwillig Versicherten.

Ebenfalls im Rahmen von § 20 des Fünften Sozialgesetzbuches werden von den gesetzlichen Krankenkassen neben der individuellen Primärprävention Maßnahmen der betrieblichen Gesundheitsförderung angeboten. Im Jahr 2004 wurden damit etwa 670 000 ArbeitnehmerInnen erreicht. Im Mittelpunkt der betrieblichen Gesundheitsförderung steht das verarbeitende Gewerbe, in welchem überwiegend Männer beschäftigt sind. Somit ergibt sich, dass die Angebote vorwiegend an Männer gerichtet sind und vor allem auf eine Reduktion körperlicher Belastungen am Arbeitsplatz fokussieren. Weniger als 13% der Unternehmen stellten typische Frauenarbeitsplätze mit einem Frauenanteil von über 75% dar [14]. Maßnahmen der betrieblichen Gesundheitsförderung sind möglicherweise ein guter Ansatz, um Männer mit präventiven Angeboten zu erreichen. Allerdings ist kritisch zu hinterfragen, inwieweit die Angebote in ihrer vermeintlich geschlechtsneutralen Ausrichtung sowohl Frauen als auch Männern gerecht werden können. Da der Anteil an Frauen unter den Erwerbstätigen in den letzten Jahren deutlich gestiegen ist und weiter ansteigen wird (vgl. Beitrag Dressel in diesem Band), sollten Betriebe dieser Entwicklung im Hinblick auf gesundheitsbezogene Maßnahmen Rechnung tragen. Dass Frauen in ihrem Engagement bei der individuellen Primärprävention deutlich überwiegen, muss nicht bedeuten, dass sie bei betrieblichen Präventionsansätzen vernachlässigt werden können und damit Gesundheitsförderung und Prävention für Frauen eine individuelle und für Männer eine betriebliche Angelegenheit wird. Vielmehr sollten die Ansprache und Zugangswege sowie die Ausgestaltung der Angebote für jedes Geschlecht überprüft und so gestaltet werden, dass Frauen und Männer gleichberechtigte Gesundheitschancen im Sinne von Gender Mainstreaming (s. u.) geboten werden können.

1.3 Konsequenzen für geschlechtergerechte Prävention und Gesundheitsförderung

Dass sich Frauen und Männer in Gesundheit und gesundheitsrelevantem Verhalten unterscheiden, gehört mittlerweile zum gesundheitspolitischen Allgemeinwissen. Mit dem Madrid Statement der WHO „Mainstreaming Gender Equity in Health" aus dem Jahr 2001 ist Gender Mainstreaming auch in der Gesundheitspolitik angekommen [17]. Die WHO empfiehlt allen Mitgliedsländern, Gender Mainstreaming als Schlüsselstrategie zur Erlangung gesundheitlicher Chancengleichheit der Geschlechter umzusetzen. Auch die Bundesregierung hat sich zur Etablierung dieses Ansatzes verpflichtet und in vielen Bereichen, wie z. B. der Gesundheitsberichterstattung des Bundes, lassen sich ernsthafte Bemühungen der Umsetzung erkennen [10]. Was aber meint Gender Mainstreaming? Gender Mainstreaming wurde ursprünglich im Kontext der Entwicklungszusammenarbeit erarbeitet und hatte zunächst das Ziel, die Wertvorstellungen und die sozialen Lebensbedingungen von Frauen stärker zu berücksichtigen. Auf der 4. Weltfrauenkonferenz 1995 in Beijing wurde Gender Mainstreaming als zentrale Strategie verabschiedet und ist seitdem zum internationalen Schlüsselbegriff für die Gleichstellung der Geschlechter avanciert [7].

Der Begriff Gender Mainstreaming setzt sich aus zwei Komponenten zusammen: Gender bezieht sich auf das soziale Geschlecht, auf die Lebensbedingungen von Frauen und Männern, auf geschlechtsspezifische Rollenzuschreibungen, Werte, Macht und Einfluss. Er ist als Gegenbegriff zum biologischen Geschlecht („sex") gemeint, der auf die unterschiedliche biologische Ausstattung von Frauen und Männern Bezug nimmt. Die Differenzierung zwischen dem biologischen und sozialen Geschlecht, sex und gender, die in den 1980er Jahren in der Frauenbewegung erarbeitet wurde, macht deutlich, dass es zwar biologische Unterschiede zwischen den Geschlechtern gibt, dass an diese Unterschiede aber spezifische Rollenerwartungen geknüpft werden, die für die Positionierung von Frauen und Männern in der Gesellschaft wesentlich bedeutsamer sind. Mainstreaming bringt zum Ausdruck, dass eine Thematik, die bislang allenfalls am Rande betrachtet wurde, nun in das Zentrum gerückt wird, in den „Hauptstrom" einfließen soll.

Das Konzept Gender Mainstreaming hat sich mittlerweile von einem Blick auf die Benachteiligung von Frauen gelöst und nimmt beide Geschlechter sowie das Verhältnis der Geschlechter zueinander in den Blick. Es ist damit nicht „alter Frauenforschungswein in neuen Gender-Schläuchen", sondern gerade die Erweiterung der Perspektive auf beide Geschlechter macht deutlich, dass bei einer Anwendung eines vermeintlich geschlechtsneutralen Menschenmodells weder den Gesundheitsbedürfnissen von Frauen, noch jenen von Männern angemessen Rechnung getragen wird. Gender Mainstreaming verfolgt deshalb nicht nur das Ziel, einen Beitrag zur Durchsetzung gesundheitlicher Chancengleichheit zu leisten (mit dem Ziel, dass alle Menschen angemessene Chancen haben, ihre Gesundheitspotenziale auszuschöpfen und nicht, wie häufig missverstanden, den gleichen Gesundheitszustand zu erreichen; vgl. [5]), sondern es geht auch um eine Qualitätsverbesserung im Gesundheitssystem in allen Phasen der gesundheitlichen Versorgung einschliesslich der Prävention und Gesundheitsförderung. In Zeiten knapper finanzieller und personeller Ressourcen kommt dem zweiten Aspekt wachsende Bedeutung zu. Wird bei gesundheitsbezogenen Interventionen (Prävention, Therapie, Rehabilitation, Pflege) das Geschlecht nicht berücksichtigt, sind viele Maßnahmen nicht zielgruppenspezifisch genug, um eine große Wirkung zu zeigen. Für viele Versorgungsbereiche lässt sich zeigen, dass die Orientierung an einem vermeintlich geschlechtsneutralen Versorgungsmodell weder den Bedürfnissen von Frauen, noch den Bedürfnissen von Männern angemessen Rechnung getragen wird. So zeigen Studien im Bereich der Suchtprävention, dass von den Angeboten schulischer Suchtprävention in der Regel jene Gruppen am wenigsten profitieren, die sie am meisten nötig haben, z. B. sozial schlecht integrierte Jungen. In der Behandlung eines Herzinfarktes zeigt sich Umgekehrtes: Herzinfarkte bei Frauen werden häufig zu spät erkannt, weil diese nicht immer mit den für Männern typischen Symptomen einhergehen. Das geschlechtsneutrale Behandlungsmodell ignoriert, dass sich die Symptome eines Herzinfarktes bei Männern und Frauen unterscheiden können und folglich auch die Konsequenzen eines Herzinfarktes bei Frauen und Männern unterschiedlich sind (ausführlicher z. B. in [7]).

Im Themenfeld Gesundheit geht es bei der Etablierung von Gender Mainstreaming um die Herstellung vertikaler und horizontaler Chancengleichheit. Mit horizontaler Chancengleichheit ist gemeint, dass dort, wo Frauen und Männer die gleichen Gesundheitsbedürfnisse haben, sie auch die gleichen Gesundheitsleistungen erhalten sollen. Zum anderen soll vertikale Chancengleichheit hergestellt werden: Dort, wo Frauen und Männer unterschiedliche Gesundheitsbedürfnisse haben, sollen sie auch unterschiedliche Gesundheitsleistungen erhalten [13]. Die Umsetzung des Gender-Mainstreaming-Prinzips spielt in allen Etappen des Public Health Action Cycles [15] eine bedeutende Rolle (vgl. Abb. 1.6). Bei der Problemdefinition geht es darum, die vorhandenen Daten gendersensibel zu interpretieren, um Hinweise auf geschlechtsspezifische Interventionsbedarfe zu erhalten. Gendersensibel meint in diesem Zusammenhang, dass es nicht nur darauf ankommt, die Daten geschlech-

Geschlechtergerechte Gesundheitsförderung und Prävention

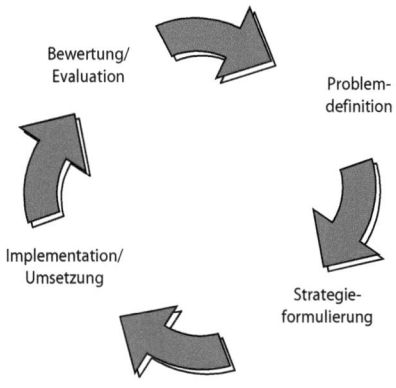

Abb. 1.6. Public Health Action Cycle [15]

tervergleichend aufzubereiten, sondern diese auch vor dem Hintergrund geschlechtsspezifischer Lebensbedingungen und anderer psychosozialer Einflussfaktoren zu interpretieren. Dies bedeutet beispielsweise, in betrieblichen Gesundheitsberichten auch Hintergrundinformationen (z. B. zur Geschlechterstruktur in einzelnen Betriebsbereichen, zu Arbeitszeitmodellen etc.) zu erheben und bei der Interpretation von Geschlechtsunterschieden zu berücksichtigen. Auch bei der Ableitung von Strategien kommt es darauf an, diese gegebenenfalls je nach Zielgruppe zu differenzieren bzw. geschlechtsspezifische Strategien zu entwickeln. Bedeutsam ist hier auch die Kenntnis der theoretischen Grundlagenliteratur zu dem jeweiligen Interventionsbereich, die Hinweise darauf gibt, in welchen Bereichen das Geschlecht eine Rolle spielt. So zeigen die Erfahrungen mit Tabakpräventionsprojekten für Jugendliche, dass sie erst dann Erfolg versprechend sind, wenn geschlechtsspezifische Konsummotive berücksichtigt werden. Während junge Frauen die Zigarette häufig zur Gewichtsstabilisierung oder -reduktion einsetzen (und das Nicht-Thematisieren des Zusammenhangs zwischen Gewicht und Rauchen einen Misserfolg wahrscheinlich macht), ist bei jungen Männern stärker die körperliche bzw. sportliche Leistungsfähigkeit ein wichtiger Anknüpfungspunkt für die Interventionen. In der Phase der Umsetzung kommt es darauf an zu prüfen, ob die gewählten Methoden und Zugangswege für Frauen und Männer gleichermaßen geeignet sind. So muss bei der Etablierung betriebsbezogener Bewegungsangebote überprüft werden, ob nicht Personen ausgeschlossen werden, die über ein eingeschränktes Zeitbudget verfügen, weil sie außerhalb der Arbeitszeit

Kinder betreuen oder Angehörige pflegen. Auch kann es sinnvoll sein, Gesundheitszirkel geschlechtshomogen zu besetzen, um geschlechtsspezifische Arbeitsbelastungen bzw. Belastungen, die sich aus der Vereinbarkeitsproblematik von Arbeit und Familie ergeben, thematisieren zu können.[2] Und schließlich muss die Evaluation geschlechtersensibel erfolgen, um eine geschlechterdifferenzierende Wirkung erfassen zu können.

Die Berücksichtigung der Kategorie Geschlecht und die Umsetzung des Gender-Mainstreaming-Ansatzes mag zunächst nach einer Mehrbelastung aussehen, die nur dann zu leisten ist, wenn zusätzliche Ressourcen zur Verfügung stehen. Die Erfahrung, z. B. in der Stiftung Gesundheitsförderung Schweiz, die für eines der Schwerpunktprogramme eine geschlechtersensible Projektentwicklung einfordert, zeigt aber, dass mit der Berücksichtigung des Geschlechts eine Erhöhung der Qualität von Projekten einhergeht. Mit Gender Mainstreaming erfolgt eine Sensibilisierung für die Spezifizierung der Zielgruppe, wobei das Geschlecht eine unter mehreren Variablen sozialer Differenzierung darstellt, die es bei der Planung und Umsetzung zu berücksichtigen gilt – so sind auch das Alter und die soziale Schicht von Bedeutung. Damit wird die Passgenauigkeit von Projekten erhöht und deren Effizienz kann gesteigert werden. Mit Gender Mainstreaming kann es gelingen, die vorhandenen Mittel gezielter einzusetzen, weil die Wahrscheinlichkeit erhöht wird, dass die Strategien und die Methodik der Zielgruppe entsprechend definiert und umgesetzt werden. Für die Gesundheitsförderung im Betrieb ist darüber hinaus eine gendersensible Kenntnis des Settings zentral: Wie ist die Geschlechterverteilung an den einzelnen Arbeitsplätzen bzw. in den Betriebsbereichen? Gibt es typische Frauen- bzw. Männerarbeitsplätze? Welche Belastungen und Ressourcen erleben Männer und Frauen an ihren Arbeitsplätzen?[3] Das Konzept des Gender Mainstreamings stellt demnach ein effektives Instrument dar, um die jeweiligen Bedarfe von Frauen und Männern hinsichtlich Gesundheitsförderung und Prävention zu eruieren sowie die Planung und Umsetzung entsprechender Maßnahmen gendersensibel zu gestalten [7]. In der betrieblichen Gesundheitsförderung dient Gender Mainstreaming damit zum einen der Durchsetzung gesundheitlicher Chancengleichheit zwischen den Geschlechtern und trägt zum anderen zu einer Verbesserung der Qualität entsprechender Angebote bei. Daher kann die Umsetzung einer geschlechtergerechten Gesundheitsförderung und Prävention sowohl für die Träger der betrieb-

---

[2] s. dazu auch die Beiträge von Ritter/Elsigan/Kittel und Pieck in diesem Band.
[3] s. dazu die Beiträge von Beermann/Brenscheidt/Siefer, Dressel und Kuhn in diesem Band.

lichen Gesundheitsförderung sowie für die Betriebe und Unternehmen als auch für die ArbeitnehmerInnen einen attraktiven Zugewinn bieten.

Literatur

[1] Abel T, Graf N, Niemann S (2001) Gender bias in the assessment of physical activity in population studies. Sozial- und Präventivmedizin 46:268–272
[2] Arbeitsgemeinschaft der Spitzenverbände der Krankenkassen und Medizinischer Dienst der Spitzenverbände der Krankenkassen (2007) Dokumentation 2005. Leistungen der Gesetzlichen Krankenversicherung in der Primärprävention und der Betrieblichen Gesundheitsförderung gemäß § 20 Abs. 1 und 2 SGB V. Essen
[3] Bisig B, Gutzwiller F (Hrsg) (2002) Frau und Herz. Epidemiologie, Prävention und Behandlung der koronaren Herzkrankheit bei Frauen in der Schweiz. Hans Huber, Bern
[4] Doyal L (2004) Sex und Gender: Fünf Herausforderungen für Epidemiologinnen und Epidemiologen. Gesundheitswesen 66:153–157
[5] Doyal L (2000) Gender equity in health: debates and dilemmas. Social Science and Medicine 51:931–939
[6] Kolip P (2003) Frauen und Männer. In: Schwartz FW, Badura B, Busse R, Leidl R, Raspe H, Siegrist J, Walter U (Hrsg) Das Public Health Buch. Gesundheit und Gesundheitswesen. 2., völlig neu bearbeitete und erweiterte Auflage. Urban & Fischer, München, S 642–653
[7] Kuhlmann E, Kolip P (2005) Gender und Public Health. Juventa, Weinheim
[8] Lademann J, Kolip P (2005) Gesundheit von Frauen und Männern im mittleren Lebensalter. Robert Koch Institut, Berlin
[9] Lademann J, Mertesacker H, Gebhardt, B (2006) Psychische Erkrankungen im Fokus der Krankenkassen. Psychotherapeutenjournal 2006 (2):127–133
[10] Lange C (2007) Gender Mainstreaming in der Gesundheitsberichterstattung des Bundes. In: Baer S, Hildebrandt K (Hrsg.) Gender Works! Gender Mainstreaming: Gute Beispiele aus der Facharbeit. Peter Lang, Frankfurt am Main, S 152–167
[11] Luy M (2002) Warum Frauen länger leben. Erkenntnisse aus einem Vergleich von Kloster- und Allgemeinbevölkerung. Bundesinstitut für Bevölkerungsforschung beim Statistischen Bundesamt, Heft 106, Wiesbaden
[12] Payne S (2001) Smoke like a man, die like a man? A review of the relationship between gender, sex and lung cancer. Social Science and Medicine 53:1067–1080
[13] Peter F, Thönen S (2004) Geschlechterspezifische Gesundheitskosten – eine Literaturübersicht. In: Camenzind P, Meier C (Hrsg) Gesundheitskosten und Geschlecht. Eine genderbezogene Datenanalyse für die Schweiz. Hans Huber, Bern, S 32–43
[14] RKI – Robert Koch Institut (2006) Gesundheit in Deutschland. Robert Koch Institut, Berlin
[15] Rosenbrock R (1995) Public Health als soziale Innovation. Das Gesundheitswesen 57:140–144
[16] Statistisches Bundesamt (2007) Todesursachen in Deutschland. Statistisches Bundesamt, Wiesbaden
[17] WHO Euro (2001) Mainstreaming gender equity in health. Madrid Statement. Kopenhagen: WHO Euro[35]

KAPITEL 2

Biologische Grundlagen der Genderdifferenz

J. E. FISCHER · G. HÜTHER

Zusammenfassung. Männer und Frauen denken und fühlen unterschiedlich. Männergehirne unterscheiden sich im Durchschnitt sowohl in der Struktur als auch in manchen Funktionen von Frauengehirnen. Diese Unterschiede wurzeln bereits in der genetischen Programmierung der Nervenzellen im wachsenden Embryo. Im Laufe der Kindheit verstärken und verfestigen sich Unterschiede zwischen den Geschlechtern durch die Umwelt und die körperliche Weiterentwicklung. Gesundheitlich reagieren Männer in der Regel empfindlicher auf verletzten Stolz und fehlende Wertschätzung als Frauen. Sie profitieren stärker vom Ausbau ihres Einfluss- und Handlungsspielraums. Bei Frauen steht dass Bedürfnis nach sozialer Gemeinschaft mehr im Vordergrund. So ist es für Frauen von besonderer Bedeutung, das Miteinander im Team zu stabilisieren und zu fördern, insbesondere durch sensible Auswahl der Führungspersonen. Gerade in Zeiten gesteigerter Produktivitätsanforderungen sind Personal- und Führungsverantwortliche gut beraten, die neurobiologischen Grundlagen der Geschlechtsunterschiede zu berücksichtigen.

Männer sind im Durchschnitt mehr als 10 cm größer als Frauen. Männer haben mehr Muskelmasse als Frauen. Männliche Neugeborene haben eine um 6 Jahre kürzere Lebenserwartung als neugeborene Mädchen. Männer sitzen häufiger in der Vorstandsetage, aber auch häufiger im Gefängnis. Männergesundheit ist anfälliger für einen Mangel an Wertschätzung bei der Arbeit, Frauengesundheit ist anfälliger für einen Mangel an sozialer Unterstützung. Frauen verfügen im Durchschnitt über das bessere Sprachverständnis, Männer verfügen über das bessere räumliche Vorstellungsvermögen. Frauen leiden etwa doppelt so häufig wie Männer an Panikattacken oder Depression und mehr als viermal so häufig wie Männer an posttraumatischen Belastungsstörungen oder Magersucht. Dafür finden sich unter den Drogen- und Alkoholabhängigen doppelt so viele Männer wie Frauen und viermal so häufig antisoziale Persönlichkeitsstörungen. Ergo: Männer denken anders als Frauen. Sie fühlen anders, und sie reagieren anders.

Was ist die Ursache dieser Unterschiede: Sind es die Gene oder ist es die gesellschaftliche Prägung durch allgegenwärtige Vorbilder und Erziehungsstile? Um die Antwort dieses Kapitels vorwegzunehmen: Weder das eine noch das andere. Die Gehirne von Frauen und Männern sind unterschiedlich, doch Gehirne sind auch erstaunlich plastisch. Das Gehirn reagiert bereits im Mutterleib auf Hormonsignale aus dem Körper und passt seine Entwicklung entsprechend an. Es wird zeitlebens auf Signale von innen und auf Reize von außen reagieren. Das Gehirn lernt täglich dazu, bis ins hohe Alter. Das Gehirn ermöglicht es überhaupt, sich in der komplexen Welt zurechtzufinden, indem es für möglichst Vieles automatisierte Reaktionsmuster bereitstellt. Diese automatisierten Muster reichen von einfachen motorischen Fähigkeiten wie Gehen, Werfen oder Springen über Alltägliches wie Autofahren oder der eigenen Unterschrift bis hin zu komplexen psychobiologischen und sozialen Mustern, etwa beim Auftritt eines autoritären Vorgesetzten. Vor allem merkt sich das Gehirn immer wiederkehrende Muster und passt sich daran durch entsprechende neue Verschaltungen an. Ohne Not ändert das Gehirn nichts: Was Hänschen nicht gelernt hat, wird auch Hans nur widerwillig anpacken. Was Hänschen und Lieschen aber fleißig üben, das wird Hans´ und Lieses Gehirn später leichter abrufen – sei es Musizieren, sich Einfühlen, Tastendrücken auf Handy-Tastaturen oder blitzschnelles Reagieren am Computer-Joystick bei Bildschirm-Shootouts. Unser Gehirn denkt und arbeitet so, wie wir es gebrauchen.

2.1 Männergehirne sind anders als Frauengehirne

Männergehirne unterscheiden sich im Durchschnitt tatsächlich sowohl in der Struktur als auch in manchen Funktionen von Frauengehirnen. Das Gehirn von Männern ist im Durchschnitt etwas größer, dafür ist die Großhirnrinde von Frauenhirnen stärker gefurcht. Bei Frauen sind die Verbindungen zwischen den beiden Großhirnhälften stärker ausgebaut. Nicht nur beim Menschen finden sich geschlechtsabhängige Unterschiede in den verschiedensten Kerngebieten, sondern auch bei Ratten und allen anderen Säugetieren. Bildgebende Verfahren wie die funktionelle Kernspintomografie wiesen eine Vielzahl von Unterschieden in der Arbeitsweise zwischen männlichen und weiblichen menschlichen Gehirnen nach. So beschränken sich beispielsweise die Aktivierungsprozesse, die mit dem Hervorbringen und dem Verstehen von Sprache einhergehen, bei Männern stärker auf die linke Gehirnhälfte. Im männlichen Gehirn sind bestimmte Areale des Frontalhirns, namentlich der orbifrontale Cortex, weniger stark ausgebildet [4]. Männern scheint es im Durchschnitt schwerer als Frauen zu fallen, Impulse aus dem limbischen System durch orbifrontale Verarbeitungsprozesse zu kontrollieren. Mit anderen Worten, es fällt Frauen im Durchschnitt leichter, aufkommende Impulse mit Vernunft und Verstand zu filtern. Generell scheinen Männer bei der Analyse optischer und anderer sensorischer Eingänge weniger komplexe Erregungsmuster in unterschiedlichen Bereichen der Großhirnrinde aufzubauen und miteinander zu verknüpfen als Frauen. Männer erkennen beispielsweise ein komplexes Objekt schneller. Indem sie die für diese Zuordnung störende Analyse weniger wichtige Merkmale unterdrücken, bleibt das dabei im Gehirn generierte Erregungsmuster entsprechend einfacher.

Diese Unterschiede scheinen nicht ohne Folgen für das Verhalten: Bereits im Kindergarten spielen Jungen lieber mit Feuerwehrautos und Baggern, Mädchen mit Puppen. Von allen Mädchen machen 30% das Abitur, im Vergleich zu 22% der Jungen. Im Durchschnitt sagt man Jungen das bessere räumliche Vorstellungsvermögen und die besseren Leistungen in Mathematik oder Physik nach. Doch besonders stabil sind die Unterschiede nicht: Erzählt man Mädchen vor einem Mathematiktest, sie sollten nur ein Problem lösen, so fanden Psychologen der University of Arizona keine Unterschiede. Erzählt man den Mädchen hingegen vor dem Mathetest, sie hätten aufgrund genetischer Mängel schlechtere Chancen, so lösen sie die Aufgaben tatsächlich schlechter als Jungen.

Wir wissen inzwischen, dass sich das Gehirn in viel stärkerem Maß als bisher angenommen „nutzungsabhängig" strukturiert. Die Größe einzelner Kerngebiete, bzw. die in diesen Kerngebieten enthaltenen Zellzahlen, hängen bereits vorgeburtlich von einer ganzen Reihe von Faktoren ab, die weder vom Gehirn selbst beeinflusst, geschweige denn gesteuert sind. Das gilt auch für die Verknüpfungen zwischen einzelnen Nervenzellen und ganzen Nervenzellverbänden, die sogenannten axonalen und dendritischen Verknüpfungen. Es gilt ebenfalls für die Entwicklung der Synapsendichte, der einzelnen Kontaktstellen zwischen Nervenzellen. Nur dort, wo Nervenzellen über Synapsen miteinander kommunizieren, kann auch Information verarbeitet werden.

Angesichts dieser Vielzahl struktureller und funktioneller Unterschiede liegt die Vermutung nahe, dass diese die „biologischen" Ursachen für die beobachtbaren Unterschiede beim Denken, Fühlen und Verhalten zwischen Männern und Frauen erklären. Doch lassen diese mit modernen neurobiologischen Verfahren nachweisbaren Besonderheiten der „neurobiologischen Unterschiede" des erwachsenen Männer- und Frauengehirns die Urfrage offen: Sind diese Unterschiede die Ursache des unterschiedlichen Verhaltens oder hat der unterschiedliche Gebrauch des Gehirns die

Unterschiede verursacht? Säugetiere, deren Hippocampus deutlich größer als „normalerweise" ist, werden sich im Allgemeinen auch besser räumlich orientieren können. Das gilt für Laborratten wie für den Menschen. Und zweifellos hängt die individuelle Ausprägung der an der Impulskontrolle beteiligten Frontalhirnfunktionen mit dem Vernetzungsgrad und damit auch mit der Größe des präfrontalen Cortex zusammen. Aber die wahre Ursache für ein besseres Orientierungsvermögen oder eine mangelnde Impulskontrolle ist nicht der größere Hippocampus oder das kleinere Frontalhirn, sondern das, was dazu beigetragen hat, dass der Hippocampus bei bestimmten Personen besonders gut oder das Frontalhirn eben nur recht dürftig herausgeformt werden konnte.

Unscharfe Trennungen zwischen bestimmten Ursachen und ihren Folgen sind vor allem deshalb für die Erklärung von biologisch begründeten Unterschieden zwischen Männern und Frauen bedenklich, weil die betreffenden Folgen selbst wieder zu Ursachen für weitere Anpassungsleistungen auf anderen Ebenen werden. Die Unterschiede im Gehirn von Männern und Frauen sind ein besonders anschauliches Beispiel, wie Ursachen und Wirkungen einander gegenseitig bedingen. Die Frage ist daher, weshalb Männer ein Gehirn bekommen, mit dem sie im Allgemeinen weniger gut zuhören, dafür aber glauben, besser rückwärts einparken zu können.

2.2 Der unterschiedliche Gen- und Hormonmix

Die Unterschiede beginnen bereits bald nach der Geburt. Im Gehirn von erwachsenen Mäusen sind rund 650 Gene zwischen männlichen und weiblichen Mäusen unterschiedlich aktiviert, mithin etwa ein Siebtel aller im Gehirngewebe von Mäusen aktiven Gene [24]. Ein beträchtlicher Teil der bei weiblichen Tieren im Gehirn vermehrt aktivierten Gene liegt auf dem X-Chromosom, das bei weiblichen Tieren doppelt vorkommt, während männliche Tiere über ein X- und ein Y-Chromosom verfügen [17]. Ein Teil der unterschiedlichen Genaktivierung ist bereits nachweisbar, bevor im Mutterleib die sich entwickelnden Keimdrüsen erste Geschlechtshormone in den Embryo ausschütten [7]. Beim menschlichen Embryo setzt im Alter von etwa sechs bis sieben Wochen die hormongesteuerte Entwicklung ein. Sie ist an die Aktivität eines auf dem männlichen Y-Chromosom lokalisierten SRY-Genes gebunden und sorgt für den Abbruch der Entwicklung der Eierstöcke und für die Ausbildung von Hoden. Neben dem unterschiedlichen Aktivierungsmuster von Genen aufgrund der doppelten X-Chromosomen bei zukünftigen Mädchen und der XY-Chromosomen bei zukünftigen Jungen [6] sorgt vor allem der unterschiedliche Hormonmix der bald einsetzenden „intrauterinen Pubertät" für eine unterschiedliche Gehirnentwicklung. Vereinfacht gesagt ist bei männlichen Feten die Konzentration an männlichem Sexualhormon Testosteron sehr viel höher als die der weiblichen Sexualhormone Östrogen und Progesteron [1]. Das ursprünglich als weibliches Sexualhormon für den Erhalt von Schwangerschaft identifizierte Progesteron scheint nach neueren Befunden eine zeitlich präzis gesteuerte Rolle bei der Entwicklung der verschiedensten Regionen des männlichen Gehirns zu spielen [23].

Im sich entwickelnden Gehirn wirken die bei Jungen bereits vorgeburtlich erhöhten Testosteronspiegel beschleunigend auf die Differenzierung der rechten Hemisphäre. Bereits pränatal wird bei Jungen der später für das räumliche Vorstellungsvermögen zuständige rechte Cortex stärker ausgeprägt als bei Mädchen. Weil das Gehirn von Mädchen weniger lateralisiert ist, nutzen weibliche Babys beim Sprechenlernen eher beide Hemisphären und formen die Sprachzentren anfangs nicht nur im linken Cortex, sondern auch im rechten Cortex heraus. Eine Folge davon ist, dass Frauen später im Fall eines linksseitigen Schlaganfalls weniger häufig ihre Sprachfähigkeit sowie andere stärker links lateralisierte Fähigkeiten einbüßen als Männer. Die gleichmäßigere Nutzung beider Gehirnhälften bedingt bei Frauen auch eine stärkere Entwicklung des Balkens, der Faserverbindung zwischen beiden Hirnhälften. Auch die Ausreifung der großen, globalisierenden Transmittersysteme wird offenbar entscheidend durch Sexualsteroide modifiziert. Östrogene fördern beispielsweise die Expression von Serotoninrezeptoren und führen zur Herausbildung einer erhöhten Dichte von Serotoninrezeptoren im limbischen System und im präfrontalen Cortex. Die Unterschiede betreffen nicht nur die für kognitive Leistungen wichtigen Areale sondern auch die Gehirnregionen, die zwischen Organismus und Gehirn vermitteln (der Hypothalamus) sowie Kerne in der Amygdala, welche die Angst- und Furchtreaktionen steuern [11].

Die Folgen des Hormonmix im Mutterleib beschränken sich nicht nur auf die Gehirnentwicklung, sondern erstrecken sich auf eine ganze Reihe von Körpermerkmalen. Dazu zählt beispielsweise die Gesichtsform (je höher der pränatale Testosteronspiegel, desto „männlicher" bzw. „robuster" wird die Ausformung des Gesichts) oder die Länge der Finger (ein langer Ringfinger wird durch höhere Testosteronspiegel begünstigt). Zwar sind die Unterschiede gering und lassen bei Einzelpersonen keine Rückschlüsse zu. Fasst man aber große Gruppen zusammen, so ist das Verhältnis bei Frauen etwa 1.0, bei Männern 0.98 [16]. Forscher der University of Bath untersuchten nun die Unterschiede zwischen Männern und Frauen bei Akademikern [3]. Interessanterweise fanden sie keine Geschlechtsunterschiede. Teilten sie die Teilnehmer indes nach

Fachgebieten auf, so fanden sie typisch „männliche" Fingerlängen bei Wissenschaftlerinnen und Wissenschaftlern der Architektur, Ökonomie, Management, Sport und Sozialwissenschaften. Typisch „weibliche" Fingerlängen wiesen Akademiker der Chemie, Computerwissenschaften, Mathematik und Physik auf – unabhängig vom Geschlecht [3]. Mit anderen Worten: Östrogene scheinen die Logik ins Männergehirn zu bringen, Testosteron unterstützt bei Frauen die Entwicklung sozialer Kompetenz.

Widerspricht Letzteres nicht der landläufigen tradierten Ansicht, Testosteron steigere Durchsetzungsvermögen und Dominanz? Testosteron fördert Muskelaufbau und den Leistungsabruf. Und: Höhere Testosteronwerte finden sich im Durchschnitt bei männlichen Gewalttätigen [21]. Männer mit niedrigeren Testosteronwerten zeigen im gespielten Rollenkonflikt mit der Ehefrau eher lösungsorientiertes Verhalten. Bei den Ehefrauen indes unterstützten die mit höheren Testosteronwerten ihre Männern besser im gespielten Konflikt [5]. Die gleiche Substanz entfaltet also abhängig vom Geschlecht ganz unterschiedliche Wirkungen. Hormone, und hier vor allem die Sexualsteroide, beeinflussen aber nicht nur die Hirnentwicklung von Männern und Frauen in spezifischer Weise. Hormone sind auch die entscheidenden Auslöser und Regulatoren für die auf der Ebene der körperlichen Entwicklung zwischen beiden Geschlechtern sich herausbildenden Unterschiede. Männer bekommen nicht deshalb einen anderen Körper als Frauen, weil sie ein anderes Gehirn haben, sondern weil ihre Keimdrüsen andere Hormone produzieren und in den Blutkreislauf ausschütten.

Diese Hormonwirkungen sind stark, sie dominieren die im Körper ablaufenden Reifungsprozesse und damit auch die Ausbildung der bekannten körperlichen Unterschiede. Weniger bekannt ist, dass auch die Gehirnentwicklung ganz entscheidend von der körperlichen Entwicklung abhängt. Spezifische Strukturen und Verknüpfungen im Gehirn können sich nur deshalb herausbilden, gebahnt und stabilisiert werden, weil sie einen entsprechenden „Input" aus der Peripherie, also von den sich entwickelnden körperlichen Strukturen bekommen. Nur anhand dieser Eingänge aus dem Körper werden im Gehirn allmählich immer spezifischere und komplexere Regelkreise und Netzwerke zur Steuerung dieser körperlichen Prozesse herausgeformt und als „innere Repräsentanzen" für die betreffenden Körperfunktionen abgelegt. Das beginnt bereits im Mutterleib mit den allerersten Bewegungen des Embryos und setzt sich fort über die gesamte Kindheit. Und in dem Maße, wie sich der Körper von Mädchen und Jungen, später von Männern und Frauen unterschiedlich entwickelt, werden eben auch die betreffenden Regelkreise, Netzwerke und Repräsentanzen in entsprechender, geschlechtsspezifisch unterschiedlicher Weise herausgeformt. Bereits Kinder zeigen bei sorgfältiger Untersuchung Geschlechts-Unterschiede der neuromotorischen Fähigkeiten. So führen Jungen einfache motorische Aufgaben, wie etwa Wiederholungsbewegungen, etwas rascher aus als Mädchen. Bei komplexen und adaptiven Bewegungsmustern hingegen sind die Mädchen rascher. Und Mädchen machen bei den meisten Bewegungsaufgaben weniger Mitbewegungen der nicht beteiligten Körperpartien. Dadurch sehen die Bewegungen der Mädchen geschickter und harmonischer aus [10].

Nicht alles indes hängt allein vom Hormonstatus und von der Entwicklung des Körpers ab. Tierversuche zeigen, dass bestimmte Verhaltensweisen der Muttertiere während der frühen Entwicklung die Ablesewahrscheinlichkeit von Genen für den Rest des Lebens verändern. Mehr noch, die durch Genexpression modifizierten Verhaltensmuster werden offenbar an die nächste Generation weitervererbt. Anders gesagt: Die Erziehung in der Elterngeneration verändert Gene, die in der nächsten Generation das Verhalten steuern [12].

2.3 Männersorgen

Hebammen, Geburtshelfer und Kinderärzte wissen aus Erfahrung, dass männliche Neugeborene im Allgemeinen etwas vulnerabler und konstitutionell schwächlicher sind als weibliche, vor allem wenn sie zu früh zur Welt kommen. Wenn Säuglinge an gesundheitlichen Problemen sterben, dann sind das statistisch gesehen etwas häufiger die Jungen. Auch vorgeburtlich sterben schon etwas mehr männliche Embryos ab als weibliche, vor allem während der komplizierten Prozesse der Einnistung und der ersten Entwicklungsstadien zu Beginn der Schwangerschaft. Auch das ist inzwischen wissenschaftlich – wenngleich in einem ungeplantem Experiment – nachgewiesen. In den ersten Jahren nach der Wende ging der Anteil männlicher Nachkommen in der ehemaligen DDR messbar zurück. Die erhöhte psychische Belastung der werdenden Mütter in dieser gesellschaftlichen Umbruchszeit hat möglicherweise dazu geführt, dass weniger männliche Nachkommen geboren wurden. Unter diesen ungünstigen Bedingungen waren noch mehr der etwas empfindlicheren männlichen Embryonen als normalerweise zugrunde gegangen. Offen bleibt, warum es in der Evolution von Vorteil war, in Krisenzeiten tendenziell mehr Mädchen auf die Welt zu bringen, als Jungen.

Wenn nicht nur männliche Embryonen, sondern auch die sich daraus entwickelnden männlichen Föten und sogar noch die zur Welt kommenden männlichen Nachkommen im Durchschnitt konstitutionell etwas empfindlicher und vulnerabler sind, so ist das nach dem Wissen über die nutzungsabhängige Strukturierung des Gehirns vermutlich nicht ohne Folgen für die gleichzeitig im Gehirn ablaufenden Reifungsprozesse. Da während dieser frühen Phasen gewissermaßen das Fundament für alle nachfolgenden Reifungs- und Strukturierungsprozesse in den „höheren", vor allem in den kortikalen Bereichen des menschlichen Gehirns angelegt wird, ist davon auszugehen, dass sich die Gehirne der etwas weniger komplex veranlagten Jungen auch später, während der frühen Kindheit weiterhin anders entwickeln und strukturieren als die der im Allgemeinen etwas stabileren und konstitutionell stärkeren Mädchen. Nur in einem werden die Jungen, vor allem ab der Pubertät, im Allgemeinen deutliche Vorteile haben: im Einsatz grober Kraft.

Tendenziell haben Jungen offenbar von Anfang an größere Schwierigkeiten bei der Aneignung und neuronalen Verankerung von komplexeren Denk-, Gefühls- und Verhaltensmustern. Besonders unter belastenden und weniger entwicklungsförderlichen Lebenswelten werden sich in der Kindheit mit größerer Wahrscheinlichkeit die bereits vorgeburtlich angelegten, stärker durch die Wirkung genetischer Programme herausgeformten Verschaltungsmuster aktivieren und auch entsprechend stabilisieren. Konkret bedeutet das: Schon kleine Jungen werden angesichts einer neuen, von ihnen zu bewältigenden Herausforderung mit einer höheren Wahrscheinlichkeit als kleine Mädchen auf präformierte Muster, etwa auf die Aktivierung einfacher motorischer Leistungen, zurückgreifen.

Da nun aber jede Weiterentwicklung auch im Hirn nur auf der Grundlage der bis dahin bereits herausgeformten neuronalen Verschaltungs- und Beziehungsmuster erfolgen kann, ist davon auszugehen, dass einmal entstandene Defizite entsprechende langfristige Folgen haben. Was bereits Jungen daher noch mehr als kleine Mädchen brauchen, sind emotionale Sicherheit und liebevolle, fürsorgliche Zuwendung, Wertschätzung und Anerkennung. Danach suchen sie mehr als nach allem anderen. Aber leider finden sie das in unserer gegenwärtigen Gesellschaft ausgerechnet bei solchen Menschen, welche sich in der Regel denkbar schlecht als Vorbilder in Bezug auf Persönlichkeitsentwicklung eignen: Rennfahrer, Popstars, Fußballhelden und Filmschauspieler, neuerdings auch die virtuellen Helden ihrer Computerspiele. Von ihnen, den schillernden und scheinbar erfolgreichen, sicher auftretenden und deshalb bewunderten Vorbildern übernehmen gerade Jungen die Strategien zur Bewältigung ihrer eigenen Unsicherheiten und Ängste: Das angeberische, coole Gehabe, das extrovertierte Verhalten, die rücksichtslose Verfolgung ihrer eigenen Interessen, die Begeisterung für Autos, Fußball und alles, was zur Zeit „in" oder gerade „angesagt" ist. Da die Strukturierung des kindlichen Gehirns ganz entscheidend davon bestimmt wird, wie und wofür es benutzt wird, hat diese Orientierung an fragwürdigen äußeren Vorbildern auch entsprechende Folgen für die bevorzugten neuronalen Verschaltungsmuster, mit denen die Jungen postpubertär in die Erwachsenenwelt eintreten.

Ob die Ursache unterschiedlichen Problemlöseverhaltens in der durch regelmäßige Bewegung der überlegenen Muskelpakete anders entwickelten Gehirne zu suchen ist, oder in den bereits in frühester Entwicklung unter hormonellem Einfluss entwickelten anders strukturierten Verschaltungen: Männer reagieren als Erwachsene im Allgemeinen eher extrovertiert und vielfach sogar aggressiv ihre psychischen Probleme ab, während Frauen eher bei sich selbst nach Ursachen suchen. Bisweilen verstricken sie sich dabei emotional so lange, bis sich Ursachen und Symptome kaum noch voneinander unterscheiden lassen. Während Frauen eher unter familiären oder partnerschaftlichen, also Beziehungsproblemen leiden, sind Männer psychisch häufiger von beruflichen Problemen, finanziellen Sorgen oder körperlichen Gebrechen belastet. Männer folgen offenbar häufiger als Frauen der auch gesellschaftlich unterstützten Vorstellung, durch ihr Tun der Welt etwas beweisen zu müssen, obwohl in Wirklichkeit gar niemand da ist, der solche Beweise fordert oder auf sie wartet – ausgenommen der Betreffende selbst.

Markante Unterschiede im Dominanzanspruch prägen die Erwachsenenwelt in nahezu allen Kulturen und Gesellschaftsschichten. In Bezug auf Lernverhalten und schulische Leistungen unterscheiden sich Jungen und Mädchen – zumindest bis zur Pubertät – mit deutlichen Nachteilen für die Jungen. Da in der Pubertät die Grundlagen für den Abitursdurchschnitt gelegt werden, setzen sich die Geschlechtsunterschiede zum Teil auch in den Zulassungszahlen für Numerus-Clausus-Fächer fort. Als kürzlich an der Heidelberger Universität die Doktorenhüte in der Medizin vergeben wurden, war die Mehrzahl der frisch Promovierten weiblichen Geschlechts. Erst bei der Preisvergabe für die besten Arbeiten hatten die Männer plötzlich einen Vorteil von 10:1. Hat dieser überraschende akademische Zwischenspurt des männlichen Geschlechts nun mit einer tatsächlichen Überlegenheit der Männer bei geistigen Höchstleistungen zu tun? Oder spiegelt sich darin nur wieder das rollenspezifische Dominanzverhalten und das Geschlechtsverhältnis der beurteilenden Professoren – dort überwiegen die Männer im Verhältnis von etwa 10:1? Wenn Männer soviel Bestätigung aus beruflichen Gratifikationen ziehen, wundert ein kürzlich aus Dänemark publizierter Befund nicht mehr: Nach einer Langzeituntersuchung bei Arbeitnehmern ist für Männer im mittleren Lebensalter der größte arbeitsbedingte Risikofaktor für depressive Symptomatik die Angst vor dem Arbeitsplatzverlust; bei Frauen ist es der Mangel an unterstützenden sozialen Beziehungen [9, 19].

Die Wende nach 1989 führte im Ostblock zu markanten gesellschaftlichen Veränderungen. Obwohl in Ungarn das Bruttosozialprodukt seit der Öffnung rasant gestiegen ist, haben sich die gesellschaftlichen Binnenverhältnisse verschlechtert mit heute höherem Gradienten zwischen Armen und Reichen, sowie allgemein gestiegener Unsicherheit über die Zukunft. Die Folgen davon zeigen sich vor allem beim „starken" Geschlecht: mit einer Zunahme von Depression, chronischen Erkrankungen, Alkoholproblemen und bei über 40-jährigen Männern mit einem dramatischen Anstieg der Sterberate, die heute höher ist als 1960 [15, 20]. Unsichere Arbeit, fehlender Sinn im Leben oder das Fehlen eines Lebenspartners verdreifachen das Risiko eines vorzeitigen Todes – äquivalent zum Rauchen von ein bis zwei Schachteln Zigaretten pro Tag. Der stärkste Risikofaktor überhaupt sind bei Frauen familiäre Sorgen, bei Männern eine Ehefrau, die sie nicht unterstützt.

2.4 Frauen- und Männerwelten im Berufsleben

Wie schlagen sich die Geschlechtsunterschiede im Berufsleben nieder? Wirken beispielsweise psychosoziale Belastungen und chronischer Stress am Arbeitsplatz unterschiedlich bei Männern und Frauen? Antworten darauf geben vor allem Langzeituntersuchungen, bei denen sowohl psychische Belastungsfaktoren als auch biologische Risiken bei Studienbeginn erfasst und Jahre bis Jahrzehnte später mögliche gesundheitliche Folgen untersucht wurden. Solche Untersuchungen existieren in Europa unter anderem mit der Whitehall-Studie an britischen Staatsangestellten in England, in den skandinavischen Ländern, in Frankreich, aber auch in Ungarn. Die Forschung zu beruflichen Belastungen hat vor allem solche Arbeitssituationen als schwierig identifiziert, bei denen die Arbeitenden hohe Anforderungen erfüllen müssen und gleichzeitig über wenig Einfluss und Kontrollmöglichkeit verfügen. Über alle Studien zeigt sich vergleichsweise einheitlich, dass derartiger Job-Stress das Risiko für Herzinfarkt etwa verdoppelt [8, 14]. Bei Männern steigt nach der Cornell-Worksite-Studie der Blutdruck unter Job-Stress signifikant an, bei Frauen nicht. Doch wieder ist die Situation bei Frauen komplexer: Frauen mit Universitätsabschluss und kleinen Kindern zu Hause haben – wie die Männer – unter Job-Stress erhöhte Blutdruckwerte. Bei Frauen ohne Universitätsabschluss zeigte sich kein Zusammenhang [2].

Unterschiedlich schlagen sich die Schutzfaktoren bei beruflichen Belastungen nieder wie Wertschätzung, Teilhabe, Transparenz und Fairness der Organisation oder mitarbeiterorientierte Vorgesetzte. In der britischen Whitehall-Studie wirkte sich eine verbesserte Fairness und Transparenz bei Männern stärker auf die Selbsteinschätzung der Gesundheit aus als bei Frauen [13]. In einer tschechischen Untersuchung zeigte sich als wichtiger Schutzfaktor vor Herzinfarkt bei Frauen die Größe des sozialen Netzwerks, im Gegensatz zu Männern [18]. Eine Untersuchung unserer Arbeitsgruppe an mehr als 300 Frauen und Männern in hohen Führungspositionen unterstützt diese Daten. Danach profitieren Manager bei hohen Anforderungen im Job gesundheitlich von einer höheren Kontroll- und Einflussmöglichkeit – unabhängig vom Umfeld. Bei Frauen in Führungspositionen wirkt der größere Handlungsspielraum nur dann als Schutzfaktor, wenn zugleich auch die soziale Unterstützung im beruflichen Umfeld als gut wahrgenommen wird.

Für Personalverantwortliche und Führungskräfte bedeutet das in den Zeiten geforderten Produktivitätszuwachses vor allem, für gute Schutzfaktoren zu sorgen und hier die Unterschiede zwischen Männern und Frauen zu respektieren: Im Allgemeinen wird es für Frauen in Arbeitsgruppen günstig sein, das Miteinander im Team zu stabilisieren und zu fördern, insbesondere durch sensible Auswahl der Führungspersonen. Wenn die Belastungen zunehmen, steigt auch das Bedürfnis nach sozialer Gemeinschaft. Männer profitieren stärker vom Ausbau ihres Einfluss- und Handlungsspielraums. Männer reagieren noch sensibler auf die Achtung und Wertschätzung durch die Vorgesetzten. Die Maxime, keine Schimpftiraden seien schon genug an Lob, ist alles andere als gesundheitsförderlich. Einsame Männer ohne Wertschätzung und Arbeit haben kein langes Leben vor sich.

Zusammengefasst ergibt sich folgendes Bild: Die im Erwachsenenalter beobachtbaren Unterschiede zwischen Männern und Frauen basieren ebenso wie die unterschiedlichen körperlichen Merkmale auf genetischen und hormonellen Unterschieden, die bereits im Mutterleib angelegt werden, und die sich im Laufe der Kindheit durch die Umwelt und die körperliche Weiterentwicklung verstärken und verfestigen. Gesellschaftliche Einflüsse und Erziehungsstil werden daher weder aus Jungen Mädchen machen noch umgekehrt. Das Scheitern der Versuche einer geschlechtsneutralen Erziehung begründet sich in der unterschiedlichen Ausgangslage und den unterschiedlichen Bedürfnissen. Biologisch gibt es keinen Grund dafür, dass Frauen bei gleicher Arbeit weniger verdienen oder weniger leistungsfähig für Führungspositionen sind. Die Variabilität innerhalb der Geschlechter ist groß genug, dass bei geeigneten Bedingungen in der Kindheit sowohl sozialkompetente Männer heranwachsen, als auch Frauen, die erfolgreiche Großunternehmen führen, unabhängig davon, ob die Lieblingsfarbe bei Mädchen rosa ist und sie im Kindergarten lieber Familie spielen als Feuerwehr und Indianer. Geschlechtsunterschiede zeigen sich Jahrzehnte später markant darin, was unter belastenden Berufssituationen schützt, etwa vor Burnout: Nach vorläufigen Daten aus einer schwedischen Langzeituntersuchung sind das bei Frauen die gute soziale Unterstützung im Team, bei Männern die Abwesenheit von Stress mit dem Häuptling sowie Kontrolle und Handlungsspielraum [22].

Literatur

[1] Baum MJ (2006) Mammalian animal models of psychosexual differentiation: when is 'translation' to the human situation possible? Horm Behav 50:579–88
[2] Brisson C, Laflamme N, Moisan J, Milot A, Masse B, Vezina M (1999) Effect of family responsibilities and job strain on ambulatory blood pressure among white-collar women. Psychosom Med 61:205–13
[3] Brosnan MJ (2006) Digit ratio and faculty membership: implications for the relationship between prenatal testosterone and academia. Br J Psychol 97:455–66
[4] Cahill L (2006) Why sex matters for neuroscience. Nat Rev Neurosci 7:477–84
[5] Cohan CL, Booth A, Granger DA (2003) Gender moderates the relationship between testosterone and marital interaction. J Fam Psychol 17:29–40
[6] Davies W, Isles AR, Burgoyne PS, Wilkinson LS (2006) X-linked imprinting: effects on brain and behaviour. Bioessays 28:35–44
[7] Davies W, Wilkinson LS (2006) It is not all hormones: alternative explanations for sexual differentiation of the brain. Brain Res 1126:36–45
[8] De Vogli R, Ferrie JE, Chandola T, Kivimaki M, Marmot MG (2007) Unfairness and health: evidence from the Whitehall II Study. J Epidemiol Community Health 61:513–8
[9] Fischer JE, Thayer JF (2006) Invited commentary: tapping the tip of the iceberg. Am J Epidemiol 163:888–90; discussion 891–2
[10] Gasser T, Rousson V, Caflisch J, Largo R (2007) Quantitative reference curves for associated movements in children and adolescents. Dev Med Child Neurol 49:608–14
[11] Gooren L (2006) The biology of human psychosexual differentiation. Horm Behav 50:589–601
[12] Isles AR, Davies W, Wilkinson LS (2006) Genomic imprinting and the social brain. Philos Trans R Soc Lond B Biol Sci 361:2229–37
[13] Kivimaki M, Ferrie JE, Head J, Shipley MJ, Vahtera J, Marmot MG (2004) Organisational justice and change in justice as predictors of employee health: the Whitehall II study. J Epidemiol Community Health 58:931–7
[14] Kivimaki M, Head J, Ferrie JE, Brunner E, Marmot MG, Vahtera J, Shipley MJ (2006) Why is evidence on job strain and coronary heart disease mixed? An illustration of measurement challenges in the Whitehall II study. Psychosom Med 68: 398–401
[15] Kopp MS, Skrabski A, Szekely A, Stauder A, Williams RB (2007) Chronic stress and social changes, socioeconomic determination of chronic stress. Ann N Y Acad Sci
[16] Kraemer B, Noll T, Delsignore A, Milos G, Schnyder U, Hepp U (2006) Finger length ratio (2D:4D) and dimensions of sexual orientation. Neuropsychobiology 53:210–4
[17] Nguyen DK, Disteche CM (2006) High expression of the mammalian X chromosome in brain. Brain Res 1126:46–9
[18] Peasey A, Bobak M, Kubinova R, Malyutina S, Pajak A, Tamosiunas A, Pikhart H, Nicholson A, Marmot M (2006) Determinants of cardiovascular disease and other non-communicable diseases in Central and Eastern Europe: rationale and design of the HAPIEE study. BMC Public Health 6:255

[19] Rugulies R, Bultmann U, Aust B, Burr H (2006) Psychosocial work environment and incidence of severe depressive symptoms: prospective findings from a 5-year follow-up of the Danish work environment cohort study. Am J Epidemiol 163:877–87
[20] Skrabski A, Kopp M, Kawachi I (2003) Social capital in a changing society: cross sectional associations with middle aged female and male mortality rates. J Epidemiol Community Health 57:114–9
[21] Soler H, Vinayak P, Quadagno D (2000) Biosocial aspects of domestic violence. Psychoneuroendocrinology 25:721–39
[22] Theorell, T (2007) Work environment in 2003 in relation to burnout in 2006. Presentation at the American Psychoscomatic Society, Budapest, March 8
[23] Wagner CK (2006) The many faces of progesterone: a role in adult and developing male brain. Front Neuroendocrinol 27:340–59
[24] Yang X, Schadt EE, Wang S, Wang H, Arnold AP, Ingram-Drake L, Drake TA, Lusis AJ (2006) Tissue-specific expression and regulation of sexually dimorphic genes in mice. Genome Res 16:995–1004

KAPITEL 3

Geschlechtsspezifische Dimensionen im Gesundheitsverständnis und Gesundheitsverhalten

T. Faltermaier

Zusammenfassung. Ausgehend von den geschlechtsspezifischen Unterschieden im Gesundheitszustand und ihren psychosozialen Erklärungen stehen in diesem Beitrag das Gesundheitsverständnis und das Gesundheitsverhalten von Frauen und Männern im Mittelpunkt. Zunächst werden zentrale Forschungsergebnisse über die Gesundheitsvorstellungen von Laien berichtet, insbesondere werden ihre subjektiven Gesundheitskonzepte und -theorien beschrieben und nach Geschlechtsdifferenzen befragt. Dann werden geschlechtsspezifische Unterschiede im Risiko- und Gesundheitsverhalten berichtet und auf die Geschlechtsrollen von Frauen und Männern bezogen. Schließlich werden einige Schlussfolgerungen für eine subjektorientierte Praxis gezogen und Ansatzpunkte einer geschlechtssensiblen Prävention und Gesundheitsförderung skizziert.

3.1 Einleitung

Frauen und Männer unterscheiden sich deutlich in ihrem Gesundheitszustand. Erstens zeigen sich große Unterschiede in der Mortalität: In den meisten westlichen Industriegesellschaften haben Frauen je nach Land eine um 5 bis 8 Jahre höhere Lebenserwartung als Männer; diese Geschlechterdifferenz ändert sich auch nicht merklich, wenn – wie in den letzten Jahrzehnten beobachtbar – die Lebenserwartung insgesamt ansteigt oder wenn sich – bei gesellschaftlichen Einschnitten wie dem Zusammenbruch politischer Systeme – dramatische Einbrüche in der Lebenserwartung zeigen [3, 8, 11]. Die Geschlechtsunterschiede zeigen sich epidemiologisch zweitens in der Morbidität. Es gibt Krankheiten, bei denen Männer einen deutlich höheren Anteil haben (z. B. Herzinfarkt, Alkoholismus, Lungenkrebs), und Krankheiten, bei denen Frauen dominieren (z. B. Angststörungen, Depressionen, rheumatische Erkrankungen). Das Bild ist zwar komplex, aber es lässt sich grob so zusammenfassen, dass Frauen insgesamt mehr Krankheiten aufweisen, Männer aber bei jenen überwiegen, die schwer und lebensbedrohlich sind (ebd.). Und es lassen sich drittens deutliche Unterschiede in den Risikofaktoren für schwere Krankheiten und Unfälle feststellen: Männer haben eine insgesamt größere Risikobereitschaft und zeigen häufiger Risikofaktoren wie Rauchen, Alkohol- und Drogenkonsum oder Bluthochdruck sowie riskantes Verhalten im Straßenverkehr oder Sport (ebd.). Schließlich lässt sich das Bild abrunden, wenn viertens die subjektive Einschätzung der eigenen Gesundheit herangezogen wird: Empirische Befunde zeigen konsistent, dass Männer ihren Gesundheitszustand besser einschätzen als Frauen und sich weniger anfällig für Krankheiten fühlen (ebd.).

Diese geschlechtsspezifischen Unterschiede in Gesundheit und Krankheit verlangen natürlich nach Erklärungen. Wir haben in modernen Gesundheitswissenschaften inzwischen eine Vielzahl von Erklärungsansätzen und empirischen Befunden [4, 6], die sich auf dieses Feld übertragen lassen und auf komplexe und multifaktorielle Ursachen für diese Geschlechterdifferenzen verweisen. Sie geben uns zwar noch keine vollständigen Antworten, aber lassen doch deutliche Tendenzen erkennen: Die Geschlechtsunterschiede in Gesundheit und Krankheit sind nicht primär durch biologische oder genetische Faktoren zu erklären, sondern es müssen die unterschiedlichen Lebensverhältnisse und Lebensweisen von Männern und Frauen herangezogen werden, die durch die soziale Konstruktion des Geschlechts (gender) bedingt sind [7]. Die heute empirisch belegten psychosozialen Faktoren in der Ätiologie von vielen Krankheiten beziehen sich auf die Person, auf ihre soziale Umwelt und auf gesellschaftlich-kulturelle Bedingungen: So gehören Stressbedingungen, wie z. B. chronische Belastungen am Arbeitsplatz und in der Familie, oder kritische Lebensereignisse, gesundheitlich riskante Verhaltensweisen im Alltag, wie z. B. Rauchen, ungesunde Ernährung, Bewegungsmangel, Suchtverhalten, riskantes Verhalten im Verkehr und Sport, sowie riskante personale Dispositionen und Einstellungen zu den gut belegten psychosozialen Risiken für Krankheiten [4]. Wir kennen heute aber auch eine Reihe von salutogenen Faktoren, die dazu beitragen, Gesundheit zu erhalten oder vor Krankheiten zu schützen [4]: Der angemessene Umgang mit Belastungen, das Gesundheitsbewusstsein von Individuen und sozialen Gruppen, materielle Ressourcen und soziale Unterstützungsressourcen, protektive Einstellungen zur Gesundheit oder konkrete Gesundheitsverhaltensweisen (wie z. B. gesunde Ernährung, Bewegung und Sport, Entspannung und Genussfähigkeit, angemessener Umgang mit Beschwerden, die regelmäßige Inanspruchnahme von Vorsorgeuntersuchungen). Diese riskanten oder protektiven Bedingungen lassen sich auf die Lebenslagen von Frauen und Männern beziehen und können die oben genannten Geschlechtsunterschiede in weiten Zügen erklären [3]. Gesellschaftliche Rollen, Lebensbedingungen, Einstellungen und Verhaltensweisen lassen sich aber potentiell verändern. Damit werden geschlechtsspezifische Ansätze in den Praxisfeldern der Prävention und Gesundheitsförderung interessant und gesundheitspolitisch relevant. Über die somatische Medizin und die medizinisch angemessene Behandlung von Krankheiten hinaus sind psychosoziale Ansätze in der Prävention, Gesundheitsförderung und Rehabilitation sinnvoll und notwendig [4]. Das in der Praxis bekannte Problem, dass sich Frauen und Männer für Maßnahmen der Prävention und Gesundheitsförderung unterschiedlich erreichen lassen, verweist auf geschlechtssensible Zugänge und Methoden.

Die bisherige Argumentation legt es nahe, dass die Gesundheit von Frauen und Männern auch in ihrer subjektiven Seite von Bedeutung ist, weil die Änderung von psychosozialen Risiko- und Schutzfaktoren nur im Lebensalltag von Menschen und mit ihrer aktiven Beteiligung erfolgen kann. Gesundheitswissenschaftliche Forschungsfelder, die Gesundheit in ihren subjektiven Dimensionen erforschen, sind daher von hoher Relevanz sowohl für die Erklärung von Geschlechtsunterschieden als auch für Praxisansätze einer geschlechtssensiblen Prävention und Gesundheitsförderung [3]. Die subjektorientierte Gesundheitsforschung hat sich bisher vor allem auf das Alltagsverständnis von Gesundheit und Krankheit sowie auf die aktiven Bemühungen von Menschen konzentriert, sich ihre Gesundheit zu erhalten bzw. gesundheitliche Risiken in ihrem Alltag abzubauen. In Abschnitt 3.2 werden zunächst zentrale Ergebnisse über die Gesundheitsvorstellungen von Frauen und Männern berichtet, in Abschnitt 3.3 werden dann geschlechtsspezifische Erkenntnisse über das Gesundheitsverhalten im Alltag beschrieben. In Abschnitt 3.4 sollen schließlich Schlussfolgerungen für die Praxis gezogen und Ansätze einer geschlechtssensiblen Prävention und Gesundheitsförderung skizziert werden.

3.2 Gesundheitsvorstellungen von Laien: Gibt es Unterschiede zwischen Frauen und Männern?

Die Forschungen zu den Gesundheitsvorstellungen von Laien konzentrierten sich auf verschiedene Kognitionen: Unter dem Begriff der subjektiven Gesundheitskonzepte wurde untersucht, welches Verständnis von Gesundheit Laien (im Gegensatz zu Experten) haben und wie dieses in verschiedenen sozialen Gruppen variiert [5]. Über den Gesundheitsbegriff hinausgehende Vorstellungen wurden zum einen als spezifische Kognitionen untersucht, z. B. die Wahrnehmung von gesundheitlichen Risiken oder Überzeugungen von der Kontrollierbarkeit von Gesundheit und Krankheit. Das Ziel dieses Ansatzes liegt darin, mit

Hilfe dieser Vorstellungen eine möglichst gute Voraussage für ein konkretes Gesundheitsverhalten zu machen [10]. Zum anderen wurden so genannte subjektive Theorien von gesunden Laien studiert, die sich auf Gesundheit oder auf spezifische Krankheiten bezogen [5]. Ziel dieses Ansatzes ist es, die subjektiv wahrgenommenen Einflüsse auf Gesundheit nicht nur als einzelne Kognitionen, sondern auch in ihren individuellen Verknüpfungen und ihrer möglichen Komplexität sichtbar zu machen und damit das präventive Handeln bzw. das Gesundheitshandeln im Alltag oder gesunde Lebensweisen besser zu erklären.

Studien in unterschiedlichen Ländern, bei unterschiedlichen Bevölkerungsgruppen und mit unterschiedlichen methodischen Zugängen kommen relativ übereinstimmend zu dem Ergebnis, dass Laien zumeist differenzierte Konzepte von Gesundheit haben, die auf verschiedenen inhaltlichen Dimensionen kategorisiert werden können [5]:

- Gesundheit als psychisches Wohlbefinden: Gesundheit wird als Befinden positiv beschrieben durch Begriffe wie innere Ruhe, Ausgeglichenheit, Lebensfreude und Zufriedenheit.
- Gesundheit als Leistungsfähigkeit: Gesundheit wird als körperliche und/oder geistige Leistungsfähigkeit verstanden und bezieht sich auf das Aktionspotenzial zur Erfüllung von zentralen sozialen Rollen oder Aufgaben, etwa im Beruf oder im Sport.
- Gesundheit als Energiereservoir: Gesundheit wird positiv mit (körperlicher) Stärke oder einem Potenzial an Energie verbunden und kann etwa in der Widerstandskraft gegenüber schädlichen Einflüssen zum Ausdruck kommen.
- Gesundheit als Abwesenheit von Krankheit: Gesundheit wird nicht positiv, sondern negativ definiert, Gesundheit kann nicht direkt erlebt werden, sondern nur dadurch, dass keine Krankheit als ihr Gegenteil vorliegt.
- Gesundheit wird negativ als geringes Ausmaß an Beschwerden und Schmerzen bestimmt.

Entgegen den Erwartungen, dass eine durch das medizinische Gesundheitssystem geprägte Gesellschaft auch einen entsprechenden Gesundheitsbegriff hat, kommen in der Bevölkerung die positiven Bestimmungen von Gesundheit häufiger vor als die negativen, vor allem wenn Gesundheit als persönliches Erleben angesprochen wird [5]. Durchgehende Unterschiede zwischen Männern und Frauen lassen sich bisher nicht belegen, vor allem weil das Geschlecht immer auch mit anderen sozialen Indikatoren wie der sozialen Schicht, dem beruflichen Status oder dem Alter interagiert. Frauen haben aber tendenziell differenziertere Konzepte als Männer. Und sie betonen stärker die psychischen Aspekte von Gesundheit, insbesondere das psychische Wohlbefinden, während Männer mehr die Leistungsfähigkeit als

Inhalt von Gesundheit hervorheben [5]. Möglicherweise spiegeln sich darin zum einen das größere Interesse von Frauen an gesundheitlichen Themen, zum anderen die unterschiedlichen Lebensverhältnisse und Rollen der beiden Geschlechter.

Laien haben auch Vorstellungen davon, was ihre Gesundheit gefährdet und was sie erhalten kann. In der empirischen Forschung werden vor allem die kognitiven Konstrukte der Risikowahrnehmung und Kontrollüberzeugung herangezogen, um subjektive Determinanten eines gesundheitsbezogenen Handelns zu untersuchen. Die Risiken und Bedrohungen durch eine in Zukunft mögliche Krankheit werden heute von vielen Menschen wahrgenommen. Das Wissen über Risikokonstellationen ist zwar zunehmend in der Bevölkerung verbreitet, aber nicht unbedingt handlungsrelevant; das Risiko wird nämlich bei anderen Menschen deutlich höher eingeschätzt als bei sich persönlich, ein generelles Phänomen, das als „optimistischer Fehlschluss" bezeichnet wird [10]. Frauen und Männern unterscheiden sich in der Risikowahrnehmung nicht grundlegend; Männer nehmen ihre Risiken etwa durch berufliche Belastungen oder riskante Lebensstile durchaus wahr, sie scheinen jedoch ihre Verwundbarkeit geringer einzuschätzen und persönliche Risiken vor allem in jenen Lebensbereichen abzuwehren, die ihnen persönlich sehr wichtig sind, z. B. in der beruflichen Arbeit oder im Sport [5]. Das Konstrukt der Kontrollüberzeugungen lenkt die Aufmerksamkeit auf die Frage, ob Menschen sich einen persönlichen Einfluss auf die eigene Gesundheit zuschreiben (internale Kontrollüberzeugung) oder ob sie diese mehr durch äußere Einflüsse (Umwelt, Ärzte, Schicksal) bedingt sehen (externale Kontrollüberzeugung). Auch in diesen Vorstellungen sind die Geschlechtsunterschiede nicht gravierend, aber Männer sehen in deutlich geringerem Maße die Notwendigkeit, für ihre eigene Gesundheit wirklich aktiv zu werden.

Sieht man sich die noch wenig untersuchten subjektiven Gesundheitstheorien an, dann fällt auf, dass Laien oft komplexe Vorstellungen von den positiven und negativen Einflussfaktoren auf ihre Gesundheit entwickeln und diese sogar in lebenszeitlichen Prozessen kombinieren. In ersten Studien lassen sich unterschiedliche Typen von subjektiven Gesundheitstheorien rekonstruieren [5]: In Risikotheorien wird die Gesundheit vor allem als gefährdet betrachtet, durch riskante Faktoren in der Umwelt oder am Arbeitsplatz oder durch das eigene riskante Verhalten. In Ressourcentheorien stehen die Gesundheit erhaltende Kräfte im Mittelpunkt, die eigene körperliche Konstitution oder psychische Stärke, die sozialen Beziehungen oder die positive Lebensweise. Ausgleichstheorien nehmen dagegen eine Wechselwirkung zwischen Risiken und Ressourcen an; die Gesundheit gefährdende Einflüsse (z. B.

Umweltgefahren, Belastungen und Konflikte in der Arbeit) können durch positive Einflüsse (z. B. Naturerleben, Ruhe und Entspannung in der Freizeit, familiäre Unterstützung) wieder ausgeglichen oder kompensiert werden und so langfristig die Gesundheit trotz Risiken erhalten. Schicksalstheorien implizieren, dass Gesundheit durch Krankheiten zerstört wird und diese vor allem eine Folge des biologischen Alterns und schicksalhafter Einflüsse sind, daher nicht verhindert werden können. Grundlegende Unterschiede zwischen Männern und Frauen scheinen nach bisherigen Erkenntnissen auch in diesen Gesundheitstheorien nicht zu bestehen.

Bei den subjektiven Krankheitstheorien wurden die Vorstellungen von gesunden Laien über die Ursachen von verbreiteten Krankheiten wie z. B. Herzinfarkt, Krebs oder AIDS untersucht [5]. Die Ergebnisse zeigen, dass Laien vielfach multifaktorielle Theorien formulieren; die Ursachen von Herzinfarkt werden vor allem in psychosozialen Faktoren (Stress), in ungesunder Lebensweise (Rauchen, Alkohol, falscher Ernährung) sowie in seelischen Problemen gesehen. Das gilt auch für die Ursachen von Krebserkrankungen, bei denen aber auch die Umweltverschmutzung und Vererbung eine bedeutsame Rolle spielen. Frauen betonen dabei stärker als Männer familiäre Belastungen und seelische Probleme als mögliche Ursachen.

3.3 Gesundheitsverhalten und gesunde Lebensweisen von Frauen und Männern

Wie wirken sich nun diese Vorstellungen von Gesundheit und Krankheit auf das konkrete Gesundheitsverhalten im Alltag aus? Gibt es geschlechtsspezifische Unterschiede im Risiko- und Gesundheitsverhalten? Wie lässt sich ein gesundheitsbezogenes Handeln im Kontext der unterschiedlichen Lebensverhältnisse von Frauen und Männern verstehen?

Der Hauptunterschied zwischen Männern und Frauen liegt nicht in den Vorstellungen von Gesundheit, sondern im Gesundheitsverhalten: Männer zeigen im Alltag deutlich stärker gesundheitlich riskante Verhaltensweisen; Frauen sind dagegen stärker motiviert, für ihre Gesundheit aktiv zu werden sowohl im präventiven Bereich als auch im Umgang mit Beschwerden.

Die klassischen Bereiche des Risikoverhaltens, wie z. B. Rauchen, übermäßiger Alkoholkonsum oder Konsum von illegalen Drogen, werden immer noch von Männern dominiert [3, 11]. Männer sind auch allgemein deutlich eher bereit, Risiken im Leben einzugehen [9]; das zeigt sich z. B. im riskanten Verhalten in der Freizeit (jugendliche Mutproben), in der Sexualität, im Straßenverkehr und im Sport. Die große Verbreitung dieser riskanten Verhaltensweisen bei Männern gilt als eine der Hauptursachen für ihre geringere Lebenserwartung, für ihre höhere Prävalenz bei Unfällen und lebensbedrohlichen Krankheiten [3, 11] Frauen überwiegen dagegen nur in einem Risikobereich, sie nehmen beginnend mit der Pubertät bis ins hohe Alter häufiger Medikamente als Männer und riskieren damit schädliche Nebenwirkungen und Medikamentenabhängigkeiten [7].

Auch im Gesundheitsverhalten zeigen sich deutliche Unterschiede zwischen den Geschlechtern. Die allgemeine Motivation und das Interesse an Gesundheit sind bei Frauen deutlich höher ausgeprägt als bei Männern. Frauen sehen sich in der Familie überwiegend als zuständig für die gesundheitlichen Belange der Familienmitglieder, sie eignen sich das notwendige Wissen an und setzen es um [4]. Bei einzelnen Formen des Gesundheitsverhaltens dominieren Frauen im Bereich gesunder Ernährung, dagegen ist Bewegung und Sport häufiger ein Thema von Männern. Da Männer Sport aber nicht selten mit starken Leistungsmotiven und weniger gesundheitsbewusst betreiben, kann für sie der potenzielle gesundheitliche Vorteil auch schnell in einen Nachteil umschlagen. Die Inanspruchnahme von Vorsorgeuntersuchungen (z. B. Krebsfrüherkennungsuntersuchungen) ist bei Frauen deutlich höher als bei Männern [11]. Präventive professionelle Angebote der Krankenkassen oder Volkshochschulen (z. B. Kurse zur Stressbewältigung, Entspannung, gesunden Ernährung und Bewegung) werden ganz überwiegend von Frauen in Anspruch genommen und kaum von Männern [11]. Bei gesundheitlichen Beschwerden nehmen Männer diese weniger wahr als Frauen, suchen weniger aktiv Hilfe im Laiensystem und nehmen zur Abklärung seltener und später Kontakt mit professionellen Gesundheitsdiensten auf.

Im Umgang mit Stressoren, einem der wichtigsten psychosozialen Risikofaktoren, finden sich Unterschiede zwischen den Geschlechtern. Männer scheinen weniger angemessene Stile der Stressbewältigung zu haben als Frauen: Sie neigen im Vergleich zu Frauen zu einem defensiveren Bewältigungsstil, wehren Belastungen eher ab, ziehen sich sozial zurück statt soziale Unterstützung zu mobilisieren und versuchen manchmal, Belastungen durch riskante Verhaltensmuster wie z. B. dem Konsum von Alkohol oder durch aggressive Strategien zu bewältigen [3, 11], die oft zu neuen Problemen führen. Soziale Unterstützung als einer der wichtigsten protektiven Faktoren ist bei Männern in engen Partnerschaftsbeziehungen zwar verfügbar; im Vergleich zu Frauen sind ihre sozialen Unterstützungsnetzwerke aber vor allem dann defizitär, wenn diese Beziehungen fehlen oder nach Trennungen verloren gehen.

Die sozialen Rollen von Frauen und Männern scheinen einen wesentlichen Hintergrund für diese geschlechtsspezifischen Unterschiede im

Umgang mit Gesundheit zu bilden: Sie lenken über die Sozialisation einer männlichen oder weiblichen Geschlechtsidentität die Entwicklung einer grundlegenden Motivation für Gesundheit, die Ausprägung von riskanten Lebensstilen, die verschiedenen Formen des Gesundheitsverhaltens, die Muster des Hilfesuchens bei Belastungen und der Inanspruchnahme von professionellen Diensten bei gesundheitlichen Problemen [3]. Es ist daher naheliegend, dass professionelle Maßnahmen der Prävention und Gesundheitsförderung diese unterschiedlichen Ausgangslagen von Frauen und Männern berücksichtigen müssen, um sie zu erreichen. Die gesundheitlichen Vorstellungen und Handlungsmuster von Frauen und Männern stellen die subjektiven Voraussetzungen für professionelle Ansätze dar; die oben beschriebenen Erkenntnisse können helfen, die Ziele, Themen und Methoden professioneller Arbeit an den objektiven und subjektiven Bedarf der Zielgruppen anzupassen.

3.4 Geschlechtssensible und subjektorientierte Ansätze der Prävention und Gesundheitsförderung

Was bedeuten nun die beschriebenen Erkenntnisse für die Praxis der Prävention und Gesundheitsförderung? Zunächst muss betont werden, dass die Fokussierung dieses Beitrags auf Geschlechtsunterschiede im Gesundheitsverständnis und Gesundheitsverhalten eine Verengung des Gegenstands darstellt. Natürlich wird sich die Prävention und Gesundheitsförderung nicht nur auf die subjektive Ebene und dabei wieder nicht nur auf die Unterschiede zwischen Frauen und Männern beschränken dürfen. Die fachliche Diskussion zur Prävention betont zu Recht die Notwendigkeit, sie sowohl auf Verhalten als auch auf Verhältnisse zu beziehen. In der Konzentration auf Unterschiede zwischen den Geschlechtern darf nicht übersehen werden, dass es eine Menge gemeinsamer Ansatzpunkte für gesundheitliche Maßnahmen gibt und dass natürlich auch viele Unterschiede innerhalb der sozialen Gruppe der Männer und der Frauen bestehen, die in einer differenzorientierten Gender-Debatte leicht übersehen werden.

Gesundheitsförderung in der Tradition der Ottawa-Charta ist an einer salutogenetischen Perspektive orientiert, die Gesundheit fördern will, indem Ressourcen gestärkt und Risiken abgebaut werden. Sie beschreibt verschiedene Handlungsebenen, die von der Person bis zur politischen Ebene reichen, und sie betont als Prinzipien die Partizipation der betroffenen Gruppen, das Empowerment als professionelle Grundhaltung und das Setting als Handlungsrahmen [4]. In dieser Tradition ist eine Subjektorientierung der Gesundheitsförderung eine geradezu notwendige Voraussetzung für partizipative Strategien; denn nur wenn Professionelle die subjektiven Voraussetzungen einer Zielgruppe kennen und sie in den Veränderungsprozess einbeziehen, können sie diese auch angemessen beteiligen. Die Passung von Maßnahmen setzt zudem eine genaue Analyse der lebensweltlichen und sozialen Situation der Zielgruppen voraus. Die seit einigen Jahren entstandene fachliche Debatte um „Gender Mainstreaming" in der Gesundheitsförderung fordert die Entwicklung von geschlechtergerechten Ansätzen für Frauen und Männer [2]. Die Zielgruppen der Frauen und Männer haben dabei jedoch unterschiedliche Startbedingungen: Während die Frauengesundheitsforschung seit Jahrzehnten entwickelt wurde und auf einen festen Fundus an Erkenntnissen verweisen kann, ist die Gesundheit von Männern erst in jüngster Zeit das Ziel von verstärkten Anstrengungen in Forschung und Praxis geworden [1]. Der Bedarf für spezifisch auf Männer bezogene Ansätze ist aufgrund ihres gesundheitlichen Gefährdungspotenzials und ihrer schweren Erreichbarkeit sehr groß, wie auch in diesem Beitrag deutlich wurde.

Subjektorientierung in der betrieblichen Gesundheitsförderung bei Frauen und Männern würde bedeuten, nicht nur objektive Gefährdungsanalysen vorzunehmen, sondern auch das spezifische Gesundheitsverständnis der Mitarbeiter/innen, ihre Wahrnehmung von gesundheitlichen Risiken und Ressourcen sowie ihre im Alltag verbreiteten Muster von Risiko- und Gesundheitsverhalten zum Ausgangspunkt professioneller Maßnahmen zu machen. Subjektorientierung unterstellt die potenzielle Kompetenz von Arbeitnehmern, aufgrund ihrer alltäglichen Erfahrungen auch die gesundheitlichen Aspekte ihrer Arbeit einschätzen zu können und so zum Veränderungsprozess in einem Unternehmen aktiv beitragen zu können. Die Orientierung an Gesundheitszielen setzt voraus, die subjektiven Vorstellungen von Gesundheit bei weiblichen oder männlichen Zielgruppen zu berücksichtigen. Die Konzentration einer Praxis auf den Abbau von gesundheitlichen Risiken und die Förderung von Ressourcen würde bedeuten, bei Frauen und Männern ihre subjektiv wahrgenommenen Risiken und Ressourcen zu explorieren und ihre Ideen für Ziele und Methoden der Veränderung zu nutzen. Die Konzentration auf die Veränderung des Gesundheitsverhaltens bei Frauen oder Männern würde implizieren, dass nicht nur die im Alltag bereits verfügbaren Handlungsmuster berücksichtigt werden, sondern dass diese auch in ihren lebensweltlichen Kontexten, sozialen Strukturen und biografischen Entwicklungen gesehen werden, weil diese wichtige Bedingungen für mögliche Veränderungen darstellen.

Am Beispiel möglicher männlicher Zielgruppen im Betrieb soll kurz angedeutet werden, welche Themen ein am Subjekt orientierter geschlechtssensibler Ansatz der betrieblichen Gesundheitsförderung und Gesundheitspolitik berücksichtigen müsste.

- Erstens können berufstätige Männer im betrieblichen Setting eine wichtige Zielgruppe für die Gesundheitsförderung darstellen. Im Betrieb sind Männer potenziell besser erreichbar als in der Freizeit. Das Verhältnis von Männern zu ihrer Arbeit und ihrem Beruf ist in vielfacher Hinsicht zentral für ihre Gesundheit. In der Gesundheitsförderung könnte erstens an der realistischen Wahrnehmung beruflicher Risiken und dem langfristigen Umgang mit ihnen gearbeitet werden. Zweitens könnte die Leistung im Beruf ein Thema sein, insbesondere die externen und die internen Leistungsanforderungen, der Erhalt der eigenen Leistungsfähigkeit (als Gesundheit) und die spürbaren Grenzen, insbesondere wenn Männer Zeichen ihres Alterns erleben. Drittens könnten soziale Beziehungen zu Kollegen, Vorgesetzen und Mitarbeitern thematisiert werden; etwa welche Konkurrenzen bestehen, welche sozialen Unterstützungen geleistet werden und noch mobilisierbar wären, wie Arbeitskollegen mit ihrer Gesundheit (und ihren Beschwerden) umgehen und wo gemeinsame Aktivitäten notwendig wären.
- Zweitens könnten männliche Führungskräfte eine zentrale Zielgruppe für die betriebliche Gesundheitsförderung darstellen, weil diese selbst gesundheitlich gefährdet sind, weil sie die Arbeitsverhältnisse entscheidend mitbestimmen und weil sie für die Gesundheit der Mitarbeiter/innen eine große Verantwortung tragen. Eine Sensibilisierung dieser betrieblichen Gruppe für Gesundheit könnte einen wichtigen Motor für Prozesse der Veränderung im Betrieb darstellen. Sie für gesundheitliche Belange zu motivieren, setzt Überzeugungsarbeit voraus, die ihre gesundheitlichen Vorstellungen und Einstellungen berücksichtigen muss.
- Schließlich könnte eine betriebliche Zielgruppe von Männern über die Altersphase bestimmt werden: Männer in der Lebensmitte, im mittleren Erwachsenenalter zwischen 40 und 60 Jahren befinden sich in einem nun merklichen Alternsprozess. In dieser Lebensphase häufen sich bei Männern die Zeichen ihres Alterns, gesundheitlich bedeutsame Lebensereignisse und manchmal auch gesundheitliche Einschränkungen. Diese Erfahrungen können Grenzen einer Identitätskonstruktion markieren, die auf Stärke, Unverwundbarkeit, Leistungsfähigkeit und Autonomie setzt, und sie geben tendenziell Raum dafür, die eigene Gesundheit neu zu bewerten. Diese Verunsicherungen könnten eine Chance geben, die eigenen Leistungsanforderungen anzusprechen und neu einzuschätzen, den sich verändernden Körper und seine Bedürfnisse, die Wahrnehmung von Schwächen und den Umgang damit, Situationen, in denen Hilfen gebraucht werden und wie sie persönlich bewertet werden, sowie die Frage,

wie langfristig soziale Unterstützung für sich und für andere ermöglicht werden.

Professionelle Zugänge und Methoden der Gesundheitsförderung müssen geschlechtssensibel sein, sie müssen aber nicht unbedingt auf geschlechtshomogene Gruppen setzen. Denn viele Gesundheitsthemen berühren auch das Verhältnis zwischen Frauen und Männern und sind daher nur durch die Kommunikation zwischen den Geschlechtern zu klären. Schließlich ist für eine langfristige Strategie der betrieblichen Gesundheitspolitik immer zu bedenken, dass sich gesellschaftlich betrachtet die Geschlechtsrollen in Bewegung befinden und daher keine starren Vorgaben sinnvoll sind, schon gar nicht, wenn die Zielgruppen unterschiedliche Generationen von Männern und Frauen umfassen.

Literatur

[1] Altgeld T (Hrsg) (2004) Männergesundheit. Neue Herausforderungen für Gesundheitsförderung und Prävention. Juventa, Weinheim
[2] Altgeld T, Kolip P (Hrsg) (2006) Geschlechtergerechte Gesundheitsförderung und Prävention. Juventa, Weinheim
[3] Faltermaier T (2004) Männliche Identität und Gesundheit. Warum Gesundheit von Männern? In: Altgeld T (Hrsg) Männergesundheit. Neue Herausforderungen für Gesundheitsförderung und Prävention. Juventa, Weinheim, S 11–33
[4] Faltermaier T (2005a) Gesundheitspsychologie. Kohlhammer, Stuttgart
[5] Faltermaier T (2005b) Subjektive Konzepte und Theorien von Gesundheit und Krankheit. In: Schwarzer R (Hrsg) Gesundheitspsychologie. Enzyklopädie der Psychologie C/X/1), Hogrefe, Göttingen, S 31-53
[6] Hurrelmann K, Laaser U, Razum O (Hrsg) (2006) Handbuch Gesundheitswissenschaften. Juventa, Weinheim
[7] Kuhlmann E, Kolip P (2005) Gender und Public Health. Grundlegende Orientierungen für Forschung, Praxis und Politik. Juventa, Weinheim
[8] Merbach M, Brähler E (2004) Daten zu Krankheiten und Sterblichkeit von Jungen und Männern. In: Altgeld T (Hrsg) Männergesundheit. Neue Herausforderungen für Gesundheitsförderung und Prävention. Juventa, Weinheim, S 67–84
[9] Raithel J (2003) Risikobezogenes Verhalten und Geschlechtsrollenorientierung im Jugendalter. In: Zeitschrift für Gesundheitspsychologie 11 (1):21–28
[10] Schwarzer R (2004) Psychologie des Gesundheitsverhaltens (3. Aufl.) Hogrefe, Göttingen
[11] Sieverding M (2005) Geschlecht und Gesundheit. In: Schwarzer R (Hrsg) Gesundheitspsychologie. Enzyklopädie der Psychologie C/X/1. Hogrefe, Göttingen, S 55–70

Arbeit, Geschlecht und Gesundheit

KAPITEL 4

Die Erwerbsbeteiligung von Frauen und Männern – Deutschland im europäischen Vergleich

C. DRESSEL

Zusammenfassung. Die Gleichstellung von Frauen und Männern in Beschäftigung und Beruf ist zentrales Anliegen der nationalen und europäischen Gleichstellungspolitik. Immer mehr Frauen ziehen eine bezahlte Erwerbsarbeit der unentgeltlichen Hausarbeit vor. Ein neues Selbstverständnis der Frauen, geänderte Lebensverhältnisse, sich wandelnde gesellschaftliche Rahmenbedingungen und höhere Bildungsabschlüsse haben die Berufstätigkeit der europäischen Frauen gestärkt. Die Beschäftigungschancen, vor allem von geringer qualifizierten Männern, sinken. Frauen profitieren stärker als Männer von der Ausweitung der sozialen und personenbezogenen Dienstleistungen. Die Gleichstellung auf dem Arbeitsmarkt ist in Nordeuropa besonders weit fortgeschritten, während die Mittelmeerländer in der Entwicklung zurückliegen. Im europäischen Vergleich liegt Deutschland im Mittelfeld. Insbesondere hier erweist sich die Anwesenheit von betreuungsbedürftigen Kindern als Hürde für die Erwerbstätigkeit von Müttern. Hohe Frauen- und Männerbeschäftigung bilden keinen Widerspruch.*

4.1 Einleitung

Die Europäische Union (EU) setzte sich in Lissabon im Jahre 2000 das strategische Ziel, die Union zum wettbewerbsfähigsten und dynamischsten wissensbasierten Wirtschaftsraum in der Welt zu machen. Die weitere Zunahme der Frauenerwerbstätigkeit stellt dabei ein zentrales Bindeglied für diese Zielerreichung dar. Neben dem verstärkten und längeren Verbleib von Älteren im Arbeitsprozess soll die Stellung von Frauen im Beruf verbessert und eine gendergerechte Entlohnung bewirkt werden.

Die Gleichstellung von Frauen und Männern in Beschäftigung und Beruf wurde zu einer zentralen Achse der nationalen und europäischen Gleichstellungspolitik. Im Zuge der Realisierung der europäischen Beschäftigungsstrategie vereinbarten die Mitgliedsstaaten der EU, darauf hinzuwirken, dass bis 2010 mindestens 60% aller Frauen im erwerbsfähigen Alter am Arbeitsmarkt partizipieren. Gerade im Zeitalter verschärften globalen Wettbewerbsdrucks von Unternehmen und gleichzeitig wachsender Konkurrenz um Arbeitsplätze setzt sich die Europäische Union ein ehrgeiziges Ziel.

In Deutschland gilt seit 2001 ein neues Gleichstellungsgesetz für die Bundesverwaltung und die Gerichte des Bundes. Diese Regelungen entfalten mittlerweile Orientierungskraft im gesamten Öffentlichen Dienst. Mit der am 18. August 2006 vollzogenen Umsetzung der vier EU-Gleichbehandlungsrichtlinien im Rahmen des Allgemeinen Gleichbehandlungsgesetzes (AGG) sollen Benachteiligungen aus Gründen der Rasse, der ethnischen Herkunft, des Geschlechts, der Religion oder Weltanschauung, einer Behinderung, des Alters oder der sexuellen Identität verhindert oder beseitigt werden. Den Schwerpunkt des AGG bildet der Schutz vor Diskriminierung in Beschäftigung und Beruf.

Der Begriff der Arbeit wird oft auf Formen der entgeltbezogenen Erwerbsarbeit verkürzt. Arbeit als Oberbegriff umfasst aber auch Hausarbeit, Familienarbeit, Ehrenamt, bürgerschaftliches Engagement und eben entgeltbasierte Erwerbsarbeit [16]. Deshalb greift auch die Diskussion einer „Krise der Arbeitsgesellschaft" zu kurz[1]. Dieser Beitrag beschäftigt sich in erster Linie mit dem Stand der Erwerbstätigkeit der Geschlechter auf dem formalen Arbeitsmarkt. Hierzu werden die Daten von Eurostat verwendet, sofern nicht auf andere Quellen verwiesen wird.

4.2 Entwicklung auf dem europäischen Arbeitsmarkt

Die letzten Jahrzehnte sind überall in Europa von tief greifenden Veränderungen und Umbrüchen auf dem Arbeitsmarkt gekennzeichnet. Auch in Deutschland werden immer mehr Personen, die eine kontinuierliche

---

[1] Arendt [1] formulierte bereits vor über 40 Jahren, dass der Gesellschaft womöglich das einzige ausgeht, auf das sie sich versteht: die Arbeit. Dahrendorf [5] postulierte eine ähnliche These Anfang der 80er Jahre. In die gleiche Richtung argumentierte Rifkin Mitte der 90er Jahre, als er ein Ende der Erwerbsarbeit sieht [19]. Doch im Grunde genommen bilden in dieser Diskussion die wohlfahrtsstaatlichen Postulate der Vollbeschäftigung und der bezahlten Arbeit den Kern der Arbeitsgesellschaft; die Krise des Arbeitsmarktes wird gleichgesetzt mit einer „Krise der Arbeitsgesellschaft". Solche oder ähnliche Interpretationen greifen schon deshalb zu kurz, weil sie nur an ökonomische Maßstäbe ansetzen. Vielmehr ist die Erwerbsarbeitsgesellschaft in Bewegung. Obwohl Erwerbsarbeit in neue Beschäftigungsformen übergeht, bleibt ihr Ende außer Sichtweite. Nach wie vor übt die Arbeit einen starken strukturierenden Einfluss auf das Alltagsleben aus.

Beschäftigung anstreben, auf prekäre oder „neue" Beschäftigungsformen verwiesen. Flexiblere und deregulierte Formen der Erwerbsarbeit sind zu einem Bestandteil moderner Arbeitmärkte geworden [23]. Vor dem Hintergrund einer unübersehbaren Pluralisierung der Ehe- und Familienformen ziehen immer mehr Frauen eine bezahlte Erwerbsarbeit der unentgeltlichen Hausarbeit vor [20]. Gleichzeitig erodiert das so genannte Normalarbeitsverhältnis[2] – als Achse der Lebensführung von Männern [2].

Tabelle 4.1 zeigt zunächst die Entwicklung der Beschäftigungsquoten, die das Verhältnis der erwerbstätigen Bevölkerung zur erwerbsfähigen Bevölkerung im Alter von 15 bis 64 Jahren anzeigen. Auffallend sind die beträchtlichen innereuropäischen Unterschiede. So divergieren die nationalen Frauenbeschäftigungsquoten 2006 zwischen knapp 35% auf Malta bis über 73% in Dänemark (s. Tabelle 4.1). Ein hohes Niveau der Frauenbeschäftigung erreichen die skandinavischen Länder Finnland, Schweden und Dänemark. Bemerkenswert ist zudem, dass hier hohe Männerbeschäftigungsraten Hand in Hand mit hohen Frauenbeschäftigungsraten gehen. Geringe Geschlechterunterschiede sind die Folge. Die großen Steigerungen der weiblichen Beschäftigungsquoten in den südeuropäischen Staaten verdeutlichen deren enormen Aufholprozess. Gleichwohl bleiben die Geschlechterunterschiede immens. In den osteuropäischen Ländern ist die Lage der geschlechtsspezifischen Arbeitsmarktintegration sehr uneinheitlich. Der Geschlechterunterschied streut 2006 zwischen Litauen mit 5,3 Prozentpunkten bis zur Tschechischen Republik mit 16,9 Prozentpunkten.

Für Deutschland zeigt sich insgesamt ein Anwachsen der Frauenbeschäftigung. Bereits 2006 wird das für 2010 gesetzte Ziel der europäischen Beschäftigungsstrategie von 60% übertroffen. Die Männererwerbstätigkeit ist in den 90er Jahren deutlich zurückgegangen und stagniert seit Beginn des neuen Jahrtausends. Die Geschlechterunterschiede reduzieren sich von 1992 (20,8 Prozentpunkte) bis 2006 (11,3 Prozentpunkte) um fast die Hälfte.

---

[2] Unter einem Normalarbeitsverhältnis wird verstanden: Abhängige Erwerbsarbeit ist die einzige Einkommens- und Versorgungsquelle. Sie wird in Vollzeit verrichtet. Das Arbeitsverhältnis ist unbefristet, im Prinzip auf Dauer angelegt und flankiert von tariflichen und rechtlichen Normen, die Vertragsbedingungen und soziale Sicherung regeln. Auch die zeitliche Dauer und Lage der Arbeit ist standardisiert.

Tabelle 4.1. Beschäftigungsquoten von Frauen und Männern sowie der geschlechtsspezifische Unterschied in europäischen Ländern – 1992, 1999 und 2006

	1992		1999		2006		1992	1999	2006
	Frauen	Männer	Frauen	Männer	Frauen	Männer	Frauen- minus Männerbeschäftigtenquote in %-Punkten		
Finnland	63.7	66.6	63.4	69.2	67.3	71.4	-2.9	-5.8	-4.1
Schweden	73.1	78.8	69.4*	74.0*	70.7	75.5	-5.7	-4.6	-4.8
Litauen	–	–	59.4	64.3	61.0	66.3	–	-4.9	-5.3
Estland	–	–	57.8	65.8	65.3	71.0	–	-8.0	-5.7
Dänemark	69.7	77.4	71.1	80.8	73.4	81.2	-7.7	-9.7	-7.8
Lettland	–	–	53.9	64.1	62.4	70.4	–	-10.2	-8.0
Bulgarien	–	–	–	–	54.6	62.8	–	–	-8.2
Slowenien	–	–	57.7	66.5	61.8	71.1	–	-8.8	-9.3
Frankreich	51.4	68.7	54.0	68.0	57.7**	68.5**	-17.3	-14.0	-10.8
Deutschland	55.9	76.7	57.4*	72.8*	61.5	72.8	-20.8	-15.4	-11.3
Großbritannien	60.8	75.0	64.2	77.7	65.8*	77.3*	-14.2	-13.5	-11.5
Rumänien	–	–	57.5	69,0	53.0	64.6	–	-11.5	-11.6
Portugal	55.9	78.1	59.4	75.8	62.0*	73.9*	-22.2	-16.4	-11.9
Ungarn	–	–	49.0	62.4	51.1	63.8	–	-13.4	-12.7
Polen	–	–	51.2*	64.2*	48.2	60.9	–	-13.0	-12.7
Niederlande	51.8	75.9	62.3	80.9	67.7*	80.9*	-24.1	-18.6	-13.2
Österreich	–	–	59.6	77.6	63.5*	76.9*	–	-18.0	-13.4
Belgien	44.3	68.2	50.4	68.1	54.0	67.9	-23.9	-17.7	-13.9
Slowakei	–	–	52.1	64.3	51.9	67.0	–	-12.2	-15.1
Tschechische Rep.	–	–	57.4	74.0	56.8	73.7	–	-16.6	-16.9
Luxemburg	45.7	76.5	48.6	74.5	54.6	72.6	-30.8	-25.9	-18.0
Irland	37.1	65.1	52.0	74.5	59.3	77.7	-28.0	-22.5	-18.4
Zypern	–	–	–	–	60.3	79.4	–	–	-19.1
Spanien	31.5	67.1	38.5*	69.3*	53.2	76.1	-35.6	-30.8	-22.9
Italien	–	–	38.3	67.3	46.3*	70.5*	–	-29.0	-24.2
Griechenland	36.2	72.4	41.0	71.1	47.4	74.6	-36.2	-30.1	-27.2
Malta	–	–	–	–	34.9	74.5	–	–	-39.6

Quelle: Eurostat 2007c
Datenbasis: LFS (Labour Force Survey)
Anmerkungen: In Tabelle 4.1 sind die Länder nach Prozentsatzdifferenz geordnet. Je weiter vorne sich ein Land befindet, desto geringer weichen die Beschäftigungsquoten von Frauen und Männern in diesem Land ab.
* Reihenunterbrechung
** vorläufiger Wert
– fehlender Wert

4.3 Formen der Erwerbsarbeit: Teilzeitarbeit, Befristung, Selbstständigkeit und Arbeit von zu Hause

Ein neues Selbstverständnis der Frauen, geänderte Lebensverhältnisse, sich wandelnde gesellschaftliche Rahmenbedingungen und höhere Bildungsabschlüsse haben die Berufstätigkeit der europäischen Frauen gestärkt. Frauen heiraten seltener und bekommen Kinder später. Im Zuge steigender Scheidungsraten sinkt die Absicherung über den Familienverband als Versorgerinstanz. Die Stärkung der eigenen ökonomischen Basis rückt für Frauen in den Vordergrund [6].

Parallel werden seit den 70er Jahren mit Deregulierungs- und Rationalisierungsmaßnahmen die drei wesentlichen Dimensionen des Normalarbeitsverhältnisses (Arbeitsrecht, Arbeitsort und Arbeitszeit) aufgeweicht [24]. Die rechtlichen, räumlichen und zeitlichen Barrieren zwischen Erwerbsarbeit und Nichterwerbsarbeit brechen mehr und mehr zusammen [2]. Als Folge erodiert das traditionell männlich dominierte „Normalarbeitsverhältnis"; damit nehmen flexiblere und deregulierte Formen der Erwerbsarbeit und Teilzeitarbeit zu. Diese sind nun vor allem eine „Domäne der Frauen" [23].

4.3.1 Teilzeitarbeit

Insbesondere in Deutschland büßt das traditionelle Familienmodell der Ernährer-Hausfrauen-Ehe weiter seine dominante Stellung ein. Im Modernisierungsprozess etabliert sich Teilzeitarbeit für Mütter als neue Normalität, für Männer gehört Teilzeitarbeit weiter zu den „atypischen Erwerbsformen" (vgl. Kap. 11 von W. Cornelißen in diesem Band). Über Teilzeitbeschäftigung nehmen immer mehr Frauen am Erwerbsleben teil, auch und gerade wenn sie Kinder haben.

Abbildung 4.1 zeigt, dass Teilzeitarbeit 2006 in vielen europäischen Staaten eine Frauendomäne ist. Dabei ist sie einerseits oft keine existenzsichernde Arbeitsform, andererseits erleichtert sie die Vereinbarkeit von Familien- und Berufsarbeit [6].

In Nord- und Westeuropa ist die Teilzeitarbeit vergleichsweise stark vertreten. Im Süden und Osten Europas bleibt ihr Ausmaß gering. In den Niederlanden ist bereits jeder zweiter in einem Teilzeitarbeitsverhältnis (46,2%) beschäftigt. Dort arbeiten drei von vier Frauen im Teilzeitbereich (Männer: 23%). Der Umfang der Teilarbeitszeit für Frauen in Deutschland stellt mit 46% den zweithöchsten in der Europäischen Union und übertrifft das Niveau in Großbritannien (43%) und Frankreich (31%) deutlich. Der Teilzeitanteil unter den Männern reicht von einem Prozent in der Slowakei bis 23% in den Niederlanden. Fast jeder zehnte erwerbstätige

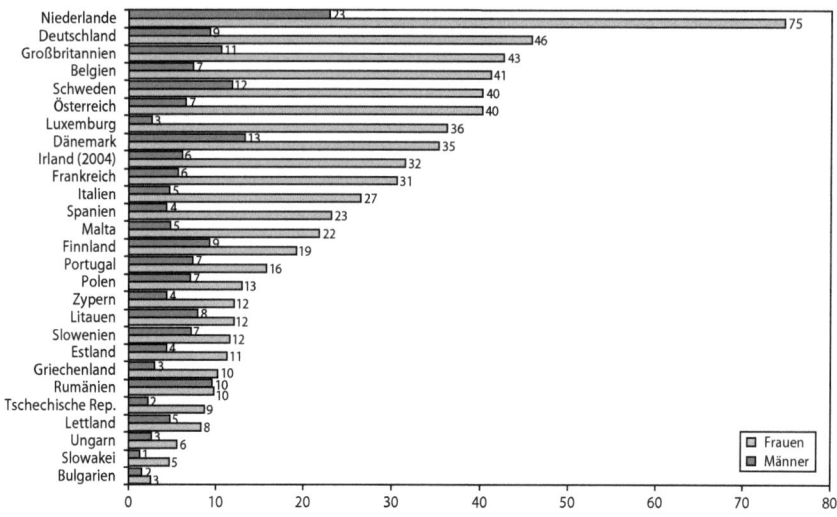

Quelle: Eurostat 2007; Datenbasis: LFS
Anmerkungen: In Abbildung 4.1 sind die Länder nach der Höhe des Teilzeitbeschäftigungsanteils an der Gesamtbeschäftigung für Frauen geordnet. Je weiter vorne sich ein Land befindet, desto größer ist die Bedeutung der Teilzeitarbeit für Frauen.

Abb. 4.1. Anteil der Teilzeitbeschäftigung an der Gesamtbeschäftigung in Europa nach Geschlecht in Prozent, 2006

Mann arbeitet in Deutschland auf Teilzeitbasis. Somit liegt Deutschland hier im Mittelfeld.

Das Zahlenmaterial deutet darauf hin, dass kein eindimensionaler Zusammenhang zwischen der Erwerbstätigkeit von Frauen und Teilzeitbeschäftigung besteht [14]. Interessanterweise ist die Bedeutung der Teilzeitbeschäftigung für die Beschäftigungslage von Frauen in den skandinavischen Ländern geringer als in den Niederlanden oder Deutschland.

4.3.2 Gründe für die Teilzeitarbeit

Offensichtlich determinieren weitere sozialpolitische und institutionelle Rahmenbedingungen wie Arbeitsmarkt, Kinderbetreuungssystem, Sozialabgaben- und Steuersystem den Umfang und die Qualität vor allem der Frauenteilzeitarbeit. Die angegebenen Gründe für eine Teilzeitbeschäftigung weisen 2005 auf zwei starke Ursachen hin: die jeweils regional unterschiedliche Arbeitsmarktlage sowie das Betreuungsangebot [8].

Die Schaffung von Teilzeitarbeitsplätzen verlief in vielen europäischen Staaten im Rahmen von Rationalisierungs- und Deregulierungsmaßnahmen. Viele Vollzeitarbeitsplätze wurden in Teilzeitstellen umgewandelt. Gerade in den osteuropäischen Ländern mit einer historisch bedingten starken Einbeziehung von Frauen in den ökonomischen Prozess, wird Teilzeitarbeit oftmals unfreiwillig wahrgenommen. Als Alternative zur Teilzeitarbeit steht nur die Arbeitslosigkeit. Der Anteil der Frauen (15 bis 64 Jahre), die Teilzeit aus dem Grund fehlender Vollzeitarbeitsplätze arbeiten, liegt in Bulgarien bei 73% (Männer 73%), in Litauen bei 49% (Männer 50%) und in Rumänien bei 41% (Männer 68%). Auch in den südeuropäischen Staaten Griechenland (Frauen 49%; Männer 59%), Italien (Frauen 36%; Männer 56%) und Spanien (Frauen 32%; Männer 33%) sowie Frankreich (Frauen 30%; Männer 35%) spiegelt die unfreiwillige Aufnahme einer Teilzeitbeschäftigung die nationalen Arbeitsmarktverhältnisse wider. In den skandinavischen Ländern und Großbritannien ist die unfreiwillige Teilzeitarbeit vergleichsweise gering. In Deutschland zeigen die Zahlen, dass die unfreiwillige Teilzeitarbeit für Frauen einen relativ schwachen (18%) und für Männer (37%) einen starken Stellenwert besitzt.

In keinem europäischen Land spielt die Betreuung von Kindern oder erwerbsunfähigen Erwachsenen als Grund für die Entscheidung für eine Teilzeitarbeit eine solch große Rolle wie in Deutschland. Bei den weiblichen Teilzeitbeschäftigten stellen diese Verpflichtungen das beherrschende Motiv für die Übernahme von Teilzeit (59%) dar. In Frankreich, den Niederlanden und Dänemark geben diesen Grund nur 5% der Frauen an. Nur auf Malta (55%) und in Österreich (41%) spielt die Betreuungssituation eine ähnlich hohe Rolle für die Übernahme einer Teilzeitbeschäftigung. Offensichtlich werden in Europa unterschiedliche Muster familialer Arbeitsteilung auf Basis der regionalen vorhandenen Betreuungsinfrastruktur gelebt.

Insofern bedeutet für viele Frauen mit Familie in Deutschland (vornehmlich im Westen) die Aufnahme einer Teilzeitarbeit einen Schritt zu mehr ökonomischer Eigenständigkeit. Gleichzeitig determiniert die Betreuungssituation die volle Ausschöpfung der Beschäftigungspotenziale und beschränkt sie überwiegend im Teilzeitsektor. Dabei liegen Teilzeitarbeitsplätze oft am Rande betrieblicher Hierarchie, was mit geringeren Partizipationswahrscheinlichkeiten an Führungsaufgaben, geringeren Entlohnungen und folglich spärlicher sozialer Absicherung einhergeht.

Interessanterweise geben 10% der teilzeitbeschäftigten Männer in Deutschland die Betreuungssituation als Grund für ihre Beschäftigungsform an. Dies ist der höchste Wert in der EU. In den anderen Ländern stellt dieser Grund eine vernachlässigbare Größe dar.

4.3.3 Befristungen

Viele neue Arbeitsverträge in Europa werden nur noch befristet abgeschlossen. Dies trifft insbesondere junge Menschen zu Beginn ihrer Erwerbsbiographien. Mit dem Anwachsen von befristeten Arbeitsstellen werden die Erwerbsbiografien diskontinuierlich und fragmentierter, was mit größerer sozialer Unsicherheit verbunden ist.

In Europa lassen sich nur geringe geschlechtsspezifische aber deutliche regionale Unterschiede bei den Befristungen festhalten. Am größten ist der Anteil der befristeten Arbeitsplätze in Spanien (Frauen 37%; Männer 32%), am geringsten in Rumänien (Frauen 2%; Männer 2%). Die deutschen Befristungsraten liegen im europäischen Mittelfeld bei 14% für Frauen und 15% für Männer.

4.3.4 Selbstständigkeit

In Europa führen nach wie vor mehr Männer als Frauen ihr eigenes Unternehmen. Ebenso sind deutlich mehr Männer als Frauen in den Führungsetagen und in der Unternehmensleitung tätig, unabhängig davon, ob ihnen das Unternehmen gehört oder nicht.

Vor allem in den Ländern mit prekärer Arbeitsmarktlage in Süd- und Osteuropa nehmen Personen ihr Schicksal in die eigenen Hände und begründen eine selbstständige Tätigkeit. Die innereuropäischen Unterschiede sind gewaltig: während in Rumänien über 40% und Griechenland über 30% der berufstätigen Frauen und Männer selbstständig sind, haben diesen Schritt in Schweden nur 2,5% der weiblichen und 6,7% der männlichen Berufstätigen gewagt. In Deutschland zählen 8,6% der weiblichen und 13,5% der männlichen Beschäftigten als Selbständige.

Die geringeren Selbständigenraten von Frauen lassen sich teilweise mit ihrer starken beruflichen Konzentration auf wenige Tätigkeitsfelder in der öffentlichen Verwaltung, im Erziehungsbereich und im Gesundheits- und Sozialwesen erklären. Hier handelt es sich zumeist um Tätigkeiten des öffentlichen Sektors, so dass die Möglichkeiten der selbständigen Beschäftigung begrenzt sind [9].

Nicht nur, dass Frauen unter den Selbstständigen unterrepräsentiert sind, wenn es um die Mitarbeiterführung geht, dann nimmt ihre Bedeutung zusätzlich ab. Lediglich in Schweden, Finnland und Spanien liegt der Frauenanteil unter den Selbstständigen mit Beschäftigten über dem von Selbstständigen ohne Beschäftigte. Deutschland liegt bei den Anteilen der Selbstständigen unter allen Beschäftigten im europäischen Mittelfeld. Die Geschlechterverteilung in Deutschland weicht nicht systematisch vom allgemeinen europäischen Trend ab.

4.3.5 Arbeiten von zu Hause

Neben den traditionellen Feldern der Heimarbeit – beispielsweise in der Bekleidungs- und Spielwarenproduktion – bieten moderne Kommunikationsmedien zunehmend Möglichkeiten, von zu Hause aus zu arbeiten. In Zukunft könnte für einen größeren Teil der Erwerbstätigen die eigene Wohnung zum Arbeitsplatz werden. Vorerst verweisen die Zahlen für Europa noch auf eine geringe Verbreitung der Arbeit von zu Hause aus. 2005 geben 6% der berufstätigen Frauen und 5% der Männer in der europäischen Union (EU der 27) an, gewöhnlich ihren Arbeitsplatz zu Hause zu haben. Deutschland liegt mit 5% für Frauen und 4% für Männer in der Nähe des europäischen Durchschnittes. Besonders in Frankreich, Luxemburg und Belgien ist die Arbeit von zu Hause keine Seltenheit. Von den weiblichen Beschäftigten erledigen in Frankreich gewöhnlich 13% ihrer Erwerbstätigkeit im eigenen Haushalt (Männer 9%), in Luxemburg 10% (Männer 6%) und in Belgien ebenfalls 10% (Männer 9%).

4.4 Wirtschaftszweige und Berufe

Der Dienstleistungsbereich gilt seit Mitte des letzten Jahrhunderts als „die große Hoffnung" für die Zukunft der Arbeitsgesellschaft[3] [3, 12]. Tatsächlich expandiert die Beschäftigung im Dienstleistungssektor seit Jahrzehnten, während die Beschäftigung in Bergbau und Industrie (produzierendes Gewerbe) sowie in der Land- und Forstwirtschaft zurückgeht. Von der „großen Hoffnung" scheinen vor allem Frauen zu profitieren. Die europäischen Frauen arbeiten überwiegend im Dienstleistungssektor (s. Abb. 4.2). Am weitesten fortgeschritten ist der Tertiarisierungsprozess in Luxemburg, neun von zehn berufstätige Frauen sind hier im Dienstleistungssektor tätig. Bulgarien bildet das Schlusslicht mit sechs von zehn Frauen. Deutschlandweit gehen 85% der weiblichen Beschäftigten einer Arbeit im Dienstleistungssektor nach.

Auch das Gros der Männer ist mittlerweile im Dienstleistungsbereich beschäftigt. Hier arbeiten rund 70% aller männlichen Beschäftigten in den Niederlanden und Luxemburg. In Deutschland beträgt der entsprechende Anteil 61,6%. In den osteuropäischen Ländern Polen und Bulgarien entfällt weniger als die Hälfte aller Männer auf den Dienstleistungsbereich. Der Industriesektor hat für den Umfang der Männererwerbstätigkeit immer noch ein starkes Gewicht. Die osteuropäischen Länder befinden sich

---

[3] Grundannahme ist die Resistenz des Dienstleistungssektors gegen Rationalisierung und Personalabbau durch technischen Fortschritt. Es werden nur minimale Produktivitätsfortschritte im Gegensatz zur Industrie erzielt [3, 12].

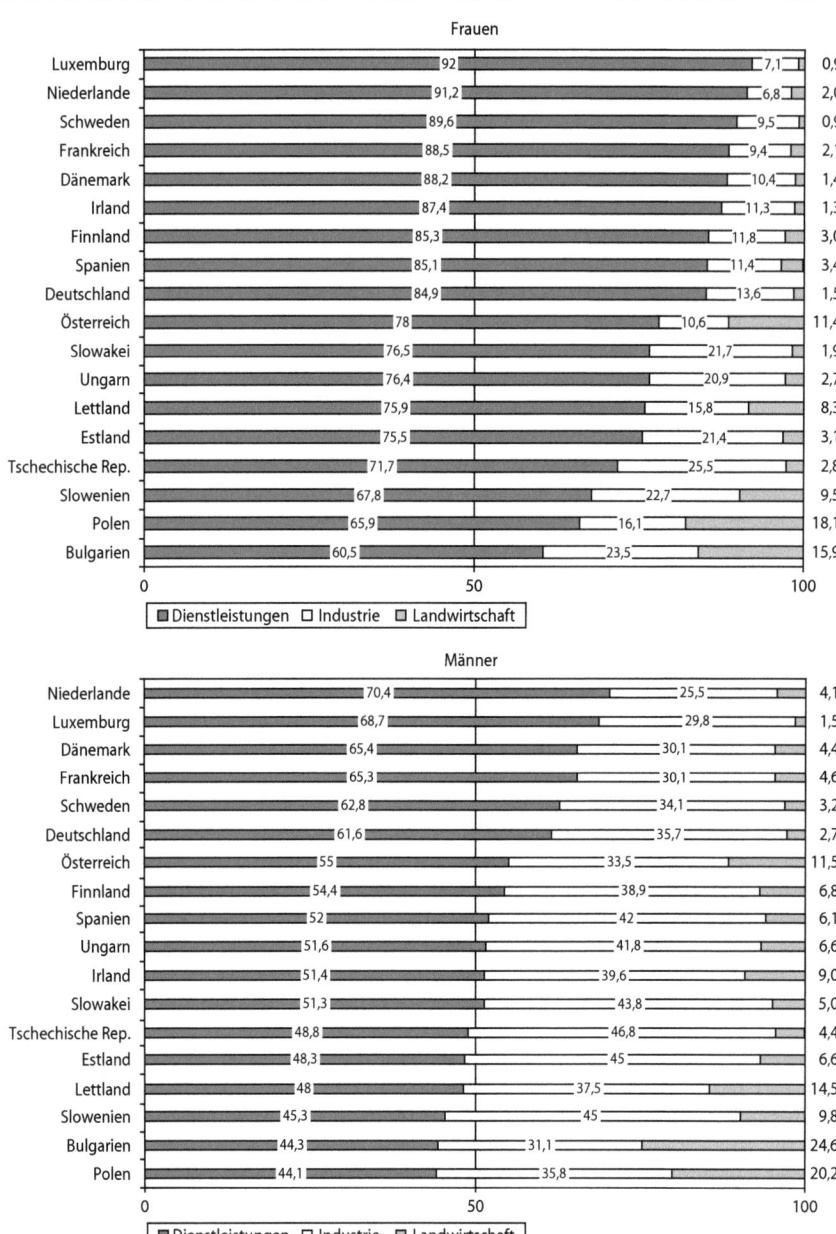

Quelle: Eurostat 2007; Datenbasis: LFS

Anmerkungen: In Abbildung 4.2 sind die Länder nach dem Anteil des Dienstleistungssektors an der Gesamtbeschäftigung geordnet. Je weiter vorne sich ein Land befindet, desto größer ist die Bedeutung der Dienstleistungen.

Abb. 4.2. Beschäftigungsanteile nach Wirtschaftszweigen – 2006

Abbildung 4.2 Beschäftigungsanteile nach Wirtschaftszweigen – 2006 mitten im Modernisierungsprozess zur Dienstleistungsgesellschaft, deshalb spielt hier die Landwirtschaft noch eine bedeutende Rolle.

Die europäischen Frauen konzentrieren sich stärker auf wenige Wirtschaftszweige als die Männer. Innerhalb der Europäischen Union (EU-25) sind 2005 in sechs der 62 Wirtschaftszweige mehr als 60% aller Frauen beschäftigt. Der Beschäftigungsschwerpunkt liegt bei personenbezogenen, marktbedingten und öffentlichen Dienstleistungen. Im Gesundheits- und Sozialwesen arbeiten 17% aller erwerbstätigen Frauen, im Einzelhandel 12,5%, in Bildung und Ausbildung 11,5%, in der öffentlichen Verwaltung 7%, in unternehmensbezogenen Dienstleistungen 7% sowie in Hotels und Restaurants 5%. Auf diese sechs Bereiche entfallen nicht einmal ein Drittel (31%) der erwerbstätigen Männer. Die Befunde lassen sich nahezu eins zu eins auf Deutschland übertragen. In den sechs genannten Wirtschaftszweigen arbeiten 60,5% der weiblichen, aber nur 29,7% der männlichen Beschäftigten.

Bei den Männern ist die Konzentration auf einzelne Wirtschaftszweige geringer als bei den Frauen, denn in den sechs wichtigsten Bereichen sind 2005 nur 42% (Deutschland 38,7%) der Männer in der EU-25 beschäftigt. Auf das Baugewerbe entfallen 13% aller erwerbstätigen Männer, auf die öffentliche Verwaltung 7%, auf den Einzelhandel 6%, auf die unternehmensbezogenen Dienstleistungen 6%, auf die Landwirtschaft 5% und auf den Landverkehr 4%.[4] In diesen sechs Bereichen sind 33% aller erwerbstätigen Frauen berufstätig. Abweichend von der europäischen Beschäftigtenstruktur zählt zu den sechs beschäftigungsreichsten Branchen in Deutschland statt der Landwirtschaft und dem Landverkehr der Maschinenbau bzw. das Gesundheits- und Sozialwesen.

Die Daten lassen auch erkennen, dass sich die Beschäftigung von Frauen sehr viel stärker auf eine begrenzte Zahl von Berufen konzentriert als die von Männern. Zwar besteht ein gewisser Zusammenhang zwischen der Konzentration der Erwerbstätigkeit in bestimmten Wirtschaftszweigen und bestimmten Berufen. In der Praxis können jedoch noch größere geschlechtsspezifische Unterschiede zwischen den Berufen, denen Männer und Frauen nachgehen, als zwischen den Branchen, in denen sie beschäftigt sind, festgestellt werden.

Bei den Frauen sind andere Berufskategorien wichtiger als bei den Männern. Zu den sechs wichtigsten Berufen für Frauen zählen in Europa und Deutschland: Verkäuferinnen/Vorführerinnen in Geschäften, die Haushaltshilfen, die Pflegeberufe, sonstige Bürotätigkeiten, Verwaltungsfachkräfte sowie Dienstleistungsberufe im hauswirtschaftlichen Bereich

---

[4] Rundungsbedingt ergeben die sechs Wirtschaftszweige nur 41%.

und im Gaststättengewerbe. Über 25% (Deutschland 24%) der erwerbstätigen Frauen befinden sich in nur vier Berufskategorien mit relativ niedrigem Qualifikationsniveau und geringen Verdienstmöglichkeiten.

Die Berufskonzentration von Männern findet in höher qualifizierten Bereichen statt: Fahrer von Kraftfahrzeugen, Baukonstruktions- und verwandte Berufe, Leiter kleiner Unternehmen, Ausbau- und verwandte Berufe, material- und ingenieurtechnische Fachkräfte sowie Maschinenmechaniker und Schlosser. In Deutschland zählen zu den sechs häufigsten Berufen von Männern die Finanz- und Verkaufsfachkräfte sowie Architekten, Ingenieure und verwandte Berufe, dagegen spielen Leiter kleiner Unternehmen sowie Baukonstruktions- und verwandte Berufe in Europa eine dominantere Rolle [10].

4.5 Exkurs: Der Gesundheits- und soziale Sektor als Beschäftigungsmotor

Außerordentlich spürbar sind die Folgen der Flexibilisierungsmaßnahmen in den Branchen der sozialen und personenbezogenen Dienstleistungen; dort führen sie zu einer verstärkten beruflichen Segregation [15]. Vor dem Hintergrund der demographischen Entwicklung fragt eine alternde Gesellschaft vermehrt soziale und gesundheitsbezogene Dienstleistungen nach. In der Hälfte der EU-Mitgliedstaaten ist 2005 das Gesundheits- und Sozialwesen für Frauen der größte Arbeitgeber. In Dänemark entfielen auf diese Branche 32% aller erwerbstätigen Frauen und in den Niederlanden, Finnland und Schweden 28 bis 29%. Deutschland liegt mit einem weiblichen Beschäftigungsanteil von knapp 19% im europäischen Mittelfeld. In Zypern, Griechenland, Estland und Slowenien dagegen sind weniger als 10% der erwerbstätigen Frauen im Gesundheits- und Sozialwesen beschäftigt. Bei den europäischen Männern spielt das Gesundheits- und Sozialwesen mit 4% Beschäftigungsanteil eine geringere Rolle. Deutschland liegt mit knapp 5% über dem Durchschnitt [10].

In den beschäftigungsreichen aber geringer entlohnten sozialen Berufen und Gesundheitsberufen liegt 2005 der Beschäftigtenanteil von Frauen europaweit (EU-25) bei 78% (Deutschland 77%). Betrachtet man allein die Entwicklung der letzten zwölf Jahre (1995 bis 2006), dann zeigt sich die enorme Wachstumsdynamik in diesen Berufen gegenüber der allgemeinen Entwicklung. In Tabelle 4.2 wird von der Situation 1995 ausgegangen. Der Stand 1995 wird jeweils für die gesamte Beschäftigung und die Beschäftigung im Gesundheits- und Sozialwesen auf 100 normiert. Für 2000 und 2006 kann dann der Beschäftigungstrend prozentual in Bezug auf 1995 abgebildet werden. Beispielsweise nimmt in Irland von 1995 bis 2006 die Zahl der weiblichen Beschäftigten um 83% zu (Männer 49%). Das Gesundheits- und Sozialwesen wächst mit 112% im gleichen Zeitraum

Die Erwerbsbeteiligung von Frauen und Männern

Tabelle 4.2. Beschäftigungsdynamik insgesamt und im Gesundheits-, Veterinär- und Sozialwesen (Beschäftigtenstand 1995=100) – 1995, 2000 und 2006

		Frauen			Männer		
		1995	2000	2006	1995	2000	2006
Irland	insgesamt	100	143	183	100	126	149
	Gesund.- u. Sozialw.	100	138	222	100	110	142
Spanien	insgesamt	100	133	188	100	119	143
	Gesund.- u. Sozialw.	100	130	201	100	125	153
Luxemburg	insgesamt	100	124	147	100	105	106
	Gesund.- u. Sozialw.	100	141	196	100	122	159
Portugal	insgesamt	100	114	120	100	113	114
	Gesund.- u. Sozialw.	100	142	189	100	101	112
Niederlande	insgesamt	100	122	134	100	112	113
	Gesund.- u. Sozialw.	100	120	148	100	103	112
Italien	insgesamt	100	110	129	100	102	108
	Gesund.- u. Sozialw.	100	114	157	100	97	98
Frankreich	insgesamt	100	107	118*	100	105	109*
	Gesund.- u. Sozialw.	100	111	144*	100	100	107*
Griechenland	insgesamt	100	111	126	100	105	111
	Gesund.- u. Sozialw.	100	118	142	100	110	135
Belgien	insgesamt	100	115	123	100	105	105
	Gesund.- u. Sozialw.	100	129	141	100	126	133
Deutschland	insgesamt	100	105	111	100	99	98
	Gesund.- u. Sozialw.	100	119	137	100	114	134
Österreich	insgesamt	100	102	112	100	99	103
	Gesund.- u. Sozialw.	100	108	131	100	112	124
Großbritannien	insgesamt	100	107	114	100	102	105
	Gesund.- u. Sozialw.	100	109	126	100	107	143
Finnland	insgesamt	100	115	121	100	120	122
	Gesund.- u. Sozialw.	100	112	125	100	119	151
Dänemark	insgesamt	100	109	113	100	101	104
	Gesund.- u. Sozialw.	100	111	114	100	99	106
Schweden	insgesamt	100	101	107	100	102	111
	Gesund.- u. Sozialw.	100	93	82	100	97	126

Quelle: Eurostat 2007
Datenbasis: LFS
Anmerkungen: In Tabelle 4.2 sind die Länder nach der Beschäftigungsdynamik im Gesundheits- und Sozialwesen für Frauen geordnet. Je weiter vorne sich ein Land befindet, desto stärker ist die Beschäftigungsdynamik von Frauen im Gesundheits- und Sozialwesen.
* vorläufiger Wert

deutlich stärker (Männer 42%). In jedem hier abgebildeten europäischen Land, bis auf Schweden, liegt die Frauenbeschäftigung im Gesundheits- und Sozialwesen über dem allgemeinen Entwicklungstrend.

Selbst in Zeiten der ökonomischen Stagnation nimmt die Frauenerwerbstätigkeit innerhalb von zwölf Jahren in Deutschland um 11% zu. Im Gesundheits- und Sozialwesen sind die Beschäftigtenzahlen dreimal stärker gestiegen (37%). Obwohl relativ wenige Männer in Deutschland einem Beruf im Gesundheits- und Sozialwesen nachgehen, sind in den letzten Jahren auch für Männer in diesem Bereich die Beschäftigungschancen deutlich günstiger. Gegen den allgemeinen Trend (2% weniger männliche Beschäftigte 2006) stieg die Männererwerbstätigkeit im Gesundheits- und Sozialwesen um 34%.

Mit der zunehmenden Ausgliederung von Betreuungsleistungen aus den Familien in den formellen Erwerbsarbeitsmarkt sind zukünftig noch weitere Beschäftigungszuwächse zu erwarten.

4.6 Bildung und Erwerbstätigkeit

Im internationalen Wettbewerb ist Bildung zum entscheidenden Standortfaktor geworden. Eine stark wissensbasierte Gesellschaft stellt immer höhere Ansprüche an das Bildungsniveau der Arbeitskräfte. Hohe formale Bildungsabschlüsse und Weiterbildungszertifikate bilden zunehmend die Eintrittskarte in Unternehmen. Dies verbindet sich mit der Notwendigkeit, das eigene Wissen ständig an die sich ändernden Anforderungen der Arbeitswelt anzupassen [22]. Eine höhere schulische Qualifikation und eine entsprechende berufliche Ausbildung verbessern die Chancen von Frauen und Männern auf dem Arbeitsmarkt und erhöhen auch deren intrinsische Motivation, einer Erwerbsarbeit nachzugehen. Frauen haben in den letzten Jahrzehnten ihre schulischen und berufsbezogenen Qualifikationen gesteigert. Diese Entwicklung scheint mehr und mehr auf dem Arbeitsmarkt durchzuschlagen.

Die Beschäftigungsquoten der geringqualifizierten (ISCED97[5]: 0–2) 25 bis 49-Jährigen zeigen 2005 in Europa (EU-25) deutliche Geschlechterunterschiede (Frauen 53%; Männer 80%). Der Unterschied in der Beschäftigungsquote beträgt 27 Prozentpunkte. Unter den Frauen mit Schulabschlüssen im Bereich der ISCED 3 bis 4 Stufen, also höhere Sekundarbildung, ist die Arbeitsmarktpartizipation mit 72% wesentlich

---

[5] Der ISCED (International Standard Classification of Education) Standard ist von der UNESCO zur Klassifizierung von Schultypen und Schulsystemen entwickelt worden. Dabei wird zwischen mehreren Qualifikationsebenen ISCED 0 bis 6 unterschieden.

größer (Männer 87%), zudem sinken die Unterschiede zwischen den Geschlechtern in diesem Qualifikationsbereich auf 15 Prozentpunkte.
Besonders stark ist die Erwerbstätigkeit von Frauen mit Hochschulqualifikation (ISCED 5–6). 83% aller Frauen von 25 bis 49 Jahren, die diese Abschlüsse innehaben, sind berufstätig (Männer 92%). Die Geschlechterdifferenz sinkt auf 9 Prozentpunkte.
Frauen profitieren zunehmend von ihren schulischen Abschlüssen. Die Geschlechterdiskrepanzen zeigen sich in den höheren Qualifikationsebenen deutlich geringer. Der unterschiedliche Grad der Arbeitsmarktpartizipation zwischen Mann und Frau ist in Europa zum Teil dem Umstand geschuldet, dass offensichtlich geringqualifizierte Frauen schlechtere Möglichkeiten besitzen, einen Arbeitsplatz zu finden als ihr männliches Pendant. In Deutschland ist der berufliche Erfolg nochmals deutlich stärker an den formalen Bildungsabschluss gebunden. Im Bereich der Geringqualifizierten liegen bei den Männern die Beschäftigungsquoten mit 69% deutlich unter dem europäischen Schnitt (Frauen 51%). Im Bereich der höheren Sekundarbildung liegt eine männliche Arbeitsmarktintegration von 84% und im universitären Bereich von 93% vor. Bei den deutschen Frauen betragen die entsprechenden Quoten 73 bzw. 82%.

4.7 Vereinbarkeit von Familie und Beruf

Zwar schränken Kinder die Berufstätigkeit von Frauen ein. Die zunehmende Berufsorientierung von Müttern hat aber nur wenig an dem weiterhin zentralen Stellenwert von Kindern und Familie geändert [18]. Hierbei kann insbesondere ein gut ausgebautes Kinderbetreuungssystem die familiale und berufliche Entfaltung von Frauen erleichtern [7].
Die Erwerbspartizipation von Frauen hat in fast allen Industriestaaten der Welt zugenommen [17]. Allerdings prägen Teilzeitarbeit und geringfügige Beschäftigung oft die Erwerbsbeteiligung von Frauen. Die Anwesenheit von betreuungsbedürftigen Kindern erweist sich in vielen europäischen Staaten weiterhin als Hürde für die Erwerbstätigkeit von Müttern. Für den europäischen Vergleich liegen die Zahlen[6] für das letzte Quartal 2005 vor. Interessant ist hierbei, wie sich der Grad der Erwerbspartizipation nach der Anzahl der Kinder ändert.
Der europäische Vergleich zeigt, dass Frauen (25 bis 49 Jahre), die kein Kind unter 14 Jahren zu betreuen haben, deutlich besser im Erwerbs-

---

[6] Für die skandinavischen Länder liegen für die Beschäftigungsquoten mit Kindern nur ältere Zahlen der OECD vor: Finnland 1997; Dänemark 1998 und Schweden 2000 [17].

arbeitsmarkt integriert sind als Frauen mit Kindern. Die Geschlechterunterschiede zu den Männern sind relativ gering. Die höchsten Beschäftigungsquoten (77 bis 85%) für Frauen ohne Kinder weisen die baltischen, die skandinavischen Staaten sowie Luxemburg, Frankreich und Deutschland auf. Die südeuropäischen und osteuropäischen Staaten zeigen niedrige Beschäftigungsquoten. In Deutschland ist kaum eine Differenz zwischen Frauen- und Männerbeschäftigungsquote bei Personen ohne Kinder messbar (Frauen 80%; Männer 81%). In den südlichen Mittelmeerländern klaffen dagegen die geschlechtsspezifischen Quoten weiter auseinander (z.B. Griechenland mit 22,5 Prozentpunkten; Malta mit 35,4 Prozentpunkten).

Die Erwerbsbeteiligung von Frauen und Männern mit einem betreuungsbedürftigen Kind zeigt deutlich größere Geschlechterdiskrepanzen. Schon ein einziges Kind im Haushalt legt Paaren in vielen Staaten Europas zumindest eine temporäre Rückkehr zum Modell der männlichen Versorgerehe nahe. Besonders in Deutschland geht die Müttererwerbstätigkeit auf 66,9% zurück (Männer 90,1%). Die Geschlechterdifferenz wächst auf 23,2 Prozentpunkte an. Die geringsten Geschlechterdiskrepanzen (unter 10 Prozentpunkte) weisen die skandinavischen Länder sowie Slowenien und Litauen auf. Die größten Unterschiede sind auf Malta (59,6 Prozentpunkte) zu finden.

In Deutschland wie in vielen anderen europäischen Staaten nimmt mit steigender Kinderzahl der weibliche Beschäftigungsgrad gravierend ab. Deutschland (Frauen 56,8%; Männer 90,8%) gehört neben Spanien (Frauen 56,5%; Männer 93,5%), Luxemburg (Frauen 63,5%; Männer 93,5%), Griechenland (Frauen 57%; Männer 96,7%), Ungarn (Frauen 53,5%; Männer 88,5%), der Tschechischen Republik (Frauen 59,6%; Männer 95%), Italien (Frauen 51,6%; Männer 93,9%) und Malta (Frauen 21,4%; Männer 95,4%) zu den Ländern, in denen die Erwerbsbeteiligung der Väter mit zwei betreuungsbedürftigen Kindern um mindestens 34 Prozentpunkte höher liegt als die der Mütter. In vielen anderen Staaten, vor allem in solchen mit institutionell verankertem Doppelernährermodell und gut ausgebautem Kinderbetreuungsangebot, ist die Erwerbstätigenquote von Müttern mit mehreren betreuungsbedürftigen Kindern deutlich höher.

Ungünstige Rahmenbedingungen für die Vereinbarkeit von Familie und Beruf erzeugen also nicht nur eine erhebliche Ungleichheit zwischen Frauen und Männern auf dem Arbeitsmarkt, sondern auch zwischen Frauen mit und Frauen ohne Kinder. Geht es aber um eine gleiche Erfüllung von Familienpflichten und Beruf, dann müssen sich immer noch Frauen den starren Rigiditäten des Arbeitsmarktes und des öffentlichen Betreuungssystems unterordnen [26].

4.8 Arbeitslosigkeit

Fest verschränkt mit dem Einstieg von Frauen in das Erwerbsleben ist das relativ dauerhafte Phänomen Arbeitslosigkeit. Trotz konjunktureller Aufschwünge, die verbunden sind mit zusätzlichen Beschäftigungsverhältnissen, führen sie immer nur zu bescheidener Abnahme des Arbeitslosigkeitssockels. Ursächlich wirkt in den Staaten Europas der drastische Strukturwandel des Arbeitsmarktes mit der Verschiebung vom Industrie- zum Dienstleistungsbereich. Als Folge ergeben sich erhebliche Entlassungen von Industriebeschäftigten, insbesondere von gering Qualifizierten [14].

In Europa zeigt sich ein recht heterogenes Bild der Verteilung von Arbeitsmarktrisiken der Geschlechter. In Deutschland, Schweden und Estland bestehen kaum Unterschiede zwischen den Geschlechtern. Ein leicht höheres Arbeitsmarktrisiko als Frauen tragen Männer in Irland, Großbritannien, Litauen und Lettland. In allen anderen Ländern sind Frauen von Arbeitslosigkeit stärker als Männer betroffen. Gravierend zeigen sich dabei die Unterschiede in den Mittelmeerstaaten Italien, Griechenland, Malta und Spanien.

Das Niveau beruflicher Qualifikation hat deutlich Einfluss auf das Ausmaß von Erwerbslosigkeit. 2006 tragen Personen mit geringen Bildungsgraden ein deutlich höheres Risiko, arbeitslos zu werden. Dies gilt für Männer in Deutschland stärker als für Frauen. Personen mit Universitätsabschluss werden unabhängig vom Geschlecht in Europa am seltensten arbeitslos. In Deutschland zeigt sich die Arbeitsmarktlage für Akademiker günstiger als für Akademikerinnen.

4.9 Resümee

Europas Frauen ziehen zunehmend eine entgeltliche Erwerbsarbeit der unentlohnten Hausarbeit vor. Angesichts dieser Entwicklungen schließt sich die Frage an, ob Frauen Männer aus dem Arbeitsmarkt verdrängen. Für Maier [14] ist diese Vermutung falsch, denn die Szenerie der länder- und geschlechtsspezifischen Differenzen offenbart: Hohe Frauen- und Männerbeschäftigung bilden keinen Widerspruch, zumal sich zeigt, dass Länder mit geringer „weiblicher" Beschäftigungsrate ebenfalls relativ niedrige Raten für Männer aufweisen. „In den geschlechtsspezifischen Beschäftigungsquoten spiegelt sich also nicht eine Substitution von Männern durch Frauen, sondern die jeweils unterschiedliche

Beschäftigungssituation im jeweiligen Land wider" [14, S. 22]. Also rührt der Bedeutungsgewinn der Frauen aus Verlusten anderer gesellschaftlicher Gruppen; so spricht Heidenreich [13] von einem dynamischen „System kommunizierender Röhren (...). Die steigende Erwerbsbeteiligung von Frauen geht mit einer stärkeren Ausgrenzung von Jugendlichen, Älteren, Arbeitslosen und Unqualifizierten einher" [13, S. 11].

Die Vergesellschaftung vieler Dienstleistungen, insbesondere im Gesundheits- und Sozialwesen, hat den Frauen den Weg in die Erwerbstätigkeit eröffnet [25]. Besonders die skandinavischen Frauen profitieren – unter der Inkaufnahme einer starken beruflichen Segregation [15] – von diesem Prozess. Auch in Deutschland beförderte der wirtschaftliche Wandel zur Dienstleistungsgesellschaft die Gleichstellung der Geschlechter was die Beschäftigungsquoten angeht. Diese Entwicklung wird von einer starken Konzentration von Frauen in wenigen Wirtschafts- und Berufsbereichen begleitet. Die traditionellen männlichen Beschäftigungsfelder und Berufsbilder sind wesentlich stärker ausdifferenziert.

In Deutschland verweist die hohe Teilzeitbeschäftigung von Frauen im Zusammenspiel mit der stark nachlassenden Erwerbspartizipation in Abhängigkeit der Kinderzahl auf eine bremsende Wirkung der Organisation der Betreuungsleistungen auf die Frauenbeschäftigung. Dieser Umstand dürfte aufgrund der besseren Betreuungssituation in Ostdeutschland stärker die „alte" Bundesrepublik treffen. Ein weiteres zentrales Modernisierungsmoment und Schubmittel der Frauenbeschäftigung ist die Bildungsexpansion. Höhere Bildungsabschlüsse wirken sich positiv auf Beschäftigungschancen und das Interesse von Frauen auf Erwerbsarbeit aus und minimieren in ganz Europa das Arbeitsplatzrisiko von Frauen und Männern.

Der Strukturwandel ist offensichtlich. Mit dem Aufbrechen traditioneller Arbeits- und Lebensformen gewinnen die Frauen an Unabhängigkeit. Sie sind nicht länger mit ihrem Ausschluss von bezahlter Arbeit zufrieden [21]. Die traditionelle Form der Ernährerehe, also die Kernfamilie mit Vollzeit erwerbstätigem Ehemann und nicht erwerbstätiger Ehefrau, ist heute nur eine Lebensform unter vielen. „Allerdings wäre es falsch, diesen Strukturwandel mit einer Krise der Arbeitsgesellschaft gleichzusetzen" [4, S. 153]. Denn der „weibliche" Vormarsch in den Arbeitsmarkt hat die geschlechtsspezifische Ungleichheit in den Beschäftigungsraten gesenkt und die Bedeutung der Arbeit als gesellschaftlichen Kitt gestärkt. Die Verteilung der vorhandenen Arbeit sowie die Schaffung neuer Beschäftigungsbereiche werden maßgeblich die zukünftigen gesellschaftlichen Auseinandersetzungen bestimmen. Es bleibt abzuwarten, ob die

Geschlechterfrage vor dem Bedeutungsgewinn von Qualifikationen in einer Wissensgesellschaft zurückweicht.

Literatur

[1] Arendt H (2006) Vita activa oder vom tätigen Leben. Piper, München Zürich
[2] Beck U (1986) Risikogesellschaft. Auf dem Weg in eine andere Moderne. Suhrkamp, Frankfurt/M
[3] Bell D (1985) Die nachindustrielle Gesellschaft. Campus, Frankfurt/M New York
[4] Bonß W (1999) Jenseits der Vollbeschäftigungsgesellschaft. In: Schmidt G (Hrsg) Kein Ende der Arbeitsgesellschaft. Arbeit, Gesellschaft und Subjekt im Globalisierungsprozess. Edition Sigma, Berlin, S 145–175
[5] Dahrendorf R (1982) Wenn der Arbeitsgesellschaft die Arbeit ausgeht. In: Matthes J (Hrsg) Krise der Arbeitsgesellschaft? Verhandlungen des 21. Deutschen Soziologentages in Bamberg 1982. Frankfurt/M, S 25–37
[6] Dressel C (2005) Erwerbstätigkeit – Arbeitsmarktintegration von Frauen und Männern. In: Cornelißen W (Hrsg) Gender-Datenreport, Kommentierter Datenreport zur Gleichstellung von Frauen und Männern in der Bundesrepublik. BMFSFJ, Berlin
[7] Dressel C, Cornelißen W, Wolf K (2005) Zur Vereinbarkeit von Familie und Beruf. In: Cornelißen W (Hrsg) Gender-Datenreport – Kommentierter Datenreport zur Gleichstellung von Frauen und Männern in der Bundesrepublik Deutschland. BMFSFJ. Berlin
[8] Eurostat (2005) Statistik kurz gefasst, Vereinbarkeit von Familie und Beruf: Unterschiede zwischen Frauen und Männern. http://www.eds-destatis.de/de/downloads/sif/nk_05_04.pdf, download 15.04.07
[9] Eurostat (2007a) Statistik kurz gefasst, Geschlechtsspezifische Unterschiede bei der unternehmerischen Tätigkeit. http://www.eds-destatis.de/de/downloads/sif/sf_07_030.pdf, download 01.05.07
[10] Eurostat (2007b) Statistik kurz gefasst, Wie stark sind Männer und Frauen in verschiedenen Wirtschaftszweigen vertreten? http://www.eds-destatis.de/de/downloads/sif/sf_07_053.pdf, download 05.05.07
[11] Eurostat (2007c) Bevölkerung und soziale Bedingungen. http://epp.eurostat.ec.europa.eu/portal/page?_pageid=0,1136184,0_45572592&_dad=portal&_schema=PORTAL, download 15.05.07
[12] Fourastié J (1954) Die große Hoffnung des zwanzigsten Jahrhunderts. Bund-Verlag, Köln
[13] Heidenreich M (2001) Beschäftigungsordnungen im internationalen Vergleich. Bamberg
[14] Maier F (1997) Entwicklung der Frauenerwerbstätigkeit in der Europäischen Union. Aus Politik und Zeitgeschichte B 52/97:15–27
[15] Melkas H, Anker R (2001) Occupational segregation by sex in Nordic countries: An empirical investigation. In: Loutfi M F (ed) Women, Gender and Work, ILO, Genf, pp 189–214
[16] Notz G (2004) Arbeit: Hausarbeit, Ehrenamt, Erwerbsarbeit. In: Becker R, Kortendiek B (Hrsg) Handbuch Frauen- und Geschlechterforschung. Theorie, Methoden, Empirie. Geschichte und Gesellschaft Band 35, VS Verlag für Sozialwissenschaften, Wiesbaden, S 420–428
[17] OECD (2002) Employment Outlook. Paris

[18] Peuckert R (1996) Familienformen im sozialen Wandel. Leske + Budrich, Opladen
[19] Rifkin J (1995) Das Ende der Arbeit und ihre Zukunft. Campus, Frankfurt/M New York
[20] Schäfers B (1995) Gesellschaftlicher Wandel in Deutschland. Ein Studienbuch zur Sozialstruktur und Sozialgeschichte. DTV, Stuttgart
[21] Ruber, J (1997) Gender and Unemployment. In: Flecker J (Hrsg) Jenseits der Sachzwanglogik. Arbeitspolitik zwischen Anpassungsdruck und Gestaltungschancen. Edition Sigma, Berlin, S 192–195
[22] Schömann I (2001) Berufliche Bildung antizipativ gestalten: die Rolle der Belegschaftsvertretungen. WZB, Berlin
[23] Schulze Buschoff K, Rückert-John J (1999) Teilzeitarbeit im europäischen Vergleich. Individuelle Dynamik, Haushaltskontext, Wohlfahrtserträge. WZB, Berlin
[24] Schulze Buschoff K, Rückert-John J (2000) Vom Normalarbeitsverhältnis zur Flexibilisierung. Über den Wandel der Arbeitszeitmuster: Ausmaß, Bewertung und Präferenzen. WZB, Berlin
[25] Theobald H (1998) Frauen in leitenden Positionen in der Privatwirtschaft. Eine Untersuchung des schwedischen und deutschen Geschlechtervertrages. WZB, Berlin
[26] Wendt C, Maucher M (2000) Mütter zwischen Kinderbetreuung und Erwerbstätigkeit: Institutionelle Hilfen und Hürden bei einem beruflichen Wiedereinstieg nach einer Kinderpause. MZES, Mannheim

KAPITEL 5

Unterschiede in den Arbeitsbedingungen und -belastungen von Frauen und Männern

B. BEERMANN · F. BRENSCHEIDT · A. SIEFER

Zusammenfassung. Obwohl die gesetzlichen Grundlagen für die Gleichbehandlung von Frauen und Männern schon seit längerer Zeit geschaffen sind, sind sowohl die Qualität der Arbeit als auch die Karrierebedingungen für Frauen und Männer noch längst nicht vergleichbar. Auf der Basis vorliegender Ergebnisse aus der aktuellen BiBB/BAuA-Erwerbstätigenbefragung wird eine vergleichende Betrachtung der Arbeitsbedingungen von Frauen und Männern unter Berücksichtigung europäischer Studien vorgenommen. Die Ergebnisse zeigen: Männer sind häufiger mit belastenden Umgebungsfaktoren und physischen Belastungen konfrontiert. Auf vergleichsweise hohem Niveau nennen die Frauen tendenziell häufiger psychisch belastende Arbeitsanforderungen.
Gleichmäßig oft wurde von beiden Geschlechtern angegeben, an ihrer Leistungsgrenze arbeiten zu müssen.
Auffällig ist: Nicht jede Belastung führt dazu, dass sich die Beschäftigten auch „belastet fühlen".

5.1 Einleitung

Teilzeit versus Vollzeit, Dienstleistungsbereich versus Produktion, Übernahme von Führungsaufgaben versus Familienorientierung – diese Kriterien rücken in den Fokus, wenn differenzielle Arbeitsbedingungen von Frauen und Männern akzentuiert werden. Obwohl die gesetzlichen Grundlagen für die Gleichbehandlung von Frauen und Männern schon seit längerer Zeit geschaffen sind, sind sowohl die Qualität der Arbeit als auch die Karrierebedingungen für Frauen und Männer noch längst nicht vergleichbar. Auf der Basis vorliegender Ergebnisse aus aktuellen Erwerbstätigenbefragungen soll eine vergleichende Betrachtung der Arbeitsbedingungen von Frauen und Männern vorgenommen werden.

Eine wesentliche Datenquelle für den Vergleich der Arbeitsbedingungen von Frauen und Männern in Deutschland ist dabei die BiBB/BAuA-Erwerbstätigenbefragung von 2005/2006. Es handelt sich dabei um eine aktuelle, repräsentative Telefonbefragung von 20 000 Erwerbstätigen. Im Fokus der Befragung stehen Fragen zum Bildungs-, Berufs- und Qualifikationsverlauf sowie Fragen zur Arbeitssituation und Arbeitsbelastung [1]. Im Rahmen der Befragung wurde neben der Häufigkeit des Auftretens eines spezifischen Belastungsfaktors auch erfragt, ob die Situation als „belastend" wahrgenommen wird.

5.2 Rahmenbedingungen der Arbeit

5.2.1 Horizontale und vertikale Segregation

Trotz erheblicher Bemühungen bei der Aufhebung der beruflichen Segregation von Frauen und Männern, finden sich immer noch deutliche „Gender-abhängige" Konzentrationen in differenziellen Berufs- und Branchenbereichen. Der typische Frauen- oder Männerberuf ist immer noch bestimmend für unsere Arbeitswelt. Die Hälfte aller erwerbstätigen Frauen in der EU sind in nur zwei Sektoren tätig: 34% im Erziehungs- und Gesundheitsbereich und 17% im Groß- und Einzelhandel. Bei den Männern dagegen entfallen ca. 50% der Erwerbstätigen auf die Bereiche Produktion (22%), Groß- und Einzelhandel (14%) und Bauwirtschaft (13%). In Deutschland sind 30,1% aller erwerbstätigen Frauen im Bereich Erziehung und Gesundheit tätig. Von den Männern sind lediglich 9,1% diesem Bereich zuzuordnen. Im Groß- und Einzelhandelsbereich sind 13,8% der Frauen beschäftigt, aber lediglich 6,6% der Männer. In der Baubranche sind 9,9% der Männer und nur 1,5% der Frauen tätig (BIBB/BAuA-Erwerbstätigenbefragung). Hierin wird die horizontale Segregation deutlich. Hinzu kommt der Aspekt der vertikalen Segregation: Selbst in den Bereichen, in denen der Frauenanteil überwiegt, sind die leitenden oder auch besser bezahlten Stellen häufig mit Männern besetzt. Sogar in dem von Frauen dominierten Erziehungs- und Gesundheitsbereich beziehen ca. 55% der Männer, aber lediglich 27% der Frauen, überdurchschnittliche Gehälter. Die Ergebnisse des 4. European Working Condition Survey (EWCS) der European Foundation for the Improvement of Living and Working Conditions [2] zeigen allerdings für das Europa der 25 eine positive Entwicklung bezüglich dieses Kriteriums in den letzten fünf Jahren. Dennoch ist der Anteil der weiblichen Führungskräfte in Europa mit 25% im Durchschnitt immer noch vergleichsweise niedrig. In den USA z. B. sind 37% der Führungskräfte weiblich. In Europa zeigt sich eine deutliche Nord/Ost versus Süd/West Polarisierung. Im Norden/Osten ist der Anteil weiblicher Führungskräfte höher. Der Anteil weiblicher Führungskräfte in Deutschland liegt mit 18% deutlich unter dem europäischen Durchschnitt [2].

5.2.2 Bezahlung

Diese Segregation ist u. a. mit für die erheblichen Einkommensunterschiede zwischen Männern und Frauen verantwortlich. Oftmals sind es insbesondere die Branchen und Berufe mit einem hohen Frauenanteil, die ein niedriges Lohnniveau aufweisen. So sind die durchschnittlichen Einkommen der Frauen immer noch deutlich niedriger als die der Männer. In diesem Kriterium kommt Deutschland im Übrigen eine herausragend negative Position in Europa zu. Der Unterschied im Einkommen zwischen Männern und Frauen im europäischen Vergleich ist in Deutschland mit 26% am höchsten [3], gefolgt von Griechenland, Tschechien und Zypern. Der geringste Unterschied zeigt sich bezogen auf die EU der 27 in Malta mit 4%.

Nationale Untersuchungen [1] zeigen, dass das Bruttodurchschnittseinkommen der vollzeitbeschäftigten Frauen in der Bundesrepublik bei 2391 Euro liegt. Im Vergleich dazu ergibt sich für die Männer ein Bruttodurchschnittseinkommen von 3178 Euro. Das entspricht einem durchschnittlichen Unterschied von ca. 800 Euro monatlich. 17,7% der Männer geben an, dass sie 4000 und mehr Euro im Monat verdienen. Bei den Frauen sind es lediglich 4,4%. Zur Verbesserung der Vergleichbarkeit wurden in diese Betrachtung lediglich Frauen und Männer in Vollzeitbeschäftigung einbezogen. Empirisch gesehen, ist aber die Erwerbstätigkeit in Teilzeit ein bestimmender Faktor im Erwerbsleben der Frauen. Tätigkeiten, die primär in Teilzeit ausgeübt werden, gehören überdurchschnittlich häufig zum Niedriglohnbereich.

5.2.3 Arbeitszeit

Zur Verbesserung der Vereinbarkeit von Familie und Beruf verzichten die Frauen zum Teil auf die Erwerbstätigkeit oder aber sie reduzieren ihre Arbeitszeit nicht unerheblich. So beträgt die Beschäftigungsquote der Frauen in Europa 56,3%. Die Quote der Männer liegt bei 71,3%. In Deutschland lag die Beschäftigungsquote der Frauen 2005 bei 66,8%, die der Männer bei 80,4% [4].

Ob erwerbstätig oder nicht: Frauen investieren im Vergleich zu Männern mehr Zeit für die Familie und die häuslichen Arbeiten. Untersuchungen der European Foundation entsprechend investieren Frauen in der Altersgruppe 30 bis 45 Jahre 20 bis 25 Stunden pro Woche mehr Zeit für Haushalt und Familie als die Männer dieser Altersgruppe [5]. Das führt dazu, dass die Arbeitszeiten von Frauen und Männern, insbesondere während der „familienintensiven" Phase, deutlich auseinander klaffen. Ein Vergleich der Arbeitsbedingungen von Frauen und Männern setzt dementsprechend die Berücksichtigung der Arbeitszeit (Expositionszeit) voraus. Zur Verbesserung der Vereinbarkeit von Familie und Beruf wird von vielen Frauen die Möglichkeit der Reduzierung der Arbeitszeit im Bereich der bezahlten Arbeit gewählt. 80% der Arbeitnehmer in Teilzeit in Europa sind Frauen. Im Europa der 27 sind 29% der Frauen aber nur 9% der Männer in Teilzeit beschäftigt. Diese Arbeitszeitform ermöglicht zwar die Verbindung von Familie und Beruf, ist aber keinesfalls die „bevorzugte" Arbeitszeit. Nur 30% der Teilzeitbeschäftigten in Europa sagen, dass sie in Teilzeit arbeiten, weil sie keine Vollzeitbeschäftigung wollen. Auf europäischer Ebene gibt es Hinweise darauf, dass Teilzeitarbeit in Zusammenhang mit Diskriminierung am Arbeitsplatz steht (Aufstiegsmöglichkeiten, Gehalt und Zugang zu Unterstützung) [6]. Repräsentativen Befragungsergebnissen aus Deutschland [1] zur Folge geben 51,4% der Frauen in Teilzeit an, diese Arbeitszeitform aufgrund familiärer/persönlicher Verpflichtungen gewählt zu haben. Bei den Männern waren es lediglich 10,9%. Für sie standen bei der Wahl dieses Arbeitszeitmodells mit 18,6% betriebliche Gründe oder Fort- und Weiterbildungsinteressen (11,2%) im Vordergrund.

Alternativ zur Teilzeitarbeit stellen flexible Arbeitszeitsysteme eine Möglichkeit der Vereinbarkeit von Familie und Beruf dar. Für Frauen ist die Arbeitszeitautonomie und die Vorhersehbarkeit von Arbeitszeit von hoher Bedeutung [5]. Den Ergebnissen des 4. EWCS [2] entsprechend haben in Europa mehr als zwei Drittel der Beschäftigten feste Arbeitszeiten. In Europa bieten lediglich 13% der Betriebe flexible Arbeitszeiten an. Der Anteil beschäftigter Frauen und Männer in Deutschland, die feste betrieblich vorgegebene Arbeitszeiten haben, liegt mit 62,7% bzw. 61,3% etwas unter dem europäischen Durchschnitt. Über etwas mehr Flexibilität verfügen die Teilzeitbeschäftigten in Deutschland. Von den Frauen gibt ca. jede zweite an, feste vorgegebene Arbeitszeiten zu haben, bei den Männern sind es 55,2%.

Eine Betrachtung der „überlangen" Arbeitszeiten ergibt, dass lediglich 8,5% der Frauen in Europa mehr als 48 Stunden in der Woche arbeiten. Im Vergleich dazu arbeitet jeder 5. Mann in Europa mehr als 48 Stunden pro Woche. Die Ergebnisse der deutschen Studie zeigen, dass der Anteil der Männer mit überlangen Arbeitszeiten in Deutschland nochmals höher liegt. Hier geben 28,5% an, mehr als 48 Stunden pro Woche zu arbeiten. Der Anteil der Frauen mit überlangen Arbeitszeiten liegt mit 8,7% ziemlich genau im europäischen Durchschnitt. Betrachtet man allerdings lediglich die Vollzeitbeschäftigten, so ergibt sich ein deutlich

Unterschiede in den Arbeitsbedingungen und -belastungen

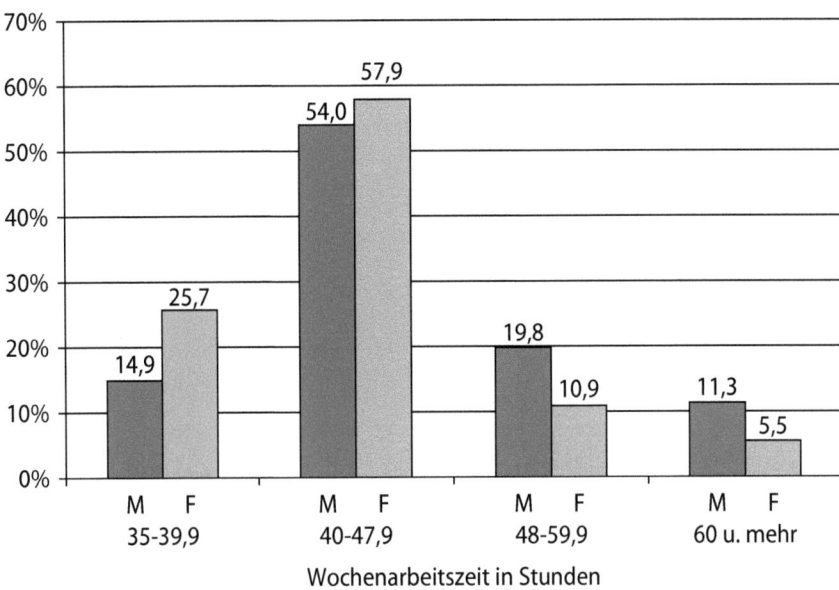

Abb. 5.1. Durchschnittliche tatsächliche Wochenarbeitszeit bei vollzeitbeschäftigten Männern und Frauen [1]

anderes Bild. Bei den Männern hat jeder 3. überlange Arbeitszeiten von mehr als 48 Stunden in der Woche. Bei den vollzeitbeschäftigten Frauen sind es dann immerhin 16,4% (Abb. 5.1).

Die Ergebnisse des 4. EWCS [2] zeigen, dass die Wahl des Arbeitszeitarrangements offensichtlich sowohl bei Frauen als auch bei Männern nicht unabhängig von der familiären Situation ist. Männer mit Kindern arbeiten seltener in Teilzeit als Männer ohne Kinder. Bei den Frauen ist dieser Zusammenhang genau umgekehrt. Frauen mit Kindern sind deutlich häufiger in Teilzeit tätig. Bemerkenswerterweise liegt die durchschnittliche Wochenarbeitszeit von Männern mit Kindern um durchschnittlich zwei Stunden pro Woche höher als die der Männer ohne Kinder. Erst in Familien mit mehr als drei Kindern reduziert sich die durchschnittliche Wochenarbeitszeit der Männer moderat. Bei den Frauen hingegen nimmt die durchschnittliche Wochenarbeitszeit mit der Anwesenheit von Kindern im Haushalt ab. Das ist im Wesentlichen durch den hohen Anteil von Teilzeit zu erklären. Vollzeitbeschäftigte Frauen mit Kindern haben mit steigender Anzahl von Kindern auch höhere Arbeitszeiten [2].

Tabelle 5.1. Arbeitszeitfaktoren in Abhängigkeit vom Geschlecht bei Vollzeitbeschäftigten in Prozent

	Männer	Frauen	Gesamt
Kommt es vor, dass Sie Überstunden oder Mehrarbeit leisten?	88,6	85,1	87,5
Haben Sie Bereitschaftsdienst oder Rufbereitschaft?	24,1	16,5	21,8
Arbeiten Sie an Samstagen?	76,8	63,8	72,8
Arbeiten Sie an Sonn- und Feiertagen?	46,6	42,1	45,2
In Schichtarbeit tätig?	26,3	26,5	26,4
Arbeiten Sie zwischen 23 und 5 Uhr?	30,9	19,0	27,1

Die Arbeitszeitdauer ist nicht unabhängig von der Zufriedenheit mit der Vereinbarkeit von Familie und Beruf. Teilzeitbeschäftigte – also verstärkt Frauen – sind zufriedener mit der Vereinbarkeit von Privatleben und Beruf als Vollzeitbeschäftigte.

Der Anteil der weiblichen Beschäftigten im Angestelltenverhältnis ist mit 67% versus 42% bei den Männern deutlich höher. Was die Arbeit als Selbständige betrifft, so sind die Frauen in diesem Bereich deutlich seltener vertreten als Männer. Lediglich 5% der befragten Frauen geben an selbständig zu sein (Männer 9,1%).

Die Vermutung, dass Frauen sich zur besseren Vereinbarkeit von Familie und Beruf primär Tätigkeitsbereiche bzw. Arbeitgeber suchen, bei denen eine möglichst gute zeitliche Anpassungsmöglichkeit gegeben ist, wurde nicht bestätigt. Unabhängig vom Geschlecht war der Anteil der Beschäftigten, die angaben ihre familiären Interessen nur selten oder nie berücksichtigen zu können, eher gering (9,2% bei den Männern; 8,9% bei den Frauen). Besondere Bedeutung gewinnt dieses Kriterium insbesondere dann, wenn Kinder betreut werden müssen.

Eine zusätzliche zeitliche Belastung durch die Arbeit ergibt sich sowohl für die Frauen als auch für die Männer durch Überstunden. Die Betrachtung dieses Kriteriums ergibt deutliche Unterschiede zwischen den vollzeitbeschäftigten Frauen und Männern. Der Anteil der Befragten, die angaben Überstunden zu machen, liegt bei 85,1% bei den Frauen und 88,6% bei den Männern (Tabelle 5.1). Auf die Frage, ob sie sich dadurch

Unterschiede in den Arbeitsbedingungen und -belastungen

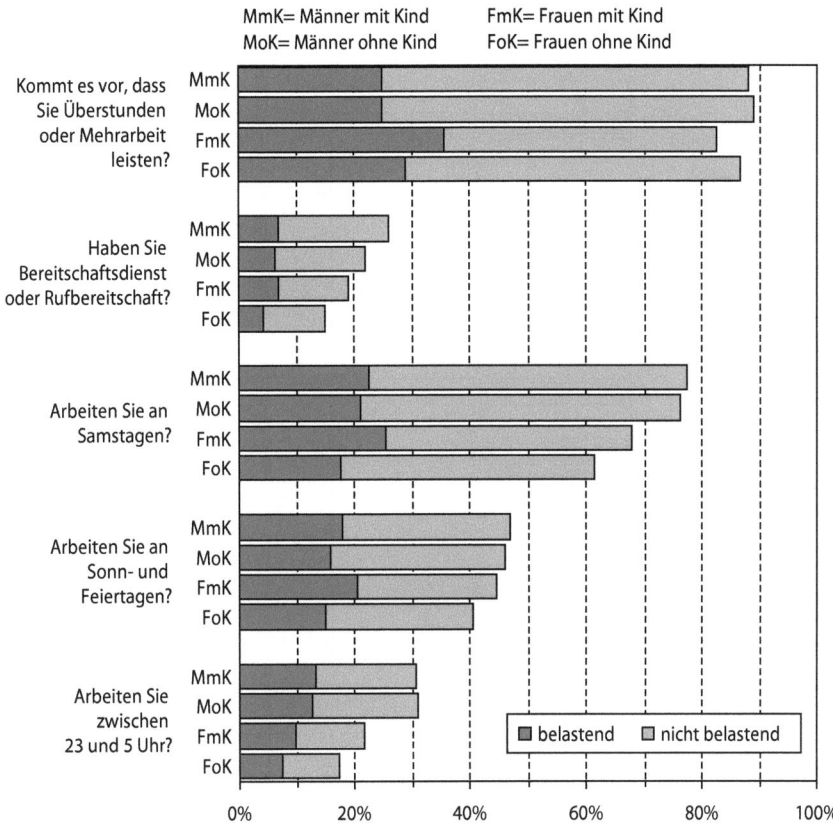

Abb. 5.2. Arbeitszeitfaktoren in Abhängigkeit von Geschlecht und Kindern [1]

belastet fühlen, antworteten 36,9% der Frauen mit „Ja". Bei den Männern waren es lediglich 28,1%. Die wahrgenommene Belastung steigt nochmals bei den Frauen mit Kindern.

Was die Arbeit im Schichtdienst betrifft, so wurden abweichend von den amtlichen Statistiken des Mikrozensus [4], aber vergleichbar mit anderen Erwerbstätigenbefragungen [7], sowohl bei den Männern als auch bei den Frauen deutlich höhere Anteile ermittelt. 26,3% der Männer und 26,5% der Frauen gaben an in Schichtarbeit tätig zu sein (Tabelle 5.1). Dieser Anteil umfasst auch die gelegentliche Schichtarbeit. Eine genauere Betrachtung einzelner Berufsgruppen lässt vermuten, dass der verhältnismäßig hohe Anteil von Schichtdiensttätigkeiten durch veränderte Servicezeiten im Einzelhandel mitverursacht ist. Im Bereich Groß- und

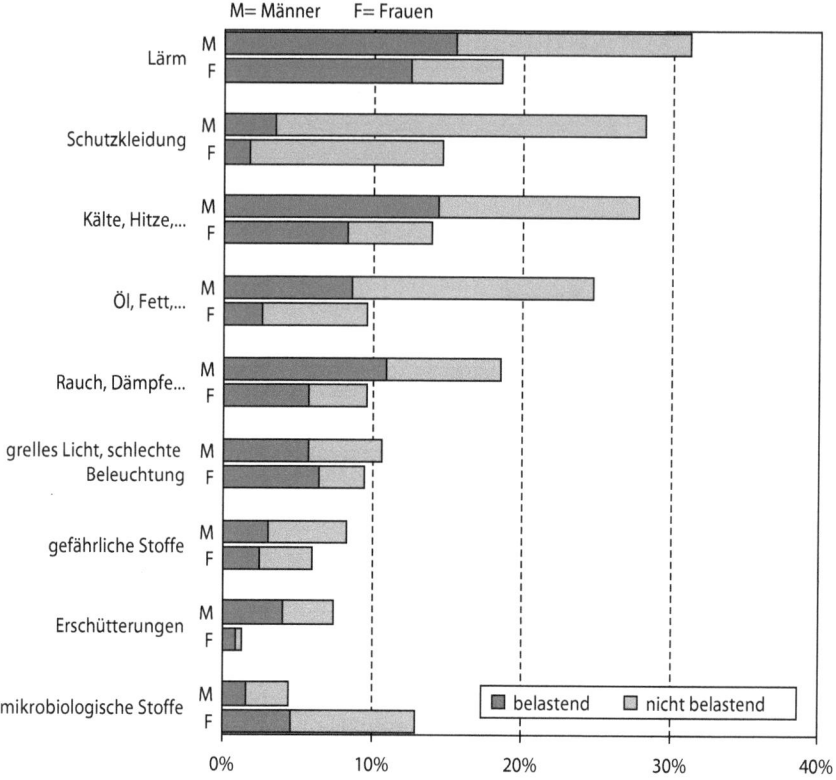

Abb. 5.3. Häufig vorliegende Umgebungsfaktoren und subjektiv empfundene Belastung bei Männern und Frauen [1]

Einzelhandel beträgt der Anteil von Schichtdienstleistenden nach eigener Aussage ca. 50%. Hier führten demnach die versetzten Arbeitszeiten des Verkaufspersonals zur subjektiven Einordnung in die Kategorie „Schichtarbeit". Welche spezifischen Belastungen und Beanspruchungen damit assoziiert sind, muss im Detail betrachtet werden.

Wie aus Abbildung 5.2 hervorgeht, ist der Anteil der Frauen bei allen genannten Formen abweichender Arbeitszeiten geringer. Die Frauen, die in diesen Arbeitszeitformen arbeiten, empfinden jedoch bestehende Abweichungen prozentual häufiger als belastend. Insbesondere Frauen mit Kindern bezeichnen ihre abweichenden Arbeitszeitformen prozentual häufiger als belastend. Eine Ausnahme bildet hier die Schichtarbeit.

Flexible Einsatzorte bzw. Tätigkeiten im Außendienst sind bei Männern mit 33,7% bzw. 26,1% deutlich häufiger als bei Frauen (12,8%; 11,5%).

Unterschiede in den Arbeitsbedingungen und -belastungen

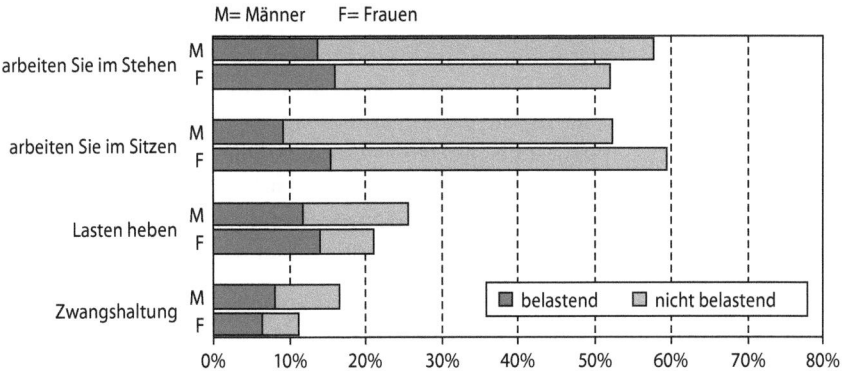

Abb. 5.4. Häufig vorliegende physische Arbeitsanforderungen und subjektiv empfundene Belastung bei Männern und Frauen [1]

5.3 Arbeitsbelastungen

Wie die bisherige Darstellung aufgezeigt hat, ist die Situation – insbesondere bezogen auf die wirkenden Belastungen und daraus resultierenden Beanspruchungen – nicht unabhängig von der Belastungsdauer. Dementsprechend wird in den folgenden Darstellungen eine vergleichende Analyse jeweils für die Gruppe der Vollzeitbeschäftigten durchgeführt. Die entsprechenden Analysen für die Teilzeitbeschäftigten sind auf der Webseite der BAuA [1] zu finden.

5.3.1 Arbeitsumgebungsfaktoren

Zur Erfassung belastender Arbeitsumgebungsfaktoren wurde den Befragten eine Liste mit verschiedenen Umgebungsfaktoren vorgelegt. Sie sollten nunmehr einschätzen, inwieweit diese Bedingungen an ihren Arbeitsplätzen vorhanden sind. Darüber hinaus sollte wiederum eine Einschätzung der subjektiven Belastung durch diese Faktoren vorgenommen werden. Wie aufgrund der differenziellen Zuordnung zum beruflichen Status „Arbeiter", „Angestellte" und dem damit konfundierten Segretationsphänomen zu vermuten war, ergeben sich deutliche Unterschiede in der Exposition gegenüber Umgebungseinflüssen. Wie Abbildung 5.3 zeigt, sind Frauen mit Ausnahme der Exposition gegenüber mikrobiologischen Stoffen, deutlich seltener gegenüber ungünstigen Umgebungseinflüssen exponiert. Für die exponierten Frauen ergibt sich insbesondere für die Kriterien Kälte, Hitze, Erschütterung, grelles Licht, schlechte Beleuchtung, gefährliche Stoffe und Lärm ein höherer Anteil von Betroffenen, die sich auch subjektiv belastet fühlen.

Für die vollzeitbeschäftigten Frauen und Männer ergeben sich „klassische" geschlechtsspezifische Belastungssituationen für den Bereich der Umgebungsfaktoren. Frauen fühlen sich tendenziell häufig durch Umgebungsfaktoren belastet. Sie sind prozentual seltener exponiert, fühlen sich aber im Falle einer Exposition subjektiv häufiger belastet (Abb. 5.3).

5.3.2 Körperliche Belastungen

Eine Betrachtung der körperlichen Belastungssituation zeigt, dass Männer bei der Frage nach häufiger Exposition lediglich bei der Frage nach dem Arbeiten im Sitzen seltener betroffen sind. (Abb. 5.4). Zieht man die Kategorie „manchmal" in die Betrachtung ein, so werden die Unterschiede noch deutlicher. Eine Kumulation von verschiedenen körperlichen Belastungssituationen findet sich insbesondere bei den Männern. Im Durchschnitt werden von den Männern 3,3 Merkmale der körperlichen Belastungen am Arbeitsplatz angegeben, von den Frauen 2,37. Subjektiv belastend werden im Mittel 1,59 Kriterien wahrgenommen, von den Frauen 1,24.

5.3.3 Psychische Belastungen

Während körperliche Belastungen oder belastende Umgebungsbedingungen an spezifische Tätigkeiten und Arbeitsbereiche gekoppelt sind, können psychische Belastungen prinzipiell an jedem Arbeitsplatz auftreten. Damit ist auch ein in der Gesamtpopulation zu erwartendes häufigeres Auftreten verbunden.

Bei den psychisch belastenden Arbeitsbedingungen (Abb. 5.5) wird die „Multiple-tasks"-Situation am häufigsten genannt. 67,4% der befragten Frauen und 59,2% der Männer gaben an, dass sie verschiedene Arbeiten gleichzeitig erledigen müssen. Auf die Frage, ob sie sich dadurch belastet fühlen, antworteten – trotz des hohen Anteils Exponierter – lediglich 19% der Frauen und 15,7% der Männer mit „Ja".

Ein sehr hoher Anteil von Belastungsexponierten findet sich auch bei den Kriterien „Termin- und Leistungsdruck" (Frauen 56,9%, Männer 59,9%) und „bei der Arbeit gestört bzw. unterbrochen werden" (Frauen 53,8% und Männer 46,9%). Der Anteil von Beschäftigten, die sich dadurch belastet fühlen, liegt beim Termin- und Leistungsdruck bei 37%

Unterschiede in den Arbeitsbedingungen und -belastungen

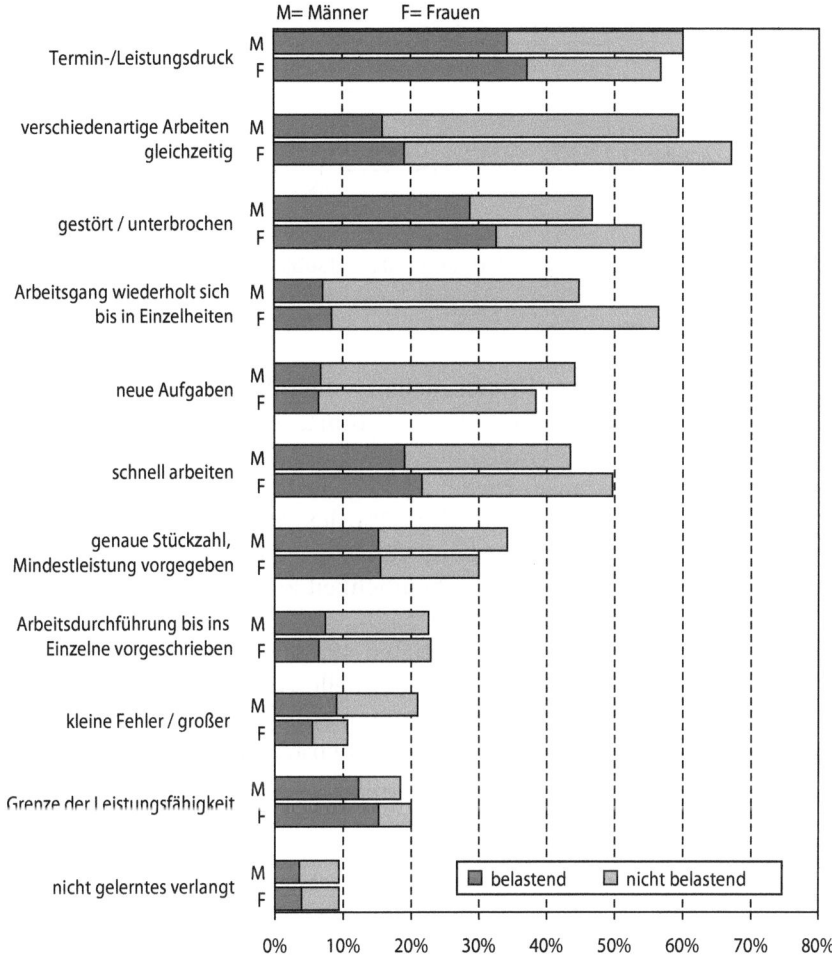

Abb. 5.5. Häufig vorliegende psychische Arbeitsanforderungen und subjektiv empfundene Belastung bei Männern und Frauen [1]

der Frauen und 34,2% der Männer. Bei der Arbeit gestört bzw. unterbrochen zu werden, finden bezogen auf die Gesamtgruppe der Befragten 32,6% der Frauen und 28,6% der Männer belastend.

56,4% der Frauen geben an, dass sich ihre Arbeitsgänge im Einzelnen wiederholen (Monotonie), bei den Männern sind es 44,9%. Der Anteil der sich dadurch auch belastet fühlt, liegt bezogen auf die Gesamtgruppe bei lediglich 8,5% bei den Frauen und 7% bei den Männern.

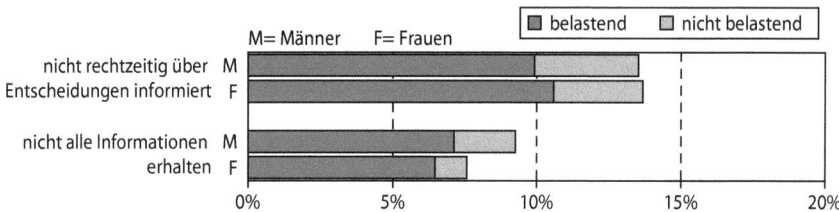

Abb. 5.6. Häufig vorliegende mangelnde Kontrolle und subjektiv empfundene Belastung bei Männern und Frauen [1]

Ein Kriterium, dessen Auftreten auch in hohem Maß zu einer subjektiv wahrgenommenen belastenden Situation führt, ist das Arbeiten an der Leistungsgrenze. 20% der Frauen und 18,4% der Männer geben an, dass sie an ihrer Leistungsgrenze arbeiten. Bezogen auf die Gesamtpopulation bestätigten 15,3% der Frauen und 12,2% der Männer, dass sie diese Situation belastet. Dementsprechend führt bei diesem Kriterium eine Exposition auch mit hoher Wahrscheinlichkeit zu einer wahrgenommenen Belastung.

Schnell arbeiten zu müssen, bestätigten 49,8% der Frauen und 43,4% der Männer. Als belastend wurde das schnelle Arbeiten von 21,7% der Frauen und 18,9% der Männer wahrgenommen.

30% der Frauen und 34,2% der Männer gaben an, dass ihnen im Arbeitsprozess genaue Stückzahlen bzw. Mindestleistungen vorgegeben werden. Als belastend wurde diese Situation aber lediglich von ca. der Hälfte der Betroffenen wahrgenommen.

Für die anderen erfassten Kriterien psychischer Arbeitsanforderungen ergab sich, betrachtet man die subjektiv eingeschätzte Belastung, jeweils eine Exposition von weniger als 10% der Befragten.

5.3.4 Kontrolle über die eigene Arbeit

Mangelnde Kontrolle über die eigene Arbeit und Arbeitsplanung wird als ein Kriterium subjektiv wahrgenommener Belastung beschrieben. Befragt dazu, ob sie rechtzeitig in Entscheidungen einbezogen werden, gaben ca. 13% der Frauen und Männer an, nicht rechtzeitig einbezogen zu werden. Von diesen Befragten wurde diese Situation dann auch von ca. 70% als belastend wahrgenommen (Abb. 5.6).

Nicht hinreichend Informationen für ihre Arbeit zu erhalten gaben 7,6% der Frauen und 9,4% der Männer an. Auch bei diesem Kriterium ist die Übereinstimmung zwischen dem Auftreten des Kriteriums und der Beurteilung als belastend sehr hoch (6,5% und 7,1%).

5.4 Fazit

Eine vergleichende Betrachtung der Arbeitssituation von Frauen und Männern muss die unterschiedlichen Rahmenbedingungen der Arbeit einbeziehen. Der Arbeitsmarkt ist, trotz erheblicher Bemühungen auf europäischer Ebene, immer noch durch eine erhebliche Segregation gekennzeichnet. Hohe Frauenanteile bei den Beschäftigten finden sich insbesondere im Dienstleistungsbereich und da in den personenbezogenen Dienstleistungen. Tätigkeiten bzw. Berufe in denen Frauen beschäftigt sind, sind häufig Niedriglohnbereichen zuzurechnen. Frauen sind seltener in Führungspositionen und verdienen im Durchschnitt weniger Geld. Die Verantwortlichkeit für die Versorgung der Familie wird häufiger von den Frauen wahrgenommen. Damit verbunden sind Frauen häufiger in Teilzeit beschäftigt.

Die Einbeziehung ausschließlich vollzeitbeschäftigter Frauen in die vergleichende Analyse der Arbeitsbedingungen zeigt folgendes Bild:
- Von überlangen Arbeitszeiten sind vorwiegend Männer betroffen. Frauen fühlen sich durch Überstunden häufiger belastet.
- Tendenziell haben auch die Frauen in Vollzeitbeschäftigung „normalere" Arbeitszeiten als Männer. Abweichungen werden von ihnen häufiger als belastend empfunden.
- Frauen sind bei der Arbeit seltener als Männer belastenden Umgebungsfaktoren ausgesetzt.
- Bei der Exposition gegenüber „klassischen" physischen Arbeitsanforderungen ergeben sich den unterschiedlichen Beschäftigungsbereichen entsprechende Unterschiede.
- Der Anteil psychischer Belastungen bei der Arbeit ist für einige Kriterien sehr hoch. Nicht jede Belastung führt dazu, dass sich die Beschäftigten auch subjektiv „belastet fühlen". Die am häufigsten genannten Bereiche charakterisieren sich über hohe mengenmäßige Anforderungen verbunden mit arbeitsorganisatorischen Defiziten.
- Fehlende Kontrollmöglichkeiten werden von Frauen und Männern gleichermaßen als belastend wahrgenommen. Ebenso das Arbeiten an der Leistungsgrenze.

Zusammenfassend ist festzustellen, dass sich die gefundenen Unterschiede zwischen den Arbeitsbedingungen von Frauen und Männern, insbesondere im Bereich Umgebungsfaktoren und physische Arbeitsanforderungen, zu einem erheblichen Teil durch die Segregation des Arbeitsmarktes erklären lassen. Im Bereich der psychischen Belastungen dagegen ergeben sich deutlich geringere Unterschiede zwischen Frauen und Männern, insbesondere wenn nicht die Expositionssituation als solche betrachtet, sondern die Frage nach der wahrgenommenen Belastung herangezogen wird. Tendenziell ergeben sich für die Frauen höhere Expositionsquoten.

Aus methodischer Sicht ist zu sagen, dass die Differenzierung in der Fragestellung nach Auftreten einer Belastung und wahrgenommener subjektiver Belastung (Beanspruchung) zu weitergehenden Erkenntnissen geführt hat. Nicht alles, was unter arbeitswissenschaftlichen Kriterien per se als belastend eingeschätzt wird, wird auch von den Beschäftigten so wahrgenommen. In weiteren Analysen wird zum einen der Fragestellung nachgegangen werden müssen, welche Ressourcen oder moderierende Faktoren dazu führen, dass eine bestehende Belastung nicht als solche wahrgenommen wird. Zum anderen ist letztendlich in Bezug auf Präventionsmaßnahmen von hoher Bedeutung, was in Zusammenhang mit auftretenden Beanspruchungsfolgen, wie z. B. gesundheitlichen Beschwerden, steht: Ist es die Belastungssituation als solche oder die wahrgenommene Belastungssituation?

Literatur

[1] BIBB/BAuA-Erwerbstätigenbefragung (2006) www.baua.de/arbeitsbedingungen
[2] 4th European Working Condition Survey (2006) http://www.eurofound.europa.eu/ewco/surveys/index.htm
[3] European Industrial Relations Observatory (2007) http://www.eurofound.europa.eu/eiro/studies/tn0612019s/index.html
[4] Statistisches Bundesamt, Mikrozensus (2005) www.destatis.de
[5] Fernandez Marcias E (2007) Gender, time and work: a key to Lisbon's success. Foundation Focus. Issue 3: 4 www. eurofound.europa.eu/publications/htmlfiles/ef0731.htm eurofound. europa.eu/publications/htmlfiles/ef0731.htm
[6] Isusi I, Corral A (2004) Part time work in Europe http://www.eurofound.europa.eu/ewco/reports/TN0403TR01/TN0403TR01.htm
[7] Fuchs T, Bielenski H, Fischer A, Kistler E, Wagner A (2006) Was ist gute Arbeit? Anforderungen aus der Sicht von Erwerbstätigen. Wirtschaftsverlag NW, Bremerhaven

KAPITEL 6

Geschlechtsspezifische arbeitsbedingte Gesundheitsgefahren und Erkrankungen

K. Kuhn

Zusammenfassung. *Männer und Frauen unterscheiden sich hinsichtlich ihrer Krankheiten und gesundheitlichen Einschränkungen, der Arbeits- und Lebensbedingungen, die Gesundheit und Krankheit beeinflussen, ihres Umgangs mit gesundheitlichen Belastungen sowie der Inanspruchnahme von gesundheitlichen Versorgungsleistungen. Jede (arbeitsbedingte) Gesundheitsgefahr ist nur im Zusammenhang mit einer korrespondierenden (arbeitsbedingten) Gesundheitsbeeinträchtigung zu sehen. Die Gesundheitsgefahr definiert sich als solche ausschließlich über eine (mögliche) Gesundheitsbeeinträchtigung. Dafür wird gesichertes Wissen über die Zusammenhänge von Arbeitsbedingungen und Gesundheit/Krankheit des Menschen benötigt. Die Bewertung der Arbeitsbedingungen (Belastungen) von Männern und Frauen erfolgt dabei letztlich immer über die Bewertung der Gesundheitsrelevanz der physischen und psychischen Reaktion (Beanspruchungen) des Individuums. Die Erkenntnisse sind in einer geschlechtsspezifischen Prävention umzusetzen.*

6.1 Die geschlechtsspezifischen Unterschiede im Arbeitsleben

Das Arbeitsleben von Frauen weist im Vergleich zu dem von Männern erhebliche Unterschiede auf, die sich auf ihre Risikoexposition, die Wahrnehmung und Verarbeitung von Belastungen, die damit verbundenen Beanspruchungen und die gesundheitlichen Folgen auswirken.

Aufgrund einer starken Geschlechtertrennung auf den europäischen Arbeitsmärkten sind Frauen und Männer unterschiedlichen Arbeitsumgebungen und Formen von Anforderungen und Belastungen ausgesetzt, selbst wenn sie im selben Wirtschaftssektor beschäftigt sind und die gleiche Tätigkeit ausüben. Die Geschlechtertrennung zwischen Sektoren und zwischen Tätigkeiten innerhalb eines Sektors ist eine Realität; selbst wenn Frauen und Männer für die gleiche Arbeit eingestellt wurden, führen sie doch häufig unterschiedliche Tätigkeiten aus.

Daneben besteht eine starke vertikale Trennung am Arbeitsort, wobei Männer mit größerer Wahrscheinlichkeit in höheren Positionen beschäftigt werden (s. Tabelle 6.1).

Mehr Frauen gehen einer Teilzeitbeschäftigung nach, ein Bereich, in dem die Geschlechtertrennung besonders stark ausgeprägt ist (s. Tabelle 6.2). Auch andere geschlechtsspezifische Unterschiede in den Beschäftigungsbedingungen haben Auswirkungen auf die Risikokonstellation bei der Arbeit: Es sind mehr Frauen in den niedrig entlohnten und ungesicherten Beschäftigungsverhältnissen beschäftigt. Dies wirkt sich auf ihre Arbeitsbedingungen aus und auf die Risiken, denen sie ausgesetzt sind. Frauen tendieren darüber hinaus dazu, länger als Männer in einem Beschäftigungsverhältnis zu verbleiben und sind dadurch länger den vorhandenen Risiken ausgesetzt.

Zusammenfassend lassen sich bei der Betrachtung der geschlechtsspezifischen Unterschiede in der Arbeitswelt folgende Auffälligkeiten feststellen:

- Die Erwerbsbeteiligung der Frauen hat zugenommen. Derzeit erreicht der Frauenanteil unter den Erwerbstätigen in der EU bis zu 42%.
- Frauen gehen häufiger einer Teilzeitbeschäftigung nach als Männer. Männer leisten mehr Überstunden.
- Am Arbeitsmarkt besteht eine deutliche horizontale Trennung. Frauen sind z.b. häufiger im öffentlichen Sektor, im Dienstleistungssektor und im Verkauf oder als Bürokräfte tätig, Männer hingegen als Maschinenbediener, in technischen Berufen, im Handwerk, Baugewerbe, Transportgewerbe und in der Mineralgewinnung.

Tabelle 6.1. Horizontale und vertikale Geschlechtertrennung

Horizontale Geschlechtertrennung	Vertikale Geschlechtertrennung
Frauen sind überrepräsentiert: - in einem begrenzten Spektrum von Berufen und Branchen - in der öffentlichen Verwaltung und im Gesundheitswesen, in Bildungs-, Pflege- und Betreuungsberufen sowie im Verkauf und im Gastgewerbe - in kleinen Unternehmen	Frauen sind unterrepräsentiert: - in Tätigkeiten mit höherem Status und höherem Einkommen - in leitenden Tätigkeiten und in Führungspositionen - in wissenschaftlichen Berufen - in den oberen Hierarchien von Unternehmen Empirie [8]: - 63% aller Erwerbstätigen haben einen Mann zum Vorgesetzten, nur 21% eine Frau - 80% der leitenden Positionen sind durch Männer besetzt - Über 70% der Geschäftsführer in großen Unternehmen sind Männer - Zwei Drittel der Selbständigen sind Männer

Tabelle 6.2. Beschäftigungsraten [8]

Beschäftigungsraten total						Teilzeitraten			
Alter 15–64			Alter 55–64			Alter 15–64			
Alle	Männer	Frauen	Alle	Männer	Frauen	Alle	Männer	Frauen	
63,8	71,3	56,3	42,5	51,8	33,7	11,4	4,7	17,9	EU-25
65,4	71,2	59,6	45,4	53,5	37,5	15,3	4,9	25,8	D

- Selbst bei gleicher Tätigkeit im selben Unternehmen sind die Arbeitsaufgaben von Frauen und Männern häufig unterschiedlich.
- Auch vertikal ist eine deutliche Trennung am Arbeitsmarkt festzustellen – Männer sind in Management- und Führungspositionen stärker vertreten.
- Frauen üben häufiger Tätigkeiten aus, in denen sie mit Menschen zu tun haben, z.b. im Betreuungs-, Pflege- und Dienstleistungsbereich. Männer sind in der Führungsebene und in Tätigkeiten vorherrschend, die mit Maschinen oder Produkten zu tun haben und als „schwer" oder „schwierig" gelten.
- In der Gruppe der gering qualifizierten Hilfsarbeitskräfte üben Frauen häufiger eine Tätigkeit als Reinigungskraft oder in der Landwirtschaft aus, während Männer zumeist allgemein als „Hilfsarbeiter" beschäftigt werden.
- Frauen sind in unbefristeten Arbeitsverhältnissen und in der Gruppe der Selbstständigen unterrepräsentiert.
- Männer verdienen mehr als Frauen – auch wenn das Einkommen um die tatsächlich geleisteten Arbeitsstunden bereinigt wird.
- Außerhalb der Erwerbstätigkeit übernehmen berufstätige Frauen häufiger als berufstätige Männer die Betreuung der eigenen Kinder, die Pflege von älteren oder behinderten Verwandten sowie Hausarbeit und die Zubereitung von Mahlzeiten.

6.2 Folgen der Geschlechtertrennung

Jede (arbeitsbedingte) Gesundheitsgefahr ist nur im Zusammenhang mit einer korrespondierenden (arbeitsbedingten) Gesundheitsbeeinträchtigung zu sehen. Die Gesundheitsgefahr definiert sich als solche ausschließlich über eine (mögliche) Gesundheitsbeeinträchtigung. Dafür wird gesichertes Wissen über die Zusammenhänge von Arbeitsbedingungen und Gesundheit/Krankheit des Menschen benötigt. Die Bewertung der Arbeitsbedingungen (Belastungen) von Männern und Frauen erfolgt dabei letztlich immer über die Bewertung der Gesundheitsrelevanz der physischen und psychischen Reaktion (Beanspruchungen) des Individuums. Männer und Frauen unterscheiden sich hinsichtlich ihrer Krankheiten und gesundheitlichen Einschränkungen, der Arbeits- und Lebensbedingungen, die Gesundheit und Krankheit beeinflussen, ihrem Umgang mit gesundheitlichen Belastungen sowie in der Inanspruchnahme von gesundheitlichen Versorgungsleistungen.

Verallgemeinernde Informationen über geschlechtsspezifische Arbeitsbelastungen in der Bevölkerung sind praktisch nur über repräsentative Befragungen auf Stichprobenbasis zu gewinnen bzw. durch die gezielten Auswertungen von Sekundärstatistiken der Sozialversicherungen oder von Registerdaten europäischer Nachbarländer.

Unterschiedliche Umfragen können dabei je nach Zielsetzung unterschiedlich weitreichende Fragestellungen verfolgen:
- Die erste und grundlegende Frage ist die der Verbreitung oder Inzidenz von Arbeitsbelastungen: Wie viele und welche Arbeitsplätze sind mit belastenden Arbeitsbedingungen für Männer und Frauen verbunden?
- Eine zweite Frage ist, in welchem Maße die Arbeitsbedingungen von den betroffenen Männern und Frauen subjektiv als belastend empfunden werden.
- Auf einer dritten Ebene kann schließlich versucht werden, das gemeinsame Auftreten von belastenden Arbeitsbedingungen und gesundheitlichen Beschwerden oder Beeinträchtigungen zu erfassen und daraus Rückschlüsse über gesundheitliche Folgen bestimmter Arbeitsbedingungen abzuleiten.

Beispiel gesundheitliche Beschwerden: Ca. 30% aller Frauen und Männer geben Muskel-Skelett-Beschwerden aufgrund ihrer Arbeit an. Frauen geben dabei häufiger Schmerzen in den oberen Gliedmaßen an [1].

Arbeitsbedingte Beschwerden der oberen Gliedmaßen sind zurückzuführen auf ungeeignete Arbeitshaltungen, hochgradig repetitive Bewegungen unter Belastung, hohes Arbeitstempo, aber auch psychosoziale Faktoren wie arbeitsbedingter Stress. Rückenschmerzen sind häufig im Zusammenhang mit manueller Lastenhandhabung (Risikofaktor Gewicht) zu sehen. Derartige Beschwerden werden allgemein auch auf ungünstige Körperhaltungen zurückgeführt, u. a. langes Sitzen und ungeeignete Sitzmöbel sowie langes Stehen. Diese Risikofaktoren sind generell in zahlreichen von Frauen ausgeübten Tätigkeiten vorzufinden.

Im Vergleich zwischen arbeits- und geschlechtsspezifischen Faktoren für die Inzidenz arbeitsbedingter Beschwerden der oberen Gliedmaßen ist sehr häufig eine enge Assoziation mit Risikofaktoren am Arbeitsplatz festzustellen [4]. Hohe Prävalenzen arbeitsbedingter Faktoren bei

Frauen wurden u. a. bei Arbeiterinnen in der Bekleidungsindustrie, Verpackungsindustrie, Textilverarbeitung, Montage, Geflügel- und Fischverarbeitung sowie in Büro- und Verwaltungsberufen festgestellt. Begleitfaktoren beim Entstehen arbeitsbedingter Erkrankungen oberer Gliedmaßen sind Einflüsse psychosozialer Faktoren wie geringe Einflussmöglichkeiten, Monotonie usw., die als Stress am Arbeitsplatz wahrgenommen werden. Auffällig in Tabelle 6.3 ist der offensichtliche Zusammenhang zwischen Beschwerde und der Inanspruchnahme ärztlicher Behandlungen; dies weist auf das große Präventionspotential der Arbeitswelt aber auch für betriebliche Gesundheitsförderung hin.

Ähnliche Schlussfolgerungen können für alle Tätigkeiten, Berufe und Belastungen gezogen werden. Die Bundesanstalt für Arbeitsschutz und Arbeitsmedizin hat zahlreiche Veröffentlichungen mit umfassenden Darstellungen der Arbeitsbedingungen in Branchen vorgelegt.

Nach Geschlechtern getrennt, kann man vereinfacht die Belastungen und Gesundheitsrisiken in verschiedenen Tätigkeitsfeldern wie folgt beschreiben:

Männer-Berufe zeichnen sich durch körperliche Belastungen (Zwangshaltung, Heben und Tragen schwerer Lasten) oder auch technisch-sachliche Anforderungen sowie Führungsaufgaben aus. Männer werden öfter durch physikalische Faktoren wie Lärm und Vibration

Tabelle 6.3. Beschwerdemuster

Beschwerden	Männer in %	deshalb ärztl. behandelt (%)	Frauen in %	deshalb ärztl. behandelt (%)	alle
Schmerzen (S) im unteren Rücken, Kreuzschmerzen	40	69	45	65	43
S im Nacken-Schulterbereich	37	60	58	63	46
S in Armen und Händen	19	44	23	53	20
S in der Hüfte	12	61	11	60	12
S in den Knien	21	54	15	55	18
S in den Beinen, Füßen, geschwollene Beine	16	35	26	35	22
Kopfschmerzen	23	32	36	40	29
Allgemeine Müdigkeit, Mattigkeit,	42	18	44	26	43
Nervosität oder Reizbarkeit	26	11	29	17	27
Niedergeschlagenheit	17	12	20	21	18
Burnout	6	23	8	33	7
Depressionen	3	49	5	58	4

gesundheitlich beeinträchtigt. Männer erleiden häufiger schwere und tödliche Arbeitsunfälle als Frauen [13]. So lag der Männeranteil bei den meldepflichtigen Arbeitsunfällen 2003 bei 80%; bei den tödlichen Arbeitsunfällen waren es sogar 93,3% [12]. Berufe mit hohem Gefährdungspotenzial werden mehrheitlich von Männern ausgeübt.

Frauen arbeiten häufig im Büro- und Verwaltungsbereich, Gesundheitsdienst, Handel, in der Sozialpflege und Reinigung. Zeitdruck, Überstunden, Verantwortung für Menschen, monotone, wiederholende und einfache Tätigkeiten, geringer Handlungsspielraum und ungünstige einseitige Körperhaltung (z. B. Dauerstehen) sind die wichtigsten Belastungen [6]. Frauen arbeiten häufiger auf einer niedrigen Hierarchiestufe mit geringerem sozialen Status und schlechteren Aufstiegschancen [13]. Junge Frauen sind bei der Arbeit öfters als Männer verschiedenen Angriffen ausgesetzt. Sexuelle Belästigung erfahren am häufigsten Frauen in männerdominierten Berufen sowie jüngere Frauen.

6.2.1 Geschlechtsspezifische Belastungskonstellationen

In zahlreichen Tätigkeitsfeldern lassen sich geschlechtsspezifische Risikofaktoren und Erkrankungsrisiken darstellen. Im Gesundheitswesen sind z. B. folgende Risiken vorfindbar: Infektionskrankheiten (z. B. hämatogener Art), Atemwegserkrankungen, manuelle Handhabung von Lasten und anstrengende Körperhaltungen, ionisierende Strahlungen, Reinigungs-, Sterilisations- und Desinfektionsmittel, Arzneimittel, Anästhesiegase, psychisch beanspruchende Arbeit, Nacht- und Schichtarbeit sowie Gewalt. In der Nahrungsmittelproduktion finden sich Infektionskrankheiten, z. B. Übertragung durch Tiere, Schimmel, Pilzsporen, organische Stäube, repetitive Bewegungen z. B. bei Verpackungstätigkeiten oder in Schlachthäusern, Schnittwunden, niedrige Temperaturen, Lärm, Pestizidrückstände, Sterilisationsmittel, geschmacksverstärkende Zusätze und Gewürze, Stress bei Fließbandarbeit. Jeder einzelne Tätigkeitsbereich hat seine speziellen Risikokonstellationen, die hier im Einzelnen nicht alle aufgeführt werden können. Im Catering und im Gaststättengewerbe treten folgende Risikofaktoren und Gesundheitsprobleme auf: Hauterkrankungen, manuelle Handhabung von Lasten, Schnitt- und Brandwunden, Rutsch- und Sturzunfälle, Hitze, Reinigungsmittel, Passivrauchen, Stress aufgrund von Hektik, Publikumsverkehr, Belästigungen und Tätlichkeiten.

Die Folgen solcher Risikokonstellationen können arbeitsbedingte Erkrankungen sein. Arbeitsbedingte Erkrankungen sind meist nicht auf eine, sondern mehrere Ursachen zurückzuführen. Man versteht darunter Gesundheitsstörungen, die ganz oder teilweise durch Arbeitsumstände verursacht werden und eine enge Beziehung zu Belastungen und Beanspruchungen am Arbeitsplatz haben. Auch können in bestimmten Berufs- und Beschäftigtengruppen solche Erkrankungen besonders häufig auftreten. Alle gesetzlichen Krankenkassen analysieren heute ihr Arbeitsunfähigkeitsgeschehen im Hinblick auf Auffälligkeiten und Häufungen auch nach Geschlecht in Berufen, Berufsgruppen, Wirtschaftszweigen und Altersgruppen. Es handelt sich um eher unspezifische Krankheitsbilder, die häufig chronisch werden wie Erkrankungen des Herz-/Kreislaufsystems, der Atemwege, der Haut, der Wirbelsäule, der Psyche oder des Magen-/Darmtraktes. Auch Störungen des Allgemeinbefindens gehören dazu, denn sie stehen im Verdacht Frühsymptome arbeitsbedingter Erkrankungen zu sein.

6.2.2 Geschlechtsspezifische Auffälligkeiten

Psychische Belastungen

Frauen zeigen häufiger Anzeichen der Erschöpfung und geben häufiger an, in ihrer Tätigkeit emotional belastet zu werden [1]. Zahlreiche Studien belegen, dass in den von Frauen dominierten Pflege-, Betreuungs- und Sozialberufen die Beschäftigten durch stressbedingte Erkrankungen, Depressionen und Burnout gefährdet sind [9].

Frauen und jüngere Mitarbeiter/innen bis zu 25 Jahren werden häufiger gemobbt. 3,5% der Frauen und nur 2% der Männer klagen über Mobbing im Betrieb. Am häufigsten werden Auszubildende gemobbt: 4,4%, deutlich über dem Durchschnitt. Die Folgen: 98% der Mobbingopfer klagen über Beeinträchtigungen des Arbeits- und Leistungsvermögens als Folge. Mehr als 40% der Betroffenen erkranken nach eigenen Angaben in Folge von Mobbing [14]. Davon fällt etwa die Hälfte mehr als sechs Wochen aus.

Arbeitszeit (Europäische Agentur 2006)

Frauen arbeiten in Europa durchschnittlich neun Stunden pro Woche weniger als Männer. 20% der Männer und 10% der Frauen haben lange Wochenarbeitszeiten von 48 Stunden und mehr.

Die Erholungszeit von Frauen ist verkürzt, weil sie in aller Regel zu Hause die Hauptverantwortung für Familie und Haushalt übernehmen. Die gesamte Zeitbindung durch die bezahlte und die unbezahlte Arbeit zusammen ist bei Frauen mit 43 Stunden pro Woche durchschnittlich etwa eine Stunde höher als bei Männern. Bei erwerbstätigen Paaren ohne Kinder arbeiten Frauen täglich etwa eine Dreiviertelstunde länger im Haushalt und für die Familie als die Männer. In Paarhaushalten mit Kindern im Vorschulalter verrichten erwerbstätige Frauen wochentags knapp 11 ½ Stunden Arbeit (Erwerbs- plus Heim- und Familienarbeit). Erwerbstätige Mütter haben durch diese Doppelbelastung ungefähr 1 ¼ Stunden weniger Zeit zum Erholen.

Zu den Auswirkungen der Doppelbelastung auf den Gesundheitszustand liegen unterschiedliche Ergebnisse vor. Es ist jedoch davon auszugehen, dass Familie unter bestimmten Voraussetzungen durchaus eine gesundheitliche Ressource darstellen kann. Eine aktuelle Studie stellt jedoch fest, dass mit jeder Verschlechterung der beruflichen Arbeitsqualität, das Erleben von Doppelbelastung und Einschränkungen im außerberuflichen Umfeld zunimmt und die Möglichkeit, Haus- und Familienarbeit als guten Ausgleich zur beruflichen Arbeit zu sehen, abnimmt [5].

Arbeitsunfähigkeit

Männer wiesen 2002 gegenüber Frauen doppelt so viele Erkrankungstage auf Grund von Verletzungen auf. Die Zahl der AU-Tage auf Grund von Muskel-Skelett-Erkrankungen lag um ein gutes Drittel höher als die mit dieser Krankheitsgruppe für Frauen gemeldeten AU-Tage [3]. In diesen Befunden spiegeln sich die Beschäftigtenstrukturen bei Männern wieder, die nach wie vor in deutlich größerem Umfang in der industriellen Produktion und anderen körperlich beanspruchenden Berufen tätig sind. Die höhere Zahl von Erkrankungstagen wurde durch die höhere Zahl von entsprechenden AU-Fällen bei Männern verursacht. Dagegen weisen Frauen eine geringere Fallzahl bei gleichzeitig längerer durchschnittlicher Krankheitsdauer auf. Anders ausgedrückt: Frauen erkranken zwar seltener an Muskel- und Skeletterkrankungen, diese Erkrankungen verlaufen bei ihnen jedoch schwerwiegender. Tabelle 6.3 über wahrgenommene Beschwerden macht dies deutlich. Männer haben deutlich mehr Erkrankungstage auf Grund von Herz- und Kreislauferkrankungen. Dies hängt sicherlich mit unterschiedlichen beruflichen Tätigkeiten und Lebenslagen, Konsumgewohnheiten und vom individuellen Verhalten geprägten Risiken zusammen (Männer rauchen mehr und konsumieren mehr Alkohol und illegale Drogen. Frauen sind häufiger medikamentenabhängig [7]).

Die relevanteren Krankheitsursachen für Frauen sind neben den Atemwegserkrankungen vor allem psychische Störungen, die Krankheiten des Nervensystems, sowie Neubildungen. Psychische Erkrankungen tauchen bei Männern erst an fünfter Stelle auf [2]. Ursache für das höhere Erkrankungsrisiko von Frauen hierfür ist sicherlich auch der hohe Anteil an Frauen im Dienstleistungsbereich, da hier gehäuft psychosoziale Risiken wie Stress, Belästigung und Gewalt auftreten. Der Einfluss von Lebensstilen muss in diesem Zusammenhang erwähnt werden: Etwa ein Drittel der Frauen und die Hälfte der Männer sind übergewichtig, wobei Übergewicht und insbesondere Adipositas (Fettsucht) mit dem Lebensalter zunehmen. Sozial benachteiligte Bevölkerungsgruppen sind dabei besonders betroffen [11].

Berufskrankheiten

Auf Frauen entfallen (2005) nur 29,4% der anerkannten Berufskrankheiten (BK). Zu den häufigsten anerkannten Berufskrankheiten von Frauen gehören Hautkrankheiten, gefolgt von Infektions- und Atemwegserkrankungen. Die häufigsten anerkannten Berufskrankheiten von Männern sind Lärmschwerhörigkeit, Hautkrankheiten und Asbestosen. Die wichtigste der BK – bezogen auf die Gesamtzahl der angezeigten BK – die Lärmschwerhörigkeit, tritt bei Frauen nur selten auf; sie ist auf Platz 6 der „Frauen-Hitliste" aufgestellt. Im Vordergrund stehen dort die Hautkrankheiten und die Erkrankungen der Lendenwirbelsäule. Weiterhin gehören die obstruktiven Atemwegskrankheiten und die Infektionskrankheiten zu den häufigen BK.

Bei den Hautkrankheiten lässt sich eine Dominanz der Frauen in Gesundheitsberufen, bei Friseuren, im Einzelhandel, bei hauswirtschaftlichen Tätigkeiten (Reinigung) und bei Gärtnern/Floristen feststellen. Zahlenmäßig dominiert der Gesundheitsdienst. In anderen zahlenmäßig wichtigen Berufsgruppen (Metallberufe aller Art, Bau) sind Frauen nur selten zu finden, deshalb erkranken nur Männer. Diese Tätigkeiten, bei welchen die o. g. BK auftreten, werden überwiegend von Männern ausgeübt. Bei Mechanikern, auf dem Bau und im Tiefbau, Arbeitsplätzen, die mit Lärm (oder Asbestexposition) verbunden sind, findet man selten oder nie Frauen. Der Anteil der Frauen an der Erwerbstätigkeit nähert sich zwar den 50%, die ausgeübten Tätigkeiten unterscheiden sich aber deutlich von denen der Männer. Es gibt nach wie vor Tätigkeiten, in denen das eine oder andere Geschlecht stärker (bisweilen fast ausschließlich) vertreten ist. Dementsprechend treten dann BKen bei dieser Tätigkeit bei dem zahlenmäßig dominierenden Geschlecht auf. So lag der Frauenanteil an der Lärmschwerhörigkeit bei den ärztlichen BK-Anzeigen zwischen 3 und 4%. Davon anerkannt wurden praktisch keine. Für andere seltenere Berufskrankheiten gilt Ähnliches: Die Staublunge durch Quarz, Asbest, das Bronchialkarzinom oder das Mesotheliom des Rippenfells, beide ebenfalls ausgelöst durch Asbest, treten fast ausschließlich bei Männern auf. Der Anteil der weiblichen Erkrankten liegt unter 10%.

Frühverrentung

Das Gewicht der Krankheitsgruppen für das Berentungsgeschehen hat sich im Zeitablauf bei Männern und Frauen unterschiedlich entwickelt. Seit 1983 hat sich der Anteil der Kreislauferkrankungen bei den Männern von ehemals fast 40% auf nunmehr 16% verringert. Im gleichen Zeitraum stieg der Anteil der Frühberentungen aufgrund von Krankheiten des Skeletts, der Muskeln und des Bindegewebes zunächst von 15% auf über 30%; er liegt derzeit bei rund 21%. Einen bemerkenswerten Verlauf haben darüber hinaus die Berentungen wegen psychischer Erkrankungen genommen: Ihr Anteil ist von rund 8% im Jahr 1983 auf rund 24% im Jahre 2003 angestiegen und dürfte als Indikator die zunehmenden psychosozialen Belastungen in Arbeitswelt und Gesellschaft abbilden. Der Anteil der Neubildungen (Krebs) ist kontinuierlich leicht angestiegen und liegt mittlerweile bei rund 13%. Krankheitsbedingte Frühverrentungen gibt es bei Frauen häufiger als bei Männern: 1,2% aller beschäftigten Frauen und 0,98% der beschäftigten Männer werden frühverrentet. Das Grundmuster dieser Entwicklungen hat sich bei Frauen in ähnlicher Weise entwickelt: Frühberentungen wegen Kreislauferkrankungen sind im betrachteten Zeitraum von 37% auf rund 7% gesunken, der Anteil der psychischen Erkrankungen ist von unter 10% auf die nunmehr häufigste Erkrankungsart mit rund 35% angestiegen. Dieser Trend ist noch stärker als bei den Männern und dürfte auf die vielfältigen psychischen Belastungen der heutigen Arbeitswelt hinweisen, die sich bei Frauen stärker auswirken. Erkrankungen des Skeletts, der Muskeln und des Bindegewebes dominierten zeitweilig wie bei den Männern mit einem bis 1992 zunehmenden Anteil (bis 34%). Sie sind trotz des Rückgangs auf rund 19% heute immer noch die zweithäufigste Berentungsursache. Bemerkenswert ist, dass Neubildungen als Berentungsursache bei Frauen die dritthäufigste Berentungsursache darstellen. Ihr Anteil hat sich im gesamten Zeitraum mit leichten Schwankungen von 7% auf 16% zunehmend entwickelt. Frauen werden häufiger wegen psychischer Erkrankungen frühverrentet, weist die Statistik aus. Diese Krankheiten waren 2003 mit 24,5% bei den Männern und 35,5% bei den Frauen die häufigste Ursache für Frühberentungen. Bei beiden Gruppen folgen die Erkrankungen der Muskeln, des Skeletts und des Bindegewebes (Frauen: 19,3%, Männer: 20,9%).

Die vier Hauptgruppen – nämlich psychische Erkrankungen, Krankheiten des Skeletts, der Muskeln und des Bindegewebes, Krankheiten des Kreislaufsystems und Krebskrankheiten – verursachen im Jahr 2003 bei Frauen 78% und bei Männern 75% aller Frühverrentungen. Das Zugangsalter liegt (2003) für Frauen durchschnittlich bei 49,2 Jahren, für

Männer bei 50,7 Jahren. Das Frühberentungsrisiko ist für weibliche und männliche Arbeiter jeweils größer als für Angestellte.

Ältere Erwerbstätige

Nach Selbsteinschätzungen älterer Erwerbstätiger werden Knochen-, Rücken- und Bandscheibenleiden sowohl bei Männern als auch bei Frauen zwischen 45 bis 64 Jahren als häufigste Erkrankungen genannt. An zweiter Stelle stehen bei beiden Geschlechtern Sehschwierigkeiten. Unterschiede zwischen den Geschlechtern gibt es bei Ohrenleiden: 55- bis 64-jährige Männer nennen Ohrenleiden rund dreimal so häufig wie gleichaltrige Frauen. Bei der Gruppe der älteren Erwerbstätigen zwischen 55 bis 64 Jahren berichten deutlich mehr Männer als Frauen von einer Multimorbidität (Mehrfacherkrankungen).

6.3 Geschlechtsspezifische Prävention

Eine der Zielsetzungen der europäischen „Gemeinschaftsstrategie für Gesundheit und Sicherheit am Arbeitsplatz" ist das „Mainstreaming", d. h. die Einbeziehung der Geschlechterfrage in die Aktivitäten auf dem Gebiet von Sicherheit und Gesundheitsschutz bei der Arbeit. Die Geschlechterfrage kann jedoch nur einbezogen werden, wenn die geschlechtsspezifischen Unterschiede bei arbeitsbedingten Unfällen und Erkrankungen in Bezug auf die Wissenslücken und die Erfordernisse zur Verbesserung einer Risikoprävention bekannt sind. Es bestehen jedoch erhebliche Mängel in Bezug auf das Erkennen und die Bewertung von geschlechtsspezifischen arbeitsbedingten Gesundheitsgefahren.

In der präventionspolitischen Begrifflichkeit der Arbeitsschutzgesetzgebung haben die „arbeitsbedingten Gesundheitsgefahren" eine zentrale Bedeutung. Gerade die Verhütung arbeitsbedingter Gesundheitsverfahren (§ 2 Abs. 1 ArbSchG) und damit die systematische Überprüfung der Arbeitsplätze, -verfahren, -organisation und -mittel auf mögliche kurz-, mittel- und langfristige schädigende Einwirkungen auf die Beschäftigten sowie die Minimierung bzw. Beseitigung dieser Einwirkungen ist neben den technischen und organisatorischen Sicherheitsvorkehrungen besonders zu beachten. Die Geschlechterdimension wird hierbei jedoch noch unzureichend einbezogen.

Die stetige Zunahme einer Reihe chronischer Krankheiten, steigende Zahlen von Frühverrentung bei gleichzeitigem Anstieg der mittleren Lebenserwartung erfordern eine stärkere Einbindung des klassischen Arbeitsschutzes in eine umfassende Präventionsstrategie, die auch die Geschlechterdimension berücksichtigt. Alle Präventionsebenen

(Ursachenvermeidung, Früherkennung und Rehabilitation) sind einzubeziehen, ebenso wie die Betrachtung der Risiken für Sicherheit und Gesundheit im Arbeits- und Privatbereich unter Berücksichtigung individuellen Verhaltens (Lebensstil, Bewegung, Ernährung). Demzufolge muss politisches Handeln in verschiedenen Bereichen der Gesundheits-, Sozial-, Verbraucherschutz-, Umwelt- und Arbeitsmarktpolitik kooperativ und synergetisch ausgestaltet werden. Darüber hinaus gewinnt auch die auf den einzelnen Menschen bezogene Prävention unter Berücksichtigung der persönlichen Belastung, Belastbarkeit und Gesundheit an Bedeutung. Bezüglich der arbeitsweltbezogenen Situation von Frauen sind folgende Aspekte einzubeziehen:

- Die mangelnde Gleichstellung von Männern und Frauen sowohl innerhalb als auch außerhalb der Arbeit hat Auswirkungen auf die Sicherheit und den Gesundheitsschutz von Frauen bei der Arbeit, und es bestehen wichtige Zusammenhänge zwischen allgemeinen Diskriminierungsaspekten und Gesundheit.
- Frauen verrichten immer noch den Hauptteil an unbezahlter häuslicher Arbeit und betreuen Kinder und Verwandte, auch wenn sie einer Vollzeitbeschäftigung nachgehen.
- Dies erhöht ihre tägliche Arbeitszeit erheblich und setzt sie weiterem Druck aus, insbesondere wenn berufliche Verpflichtungen und Privatleben unvereinbar sind.
- Es gibt zahlreiche Belege [9], dass sich die Gestaltung des Arbeitsplatzes, die Arbeitsorganisation und die Arbeitsmittel häufig am Modell des "Durchschnittsmannes" orientieren, obwohl die Anpassung der Arbeit an den Arbeitnehmer in der EU-Gesetzgebung niedergelegt ist.
- Die geschlechtsspezifischen Unterschiede in den Beschäftigungsbedingungen haben erhebliche Auswirkungen auf die geschlechtsspezifischen Unterschiede bei den arbeitsbedingten Gesundheitsergebnissen. In Forschungsarbeiten und praktischen Maßnahmen sollte berücksichtigt werden, welche Arbeiten Männer und Frauen tatsächlich ausführen und wie sie in unterschiedlicher Weise von Belastungen und Arbeitsbedingungen betroffen sind.
- Arbeitsbedingte Risiken für die Gesundheit und die Sicherheit von Frauen wurden sowohl in der Forschung als auch in der Prävention unterschätzt und im Vergleich zu denen für Männer vernachlässigt. Dieses Ungleichgewicht sollte in Forschungsarbeiten und Maßnahmen zur Bewusstseinsbildung und Prävention angegangen werden.
- Frauen arbeiten häufig in Bereichen, in denen die gewerkschaftliche Vertretung schwächer ist, und damit sind sie auf vielen Entscheidungsebenen weniger beteiligt.

- Ein geschlechtsneutraler Ansatz in Politik und Gesetzgebung hat dazu beigetragen, dass den arbeitsbedingten Risiken für Frauen und ihrer Prävention mit weniger Aufmerksamkeit und geringeren Mitteln begegnet wurde.
- Aktionen zugunsten der Gleichstellung in der Beschäftigung sollten die Aspekte von Sicherheit und Gesundheitsschutz bei der Arbeit einschließen. Bei Aktivitäten zur Einbeziehung von Sicherheit und Gesundheitsschutz bei der Arbeit in anderen Politikbereichen, wie etwa öffentliche Gesundheit oder Initiativen im Bereich der sozialen Verantwortung von Unternehmen, sollte die Geschlechterfrage Eingang finden.
- Ein ganzheitlicher Ansatz im Hinblick auf Sicherheit und Gesundheitsschutz bei der Arbeit unter Berücksichtigung der Schnittstelle Arbeit/Privatleben sowie von generelleren Fragen in Bezug auf Arbeitsorganisation und Beschäftigung würde die Risikoprävention verbessern, wobei sowohl Frauen als auch Männer davon profitieren würden.
- Frauen stellen keine homogene Gruppe dar und nicht alle Frauen arbeiten in typischen Frauenberufen. Dasselbe gilt für Männer. Bei einem ganzheitlichen Ansatz muss die vorhandene Vielfalt berücksichtigt werden. Aktionen zur Verbesserung des Gleichgewichts zwischen Arbeit und Privatleben müssen die Arbeitszeitpläne von Frauen und von Männern gleichermaßen berücksichtigen und so gestaltet werden, dass sie für beide Gruppen attraktiv sind.

Literatur

[1] BIBB/BAuA Erwerbstätigenbefragung 2005/2006
[2] Bkk Bundesverband (Hrsg) (2005) Blickpunkt: Psychische Gesundheit. BKK Gesundheitsreport 2005, Essen
[3] Bkk Bundesverband (Hrsg) (2004) Gesundheit und Arbeitswelt. BKK Gesundheitsreport 2003, Essen
[4] Buckle P, Devereux J (1999) Work-related neck and upper limb musculoskeltal disorders, European Agency for Safety and Health, Luxembourg
[5] Bundesministerium für Arbeit und Soziales (Hrsg) (2006) Was ist gute Arbeit? Anforderungen aus der Sicht von Erwerbsttätigen. Wirtschaftsverlag Bremerhaven
[6] Bundesministerium für Familie, Senioren, Frauen und Jugend (Hrsg) (2002) Bericht zur gesundheitlichen Situation von Frauen in Deutschland. Eine Bestandsaufnahme unter Berücksichtigung der unterschiedlichen Entwicklung in West- und Ostdeutschland, Kohlhammer Stuttgart
[7] Bundesministerium für Familie, Senioren, Frauen und Jugend (Hrsg) (2002) 1. Datenreport zur Gleichstellung von Frauen und Männern in der BRD. Berlin
[8] EU Labour Force Survey 2005, Eurostat, Statistics in Focus 13/20

[9] Europäische Agentur für Sicherheit und Gesundheitsschutz am Arbeitsplatz (Hrsg) (2006) Geschlechterspezifische Aspekte der Sicherheit und des Gesundheitsschutzes bei der Arbeit. Eine zusammenfassende Darstellung. Amt für amtliche Veröffentlichungen der Europäischen Gemeinschaft, Luxembourg

[10] Fagan C, Burchell B (2002) Gender, Jobs and Working Conditions in the European Union, European Foundation for Improvement for Working and Living Conditions, Luxembourg

[11] Gesundheitsberichterstattung des Bundes, Robert Koch Institut und Statistisches Bundesamt (Hrsg) (2006), Gesundheit in Deutschland, Berlin

[12] Hauptverband der gewerblichen Berufsgenossenschaften (Hrsg) (2005) Arbeitsunfallstatistik 2003

[13] Lademann J et al (2005) Robert Koch-Institut (Hrsg) Gesundheit von Frauen und Männern im mittleren Lebensalter

[14] Meschkutat B, Stackelbeck M, Langenhoff G (2003) Der Mobbing-Report. Wirtschaftsverlag NW_Bremerhaven

KAPITEL 7

Krankheitsbedingte Fehlzeiten bei Frauen und Männern – Geschlechtsspezifische Unterschiede im Arbeitsunfähigkeitsgeschehen

I. Küsgens · K. Macco · C. Vetter

Zusammenfassung. *In dem vorliegenden Beitrag wird untersucht, ob sich geschlechtsspezifische Unterschiede im Krankenstand und in dem den Fehlzeiten zugrunde liegenden Krankheitsgeschehen feststellen lassen und inwieweit sich diese auf unterschiedliche Alters- und Beschäftigungsstrukturen zurückführen lassen. Datengrundlage sind die Arbeitsunfähigkeitsdaten der 9,5 Millionen erwerbstätigen AOK-Mitglieder im Jahr 2006. Die Ergebnisse zeigen: Das Arbeitsunfähigkeitsgeschehen wird bei Männern und Frauen neben dem Alter vor allem durch die Beschäftigungsstruktur bestimmt. Jedoch ergeben sich unabhängig davon auch geschlechtsspezifische Unterschiede im Krankenstand und hinsichtlich der für die Fehlzeiten verantwortlichen Krankheitsarten. Im betrieblichen Gesundheitsmanagement sollten daher neben den unterschiedlichen Beschäftigungsschwerpunkten von Männern und Frauen auch geschlechtsspezifische Unterschiede in der Morbidität verstärkt berücksichtigt werden.*

7.1 Einleitung

Den größten Teil des Tages verbringen erwerbstätige Personen an ihrem Arbeitsplatz. Daher üben die Arbeitsbedingungen einen großen Einfluss auf das Alltagsleben eines Menschen aus und bestimmen so auch dessen Krankheits- und Gesundheitsgeschehen. Arbeitsmarktdaten zufolge lassen sich bei der Erwerbsarbeit deutliche geschlechtsspezifische Unterschiede ausmachen [5].

Trotz aller Gleichstellungsbemühungen sind die Arbeitsmärkte nach wie vor durch eine starke Geschlechtertrennung gekennzeichnet. Frauen und Männer unterscheiden sich hinsichtlich der Verteilung nach Branchen, Berufen und Tätigkeitsfeldern sowie der hierarchischen Position im Unternehmen. Frauen arbeiten vor allem in Branchen wie der öffentlichen Verwaltung und dem Gesundheitswesen, im Bildungs- und Pflegebereich sowie im Verkauf und Gastgewerbe. Männer dagegen dominieren in

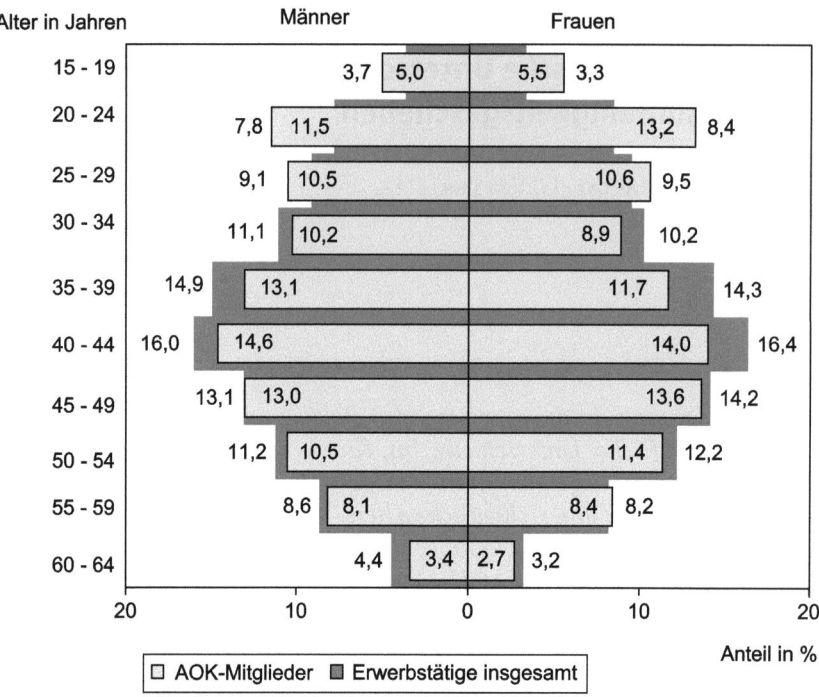

Abb. 7.1. AOK-Mitglieder nach Altersgruppen im Vergleich zur erwerbstätigen Bevölkerung insgesamt, 2006

technischen Berufen, im Handwerk, im Baugewerbe und in der industriellen Produktion. Frauen stellen den Hauptanteil der Teilzeit- und geringfügig Beschäftigten und sind häufiger als Männer in ungesicherten Arbeitsverhältnissen mit geringen Qualifikationsanforderungen anzutreffen. Männer hingegen führen vermehrt höher qualifizierte Tätigkeiten aus und besetzen öfter Führungspositionen. Dementsprechend sind Frauen und Männer unterschiedlichen Arbeitsanforderungen und -belastungen ausgesetzt.

Diese Unterschiede schlagen sich auch im Arbeitsunfähigkeitsgeschehen nieder. Anhand der Arbeitsunfähigkeitsdaten der 9,5 Mio. erwerbstätigen AOK-Mitglieder des Jahres 2006 soll in dem vorliegenden Beitrag das Krankheitsgeschehen der AOK-Versicherten auf diese Unterschiede hin untersucht werden. Zudem wird der Frage nachgegangen, ob sich auch bei Berücksichtigung von Einflussfaktoren wie Alter, Stellung im Beruf, Branche und Tätigkeit weiterhin geschlechtsspezifische Unterschiede im Arbeitsunfähigkeitsgeschehen ausmachen lassen. Hieraus sollen dann mögliche Hinweise für Präventionsmaßnahmen im Betrieb abgeleitet werden.

7.2 Versichertenstruktur der AOK-Mitglieder

Der Versichertenbestand der AOK machte im Jahr 2006 rund 26% der erwerbstätigen Bevölkerung Deutschlands aus. Der Anteil der Frauen lag mit knapp 4 Mio. erwerbstätigen Versicherten bei 41%. Dies entsprach weitestgehend der Geschlechterverteilung der erwerbstätigen Bevölkerung in Deutschland im Jahr 2005 [11].

Hinsichtlich der Altersstruktur waren die 15- bis 29-jährigen erwerbstätigen AOK-Mitglieder – insbesondere die Frauen – im Vergleich zu den Erwerbstätigen insgesamt überrepräsentiert (vgl. Abb. 7.1). In der Gruppe der 30- bis 44-Jährigen verhielt es sich genau umgekehrt. Im Gegensatz zu den Erwerbstätigen insgesamt war diese Gruppe unterrepräsentiert, wobei sich hier mehr männliche Versicherte finden [11].

Frauenerwerbstätigkeit zeichnet sich dadurch aus, dass Frauen in weit stärkerem Maße als Männer Angestellte und Teilzeitbeschäftigte sind. Dies gilt auch für die AOK-Versicherten. Im Jahr 2006 gingen 34,9% der weiblichen AOK-Mitglieder einer Teilzeitbeschäftigung nach, bei den Männern waren es lediglich 6,5%. Damit war der Anteil der Teilzeitkräfte bei den AOK-Mitgliedern etwas höher als in der Erwerbsbevölkerung insgesamt. Daten der Beschäftigungsstatistik der Bundesagentur für

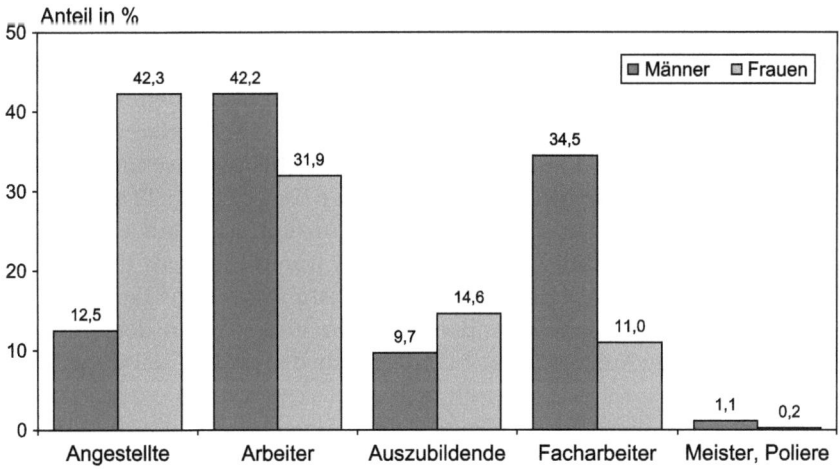

Abb. 7.2. AOK-Mitglieder nach Stellung im Beruf, Vollzeitbeschäftigte, 2006

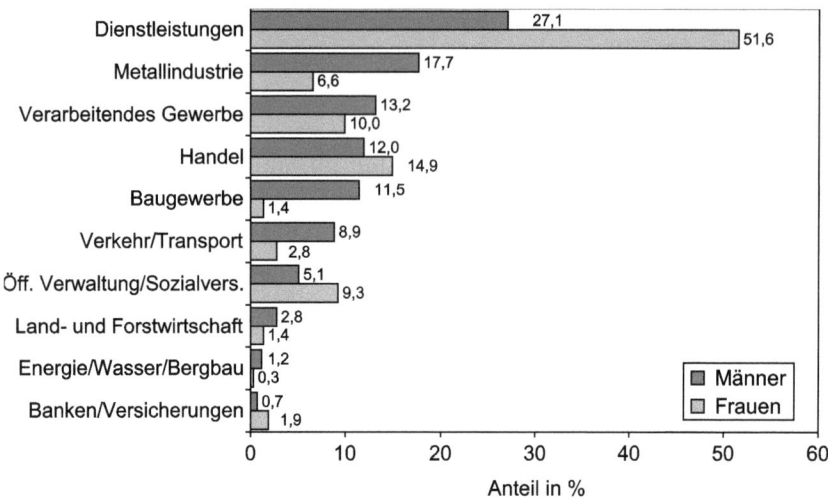

Abb. 7.3. AOK-Mitglieder nach Geschlecht und Branche, 2006

Arbeit zufolge arbeiteten Ende September 2006 in Deutschland 31,7% der Frauen auf Teilzeitbasis, bei den Männern waren es lediglich 4,9% [5].

Die Verteilung nach der Stellung im Beruf (vgl. Abb. 7.2) bildet die spezifische Struktur der AOK-Versicherten ab, die durch einen hohen Anteil an Versicherten aus dem gewerblichen Bereich geprägt ist. Im Jahr 2006 befanden sich 42,3% der weiblichen AOK-Versicherten in einem Angestelltenverhältnis, 31,9% waren als Arbeiterinnen tätig. Die männlichen Versicherten hingegen waren überwiegend als Arbeiter (42,2%) oder Facharbeiter (34,5%) beschäftigt. Lediglich 12,5% waren als Angestellte tätig. Bei den Erwerbstätigen in Deutschland insgesamt ist der Angestelltenanteil wesentlich höher (Frauen: 67%; Männer: 42%) [1].

Bei den Frauen zeigte sich eine starke Konzentration auf einige wenige Branchen (vgl. Abb. 7.3). Im Jahr 2006 waren mehr als die Hälfte der weiblichen AOK-Mitglieder im Dienstleistungsbereich[1] tätig, 14,9% im Handel, 10% im verarbeitenden Gewerbe und 9,3% in der öffentlichen Verwaltung. Auch bei den Männern war der größte Teil der AOK-

---

[1] Der Dienstleistungsbereich umfasst die Bereiche Gastgewerbe, Grundstücks- und Wohnungswesen, Vermietung beweglicher Sachen, Erbringung von Dienstleistungen überwiegend für Unternehmen, Gesundheits-, Veterinär- und Sozialwesen, Erbringung von sonstigen öffentlichen und persönlichen Dienstleistungen sowie private Haushalte.

Tabelle 7.1. Krankenstandskennzahlen nach Geschlecht, AOK-Mitglieder

	Krankenstand (in %)	Arbeitsunfähigkeiten je 100 AOK-Mitglieder		Tage je Fall	AU-Quote (in %)
		Tage	Fälle		
Frauen	4,1	1499,3	130,0	11,5	50,1
Männer	4,3	1574,6	131,7	12,0	48,8
Insgesamt	4,2	1542,9	131,0	11,8	49,3

Mitglieder im Dienstleistungsbereich (27,1%) beschäftigt. Ansonsten war das Tätigkeitsfeld der Männer breiter gestreut als bei den Frauen. So waren 17,7% in der Metallindustrie, 13,2% im verarbeitenden Gewerbe, 12,0% im Handel und 11,5% im Baugewerbe tätig.

Die erwerbstätigen männlichen AOK-Versicherten fanden sich zu einem großen Teil in Berufen, die eine hohe körperliche Belastung und ein erhöhtes Unfallrisiko mit sich bringen. Die am stärksten besetzten Berufsgruppen waren Kraftfahrzeugführer (8,8%), Hilfsarbeiter (6,3%) sowie Lager- und Transportarbeiter (4,5%).

Bei den weiblichen AOK-Versicherten dagegen dominieren Berufe aus dem Dienstleistungsbereich, die häufig mit psychischen Belastungen verbunden sind. Die drei häufigsten Berufe waren Bürofachkraft (13,6%), Verkäuferin (9,7%) sowie Raum- und Hausratreinigerin (8,9%). Wie bei den Branchen zeigte sich auch bei den Frauenberufen eine starke Konzentration auf einige wenige Tätigkeitsarten. In den jeweils drei genannten Berufen fanden sich 36,3% der Frauen, aber nur 22,8% der Männer.

Die aufgezeigten geschlechtsspezifischen Unterschiede hinsichtlich der beruflichen Position und der Tätigkeitsschwerpunkte haben Auswirkungen auf das Krankheitsgeschehen und müssen daher bei den nachfolgenden Erläuterungen zu den Krankenstandskennzahlen und zur Verteilung der Krankheitsarten berücksichtigt werden.

7.3 Allgemeine Krankenstandskennzahlen

Bei den AOK-Mitgliedern lag der Krankenstand der Frauen im Jahr 2006 mit 4,1% um 0,2 Prozentpunkte unter dem der Männer (4,3%).[2] Bei den Männern war sowohl die Zahl der AU-Fälle wie auch die durchschnittliche Falldauer etwas höher als bei den Frauen (s. Tabelle 7.1). Bei den

---

[2] Durch „Schwangerschaft, Geburt und Wochenbett" (ICD-10, O00–O99) bedingte Arbeitsunfähigkeiten wurden nicht berücksichtigt.

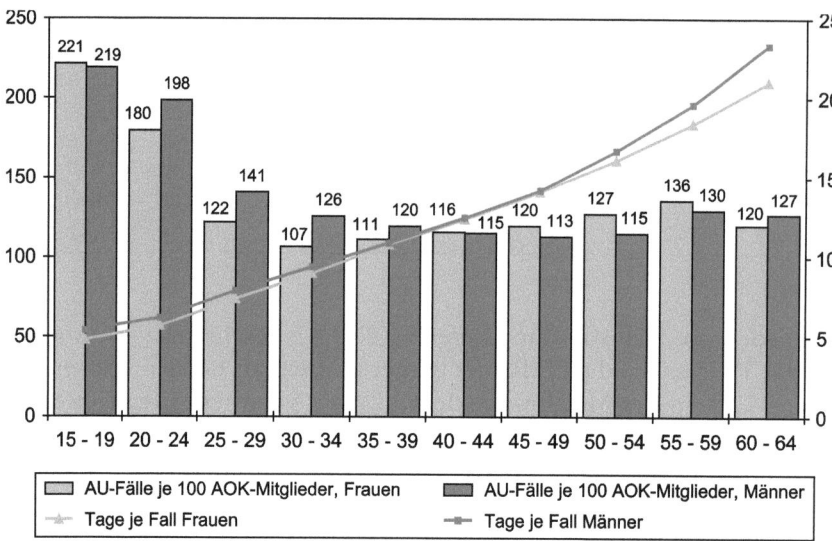

Abb. 7.4. Fallhäufigkeit und Falldauer nach Geschlecht und Altersgruppen, AOK-Mitglieder, 2006

weiblichen Versicherten war jedoch der Anteil derer, die sich mindestens einmal krank meldeten (AU-Quote), größer als bei den Männern.

7.4 Krankheitsbedingte Fehlzeiten nach Altersgruppen

Bei der Betrachtung der Fallhäufigkeit und -dauer im Altersverlauf ergibt sich ein etwas differenzierteres Bild (s. Abb. 7.4). Sowohl bei Männern wie bei Frauen geht die Zahl der Krankmeldungen mit zunehmendem Alter zurück. Die meisten Arbeitsunfähigkeitsfälle sind bei den jüngeren Altersgruppen zu verzeichnen. Bei den 15- bis 19-Jährigen ist die Zahl der Krankmeldungen fast doppelt so hoch wie bei den 40- bis 44-Jährigen. Die durchschnittliche Dauer der Arbeitsunfähigkeitsfälle dagegen steigt mit zunehmendem Alter kontinuierlich an. Ältere Mitarbeiter sind zwar seltener krank als ihre jüngeren Kollegen, fallen aber, wenn sie erkranken, in der Regel wesentlich länger aus.

Mit Ausnahme der 15- bis 19-Jährigen sind bei den Männern in jüngeren Jahren (20 bis 39 Jahre) mehr AU-Fälle zu verzeichnen als bei den Frauen. In den Altergruppen von 40 bis 59 Jahren ist dann die Zahl der Krankmeldungen bei den Frauen höher. Bei den 60- bis 64-Jährigen weisen wiederum die Männer mehr AU-Fälle auf. Die durchschnittliche

Krankheitsbedingte Fehlzeiten bei Frauen und Männern

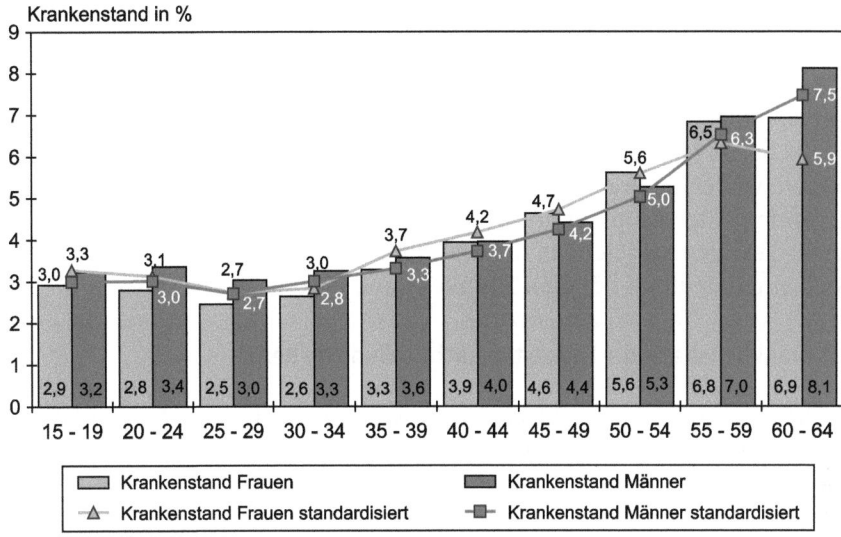

Abb. 7.5. Krankenstand nach Altersgruppen, standardisiert nach Stellung im Beruf, Branche und Tätigkeit, AOK-Mitglieder, 2006

Dauer der Krankmeldungen ist in den jüngeren Altergruppen (bis 34 Jahre) und den höheren Altersgruppen (ab 50 Jahre) bei den Männern etwas höher als bei den Frauen, wobei sich die größten Unterschiede in den Altersgruppen ab 55 Jahren ergeben.

Neben dem Alter haben auch Faktoren wie die berufliche Stellung und die Art der ausgeübten Tätigkeit einen Einfluss auf die Höhe des Krankenstandes. Untersuchungen zur Arbeitsunfähigkeit zeigen, dass der Krankenstand in Abhängigkeit von diesen Faktoren erheblich variiert. Wie bereits aufgezeigt wurde, gibt es bei den männlichen und weiblichen AOK-Versicherten beträchtliche Unterschiede bezüglich der Beschäftigungsschwerpunkte und der beruflichen Position. Mit Hilfe von Standardisierungsverfahren lässt sich berechnen, wie der Krankenstand im Altersverlauf ausfiele, wenn Frauen und Männer hinsichtlich der beruflichen Stellung, der Branchenzugehörigkeit und der ausgeübten Tätigkeit die gleiche Verteilung aufweisen würden. Abbildung 7.5 zeigt die standardisierten Werte im Vergleich zu den Rohwerten.

Bei dem nichtstandardisierten Krankenstand weisen die Männer in den meisten Altersgruppen höhere Werte auf als die Frauen. Bei den standardisierten Werten ändert sich das Verhältnis. Nach der Standardisierung verzeichnen die Frauen in der Mehrzahl der Altersgruppen höhere Werte.

Daraus lässt sich schießen, dass die höheren Krankenstände der Männer auf die geschlechtsspezifischen Beschäftigungsstrukturen zurückzuführen sind.

Bei den 20- bis 34-Jährigen gleicht sich der Krankenstand zwischen den Geschlechtern durch die Standardisierung an. In den Altersgruppen von 35 bis 54 Jahren vergrößert sich der Abstand zwischen Männern und Frauen, wobei die Frauen höhere Krankenstände aufweisen. In den nachfolgenden Altersgruppen dreht sich dann das Verhältnis und bei den 60- bis 64-Jährigen verzeichnen die Männer auch nach der Standardisierung noch einen deutlich höheren Krankenstand als die Frauen.

7.5 Krankheitsbedingte Fehlzeiten nach Stellung im Beruf

Nach Betrachtung der geschlechtsspezifischen Aspekte des Arbeitsunfähigkeitsgeschehens im Altersverlauf soll nun untersucht werden, welchen Einfluss die berufliche Stellung auf den Krankenstand hat.

Wie Abbildung 7.6 zeigt, variiert der Krankenstand bei Männern und Frauen erheblich in Abhängigkeit von der Stellung im Beruf. Bei Arbeitern und Arbeiterinnen ist der Krankenstand fast doppelt so hoch wie bei Angestellten. Der höhere Gesamtkrankenstand der männlichen AOK-Mitglieder ist daher zum großen Teil auf den gegenüber den Frauen deutlich höheren Arbeiteranteil zurückzuführen. Im Vergleich zu den Unterschieden zwischen den verschiedenen Statusgruppen fallen die geschlechtsspezifischen Unterschiede innerhalb der Gruppen eher gering aus. Die größten Unterschiede ergeben sich bei den Arbeitern und Facharbeitern. Während bei der Betrachtung der Krankenstände insgesamt und nach Altersgruppen die Frauen meist niedrigere Krankenstände aufwiesen, ergibt sich bei Berücksichtigung der Stellung im Beruf ein anderes Bild. Als Arbeiterinnen, Angestellte und Auszubildende weisen Frauen höhere Krankenstände auf als Männer. Bei den Facharbeitern verzeichnen dagegen die Männer höhere Werte. Ähnliche Ergebnisse werden von den Betriebskrankenkassen gemeldet [2]. Auch dort wurden bei den weiblichen Arbeitern und Angestellten höhere Fehlzeiten festgestellt, wobei die Unterschiede zwischen den Geschlechtern größer ausfallen als bei den AOK-Mitgliedern.

Auch bei einer Standardisierung nach Alter, Branchenzugehörigkeit und Tätigkeit sind bei den weiblichen AOK-Mitgliedern in diesen Statusgruppen etwas höhere Krankenstände zu verzeichnen als bei ihren männlichen Kollegen (s. Abb. 7.6). Bei den Angestellten, Arbeitern und Facharbeitern verringert sich jedoch der Abstand zwischen den Geschlechtern, bei den Meistern und Polieren hingegen nimmt er zu. Noch größere geschlechtsspezifische Unterschiede ergeben sich bei den

Krankheitsbedingte Fehlzeiten bei Frauen und Männern

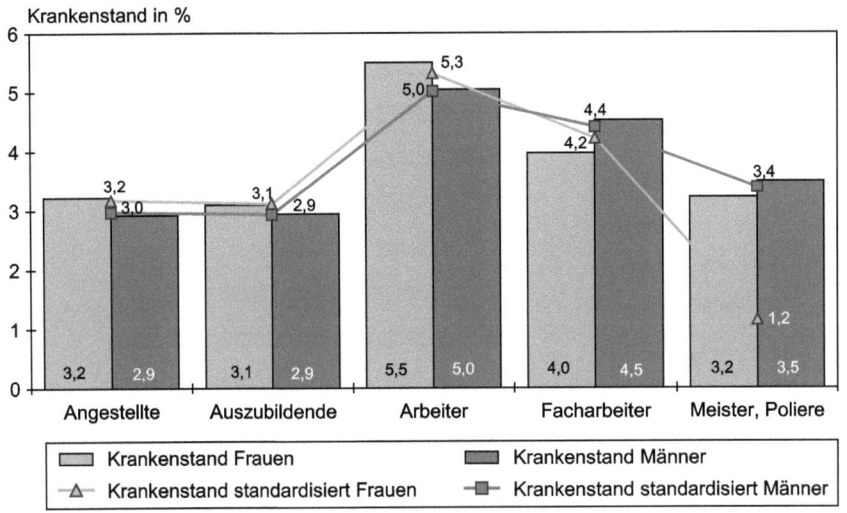

Abb. 7.6. Krankenstand nach Stellung im Beruf, standardisiert nach Alter, Branche und Tätigkeit, AOK-Mitglieder, 2006

Teilzeitbeschäftigten. Dort lag der Krankenstand der Frauen im Jahr 2006 mit 4,3% um 0,8 Prozentpunkte (oder 2,9 Tage) höher als bei den Männern. Bei den standardisierten Werten beträgt der Abstand immer noch 0,6 Prozentpunkte.

Als mögliche Ursachen für die höheren Fehlzeiten der Frauen kommen u. a. geringere Qualifikationen, einseitige körperliche oder psychische Belastungen, die häufig mit geringen Handlungs- und Entscheidungsspielräumen einhergehen, sowie die Doppelbelastung durch Beruf und Familie in Betracht. Auch geschlechtsspezifische Unterschiede im Gesundheitsverhalten und im Umgang mit Krankheitssymptomen dürften eine Rolle spielen [6]. So gehen Männer bei den meisten Symptomen seltener zum Arzt als Frauen [9].

7.6 Krankheitsbedingte Fehlzeiten nach Branchen

Wie schon Bürkardt und Oppen [4] feststellten, ist die Kategorisierung nach dem beruflichen Status sehr grob, da Frauen und Männer auch innerhalb der Gruppen in unterschiedlichen Branchen und Tätigkeitsbereichen zu finden sind, die verschiedene Belastungen und Ressourcen aufweisen. Daher sollen nun die geschlechtsspezifischen Unterschiede auf der Ebene

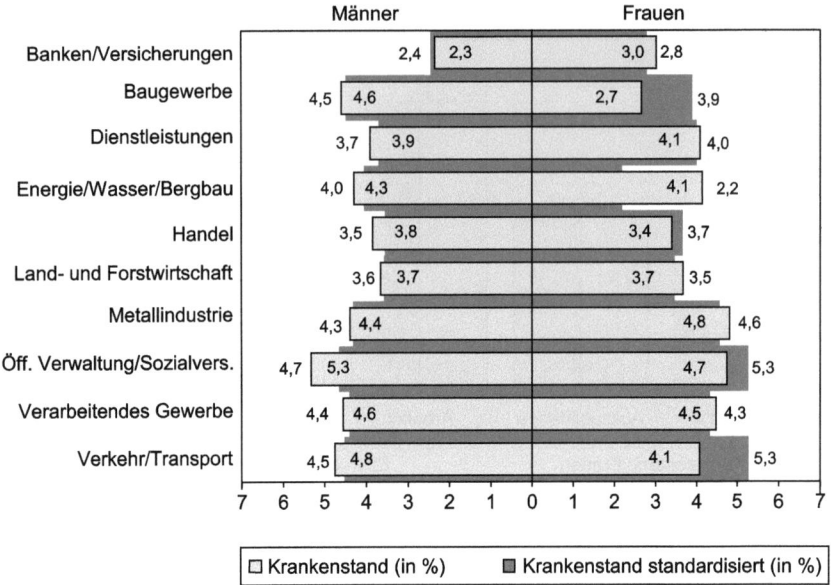

Abb. 7.7. Krankenstand nach Branche, standardisiert nach Alter, Stellung im Beruf und Tätigkeit, AOK-Mitglieder, 2006

der Branchen betrachtet werden. Abbildung 7.7 zeigt die Krankenstände in den einzelnen Wirtschaftszweigen.

Ähnlich wie bei der Betrachtung der Krankenstände nach der beruflichen Stellung zeigt sich auch hier, dass in der Regel die Unterschiede zwischen den einzelnen Branchen größer sind als die Unterschiede zwischen den Geschlechtern innerhalb der Branchen. Sehr große geschlechtsspezifische Differenzen zeigen sich im Baugewerbe. Dort ist der Krankenstand bei den Männern mit 4,6% um 1,9 Prozentpunkte höher als bei den Frauen (2,7%). Dies dürfte darauf zurückzuführen sein, dass die typischen Bauberufe Domäne der Männer sind, während die im Baugewerbe beschäftigten Frauen meist Büro- und Verwaltungstätigkeiten ausüben, die mit geringeren Krankenständen einhergehen. Größere geschlechtsspezifische Unterschiede im Krankenstand waren auch im Bereich Verkehr und Transport, in der öffentlichen Verwaltung sowie bei Banken und Versicherungen zu verzeichnen. Bei einer Standardisierung nach Alter, Stellung im Beruf und Tätigkeit verringern sich teilweise die Unterschiede zwischen den Geschlechtern, teilweise bleiben sie aber auch erhalten oder nehmen sogar noch weiter zu (s. Abb. 7.7).

Wie bereits am Beispiel des Baugewerbes erläutert, sind die Beschäftigungsschwerpunkte von Frauen und Männern, die in der gleichen Branche tätig sind, zum Teil sehr unterschiedlich. Ihren Tätigkeiten entsprechend sind Frauen und Männer daher auch unterschiedlichen Anforderungen und Belastungen ausgesetzt. Daraus resultieren auch Differenzen im Krankenstand. Deshalb soll nun exemplarisch an einigen ausgewählten Berufsgruppen untersucht werden, ob sich auch bei gleichen Tätigkeiten geschlechtsspezifische Unterschiede im Arbeitsunfähigkeitsgeschehen feststellen lassen.

7.7 Krankheitsgeschehen ausgewählter Berufe

Ausgehend von der Mitgliederzahl fanden sich die meisten AOK-versicherten Männer in den Berufen Kraftfahrzeugführer, Lager- und Transportarbeiter, Bürofachkraft und Koch. Ein Großteil der Frauen war als Verkäuferin, Raum- und Hausratreinigerin, Krankenschwester wie auch Bürofachkraft und Köchin beschäftigt (vgl. Kap. 7.2). Anhand der Krankenstandskennzahlen dieser Berufe soll nun untersucht werden, inwieweit sich Frauen und Männer innerhalb einzelner Berufsgruppen im Krankheitsgeschehen unterscheiden. Die Krankenstandskennzahlen sind in Tabelle 7.2 dargestellt.

Mit 5,5% verzeichneten die Raum- und Hausratreiniger den höchsten Krankenstand. Den niedrigsten Krankenstand wiesen die Bürofachkräfte mit 2,9% auf. Bei den Raum- und Hausratreinigern zeigten sich auch deutliche Unterschiede zwischen den Geschlechtern. So lag der Krankenstand der Frauen mit 5,6% um 1,2 Prozentpunkte höher als bei den Männern. Auch die Falldauer (Tage je Fall) und die AU-Quote fielen deutlich höher aus als bei den männlichen AOK-Mitgliedern. So waren die Frauen im Schnitt 3,2 Tage länger krank als die Männer. In Bezug auf die AU-Quote wiesen die Raum- und Hausratreinigerinnen im Vergleich zu den anderen Berufen den höchsten Wert (53%) auf. Die AU-Quote der Männer hingegen war mit 41,4% relativ niedrig. Ebenfalls große geschlechtsspezifische Unterschiede waren bei den Köchen zu verzeichnen. So lagen die Köchinnen mit einem Krankenstand von 5,2% um 2 Prozentpunkte höher als ihre männlichen Kollegen. Neben den Raum- und Hausratreinigerinnen (15,5 Tage/Fall) und den Kraftfahrzeugführerinnen (17 Tage/Fall) waren die Köchinnen am längsten krank (14,5 Tage/Fall). Die durchschnittliche Krankheitsdauer bei den Köchen hingegen betrug nur 10,8 Tage je Fall. Im Vergleich zu den anderen Berufen ist dies ein relativ geringer Wert. Dementsprechend lag auch die AU-Quote der Köchinnen um 14,8 Prozentpunkte höher als jene ihrer Kollegen. Niedrige Krankenstandskennzahlen wiesen die

Tabelle 7.2. Krankenstandskennzahlen ausgewählter Berufsgruppen, AOK-Mitglieder, 2006

		Krankenstand (in %)	Arbeitsunfähigkeiten je 100 AOK-Mitglieder		Tage je Fall	AU-Quote (in %)
			Tage	Fälle		
Bürofachkräfte	Frauen	2,9	1071,0	119,3	9,0	48,2
	Männer	3,0	1084,9	113,6	9,6	44,3
	Insgesamt	2,9	1074,4	117,9	9,1	47,2
Köche	Frauen	5,2	1913,5	132,3	14,5	50,5
	Männer	3,2	1152,5	106,8	10,8	35,7
	Insgesamt	4,3	1583,4	121,3	13,1	43,4
Kraftfahrzeugführer	Frauen	5,4	1976,8	116,0	17,0	45,9
	Männer	5,0	1812,1	106,4	17,0	45,6
	Insgesamt	5,0	1817,0	106,6	17,0	45,6
Krankenschwestern, -pfleger	Frauen	4,0	1445,1	119,1	12,1	53,3
	Männer	3,5	1292,2	117,2	11,0	50,2
	Insgesamt	3,9	1426,1	118,9	12,0	52,9
Lager-, Transportarbeiter	Frauen	5,3	1942,5	149,4	13,0	52,7
	Männer	5,1	1860,0	152,9	12,2	53,2
	Insgesamt	5,1	1877,9	152,1	12,3	53,1
Raum-,Hausratreiniger	Frauen	5,6	2055,3	132,3	15,5	53,0
	Männer	4,4	1601,7	129,7	12,3	41,4
	Insgesamt	5,5	2006,4	132,0	15,2	51,4
Verkäufer	Frauen	3,4	1251,1	110,7	11,3	45,0
	Männer	3,2	1162,1	109,9	10,6	39,6
	Insgesamt	3,4	1231,8	110,5	11,1	43,7

Bürofachkräfte auf, wobei hier die Falldauer bei den Männern höher war als bei den Frauen.

Auch bei einer Standardisierung nach Alter, Branchenzugehörigkeit und Stellung im Beruf weisen die Frauen in den meisten hier betrachteten Berufsgruppen höhere Krankenstände auf. Lediglich bei den Verkäufern ergeben sich gleiche Werte. Allerdings reduzieren sich teilweise die geschlechtsspezifischen Differenzen im Krankenstand (vgl. Abb. 7.8).

Dieser Befund wurde hier nur exemplarisch an einigen ausgewählten Berufsgruppen aufgezeigt, trifft aber auf die Mehrzahl der Berufsgruppen, die unter den AOK-Mitgliedern in nennenswertem Umfang vertreten

Krankheitsbedingte Fehlzeiten bei Frauen und Männern

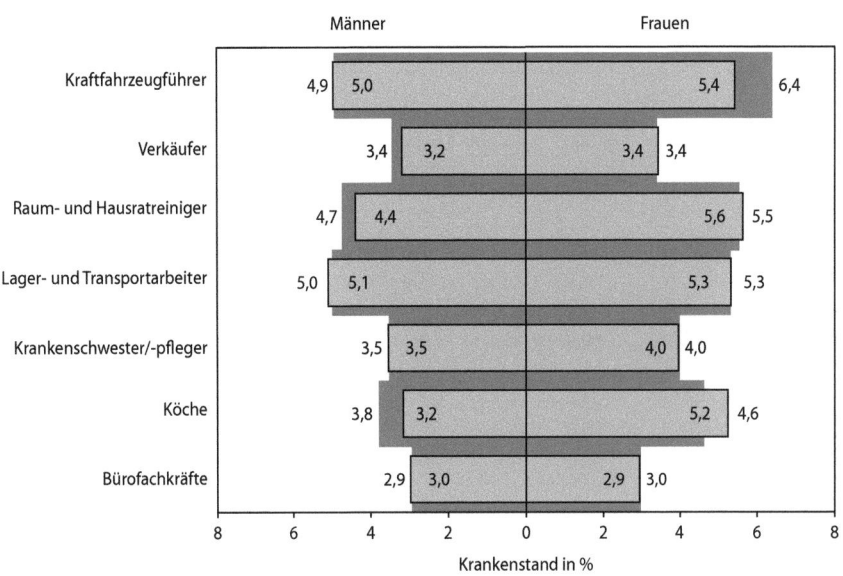

Abb. 7.8. Krankenstand nach Berufsgruppen, standardisiert nach Alter, Stellung im Beruf und Branche, AOK-Mitglieder, 2006

sind, in gleicher Weise zu. Eine Untersuchung der DAK kommt zu einem ähnlichen Ergebnis. Auch dort wurden nach Altersstandardisierung und Ausklammerung der Schwangerschaftsdiagnosen in den meisten Berufsgruppen bei den Frauen höhere Krankenstände festgestellt [7].

Nach der Betrachtung von geschlechtsspezifischen Unterschieden im Krankenstand soll nun untersucht werden, inwieweit sich Frauen und Männer hinsichtlich der Krankheitsarten, die zur Arbeitsunfähigkeit führen, unterscheiden.

7.8 Verteilung der Krankheitsarten

Krankheitsbedingte Fehlzeiten beruhen hauptsächlich auf Krankheiten des Muskel-, Skelettsystems, Atemwegserkrankungen, Verletzungen, Krankheiten des Verdauungssystems und Herz-/Kreislauferkrankungen sowie psychischen Störungen. Teilweise sind Frauen und Männer von den Krankheiten gleichermaßen betroffen, teilweise lassen sich große Unterschiede feststellen. So waren bei Männern im Jahr 2006 häufiger Verletzungen und Muskel-, Skeletterkrankungen zu verzeichnen als bei Frauen (s. Tabelle 7.3).

Tabelle 7.3. Arbeitsunfähigkeit nach Krankheitsarten und Geschlecht, AOK-Mitglieder, 2006

Krankheits-arten	AU-Tage je 100 AOK-Mitglieder		AU-Tage in %		AU-Fälle je 100 AOK-Mitglieder		AU-Fälle in %	
	Frauen	Männer	Frauen	Männer	Frauen	Männer	Frauen	Männer
Muskel-/Skelett	448,8	516,9	22,7	25,6	26,7	34,1	15,4	20,2
Verletzungen	181,2	337,4	9,2	16,7	11,6	21,7	6,7	12,9
Atemwege	245,9	225,2	12,5	11,1	38,0	34,2	22,0	20,3
Herz-/Kreislauf	119,3	160,4	6,0	7,9	8,0	8,0	4,6	4,7
Verdauung	121,7	134,7	6,2	6,7	19,9	19,7	11,5	11,7
Psyche	205,1	125,6	10,4	6,2	9,3	5,7	5,4	3,4
Neubildungen	91,5	58,0	4,6	2,9	3,1	2,0	1,8	1,2
Urogenitalsystem	73,9	30,8	3,7	1,5	7,6	2,4	4,4	1,4
Sonstige	485,8	434,0	24,7	21,4	49,1	40,6	28,2	24,2

Muskel- und Skeletterkrankungen verursachten zwar bei beiden Geschlechtern die meisten AU-Tage, der Anteil der darauf zurückgehenden Fehlzeiten lag jedoch bei den Männern mit 25,6% deutlich höher als bei den Frauen (22,7%). Männer meldeten sich häufiger aufgrund von muskuloskelettalen Beschwerden krank als Frauen. Die durchschnittliche Dauer der Krankmeldungen war allerdings mit 16,8 Tagen bei den Frauen etwas höher als bei den Männern (15,2 Tage).

Auf Verletzungen waren im Jahr 2006 bei den Männern fast doppelt so viele AU-Tage zurückzuführen wie bei den Frauen (s. Tabelle 7.3). Der Anteil der Verletzungen an den krankheitsbedingten Fehlzeiten insgesamt lag bei den Männern bei 16,7%, bei den Frauen dagegen nur bei 9,2%. Damit waren bei den Männern nach den Muskel- und Skeletterkrankungen die meisten AU-Tage auf Verletzungen zurückzuführen. Bei den Frauen standen die Verletzungen hinsichtlich des Anteils an den Ausfalltagen erst an vierter Stelle.

Zum Teil geht die höhere Zahl an Verletzungen bei den Männern auf Arbeitsunfälle zurück. Männer sind häufiger als Frauen in unfallträchtigen Branchen und Berufen wie dem Bau- und Metall verarbeitenden Gewerbe tätig. Daher gehen bei den Männern fast ein Drittel (31,1%) der durch Verletzungen bedingten Fehlzeiten auf Arbeitsunfälle zurück, bei den Frauen sind es nur 18,2%. Frauen sind dagegen häufiger von häuslichen Unfällen betroffen. Die höhere Zahl an Verletzungen bei Männern ist neben beruflichen Risikofaktoren auch auf ein riskanteres Verhalten im Straßenverkehr sowie im Freizeit- und Sportbereich zurückzuführen [8].

Bei den Herz-/Kreislauferkrankungen gibt es zwar keine geschlechtsspezifischen Unterschiede hinsichtlich der Zahl der Krankmeldungen, jedoch bestehen erhebliche Unterschiede bei den AU-Tagen. 2006 lag die durchschnittliche Dauer der Krankmeldungen bei den Männern bei 20,2 Tagen, bei den Frauen dagegen nur bei 15 Tagen. Dies ist darauf zurückzuführen, dass Männer häufiger von schwerwiegenden Herzerkrankungen wie Herzinfarkten betroffen sind als Frauen.

Bei den Erkrankungen des Verdauungssystems gibt es ebenfalls nur geringe geschlechtsspezifische Unterschiede hinsichtlich der Zahl der Krankmeldungen. Die Zahl der durch diese Krankheitsart bedingten Arbeitsunfähigkeitstage ist aber bei den Männern etwas höher als bei den Frauen (Männer: 134,7 Tage je 100 AOK-Mitglieder; Frauen: 121,7 Tage).

Bei den Frauen führen insbesondere Atemwegserkrankungen, psychische Erkrankungen, Neubildungen und urogenitale Erkrankungen häufiger zu krankheitsbedingten Fehlzeiten als bei den Männern. Atemwegserkrankungen stehen bei den Frauen hinsichtlich ihres Anteils an den Ausfallzeiten nach den Muskel- und Skeletterkrankungen an zweiter Stelle (12,5%), bei den Männern dagegen erst an dritter Stelle (11,1%). Die Zahl der dadurch verursachten AU-Fälle und -Tage ist bei den Frauen höher als bei den Männern. Insbesondere akute Infektionen der oberen Atemwege führen bei den Frauen zu mehr Ausfalltagen als bei den Männern.

Psychische Erkrankungen sind bei den Frauen nach den Muskel- und Skeletterkrankungen und den Atemwegserkrankungen für die meisten Ausfalltage verantwortlich. Ihr Anteil an den AU-Tagen betrug im Jahr 2006 10,4%. Bei den Männern dagegen stehen die psychischen Erkrankungen hinsichtlich des Anteils an den krankheitsbedingten Fehlzeiten mit 6,2% erst an sechster Stelle. Die darauf zurückgehenden Ausfallzeiten lagen 2006 bei den Frauen um fast zwei Drittel (63,3%) höher als bei den Männern. Auch hinsichtlich des Krankheitsspektrums lassen sich deutliche geschlechtsspezifische Unterschiede feststellen. Während Frauen häufiger von Depressionen und Angststörungen betroffen sind, sind bei Männern häufiger Suchterkrankungen zu verzeichnen.

Neubildungen, zu denen sowohl Krebserkrankungen als auch gutartige Tumore gehören, führen ebenfalls bei den Frauen häufiger zur Arbeitsunfähigkeit als bei den Männern. Die Zahl der darauf zurückgehenden AU-Fälle und AU-Tage war 2006 um fast 60% höher als bei den Männern (AU-Fälle: 58,8%; AU-Tage: 57,9%). Der Anteil der Neubil-

Tabelle 7.4. Verteilung der Arbeitsunfähigkeitstage je 100 AOK-Mitglieder nach Krankheitsarten, Branche und Geschlecht, 2006

Branche	Geschlecht	Krankheitsarten – AU-Tage je 100 AOK-Mitglieder							
		Muskel-/Skelett	Verletzungen	Atemwege	Psyche	Herz-/Kreislauf	Verdauung	Neubildungen	Urogenitalsystem	Sonstige
Banken/Versicherungen	Frauen	253	122	242	164	73	98	80	57	371
	Männer	225	156	191	116	93	101	44	23	305
Baugewerbe	Frauen	273	146	151	115	78	80	74	53	317
	Männer	598	470	187	90	153	123	52	27	406
Dienstleistungen	Frauen	448	179	242	211	117	122	87	74	486
	Männer	415	282	222	133	132	132	47	27	391
Energie/Wasser/Bergbau	Frauen	449	180	277	210	129	115	92	72	486
	Männer	556	314	225	118	189	135	73	32	459
Handel	Frauen	347	156	200	169	96	107	83	66	413
	Männer	447	303	205	110	136	123	53	29	390
Land- und Forstwirtschaft	Frauen	410	252	177	112	118	101	82	69	393
	Männer	417	373	160	74	135	107	50	25	340
Metallindustrie	Frauen	577	197	268	232	146	134	110	80	562
	Männer	532	333	237	125	167	136	63	32	446
Öff. Verwaltung/Sozialversicherung	Frauen	504	189	312	253	143	131	114	77	549
	Männer	687	323	280	173	217	158	81	41	561
Verarbeitendes Gewerbe	Frauen	540	210	233	193	141	124	99	80	522
	Männer	572	344	223	132	173	139	63	34	454
Verkehr/Transport	Frauen	438	215	245	196	108	116	82	75	471
	Männer	578	362	221	148	212	140	69	37	506

dungen an den krankheitsbedingten Ausfallzeiten lag bei den Frauen bei 4,6%, bei den Männern dagegen nur bei 2,9%.

Auch von Krankheiten des Urogenitalsystems sind Frauen häufiger betroffen als Männer. Dazu gehören Krankheiten der Niere, des Harnsystems und der Geschlechtsorgane. Sie waren im Jahr 2006 bei den Frauen für 3,7% der krankheitsbedingten Ausfallzeiten verantwortlich, bei den Männern waren es dagegen nur 1,5%. Die Zahl der dadurch bedingten AU-Fälle war 3,2-mal, die Zahl der AU-Tage 2,4-mal so hoch wie bei den Männern.

7.9 Krankheitsarten nach Branche

Inwieweit sind die unterschiedlichen Morbiditätsstrukturen bei Männern und Frauen auf Unterschiede in den Beschäftigungsstrukturen zurückzuführen? Bleiben die geschlechtsspezifischen Unterschiede auch dann bestehen, wenn man das Krankheitsgeschehen innerhalb der einzelnen Branchen und Berufsgruppen betrachtet. Tabelle 7.4 zeigt die geschlechtsspezifische Verteilung der für die Arbeitsunfähigkeit verantwortlichen Krankheitsarten in den einzelnen Wirtschaftszweigen.

Daraus ist zunächst deutlich ersichtlich, dass sowohl bei Frauen wie auch Männern große Unterschiede zwischen den verschiedenen Branchen bestehen. So ist beispielsweise die Zahl der durch Muskel-/Skeletterkrankungen bedingten Arbeitsunfähigkeitstage im verarbeitenden Gewerbe bei beiden Geschlechtern mehr als doppelt so hoch wie bei Banken und Versicherungen. Wie aber ebenfalls aus der Tabelle abzulesen ist, sind innerhalb der einzelnen Branchen auch die beschriebenen geschlechtsspezifischen Unterschiede in der Morbidität von Männern und Frauen wiederzufinden.

So weisen die männlichen AOK-Mitglieder in den meisten Wirtschaftszweigen höhere Fehlzeiten aufgrund muskuloskelettaler Erkrankungen auf als die weiblichen AOK-Versicherten. In der Metallindustrie, bei Banken und Versicherungen sowie im Dienstleistungsbereich waren allerdings waren bei den Frauen mehr Ausfalltage zu verzeichnen.

In allen Wirtschaftszweigen wurden bei den männlichen AOK-Mitgliedern höhere Fehlzeiten aufgrund von Verletzungen, von Herz-/Kreislauferkrankungen und Erkrankungen des Verdauungssystems gemeldet als bei den weiblichen Versicherten.

Frauen wiesen dagegen in den meisten Branchen mit Ausnahme des Baugewerbes und des Handels vermehrt Fehlzeiten aufgrund von Atemwegserkrankungen auf. In allen Branchen waren bei den weiblichen AOK-Mitgliedern höhere Fehlzeiten aufgrund von psychischen Störungen,

Tabelle 7.5. Verteilung der Arbeitsunfähigkeitstage je 100 AOK-Mitglieder nach Krankheitsarten, Branche und Geschlecht, standardisiert nach Alter, Stellung im Beruf und Tätigkeit, 2006

Branche	Geschlecht	Krankheitsarten - AU-Tage je 100 AOK-Mitglieder							
		Muskel-/Skelett	Verlet-zungen	Atemwege	Psyche	Herz-/Kreislauf	Verdauung	Neubil-dungen	Urogenital-system	Sonstige
Banken/Versicherungen	Frauen	238	118	241	160	74	96	82	56	373
	Männer	200	143	199	116	88	94	47	27	286
Baugewerbe	Frauen	513	210	202	104	94	131	64	73	360
	Männer	574	456	183	93	151	121	56	28	406
Dienstleistungen	Frauen	426	183	255	198	107	123	83	71	466
	Männer	380	233	218	166	131	130	47	27	392
Energie/Wasser/Bergbau	Frauen	284	108	144	106	59	68	76	37	246
	Männer	508	307	214	112	174	126	66	29	432
Handel	Frauen	244	121	133	112	62	63	49	41	261
	Männer	243	158	118	73	80	72	34	17	237
Land- und Forstwirtschaft	Frauen	236	149	108	64	64	55	46	39	214
	Männer	246	220	96	46	83	66	32	14	206
Metallindustrie	Frauen	346	123	154	127	83	78	64	45	319
	Männer	318	193	142	78	103	83	39	21	274
Öff. Verwaltung/Sozialversicherung	Frauen	352	135	218	155	87	86	80	50	339
	Männer	325	158	155	122	115	94	45	28	317
Verarbeitendes Gewerbe	Frauen	319	130	140	114	82	72	56	46	301
	Männer	337	195	131	82	106	83	37	21	276
Verkehr/Transport	Frauen	383	198	165	162	92	82	65	51	358
	Männer	331	209	135	88	120	83	39	21	296

Neubildungen und urogenitalen Erkrankungen zu verzeichnen als bei den Männern.

Bleiben diese Unterschiede auch dann bestehen, wenn man die unterschiedlichen geschlechtsspezifischen Beschäftigungsstrukturen innerhalb der einzelnen Branchen berücksichtigt? Tabelle 7.5 zeigt die nach Alter, Stellung im Beruf und beruflicher Tätigkeit standardisierten Werte.

Bei den Muskel- und Skeletterkrankungen verändert sich das Bild. Hier weisen nach der Standardisierung die Frauen in den meisten Branchen höhere Fehlzeiten als die Männer auf. Bei den Männern ergeben sich lediglich in folgenden Branchen höhere Werte: Baugewerbe, Energie/Wasser/Bergbau, Land- und Forstwirtschaft und verarbeitendes Gewerbe. Bei den übrigen Krankheitsarten bleiben die beschriebenen geschlechtsspezifischen Unterschiede erhalten.

7.10 Krankheitsarten nach Berufsgruppen

Im Folgenden soll nun untersucht werden, inwieweit sich die dargestellten Unterschiede in der Morbidität von Männern und Frauen auch bei gleichen Tätigkeiten mit ähnlichen Arbeitsanforderungen und Belastungen feststellen lassen. Tabelle 7.6 zeigt die geschlechtsspezifische Verteilung der Fehlzeiten nach Krankheitsarten in einzelnen ausgewählten Berufen (vgl. Kap. 7.7).

Ebenso wie auf der Ebene der Wirtschaftszweige weisen die Frauen in allen hier betrachteten Berufsgruppen im Vergleich zu den Männern erhöhte Fehlzeiten aufgrund von Atemwegserkrankungen, psychischen Störungen, Neubildungen und Erkrankungen des Urogenitalsystems auf. Bei den Männern sind dagegen in allen Berufsgruppen erhöhte Fehlzeiten infolge von Verletzungen zu verzeichnen. Auch die Zahl der durch Erkrankungen des Verdauungssystems bedingten Arbeitsunfähigkeitstage ist bei den Männern mit Ausnahme der Köche und Krankenschwester/-pfleger in allen Berufsgruppen höher als bei den Frauen.

Auffallend ist, dass – anders als auf der Ebene der Wirtschaftszweige – bei den Muskel- und Skeletterkrankungen die Frauen in den hier untersuchten Berufsgruppen mehr Arbeitsunfähigkeitstage aufweisen als die Männer. Während in allen Wirtschaftszweigen bei den Herz-/Kreislauferkrankungen die Männer höhere Fehlzeiten verzeichneten, ergibt sich in den Berufsgruppen keine eindeutige geschlechtsspezifische Verteilung. Bei den Bürofachkräften, den Kraftfahrzeugführern und den Lager- und Transportarbeitern sind bei den Männern, bei den Köchen, und den Raum- und Hausratreinigern dagegen bei den Frauen erhöhte Werte zu verzeichnen. Bei den Krankenschwestern und -pflegern ergeben sich nur geringfügige Unterschiede.

Tabelle 7.6. AU-Tage je 100 AOK-Mitglieder nach Krankheitsarten in ausgewählten Berufsgruppen, stand. nach Alter, Stellung im Beruf und Branche, 2006

Beruf	Geschlecht		Krankheitsarten – AU-Tage je 100 AOK-Mitglieder							
			Muskel-/Skelett	Verletzungen	Atmung	Psyche	Herz-/Kreislauf	Verdauung	Neubildungen	Urogenitalsystem	Sonstige
Bürofachkräfte	Frauen	nicht standardisiert	223	119	223	160	77	100	79	58	363
		standardisiert	225	120	226	162	78	102	79	58	367
	Männer	nicht standardisiert	254	176	208	128	114	113	48	26	369
		standardisiert	242	175	203	132	119	117	49	33	384
Köche	Frauen	nicht standardisiert	651	237	252	249	177	150	110	85	611
		standardisiert	537	218	237	218	144	143	91	79	546
	Männer	nicht standardisiert	299	247	177	116	102	122	30	24	345
		standardisiert	403	242	194	158	146	137	52	30	412
Kraftfahrzeugführer	Frauen	nicht standardisiert	660	332	263	273	163	129	101	90	596
		standardisiert	784	420	370	303	186	135	105	92	657
	Männer	nicht standardisiert	629	385	198	145	248	138	79	42	535
		standardisiert	625	383	198	145	246	137	79	42	533
Krankenschwestern, -pfleger, Hebammen	Frauen	nicht standardisiert	411	175	241	221	103	111	88	74	474
		standardisiert	410	175	243	221	103	112	88	74	475
	Männer	nicht standardisiert	318	198	238	213	100	111	50	23	366
		standardisiert	308	196	231	221	102	112	54	20	351
Lager-,Transportarbeiter	Frauen	nicht standardisiert	696	259	274	227	160	136	104	86	586
		standardisiert	676	224	293	236	154	140	94	91	604
	Männer	nicht standardisiert	654	361	263	150	177	157	60	35	488
		standardisiert	639	352	256	151	178	154	60	35	481
Raum-, Hausratreiniger	Frauen	nicht standardisiert	784	238	266	253	198	141	128	94	655
		standardisiert	762	233	263	249	191	140	123	93	644
	Männer	nicht standardisiert	554	262	239	160	149	151	51	39	466
		standardisiert	589	258	205	210	196	159	75	64	510

Krankheitsbedingte Fehlzeiten bei Frauen und Männern

Tabelle 7.7. Krankenstandskennzahlen nach Geschlecht, standardisiert nach Alter, Stellung im Beruf, Branche und Tätigkeit, AOK-Mitglieder, 2006

	Kranken-stand (in %)	Kranken-stand stand. (in %)	Arbeitsunfähigkeiten je 100 AOK-Mitglieder				Tage je Fall	Tage je Fall stand.
			Tage	Tage stand.	Fälle	Fälle stand.		
Frauen	4,1	4,2	1499,2	1540,9	130,0	129,5	11,5	11,9
Männer	4,3	4,0	1574,5	1470,7	131,7	125,0	12,0	11,8

Bei den Atemwegserkrankungen, den Muskel- und Skeletterkrankungen, den psychischen Störungen, den Neubildungen und den Erkrankungen des Urogenitalsystems bleiben die dargestellten geschlechtsspezifischen Unterschiede in den hier betrachteten Berufsgruppen im Wesentlichen auch erhalten, wenn man die Werte nach Alter, Branche und Stellung im Beruf standardisiert. Allerdings ergeben sich bei den Verletzungen nach der Standardisierung in der Berufsgruppe der Kraftfahrzeugführer bei den Frauen höhere Werte. Bei den Herz-/Kreislauferkrankungen und den Erkrankungen des Verdauungssystems ergibt sich kein einheitliches Bild hinsichtlich der geschlechtsspezifischen Verteilung.

7.11 Bedeutung geschlechtsspezifischer Faktoren

Nachdem in den letzten Kapiteln das Arbeitsunfähigkeitsgeschehen bei Frauen und Männern in Abhängigkeit vom Alter, von der beruflichen Position, der Branchenzugehörigkeit und der ausgeübten Tätigkeit betrachtet wurde, soll nun abschließend untersucht werden, ob sich auch dann noch geschlechtsspezifische Unterschiede hinsichtlich des Krankenstandes und der Morbidität feststellen lassen, wenn man von gleichen Alters- und Beschäftigungsstrukturen ausgeht.

Tabelle 7.7 zeigt, wie die Krankenstandskennzahlen der AOK-Mitglieder ausfallen, wenn man die Werte hinsichtlich der Verteilung nach Alter, Stellung im Beruf, Branche und Tätigkeit standardisiert. Während zunächst die Männer einen höheren Krankenstand aufwiesen, ergibt sich nach der Standardisierung nun bei den Frauen ein um 0,2 Prozentpunkte höherer Krankenstand. Sowohl bezüglich der Zahl der standardisierten AU-Fälle als auch der AU-Tage weisen die weiblichen AOK-Mitglieder etwas höhere Werte auf.

Hinsichtlich der Verteilung der Krankheitsarten ergibt sich folgendes Bild (s. Abb. 7.9): Bei den Verletzungen, den Atemwegserkrankungen, den Erkrankungen des Herz-/Kreislauf- und Verdauungssystems, den

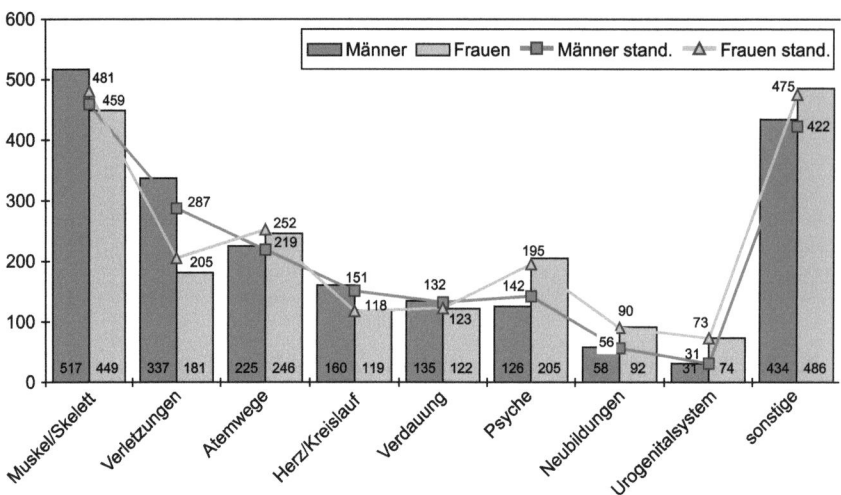

Abb. 7.9. Verteilung der Arbeitsunfähigkeitstage je 100 AOK-Mitglieder nach Krankheitsarten und Geschlecht, standardisiert nach Alter, Stellung im Beruf, Branche und Tätigkeit, 2006

psychischen Erkrankungen, den urogenitalen Erkrankungen und den Neubildungen bestehen auch nach der Standardisierung noch deutliche Unterschiede zwischen Männern und Frauen; diese fallen allerdings, abgesehen von den Atemwegserkrankungen, meist geringer aus als vor der Standardisierung. Besonders stark reduzieren sich die Unterschiede bei den Muskel-/Skeletterkrankungen. Dies spricht dafür, dass ein Teil der geschlechtsspezifischen Unterschiede bei den Krankheitsarten auf unterschiedliche Alters- und Beschäftigungsstrukturen zurückzuführen ist. Bei den muskuloskelettalen Erkrankungen ist der arbeitsbedingte Anteil besonders groß. Zu ähnlichen Ergebnissen kommen auch andere Studien. Danach gehören die Muskel- und Skeletterkrankungen zu den Krankheitsarten, bei denen der Anteil der Arbeitswelt am Erkrankungsgeschehen besonders ausgeprägt ist. Einer Studie des Nordischen Rates zufolge liegt er bei 30%. Bödeker schätzt den arbeitsbedingten Anteil auf 38% [3].

7.12 Zusammenfassung und Fazit

Anhand der Arbeitsunfähigkeitsdaten der AOK-Mitglieder wurde untersucht, ob sich geschlechtsspezifische Unterschiede im Krankenstand und in dem den Fehlzeiten zugrunde liegenden Krankheitsgeschehen feststellen lassen und inwieweit sich diese Unterschiede auf unterschiedliche Alters- und Beschäftigungsstrukturen zurückführen lassen.

Die Höhe des Krankenstandes wird bei Männern und Frauen neben dem Alter vor allem durch die berufliche Stellung, die Branchenzugehörigkeit und die Art der ausgeübten Tätigkeit bestimmt. Jedoch ergeben sich bei Männern und Frauen bei gleicher beruflicher Position und Tätigkeit auch geschlechtsspezifische Unterschiede im Krankenstand. In den meisten beruflichen Statusgruppen und Berufen weisen die Frauen höhere Krankenstände auf, selbst wenn man Schwangerschaftsdiagnosen ausblendet. Auch bei einer Standardisierung hinsichtlich der Alters- und Beschäftigungsstrukturen ergibt sich bei den Frauen ein etwas höherer Krankenstand, wobei die Unterschiede allerdings relativ gering ausfallen. Die Gründe für diese Unterschiede lassen sich auf der Basis der dieser Untersuchung zugrunde liegenden Daten nicht aufklären. Als mögliche Gründe kommen u. a. die Doppelbelastung vieler Frauen durch Berufs- und Familienarbeit sowie ein geschlechtsspezifisches Gesundheitsverhalten in Betracht.

Auch das der Arbeitsunfähigkeit zugrunde liegende Krankheitsgeschehen wird zum Teil entscheidend durch die berufliche Position und die ausgeübte Tätigkeit beeinflusst. Dementsprechend sind in den einzelnen Branchen und Berufen unterschiedliche Krankheitsschwerpunkte zu finden. Doch lassen sich auch hier deutliche geschlechtsspezifische Unterschiede feststellen. Bei Frauen führen vor allem psychische Störungen, Atemwegserkrankungen, Neubildungen und Erkrankungen des Urogenitalsystems häufiger zu krankheitsbedingten Fehlzeiten als bei Männern. Bei Männern sind vermehrt Fehlzeiten aufgrund von Verletzungen, Muskel-/Skeletterkrankungen, Herz-/Kreislauferkrankungen und Erkrankungen des Verdauungssystems zu verzeichnen. Diese Unterschiede lassen sich durchgängig in den meisten Wirtschaftszweigen feststellen und bleiben auch bei der Annahme gleicher Alters- und Beschäftigungsstrukturen im Wesentlichen bestehen, wobei sich allerdings die Unterschiede bei den meisten Krankheitsarten reduzieren. Dies gilt vor allem für die Muskel- und Skeletterkrankungen, bei denen ein relativ hoher Anteil auf arbeitsbedingte Faktoren zurückzuführen ist.

Im betrieblichen Gesundheitsmanagement sollten daher neben den unterschiedlichen Beschäftigungsschwerpunkten von Männern und Frauen und daraus resultierenden Belastungen und Ressourcen auch geschlechtsspezifische Unterschiede in der Morbidität von Männern und Frauen verstärkt berücksichtigt werden.

Literatur

[1] Beermann B, Brenscheidt F, Siefer A (2008) Unterschiede in den Arbeitsbedingungen und -belastungen von Frauen und Männern. In diesem Band
[2] BKK (2005) Gesundheitsreport 2005. Krankheitsentwicklungen – Blickpunkt: Psychische Gesundheit. BKK Bundesverband, Essen
[3] Bödeker W (2003) Kosten arbeitsbedingter Erkrankungen in Deutschland – Antwort auf eine Kritik. Arbeit & Ökologie Briefe 1/2003, Frankfurt
[4] Bürkardt D, Oppen M (1985) Sind Frauen häufiger krank? Arbeitsunfähigkeitsrisiken erwerbstätiger Frauen. In: Schräder W (Hrsg) Krankheit und Arbeitswelt. BASIG Schriftenreihe Nr. 5, Berlin
[5] Bundesagentur für Arbeit (2007) Analyse des Arbeitsmarktes für Frauen und Männer. Nürnberg
[6] Faltermaier T (2008) Geschlechtsspezifische Dimensionen im Gesundheitsverständnis und Gesundheitsverhalten. In diesem Band
[7] Kordt M (2001) DAK Gesundheitsmanagement (Hrsg) DAK Gesundheitsreport 2001. Hamburg
[8] Lademann J, Kolip P (2005) Gesundheit von Frauen und Männern im mittleren Lebensalter, Schwerpunktbericht der Gesundheitsberichterstattung des Bundes. Robert Koch Institut, Berlin
[9] Merbach M, Brähler E (2004) Prävention und Gesundheitsförderung bei Männern und Frauen. In: Hurrelmann K, Klotz T, Haisch J (Hrsg) Lehrbuch Prävention und Gesundheitsförderung. Hans Huber, Bern, Göttingen, Toronto, S 317–327
[10] Resch M (2002) Der Einfluss von Familien- und Erwerbsarbeit auf die Gesundheit. In: Hurrelmann K, Kolip P (Hrsg) Geschlecht, Gesundheit und Krankheit. Hans Huber, Bern, Göttingen, Toronto, S 403–418
[11] Statistisches Bundesamt (2006) Statistisches Jahrbuch 2006. Wiesbaden
[12] Statistisches Bundesamt (2007) Bevölkerung und Erwerbstätigkeit. Struktur der sozialversicherungspflichtig Beschäftigten. Wiesbaden

KAPITEL 8

Krank zur Arbeit: Einstellungen und Verhalten von Frauen und Männern beim Umgang mit Krankheit am Arbeitsplatz

K. ZOK

Zusammenfassung. Bei der Frage nach den Gründen für die kontinuierlich sinkenden Krankenstände in den Unternehmen zeigt sich, dass bei den Arbeitnehmern die Neigung, krank zur Arbeit zu gehen, nach wie vor eine große Rolle spielt. Die Daten aus einer aktuellen Umfrage bei 2000 abhängig Beschäftigten bestätigen erneut, dass die Mehrheit der abhängig Beschäftigten trotz gesundheitlicher Belastungen und manifester Krankheitssymptome versucht, Fehlzeiten bzw. Arbeitsausfälle zu vermeiden und zur Arbeit zu gehen. Im Folgenden werden wichtige Motive und Beweggründe für Präsentismus bei den Beschäftigten identifiziert und ihre Verhaltensweisen im Umgang mit gesundheitlichen Beeinträchtigungen und Krankheit am Arbeitsplatz untersucht. Dabei werden insbesondere geschlechtsspezifische Aspekte beleuchtet. Die empirischen Befunde belegen häufig deutliche Unterschiede zwischen den verschiedenen relevanten Beschäftigtengruppen. Bekannte Gender-Effekte im Gesundheitsverhalten lassen sich auch im Umgang mit Krankheit am Arbeitsplatz nachweisen. Ursache und Ausmaß von Krankheit und Arbeitsunfähigkeit sind nicht nur auf die betrieblichen Arbeitsbedingungen, Anforderungen und Risikofaktoren zurückzuführen, sondern auch eng mit der jeweiligen betrieblichen Gesundheitskultur verknüpft. Der Beitrag dokumentiert deshalb auch beispielhaft die Wahrnehmung betrieblicher Gesundheitsförderungs- und Kontrollinstrumente aus der Sicht der Beschäftigten.

8.1 Einführung

Sinkende Krankenstände in den Unternehmen und eine Fehlzeitenquote auf einem historischen Tiefstand sind im Wesentlichen auf wirtschafts-, berufs- und altersstrukturelle Faktoren sowie auf eine verstärkte gesundheitsförderliche Gestaltung der betrieblichen Arbeitswelt zurückzuführen. Auf der anderen Seite erfordert eine erhöhte Präsenz der Beschäftigten am Arbeitsplatz auch die Beschäftigung mit dem Phänomen, dass „Kranke" zur Arbeit gehen. Die Anwesenheit Kranker führt zum einen zu Produktivitätsverlusten in Unternehmen und erhöht zum anderen die Gesundheitsbelastung der Betroffenen. Studien belegen, dass die Anwesenheit Kranker am Arbeitsplatz letztlich kostspieliger ist, als krankheitsbedingtes Fehlen bzw. Arbeitsunfähigkeit [2, 7].

Bei der Entscheidung, krank zur Arbeit zu gehen – oder dies nicht zu tun, spielen verschiedene Interessen und Motive des Erkrankten eine Rolle. Hierzu gehören die Wahrnehmung der eigenen Gesundheit, der Umgang mit Stressoren und Ängsten im Arbeitsumfeld (und privaten Belastungen), die betrieblichen Bedingungen und die eigene ökonomische und soziale Situation. Im Hinblick auf die Gender-Thematik sind hier vor allem geschlechtsspezifische Unterschiede im Umgang mit Gesundheit und Krankheit am Arbeitsplatz interessant.

Im Rahmen einer repräsentativen Befragung unter abhängig Beschäftigten wurden deshalb individuelle Verhaltensweisen im Krankheitsfall, Einstellungen zu Krankmeldungen und die Wahrnehmung betrieblicher Aktivitäten zur Senkung der Krankenstände erhoben. Im Zeitraum April/ Mai 2007 wurden dazu 2000 Arbeitnehmer im Alter von 16 bis 65 Jahren bundesweit befragt.[1] Die aktuelle Analyse zum Umgang mit Krankheit am Arbeitsplatz folgt dabei im Wesentlichen einer Studie aus dem Jahr 2003 [22], Instrument und Auswahlverfahren sind für beide Stichproben identisch.[2] Im Folgenden werden die zentralen Ergebnisse der aktuellen Umfrage vorgestellt.

Die Auswertung der empirischen Befunde erfolgte in zwei Schritten: Darstellung und Vergleich interessierender Merkmalsausprägungen anhand von kreuztabellierten Häufigkeitsverteilungen und Prüfung mittels üblicher statistischer Verfahren (χ^2- und t-Test) auf jeweils signifikante Unterschiede bzw. Zusammenhänge zwischen verschiedenen Variablen und Fallgruppen. Im Vordergrund stehen dabei geschlechts- und altersdifferenzierende Betrachtungen. Ferner werden Angaben zum beruflichen Status über einen Index erfasst, der als ungewichteter Punktsummenscore auf Basis von Angaben zur Stellung im Beruf und Haushaltsnettoeinkommen berechnet wurde.[3] Gemäß der erreichten Punktezahl werden die Befragten zwei verschiedenen Statusgruppen zugeordnet: „einfacher und mittlerer Berufsstatus" und „gehobener und hoher Berufsstatus".

---

[1] Die computergestützten telefonischen Interviews (CATI) wurden vom Infas-Institut durchgeführt. Die Ausschöpfungsquote betrug 26 Prozent.
[2] Die Stichprobenauswahl erfolgte als reine, ungeklumpte Zufallsauswahl, die nach einem beim ZUMA (Mannheim) entwickelten Verfahren (Gabler/Häder) durchgeführt wurde.
[3] in Anlehnung an Hoffmeyer-Zlotnik. In: [13, S. 55 ff]

8.2 Einschätzung der eigenen Gesundheit bei Arbeitnehmern

Der Gesundheitszustand der Beschäftigten beeinflusst die Effizienz und Effektivität der Erwerbstätigkeit wobei dieser wiederum durch die jeweiligen Arbeits- und Organisationsbedingungen beeinflusst wird. Die subjektive Einschätzung der eigenen Gesundheit stellt einen eigenständig zu betrachtenden Aspekt der Gesundheit dar. Dabei sind Krankheit und Gesundheit nicht als durchgängig dichotome Merkmale zu betrachten, man ist oft nicht entweder krank oder gesund, sondern befindet sich auf einem „mehrdimensionalen Kontinuum, auf dem Gesundheits- und Krankheitsmerkmale zugleich auftreten" können [19, S. 138]. Aussagen zum subjektiven Gesundheitszustand und -verhalten auf der Basis von Selbsteinstufungen werden als sensitiver Indikator für die Beurteilung von Gesundheit und Krankheit angesehen und gelten als ebenso relevant für die Ableitung von Handlungsempfehlungen wie die so genannten „objektiven" Daten [4; 14, S. 17].

Mehr als die Hälfte (59,5%) der befragten Erwerbstätigen zwischen 16 und 65 Jahren schätzt ihren Gesundheitszustand (auf einer fünfstufigen Skala mit den Antwortmöglichkeiten „sehr gut" bis „sehr schlecht") im Vergleich zu anderen Personen ihres Alters als gut oder sehr gut ein, ein Drittel (32,8%) gibt „mittelmäßig" an und 6,4% der Arbeitnehmer klassifizieren ihren aktuellen Gesundheitszustand als schlecht bzw. sehr schlecht (1,2% machen keine Angaben).

Insgesamt dokumentiert das Bewertungsverhalten der eigenen Gesundheit bei Arbeitnehmern einen signifikanten Gender-Effekt: Erwerbstätige Frauen schatzen – über alle Altersklassen – ihre Gesundheit häufiger positiv ein (61,3%) als männliche Arbeitnehmer (57,6%).[4]

Im Weiteren lässt sich ein positiver Zusammenhang zwischen Berufsstatus und der subjektiven Gesundheit feststellen (Abb. 8.1). Bei Männern und Frauen ist der Anteil mit einer sehr guten bzw. guten Gesundheitseinschätzung in Berufen mit gehobenem Status durchgängig höher als in Berufen mit einfachem bzw. mittleren Status.

Fast ein Drittel (31,5%) der Arbeitnehmer gibt ferner an, unter einer chronischen Erkrankung zu leiden, „einer Erkrankung, die regelmäßiger oder wiederkehrender ärztlicher Überwachung oder Behandlung bedarf (z. B. Diabetes, Asthma oder Heuschnupfen)". Männer zeigen sich weniger betroffen (29,4%) als Frauen (33,4%). Der Chroniker-Anteil steigt – sowohl bei Männern als auch bei Frauen – im Altersgang deutlich an,

---

[4] Folgt man der Literatur, so zeigt sich, dass Frauen insgesamt ihre Gesundheit häufiger kritisch einschätzen. S. hierzu z. B. die Analyse der SOEP-Daten, in [14, S. 18] oder [15, S. 465] oder die Daten des telefonischen Gesundheitssurveys 2003. In [9].

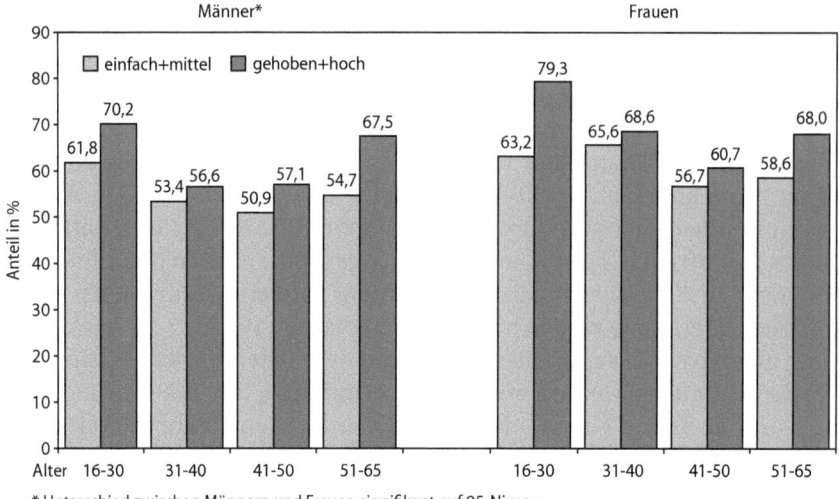

Abb. 8.1. Anteil der Männer und Frauen mit guter und sehr guter subjektiver Gesundheit nach Berufsstatus und Alter

in der Gruppe der 50- bis 65-Jährigen geben mehr als zwei Fünftel der Beschäftigten an, chronisch krank zu sein. Auch hier lässt sich aus den Befragungsdaten ein positiver Zusammenhang zwischen beruflicher Stellung und Gesundheit herleiten. In Berufen mit hohem bzw. gehobenem Status ist der Anteil chronisch Kranker – sowohl bei Männern als auch bei Frauen – niedriger als in Berufen mit einfachem Status. Eine Ausnahme bilden Frauen in leitenden Positionen unter 40 Jahren: Bei ihnen ist der Chroniker-Anteil signifikant höher als bei den weiblichen Beschäftigten mit einfachem Berufsstatus.

Im Kontext relevanter Fragestellungen zum Thema Krankheit am Arbeitsplatz sind im Weiteren auch die Angaben der Befragten zu den eigenen Fehlzeiten als Krankheitsfolge von Interesse. Mehr als die Hälfte (58,6%) der befragten Arbeitnehmer gibt an, im letzten Jahr (2006) krank geschrieben worden zu sein, der Anteil der Beschäftigten, die angeben, das ganze Jahr überhaupt nicht krankheitsbedingt abwesend gewesen zu sein, liegt bei 41,4%. Bei der Auswertung nach Geschlecht ergeben die subjektiven Angaben kaum Unterschiede, der Anteil der krankgeschriebenen Frauen (58,0%) liegt nur geringfügig unter dem der Männer (59,5%). Im Altersgang gehen die Arbeitsunfähigkeits-Angaben sukzessive zurück. Die Merkmale des beruflichen Status hingegen differenzieren auch hier stark: Bei Erwerbstätigen mit einfachem bzw. mittlerem Berufsstatus geben fast zwei Drittel (63,0%) für das letzte Jahr krankheitsbedingte Fehlzeiten an, in den Berufen mit hohem beruflichen Status ist die AU-Quote den Angaben zufolge deutlich niedriger (52,2%).

Bei den Zugangsmöglichkeiten zum System der medizinischen Versorgung und dessen Nutzung spielt die individuelle Wahrnehmung und Einschätzung der eigenen Gesundheit, die Bewertung auftretender Krankheitssymptome und deren Behandlungsbedürftigkeit eine große Rolle [14]. Nach den aktuellen Daten haben mehr als vier Fünftel (84,9%) der Beschäftigten in den „letzten zwölf Monaten" vor dem Befragungszeitpunkt einen Arzt aufgesucht bzw. befanden sich in ärztlicher Behandlung (ohne Zahnarzt). Bei den erwerbstätigen Frauen ist die ärztliche Inanspruchnahmequote – über alle Altersgruppen – insgesamt durchgängig höher (88,1%) als bei männlichen Arbeitnehmern (80,9%). Vor allem bei vollzeitbeschäftigten Frauen mit höherem und gehobenem Berufsstatus ist ein deutlich größerer Anteil ärztlicher Inanspruchnahme (87,6%) festzustellen, als in der männlichen Vergleichsgruppe (77,9%). Bei den Männern dagegen zeigt sich – bei insgesamt niedrigerer Inanspruchnahme – ein höherer Versorgungsbedarf in Berufsgruppen mit einfachem bzw. mittlerem Status (81,4%) als in Berufen mit hohem Status (77,9%).

Der Anteil der Erwerbspersonen, die angeben, regelmäßig Medikamente einzunehmen, ist bei den Frauen deutlich höher (33,7%) als bei den Männern (24,4%). Dabei ist in beiden Gruppen eine deutliche Zunahme des Medikamentenkonsums mit dem Alter zu beobachten: Bei den Frauen zwischen 50 und 65 gibt nahezu jede zweite (48,8%) an, regelmäßig Medikamente zu nehmen, bei den Männern dieser Altersgruppe sind es 43,9%. Die Analyse nach beruflicher Stellung und Geschlecht ergibt keine signifikanten Unterschiede.

8.3 Ängste von Arbeitnehmern im Arbeitsalltag

Der Zusammenhang zwischen Ängsten im Arbeitsumfeld und subjektiver Gesundheit ist ein wichtiger Aspekt bei der Analyse von Einstellungen und Verhalten von Arbeitnehmern im Umgang mit Krankheit. Es ist davon auszugehen, dass Ängste im Arbeitsalltag als Belastung wirken und damit schlussendlich krankheitsrelevant sind.

Die „Macht der Angst", die Beanspruchung durch Ängste im Arbeitsalltag hat im Kontext krisenhafter Entwicklungen auf dem Arbeitsmarkt deutlich zugenommen [17]. Umfragen zeigen einen Anstieg psychischer Belastungen bei den Erwerbstätigen. „Die psychischen Belastungen am Arbeitsplatz nehmen relativ und absolut zu, ihre Auswirkungen auf die

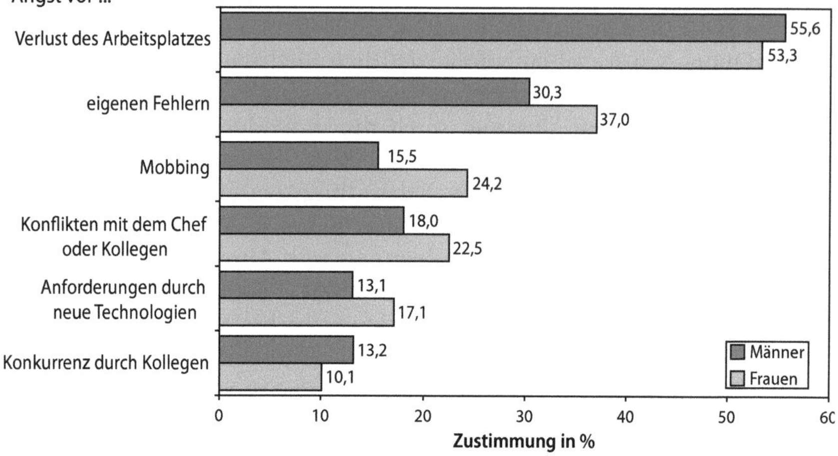

"Wovor haben Sie im Arbeitsalltag besonders Angst?"
Angst vor ...

	Männer	Frauen
Verlust des Arbeitsplatzes	55,6	53,3
eigenen Fehlern	30,3	37,0
Mobbing	15,5	24,2
Konflikten mit dem Chef oder Kollegen	18,0	22,5
Anforderungen durch neue Technologien	13,1	17,1
Konkurrenz durch Kollegen	13,2	10,1

Zustimmung in %

Abb. 8.2. Ängste im Arbeitsalltag nach Geschlecht

Gesellschaft und die Unternehmen sind bereits heute auf dem Sprung, alle anderen wirtschaftlichen Belastungen hinsichtlich Sicherheit und Gesundheit in den Schatten zu stellen." [18]

Die aktuellen Befragungsdaten zu betrieblich bedingten Ängsten spiegeln in erster Linie eine große Furcht vor dem Verlust des Arbeitsplatzes wider (Abb. 8.2). Auf die Frage „Wovor haben Sie im Arbeitsalltag besonders Angst?", antwortet mehr als jeder zweite Arbeitnehmer mit „Angst vor Arbeitsplatzverlust" (54,2%). In den Unternehmen, in denen nach Angaben der Beschäftigten kranke Mitarbeiter entlassen worden sind, ist diese Befürchtung noch deutlich weiter verbreitet (73,7%). Am größten ist die Angst vor Arbeitsplatzverlust im Handel (67,5%), am geringsten ist sie bei Angestellten der öffentlichen Verwaltung (36,5%).

Männer und Frauen unterscheiden sich in dieser Frage nur gering im Antwortverhalten (55,6% und 53,3%). Es sind vielmehr besonders junge Arbeitnehmer, die häufig Angst vor Jobverlust äußern (Azubis 64,2%). Mit zunehmendem Alter nimmt dieser Belastungsaspekt für die Beschäftigten kontinuierlich ab. Die Daten zeigen ferner einen negativen Zusammenhang mit dem Einkommen der Beschäftigten: Die Angst vor Verlust des Arbeitsplatzes nimmt mit sinkendem Einkommen deutlich zu. Erwartungsgemäß sind die Anteilswerte in so genannten „prekären" Arbeitsverhältnissen ebenfalls deutlich höher: Bei befristet Beschäftigten äußern sich mehr als zwei Drittel (67,4%) besorgt um ihren Arbeitsplatz, bei Beschäftigten mit geringer Qualifikation (un- bzw.

angelernte Arbeiter) sind dies zwei Drittel der Männer (67,7%) und drei Viertel der Frauen (75,0%). Angestellte in leitenden Positionen äußern diese Befürchtung dagegen deutlich weniger häufig (39,5%).

Wenn im unmittelbaren Arbeitsumfeld Entlassungen stattgefunden haben, kann dies für die „Survivors" gesundheitliche Probleme zur Folge haben [6]. Die Daten bestätigen, dass unter den Mitarbeitern, in deren Betrieb im Rahmen von Personalabbaumaßnahmen kranke Kollegen entlassen wurden, die Anteile von Personen mit schlechtem Gesundheitsstatus signifikant höher sind als in Vergleichsbetrieben: Hier ist die Anzahl der Beschäftigten, die ihre Gesundheit als schlecht einstufen, sich als chronisch krank bezeichnen oder auch regelmäßig Medikamente einnehmen, deutlich geringer.

Ein Drittel der Befragten (33,7%) gibt zu, Angst davor zu haben, bei der Arbeit Fehler zu machen. Hier fällt der Unterschied zwischen den Geschlechtern deutlich aus: Bei erwerbstätigen Frauen ist der Anteil deutlich höher (37,0%) als bei Männern (30,3%). Vor allem jüngere Frauen (unter 30 Jahre) zeigen sich unsicher: Von ihnen gibt jede Zweite (51,0%) Angst vor eigener Inkompetenz an. Diese Unsicherheit nimmt im Altersgang stetig ab.

Das Antwortverhalten hinsichtlich Angst vor fehlerhafter Arbeit offenbart ferner bei der Auswertung nach beruflichem Status einen interessanten Effekt: Hohe Zustimmung bei Frauen in Führungspositionen (40,0%) im Vergleich zu einem deutlich geringeren Anteilswert bei Frauen in einfachen und mittleren Berufen (33,5%). Bei Männern verteilen sich dagegen die Anteilswerte genau umgekehrt: Ein höheres Ausmaß an Unsicherheit bei Arbeitnehmern in einfachen und mittleren Berufen (31,8%) im Vergleich zu deutlich geringer ausgeprägter Angst vor eigener Inkompetenz bei männlichen Führungskräften (20,8%).

Jeder fünfte Berufstätige (20,2%) äußert im Weiteren Angst vor Mobbing am Arbeitsplatz. Diese Sorge ist unter berufstätigen Frauen deutlich weiter verbreitet als unter Männern (24,2% und 15,5%). Auch hier zeigt sich eine überdurchschnittliche Zustimmung bei den Frauen unter 30 Jahren (27,2%). In der männlichen Vergleichsgruppe fällt das Zustimmungsverhalten deutlich geringer aus, hier sind es nur 10% der Befragten, die Angst vor Mobbing zugeben.

Ähnliches gilt für die Angst vor Konflikten mit dem Chef oder Kollegen – auch hier ist die Zustimmung bei den Frauen deutlich höher (22,5%) als bei den Männern (18%). Die Angst vor Konflikten ist vor allem bei jungen Erwerbstätigen, unter 30 Jahren, hoch (Männer: 23,9%, Frauen: 29,7%) und nimmt mit zunehmendem Alter deutlich ab.

Männer äußern dagegen häufiger Angst vor Konkurrenz durch Kollegen (13,2%; Frauen 10,1%). In der Gruppe der Auszubildenden ist die Zustimmung am höchsten, hier beträgt sie 19,4%.

Die Angst vor Anforderungen durch neue Technologien wird – je nach beruflicher Stellung – unterschiedlich bewertet. Bei gering Qualifizierten wie an- bzw. ungelernten Arbeitern wird diese Angst deutlich häufiger geäußert (20,8%) als bei leitenden Angestellten (7,8%). Die Werte nehmen mit dem Alter zu, bei den Auszubildenden beträgt der Anteil 8,9%, in der Altersgruppe der 50- bis 65-Jährigen sind es dagegen 19,9%. Ältere Frauen im Beruf geben deutlich häufiger Angst vor neuen Technologien an als Männer. In der Altersgruppe der 50-bis 65-jährigen Frauen sind es fast ein Viertel (23,9%) der Befragten, bei den Männer deutlich weniger (15,1%).

8.4 Verhalten der Arbeitnehmer bei Krankheit

Vor dem Hintergrund der seit Jahren kontinuierlich sinkenden Krankenstände bei gleichzeitig anhaltender hoher Arbeitslosigkeit wächst das Interesse für ein Phänomen, welches in der Literatur als „Präsentismus" bezeichnet wird [10]. Hierunter versteht man die Anwesenheit am Arbeitsplatz trotz Krankheit. Die Folgen dieser Präsenz kranker Beschäftigter werden lebhaft diskutiert: Zum einen werden die Produktivitätsverluste und Kosten für die Unternehmen fokussiert, die entstehen, wenn Mitarbeiter krankheitsbedingt in ihrer Leistungsfähigkeit eingeschränkt sind, aber trotzdem arbeiten [7]. Zum anderen wird der Blick auf die jeweiligen betrieblichen Arbeitsbedingungen gerichtet, die nicht nur Krankheiten verursachen können, sondern bei Beschäftigten und Unternehmen auch Mechanismen der Krankheitsverleugnung fördern können [8, 12]. Verschobene bzw. unterlassene Krankmeldungen führen potenziell zu längeren Arbeitsunfähigkeitszeiten (chronisch) Kranker bei geringeren Heilungsaussichten. Aktuelle Zahlen belegen, dass Präsentismus nach wie vor weit verbreitet ist.[5]

Einen Beleg für das derzeitige Ausmaß an Präsentismus liefert eine Fragenbatterie (bestehend aus sechs ja/nein-codierten Einzelfragen) zum Krankmeldeverhalten abhängig Beschäftigter. Auf die Frage „Ist es im letzten Jahr vorgekommen, dass Sie zur Arbeit gegangen sind, obwohl

---

[5] Dabei ist das Phänomen an sich nicht neu: So berichtet das Statistische Reichsamt in den 30er Jahren des vorigen Jahrhunderts zum Befund kontinuierlich sinkender Krankheitsfälle und Krankheitstage: „Außerdem dürfte ... die Zahl der Fälle abgenommen haben, wegen der Besorgnis, den Arbeitsplatz zu verlieren und dann bei der starken Arbeitslosigkeit keinen neuen zu erhalten." In: [16, S. 21].

Sie sich richtig krank gefühlt haben?", antwortet aktuell die Mehrheit der Arbeitnehmer mit „ja". 61,8% der Beschäftigten sind trotz Krankheit arbeiten gegangen, 38,2% haben dies nicht getan. Bei Personen, die sich in befristeten Arbeitsverhältnissen befinden, ist der Anteil derjeniger, die krank zur Arbeit gegangen sind, höher (66,2%) als bei Arbeitnehmern mit unbefristeten Arbeitsverhältnissen (60,7%). In der Vergleichsstudie mit gleichen Fragestellungen aus dem Jahre 2003 wurden die Aussagen zum Präsentismus ebenfalls von der Mehrheit der Befragten gestützt [22, S. 251 ff].

Ein Blick auf die Branchen zeigt den größten Anteilswert im Handel, hier sind 69,6% der Beschäftigten krank am Arbeitsplatz erschienen. In der Banken- und Versicherungsbranche fällt der Präsentismus-Anteil bei den Befragten dagegen deutlich geringer aus (55,7%).

Bei erwerbstätigen Frauen ergeben sich deutlich höhere Anteile an Präsentismus (64,4%) als bei Männern (58,9%). Dieser Effekt zeigt sich über alle Altersgruppen hinweg (Tabelle 8.1). Bei Vollzeit arbeitenden Frauen über 50 Jahre geben zwei Drittel (62,3%) an, krank arbeiten gegangen zu sein, in der männlichen Vergleichsgruppe liegt der Anteilswert deutlich darunter (52,9%).

Die Analyse nach Geschlecht und beruflichem Status zeigt, dass das Ausmaß, trotz Krankheit zur Arbeit zu gehen, bei Frauen in gehobenen Berufen im Vergleich zu einfachen Tätigkeiten deutlich höher ausgeprägt ist. Bei den Männern verhält sich das Zustimmungsverhalten dagegen genau umgekehrt: Bei den weiblichen leitenden Angestellten geben Dreiviertel der Befragten (75,0%) an, im letzten Jahr krank zur Arbeit gegangen zu sein, bei den weiblichen Arbeitern hingegen ist der Anteil wesentlich geringer gewesen (56,1%). Bei Männern in leitenden Angestellten-Positionen liegt der Präsentismus-Anteil deutlich unter dem Durchschnitt (51,4%). Dagegen sind 65,8% der Arbeiter im letzten Jahr krank an ihrem Arbeitsplatz erschienen.

Ein überdurchschnittlicher Präsentismus wird darüber hinaus von Beschäftigten mit niedrigem Einkommen[6] angegeben (68,1% bei einem Nettoeinkommen unter 1500 Euro; lapidare Bemerkung während des Interviews: „Ich brauche das Geld!"). Hier zeigt sich eine schwache negative Korrelation ($rSP = 0,2$): Je höher das Einkommen, desto geringer ist der Anteil der Befragten, die trotz Krankheit zur Arbeit gegangen sind.

Die Auswertung der subjektiven Angaben über die eigene AU-Dauer im letzten Jahr verweist ebenfalls auf einen signifikanten Zusammenhang zwischen Krankheit und Präsentismus: Die Zustimmung, im letzten Jahr krank zur Arbeit gegangen zu sein, nimmt mit der Dauer der eigenen

---

[6] Das Haushaltsnettoeinkommen der Befragten wurde aggregiert erhoben.

Tabelle 8.1. Präsentismus nach Geschlecht, Alter und beruflicher Stellung

"Ist es im letzten Jahr vorgekommen, dass Sie zur Arbeit gegangen sind, obwohl Sie sich richtig krank gefühlt haben?"			
		Zustimmung in %	
		Männer	Frauen
Altersgruppe	16–30	62,2	67,4
	31–40	60,9	67,6
	41–50	60,4	65,9
	51–65	52,9	62,3
Berufl. Stellung	Leitende Angestellte*	51,4	75,0
	Arbeiter*	65,8	56,1
Insgesamt*		58,9	64,4

* Unterschied signifikant auf 95-Prozent-Niveau

Fehlzeiten stetig zu. Bei Arbeitnehmern, die im letzten Jahr länger als vier Wochen krank geschrieben waren, geben fast drei Viertel (71,3%) an, krank zur Arbeit gegangen zu sein.

Arbeitnehmer, die sich im letzten Jahr häufig in ärztlicher Behandlung befunden haben (mehr als 10-mal, ohne Zahnarzt) geben überdurchschnittlich häufig an, krank zur Arbeit gegangen zu sein (77,4% der Männer und 70,3% der Frauen). Bei Beschäftigten, die im Rahmen der Interviews eine chronische Erkrankung angegeben haben, fällt der Präsentismus-Anteil ebenfalls deutlich höher aus (70,3% insgesamt; bei Männern 69%; bei Frauen 71,3%). Vor allem bei chronisch kranken jungen Frauen (unter 30 Jahren) geben mehr als vier Fünftel (83,4%) und bei den Männern zwischen 30 und 40 Jahren geben rd. drei Viertel (74,0%) Anwesenheit am Arbeitsplatz trotz Krankheit an. Die Zustimmungswerte steigen nochmals stark an, wenn die Beschäftigten unter einer chronischen Krankheit leiden und einen befristeten Arbeitsvertrag haben: 82,9% bei den Männern; 70,0% bei den Frauen.

Gesundheitliche Probleme in Verbindung mit der Erfahrung von Personalabbau im eigenen Betrieb fördern ebenfalls die Neigung zur Verheimlichung und Verleugnung von Krankheit. In Betrieben, in denen Kranke entlassen worden sind, ist der Anteil „kranker" Beschäftigter (mit schlechter Gesundheit und chronischen Erkrankungen), die trotzdem Präsenz zeigen, deutlich höher als in Betrieben ohne Personalabbau. Die Zahlen dokumentieren, dass eine Kumulation mehrerer Risiken bei den

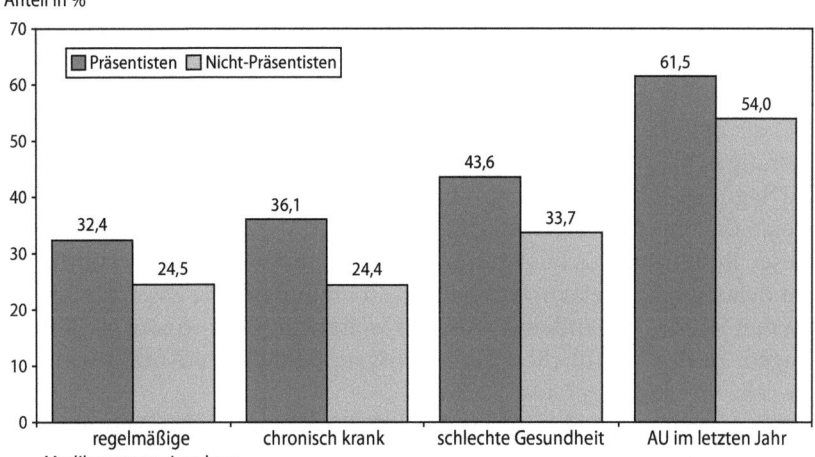

*Unterschied zwischen Präsentisten und Nicht-Präsentisten signifikant auf 95-Prozent-Niveau

Abb. 8.3. Gesundheitliche Belastungen bei Präsentisten/Nicht-Präsentisten

Beschäftigten nochmals zu einem deutlichen Anstieg von Präsentismus führt.

Eine Betrachtung der Angaben zum Gesundheitsstatus im Zusammenhang mit Präsentismus ergibt somit deutliche Effekte zwischen Befragten, die sich subjektiv als „gesund" bzw. „nicht-gesund" einstufen: Die Zusammensetzung von Gesundheits- bzw. Krankheits-Variablen zeigt hochsignifikante Unterschiede zwischen der Gruppe der „Präsentisten" (die trotz Krankheit im letzten Jahr zur Arbeit gingen) und der „Nicht-Präsentisten" (die im letzten Jahr nicht krank zur Arbeit gingen)[7] (Abb. 8.3) [1, S. 507]. Bei Arbeitnehmern, die im letzten Jahr krank zur Arbeit gegangen sind, treten deutlich häufiger Krankheitsmerkmale auf: Hier ist der Anteil der chronisch Kranken und der Personen mit allgemein schlechtem Gesundheitsstatus signifikant höher als in der Gruppe der Arbeitnehmer, die daheim geblieben ist.

Bei der Entscheidung für oder gegen eine Krankmeldung spielen für den Erkrankten verschiedene Motive eine Rolle (Umgang mit Arbeits- und Gesundheitsinteressen, Verhältnis zu Vorgesetzten und Kollegen etc.). Ein Indiz dafür, offenkundige Krankheitssymptome nicht ernst zu nehmen bzw. zu verleugnen, ist der Befund, dass ein Drittel der Arbeitnehmer mit Beschwerden offensichtlich entgegen ärztlichem Rat

---
[7] Die χ^2-Tests sind für alle Variablen signifikant (p < 0,01).

gehandelt hat: Insgesamt 33,3% der Beschäftigten geben im Rahmen der Befragung zu, ihrer Arbeit weiter nachgegangen zu sein, obwohl der behandelnde Arzt abgeraten hatte. Bei den Frauen ist erneut ein – über alle Altersgruppen – deutlich höherer Anteilswert festzustellen (im Schnitt 38,8%) als bei Männern (28,2%). Auffällig erscheint v. a. die Gruppe der berufstätigen alleinerziehenden Frauen. Von ihnen sind – trotz ärztlicher Diagnose – zwei Fünftel (41,8%) krank zur Arbeit gegangen (im Vergleich dazu: verheiratete Mütter mit 31,0%).

Dieser Befund verstärkt sich mit dem Vorhandensein von gesundheitlichen Belastungen. Bei chronisch kranken Frauen ist jede Zweite (52,7%) gegen den Rat des behandelnden Arztes weiterhin (oder wieder) arbeiten gegangen. In der männlichen Vergleichsgruppe fällt der Anteilswert dagegen sehr viel niedriger aus: 32,5%.

Dieses Verhalten – erkrankt weiter arbeiten, obwohl der Arzt abgeraten hat – korreliert deutlich mit der beruflichen Stellung der Befragten. Bei Beschäftigten in Berufen mit gehobenem Status lässt sich eine überdurchschnittliche Zustimmung feststellen (45,6%). Auffällig ist hier das Verhalten von Frauen in Führungspositionen: Jede zweite leitende Angestellte in einem Vollzeit-Arbeitsverhältnis (49,2%; bei Männern sind es lediglich 20,1%) gibt an, den Rat des Arztes ignoriert und weitergearbeitet zu haben, bei einfachen Angestellten ist der Vergleichswert wesentlich geringer (37,7%).

Ein Blick auf die verschiedenen Branchen, in denen die Befragten tätig sind, zeigt, dass diese Angaben am häufigsten von Arbeitnehmerinnen aus dem Handel (43,7%) und männlichen Erwerbstätigen aus der Verkehrs- und Transportbranche (40,0%) stammen.

Mehr als ein Viertel der Beschäftigten (28,7%) hat ferner im letzten Jahr den ärztlichen Rat erhalten, „beruflich kürzer zu treten". Der Anteilswert ist bei Erwerbstätigen mit eingeschränkter Gesundheit erwartungsgemäß deutlich höher (chronisch Kranke: 41,1%; mehr als 10-mal beim Arzt: 49,7%).

Auch hier besteht ein deutlicher Geschlechtereffekt, bei Frauen liegen die Zustimmungsanteile in allen Altersgruppen über den Anteilswerten der männlichen Erwerbstätigen. Bei Frauen in Führungspositionen ist die Zustimmung besonders hoch (50,0%), bei einfachen Angestellten hingegen fällt die Zustimmung wesentlich geringer aus (28,8%).

Wie bereits in der im Jahr 2003 durchgeführten Befragung zum Thema wird erneut das Bestreben von Arbeitnehmern deutlich, das Auskurieren von Erkrankungen in die private Freizeit zu verlagern. Viele Arbeitnehmer (61,6%) nutzen offenkundig das Wochenende, um sich auszukurieren bzw. zu erholen. Dies ist v. a. bei Arbeitnehmern mittleren Alters in Vollzeit-Arbeitsverhältnissen der Fall (40- bis 50-jährige Frauen: 70,8% und 30-

bis 40-jährige Männer: 68,9%). Bei chronisch kranken Beschäftigten ist dieses Verhalten ebenfalls weit verbreitet: 76,5% der betroffenen Frauen und 73,0% der Männer haben im letzten Jahr zum Auskurieren das nächste Wochenende genutzt, anstatt sich krank zu melden.

Die Auswertung nach beruflicher Stellung zeigt einen hohen Zustimmungsanteil bei männlichen Facharbeitern (68,7%; weibliche Facharbeiter 59,7%) und bei Frauen in leitenden Angestelltenpositionen (66,3%; Männer 56,6%). Darüber hinaus ist diese Praxis besonders häufig bei Auszubildenden festzustellen (69,2%).

Im Weiteren gibt fast ein Fünftel der Befragten (17,9%) an, im letzten Jahr zur Erholung von Krankheit bzw. gesundheitlichen Belastungen Urlaub genommen zu haben. Die Zustimmungsraten sind v. a. in der Gruppe der Arbeiter und Facharbeiter hoch: Bei den Frauen geben rd. ein Drittel (32,1%) der Facharbeiterinnen dieses Verhalten an, bei den Männern knapp ein Drittel der angelernten Arbeiter (29,2%). Auch in der Gruppe der Auszubildenden liegt der Anteil über dem Durchschnitt (24,2%). In der Gruppe der Angestellten fällt die Zustimmung vergleichsweise niedrig aus (16,2%).

Jeder zehnte Arbeitnehmer (9,8%) gibt an, von seinem Arzt eine Kur empfohlen bekommen und darauf verzichtet zu haben. Die Anteilswerte differenzieren erwartungsgemäß nach Alter und Gesundheit. 13,8% der erwerbstätigen Frauen und 12,7% der männlichen Arbeitnehmer über 50 Jahre haben im letzten Jahr vom Arzt eine Kur angeraten bekommen, aber auf eine Inanspruchnahme verzichtet. Die Auswertung nach den subjektiven Gesundheitsangaben der Befragten zeigt höhere Anteilswerte bei chronisch Kranken (Männer 15,8%; Frauen 18,5%). Die Zustimmungsraten steigen ferner mit der Dauer der krankheitsbedingten Fehlzeiten an.

8.5 Begründungen für unterlassene Krankmeldungen

Bei der Frage nach den Gründen für die niedrigen Krankenstände in den deutschen Unternehmen ist die Mehrzahl der befragten Arbeitnehmer insgesamt nach wie vor der Auffassung, dass „die Angst um den Arbeitsplatz dazu führt, dass man sich mit Krankmeldungen zurückhält" (77,4%; 2003: 74,0%). Die Zustimmungsquote von erwerbstätigen Frauen ist hier signifikant[8] höher als bei Männern (78,7% zu 75,6%), insbesondere bei Arbeitnehmerinnen mit befristeten Arbeitsverträgen (82,9%) und in Teilzeit-Arbeitsverhältnissen (80,9%).

---

[8] Der Unterschied ist signifikant auf 95%-Niveau.

Die Daten der aktuellen Umfrage bestätigen ferner erneut, dass insgesamt die Mehrzahl der abhängig Beschäftigten (61,8%) mit „beruflichen Nachteilen bei häufigen Krankmeldungen" rechnet. Diese Einschätzung korreliert erwartungsgemäß (wenn auch schwach) mit der Erfahrung von Personalabbau im eigenen Unternehmen (rsp: 0,22): In Betrieben, in denen bereits kranke Mitarbeiter entlassen worden sind, ist diese Befürchtung weitaus häufiger anzutreffen (81,1%), als bei Mitarbeitern ohne diese Erfahrung (59,4%).

Bei Personen mit Anzeichen gesundheitlicher Belastungen im letzten Jahr wird diese Auffassung überdurchschnittlich häufig vertreten (mehr als 10-mal beim Arzt: 67,1%; und Arbeitsunfähigkeit von mehr als vier Wochen: 71,3%).

Die Sorge vor beruflichen Nachteilen bei Krankmeldungen fällt allerdings deutlich niedriger aus, wenn die befragten Arbeitnehmer laut eigener Angabe aus Betrieben mit Maßnahmen zur Gesundheitsförderung stammen (56,5%). Der Unterschied zu den geäußerten Befürchtungen aus Unternehmen ohne BGF-Maßnahmen (63,9%) ist statistisch signifikant.[9]

Diejenigen Arbeitnehmer, die laut eigenen Angaben tatsächlich im letzten Jahr trotz Krankheit am Arbeitsplatz präsent gewesen sind, wurden im Weiteren konkret nach den ausschlaggebenden Gründen und Motiven für die unterlassenen Krankmeldungen gefragt (Abb. 8.4). Hier wurden von den „Präsentisten" verschiedene Punkte genannt: Am häufigsten wird „zu viel Arbeit" (48,5%) und „Angst um den Arbeitsplatz" (30,2%) als Grund für die Anwesenheit trotz Krankheit angegeben. An dritter Stelle steht „Verantwortung, Pflichtgefühl" (13,3%). Die Analyse nach Altersgruppen zeigt, dass die Angst vor Jobverlust bei Vollzeit-Beschäftigten mit zunehmendem Alter abnimmt und die Nennung von Arbeitsbelastung und Verantwortung mit dem Alter durchgängig zunimmt.

Im Weiteren werden von den Beschäftigten „die Vermeidung von Ärger mit Kollegen" (11,5%) und „Probleme mit dem Arbeitgeber bei Krankmeldung" (9,2%) als Grund für Präsentismus im letzten Jahr angegeben. Die Angst um den Arbeitsplatz wird von den Frauen, die krank zur Arbeit gegangen sind, deutlich seltener eingeräumt als von den Männern, während andere Gründe, wie z. B. zu viel Arbeit, Pflichtgefühl, Verantwortung, häufiger genannt werden.

Ein Blick auf die berufliche Stellung der befragten Arbeitnehmer macht deutlich, dass Arbeitskräfte mit geringer Qualifikation deutlich häufiger Angst vor Jobverlust als Hinderungsgrund für Krankmeldungen ange-

---

[9] Der Unterschied ist signifikant auf 95%-Niveau.

Krank zur Arbeit: Einstellungen und Verhalten von Frauen und Männern

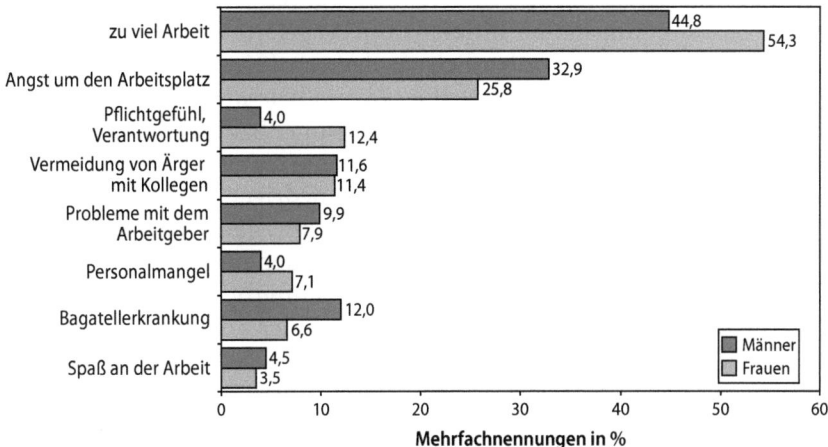

Abb. 8.4. Gründe für Präsentismus

ben (angelernte Arbeiter 48,7%; im Bausektor 54,2%) als Erwerbstätige mit höherem beruflichem Status (leitende Angestellte 15,3%). Bei Führungskräften wird dagegen vielmehr „zu viel Arbeit" überdurchschnittlich häufig als Grund für Präsentismus angegeben (bei Frauen 69,9%; bei Männern 50,9%).

Eine Auswertung nach Branchen zeigt, dass die „Angst um den Job" vor allem von Beschäftigten der Transport- und Verkehrsbranche (47,9%) und des Bausektors (42,3%; in Baubetrieben mit mehr als 50 Mitarbeitern 59,0%) angegeben wird. Arbeitnehmer im Bergbau- und Energiesektor und der öffentlichen Verwaltung benennen am häufigsten „zu viel Arbeit" (67,8% und 57,7%).

8.6 Einstellungen zu Krankmeldungen

In Zusammenhang mit dem Verhalten bei Krankheit am Arbeitsplatz sind Fragen von Interesse, die versuchen, die Haltung der Arbeitnehmer gegenüber Krankmeldungen zu erheben. Die vorliegenden Befragungsergebnisse machen deutlich, dass neun von zehn Arbeitnehmern (93,0%) die Auffassung teilen, auch dann zur Arbeit zu gehen, wenn es ihnen „nicht so gut geht". Die Zustimmung fällt bei Frauen insgesamt höher aus als bei Männern (95,2% zu 90,6%). Frauen, die ihre Gesundheit subjektiv als „nicht gut" eingestuft haben, stimmen in allen Altersgruppen häufiger zu, als die männliche Vergleichsgruppe mit eingeschränkter Gesundheit. Eine Auswertung nach beruflicher Stellung zeigt bei weiblichen Beschäftigten kaum Unterschiede, während bei Männern dagegen die Zustimmung stärker differenziert: Angelernte Arbeiter und einfache Angestellte stimmen deutlich weniger zu (83,0% und 88,9%) als Facharbeiter und leitende Angestellte (92,3%). Die Mehrheit der befragten Beschäftigten bekräftigt in diesem Zusammenhang, sich nur „mit einer ärztlichen Krankschreibung" arbeitsunfähig zu melden (82,4%). Die Anteilswerte sind allerdings dann deutlich niedriger, wenn bei dem jeweiligen Arbeitgeber eine Attestierung gar nicht (74,3%) oder erst später (ab dem 4. Krankheitstag: 64,0%) vorgelegt werden muss.

Bagatellerkrankungen wie „eine leichte Erkältung oder Kopfschmerzen" sind ebenfalls für die Mehrheit der Arbeitnehmer (77,0%) kein Grund, sich krank zu melden. Hier verändert sich das Antwortverhalten allerdings deutlich mit dem Alter: Jüngere Arbeitnehmer stützen diese Auffassung in einem höheren Maße (≤ 30 Jahre: 81,3%) als ältere Erwerbstätige (50 bis 65-Jährige 70,5%). Diese Auffassung ist insbesondere bei Frauen unter 30 Jahren zu finden (87,7%; Männer 76,2%). Der Umgang mit dieser Einstellung verändert sich ferner mit der beruflichen Stellung der Befragten: Führungskräfte stimmen wesentlich häufiger zu (85,8%) als einfache Angestellte (80,4%), Facharbeiter deutlich mehr (74,1%) als angelernte Kräfte (67,1%).

Dagegen wird eine Aussage wie „Nach einer durchgefeierten Nacht ist es manchmal besser zuhause zu bleiben", von der Mehrheit der Arbeitnehmer (85,4%) nicht unterstützt. Allerdings werden hier deutliche Unterschiede zwischen Alter und Geschlecht sichtbar: Während neun von zehn Frauen diese Aussage ablehnen, stimmt immerhin fast ein Fünftel (18,4%) der männlichen Arbeitnehmer zu. Besonders jüngere Männer (unter 30 Jahre) zeigen sich dieser Einstellung gegenüber aufgeschlossen (27,2%). Das Zustimmungsverhalten sinkt aber mit zunehmendem Alter stetig ab, in der Gruppe der 50- bis 65-Jährigen vertreten nur noch 14,7% der Männer (und 7,5% der Frauen) diese Auffassung.

Auch die Aussage „Wenn ich zuviel Stress habe, melde ich mich manchmal krank" wird durchweg abgelehnt (96,5%). Lediglich jüngere Arbeitnehmer bejahen diese Aussage in einem höheren Maße, in der Gruppe der Auszubildenden sind es immerhin 8,5%. Auffällig hoch ist die Zustimmung bei vollzeitbeschäftigten alleinerziehenden Frauen, hier stimmen gar 13,1% der Betroffenen zu, in der Gruppe der verheirateten berufstätigen Mütter dagegen sind dies nur 1,3%.

8.7 Die Wahrnehmung betrieblicher Strategien zur Senkung des Krankenstandes

Krankheit bzw. Arbeitsunfähigkeit stellt die Unternehmen nicht nur vor organisatorische Probleme, sondern verursacht auch hohe Kosten. Die Reduzierung krankheitsauslösender Faktoren sowie aktive Betriebliche Gesundheitsförderung (BGF) ist deshalb für viele Unternehmen und Firmen von hoher Bedeutung, hier gibt es heute eine Vielzahl von Aktivitäten und Bestrebungen zur Senkung der Krankenstände in den einzelnen Betrieben. Wenn Mitarbeiter krankheitsbedingt fehlen, haben die Kollegen ungeplante Mehrarbeit, die Vorgesetzten zusätzlichen Koordinierungsaufwand, das Management Ressourcen- bzw. Kostenprobleme, die Kunden gegebenenfalls keine Ansprech- oder Geschäftspartner. Die Unternehmen investieren hier somit nicht grundlos ökonomisch und psychologisch. Arbeitsbedingte Arbeitsunfähigkeit stellt einen hohen Kostenfaktor dar, der sich durch entsprechende Maßnahmen reduzieren lässt.

Im Kontext der Arbeitnehmerbefragung wurde erhoben, inwieweit die Beschäftigten aktuell einzelne Maßnahmen betrieblichen Gesundheitsmanagements in ihrem Unternehmen wahrnehmen. Auf die Frage, ob der eigene Betrieb Maßnahmen zur Senkung des Krankenstandes durchführt, antworteten 28,4% (in der vorangegangenen Befragung waren es ebenfalls 28%) der Beschäftigten mit „ja". Die Zustimmungsanteile variieren allerdings stark – je nach der Branche, in der die Befragten beschäftigt sind. Die häufigste Zustimmung kommt von Personen, die im Bergbau- und Energiesektor arbeiten. Hier wissen zwei Drittel (68,6%) der befragten Beschäftigten, dass ihr Betrieb Maßnahmen zur Senkung des Krankenstandes durchführt. Am geringsten fällt die Zustimmung von Mitarbeitern aus der Baubranche aus: Hier stimmen lediglich 7,8% zu.

Die Wahrnehmung bzw. Kenntnis von betrieblicher Gesundheitsförderung im eigenen Unternehmen korreliert stark mit der Betriebsgröße: Je größer das Unternehmen, desto höher ist die Zustimmungsquote bei den befragten Arbeitnehmern. So wissen fast zwei Drittel (64,3%) der Befragten in Unternehmen mit mehr als 1000 Beschäftigten von Gesundheitsförderung im eigenen Betrieb, während dies in Firmen mit weniger als 10 Mitarbeitern nur 4,5% sind. In großen Unternehmen des verarbeitenden Gewerbes (über 500 Mitarbeiter) beispielsweise geben zwei Drittel (65,8%) gesundheitsförderliche Maßnahmen im eigenen Betrieb an, im Verwaltungsbereich ist es jeder Zweite (53,9%).

In Betrieben mit Gesundheitsförderungsmaßnahmen ist der Anteil an Präsentismus – bei konservativer Schätzung und vorsichtiger Inter-

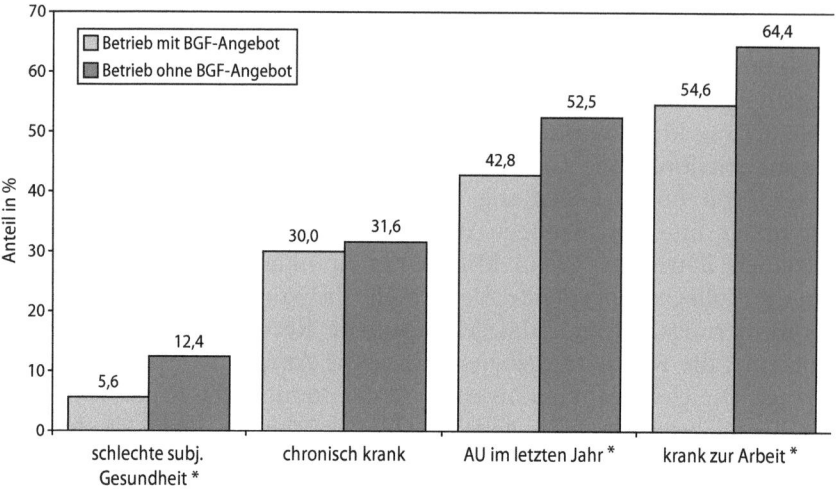

Abb. 8.5. Häufigkeit von Krankheitsmerkmalen bei Erwerbstätigen in Betrieben mit und ohne BGF-Angeboten

pretation – signifikant geringer (54,6%) als in Unternehmen ohne BGF (64,4%). Das gilt ebenso für die subjektiven Gesundheitsbewertungen und Arbeitsunfähigkeitsangaben der Beschäftigten (Abb. 8.5): Die von den Befragten angegebenen krankheitsbedingten Fehlzeiten in Betrieben mit Gesundheitsförderung (42,8%) unterscheiden sich – wenn auch schwach, aber signifikant – von Betrieben ohne BGF-Angebot (52,5%).

Nur ein Fünftel der befragten Arbeitnehmer (22,2%) teilt allerdings die Auffassung, dass „die Unternehmen heute mehr für die Gesundheit ihrer Mitarbeiter tun", 46,3% sind nicht der Ansicht, ein Drittel äußert sich unsicher. Frauen urteilen insgesamt skeptischer, von ihnen stimmen nur 18,9% zu (Männer 25,6%), rd. die Hälfte ist nicht dieser Meinung (49,8%). Bei chronisch kranken Arbeitnehmern nimmt mehr als jeder zweite (53,7%) eine kritische Haltung ein. Mit zunehmender Betriebsgröße nimmt der Anteil der Skeptiker allerdings ab, in Unternehmen mit mehr als 1000 Beschäftigten ist mehr als ein Viertel der Befragten (28,8%) der Ansicht, dass die Betriebe heute mehr für die Gesundheit ihrer Mitarbeiter tun.

Diese eher kritische Auffassung wird aber von Arbeitnehmern, die in Unternehmen mit BGF-Angeboten arbeiten, signifikant verschieden[10] von Arbeitnehmern ohne BGF-Angebot im Betrieb beurteilt. Hier sind immerhin mehr als doppelt so viele (39,2%) der Befragten der Auffassung, dass die Unternehmer heute mehr für die Gesundheit tun, als in Betrieben ohne entsprechendes Angebot (15,2%).

8.8 Einzelne Aktivitäten betrieblichen Gesundheitsmanagements aus Sicht der Beschäftigten

Es gibt eine Reihe von Strategien, mit denen Unternehmen versuchen, die Fehlzeiten von Arbeitnehmern zu verringern und Einfluss auf Krankheitsverhalten und -häufigkeit der Beschäftigten zu nehmen. Das sind einerseits Maßnahmen zur Arbeitsplatzgestaltung und zur betrieblichen Gesundheitsförderung (BGF) und andererseits direkte, personenbezogene Interventionen bei erkrankten Mitarbeitern, wie Rückkehrgespräche oder auch Kontrollanrufe. Obschon die Wirkung dieser Instrumente nur im spezifischen betrieblichen Kontext bewertet werden kann, z. B. durch Mitarbeiterbefragungen (s. hierzu [20]), liefern die folgenden Angaben zu einzelnen Maßnahmen und Interventionen doch Anhaltspunkte für die Kenntnis und Wahrnehmung aus der Sicht der Beschäftigten insgesamt.

Die Frage nach der gesundheitsgerechten Gestaltung des eigenen Arbeitsplatzes wird aus Sicht der Arbeitnehmer – in Abhängigkeit von Branche und Betriebsgröße – unterschiedlich beantwortet (der Durchschnittswert liegt bei 22,1% Zustimmung). So stimmen mehr als die Hälfte der Beschäftigten des Bergbau- und Energiesektors mit „ja" (56,8%), in der Banken- und Versicherungsbranche sind es fast zwei Fünftel der Befragten (38,1%). In den anderen Branchen liegt die Zustimmung teilweise weit unter 30%, das Schlusslicht bilden der Handel und die Baubranche: Hier sind lediglich 9,7% bzw. 6,2% der Ansicht, dass ihre Arbeitsplätze gesundheitsgerecht gestaltet sind. Der Anteil der Befragten, die auf die Frage nach gesundheitsgerechten Arbeitsplätzen im eigenen Betrieb positiv antworten, nimmt linear mit der Betriebsgröße zu: Er steigt von 3,0% Zustimmung in Kleinstbetrieben (< 10 Mitarbeiter) auf einen Zustimmungsanteil von 49,7% in Unternehmen mit mehr als 1000 Beschäftigten.

Erwerbstätige Frauen beurteilen die Frage nach der gesundheitsgerechten Gestaltung ihrer Arbeitsplätze tendenziell kritischer als männliche Arbeitnehmer (Tabelle 8.2). Bei den Männern wächst die Bestätigung mit der beruflichen Stellung (leitende Angestellte: 37,6%), während Frauen

---

[10] Der Unterschied ist signifikant auf 95%-Niveau.

Tabelle 8.2. Gesundheitsgerechte Gestaltung der Arbeitsplätze

„Sind aus Ihrer Sicht die Arbeitsplätze in Ihrem Betrieb gesundheitsgerecht gestaltet?"			
		Zustimmung in %	
		Männer*	Frauen
Altersgruppen	16–30	19,7	17,9
	31–40	24,4	22,8
	41–50	28,4	17,1
	51–65	30,6	15,0
Berufliche Stellung	Ungelernte Arbeiter	10,2	13,1
	Facharbeiter/ unselbst. Handwerker	24,2	13,7
	Einfacher/mittlerer Angestellter	31,3	22,6
	Leitender Angestellter	37,6	11,5
Subjektive Gesundheit	sehr gut	21,1	16,4
	gut	28,0	20,2
	mittel	29,3	17,5
	schlecht	21,7	11,6
	sehr schlecht	11,2	14,0

* Unterschied zwischen Männern und Frauen signifikant auf 95-Prozent-Niveau

(bis auf die Gruppe der einfachen und mittleren Angestellten) eher zurückhaltend reagieren.

Auf die Frage, ob in ihrem Unternehmen Maßnahmen zur Gesundheitsförderung angeboten werden, antwortet ein Fünftel der Beschäftigten (21,9%) mit „ja". Auch hier fallen die Anteilswerte branchenabhängig aus: Wieder sind es Arbeitnehmer aus dem Bergbau- und Energiebereich, die der Frage am häufigsten zustimmen (57,5%), gefolgt von Beschäftigten in Banken und Versicherungen (44,2% Zustimmung). Mitarbeiter des verarbeitenden Gewerbes stimmen hier mit 30,2% zu. Auch hier bilden Handel und Bauunternehmen aus Sicht der Mitarbeiter das Schlusslicht: Nur 6,5% bzw. 4,5% wissen von betrieblicher Gesundheitsförderung in ihrem jeweiligen Betrieb. In der Berufsgruppe der angelernten Kräfte ist die Zustimmung am geringsten (14,7%). Bei Auszubildenden beträgt sie 21,3% und bei leitenden Angestellten 26,6%.

Als weiteres Management-Instrument zur Senkung der Fehlzeiten in den Betrieben gelten die so genannten „Rückkehrgespräche". Diese werden von Vorgesetzten bzw. Führungskräften mit Mitarbeitern, die häufiger aufgrund von Krankheit bzw. Arbeitsunfähigkeit fehlen, initiiert und durchgeführt. Grundsätzlich sollen hier gezielt die Ursachen für angefallene Fehlzeiten durchgesprochen werden, mit dem Ziel, weitere Krankmeldungen bei den Mitarbeitern zu verringern. Konzept und Wirkung dieser Rückkehr- oder Fehlzeitengespräche werden allerdings häufig kritisiert [21]. Die Wirkung im Rahmen eines umfassenden betrieblichen Gesundheitsmanagements wird kontrovers diskutiert [19]. In der aktuellen Umfrage geben im Schnitt 12,4% der befragten Arbeitnehmer an, dass in ihrem Betrieb solche „Vorgesetztengespräche mit Mitarbeitern, die häufiger krank gemeldet waren" stattfinden, in der Gruppe der leitenden Angestellten sind dies 16,0%. Die Zahl steigt – wieder in Abhängigkeit von der Betriebsgröße – stark an: In Unternehmen mit 500 bis 1000 Beschäftigten weiß rd. jeder Fünfte (21,0%) von solchen Maßnahmen in seinem Betrieb, in Großunternehmen mit über 1000 Mitarbeitern sind es ein Drittel (34,8%).

Direkte Kontrolle und Überprüfung von Krankheit bzw. Arbeitsunfähigkeit der Mitarbeiter in Form von Anrufen und Anschreiben durch den Arbeitgeber lässt sich anhand der Befragungsdaten nur in einem eher geringen Maße feststellen (3,3%). Bei Mitarbeitern, die angegeben haben, im letzten Jahr 2 bis 3 Wochen krankgemeldet gewesen zu sein, bestätigen 5,8% das Vorhandensein dieser Form der Kontrolle. Die Anteilswerte variieren nicht nach Branchen, lediglich Befragte aus dem Verkehrs- und Transportgewerbe antworten überdurchschnittlich häufig zustimmend (7,2%), ebenso wie Mitarbeiter aus Unternehmen mit über 1000 Beschäftigten (12,6%).

Knapp drei Prozent der befragten Arbeitnehmer bestätigen ferner, dass in ihrem Betrieb „besondere Prämien bei geringeren Krankmeldungen" bezahlt werden (2,7%). Diese Praxis wird insbesondere von Mitarbeitern aus dem Bergbau und Energiesektor angegeben (13,0%). Ebenso berichten Beschäftigte aus der Verkehrs- und Transportbranche und dem Verarbeitenden Gewerbe davon (6,9% und 6,3%) sowie Auszubildende (4,3%).

8.9 Zusammenfassung der Untersuchungsbefunde

Sinkende Krankenstände in der deutschen Wirtschaft bedeuten nicht, dass sich die Gesundheit der Beschäftigten zwangsläufig verbessert hat. Die Ergebnisse einer aktuellen Umfrage bei 2000 abhängig Beschäftigten zur subjektiven Beurteilung der eigenen Gesundheit und zum Verhalten bei Krankheit dokumentieren erneut ein hohes Ausmaß an Präsentismus in deutschen Unternehmen: Das Verhalten, auch bei Erkrankung weiter arbeiten zu gehen, ist nach wie vor weit verbreitet. Die empirischen Befunde zeigen teils deutliche Unterschiede nach Geschlecht, Alter und beruflichem Status der Beschäftigten. Dabei zeigt sich mitunter eine Kumulation von Problemlagen bei Arbeitnehmern, die trotz Krankheit arbeiten gehen, wenn gesundheitliche Beeinträchtigungen bestehen oder prekäre Arbeitsverhältnisse vorliegen.

Stressoren, wie Ängste im Arbeitsalltag, fördern die Anwesenheit am Arbeitsplatz. Die Angst um den Arbeitsplatz – v. a. im Kontext von Personalabbau – führt zu gesundheitlichen Problemen und zwingt die Betroffenen zugleich aber dazu, sie zu verleugnen bzw. in die private Freizeit zu verschieben.

Bei der Entscheidung, krank zur Arbeit zu gehen, spielen offenbar nicht nur gesundheitliche Aspekte oder der Rat des Arztes eine Rolle. Neben der subjektiven Wertschätzung der eigenen Gesundheit geht es um unterschiedliche Anforderungen der Arbeits- und beruflichen Umwelt. Hier zeigen sich deutliche Gender-Effekte, lassen Frauen und Männer ein jeweils unterschiedliches individuelles Verständnis von Gesundheit auf der einen und tatsächlichem (Krankmelde-)Verhalten im Arbeitsalltag auf der anderen Seite erkennen. Bei Frauen ist die Tendenz krank zur Arbeit zu gehen, insgesamt signifkant höher als bei Männern. Während sich Präsentismus v. a. bei Frauen mit höherem beruflichen Status dokumentiert, sind es bei den Männern eher Facharbeiter, die krank zur Arbeit gehen.

Die Betriebe und die betriebliche Gesundheitsförderung stehen angesichts der Verbreitung von Präsentismus vor neuen Herausforderungen. Die Angaben der Arbeitnehmer verdeutlichen, dass die Wahrnehmung gesundheitsförderlicher Aktivitäten der Unternehmen stark nach Branchen und Betrieben variiert. Insgesamt deutet sich dabei an, dass sich eine gesundheitsgerechte Gestaltung der Arbeit positiv auf Präsentismus bzw. krankheitsbedingte Fehlzeiten auswirkt. In ein umfassendes Konzept prospektiven betrieblichen Gesundheitsmanagements gehört – neben der Analyse von krankheitsbedingten Fehlzeiten – auch die Auseinandersetzung mit Einstellungen zu Krankheit und gesundheitlichen Belastungen. Denn der Präsentismus von heute führt zu den Fehlzeiten von morgen.

Literatur

[1] Aronsson G, Gustafsson K, Dallner M (2000) Sick but yet at work. An empirical study of sickness presenteeism. In: J. Epidemolog. Community Health Nr. 54, S 502–509
[2] Baase CM (2007) Auswirkungen chronischer Krankheiten auf Arbeitsproduktivität und Absentismus und daraus resultierende Kosten für die Betriebe. In: Badura, B, Schellschmidt H, Vetter C (2007) Fehlzeiten-Report 2006. Zahlen, Daten, Analysen aus allen Branchen der Wirtschaft. Berlin Heidelberg New York
[3] Badura B (1993) Soziologische Grundlagen der Gesundheitswissenschaften. In: Hurrelmann K, Laaser U (Hrsg) Gesundheitswissenschaften. Handbuch für Lehre, Forschung und Praxis, Weinheim Basel, S 63–87
[4] Blaxter M, Prevost AT (1993) Patterns of Mortality. In: Cox B, Huppert F, Wichelow M (Hrsg) The Health and Lifestyle Survey. Seven years on, Aldershot, S 33ff
[5] Deutsche Angestellten Krankenkasse (2004) DAK-Gesundheitsreport 2004, Hamburg
[6] Dragano N, Siegrist J (2006) Arbeitsbedingter Stress als Folge von betrieblichen Rationalisierungsprozessen – die gesundheitlichen Konsequenzen. In: Badura B, Schellschmidt H, Vetter C (2006) Fehlzeiten-Report 2005. Zahlen, Daten, Analysen aus allen Branchen der Wirtschaft. Springer, Berlin Heidelberg New York
[7] Hemp P (2005) Krank am Arbeitsplatz. In: Harvard Business Manager 1/2005, S 47–60
[8] Kocyba H, Voswinkel S (2007) Krankheitsverleugnung – Das Janusgesicht sinkender Fehlzeiten. In: WSI-Mitteilungen 3/2007, S 131–137
[9] Lampert T (2005) Schichtspezifische Unterschiede im Gesundheitszustand und Gesundheitsverhalten, Berlin
[10] Oppolzer A (2005) Präsentismus – Anwesenheit trotz Krankheit: Produktivitätsverlust im Betrieb. In: Gute Arbeit 5/2005, S 36–39
[11] Pfaff H, Krause H, Kaiser C (2003) Das Gespräch nach der Krankheit. In: Personalwirtschaft, 8/2003, S 20–25
[12] Priester, K (2007) Im Jahr 2006 niedrigster Krankenstand seit Einführung der Lohnfortzahlung im Krankheitsfall. In: Gute Arbeit 2/2007, S 5–9
[13] Robert Koch Institut (Hrsg) (2005) Armut, soziale Ungleichheit und Gesundheit, Berlin
[14] Robert Koch Institut (Hrsg) (2006) Gesundheit in Deutschland, Berlin
[15] Statistisches Bundesamt (2006) (Hrsg) Datenreport 2006. Zahlen und Fakten über die Bundesrepublik Deutschland. Bonn
[16] Statistisches Reichsamt (1935) Die Krankenversicherung 1933. In: Statistik des Deutschen Reichs, Bd. 473, Berlin
[17] Stegmann W (1999) Die Macht der Angst. In: Badura B, Schellschmidt H, Vetter C (Hrsg) Fehlzeiten-Report 1998. Zahlen, Daten, Analysen aus allen Branchen der Wirtschaft. Springer, Berlin Heidelberg New York
[18] Thiehoff R (2004) Wirtschaftlichkeit des betrieblichen Gesundheitsmanagements – Zum Return on Investment der Balance zwischen Lebens- und Arbeitswelt. In: Meifert M, Kesting M (Hrsg.) Gesundheitsmanagement in Unternehmen. Konzepte – Praxis – Perspektiven, Berlin, S 57–77.
[19] Ulich E, Wülser M (2004) Gesundheitsmanagement in Unternehmen. Arbeitspsychologische Perspektiven, Wiesbaden

[20] Vetter C, Redmann A (2005) Arbeit und Gesundheit. Ergebnisse aus Mitarbeiterbefragungen in mehr als 150 Betrieben, Bonn
[21] Wompel M (1996) Krankenverfolgung. Aktuelle betriebliche und gesellschaftliche Strategien im Umgang mit Kranken, Offenbach
[22] Zok K (2004) Einstellungen und Verhalten bei Krankheit im Arbeitsalltag – Ergebnisse einer repräsentativen Umfrage. In: Badura B, Schellschmidt H, Vetter C (Hrsg) Fehlzeiten-Report 2003. Zahlen, Daten, Analysen aus allen Branchen der Wirtschaft. Springer, Berlin Heidelberg New York

KAPITEL 9

Gesundheitsbedingte Leistungen der gesetzlichen Rentenversicherung für Frauen und Männer – Indikatoren für die Morbidität

U. REHFELD · T. BÜTEFISCH · H. HOFFMANN

Zusammenfassung. Die hohe Zahl von Rehabilitationsleistungen (2005: 804 000 Fälle) und Frühberentungen (2005: 164 000 Fälle) durch die Rentenversicherung weist auf die gravierenden Folgen von Frühinvalidität hin. Die Daten[1] lassen sich als Indikator für die Morbidität der Bevölkerung interpretieren und geben Auskunft über die wichtigsten Erkrankungen[2]. Dabei sind sowohl bei den Daten über Rehabilitationsleistungen als auch bei den Ursachen der Frühberentungen jeweils Unterschiede zwischen Männern und Frauen festzustellen. Neben den bei allen Fallgruppen häufigen Erkrankungen der Bewegungsorgane sind bei Männern in höherem Alter Herz- und Kreislauferkrankungen vor den psychischen Erkrankungen anzutreffen; bei Frauen dominieren psychische Erkrankungen. Im Hinblick auf die vielfältigen und komplexen Einflussfaktoren zeigt die Differenzierung nach dem Bildungsstand, dass höhere Ausbildung sowohl bei Frauen als auch bei Männern das Frühberentungsrisiko deutlich mindert.

9.1 Einleitung: Erwerbsminderung als Risiko der Rentenversicherung

Erwerbsunfähigkeit und Invalidität zählen zu den einschneidensten ökonomischen und sozialen Folgen von Krankheiten und Behinderung. Im Zusammenhang mit der Diskussion der Anhebung der Altersgrenzen in der gesetzlichen Rentenversicherung und der demographischen Entwicklung in den nächsten Jahrzehnten sind die Themen „Erwerbsfähigkeit im höheren Alter" und „Gesundheit alternder Belegschaften" nicht nur für die verschiedenen Zweige der Sozialversicherung von Bedeutung. Die folgenden Ergebnisse zeigen, dass eine zielführende Auseinandersetzung mit

---

[1] Sonderauswertungen der Statistiken der Deutschen Rentenversicherung.
[2] Abgrenzung der Diagnosegruppen im Artikel gemäß ICD-10.

diesen Themen geschlechtspezifische Unterschiede und Besonderheiten berücksichtigen sollte.

Der vorliegende Artikel beschränkt sich auf die Darstellung der gesundheitsbedingten Leistungen der gesetzlichen Rentenversicherung (gRV), die innerhalb der sozialen Sicherungssysteme, bezogen auf das Finanzvolumen, den größten Versorgungsbereich darstellt. Die Daten eignen sich deshalb als Indikator für die Gesamtsituation und die Trendentwicklung der Invalidität auch aus sozialmedizinischer Sicht. An dieser Stelle ist darauf hinzuweisen, dass die gRV als Träger von Renten- und Rehabilitationsleistungen eine spezifische Funktion im Gesamtsystem der gesundheitlichen Versorgung wahrnimmt. Diese zeichnet sich u. a. dadurch aus, dass sie im Vergleich zu anderen Trägern des Gesundheitssystems vor allem jene Risiken absichert, die erst bei einem längeren Bestehen der Krankheiten zum Tragen kommen. Die Leistungen der gRV stehen überwiegend am Ende der verschiedenen Ketten gesundheitsbezogenen Handelns [11].

Seit Einführung der Rentenversicherung bis heute ist die Minderung oder der Verlust der Erwerbsfähigkeit ein genuin versichertes Risiko [10]. Im Rahmen der medizinischen und beruflichen Rehabilitation erbringt die gRV darüber hinaus Leistungen zur Wiederherstellung bzw. Verbesserung der Erwerbsfähigkeit und zur Teilhabe am Arbeitsleben. Diese Leistungen dienen in erster Linie der Abwendung von Erwerbsunfähigkeit. Vor Erreichen des Renteneintrittsalters gilt der Grundsatz „Rehabilitation vor Rente", d. h. vor Zahlung einer Rente wird versucht, die Gesundheit und damit die Erwerbsfähigkeit des Versicherten wiederherzustellen.

Für das Verständnis ist es bedeutsam, zunächst kurz auf die institutionellen und rechtlichen Rahmenbedingungen für die o. g. Leistungen einzugehen.

9.2 Institutionelle Rahmenbedingungen für Rehabilitations- und Rentenleistungen

Eine erhebliche gesundheitliche Einschränkung ist neben einer Versicherungsdauer von fünf Jahren und der Erfüllung von drei Jahren an Pflichtbeitragszeiten in den letzten fünf Jahren vor Eintritt der Erwerbsminderung die Voraussetzung für den Bezug einer Erwerbsminderungsrente der gRV. Durch das Gesetz zur Reform der Renten wegen verminderter Erwerbsfähigkeit (EMReformG) sind die neuen Rentenarten „Rente wegen teilweiser Erwerbsminderung" und „Rente wegen voller Erwerbsminderung" an die Stelle der bisherigen Renten wegen Berufsunfähigkeit bzw. Erwerbsunfähigkeit getreten. Gleichzeitig wurden die Anspruchsvoraussetzungen für den Bezug einer Er-

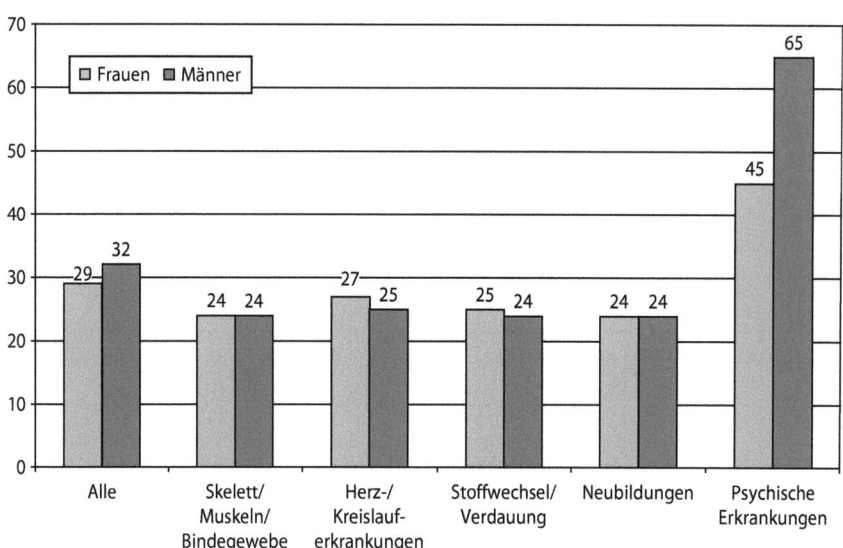

Abb. 9.1. Durchschnittliche Dauer (in Tagen) bei stationärer medizinischer Rehabilitation nach Geschlecht und Diagnosegruppen im Jahr 2005

werbsminderungsrente verschärft und Abschläge der Rentenhöhe eingeführt, sofern die Rente vor Vollendung des 63. Lebensjahres in Anspruch genommen wird. Um bei diesem Personenkreis unangemessene Auswirkungen durch die Einführung von Abschlägen zu vermeiden, wurde die Zurechnungszeit auf das Alter von 60 Jahren verlängert. In den folgenden Darstellungen werden die einzelnen Rentenarten nicht unterschieden, sondern zusammengefasst und gemeinsam mit dem Begriff „Renten wegen verminderter Erwerbsfähigkeit" bezeichnet.

Leistungen zur medizinischen Rehabilitation kann erhalten, wessen Erwerbsfähigkeit erheblich gefährdet oder gemindert ist. Die Gesundheit und somit die Erwerbsfähigkeit soll durch die Rehabilitation wesentlich gebessert oder wiederhergestellt oder deren wesentliche Verschlechterung abgewendet werden. Die Leistungen können in Abständen von 4 Jahren wiederholt werden. Vorzeitige Leistungen vor Ablauf dieser Frist sind möglich, wenn dies aus gesundheitlichen Gründen dringend erforderlich ist. Bei der Antragstellung muss entweder die Wartezeit von 15 Jahren erfüllt sein, oder es müssen mindestens sechs Kalendermonate mit Pflichtbeiträgen in den letzten zwei Jahren vorliegen. Alternativ kann bei Bezug einer Rente wegen verminderter Erwerbsfähigkeit oder bei Anspruch auf große Witwenrente beziehungsweise Witwerrente wegen

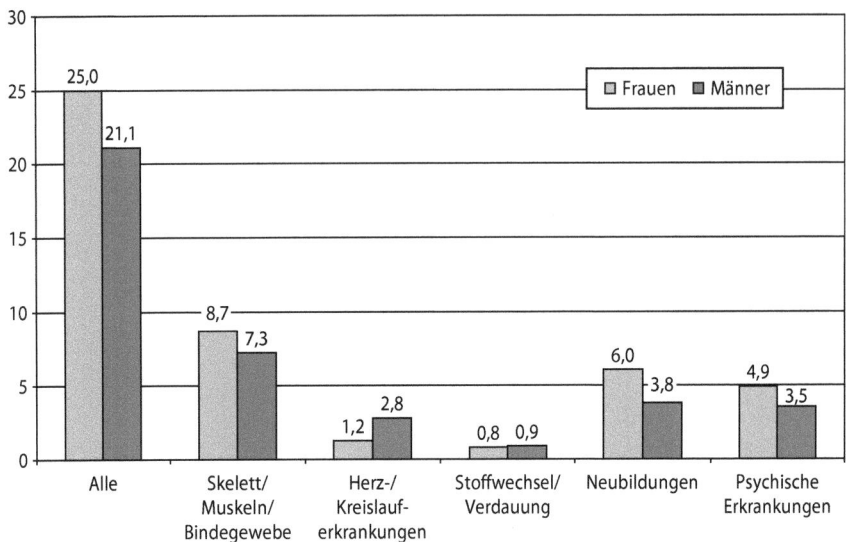

Abb. 9.2. Stationäre Leistungen zur medizinischen Rehabilitation pro 1000 aktiv Versicherte nach Geschlecht und Diagnosegruppen im Jahr 2005

verminderter Erwerbsfähigkeit eine medizinische Rehabilitation gewährt werden.

9.3 Ausgewählte Strukturdaten zu den stationären Rehabilitationsleistungen im Jahr 2005

Im Jahr 2005 wurden rund 804 000 stationäre medizinische Rehabilitationsleistungen mit einer Dauer von ca. jeweils 30 Tagen durchgeführt, die sich auf verschiedene Erkrankungsarten verteilten (vgl. Abb. 9.1). Dabei unterscheiden sich die Inzidenzen für Männer und Frauen und bezüglich der Erkrankungsarten deutlich (vgl. Abb. 9.2). Der Großteil stationärer Leistungen zur medizinischen Rehabilitation wird bei Frauen und Männern im mittleren Lebensalter erbracht, da diese in der Regel dem Ziel der Wiedereingliederung in das Erwerbsleben dienen. Das durchschnittliche Lebensalter bei einer Rehabilitation in der gesetzlichen Rentenversicherung unterscheidet sich zwischen Männern und Frauen kaum: Es lag im Jahr 2005 bei 48,3 respektive 48,7 Jahren. Unterschiede ließen sich dagegen bis einschließlich 2004 beim Vergleich der Arbeiterrenten- und Angestelltenversicherung ausmachen: Das durchschnittliche Alter bei einer Rehabilitation von Arbeitern lag bei-

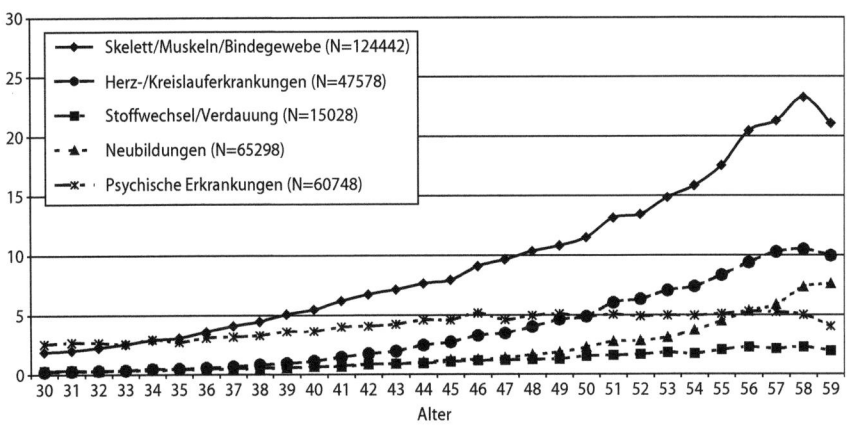

Abb. 9.3. Stationäre Rehabilitation pro 1000 aktiv Versicherte nach Alter und ausgewählten Diagnosegruppen; Männer

spielsweise im Jahr 2002 bei 47,8 Jahren, während das der Arbeiterinnen 50,0 Jahre betrug; umgekehrt lag das durchschnittliche Alter weiblicher Angestellter mit 49,5 Jahren deutlich unter dem der männlichen Angestellten, die im Durchschnitt 52,3 Jahre alt waren [8].

Bei der Durchführung medizinischer Rehabilitationsleistungen wird im Rahmen der Begutachtung des Versicherten eine umfangreiche Diagnostik durchgeführt, wobei neben der ersten Diagnose weitere Indikationen festgehalten werden (Multimorbidität). Im Folgenden wird lediglich auf die erste, in der Regel wichtigste Diagnose eingegangen. Die meisten medizinischen Rehabilitationsleistungen werden sowohl von Männern als auch von Frauen aufgrund von Krankheiten des Muskel-Skelett-Systems in Anspruch genommen – sie machen rund 35% aller Rehabilitationsleistungen aus. Bei Frauen sind Krebserkrankungen sowie psychische Störungen mit 24% resp. 20% weitere häufige Diagnosen für eine medizinische Rehabilitation, während Männer mit jeweils 6 bzw. 3 Prozentpunkten darunter liegen. Bei ihnen stellen Krankheiten des Herz-Kreislauf-Systems mit 13% eine weitere bedeutende Diagnosegruppe dar. Diese Daten bestätigen die unterschiedlichen Morbiditätsprofile, die auf eine hohe Bedeutung psychischer Erkrankungen bei Frauen und von Herz- und Kreislauferkrankungen bei Männern im mittleren Lebensalter hinweisen. Das Durchschnittsalter für die Inanspruchnahme von Rehabilitationsleistungen variiert mit der Hauptdiagnose. Es liegt zwischen 45 und 60 Jahren. Damit wird das so genannte Reha-relevante Alter bezeichnet. Männer und Frauen befinden sich damit in der zweiten Hälfte

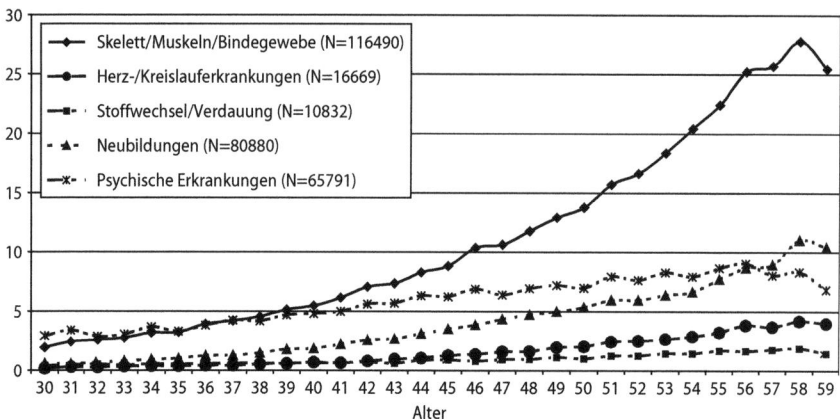

Abb. 9.4. Stationäre Rehabilitation pro 1000 aktiv Versicherte nach Alter und ausgewählten Diagnosegruppen; Frauen

der mittleren Lebensjahre (vgl. Abb. 9.3 und Abb. 9.4). Eine Ausnahme zeigt sich für das Durchschnittsalter bei Rehabilitationsleistungen wegen psychischer Erkrankungen, dieses liegt um einige Jahre unter dem allgemeinen Durchschnittsalter bei Rehabilitationen: Männer sind im Schnitt Anfang 40, Frauen im Schnitt Mitte 40 Jahre alt.

Eine Interpretation dieser Altersunterschiede – sowohl zwischen Männern und Frauen als auch zwischen den verschiedenen Diagnosegruppen – ist allein mithilfe der hier vorliegenden Daten nur beschränkt möglich. Zunächst muss davon ausgegangen werden, dass die Unterschiede Ausdruck dafür sind, dass der Bedarf an Rehabilitation bei Männern und bei Frauen in unterschiedlichen Berufszweigen und bei verschiedenen Anlässen in jeweils anderen Altersklassen auftritt. So könnte der deutliche Unterschied im Altersdurchschnitt der Männer (als Arbeiter bzw. Angestellte) darauf hinweisen, dass Männer in Berufen als Angestellte im Schnitt länger gesund bleiben und daher erst später eine Rehabilitation in Anspruch nehmen (müssen) als Arbeiter, die in gesundheitlich stärker belastenden Berufen arbeiten. Warum dies für Frauen als Arbeiterinnen und Angestellte nicht gilt, muss allerdings offen bleiben. Zusammenhänge zwischen der Inanspruchnahme von Rehabilitationsmaßnahmen, der Lebensform und dem Erwerbsstatus von Frauen und Männern lassen sich aufgrund mangelnder Datenlage bzw. einer für das Geschlecht bislang unsensiblen Forschungstradition nur unzureichend beschreiben [5, 12]. Insbesondere sind die Rehabilitationsstatistiken der gRV nicht ursache- sondern leistungsorientiert. Obwohl Rehabilitation nicht nur der Erhaltung und Wiederherstellung der Funktionsfähigkeit für das Erwerbsleben, sondern auch für das Alltagsleben dienen soll, fokussiert sie doch in erster Linie auf die Erwerbsfähigkeit. Da Frauen eher mit Haus- und Familienarbeit bzw. der Vereinbarkeit dieser mit Erwerbsarbeit beschäftigt sind, kann davon ausgegangen werden, dass der Bedarf sowie die Möglichkeiten zur Inanspruchnahme einer Rehabilitation für Frauen und Männer unterschiedlich sind [12]. Erkenntnisse über geschlechtsspezifische Unterschiede, die bereits im Vorfeld der Beantragung einer Rehabilitationsleistung wirksam werden, weisen darauf hin, dass Frauen in erster Linie partnerschaftliche und familiäre Aspekte bei ihrer Entscheidung für oder gegen eine Beantragung berücksichtigen, während Männer eher arbeitsplatzbezogene und finanzielle Aspekte berücksichtigen [2]. Ob Frauen und Männer eine Rehabilitationsmaßnahme in Anspruch nehmen oder nicht, hängt also nicht nur von ihrem speziellen medizinischen Bedarf ab, sondern auch davon, inwieweit die Rahmenbedingungen für unterschiedliche Lebensformen passend sind (z. B. die Möglichkeit einer Mitaufnahme von Kindern in Rehabilitationskliniken) und welche Einflussfaktoren von den Betroffenen selbst in welcher Weise wahrgenommen und gegebenenfalls verändert werden. Vermutlich hängt die Ausgestaltung der individuellen Lebensform auch vom Bildungsniveau ab. Hierzu werden ab dem Berichtsjahr 2006 Betrachtungen des soziodemographischen Merkmals Ausbildung möglich sein (analog der Darstellung in Kap. 9.4.2 in diesem Beitrag).

9.4 Rentenzugänge wegen verminderter Erwerbsfähigkeit von Frauen und Männern im Jahr 2005

Die Rentenzugangsstatistik der Deutschen Rentenversicherung Bund weist für das Berichtsjahr 2005 rd. 164 000 Rentenzugänge wegen verminderter Erwerbsfähigkeit aus. Davon entfallen rd. 91 000 auf Männer und die restlichen rd. 73 000 auf Frauen. Das durchschnittliche Rentenzugangsalter lag bei Erwerbsminderungsrenten im Jahr 2005 bei 50,5 Jahren (Männer) respektive 49,2 Jahren (Frauen). In den letzten Jahren ist das durchschnittliche Rentenzugangsalter bei Erwerbsminderungsrenten stetig gesunken. Das im Querschnitt berechnete durchschnittliche Rentenzugangsalter wird hierbei von mehreren Faktoren beeinflusst. Neben rechtlichen Änderungen spielt u. a. die demographische Entwicklung in den letzten Jahren eine bedeutende Rolle, da geburtenstarke Jahrgänge das Erwerbsminderungsrisikoalter von 50 bis 59 Jahren verlassen haben und durch geburtenschwächere Jahrgänge ersetzt wurden.

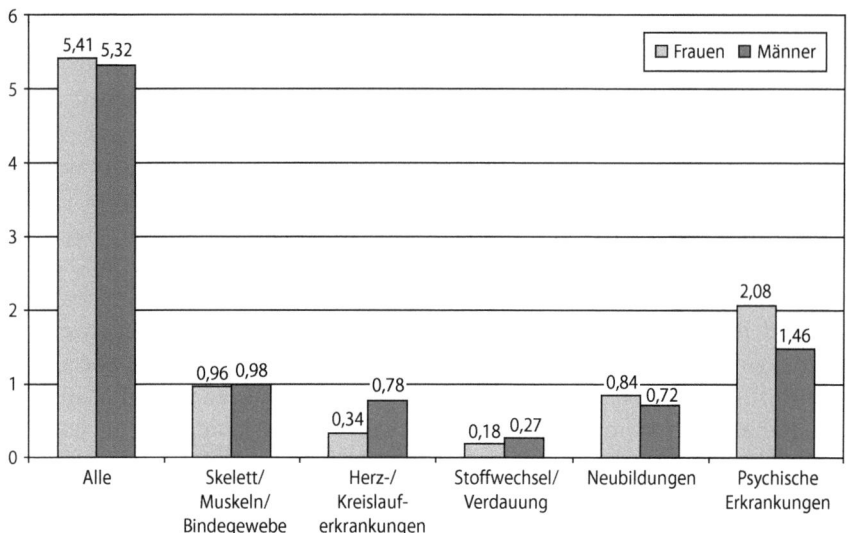

Abb. 9.5. Erwerbsminderungsrentenzugänge pro 1000 aktiv Versicherte nach Geschlecht und Diagnosegruppen – 2005

9.4.1 Erwerbsminderungsrentenzugänge nach Diagnosegruppen

Bei der Frühberentung spielen insbesondere chronische Erkrankungen eine Rolle. Von erheblicher Bedeutung sind zunächst die psychischen Erkrankungen, die mit einem Anteil von 27,6% bei Männern bzw. 38,4% bei Frauen die prozentual häufigste Diagnosegruppe darstellen. Es folgen in der Häufigkeit des Auftretens die so genannten „Verschleißerkrankungen" des Skeletts, der Muskeln und des Bindegewebes (Männer 18,4%, Frauen 17,8%), gefolgt von Herz- und Kreislauferkrankungen (Männer 14,7%, Frauen 6,3%) bzw. den Neubildungen (Männer 13,5%, Frauen 15,6%). Diese Krankheiten treten in allen westlichen Industrieländern häufig auf und dominieren – wie in Kapitel 9.3 dargestellt – auch in der medizinischen Rehabilitation.

Ein Vergleich auf Basis der absoluten Fallzahlen gibt das geschlechtsspezifische Erwerbsminderungsrisiko nur unzureichend wieder, da unterschiedlich stark besetzte Bezugspopulationen zugrunde liegen. Durch die Bezugnahme der absoluten Zugangszahlen auf die jeweilige unter Risiko stehende Versichertenpopulation können Hinweise auf das Risiko der Erwerbsminderung gegeben werden. Abbildung 9.5 stellt die Gesamtzahl der EM-Rentenzugänge je 1000 aktiv Versicherte (immer ohne ausschließlich geringfügig Beschäftigte) getrennt nach Geschlecht dar. In

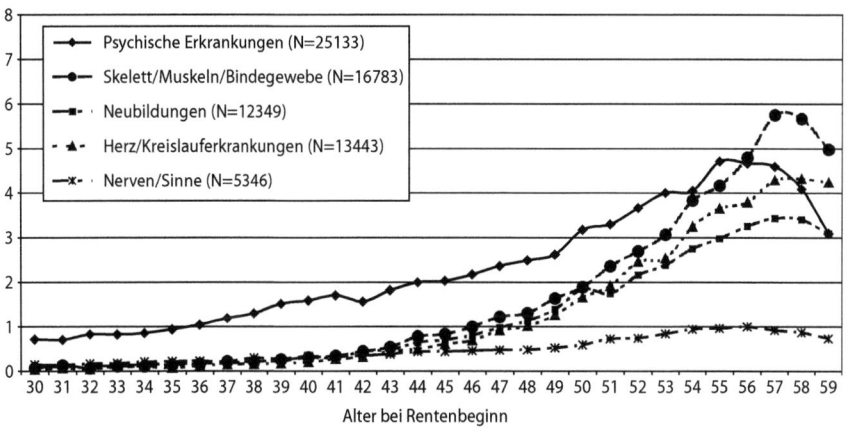

Abb. 9.6. Erwerbsminderungsrentenzugänge pro 1000 aktiv Versicherte nach Alter und ausgewählten Diagnosegruppen – 2005; Männer

dieser Darstellung erreichen Männer und Frauen mit 5,3 (Männer) bzw. 5,4 (Frauen) Rentenzugängen je 1000 aktiv Versicherte recht ähnliche Werte. Interessant sind jedoch die indikationsspezifischen Unterschiede: Männer weisen bei Herz- und Kreislauferkrankungen eine deutlich höhere Intensität auf als Frauen. Dahingegen ist der für Frauen errechnete Wert bei psychischen Erkrankungen deutlich höher als der entsprechende Wert für Männer. Aus diesem Grund soll im nächsten Abschnitt detaillierter auf einzelne Diagnosegruppen eingegangen werden.

In Abbildung 9.6 und Abbildung 9.7 sind die Erwerbsminderungsrentenzugänge pro 1000 aktiv Versicherte indikations- und einzelaltersspezifisch abgetragen und für den Altersbereich von 30 bis 59 Jahre getrennt nach Geschlecht für die fünf häufigsten Diagnosegruppen dargestellt. Beide Grafiken zeigen, dass unabhängig von Geschlecht oder Diagnose die Erwerbsminderungshäufigkeit – epidemiologisch plausibel – mit dem Alter leicht exponentiell ansteigt und ab dem Altersbereich von 58 bis 59 Jahren sinkt. Letzteres kann damit begründet werden, dass viele Versicherte ab dem 60. Lebensjahr die Möglichkeit haben, eine Altersrente – ohne Gesundheitsprüfung – zu erhalten [9]. Bei beiden Geschlechtern liegen die Raten bei psychischen Erkrankungen zumeist über den anderen aufgeführten Diagnosegruppen. Interessant ist jedoch, dass bei Männern ab dem Alter von 55 Jahren psychische Erkrankungen durch Erkrankungen des Skeletts, der Muskeln und des Bindegewebes als häufigste Diagnosehauptgruppe abgelöst werden. Bei Frauen ist eine

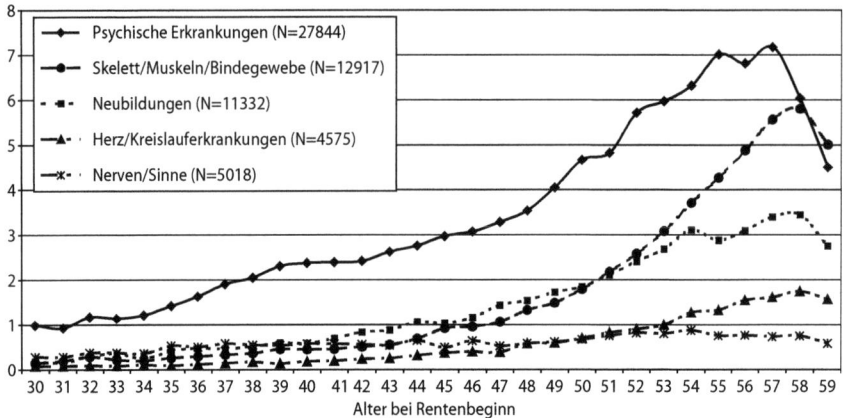

Abb. 9.7. Erwerbsminderungsrentenzugänge pro 1000 aktiv Versicherte nach Alter und ausgewählten Diagnosegruppen – 2005; Frauen

ähnliche Entwicklung festzustellen, allerdings erst in höherem Alter und weit weniger markant als bei Männern. Ebenso gewinnen Herz- und Kreislauferkrankungen bei Männern mit steigendem Alter zunehmend an Bedeutung. Diese Entwicklung kann bei Frauen dahingegen nicht im gleichen Ausmaß beobachtet werden.

Insgesamt bleibt festzuhalten, dass sich Männer und Frauen bezüglich der Erwerbsminderungsrentendiagnosen unterscheiden, dies vor allem mit zunehmenden Alter: Bei Frauen sind psychische Erkrankungen nahezu über alle Alter die dominierende Diagnose. Bei Männern verlieren psychische Erkrankungen in den höheren Altern ab 52 Jahren an Dominanz, gleichzeitig nehmen Verschleißerkrankungen des Skelett-Muskel-Systems sowie Erkrankungen des Herz-Kreislauf-Systems relativ stark zu.

Aus anderen Studien ist bekannt, dass das Erwerbsminderungsgeschehen, ebenso wie im Bereich der Rehabilitation, von der Art der ausgeübten Tätigkeit beeinflusst wird [4]. Aufgrund der Organisationsreform der Rentenversicherung ist seit dem Berichtsjahr 2005 anhand der Rentenzugangsdaten eine Trennung in Arbeiter und Angestellte nicht mehr möglich. Allerdings kann als weitere Hypothese der Zusammenhang zwischen Sozialstatus und Erwerbsminderungsrisiko anhand des höchsten formalen Ausbildungsabschlusses untersucht werden [1]. Aus diesem Grund wird im folgenden Abschnitt die Erwerbsminderungsintensität differenziert nach höchster beruflicher und schulischer Qualifikation als Indikator für den Sozialstatus analysiert.

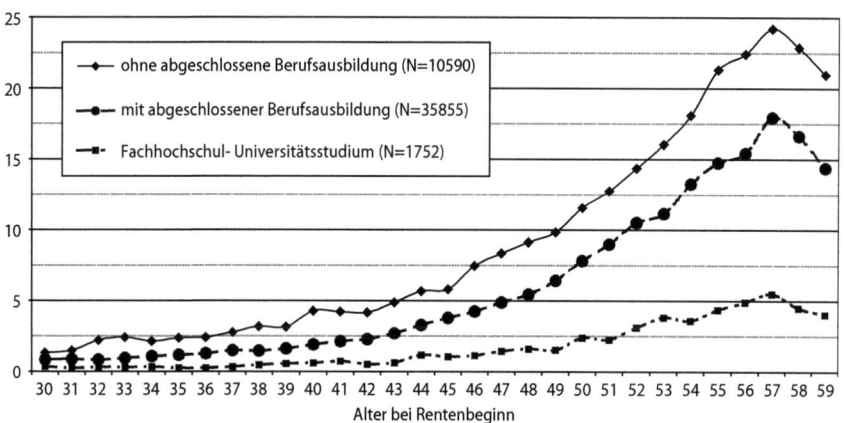

Abb. 9.8. Erwerbsminderungsrentenzugänge pro 1000 Pflichtversicherte nach Alter und höchster formaler Bildung – 2005; Männer

9.4.2 Erwerbsminderungsrentenzugänge nach höchstem Bildungsabschluss

In Abbildung 9.8 und Abbildung 9.9 sind die Erwerbsminderungsrentenzugänge differenziert nach höchster Ausbildung pro 1000 Plichtversicherte mit demselben Bildungsstand abgetragen. Ergebnisse zur Ausbildung werden hierbei aus dem Merkmal „Tätigkeitsschlüssel" gewonnen [3]. Dieses Merkmal stammt aus der Meldung der Arbeitgeber zur Sozialversicherung (so genannte DEÜV-Meldung). In die Auswertung wurden dabei nur die Fälle einbezogen, bei denen dieses Merkmal sinnvoll belegt ist.

Bis zum Alter von 45 Jahren sind zwischen Männern und Frauen keine nennenswerten Unterschiede festzustellen. Ab diesem Alter sind jedoch die Abstände zwischen den einzelnen Bildungsständen bei Männern deutlich größer als bei Frauen. Vor allem ist bei Männern die Diskrepanz zwischen Erwerbsminderungsrentenzugängen bei Versicherten mit oder ohne abgeschlossene Berufsausbildung im Vergleich zu Fachhochschul- bzw. Universitätsabsolventen deutlich ausgeprägter als bei Frauen. Generell ist festzuhalten, dass das Erwerbsminderungsrisiko umso höher ist, je höher das Alter und je niedriger der Bildungsabschluss ist. Dies gilt für Männer in stärkerem Maße als für Frauen. Die Betrachtung der Intensität der Frühberentung differenziert nach höchster schulischer und beruflicher Qualifikation zeigt deutlich, dass mit höherer formaler Ausbildung –

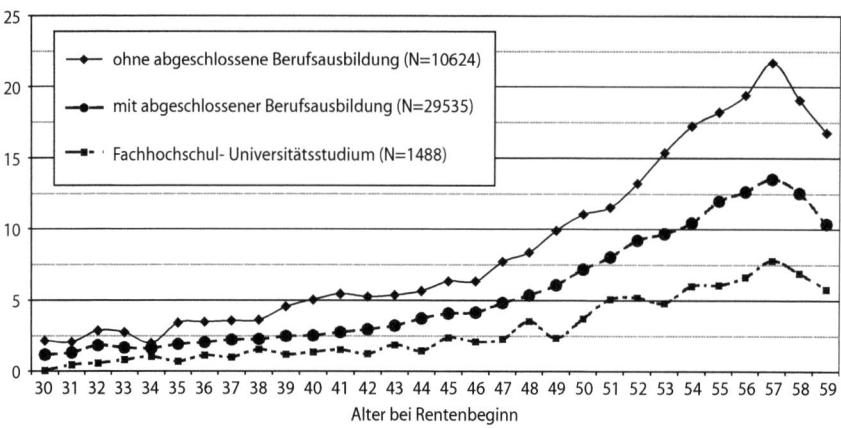

Abb. 9.9. Erwerbsminderungsrentenzugänge pro 1000 Pflichtversicherte nach Alter und höchster formaler Bildung – 2005; Frauen

oftmals einhergehend mit weniger belastenden beruflichen Bedingungen und Lebensweisen – das Erwerbsminderungsrisiko bei Männern und Frauen gleichermaßen niedriger ausfällt.

9.5 Fazit

Gesundheitsbedingte Leistungen durch die gRV werden von Männern wie Frauen vor allem im mittleren Lebensalter in Anspruch genommen. Jedoch fallen indikationsspezifische Unterschiede zwischen den Geschlechtern auf. Die zweithäufigste Krankheitsart nach Erkrankungen des Skelett-Muskel-Systems sind im Bereich der medizinischen Rehabilitation bei Frauen psychische Erkrankungen und bei Männern Herz- und Kreislauferkrankungen. Diese Reihenfolge dreht sich beim Erwerbsminderungsrentenzugang von Frauen um: Hier dominieren nahezu über alle Alter psychische Diagnosen. Bei Männern überwiegen zwar auch psychische Erkrankungen, diese werden jedoch in höherem Alter von Erkrankungen des Skelett-Muskel-Systems und auch von Herz-Kreislauf-Diagnosen überflügelt.

Insgesamt ist die Inanspruchnahme gesundheitsbedingter Leistungen der gRV als multifaktorielles Geschehen zu sehen, das durch soziodemographische und sozialmedizinische Faktoren sowie individuelle Lebensweisen beeinflusst wird. Auch wenn diese Leistungen in der Regel erst am Ende der verschiedenen Ketten gesundheitsbezogenen Handelns stehen, zeigen die Ergebnisse, dass ein zielführendes betriebliches

Gesundheitsmanagement geschlechtsspezifische Erkenntnisse berücksichtigen sollte.

Literatur

[1] Bödecker W, Friedel H, Friedrichs M et al. (2006) Kosten der Frühberentung. Schriftenreihe der Bundesanstalt für Arbeitsschutz und Arbeitsmedizin Fb1080, Dortmund
[2] Bürger W (2001) Gibt es geschlechtsspezifische Benachteiligungen bei der Inanspruchnahme von medizinischen Rehabilitationsmaßnahmen? In: Worringen U, Zwingmann C (Hrsg) Rehabilitation weiblich – männlich. Geschlechtsspezifische Rehabilitationsforschung. Juventa, Weinheim, S 55–71
[3] Clemens W, Hagen C, Himmelreicher R (2007) Beeinflusst die höchste schulische und berufliche Qualifikation das individuelle Rentenzugangsverhalten? In DRV Heft 7/2007, im Erscheinen
[4] Hoffmann H, Kaldybajewa K, Kruse E (2006) Arbeiter und Angestellte im Spiegel der Statistik der gesetzlichen Rentenversicherung: Rückblick und Bestandsaufnahme. In Deutsche Rentenversicherung Bund (Hrsg.) DRV Heft 1/2006 wdv, Bad Homburg, S 24–53
[5] Korsukéwitz C, Klosterhuis H, Winnefeld M et al. (2001) Frauen sind anders – auch in der Rehabilitation? Geschlechtsspezifische Aspekte der medizinischen Rehabilitation. Die Angestelltenversicherung, 1/2001, S 19
[6] Rehfeld U (1998) Die Auswirkungen von Rechtsänderungen auf den Rentenzugang, Sozialer Fortschritt 11/1998:260–265
[7] Robert Koch Institut (2006) (Hrsg) Gesundheitsbedingte Frühberentung. Gesundheitsberichterstattung des Bundes, Heft 30, Robert Koch-Institut, Berlin
[8] Robert Koch-Institut (2005) (Hrsg) Gesundheit von Frauen und Männern im mittleren Lebensalter. Schwerpunktbericht der Gesundheitsberichterstattung des Bundes. Robert Koch Institut, Berlin
[9] Ruland F (2005) Aktuelle Ergebnisse zu den Wirkungen der bisherigen Rentenreformen auf den Übergang von Erwerbs- in die Ruhestandsphase. In Verband Deutscher Rentenversicherungsträger (Hrsg) DRV-Schriften Band 57. wdv, Bad Homburg, S 34–53
[10] Seidel E (1990) Die gesicherten Risiken. In Ruland F (Hrsg.) Handbuch der gesetzlichen Rentenversicherung. Luchterhand, Frankfurt a. M, S 563–600
[11] Weber-Falkensammer H (1990) Rentenversicherung und Gesundheitswesen. In Ruland F (Hrsg.) Handbuch der gesetzlichen Rentenversicherung. Luchterhand, Frankfurt a. M, S 389–410
[12] Worringen U, Zwingmann C (2001) Zur Einführung: Geschlechtsspezifische Rehabilitationsforschung in Deutschland. In: Worringen U, Zwingmann C (Hrsg): Rehabilitation weiblich – männlich. Geschlechtsspezifische Rehabilitationsforschung. Juventa, Weinheim, S 13–36

KAPITEL 10

Sozialkapital und gesundheitliches Wohlbefinden aus der Sicht von Frauen und Männern – Erste Ergebnisse einer Mitarbeiterbefragung in Produktionsbetrieben[1]

P. Rixgens · B. Badura · M. Behr

Zusammenfassung. Der vorliegende Beitrag beschäftigt sich mit dem Sozialkapital von Unternehmen. Konkret geht es hier zum einen um die Beantwortung der Frage, in welchem Zusammenhang das Sozialkapital mit dem gesundheitlichen Wohlbefinden der Beschäftigten steht und ob es diesbezüglich geschlechtsspezifische Unterschiede gibt. Zum anderen soll analysiert werden, ob sich Frauen und Männer im Hinblick auf das Erleben von Sozialkapital und Gesundheit im Unternehmen nennenswert unterscheiden. Als Datengrundlage dienen hierzu die Ergebnisse aus Mitarbeiterbefragungen, die im Rahmen eines Forschungsprojekts der Fakultät für Gesundheitswissenschaften der Universität Bielefeld in vier verschiedenen Produktionsbetrieben durchgeführt wurden. Die Resultate der 1270 Datensätze zeigen, dass die drei Teilaspekte des Sozialkapitals (Netzwerk-, Führungs- und Wertekapital) in einem starken korrelativen Zusammenhang zum gesundheitlichen Wohlbefinden der Beschäftigten stehen. Geschlechtsspezifische Zusammenhänge konnten dabei jedoch kaum belegt werden. Lediglich ist die Tendenz erkennbar, dass Männer vom Sozialkapital etwas stärker für die eigene Gesundheit profitieren als Frauen. Auch im Hinblick auf die Einschätzung des Sozialkapitals und des gesundheitlichen Wohlbefindens konnten zwischen den beiden Geschlechtern nur geringfügige Unterschiede ermittelt werden.

10.1 Gegenstand und Fragestellung

„Sozialkapital" erfreut sich als Leitkonzept gegenwärtig hoher Beliebtheit, wenn es darum geht, Erkenntnisse über nutzenstiftende soziale Strukturen und Prozesse zu gewinnen. Die Verwendung dieses Konzeptes in einer

---

[1] Die Autoren danken dem Ministerium für Arbeit, Gesundheit und Soziales des Landes Nordrhein-Westfalen und dem Europäischen Sozialfonds für die finanzielle Unterstützung des Projekts (Projektleitung: Prof. Dr. B. Badura, Prof. Dr. W. Greiner, Mitarbeiter: M. Behr, P. Rixgens, M. Ueberle).

international beträchtlich gestiegenen Anzahl von Veröffentlichungen [24, 27] zeigt jedoch erhebliche Unterschiede bei seiner Definition, Operationalisierung und kausalen Modellierung. Die folgenden Bemerkungen dienen der Einordnung des Vorgehens in einem Forschungsprogramm zum Sozialkapital von Organisationen an der Fakultät für Gesundheitswissenschaften, aus dem erste Ergebnisse berichtet werden.

Im international von Soziologen, Ökonomen, Politikwissenschaftlern und Sozialepidemiologen geführten Sozialkapitaldiskurs lassen sich gegenwärtig zwei Forschungsrichtungen unterscheiden. In der ersten wird Sozialkapital als Repertoire an Ressourcen verstanden, das Individuen innerhalb ihres sozialen Netzwerkes zur Verfügung steht, und auf das sie zu ihrem persönlichen Nutzen zurückgreifen können. Als Ressourcen gelten dabei materielle sowie immaterielle Unterstützungsleistungen, wie z. B. praktische Hilfen, Informationen („Tipps") sowie Anerkennung und Zuwendung. Persönlicher Nutzen könnte z. B. entstehen aus der Hilfestellung bei einem schwierigen Lernprozess, aus der emotionalen Unterstützung bei der Bewältigung von Angst, Wut oder Hilflosigkeit oder durch den Zugang zu neuem Wissen bzw. neuen Netzwerken. Bourdieu gilt als ein maßgeblicher Begründer dieser **personenbezogenen** Variante des Sozialkapitalansatzes [11]. Auch unsere eigenen frühen Arbeiten zur Sozialepidemiologie sind hier einzuordnen [1, 2]. Innerhalb der Organisationswissenschaften wird diese personenbezogene Variante u. a. von Burt vertreten, der den Nutzen brückenbildender Vernetzung bei der Beförderung und Einkommensentwicklung von Managern untersucht hat [14].

In der zweiten Forschungsrichtung wird Sozialkapital als Ressource bzw. Vermögen **sozialer Kollektive** wie Gruppen, Organisationen oder Regionen verstanden, das – in Form von interner Vernetzung und gemeinsamen Überzeugungen, Werten und Regeln – sowohl dem Nutzen ihrer einzelnen Mitglieder als auch dem kollektiven Nutzen dient. Die nutzenstiftende Wirkung liegt hier z. B. in erleichterter Zusammenarbeit und Koordination innerhalb dieser Kollektive, in einem schnellen Informationsfluss, in Vermeidung sozialer Reibungsverluste und in der Mobilisierung von Potenzialen und Synergien an der Mensch-Mensch-Schnittstelle. Letzteres bildet wiederum eine wichtige Vorraussetzung für die Anpassungsfähigkeit und Innovationskraft. Putnam ist ein zentraler Vertreter der Netzwerkvariante innerhalb dieses kollektiven Verständnisses von Sozialkapital; Fukuyama ist ein zentraler Vertreter der kulturellen Variante [21, 33]. Im Rahmen unseres eigenen Forschungsprogramms vertreten wir den kollektiven Ansatz, verknüpfen beide Varianten und wenden sie an auf die Analyse komplexer Organisationen in der Arbeitswelt. Das Sozialkapital von Organisationen

besteht für uns aus folgenden drei Elementen: dem Netzwerkkapital, dem Überzeugungs- und Wertekapital sowie dem Führungskapital [5]. Die beiden zentralen Hypothesen unseres Forschungsprogramms lauten:
1. Organisationen in der Arbeitswelt unterscheiden sich im Umfang ihres Sozialkapitals, so wie sie sich auch im Umfang ihres Sach- und Humankapitals unterscheiden.
2. Je umfangreicher ihr Sozialkapital ist, desto leistungsfähiger ist eine Organisation und umso gesünder sind ihre Mitglieder.

Unterstellt werden dabei die folgenden Wirkmechanismen: Das Sozialkapital von Organisationen wirkt zum einen **direkt** auf die kollektive Leistungsfähigkeit, bedingt durch seinen Einfluss auf Kooperation und Koordination. Und es wirkt gleichzeitig **indirekt**, bedingt durch seinen Einfluss auf Gesundheit, Leistungsbereitschaft und Leistungsfähigkeit der einzelnen Mitglieder. Dieser zweite Wirkungsmechanismus steht im Folgenden im Zentrum der Analyse. Je höher das Sozialkapital von Gruppen, Organisationen und Regionen einer Gesellschaft, umso geringer sind auch die Folgekosten für die sozialen Sicherungssysteme, durch Verhütung von Behandlung und Frühberentung, durch vermiedene Unfälle oder durch verhinderte Arbeitslosigkeit.

Dass zwischenmenschliche Beziehungen für das Wohlbefinden und die Gesundheit von zentraler Bedeutung sind, ist nicht neu [1]. Auch im Arbeitskontext belegen zahlreiche Untersuchungen, dass gute soziale Beziehungen generell zu mehr Wohlbefinden beitragen [30, 37, 38]. Für die Gesundheit der Mitarbeiterinnen und Mitarbeiter im Betrieb sind aber nicht nur die sozialen Beziehungen auf der horizontalen Ebene ausschlaggebend, sondern ebenso die vertikalen Beziehungen. Dementsprechend umfasst die zweite Komponente des Sozialkapitalansatzes die sozialen Beziehungen zwischen Vorgesetzten und ihren Mitarbeitern: das Führungskapital. Die Vorgesetzten tragen in vielen Betrieben beispielsweise durch ihr alltägliches Kommunikations-, Entscheidungs- und Konfliktverhalten maßgeblich zum gesundheitlichen Wohlbefinden ihrer Mitarbeiterinnen und Mitarbeiter bei. Die Qualität der Führung im Unternehmen ist maßgeblich davon abhängig, wie stark die Vorgesetzten in ihrer Rolle als Chef von der Belegschaft akzeptiert werden, in welchem Maße sich die Führungskräfte an den Bedürfnissen und Belangen ihrer Mitarbeiterinnen und Mitarbeiter orientieren und wie gut die Kommunikation zwischen den beiden Statusgruppen funktioniert. Zudem tragen ein gutes Vertrauensverhältnis, eine geringe Dominanz und Machtorientierung sowie ein fairer und gerechter Umgang der Vorgesetzten mit ihren Beschäftigten zu einem besseren gesundheitlichen Wohlbefinden der Belegschaft bei. Zu der Frage, ob das

Vorgesetztenverhalten von weiblichen Mitarbeitern anders wahrgenommen und bewertet wird als von männlichen Mitarbeitern, gibt es kaum empirische Befunde. Im Rahmen der Geschlechterforschung stehen diesbezüglich vor allem die Führungskräfte selbst im Vordergrund. Hier geht es beispielsweise um Untersuchungen, die sich mit den Unterschieden von weiblichem und männlichem Führungsverhalten auseinandersetzen [15].

Der dritte Aspekt des Sozialkapitals bezieht sich schließlich auf die geteilten Überzeugungen, Werte und Regeln einer Organisation. Dieses so genannte Überzeugungs- und Wertekapital bindet Menschen aneinander durch Gemeinsamkeiten in ihrem Denken, Fühlen und in den verfolgten Zielen. Wichtig ist dabei, dass Organisationen in der Arbeitswelt nicht nur über einen solchen Vorrat geteilter Werte verfügen, sondern dass diese gemeinsamen Überzeugungen auch im betrieblichen Alltag umgesetzt und gelebt werden. Zudem haben solche Unternehmen ein hohes Wertekapital, die sich insgesamt durch ein starkes Zusammengehörigkeitsgefühl, eine konstruktive Konfliktkultur und ein hohes Maß an Gerechtigkeit und individueller Wertschätzung gegenüber ihren Mitarbeiterinnen und Mitarbeitern auszeichnen.

Das Geschlecht ist neben Alter, Bildung und Herkunft einer der wichtigsten Prädiktoren für Krankheitsanfälligkeit. Obwohl die geschlechtsspezifische Forschung z. B. zur Verteilung von Krankheiten recht weit vorangeschritten ist, wurden bislang Aspekte im Arbeitskontext – wie beispielsweise die geschlechtsbezogenen Einflüsse der Unternehmenskultur, des Führungsverhaltens und der sozialen Beziehungen auf das gesundheitliche Wohlbefinden von Frauen und Männern – nur wenig analysiert [35]. Der Erhalt der Gesundheit und der Beschäftigungsfähigkeit ist das Ergebnis komplexer Wechselwirkungen zwischen psychischen, biologischen und sozialen Systemen. Wie sinnhaft, verständlich und beeinflussbar Situationen erlebt und wie sie bewältigt werden, hängt neben Sozialisation, Qualifikation und Lebenserfahrung von der Güte der Beziehungen zu anderen Menschen ab und von dem Vorrat an gemeinsamen Überzeugungen, Werten und Regeln.

Im vorliegenden Beitrag soll der Frage nachgegangen werden, ob sich diese theoretisch postulierten Zusammenhänge zwischen dem Sozialkapital und dem gesundheitlichen Wohlbefinden tatsächlich in der Realität nachweisen lassen. Darüber hinaus soll analysiert werden, ob es bei der Wahrnehmung und Bewertung des Sozialkapitals geschlechtsspezifische Unterschiede gibt. In weiteren Publikationen werden wir die Zusammenhänge von Sozialkapital, Gesundheit und Betriebsergebnis analysieren.

10.2 Erhebungsinstrument

Die hier dargestellten Daten sind im Rahmen des Forschungsprojekts „Kennzahlenentwicklung und Nutzenbewertung im Betrieblichen Gesundheitsmanagement" der Fakultät für Gesundheitswissenschaften der Universität Bielefeld in den Jahren 2006 und 2007 erhoben worden. Im Rahmen dieses Projekts wurden die Mitarbeiterinnen und Mitarbeiter aus vier unterschiedlichen Produktionsbetrieben mit einem standardisierten Fragebogen schriftlich befragt. Das eigens für dieses Projekt konzipierte Befragungsinstrument beinhaltet neben den hier analysierten Fragen zum Sozialkapital und zum gesundheitlichen Wohlbefinden auch Items zu den organisatorischen Arbeitsbedingungen, der Work-Life-Balance der Beschäftigten und der Produktivität der Belegschaften, die in diesem Beitrag außer Betracht bleiben.

Zur Operationalisierung der relevanten Konstrukte wurde soweit wie möglich auf Items bzw. Skalen zurückgegriffen, die sich in anderen wissenschaftlichen Untersuchungen bereits bewährt haben [12, 31, 39]. Variablen, für die keine adäquaten Items zur Verfügung standen, wurden mit Hilfe neu entwickelter Skalen erhoben [6]. Die sozialen Beziehungen zwischen den Mitarbeiterinnen und Mitarbeitern eines Arbeitsteams (Netzwerkkapital) wurden durch insgesamt 14 Items abgebildet, die sich ihrerseits zu fünf Faktoren zusammenfassen ließen. Die sozialen Beziehungen zum direkten Vorgesetzten (Führungskapital) wurden durch 20 einzelne Fragen erhoben; durch explorative Faktorenanalysen konnten diese Items auf 6 Faktoren reduziert werden. Zur Erfassung des Wertekapitals wurden schließlich weitere 23 Items formuliert, aus denen 7 verschiedene Faktoren extrahiert wurden. Um eine Aussage über die Gesundheit der Mitarbeiterinnen und Mitarbeiter machen zu können, wurden den Probanden 16 Fragen zur physischen und psychischen Gesundheit sowie zum allgemeinen Wohlbefinden vorgelegt, die auf 3 Faktoren reduziert werden konnten. Alle Items wurden auf 5-stufigen Intervallskalen erhoben, wobei der Wert 1 stets die kleinste Ausprägung (z. B. „trifft überhaupt nicht zu") und der Wert 5 die größte Ausprägung (z. B. „trifft voll und ganz zu") repräsentierte. Die Güte der Indexbildung mittels Likert-Skalierung wurde u. a. durch konfirmatorische Faktorenanalysen sowie durch Alpha-Reliabilitätsanalysen empirisch überprüft; dabei weisen die berechneten Alpha-Werte aller neu gebildeten Faktoren auf eine hohe interne Konsistenz der verwendeten Einzelitems hin. Da die beiden Konstrukte Sozialkapital und gesundheitliches Wohlbefinden mit insgesamt 73 Einzelitems bzw. 23 Faktoren sehr differenziert erfasst worden sind, können wir im Rahmen dieses Beitrags nicht alle verwendeten Items bzw. Faktoren ausführlich darstellen. Die folgende Präsentation der

Ergebnisse wird sich dementsprechend exemplarisch auf die Auswertung von folgenden 12 Faktoren beschränken:

Das Netzwerkkapital, d. h. die Güte der sozialen Beziehungen innerhalb des eigenen Arbeitsteams, wird konkret durch die drei Faktoren N1: Ausmaß des Zusammengehörigkeitsgefühls, N2: Soziale Unterstützung und N3: Güte der Kommunikation abgebildet. In diesem Zusammenhang haben wir die Probanden danach gefragt, in welchem Ausmaß beispielsweise Aussagen wie die folgenden ihrer Meinung nach zutreffen: „In unserer Abteilung halten alle ganz gut zusammen" und „In unserer Abteilung ist es üblich, dass man sich gegenseitig hilft und unterstützt".

In Bezug auf das Führungskapital werden folgende drei Faktoren ausgewertet: F1: Akzeptanz des Vorgesetzten, F2: Ausmaß von Fairness und Gerechtigkeit und F3: Güte der Kommunikation zwischen den Statusgruppen. Hier haben wir beispielsweise folgende Items dem Personal zur Bewertung auf den beschriebenen 5-Punkte-Skalen vorgelegt: „Mein direkter Vorgesetzter ist für seine Mitarbeiter ein echtes Vorbild" oder „Mein direkter Vorgesetzter spricht regelmäßig mit allen seinen Mitarbeitern".

Der dritte Aspekt des Wertekapitals wird im vorliegenden Beitrag exemplarisch durch die drei Faktoren W1: Gemeinsame Werte und Normen, W2: Gelebte Unternehmenskultur und W3: Individuelle Wertschätzung für die Mitarbeiter erfasst. Als Grundlage für die statistischen Analysen dienen in diesem Zusammenhang das Ausmaß der Zustimmung zu Items wie z. B. „Bei wichtigen Entscheidungen ist die Belegschaft bei uns in der Regel einer Meinung".

Das gesundheitliche Wohlbefinden der Beschäftigten wird schließlich durch folgende vier Teilaspekte konzeptualisiert: durch den Faktor G1: Physische Beschwerden, der wichtige Dimensionen der physischen Gesundheit durch sieben typische Beschwerden (z. B. Häufigkeit von Müdigkeit, Kopf- und Magenschmerzen) abbilden soll; durch den Faktor G2: Ausmaß depressiver Verstimmungen, der den psychischen Gesundheitszustand durch 5 Items (z. B. „Es fiel mir schwer etwas zu genießen") erfragt; und schließlich durch den Faktor G3: Allgemeines Wohlbefinden, der das allgemeine Wohlbefinden der Probanden durch weitere 4 Fragen (z. B. „Ich fühlte mich voller Energie und Tatkraft") erfasst.

10.3 Datenbasis und Stichprobe

Alle vier untersuchten Unternehmen sind in der Sachgüterproduktion tätig. Von den insgesamt 3698 befragten Personen haben sich 1270 Beschäftigte an der Befragung beteiligt, was einer Rücklaufquote von 34,3% entspricht. Frauen sind in dieser Stichprobe mit insgesamt 165 Personen (13,1%) deutlich geringer vertreten als Männer (n = 1019; 80,2%). Angesichts dieser Verteilung kann man aber vermuten, dass die fehlenden Angaben zum Geschlecht vor allem aus der Gruppe der weiblich Beschäftigten kommen. Wenn man davon ausgeht, dass im industriellen Bereich etwa 17% Frauen tätig sind [18], bildet der wahre Frauenanteil in unserer Stichprobe die Realität ziemlich genau ab. Der überwiegende Teil der Befragten ist zwischen 36 und 45 Jahre alt (Frauen 32,5%; Männer 36,9%) und lebt in festen partnerschaftlichen Verhältnissen (Frauen 72,1%; Männer 78,2%). Während etwa jeder zweite Mann (50,1%) betreuungspflichtige Kinder hat, kümmert sich in diesem Sample nur etwa jede dritte Frau (34,4%) um die Betreuung eigener Kinder. Hinzuweisen ist zudem auf die Tatsache, dass die weiblichen Beschäftigten häufiger einen befristeten Arbeitsvertrag haben (Frauen 24,1%; Männer 14,6%), sehr viel öfter einer Teilzeitbeschäftigung bzw. einem Mini-Job nachgehen (Frauen 34,9%; Männer 0,4%) und zudem über ein deutlich geringeres Bildungsniveau verfügen als die männlichen Kollegen. Beispielsweise haben nur 6,7% der Arbeitnehmerinnen einen Hochschulabschluss (Männer 12,3%), und etwa jede fünfte Frau hat keine abgeschlossene Berufsausbildung (Frauen 20,2%; Männer 7,6%).

10.4 Ergebnisse

Mit Hilfe einfacher Korrelationsanalysen wird zunächst analysiert, wie das Sozialkapital mit der Gesundheit der Beschäftigten im Betrieb zusammenhängt. Wie die Tabelle 10.1 mit den geschlechtsspezifischen Produkt-Moment-Korrelationskoeffizienten zeigt, sind fast alle vermuteten Zusammenhänge linearer Natur, statistisch zum Teil hochsignifikant und entsprechen hinsichtlich der Vorzeichen allesamt exakt den theoretischen Erwartungen.

Im Detail stellen sich die Ergebnisse wie folgt dar: Je stärker bzw. besser die horizontalen Sozialbeziehungen innerhalb der eigenen Arbeitsteams bewertet werden, desto weniger sind die Befragten von somatischen Beschwerden und depressiven Verstimmungen betroffen. In gleicher Weise steht das Netzwerkkapital auch mit dem dritten Gesundheitsindikator, dem allgemeinen Wohlbefinden der Mitarbeiterinnen und Mitarbeiter, in einem stark positiven Zusammenhang. Ebenso hängen auch die drei Teilaspekte des Führungskapitals in der erwarteten Weise mit dem Gesundheitszustand der Beschäftigten zusammen. Je höher die Akzeptanz des direkten Vorgesetzten, je fairer und gerechter der Umgang mit den Mitarbeitern und je besser die Kommunikation zwischen den beiden Statusgruppen, desto weniger konstatieren die Befragten bei sich physische Beschwerden und depressive Verstimmungen und desto positiver beurteilen sie ihr gesundheitliches Wohlbefinden. Zwar sind die

Tabelle 10.1. Korrelationsmatrix

			G1 Physische Beschwerden	G2 Depressive Verstimmungen	G3 Allgemeines Wohlbefinden
Netzwerkkapital					
N1	Ausmaß des Zusammengehörigkeitsgefühls (Skala: 5–25)	Männer	-,396 (**)	-,412 (**)	,455 (**)
		Frauen	-,244 (**)	-,258 (**)	,365 (**)
N2	Soziale Unterstützung innerhalb des eigenen Teams (Skala: 2–10)	Männer	-,317 (**)	-,344 (**)	,372 (**)
		Frauen	-,156	-,183 (*)	,273 (**)
N3	Güte der Kommunikation im Team (Skala: 2–10)	Männer	-,308 (**)	-,320 (**)	,359 (**)
		Frauen	-,181 (*)	-,242 (**)	,303 (**)
Führungskapital					
F1	Akzeptanz des Vorgesetzten (Skala: 3–15)	Männer	-,332 (**)	-,335 (**)	,320 (**)
		Frauen	-,163 (*)	-,126	,239 (**)
F2	Ausmaß von Fairness und Gerechtigkeit (Skala: 2–10)	Männer	-,337 (**)	-,349 (**)	,339 (**)
		Frauen	-,155	-,148	,238 (**)
F3	Güte der Kommunikation (Skala: 3–15)	Männer	-,338 (**)	-,335 (**)	,342 (**)
		Frauen	-,217 (**)	-,214 (**)	,230 (**)
Wertekapital					
W1	Gemeinsame Normen und Werte (Skala: 5–25)	Männer	-,332 (**)	-,355 (**)	,372 (**)
		Frauen	-,250 (**)	-,184 (*)	,335 (**)
W2	Gelebte Unternehmenskultur (Skala: 3–15)	Männer	-,335 (**)	-,344 (**)	,380 (**)
		Frauen	-,226 (**)	-,159	,234 (**)
W3	Wertschätzung der Mitarbeiter durch das Management (Skala: 2–10)	Männer	-,378 (**)	-,386 (**)	,405 (**)
		Frauen	-,281 (**)	-,269 (**)	,369 (**)

** Die Korrelation ist auf dem Niveau von 0,01 (2-seitig) signifikant.
* Die Korrelation ist auf dem Niveau von 0,05 (2-seitig) signifikant.

Korrelationen in Bezug auf das Führungskapital nicht ganz so hoch wie die entsprechenden Werte für das Netzwerkkapital; insgesamt zeigen diese Befunde aber ganz eindeutig, dass auch das jeweilige Verhalten der Vorgesetzten für die Gesundheit ihrer Mitarbeiterinnen und Mitarbeiter von großer Bedeutung ist. Wie die durchweg sehr hohen Korrelationen im dritten Abschnitt der Tabelle 10.1 zeigen, ist aber vor allem ein differenziertes und ausgeprägtes Wertekapital eine starke Ressource für den Schutz der Gesundheit.

Je größer der Stellenwert gemeinsamer Werte und Normen in einem Unternehmen ist, je mehr eine solche gemeinsame Unternehmenskultur im betrieblichen Alltag tatsächlich gelebt wird und je größer die Wertschätzung der Mitarbeiter im Betrieb ist, desto weniger leidet das Personal unter physischen und psychischen Beschwerden und desto besser ist ihr gesundheitlicher Allgemeinzustand. Alles in allem zeigen die Befunde also, dass alle drei Aspekte des Sozialkapitals für den Gesundheitszustand der Beschäftigten von großer Bedeutung sind. Sofern auch die Items bzw. Faktoren in der Analyse berücksichtigt werden, die hier nicht explizit genannt werden können, so zeigen sich für das Netzwerkkapital und insbesondere für das Wertekapital die stärksten Zusammenhänge zum gesundheitlichen Wohlbefinden der Belegschaft. Die Korrelationen zum Führungskapital sind insgesamt gesehen etwas geringer.

Bei getrennter Betrachtung der Zusammenhangsmaße für Männer und Frauen fällt auf, dass es zwischen den beiden Geschlechtern offenbar nur minimale Unterschiede gibt. Die jeweils etwas höheren Korrelationen bei den Männern könnten möglicherweise darauf hindeuten, dass die männlichen Befragten vom Sozialkapital für ihre Gesundheit noch etwas stärker profitieren als die Frauen. Insbesondere die soziale Unterstützung im Team, der gerechte Umgang der direkten Vorgesetzten mit ihren Mitarbeitern und das Umsetzen der Unternehmenswerte in den Betriebsalltag führen unseren Ergebnissen zur Folge vor allem bei den befragten Männern zu weniger somatischen Beschwerden und depressiven Verstimmungen sowie zu einem besseren allgemeinen Wohlbefinden. Trotz dieser leichten Geschlechtsdifferenzen können wir aufgrund der vorliegenden Befunde aber mit hoher Sicherheit zusammenfassend konstatieren, dass sich in den untersuchten Bereichen des produzierenden Gewerbes ein hohes Maß an betrieblichem Sozialkapital sehr förderlich auf das gesundheitliche Wohlbefinden aller Beschäftigten auswirkt.

Nachdem der positive Zusammenhang von Sozialkapital und Gesundheit belegt werden konnte, schließt sich die Beantwortung der zweiten Frage an, ob und in welchem Maße sich Frauen und Männer im Hinblick auf die Einschätzung des Sozialkapitals im Unternehmen unterscheiden. Mit Hilfe von Einfachen Varianzanalysen wird deshalb im Folgenden überprüft, ob die jeweiligen Mittelwerte für die beiden Geschlechter sich signifikant unterscheiden. Bei Betrachtung der Gesamtmittelwerte zu den drei Faktoren des Netzwerkkapitals (Ergebnisspalte 1 in Tabelle 10.2) fällt zunächst einmal auf, dass die Faktoren N1 bis N3 – gemessen am jeweiligen Skalenmittelpunkt – überdurchschnittlich gut ausfallen. So zeichnen sich die sozialen Beziehungen in den vier untersuchten Betrieben durch ein verhältnismäßig starkes Zusammengehörigkeitsgefühl aus (Arithmetischer Mittelwert AM = 18,53 gegenüber dem theo-

Tabelle 10.2. Geschlechtsspezifische Mittelwertsdifferenzen beim Sozialkapital

	Sozialkapital im Betrieb			
	Insgesamt	Frauen	Männer	Signifikanz
Netzwerkkapital				
N1 Ausmaß des Zusammengehörigkeitsgefühls (Skala: 5–15–25)	18,53	18,76	18,50	0,497
N2 Unterstützung innerhalb des eigenen Teams (Skala: 2–6–10)	7,24	7,39	7,22	0,263
N3 Güte der Kommunikation im Team (Skala: 2–6–10)	7,51	7,72	7,48	0,078
Führungskapital				
F1 Akzeptanz des Vorgesetzten (Skala: 3–9–15)	10,55	10,96	10,49	0,046*
F2 Ausmaß von Fairness und Gerechtigkeit (Skala: 2–6–10)	7,10	7,31	7,07	0,192
F3 Güte der Kommunikation (Skala: 3–9–15)	11,42	11,86	11,35	0,015*
Wertekapital				
W1 Gemeinsame Normen und Werte (Skala: 5–15–25)	16,62	16,64	16,61	0,902
W2 Gelebte Unternehmenskultur (Skala: 3–9–15)	9,10	9,21	9,09	0,579
W3 Individuelle Wertschätzung für die Mitarbeiter (Skala: 2–6–10)	6,46	6,49	6,46	0,821

** Die Korrelation ist auf dem Niveau von 0,01 (2-seitig) signifikant.
* Die Korrelation ist auf dem Niveau von 0,05 (2-seitig) signifikant.

retischen Skalenmittelpunkt 15). Die Teammitglieder sind zudem in relativ hohem Maße bereit, sich gegenseitig zu unterstützen und zu helfen (AM = 7,24 gegenüber Skalenmittelpunkt 6). Schließlich ist auch die Güte der Kommunikation nach diesen Befunden überdurchschnittlich gut ausgeprägt (AM = 7,51 gegenüber Skalenmittelpunkt 6).

Die für die beiden Geschlechter berechneten Mittelwerte (Ergebnisspalten 2 und 3) zeigen zwar, dass die Frauen in dieser Stichprobe die Güte der horizontalen Beziehungen zu den eigenen Arbeitskollegen in allen drei Aspekten des Netzwerkkapitals jeweils etwas besser einschätzen als die Männer. Wie die varianzanalytisch berechneten Signifikanzwerte (in Ergebnisspalte 4) jedoch auch zeigen, gibt es bei allen drei Faktoren N1 bis N3 zwischen den beiden Geschlechtern keinen statistisch signifikanten Unterschied. Die Güte der sozialen Beziehungen bzw. das betriebliche Netzwerkkapital wird somit sowohl von den Frauen als auch von den Männern in dieser Stichprobe in etwa gleich positiv beurteilt.

Etwas anders stellt sich die Situation im Hinblick auf das Führungskapital dar. Wenn auch hier der jeweilige Skalenmittelpunkt als Maßstab zugrunde gelegt wird, können wir zunächst konstatieren, dass alle drei Teilaspekte der Führungsqualität von den Befragten zwar leicht überdurchschnittlich, aber nicht außergewöhnlich gut bewertet werden. Besonders auffällig ist aber in diesem Zusammenhang, dass die Frauen bei den Faktoren F1 bis F3 jedes Mal bessere Beurteilungen ihrer Vorgesetzten abgegeben haben als ihre männlichen Kollegen und dass diese Differenzen in zwei Fällen sogar signifikant sind. Die weiblichen Beschäftigten schätzen nämlich nicht nur die Kommunikation zu ihrem Vorgesetzten besser ein (Faktor F3: Frauen 11,86; Männer 11,35), sondern sie akzeptieren ihre (vornehmlich männlichen) Chefs auch in stärkerem Maße als die männlichen Kollegen (Faktor F1: Frauen 10,96; Männer 10,49). Die varianzanalytischen Werte für die Alpha-Irrtumswahrscheinlichkeiten weisen in beiden Fällen auf signifikante Unterschiede in der Beurteilung des Führungskapitals zwischen den beiden Geschlechtern hin. Beim Faktor F2 (Ausmaß Fairness und Gerechtigkeit) gibt es dagegen keinerlei nachweisbare Differenzen zwischen weiblichen und männlichen Beschäftigten.

Die varianzanalytischen Ergebnisse zu den Faktoren W1 bis W3 machen schließlich deutlich, dass die Bewertung des in den Unternehmen vorhandenen Wertekapitals nur leicht über den jeweiligen Skalenmittelpunkten liegt und deshalb quantitativ und qualitativ etwas schwächer als das Netzwerk- und das Führungskapital bewertet wird. Beispielsweise sind die Mittelwerte für die individuelle Wertschätzung der Mitarbeiter ebenso wie die für die gelebte Unternehmenskultur in den vier Betrieben fast mit dem jeweiligen Skalenmittelpunkt identisch. Zwar beurteilen die Frauen neben dem Netzwerk- und Führungskapital auch das Wertekapital absolut betrachtet wiederum etwas besser als die Männer, der Mittelwertsvergleich erbringt aber keinerlei signifikante Differenzen zwischen den Geschlechtern. Insgesamt ist in den untersuchten vier Unternehmen das Wertekapital im Vergleich zum Führungs- und vor allem zum Netzwerkkapital am schwächsten ausgeprägt.

Das abschließende Ergebnis dieser Analyse bezieht sich auf den Gesundheitszustand der Beschäftigten. Es soll varianzanalytisch die Frage geklärt werden, ob die befragten Männer und Frauen ihren Gesundheitszustand

Tabelle 10.3. Geschlechtsspezifische Mittelwertsdifferenzen des gesundheitlichen Wohlbefindens

		Gesundheitszustand der Beschäftigten			
		Insgesamt	Frauen	Männer	Signifikanz
G1	Häufigkeit psycho-somatischer Beschwerden (Skala: 7-21-35)	12,88	13,17	12,84	0,410
G2	Ausmaß depressiver Verstimmungen (Skala: 5-15-25)	9,93	9,99	9,92	0,833
G3	Güte des allgemeinen Wohlbefindens (Skala: 4-12-20)	15,51	15,38	15,53	0,559

** Die Korrelation ist auf dem Niveau von 0,01 (2-seitig) signifikant.
* Die Korrelation ist auf dem Niveau von 0,05 (2-seitig) signifikant.

unterschiedlich wahrnehmen und beurteilen. Aus Tabelle 10.3 ist zum einen zu entnehmen, dass die Gesamtstichprobe der Mitarbeiterinnen und Mitarbeiter von somatischen Beschwerden (AM = 12,88 gegenüber Skalenmittelpunkt 21) und depressiven Verstimmungen (AM = 9,93 gegenüber Skalenmittelpunkt 15) eher selten betroffen sind. Zudem scheinen diese Arbeitnehmerinnen und Arbeitnehmer auch über ein vergleichsweise gutes allgemeines Wohlbefinden zu verfügen (AM = 15,51 gegenüber Skalenmittelpunkt 12). Ein weiteres Teilergebnis besteht in diesem Zusammenhang darin, dass die Probanden dieser Stichprobe insgesamt sehr viel häufiger über Müdigkeit und Rückenschmerzen klagen als über Magen- und Herzprobleme.

Beim varianzanalytischen Vergleich der Mittelwerte zwischen den Geschlechtern wird deutlich, dass Frauen wie Männer von somatischen Beschwerden in gleich niedrigem Maße betroffen sind. Bei der Analyse der einzelnen Krankheitssymptome zeigte sich aber, dass das physische Wohlbefinden der Frauen in dieser Stichprobe insgesamt sehr viel häufiger durch Kopfschmerzen, bei den Männern eher durch Konzentrationsstörungen beeinträchtigt wird. Diese Detailbefunde sind im Übrigen mit anderen Forschungsergebnissen kongruent [13, 18]. Dagegen haben sich im Gegensatz zu einigen anderen Untersuchungen [29, 36] in unserem Sample aber auch für die psychische Gesundheit bzw. für das Ausmaß depressiver Verstimmungen sowie für das allgemeine Wohlbefinden zwischen den Geschlechtern keinerlei Unterschiede ergeben. Wie die Tabelle 10.3 zeigt, erbrachte der Signifikanztest für alle drei Faktoren keine statistisch bedeutsamen Unterschiede, die darauf schließen lassen, dass Frauen und Männer ihr gesundheitliches Wohlbefinden insgesamt sehr viel anders wahrnehmen und bewerten.

10.5 Diskussion und Fazit

Anhand der Daten von insgesamt 165 Frauen und 1019 Männern aus vier Produktionsbetrieben konnten wir zeigen, dass das betriebliche Sozialkapital in einem sehr engen Zusammenhang mit dem gesundheitlichen Wohlbefinden der Mitarbeiterinnen und Mitarbeiter steht. Einen guten physischen und psychischen Gesundheitszustand sowie ein gutes allgemeines Wohlbefinden haben tendenziell solche Beschäftigten, die über gute Sozialbeziehungen sowohl zu ihren Kolleginnen und Kollegen als auch zu ihren Vorgesetzten verfügen und zudem der Meinung sind, dass das Unternehmen insgesamt ein starkes Wertekapital besitzt. Je stärker Netzwerk-, Führungs- und Wertekapital eines Unternehmens ausgeprägt sind, desto besser wird die individuelle Gesundheit von den Beschäftigten bewertet.

Geschlechtsspezifische Zusammenhänge zwischen Sozialkapital und Gesundheit konnten darüber hinaus aber nur partiell belegt werden. Wir können deshalb nicht mit Sicherheit ausschließen, dass der sich in unseren Daten andeutende Befund eines etwas stärkeren Nutzens des Sozialkapitals für die Männergesundheit ein reines Zufallsergebnis darstellt.

Ebenso gibt es bei der Bewertung des Sozialkapitals im Betrieb und des gesundheitlichen Wohlbefindens zwischen weiblichen und männlichen Beschäftigten nur einige wenige Unterschiede. Entsprechende Forschungsergebnisse im Bereich des Gender Mainstreaming zeigen im Übrigen ein sehr widersprüchliches Bild. Auf der einen Seite gibt es zahlreiche empirische Untersuchungen z. B. im Hinblick auf die geschlechtsspezifische Epidemiologie von Erkrankungen [23], gesundheitliches Wohlbefinden [35] und soziale Unterstützung [37], die einen deutlichen Geschlechterunterschied belegen. Auf der anderen Seite gibt es aber auch viele Studien, die – ähnlich wie wir in dieser Untersuchung – nur wenige oder gar keine Unterschiede zwischen den Geschlechtern identifizieren konnten [34, 40].

Bei der Interpretation der vorliegenden Ergebnisse ist vor allem zu bedenken, dass es sich um eine hoch selektive Stichprobe handelt, bei der der relativ geringe Frauenanteil auch in statistischer Hinsicht nicht ganz unproblematisch ist. Somit ist die Möglichkeit einer vorbehaltlosen Übertragbarkeit dieser Befunde auf die Gesamtheit aller erwerbstätigen Frauen sicher nicht gegeben. Um eine fundiertere Aussage darüber machen zu können, wie es sich mit der Bewertung von Sozialkapital und Gesundheit von Frauen im ausschließlich produzierenden Gewerbe verhält, müssten noch deutlich mehr Betriebe befragt werden. Da es in der einschlägigen Forschung so gut wie keine empirischen Resultate gibt, die das Erleben von Führung und Unternehmenskultur aus der Mitarbeiter- bzw. Geschlechterperspektive untersucht haben, gibt es dementsprechend auch kaum Ergebnisse, mit denen unsere Befunde direkt verglichen werden könnten – hier besteht noch erheblicher Forschungsbedarf.

Trotz dieser methodischen Einschränkungen steht aber nach unseren Befunden außer Frage, dass es sich beim Konstrukt des betrieblichen Sozialkapitals um einen vielversprechenden Ansatz handelt, mit dem Teilaspekte der beruflichen Gesundheit differenziert analysiert werden können. Offen bleibt allerdings die Frage, welches der drei Teilkonstrukte (Netzwerk, Führungs- und Wertekapital) die größte Erklärungskraft für das physische und psychische Wohlbefinden und die Arbeitsleistung der Belegschaft hat. Diesen und anderen vertiefenden Fragestellungen werden wir in weiteren Analysen und Veröffentlichungen nachgehen.

Literatur

[1] Badura B (Hrsg) (1981) Soziale Unterstützung und Chronische Krankheit: Zum Stand sozialepidemiologischer Forschung. Suhrkamp, Frankfurt
[2] Badura B, Kaufhold G, Lehmann H et al (1987) Leben mit dem Herzinfarkt: Eine sozialepidemiologische Studie. Springer, Berlin Heidelberg New York
[3] Badura B, Hehlmann T (2003) Betriebliche Gesundheitspolitik. Der Weg zur gesunden Organisation. Springer, Berlin Heidelberg New York
[4] Badura B (2006) Social Capital, Social Inequality, and the Healthy Organization. In: Noack H, Kahr-Gottlieb D Promoting the Public's Health, The EUPHA 2005 Conference Book, S 53–60
[5] Badura B (2007) Grundlagen präventiver Gesundheitspolitik – Das Sozialkapital von Organisationen. In: Kirch W, Badura B Prävention. Beiträge des Nationalen Präventionskongresses. Dresden, 24. – 27.10.2007. Springer, Berlin Heidelberg New York (in press)
[6] Badura B, Greiner W, Behr M et al (2007) Nutzen und Kosten des Betrieblichen Gesundheitsmanagements. Sozialkapital und Kennzahlen als Beiträge zur Unternehmenssteuerung. Abschlussbericht. Universität Bielefeld Fakultät für Gesundheitswissenschaften (in Bearb.)
[7] Baron S, Field J, Schuller T (2000) Social Capital: Critical Perspectives. Oxford University Press, Oxford
[8] Bender KA, Donohue SM, Heywood JS (2005) Job Satisfaction and Gender Segregation. Oxford Economic Papers 57:479–496
[9] Bergman B, Hallberg LRM (2002) Women in a Male-Dominated Industry: Factor Analysis of a Women Workplace Culture Questionnaire Based on a Grounded Theory Model. Sex Roles 46 (9/10):311–322
[10] Bourdieu O (1983) Ökonomisches Kapital, Kulturelles Kapital, Soziales Kapital. In: Kreckel R (Hrsg) Soziale Ungleichheiten. Schwarz, Göttingen
[11] Bourdieu O (1986) The Form of Capital. In: Richardson J (ed.) Handbook of Theory and Research for the Sociology of Education. Greenwood Press, New York, S 241–258

[12] Brücker H, Bock-Rosenthal E, Rixgens P (2004) Fragebogen zu interprofessionellen Arbeitsstrukturen im Krankenhaus. 10 Instrumente für die schriftliche Befragung von Führungskräften und Mitarbeitern in 5 verschiedenen Berufsgruppen. Münster: Forschungsprojekt "Interprofessionelle Arbeitstrukturen im Krankenhaus", FB Pflege, FH Münster
[13] Bundesministerium für Familie, Senioren, Frauen und Jugend (2002) Bericht zur gesundheitlichen Situation von Frauen in Deutschland. Eine Bestandsaufnahme unter Berücksichtigung der unterschiedlichen Entwicklung in West- und Ostdeutschland, 3. Aufl. Kohlhammer, Stuttgart
[14] Burt RS (2000) Contingent Value of Social capital. In: Lesser EL (ed) Knowledge and Social Capital: Foundations and Applications. Butterworth-Heinemann, Boston, S 255–268
[15] Butterfield DA, Grinnell JP (1999) "Re-Viewing" Gender, Leadership, and Managerial Behavior. In: Powell GN (Hrsg) Handbook of Gender and Work. Sage, Thousand Oaks, S 223238
[16] Cleveland JN, Stockdale M, Murphy KR (2000) Women and Men in Organizations. Sex and Gender Issues at Work. Lawrence Erlbaum Associates, Mahwah, New Jersey
[17] Coleman J (1990) Foundations of Social Theory. Harvard University Press, Cambridge
[18] Deutsche Jugendinstitut e.V., Statistisches Bundesamt (2005) Gender-Datenreport. Internet: http://www.bmfsj.de/Publikationen/genderreport
[19] Emmerik IJH van (2006) Gender Differences in the Creation of different Types of Social Capital: A Multilevel Study. Social Networks 28:24–37
[20] Ferraro KF, Nuriddin TA (2006) Psychological Distress and Mortality: Are Women More Vulnerable? Journal of Health and Social Behavior 47:227–241
[21] Fukuyama F (1999) The Great Disruption. Human Nature and the Reconstitution of Social Order. Free Press, New York
[22] Gümbel M, Rundnagel R (2004) Gesundheit hat ein Geschlecht. Die Bedeutung von Gender Mainstreaming im Arbeits- und Gesundheitsschutz. Arbeitsrecht im Betrieb 9:539–545
[23] Härtel U (2002) Krankheiten des Herz-Kreislauf-Systems bei Männern und Frauen. In: Hurrelmann K, Kolip P. Geschlecht, Gesundheit und Krankheit. Männer und Frauen im Vergleich. Huber, Bern, S 273–290
[24] Halpern D (2005) Social Capital. Polity Press, Cambridge
[25] Hurrelmann K, Kolip P (2002) Geschlecht, Gesundheit und Krankheit. Männer und Frauen im Vergleich. Huber, Bern
[26] Kolip P (1997) Geschlecht und Gesundheit im Jugendalter. Die Konstruktion von Geschlechtlichkeit über somatische Kulturen. Leske und Budrich, Opladen
[27] Luke DK, Hallis JK (2007) Network Analysis in Public Health: History, Methods, and Applications. Annual Review of Public Health 28:69–93
[28] Kroll LE, Lampert T (2007) Sozialkapital und Gesundheit in Deutschland. Gesundheitswesen 69:120–127
[29] Merbach M, Singer S, Brähler E (2002) Psychische Störungen bei Männern und Frauen. In: Hurrelmann K, Kolip P Geschlecht, Gesundheit und Krankheit. Männer und Frauen im Vergleich. Huber, Bern, S 258–272
[30] Pfaff H (1989) Stressbewältigung und soziale Unterstützung: Zur sozialen Regulierung individuellen Wohlbefindens. Deutscher Studien-Verlag, Weinheim

[31] Pfaff H, Püllhofer F, Brinkmann A et al (2004) Der Mitarbeiterkennzahlenbogen (MIKE). Kompendium valider Kennzahlen. Klinikum der Universität zu Köln, Abteilung Medizinische Soziologie, Köln
[32] Powell GN (Hrsg) (1999) Handbook of Gender and Work. Sage, Thousand Oaks
[33] Putnam RD (2000) Bowling alone: America's declining Social Capital. Simon & Schuster, New York
[34] Roesler U, Jacobi F, Rau R (2006) Work and Mental Disorders in a German National Representative Sample. Work & Stress 20 (3):234–244
[35] Siegrist K, Rödel A, Hessel A et al (2006) Psychosoziale Arbeitsbelastungen, Arbeitsunfähigkeit und gesundheitsbezogenes Wohlbefinden: Eine empirische Studie aus der Perspektive der Geschlechterforschung. Gesundheitswesen 68:526–534
[36] Schmidt B (2002) Gesundheit und Krankheit im Erwachsenenalter. In: Hurrelmann K, Kolip P Geschlecht, Gesundheit und Krankheit. Männer und Frauen im Vergleich. Huber, Bern, S 191–205
[37] Snow DL, Swan SC, Raghavan C et al (2003) The Relationship of Work Stressors, Coping and Social Support to Psychological Symptoms among Female Secretarial Employees. Work & Stress 17 (3):241–263
[38] Tolbert PS, Graham ME, Andrews AO (1999) Group Gender Composition and Work Group Relations. In: Powell GN (Hrsg) Handbook of Gender and Work. Sage, Thousand Oaks, S 179–202
[39] Udris I, Rimann M (1999) SAA und SALSA: zwei Fragebogen zur subjektiven Arbeitsanalyse. In Dunckel H (Hrsg) Handbuch psychologischer Arbeitsanalyseverfahren. Ein praxisorientierter Überblick (397–419). vdf Hochschulverlag, Zürich
[40] Vagg PR, Spielberger CD, Wasala CF (2002) Effects of Organizational Level and Gender on Stress in the Workplace. International Journal of Stress Management 9 (4):243–261
[41] Wharton AS (1991) Satisfaction? The Psychological Impact of Gender Segregation on Women at Work. Sociological Quarterly 32 (3):365–386
[42] World Economic Forum (2007) Working Towards Wellness. Accelerating the Prevention of Chronic Disease. PricewaterhouseCoopers, Genf

KAPITEL 11

Vereinbarkeit von Familie und Beruf

W. Cornelißen

Zusammenfassung. Der Beitrag beschreibt die Entwicklung der Erwerbstätigkeit von Müttern und stellt sie der von Vätern gegenüber. Es werden Probleme der Vereinbarkeit von Familie und Beruf beschrieben und vorherrschende Einstellungen zur familialen Arbeitsteilung und zur Erwerbsbeteiligung von Müttern dargelegt. Ferner werden die von Paaren mit kleinen Kindern gewünschten und deren reale Erwerbsmuster einander gegenübergestellt. Schließlich werden Ansätze zur Erleichterung der Vereinbarkeit von Familie und Beruf beschrieben und es wird auf Probleme von Müttern, nach einer familienbedingten Erwerbsunterbrechung wieder in den Beruf zurückzukehren, aufmerksam gemacht.

11.1 Einleitung

Gegenwärtig steht das Thema „Vereinbarkeit von Familie und Beruf" ganz oben auf der Agenda der bundesdeutschen Mediengesellschaft. Das Thema ist inhaltlich mit der Angst der Deutschen vor dem weiteren Schrumpfen der bundesdeutschen Bevölkerung und den damit verknüpften Sorgen um den Erhalt der sozialen Sicherungssysteme verbunden. Dass die Vereinbarkeit von Familie und Beruf auch gesundheitspolitisch und gleichstellungspolitisch von hoher Bedeutung ist, findet derzeit in der Debatte kaum Berücksichtigung. Hier soll der Stand der Vereinbarkeit von Familie und Beruf nun vor allem aus gleichstellungspolitischer Perspektive betrachtet werden.

Die Gleichstellung von Frauen und Männern ist allerdings nicht allein von Fragen der Vereinbarkeit von Familie und Beruf abhängig, die tarifliche Bewertung von Tätigkeiten in weiblichen Beschäftigungssegmenten und die begrenzte Akzeptanz von Frauen in Führungspositionen sind zum Beispiel ebenso von Bedeutung. Dennoch darf nicht unterschätzt werden, wie wichtig es für die Gleichstellung von Frauen und Männern auf dem Arbeitsmarkt ist, dass Frauen auch als Partnerinnen und Mütter ebenso wie Männer ihre Berufschancen flexibel und mobil nutzen können und schließlich ihrer Berufsarbeit ebenso engagiert wie Männer nachgehen können. Die Frauen meist einseitig zugewiesene Verantwortung für Kinder und für pflegebedürftige Eltern beeinträchtigt die berufliche Entwicklung von Frauen nämlich auf vielfältige Weise. Dies gilt umso mehr, wenn Arbeitgeber eine Vereinnahmung der Beschäftigten über die vertraglich festgelegte Arbeitszeit hinaus für selbstverständlich halten. In einem solchen Fall können Personen mit Familienverantwortung gegenüber Personen, denen die private Organisation des Alltags von anderen abgenommen wird, in der Konkurrenz um Einkommen und beruflichen Aufstieg schnell ins Hintertreffen geraten.

Um sich selbst eine eigenständige Existenz sichern und die eigenen Chancen auf berufliche Entwicklung nutzen zu können, sind Frauen darauf angewiesen, dass die in Familien anfallende Sorgearbeit in der Partnerschaft fair aufgeteilt wird, dass sie und ihre Partner Entlastung durch außerfamiliale Betreuungsangebote erhalten und darauf, dass sich eine zeitweise eingeschränkte Erwerbsarbeit weder für Frauen noch für Männer langfristig nachteilig für ihre berufliche Entwicklung auswirkt. Von diesem Zustand sind wir in Deutschland – ganz besonders in Westdeutschland – noch immer weit entfernt, obwohl die Erwerbstätigkeit von Müttern (auch in den letzten 10 Jahren) in Westdeutschland noch immer zunimmt und in Ostdeutschland nach der Wende nur mäßig abnahm [10, S. 282].

Um den Stand der Vereinbarkeit von Familie und Beruf und den dabei erreichten Stand an Gleichstellung zu beschreiben, soll auf folgende Aspekte eingegangen werden:
- Die Erwerbstätigkeit von Müttern und Vätern und Probleme der Vereinbarkeit von Familie und Beruf
- Vorherrschende Vorstellungen zur familialen Arbeitsteilung und zu den Erwerbsmustern von Müttern
- Diskrepanzen zwischen tatsächlichen und gewünschten Erwerbsmustern von Paaren mit Kindern
- Ansätze zur Erleichterung der Vereinbarkeit von Familie und Beruf
- Probleme der Rückkehr in den Beruf nach einem familienbedingten Ausstieg

11.2 Zur Erwerbstätigkeit von Müttern und Vätern und den Problemen der Vereinbarkeit von Familie und Beruf

Betrachtet man die Erwerbstätigenquoten von Frauen und Männern *ohne Kinder*, so stellt man fest, dass in Deutschland heute beide Genusgruppen in gleich hohem Maße ins Erwerbsleben integriert sind, Frauen im erwerbsfähigen Alter zu 80%, gleichaltrige Männer zu 81% (Dressel in diesem Band). Dies ist keineswegs selbstverständlich. So weist Dressel darauf hin, dass die Erwerbstätigenquoten kinderloser Frauen und Männer in Griechenland 23 und in Malta 35 Prozentpunkte voneinander abweichen (ebenda).

Vergleicht man die Erwerbsbeteiligung von Müttern und Vätern, so fällt die gleichstellungspolitische Bilanz für Deutschland wesentlich ungünstiger aus. Von den 25- bis 54-jährigen westdeutschen Müttern waren 2004 zum Beispiel nur 62% aktiv erwerbstätig, von den gleichaltrigen westdeutschen Vätern dagegen 90%[1]. In den ostdeutschen Bundesländern war diese Geschlechterdiskrepanz 2004 deutlich geringer: Hier waren 72% der gleichaltrigen Mütter und 82% der gleichaltrigen Väter aktiv erwerbstätig [10, S. 282]. Die Erwerbsorientierung der ostdeutschen Mütter ist also noch immer größer als die der Mütter in den westdeutschen Bundesländern. Gleichzeitig haben die ostdeutschen Männer bzw. Väter mehr Schwierigkeiten als die westdeutschen, kontinuierlich beschäftigt zu bleiben. Aus familiären Gründen dürften auch sie ihre Erwerbsarbeit nur selten unterbrechen. Dies belegen die folgenden Zahlen:

Die Erwerbstätigkeit von Müttern variiert sehr stark mit dem Alter der Kinder, während dies für die Väter überhaupt nicht gilt. Von den westdeutschen Müttern mit einem Kind unter drei Jahren waren 2004 zum Beispiel nur 28% aktiv erwerbstätig, während die Väter mit Kindern dieser Altersgruppe – fast dem Durchschnittswert aller westdeutschen Väter entsprechend – zu 88% erwerbstätig waren [10, S. 287]. Von den ostdeutschen Müttern mit Kindern unter 3 Jahren waren immerhin 44% aktiv erwerbstätig, von den ostdeutschen Vätern mit solch kleinen Kindern 78% [10, S. 288].

Wie in vielen anderen Staaten nimmt die Erwerbstätigkeit von Müttern auch in Deutschland mit der Zahl ihrer Kinder ab. Mit zwei betreuungsbedürftigen Kindern im Haushalt sind in Deutschland nur 57% der Frauen, aber 91% der Männer beschäftigt. In den skandinavischen Ländern sind diese Geschlechterdiskrepanzen deutlich niedriger, in den Mittelmeerländern allerdings noch größer (Dressel, in diesem Band). In Westdeutschland stand 2004 über die Hälfte aller Mütter mit Kindern unter drei Jahren (53%) in keinem Beschäftigungs- (auch keinem Beurlaubungs-)verhältnis. Sie können als Nichterwerbspersonen oder als Arbeitslose nicht von der Arbeitsplatzgarantie der Elternzeitregelung profitieren. Im Osten Deutschlands galt dies für 45% der Mütter kleiner

---

[1] Bei der Betrachtung der „aktiv erwerbstätigen" Personen sind diejenigen ausgeschlossen, die sich in Mutterschutz und Elternzeit befinden. Die „aktiv erwerbstätigen" Personen gehen tatsächlich einer Erwerbsarbeit nach.

Kinder [10, S. 289]. Manchen Müttern hilft die Garantie ihres Arbeitsplatzes auch deshalb nicht mehr bei der Rückkehr in den Beruf, weil die Familie während der Elternzeit den Wohnort gewechselt hat, damit sich der Vater beruflich weiterentwickeln oder zumindest in Arbeit bleiben konnte.

Es gibt bisher kaum Väter, die ihre Erwerbsarbeit familienbedingt aufgeben oder reduzieren. Derzeit wartet man gespannt darauf, ob die neue, seit Anfang 2007 geltende Elterngeldregelung, die zwei Monate der bezahlten Elternzeit dem zweiten Elternteil vorbehält, dazu führt, dass der überaus geringe Anteil von Vätern unter den AntragstellerInnen auf Elternzeit (bisher 3%) steigt [14, S. 28]. Eine erste Bilanz für das erste Halbjahr 2007 beziffert den Anteil der Väter unter den AntragstellerInnen inzwischen auf 8,5%.

Während im Westen 2004 nur 9% der Mütter mit kleinen Kindern voll erwerbstätig waren, galt dies für 24% der ostdeutschen Mütter kleiner Kinder [10, S. 289]. In Bezug auf die volle Arbeitsmarktintegration von Müttern mit Kindern unter drei Jahren gibt es also große Unterschiede zwischen Ost- und Westdeutschland. Die Ursachen hierfür sind komplex. Eine gewichtige Rolle dürfte aber die Tatsache spielen, dass es in den westdeutschen Bundesländern nur für 7,7% der unter Dreijährigen einen Platz in einer Kindertagesstätte gibt[2].

Während Mütter – ganz besonders diejenigen im Westen Deutschlands – ihre Erwerbstätigkeit also stark auf das Alter und die Betreuungsbedürftigkeit ihrer Kinder abstimmen, gilt dies für Väter nicht.

Abgesehen davon, dass Frauen mit mehreren und vor allem mit kleinen Kindern sehr häufig zumindest befristet ganz auf eine Erwerbsarbeit verzichten, ist bei vielen anderen Müttern eine Reduktion der Erwerbsarbeitszeit zu beobachten: Einer Teilzeitbeschäftigung gehen in den ost-

---

[2] Riedel zieht auf der Basis einer aktuellen Kinderbetreuungsstudie folgende Bilanz für Westdeutschland: „Selbst wenn beide Partner voll erwerbstätig sind, wird nur jedes fünfte Kind unter drei Jahren in einer Kita betreut. 80% dieser Eltern müssen nach anderen Betreuungslösungen suchen. Berufstätige Alleinerziehende stehen nicht wesentlich besser da. Unter ihnen können sich 30% auf Betreuungseinrichtungen stützen, 70% sind darauf angewiesen, dass Tagesmütter, Großeltern oder Freunde vorhanden sind, die die Betreuung übernehmen." [21, S. 19]. Im Osten Deutschlands ist die Situation deutlich günstiger. Dort besuchen 37% der unter Dreijährigen Kindertageseinrichtungen (ebenda). Bundesweit werden 4% der unter Dreijährigen in Tagespflege betreut. Viele Eltern sehen in der familiennäheren Kindertagespflege die bessere Lösung für Kleinkinder, auch weil sie zeitlich flexibler ist. Die hohen Kosten für Tagesmütter können sich jedoch nur einkommensstarke Familien leisten (ebenda).

wie in den westdeutschen Bundesländern jeweils 20% der Mütter mit Kindern unter drei Jahren nach.

Auch die Teilzeitarbeit ist bisher eine Frauendomäne geblieben. So sind 2006 46% der erwerbstätigen Frauen, aber nur 9% der erwerbstätigen Männer teilzeitbeschäftigt (Dressel in diesem Band). Familiäre Gründe spielen für die Teilzeitbeschäftigung von Männern zudem nur eine untergeordnete Rolle: Während die meisten teilzeitbeschäftigten Frauen (59%) in Deutschland familiäre Gründe für ihre Teilzeitarbeit anführen, gilt dies nur für 10% der Männer (Dressel in diesem Band). Im internationalen Vergleich fällt Deutschland dadurch auf, dass die Betreuung von Kindern oder von kranken, älteren Familienangehörigen häufiger als in anderen Staaten als Grund für die Teilzeitarbeit genannt wird (Dressel in diesem Band).

Zusammen mit der hohen Quote gar nicht erwerbstätiger Mütter in Deutschland ist die hohe familienbedingte Teilzeitquote von Frauen ein eindeutiges Signal dafür, dass Paaren in Deutschland die Vereinbarkeit von Familienverantwortung mit einer vollen Beschäftigung beider Elternteile besonders schwierig erscheint. Hierzu dürfte sowohl der Mangel an öffentlich geförderten Kinderbetreuungsplätzen als auch die nur begrenzte Familienfreundlichkeit von Betrieben in Deutschland beitragen. Zwar sehen innovative und zukunftsorientierte Unternehmen Familienfreundlichkeit zunehmend als Wettbewerbsvorteil, insbesondere um qualifizierte Mitarbeiter bzw. Mitarbeiterinnen zu gewinnen, doch sehr verbreitet sind echte Hilfen für die Vereinbarkeit von Familie und Beruf bisher nicht. Zwar gibt es in vielen Unternehmen die Möglichkeit, die Arbeitszeit individuell zu vereinbaren. 2006 galt dies für 72,9% der Unternehmen. Auch die (gesetzlich verankerte) Freistellung von der Arbeit bei Krankheit der Kinder ist in vielen Betrieben (47,7%) üblich. 79,5% geben auch an, bei der Planung von Urlaub und Arbeitseinsätzen auf Eltern Rücksicht zu nehmen, doch Betriebskindergärten, Betriebskrippen und Belegplätze für Firmenkinder in privaten oder öffentlichen Kinderbetreuungseinrichtungen gibt es nur in 3,5% der Unternehmen ([19] zit. nach [5]).

Gleichzeitig entstehen neue Probleme der Vereinbarkeit von Familie und Beruf, und zwar dadurch, dass mobile und flexible Arbeitsformen, die sich am Bedarf des Unternehmens orientieren, zunehmen. Auch der oft schon beim Berufseinstieg oder bei späteren Betriebswechseln notwendige Wechsel des Wohnortes erzeugt Probleme der Vereinbarkeit von Familie und Beruf, die bisher wenig Berücksichtigung finden.

Sicherlich begünstigen aber auch die in Deutschland besonders stark verankerten Vorstellungen von der „guten" Mutter bzw. der „Rabenmutter" und vielleicht auch Vorstellungen von einer entspannten Familienatmosphäre, dass Mütter in Deutschland häufiger als in vielen anderen europäischen Staaten ihre Erwerbsarbeit zum Teil über Jahre unterbrechen, nicht selten ganz aufgeben und oft nur eine Teilzeitbeschäftigung aufnehmen. Unter den berufstätigen verheirateten Frauen in Westdeutschland meinten 2004 immerhin 46%, dass „ein Kleinkind sicherlich darunter leide, wenn seine Mutter erwerbstätig ist"; von den nicht berufstätigen westdeutschen Ehefrauen stimmten diesem Statement 2004 69% zu. Dies kann als Hinweis darauf genommen werden, dass Einstellungen von Frauen zur Verträglichkeit mütterlicher Erwerbsarbeit auf deren Arbeitsangebot Einfluss nehmen. In den neuen Bundesländern findet das genannte Statement nur bei 20% der verheirateten Frauen Zustimmung [10, S. 299].

Als typisch deutsches Kuriosum trägt auch noch das im deutschen Steuerrecht verankerte Ehegattensplitting dazu bei, dass sich Arbeit für Ehefrauen oft kaum lohnt. Zudem bewahrt die Witwenrente viele Ehefrauen, die nur begrenzt erwerbstätig waren, gegenwärtig noch vor der Altersarmut. Für künftige Generationen von Rentnerinnen wird diese Art der Alterseinkünfte deutlich unsicherer werden. Hierzu tragen die brüchigen Erwerbsbiografien vieler Ehemänner, aber auch die Folgen von Trennung und Wiederverheiratung bei.

Bisher jedenfalls trifft fast ausschließlich Frauen das Risiko, nach familienbedingten Erwerbsunterbrechungen oder nach einer unter Umständen langjährigen Reduktion ihrer Arbeitszeit wichtige berufliche Entwicklungsschritte zu verpassen oder gar keinen Anschluss an das Erwerbsleben mehr zu finden. Ein Effekt der unterschiedlichen Erwerbsmuster ist zum Beispiel, dass Frauen unter den abhängig Beschäftigten mit umfassenden Führungsaufgaben deutlich unterrepräsentiert sind. Dies gilt ganz besonders, wenn sie mehrere Kinder im Haushalt haben. Dann reduziert sich ihr Anteil an Führungspositionen auf 10% [10, S. 295]. Ein anderer Effekt von Erwerbsunterbrechungen sind Lohneinbußen, sowie die Einbuße von Lebensarbeitseinkommen und von eigenen Rentenansprüchen [1, 24]. Die auf Stundenlöhne umgerechneten Einkommen von Frauen wichen 2005 nur in wenigen der 25 EU-Staaten stärker von den Männereinkommen ab als in Deutschland. Letzteres galt nur für Zypern, die Slowakei und Estland [13].

11.3 Vorherrschende Vorstellungen zur familialen Arbeitsteilung und den Erwerbsmustern von Müttern

Die öffentliche Meinung ist – was die Wertschätzung des Familienmodells mit allein männlichem Ernährer betrifft – gespalten. Das Statement: „Die Aufgabe des Mannes ist es, Geld zu verdienen, die der Frau, sich um die

Familie zu kümmern", findet bei 21% der Frauen und 25% der Männer in Deutschland noch Zustimmung. Die Mehrheit lehnt es allerdings ab [10, S. 300].

Die normative Erwartung an Frauen, ihre Erwerbstätigkeit zu Gunsten von Familienarbeit einzuschränken oder aufzugeben, variiert im Detail mit dem Alter ihrer Kinder. Heute erwartet fast niemand mehr, dass Frauen, schon wenn sie heiraten, ihren Beruf aufgeben. Wenn aber im Haushalt der Frau ein Kind lebt, das noch nicht zur Schule geht, dann sind die Auffassungen darüber, ob diese Mütter erwerbstätig sein sollten, sehr gegensätzlich. Während in Ostdeutschland nur 12% der Frauen und 18% der Männer für eine Erwerbsunterbrechung von Müttern kleiner Kinder plädieren, gilt dies im Westen immerhin für 44% der Frauen und 60% der Männer [10, S. 301].[3] Bischof Mixa mit seiner Sorge um die Würde von Müttern und das Wohl von Kindern, die er angesichts des Vorstoßes der Ministerin von der Leyen, die Zahl der Kinderkrippenplätze auszubauen, mehrfach artikulierte, findet sich also noch nicht auf verlorenem Posten. Unterstützung findet sie vor allem im Westen Deutschlands. In der jüngeren Generation ist das Interesse an einer Vereinbarkeit von Familie und Beruf auch mit kleinen Kindern größer als es diese Zahlen suggerieren (hierzu der folgende Absatz).

11.4 Diskrepanzen zwischen tatsächlichen und gewünschten Erwerbsmustern von Paaren mit Kindern

Während sich 2004 im Westen 63% und im Osten 29% der Gesamtbevölkerung mit Blick auf Kleinkinder besorgt über die Erwerbstätigkeit von Müttern zeigen, ist diese Sorge in der jungen Generation im Westen heute weniger verbreitet. Dennoch stimmten 2004 noch 57% der unter 30-Jährigen im Westen und 33% dieser Altersgruppe im Osten Deutschlands der Auffassung zu, dass „ein Kleinkind darunter leidet, wenn seine Mutter erwerbstätig ist" [10, S. 295]. Die junge Generation hatte 1982 noch zu 82% dem oben genannten Statement (eher) zugestimmt ([10, S. 299] auf der Basis von Daten des ALLBUS). Es hat sich also inzwischen ein Einstellungswandel vollzogen. Bei vielen sind aber noch Vorbehalte gegenüber der Erwerbstätigkeit von Müttern sehr kleiner Kinder geblieben.

Gleichzeitig ist aber das Interesse von Frauen an Erwerbsarbeit gewachsen. Schon Ende der 90er Jahre wollte fast keine Frau unter 40 Jahren mehr ihre Erwerbsarbeit ganz aufgeben nach der Geburt eines Kindes. Eine Hälfte plädierte für eine befristete Unterbrechung der

---

[3] Lippe und Bernardi sprechen von zwei unterschiedlichen „kulturellen Mustern der Familienplanung in Ost- und Westdeutschland" [23]

Erwerbstätigkeit, die andere für einen Teilzeitjob. Nur wenige wollten in dieser Lebensphase voll erwerbstätig sein [18, S. 87].

Insbesondere in den ostdeutschen, aber auch in den westdeutschen Bundesländern gibt es ein ganz erhebliches Mismatching von Arbeitszeitwünschen und realisierten Arbeitszeitmodellen. D. h., es gibt einerseits weibliche Vollzeitkräfte mit Kindern, die ihre Arbeitszeit reduzieren wollen, aber nicht können, und es gibt andererseits viele Teilzeitkräfte, die (wieder) vollzeitbeschäftigt sein wollen und dazu ebenfalls keine Gelegenheit finden. Zudem gibt es in Deutschland viele Mütter mit Kindern unter sechs Jahren, die aktuell nicht erwerbstätig sind, gerne aber eine Teilzeitbeschäftigung annehmen würden [3]. Besonders groß ist die Diskrepanz zwischen dem relativ geringen Anteil der Paare, die nach dem Ernährermodell leben wollen, und dem relativ großen Anteil der Paare, die tatsächlich nach diesem Modell leben, denn der Wunsch, nach dem Ernährermodell zu leben, ist meist auf die ersten Lebensjahre eines Kindes begrenzt, danach aber wünschen sich viele Frauen eine Rückkehr auf den Arbeitsmarkt. Eine international vergleichende Studie kam zu dem Schluss, dass nur 6% der Paare mit Kindern unter sechs Jahren in Deutschland nach dem traditionellen Ernährermodell leben wollten, d. h. er Vollzeit arbeiten und sie gar nicht erwerbstätig sein wollte. Tatsächlich lebten aber 52% dieser Paare genau nach diesem Muster. Diese Studie macht insgesamt deutlich, dass es für Paare mit Kindern *in Deutschland besonders schwierig* ist, das von ihnen in der jeweiligen Familienphase gewünschte Erwerbsmuster tatsächlich zu realisieren [10, S. 25 ff]. Die hier referierten Befunde stammen vom Ende der 90er Jahre. Sie wären also dringend zu aktualisieren. Ob sich die Lage für Eltern allerdings seit Anfang des neuen Jahrhunderts verbessert hat, ist fraglich. Bei vielen Müttern besteht ein großes Interesse, den Umfang der eigenen Erwerbsarbeit den jeweiligen familialen Anforderungen anzupassen und dabei Arbeitszeiten mehrfach im Lebenslauf zu verändern, ohne dabei allerdings ins berufliche Abseits zu geraten.

11.5 Väter und Familienarbeit

Die Vereinbarkeit von Familie und Beruf würde Müttern wesentlich erleichtert, wenn sich auch Väter verbindlich und regelmäßig an Familienarbeit beteiligen würden. Die Zeitbudgetstudie des Statistischen Bundesamtes, die 1991/92 und 2001/02 die Zeitverwendung der bundesdeutschen Bevölkerung erfasste, gibt in dieser Hinsicht wenig Anlass zum Optimismus. Im Westen Deutschlands steigerten die erwerbstätigen Partner erwerbstätiger Mütter ihr Zeitbudget für unbezahlte Arbeit um durchschnittlich zwei Minuten täglich, in Ostdeutschland um sechs

Minuten. Dennoch gelang es den berufstätigen Müttern in Ost und West zwischen 1991/92 und 2001/02 ihren Zeiteinsatz für Hausarbeit zu reduzieren und zwar um durchschnittlich eine halbe Stunde täglich [17, S. 96]. Offensichtlich fanden erwerbstätige Mütter anderweitig Entlastung oder senkten ihre Standards für Hausarbeit.

Die *Bereitschaft junger Männer*, sich maßgeblich an Hausarbeit zu beteiligen, ist gestiegen. So sagen heute 77% der 16- bis 29-jährigen Männer, sie möchten die Hausarbeit mit ihrer Partnerin teilen [16, S. 191]. Schon in den 90er Jahren stimmten knapp 40% der Männer auch der Aussage zu, für einen Mann sei es eine Bereicherung, in Erziehungsurlaub zu gehen [25, S. 143]. Es ist also nicht ausgeschlossen, dass bezahlte und unbezahlte Arbeit in Partnerschaften künftig gerechter geteilt wird. Noch stellen die Paare, die beide ihre Erwerbsarbeit reduzieren und sich die Hausarbeit paritätisch teilen, aber eine kleine Minderheit dar. Gerne wird noch das Bonmot von Beck aus dem Jahr 1986 zitiert, dass Männern „verbale Aufgeschlossenheit bei weitgehender Verhaltensstarre" attestiert, wenn es um die innerfamiliale Arbeitsteilung geht [2, S. 169]. Vielleicht aber hat sich inzwischen doch etwas geändert. Kassner und Rüling kommen nach der Durchsicht verschiedener qualitativer Untersuchungen zu dem Schluss:

"Eine wesentliche Voraussetzung dafür, dass Väter ihre Erwerbsarbeit reduzieren und sich substantiell an der Alltagsarbeit der Familie beteiligen, ist offenbar die Erwerbstätigkeit der Partnerin und die Einkommensgleichheit. (…) diese „neuen" Männer sind überwiegend jüngere Männer mit höherer, meist akademischer Bildung in gut bezahlten Dienstleistungsberufen, häufig im öffentlichen Dienst und dritten Sektor. In der Regel hatten ihre Partnerinnen eine mindestens gleich hohe Bildung, ein vergleichbares Einkommen und die Väter günstige Voraussetzungen zur Verkürzung der Arbeitszeit, auch wenn die konkrete Durchsetzung keineswegs immer einfach war. Als Motiv nannten die Befragten, dass sie beide berufstätig bleiben, teilweise auch partnerschaftliche Vorstellungen umsetzen wollten. Treibende Kraft waren jedoch meist die Mütter." [20, S. 239].

Das Vereinbarkeitsproblem stellt sich inzwischen nicht mehr nur für Mütter, sondern auch für diejenigen Väter, die einen Teil des Alltags mit ihren Kindern verbringen wollen.

11.6 Ansätze zur Verbesserung der Vereinbarkeit von Familie und Beruf [4]

In den fünfziger und sechziger Jahren zielten familienpolitische Maßnahmen in der Bundesrepublik Deutschland ganz darauf ab, Frauen zurück in die Familien zu holen. Die Einführung der Witwenrente, die Mitversicherung von Ehefrauen in der Krankenversicherung, das Ehegattensplitting und der Verzicht auf einen Ausbau außerfamilialer Kinderbetreuung sowie die Beibehaltung der Halbtagsschule als Regelschule setzten die Präsenz von Müttern zu Hause voraus und stützten einseitig dieses Lebensmodell. In den 70er Jahren wurde das Ernährermodell noch einmal durch einen relativ großzügigen Unterhaltsanspruch geschiedener Ehefrauen gegenüber ihren Ex-Ehemännern gestärkt. Die 1977 in Kraft getretene Eherechtsreform billigte Ehefrauen allerdings ein uneingeschränktes Recht auf Erwerbsarbeit zu. Angesichts fehlender Kinderbetreuungseinrichtungen und nur begrenzter Chancen auf dem Arbeitsmarkt blieben Mütter jedoch vielfach auf den ehelichen und den nachehelichen Unterhalt und später auf die Witwenrente angewiesen. Die hohe Armutsquote unter allein erziehenden Müttern macht bis heute deutlich, wie prekär die Absicherung lediger und geschiedener Mütter ist. So bezogen 2004 6% der allein erziehenden Väter, aber 26% der allein erziehenden Mütter Sozialhilfe [7, S. 79 f].

Frauen als Erwerbspersonen ernst zu nehmen, wurde jahrzehntelang versäumt. Als allerdings 1986 der „Erziehungsurlaub" eingeführt wurde, war mit ihm eine Arbeitsplatzgarantie verbunden. Diese war jedoch rechtlich nicht einklagbar; die mit dem Erziehungsurlaub verbundenen Leistungen blieben über lange Jahre äußerst gering und entfielen schnell nach der Geburt des Kindes, wenn die Väter auskömmlich verdienten. Eine eigenständige Existenzsicherung bot weder der Erziehungsurlaub noch das 1984 eingeführte, und später ausgebaute Erziehungsjahr, das den Rentenanspruch von Müttern anhob. Gegenwärtig erhöht sich die Rente einer Frau pro versorgtem Kind im Durchschnitt um 26 € pro Monat [9, S. 435].

Für die Vereinbarkeit von Familie und Beruf war das 1996 eingeführte Recht auf einen Kindergartenplatz von Bedeutung. Der Betreuungsbedarf von Eltern mit Kindern im Kindergartenalter ist allerdings im Westen Deutschlands bis heute nicht gedeckt, da der Anspruch sich nur auf einen Halbtagsplatz bezieht und die starren Öffnungszeiten nicht immer der zeitlichen Lage von Betreuungsbedarfen im Tagesablauf entsprechen. Seit 2001 ermöglicht die Elternzeitregelung, dass beide Partner gleichzei-

---
[4] Auf die abweichenden Ansätze und Entwicklungen in der DDR wird hier nicht eingegangen (hierzu siehe [8]).

tig Elternzeit nehmen und bis zu 30 Wochenstunden teilzeitbeschäftigt sein können. Dadurch haben Paare neue Spielräume für unterschiedliche Erwerbs- und Arbeitsteilungsmuster hinzugewonnen. Im Rahmen der „Allianz für Familien" wurden schließlich in den letzten Jahren Fortschritte im Hinblick auf das Kinderbetreuungsangebot und eine familienfreundliche Arbeitswelt erreicht [19]. Dennoch hinkt Deutschland weit hinter der Entwicklung in vielen anderen europäischen Staaten hinterher, die schon vor Jahrzehnten, ähnlich wie die DDR, eine systematische Vereinbarkeitspolitik betreiben. Auf europäischer Ebene wurde in der Lissabon-Strategie vereinbart, bis 2010 für ein Drittel aller Kinder unter drei Jahren einen Betreuungsplatz vorzuhalten. Die Bundesregierung plant dies gekoppelt mit einem Recht auf einen Krippenplatz ab dem ersten Lebensjahr. Dies wäre ein erheblicher Fortschritt für Mütter, doch ist bei der Umsetzung dieser Pläne noch manches strittig, so zum Beispiel der von der CSU geforderte Erziehungsbonus („Herdprämie") für Mütter, die ihre Kinder in keine Krippe geben.

Für die Vereinbarkeit von Familie und Beruf ist der Ausbau der Kindertagesbetreuung unverzichtbar. Dies gilt ganz besonders für die westdeutschen Bundesländer, in denen im Durchschnitt nur für 7% der unter Dreijährigen ein Krippenplatz zur Verfügung steht und die Mehrheit aller Kindergartenplätze nur Halbtagsplätze sind. Viele berufstätige Eltern greifen auf informelle Kinderbetreuung zurück und müssen ein Patchwork von Unterstützung organisieren [15, S. 17]. Die gegenwärtig geplanten 230 000 zusätzlichen Betreuungsplätze reichen nach Expertenmeinung nicht aus [21]. Auf der Basis von Elternwünschen wird ein zusätzlicher Bedarf von 445 000 Plätzen in Kindertageseinrichtungen geschätzt. Notwendig wären zudem eine Flexibilisierung der Öffnungszeiten von Kinderbetreuungseinrichtungen und eine „Notfallversorgung" zum Beispiel für den Fall, dass die übliche Betreuungsperson wegen Überstunden, Urlaub oder Krankheit ausfällt [21, S. 20].

Mit dem neuen Elterngeld, das seit Januar 2007 als Lohnersatzleistung während des ersten Lebensjahres gezahlt wird, werden Mütter und Väter in ihrer Doppelrolle als Beschäftigte und als Eltern ernst genommen. Zudem wird ein Anreiz für Eltern geschaffen, sich die Elternzeit zu teilen, weil zwei Monate, die „Papa-Monate", nur dann in Anspruch genommen werden können, wenn sie vom zweiten Elternteil genommen werden. Eine paritätische Aufteilung der Elternzeit wäre im Hinblick auf die Gleichstellung von Frauen und Männern natürlich wesentlich besser und würde die beruflichen Nachteile von Müttern begrenzen, wenn diese dann schneller wieder ins Erwerbsleben zurückkehren würden.

Während gegenwärtig wichtige Schritte zu einer besseren Vereinbarkeit der Verantwortung für Kinder mit Erwerbsarbeit in die Wege geleitet sind, stehen Verbesserungen für die Vereinbarkeit von Ausbildung und Beruf und die Absicherung von Beschäftigten, die kranke und ältere Angehörige pflegen wollen, noch aus. Die in den letzten Jahren verstärkt von Frauen erwartete Eigenverantwortung, etwa in der Sozialrechtsreform (Hartz IV) und im neuen Unterhaltsrecht, können Frauen nur leisten, wenn die Verantwortung für Kinder und pflegebedürftige Angehörige auf mehrere Schultern verteilt wird. Auch unter gesundheitspolitischem Aspekt wäre es von großem Vorteil, wenn Unternehmen mit flexiblen Arbeitsangeboten auf die im Lebenslauf variierenden Wünsche von Eltern, am Erwerbsleben teilzuhaben, reagieren würden.

11.7 Probleme der Rückkehr in den Beruf nach einem familienbedingten Ausstieg

Auch wenn es auf dem Papier so scheint, als ob mit der Arbeitsplatzgarantie im Rahmen einer maximal dreijährigen Elternzeit und mit der Garantie eines Kindergartenplatzes für Kinder ab drei Jahren seit den 90er Jahren die Voraussetzungen für ein reguliertes 3-Phasen-Modell geschaffen wären, so gilt dies in der Realität keineswegs [5].

Während in Westdeutschland 2003 90% der Haushalte mit ca. zweijährigem Kind einen Anspruch auf Elternzeit hatten, galt dies in den ostdeutschen Bundesländern nur für 74% der Haushalte ([6] zit. nach [9, S. 316]). Unter Umständen ist der Anteil der *Mütter,* die anspruchsberechtigt sind, noch geringer, da sie zum Zeitpunkt der Geburt seltener als Väter in einem regulären Beschäftigungsverhältnis stehen (vgl. Abschnitt 11.2). Arbeitslosen und Frauen, die zum Beispiel schon während der Betreuung eines ersten Kindes längerfristig aus dem Erwerbsleben ausgeschieden

---

[5] Hier wird der Begriff „reguliertes 3-Phasen-Modell" genutzt, um damit ein Modell zu umschreiben, das eine Berufsrückkehr von Vätern oder Müttern wirklich sichert. Davon kann gegenwärtig nicht die Rede sein. Dies wurde in den 90er Jahren zum ersten Mal deutlich [12]. Tarifpartner müssten m. E. Modelle vereinbaren, die Eltern die Angst vor der langfristigen Ausgrenzung nach befristetem Ausstieg nehmen. Dort, wo keine Arbeitsplatzgarantie (mehr) greift oder sich der Lebensmittelpunkt der Familie inzwischen vom ehemaligen Arbeitsplatz weg verschoben hat, müssten Maßnahmen der Bundesagentur für Arbeit eingesetzt werden, um Mütter, die ihre Beschäftigung familienbedingt unterbrachen, wieder in Arbeit zu bringen und dies nicht nur dann, wenn sie zu den „Hilfebedürftigen" im Sinne des Gesetzes gehören. Wenn man sich hier auf die Hilfebedürftigen beschränkt, zementiert man eine lebenslängliche Abhängigkeit der Mütter vom hinlänglich verdienenden Familienernährer. Dies entspricht in gar keiner Weise den Lebensentwürfen von jungen Frauen, die eine solche Abhängigkeit in der Regel nur für eine beschränkte Lebensphase in Kauf zu nehmen bereit waren.

sind, gibt die Elternzeitregelung ohnehin keine Rückkehrgarantie. Die Arbeitsplatzgarantie geht auch bei befristeten Beschäftigungsverhältnissen zum Zeitpunkt der Befristung verloren.

Aus Angaben von Müttern, die nach der Elternzeit einen Betriebswechsel vornahmen, muss man schließen, dass Betriebe, insbesondere in Ostdeutschland, nicht selten in der Zwischenzeit aufgelöst werden, dass Rückkehrerinnen Auflösungsverträge angeboten werden oder ihnen *nach der Elternzeit gekündigt wird*. Insbesondere im Westen Deutschlands kündigen aber viele junge Mütter auch selbst [4, S. 6], zumal sie keinen Anspruch auf ihren alten Arbeitsplatz haben.

Dass es derzeit keinerlei Sonderprogramme zur Qualifizierung und Integration von Müttern nach einer Familienphase gibt und dass arbeitslose Frauen, solange sie mit einem ausreichend verdienenden Partner zusammenleben, auf den Unterhalt durch den Partner verwiesen werden und Stellenangebote allenfalls nachrangig erhalten, zeigt, dass die bundesdeutsche Frauenpolitik bislang keine systematische Stärkung der Eigenverantwortung von Frauen durchsetzen konnte. Solange nicht die regulierte Vereinbarkeit von Familie und Beruf mit nur kurzen Erwerbsunterbrechungen systematisch gestützt wird und Männer Familienarbeit nicht paritätisch mittragen, wird Frauen mit Kindern ein zunehmendes Erwerbs- und Armutsrisiko zugemutet. Letzteres resultiert aus der steigenden Zahl von Scheidungen und Trennungen, aus der Brüchigkeit der Erwerbsbiografien von „Ernährern" und aus der verschärften Anwendung des Subsidiaritätsprinzips bei Arbeitslosigkeit und Hilfebedarf.

Literatur

[1] Beblo M, Wolf E (2003) Sind es die Erwerbsunterbrechungen? Ein Erklärungsbeitrag zum Lohnunterschied zwischen Frauen und Männern in Deutschland. In: Mitteilungen aus der Arbeitsmarkt- und Berufsforschung (MittAB), 36. Jg. H. 4, S 560–572.
[2] Beck U (1986) Risikogesellschaft. Auf dem Weg in eine andere Moderne. Frankfurt
[3] Beckmann P (2002) Zwischen Wunsch und Wirklichkeit. Tatsächliche und gewünschte Arbeitszeitmodelle von Frauen und Kindern liegen noch immer weit auseinander. IAB-Werkstattbericht Nr. 12/2002 Nürnberg
[4] Beckmann P, Kurtz B (2001) Erwerbstätigkeit von Frauen: die Betreuung der Kinder ist der Schlüssel. IAB-Kurzbericht Nr.10/2001. Nürnberg
[5] Bundesministerium für Familie, Senioren, Frauen und Jugend (2006) Familienfreundlichkeit entwickelt sich zu einem Markenzeichen der deutschen Wirtschaft, Pressemitteilung Nr. 143/2006 der BMFSFJ Internetredaktion mit Anlagen

[6] Bundesministerium für Familie, Senioren, Frauen und Jugend (Hrsg) (2004) Bericht über die Auswirkungen der §§ 15 und 16 Bundeserziehungsgeldgesetz, Berlin
[7] Bundesregierung (2005) Lebenslagen in Deutschland. Der 2. Armuts- und Reichtumsbericht der Bundesregierung. www.bmas.bund.de/BMAS/Redaktion/pdf/Lebenslagen-in-Deutschland-De-821,property=pdf,breich=bmas,sprache=de,rwb=true.pdf
[8] Cornelißen W (2006) Lebensentwürfe – politisch steuerbar? In: Berliner Debatte Initial, 17. Jg. Heft 3/2006:24–36
[9] Dressel C, Cornelißen W, Lohel V, Stürzer M (2005b) Soziale Sicherung. In: Cornelißen W (Hrsg) Gender-Datenreport – Kommentierter Datenreport zur Gleichstellung von Frauen und Männern in der Bundesrepublik Deutschland, im Auftrag des Bundesministeriums für Familie, Senioren, Frauen und Jugend. S 390–453 verfügbar über: http://www.bmfsfj.de/Kategorien/ Publikationen/Publikationen,did=58908.html.
[10] Dressel C, Cornelißen W, Wolf K (2005a) Zur Vereinbarkeit von Familie und Beruf. In: Cornelißen W (Hrsg) Gender-Datenreport – Kommentierter Datenreport zur Gleichstellung von Frauen und Männern in der Bundesrepublik Deutschland, im Auftrag des Bundesministeriums für Familie, Senioren, Frauen und Jugend. S 266–383 verfügbar über: http://www.bmfsfj. de/Kategorien/Publikationen/Publikationen,did=58908.html.
[11] Eichhorst W, Thode E (2002) Vereinbarkeit von Familie und Beruf, Benchmarking Deutschland Aktuell. Herausgegeben von der Bertelsmann Stiftung, Gütersloh
[12] Engelbrech G (1997) Erziehungsurlaub – und was dann? Die Situation von Frauen bei ihrer Rückkehr auf den Arbeitsmarkt – ein Ost/West-Vergleich. Nürnberg: IAB Kurzbericht Nr. 8/1997. http:// doku.iab.de/kurzber/1997/kb0897.pdf
[13] Eurostat 2007 (Hrsg) Geschlechtsspezifischer Lohnunterschied ohne Anpassungen. http:// epp.eurostat.ec.europa.eu/portal/page?_pageid=1996,39140985&_dad=portal&_schema=PORTAL&screen=detailref&language=de&product=STRIND_EMPLOI&root=STRIND_EMPLOI/emploi/em030. download 01.06.07
[14] Fendrich S, Fischer J, Schilling M (2005) Erziehungsgeld und Elternzeit. Bericht des Jahres 2003, im Auftrag des Bundesministeriums für Familie, Senioren, Frauen und Jugend
[15] Fendrich S, Schilling M (2004) Informelle Betreuungssettings in der außerfamilialen Kinderbetreuung, in: Statistisches Bundesamt (Hrsg) Alltag in Deutschland. Analysen zur Zeitverwendung. Forum der Bundesstatistik Band 43, Wiesbaden, S 131–148
[16] Gille M (2006) Werte, Geschlechtsrollenorientierung und Lebensentwürfe. In: Gille M, Sardei-Biermann S, Gaiser W, de Rijke J. Jugendliche und junge Erwachsene in Deutschland. Lebensverhältnisse, Werte und gesellschaftliche Beteiligung 12- bis 29-Jähriger, Schriften des Deutschen Jugendinstituts: Jugendsurvey Band 3, Wiesbaden, S 131–211
[17] Gille M, Marbach J (2004) Arbeitsteilung von Paaren und ihre Belastung mit Zeitstress. In: Statistisches Bundesamt (Hrsg) Alltag in Deutschland. Analysen zur Zeitverwendung. Forum der Bundesstatistik Band 43, Wiesbaden, S 86–113
[18] Helfferich C (2002) Frauen – leben. Herausgegeben von der Bundeszentrale für gesundheitliche Aufklärung, Köln

[19] Institut der deutschen Wirtschaft (2006) Unternehmensmonitor Familienfreundlichkeit, herausgegeben vom Bundesministerium für Familie, Senioren, Frauen und Jugend
[20] Kassner K, Rüling A (2005) „Nicht nur am Samstag gehört Papa mir!" Väter in egalitären Arrangements von Arbeit und Leben. In: Tölke A, Hank T (Hrsg) Männer – Das „vernachlässigte" Geschlecht in der Familienforschung, Zeitschrift für Familienforschung, Sonderheft 4:235–264
[21] Riedel B (2006) DJI-Betreuungsstudie. Vereinbarkeit von Familie und Beruf – für viele Eltern immer noch ein Wunschtraum? In: DJI Bulletin Nr. 77, 4/2007:19–20
[22] Tagesschau 15.08.2007
[23] von der Lippe H, Bernardi L (2006) Zwei deutsche Ansichten über Kinder und Karriere. Lebensentwürfe junger Erwachsener in Ost und West. In: Demografische Forschung aus erster Hand, Jg 3, H 3, S 1–2
[24] Ziefle A (2004) Die individuellen Kosten des Erziehungsurlaubs. WZB Arbeitspapier SP I 2004-102. Berlin: Wissenschaftszentrum Berlin für Sozialforschung
[25] Zulehner PM, Volz R (1998) Männer im Aufbruch. Wie Deutschlands Männer sich selbst und wie sie Frauen sehen. Ein Forschungsbericht. Ostfildern

Die Berücksichtigung der Geschlechterperspektive im betrieblichen Gesundheitsmanagement

KAPITEL 12

Projekt „Gender Mainstreaming in der betrieblichen Gesundheitsförderung"

M. Ritter · G. Elsigan · G. Kittel

Zusammenfassung. Wollen Projekte der betrieblichen Gesundheitsförderung erfolgreich sein, müssen sie alle wesentlichen Einflussfaktoren auf die Gesundheit erfassen. Daher sollten auch die Dimensionen „sex" und „gender" berücksichtigt werden. Zur ganzheitlichen Erfassung der Ausgangssituation braucht es einen gendersensiblen Blick, weil viele Dimensionen und Einflussfaktoren erst dadurch sichtbar, analysierbar und bearbeitbar werden. In der Praxis gibt es bisher nur wenig dokumentierte Beispiele dazu. Das Projekt „Gender Mainstreaming in der betrieblichen Gesundheitsförderung" (2002–2005) hat es sich zur Aufgabe gesetzt, ein Modell zur geschlechtssensiblen Gesundheitsförderung mit frauenspezifischer Ausrichtung zu entwickeln. In der praktischen Gesundheitsförderungsarbeit in vier Unternehmen wurde vieles von dem, was aus der Theorie bekannt ist, konkret sichtbar und dokumentiert. Die Erfahrungen und Erkenntnisse aus dem Projekt wurden in einem Leitfaden mit dem Titel: „Leitfaden – Geschlecht als Qualitätsmerkmal der betrieblichen Gesundheitsförderung" zusammengeführt.

12.1 Gender Mainsteaming (GeM) und Betriebliche Gesundheitsförderung (BGF)

Die Erfahrung aus der Praxis zeigt, dass mit dem Begriff Gender Mainstreaming oft sehr unterschiedliche und zum Teil auch widersprüchliche Verständnisse verknüpft sind. Gender Mainstreaming wurde in dem hier vorgestellten Projekt verstanden als die grundlegende und regelmäßige Berücksichtigung unterschiedlicher Lebenssituationen und Interessen von Frauen und Männern bei allen gesellschaftlichen Vorhaben. Es gibt keine geschlechtsneutrale Wirklichkeit, nur eine geschlechtsblinde.

Wollen Projekte der betrieblichen Gesundheitsförderung erfolgreich sein, müssen sie die wesentlichen Einflussfaktoren auf Gesundheit erfassen und berücksichtigen. Neben Dimensionen wie „Alter", „soziale Schicht", „Bildung" und „ethnische Zugehörigkeit" sind das die Dimensionen „sex" und „gender", d. h. die biologischen Unterschiede zwischen Körpern (z. B. Anatomie, Physiologie, Immunologie etc.) sowie die kulturell und historisch bedingten geschlechtsspezifisch differierenden und polarisierenden Zuschreibungen sowie die daraus entstehenden Wirklichkeiten. Geschlecht ist ein Platzanweiser in der Gesellschaft, beeinflusst Arbeits- wie Lebensbedingungen und damit einhergehend gesundheitliche Belastungen und Ressourcen.

Gesundheitsförderung zielt auf die Gestaltung von gesundheitsgerechten – also frauen- und männergerechten – Lebens- und Arbeitswelten, so z. B. im Setting Betrieb. Betriebliche Gesundheitsförderung initiiert unter zentraler Beteiligung der MitarbeiterInnen einen Kommunikations- und Lernprozess und will damit Folgendes bewirken:
- die Sensiblisierung gegenüber Zusammenhängen zwischen Arbeit und Gesundheit,
- die Lösung/Verbesserung von belastenden Situationen,
- die Stärkung von Ressourcen, wie bspw. die Fähigkeit zur Mitgestaltung oder Problembewältigung (Empowerment),
- die Förderung des sozialen Rückhalts.

12.2 Ausgangslage und Idee zum Projekt

Die Idee, das Thema Gender Mainstreaming in der Betrieblichen Gesundheitsförderung zu bearbeiten, entsprang dem Projekt „Spagat – innovative Gesundheitsförderung berufstätiger Frauen" (2000–2001). Dies hatte zum Ziel, Belastungen berufstätiger Frauen im Rahmen betrieblicher Gesundheitsförderungsprojekte umfassend zu erheben, zu dokumentieren und gemeinsam mit den Betroffenen Lösungen zu finden [18]. In spezifischen, ausschließlich aus Frauen zusammengesetzten Gesundheitszirkeln[1] wurde dem Thema Doppel- und Mehrfachbelastung gezielt Raum gegeben, wurden Ressourcen und Belastungen thematisiert, Erfahrungen im Umgang mit den oftmals sehr widersprüchlichen Anforderungen aus Berufs- und Privatleben ausgetauscht, sowie erarbeitet, was der Betrieb zur Erleichterung dieses „Spagats" beitragen könnte.

Das Projekt „Spagat" hat gezeigt, dass geschlechtsspezifische Aspekte in betriebliche Gesundheitsförderungsprojekte integriert werden müssen. Überfordernde Lebenssituationen können nicht allein auf der individuellen Ebene, sondern vor allem im Kontext betrieblicher und gesellschaftlicher Rahmenbedingungen bearbeitet werden.

---

[1] Zur Gesundheitszirkelarbeit mit Frauen siehe [15]; zur Gesundheitszirkelarbeit allgemein siehe www.switch2006.at.

Gleichzeitig wurde deutlich, dass viele „verdeckte" Problemlagen nur durch einen gendersensiblen Blick sichtbar, analysierbar und bearbeitbar werden. Ein Beispiel: Probleme von Reinigungsfrauen wurden teilweise erst verständlich und bearbeitbar, als bewusst wurde, dass Reinigungsarbeit in der Regel als „typische Frauentätigkeit" verstanden wird, verbunden mit Zuschreibungen wie „jede Frau kann putzen" oder „Frauen sind sowieso reinlich". Diese Zuschreibungen führen beispielsweise zur Schlussfolgerung, dass für Reinigungstätigkeiten keine besondere Qualifizierung erforderlich sei. Frauen müssen in diesen Konflikten nicht nur gegen äußere, sondern auch gegen innere Barrieren (Rollenbilder usw.) kämpfen.

Erfahrungen aus dem Projekt „Spagat" lassen weiter erkennen, dass es zu kurz greift, „nur" die Doppel- und Mehrfachbelastung von Frauen zu thematisieren. Darüber hinaus existiert eine Vielzahl von speziell Frauen sehr belastenden Mechanismen, wie z. B. nicht gefragt werden, nicht als Expertin des eigenen Arbeitsbereiches anerkannt werden, gegenüber Männern strukturell schlechter gestellt zu sein, unklare Strukturen im Arbeitsbereich, nicht-erfüllbare Arbeitsvorgaben etc.

Eine Sichtung abgeschlossener BGF-Projekte in Österreich im Jahr 2002 zeigte, dass bis dahin kaum geschlechtsspezifische Ansätze versucht worden waren. Prominent vertreten sind männerdominierte Branchen und große Unternehmen (z. B. Bergbau, Eisen- und Stahlproduktion). Frauendominierte Branchen oder Berufe sowie allgemein kleinere Unternehmen waren in den BGF-Projekten unterrepräsentiert (z. B. Frisiersalons, Einzelhandel). Die österreichische Wirtschaft ist demgegenuber von Klein- und Mittelbetrieben geprägt: Rund die Hälfte aller Arbeitsplätze finden sich in Betrieben mit weniger als 50 Beschäftigten. 98% der österreichischen Betriebe fallen in diese Gruppe.

Fehlende Geschlechtssensibilität wird bereits in der männlichen Formulierung der Luxemburger Deklaration zur Betrieblichen Gesundheitsförderung sichtbar, die ausschließlich von Arbeitgebern, Arbeitnehmern und Mitarbeitern spricht.

In der BGF-Praxis zeigt sich dies etwa in den Standard-Erhebungsinstrumenten zur Ist-Analyse der betrieblichen Situation:
- Belastungen frauentypischer Arbeitsplätze werden nicht ausreichend berücksichtigt, wie etwa häufiges Heben kleinerer Lasten, emotionale und psychische Belastungen, Vereinbarkeit von Beruf und Privatleben, ungleiche Chancen, Gewalt, sexuelle Belästigung etc.
- Hausarbeit als nicht-bezahlte Arbeit wird kaum zur Kenntnis genommen, „Tätigkeiten in Haus und Garten" werden „bestenfalls" unter die Kategorie Freizeit und Hobbies eingereiht.

- Es fehlen auch Konzepte zur Bearbeitung männerspezifischer Fragestellungen wie die Neigung zu Risikoverhalten, Belastungen als „Hauptverdiener", Karenz für Väter, mangelnde Körpersensibilität, Fehlen sozialer Netze usw.

Der mit Geschlechtsinsensibilität einhergehende Androzentrismus zeigt sich darin, dass vorrangig Männer betreffende Probleme, Risikolagen und Sichtweisen untersucht und zugleich männliche Verhaltensweisen als Norm gesetzt werden. So wird etwa „schwere Arbeit" oftmals mit „Männerarbeit" gleichgesetzt. Auch Gesundheitsförderungsvorhaben konzentrieren sich überwiegend auf männlich dominierte Branchen [12].

Zur Fortschreibung von Ungerechtigkeiten tragen geschlechterstereotype Zuschreibungen und unterschiedliche Maßstäbe bei: So wird in der Männergesundheitsforschung starkes Gewicht auf die Analyse des Einflusses von beruflichen Belastungen auf die Gesundheit gelegt, während dieser Bereich für Frauen bisher weniger untersucht wurde und der Fokus eher auf familiären Belastungen liegt. Für beide Geschlechter ist aber die Erforschung beider Bereiche von Bedeutung [11].

12.3 Das Projekt: Grundlagen und Rahmen

Das Projekt „Gender Mainstreaming in der betrieblichen Gesundheitsförderung" wurde von Mai 2002 bis April 2005 von *ppm forschung + beratung*[2] – Elfriede Pirolt und Gabriele Schauer – in Kooperation mit dem Gewerkschaftsbund Oberösterreich realisiert. Die Finanzierung erfolgte durch den Fonds Gesundes Österreich[3] und das Gesundheitsressort des Bundeslandes Oberösterreich.

Zur Reflexion der Projektarbeit und -erfahrungen wurde ein Beirat eingerichtet, mit VertreterInnen der Interessensvertretung der ArbeitnehmerInnen, des Zentralen Arbeitsinspektorats, der oberösterreichischen Gebietskrankenkasse und der Allgemeinen Unfallversicherungsanstalt (AUVA), sowie einer Soziologin der Universität Linz. Externe Evaluation erfolgte durch Solution (Salzburg).

---

[2] ppm arbeitet in der Form eines gemeinnützigen Vereins an der Weiterentwicklung von Konzepten und Hilfsmitteln für die betriebliche Gesundheitsarbeit (www.ppm.at). Leitung und Durchführung dieses Projekts: Elfriede Pirolt – Soziologin, derzeit in einer freien österreichischen Wohlfahrtsorganisation tätig; Gabriele Schauer – Soziologin und Gesundheits-/Krankenschwester, derzeit Leiterin der Frauenberatungsstelle in Perg, Oberösterreich.
[3] Der Fonds Gesundes Österreich (FGÖ) ist ein Geschäftsbereich der Gesundheit Österreich GmbH, nationale Kompetenz- und Förderstelle des Bundes für Gesundheitsförderung in Österreich. www.fgoe.org/startseite

12.3.1 Kontext und Ziele

Das Projekt „Gender Mainstreaming in der betrieblichen Gesundheitsförderung" war von Beginn an frauenspezifisch ausgerichtet. Es hatte sich zur Aufgabe gestellt, mit einer umfassenden Berücksichtigung des Zusammenhangs von geschlechtsspezifischer Diskriminierung und Gesundheitsbelastung gendersensible Modelle und insbesondere die Gesundheitszirkelarbeit weiterzuentwickeln, um BGF *frauen*gerechter zu gestalten.

Der „Frauenschwerpunkt" des Projektes löste in verschiedensten Zusammenhängen immer wieder heftige Diskussionen darüber aus, ob dies mit dem Titel „Gender Mainstreaming in der BGF" vereinbar sei. Bei solchen Kontroversen werden häufig Konzept und Umsetzungsstrategien des Gender Mainstreaming vermischt. Das Konzept bezieht sich auf die Ungleichheit zwischen den Geschlechtern und hat zum Ziel, Benachteiligungen auszugleichen. Entsprechende Maßnahmen zur Erreichung dieses Zieles können aber durchaus geschlechtsspezifisch ausgerichtet sein. Ob die Herangehensweise „gerecht" ist, ist daran zu messen, ob Bedarf und Bedürfnissen der jeweiligen Zielgruppe entsprochen wird [7].

Das Projekt hatte sich vier Hauptziele gesteckt:
1. Recherche und Sammeln von Praxiserfahrungen zum Einfluss vergeschlechtlichter Berufsstrukturen auf die Gesundheit von Frauen,
2. Erarbeitung von Herangehensweisen, mit denen geschlechtsspezifische Belastungen im Rahmen betrieblicher Gesundheitsförderungsprojekte berücksichtigt werden können; Weiterentwicklung und Reflexion der Gesundheitszirkelarbeit,
3. Förderung des Austausches mit ExpertInnen der BGF; Entwicklung eines Maßnahmenplans mit Standards und Kriterien zur Geschlechtersensibilität von BGF-Projekten,
4. Sensibilisierung der AkteurInnen der betrieblichen Gesundheitsarbeit für die Erkenntnis, dass sich manche Probleme erst aus der Genderperspektive erschließen.

12.3.2 Vorgehen

Die Ergebnisse der Beschäftigung mit theoretischen Grundlagen und praktischen Erfahrungen flossen kontinuierlich in die praktische Betriebs- und Projektarbeit ein:
- Aufarbeitung von Literatur zur Frauen- und Männergesundheitsforschung,
- Diskussion des Konzepts von Gender Mainstreaming,
- Analyse geschlechtsspezifischer Arbeitsmarktdaten,

- Durchführung und Auswertung von ExpertInneninterviews zu gesundheitlichen Belastungen mit frauenspezifischem Schwerpunkt.

Zur Entwicklung eines gendersensiblen Modells betrieblicher Gesundheitsförderung wurden in vier Wirtschaftsbereichen BGF-Projekte initiiert und begleitet.

Prozesshaft wurde ein entsprechendes Modell der Gesundheitsförderungsarbeit entwickelt, das betriebliche AkteuerInnen für das Erkennen geschlechtsspezifischer Belastungen sensibilisieren soll.

Zur Gender-Sensibilisierung innerhalb der BGF-Szene wurden
- Workshops initiiert,
- entsprechende Inhalte in bestehende Aus- und Weiterbildungsangebote (Arbeitsmedizin, Interessensvertretungen usw.) integriert, sowie
- Erfahrungen und Erkenntnisse bei Veranstaltungen, Tagungen und Konferenzen präsentiert.

12.4 Ergebnisse und Erfahrungen

12.4.1 Zusammenhang Geschlecht – Arbeit – Gesundheit

Frauen und Männer unterscheiden sich häufig hinsichtlich
- ihrer Arbeits- und Lebensbedingungen, die Gesundheit und Krankheit beeinflussen,
- ihrer Krankheiten und gesundheitlichen Einschränkungen,
- ihres Umganges mit gesundheitlichen Belastungen,
- der Inanspruchnahme von gesundheitlichen Vorsorge- und Versorgungsleistungen.

Frauen und Männer sind unterschiedlich verteilt in Bezug auf Berufe, Branchen und Tätigkeitsfelder (horizontale Segregation), sowie betreffend der jeweils eingenommenen hierarchischen Positionen (vertikale Segregation). Sie verrichten oftmals unterschiedliche Tätigkeiten und sind unterschiedlichen Arbeitsanforderungen ausgesetzt. Frauen stellen den Hauptanteil der Teilzeit- und geringfügig Beschäftigten – überwiegend aus familiären Gründen. Männer übernehmen zeitintensive familiäre Verpflichtungen meist in erheblich kleinerem Umfang als Frauen. Aus der individuellen Ausbalancierung der komplementären Anforderungen aus beiden Lebensfeldern ergeben sich eine Reihe von Belastungen, aber auch Ressourcen [2].

Geschlechtsspezifische Arbeitsmarktsegregation und Ungleichverteilung familiärer Pflichten wirken sich unterschiedlich auf die Gesundheit von Frauen und Männern aus [3, 5, 22]:

- Frauen arbeiten oft in Bereichen mit geringer gesellschaftlicher und finanzieller Anerkennung und schwacher gewerkschaftlicher Vertretung. Sie sind auf Entscheidungsebenen nur marginal vertreten.
- Frauen sind häufiger von abwertenden und diskriminierenden Grundhaltungen betroffen, die sich in spezifischen Benachteilungen und Belastungen, wie sexuelle Belästigung, weniger Lohn usw. äußern können. Zum Beispiel verdienen Frauen bei ganzjähriger Vollzeitbeschäftigung im österreichischen Durchschnitt um ca. 30% weniger als Männer [22].
- Arbeitsplätze der unteren hierarchischen Stufen weisen insgesamt mehr gesundheitsschädigende Arbeitsbedingungen auf (z. B. häufiges Tragen kleinerer Lasten, schweres Heben und Tragen etc.).
- Anforderungen und Belastungen in frauentypischen Berufen werden häufig auf Grund des Vorurteils, es handle sich dabei um Arbeitsplätze, die weniger gesundheitsgefährdend seien, nicht erkannt oder unterschätzt [19].
- Frauenarbeitsplätze in unteren Positionen bieten meist weniger gesundheitsförderliche Ressourcen, wie z. B. Kooperations- und Kommunikationsmöglichkeiten, Chancen zur persönlichen Weiterentwicklung, Handlungs- und Gestaltungsspielräume oder interessante, abwechslungsreiche Tätigkeiten.
- Männer in gehobeneren Positionen leiden vermehrt unter Zeit- und Leistungsdruck, ständig wechselnden und verschiedenartigen Arbeitsanforderungen.
- Männer arbeiten häufiger als Frauen an der Grenze ihrer Leistungsfähigkeit.
- Während der Anteil von Frauen an den Teilzeitarbeitenden größer ist, liegen Männer bei überlangen Arbeitszeiten vorne. Kürzere Arbeitszeiten lassen mehr Kompensationsraum, Belastungen aus dem Arbeitsumfeld wirken weniger lange ein. Teilzeitarbeit führt aber auch zu spezifischen Belastungen wie geringer sozialer Absicherung, höherer Arbeitsdichte bei kürzeren Pausen, weniger Weiterbildungs- und Aufstiegsmöglichkeiten, Zementierung der Arbeitsteilung im privaten Bereich. Überlange Arbeitszeiten hingegen können zu erhöhtem Risiko von Arbeits- und Wegunfällen, Herzinfarkten, Burnout, zu riskanterem Gesundheitsverhalten wie Substanzenmissbrauch, zu chronischer Übermüdung oder zur Vernachlässigung sozialer Netze führen [13].

12.4.2 Gesundheitsförderungsprojekte in den Unternehmen

In vier Unternehmen folgender Branchen wurden Projekte initiiert und begleitet:

- Frisörkette: Salonmitarbeiterinnen
- Papierindustrie: Produktionsmitarbeiterinnen
- Interessensvertretung: Administrative Mitarbeiterinnen
- Bezirksaltenheim: Altenfachbetreuerinnen

Die Projekte wurden zeitlich gestaffelt durchgeführt und die methodischen Abläufe und Instrumente entsprechend optimiert, so wurden u. a. gendersensible Interviewleitfäden zur Ist-Analyse entwickelt [16].[4]

In jedem der vier Projektbetriebe wurden durch das Projektteam folgende Arbeitsschritte initiiert und begleitet:
- Einrichtung von Projektstrukturen (Steuerungskreis, Gesundheitszirkel),
- Projektbegleitende Steuerungsgruppensitzungen (Geschäftsleitung, ArbeitnehmerInnenvertretung, Zuständige für Gesundheit und Sicherheit),
- Ist-Standserhebung mittels Interviews,
- Gesundheitszirkelsitzungen (Mitarbeiterinnenebene),
- Präsentation der Gesundheitszirkelergebnisse und Verbesserungsvorschläge vor dem Steuerkreis.

Die vier Unternehmen unterschieden sich hinsichtlich Branche, betrieblichen Strukturen und Betriebskulturen ebenso, wie in ihren Bildern und Deutungsmustern von Frauenerwerbstätigkeit. Daher verliefen die BGF-Prozesse sehr verschieden.

Zur Veranschaulichung werden nachfolgend einige Ergebnisse aus den Betrieben dargestellt, welche die jeweils konkreten Belastungen und Ressourcen von Frauenarbeitsplätzen aufzeigen.

Frisörkette: Salonmitarbeiterinnen

Frisörinnen sind Fachkräfte mit mehrjähriger Lehrausbildung, finden jedoch wenig gesellschaftliche Anerkennung und werden gering entlohnt.

Im Steuerkreis wurde die körperliche und arbeitsstoffbezogene Belastung und Beanspruchung der Frisörinnen als gering eingestuft. Probleme wurden eher auf persönliches Fehlverhalten zurückgeführt als auf Arbeitsbedingungen. Branchentypisch war überdies das Fehlen einer gewählten Belegschaftsvertretung, was die Frage aufwarf, wie die Arbeitnehmerinnen im Steuerkreis vertreten werden können.

In der Gesundheitszirkelarbeit waren Arbeitszeit, Arbeitsorganisation und Arbeitskultur wesentliche Themen, z. B.:
- Enge Vorgaben bei Urlaub und Zeitausgleich erschweren die Vereinbarkeit mit privaten Verpflichtungen.

---

[4] Download der Interviewleitfäden zur Ist-Analyse unter www.ppm.at/Arbeitsgebiete/Gender/Gendermainstreaming in der Betrieblichen Gesundheitsförderung bzw. unter www.ppm.at./ppm/downloads/gem_iststanderhebung.pdf

- Es wird erwartet, dass Frisörinnen gegenüber den KundInnen immer freundlich und gepflegt auftreten müssen.
- Der Umgang mit KundInnen stellt eine besondere Herausforderung dar: So werden die Mitarbeiterinnen als „seelischer Mistkübel" mit Problemen der KundInnen konfrontiert und sind oftmals grenzüberschreitenden Verhaltensweisen bis hin zur sexuellen Belästigung ausgesetzt. Die Mitarbeiterinnen sind ohne Unterstützung durch den Betrieb gefordert, einen individuellen Umgang damit zu entwickeln, zu lernen sich abzugrenzen.
- Tätigkeitsbezogene Belastungen sind z. B. Hautprobleme, Allergien, Schnittverletzungen, Beschwerden des Stütz- und Bewegungsapparates aufgrund statischer Zwangshaltungen, Atemwegsbeschwerden usw.
- Dazu kommen Umgebungsbelastungen wie schlechte Luft, Hitze oder unzureichende Beleuchtung.

Als wichtige Ressourcen wurden genannt: Arbeitsklima, Anerkennung durch KundInnen, mögliche Teilzeitarbeit, pünktliche Lohnzahlungen, Freude an der kreativen Tätigkeit und der Arbeit mit Menschen, routinierter Umgang mit Schutzbestimmungen wie bspw. Regelungen für Schwangere.

Papierindustrie: Produktionshilfskräfte

Die Frauen arbeiteten – geringer entlohnt als in anderen Hilfsarbeiten der Papierproduktion – in einem marginalisierten Bereich des Unternehmens, in dem Sonderformate hergestellt werden. Der Weiterbestand der Abteilung ist seit einigen Jahren unsicher. Im Gegensatz zu den meisten „Männer-Arbeitsplätzen" (an Maschinen) überwog an den Frauenarbeitsplätzen die händische Arbeit.

Die Existenzbedrohung zeigte sich in der Zirkelarbeit immer wieder deutlich: So wurden etwa körperliche Belastungen von den Mitarbeiterinnen nur wenig thematisiert, weil die engen räumlichen Verhältnisse einen fixen Rahmen setzten, größere Investitionen vom Weiterbestand der Abteilung abhängig gemacht wurden, und die Frauen gleichzeitig Sorge hatten, sie könnten durch Maschinen ersetzt werden.

- Körperliche Belastungen aus der Tätigkeit ergaben sich durch das Aus- und Umpacken von Kleinformaten: Ingesamt 1,2 Tonnen Papier werden von jeder Person täglich gehoben, gezogen und geschoben.
- Die Angst vor Arbeitsplatzverlust verursacht starke psychosoziale Belastungen.
- Um rasch auf Markterfordernisse reagieren zu können, wird die Arbeit äußerst kurzfristig geplant, was die Vereinbarkeit mit Betreuungspflichten erschwert.

- Dazu kommen Umgebungsbelastungen durch die räumliche Enge sowie durch Lärm. Der Lärm durch Maschinen aus der Nachbarabteilung verhindert überdies die Kommunikation unter Arbeitskolleginnen, was gerade bei monotoner Arbeit eine wichtige Ressource wäre (und speziell bei Frauen häufig als „Tratschen" abgewertet wird).

Ressourcen waren hier wenig zu finden und wurden vor allem im Kontakt zu den Kolleginnen, im Arbeitsklima und in der Pausenzeit gesehen.

Interessensvertretung: Administrative Mitarbeiterinnen

Rasches Reagieren auf politische Vorgänge stellte eine wesentliche Anforderung an diese Mitarbeiterinnen dar. Dies gerät oftmals in Widerspruch mit den verwaltenden, ordnenden Aufgaben administrativer Kräfte. Dazu kam der hohe Anspruch von leitenden Angestellten dieser Organisation bezüglich Arbeitsethos und Leistung. Die Identifikation der Beschäftigten mit Anliegen und Zielen der Organisation stellt eine große Ressource dar, birgt aber gleichzeitig die Gefahr, eigene Leistungsgrenzen auf Kosten der Gesundheit zu überschreiten.

Sekretärinnen sind in ihrer Arbeitsplanung und -gestaltung vom Arbeitsstil ihres jeweiligen Vorgesetzten abhängig. Informations- und Kommunikationsmängel verunmöglichen oftmals eine stressreduzierende Arbeitsplanung. Von administrativen Mitarbeiterinnen wird nicht nur formelles berufliches Fachwissen erwartet, sondern eine Vielzahl an Eigenschaften, Fähigkeiten und Kenntnissen („Mädchen für alles"), die häufig mit geschlechtsstereotypen Zuschreibungen zusammenhängen und über die konkreten Aufgaben aus der Tätigkeit hinausgehen.

- Typische Belastungen sind häufige Unterbrechungen des Arbeitsablaufs oder Beschimpfungen am Telefon als erste Ansprechpersonen.
- Überdies ist der Umgang zwischen administrativen Kräften und anderen MitarbeiterInnen oder Vorgesetzten oft durch ein deutliches hierarchisches Gefälle geprägt.

Als Ressourcen der Arbeit nannten die Zirkelteilnehmerinnen Freude an der Arbeit, selbstständiges Arbeiten, Identifikation mit den Zielen der Organisation, gutes Arbeitsklima, Zusammenhalt, Anerkennung und Entwicklungsmöglichkeiten.

Bezirksaltenheim: Altenfachbetreuerinnen

AltenfachbetreuerInnen sind großteils Frauen mit 2- bis 2,5-jähriger Ausbildung, ihr Beruf ist kein Lehrberuf. Dies bringt eine Reihe sozialrechtlicher Nachteile und verminderte gesellschaftliche Anerkennung mit sich. AltenfachbetreuerInnen befinden sich in der stark hierarchisch geprägten Arbeitsorganisation und -kultur auf der untersten Ebene, haben nur sehr beschränkt Kompetenzen, tragen jedoch sehr hohe Verantwortung und sind entscheidend für die Aufrechterhaltung des Betriebes eines Alten- und Pflegeheimes.

Stark belastend wirkt der Umstand, dass strukturelle Rahmenbedingungen und steigender Zeit- und Leistungsdruck eine qualitätsvolle Beziehungsarbeit erschweren oder verunmöglichen.

- Der Umgang mit Angehörigen wird häufig als schwierig erlebt, da Ansichten darüber auseinander driften, worin sich gute Pflege ausdrückt.
- Oftmals tabuisiert wird die Realität von Gewalt oder sexuellen Übergriffen durch die Bewohner auf die Betreuerinnen.
- Heben und Lagern von HeimbewohnerInnen, Ziehen von Betten usw. gehören zum Arbeitsalltag und sind körperlich belastend.
- Der Umgang mit Reinigungs- und Desinfektionsmitteln sowie mit Ausscheidungen gehört zum Arbeitsalltag.
- Schicht- und Nachtarbeit sind belastend und erschweren die Vereinbarkeit mit privaten Verpflichtungen.

Eine wichtige Ressource dieser Tätigkeit ist die Sinnhaftigkeit der Aufgabe.

12.4.3 Ergebnisse und Ansatzpunkte

Ziel jedes betrieblichen Gesundheitsförderungsprojektes ist die Erarbeitung konkreter Maßnahmen zur Verbesserung von Gesundheit und Wohlbefinden. Wichtige Ansatzpunkte zur Förderung der Gesundheit liegen im Abbau von Belastungen und in der Ausweitung von Ressourcen [10]. Zusammenfassend konnten folgende zentralen Handlungsfelder identifiziert werden:

- **Branchenspezifika**: Die Ergebnisse aus den vier Projektbetrieben zeigen, wie unterschiedlich Belastungen und Ressourcen gelagert sein können. Frauen arbeiten oft in Branchen, in denen mit Mittel- und Großbetrieben zusammenhängende Elemente (wie z. B. gewerkschaftliche Organisation, Respektieren von ArbeitnehmerInnenrechten) nicht die Regel sind. So wurden z. B. von den Frisörinnen pünktliche Lohnzahlungen als (auffälliger) positiver Faktor ihrer konkreten Arbeitssituation genannt – in der Papierindustrie wäre das selbstverständlich.
- **Vereinbarkeit**: Für viele Frauen liegen in der Berufstätigkeit nicht nur Belastungen, sondern auch Ressourcen, wie ein höheres Selbstwertgefühl oder finanzielle Unabhängigkeit. Die Vereinbarkeit mit privaten Betreuungspflichten stellt aber hohe widersprüchliche Anforderungen, die nicht allein individuell gelöst werden können. Unternehmen tragen als Teil der

Gesellschaft hier auch Verantwortung und können einen positiven Beitrag leisten.
- **Handlungs- und Entscheidungsspielraum**: Gesundheitsschädliche Auswirkungen von Arbeit treten vor allem dann auf, wenn permanent hohe Anforderungen mit einem geringen Entscheidungsspielraum einhergehen. Situationen dieser Art finden sich bei vielen überwiegend von Frauen geleisteten Büro- oder Dienstleistungsarbeiten mit niedrigem Status. In der Ausweitung der Kontrolle über die eigene Arbeitstätigkeit und der Mitgestaltungsmöglichkeiten liegen wichtige Ansatzpunkte zur Gesundheitsförderung (siehe [21]: Anforderungs-Kontroll-Modell nach R. Karasek). Rahmenbedingungen bestimmen oft, ob eine Ressource tatsächlich positiv wirksam werden kann. So wird die (in der Regel Frauen zugeteilte) Beziehungsarbeit in der Altenbetreuung als sinngebend erlebt, Personalmangel beispielsweise kann das Wirksamwerden dieser Ressource aber verhindern. Die Mitarbeiterinnen geraten in einen Konflikt zwischen Anspruch und realen Möglichkeiten.
- **Belohnung, Anerkennung, Wertschätzung**: Psychosozial besonders belastend sind Arbeitsbedingungen, die hohe Anforderungen stellen und hohe Verausgabung verlangen und gleichzeitig wenig Belohnung, Anerkennung und Wertschätzung einbringen (wie bspw. geringe Aufstiegschancen oder Arbeitsplatzunsicherheit). Ein weiterer Ansatzpunkt liegt also im Ausbau beruflicher Gratifikationen (ebd., Modell beruflicher Gratifikationskrisen).

12.4.4 Wirkungen und Widerstände

In allen Unternehmen wurde eine Vielzahl ganz konkreter Vorschläge zur Verbesserung der jeweiligen Arbeitssituation entwickelt, die hier im Detail nicht angeführt werden.[5] Diese Vorschläge wurden von den Mitarbeiterinnen erarbeitet. Als Methode der Beteiligung wurden Gesundheitszirkel nach dem „Berliner Modell" eingesetzt [4].

Darüber hinaus konnte die externe Evaluation des Projektes u. a. folgende Wirkungen nachweisen[6]:

In den Gesundheitsförderungsprozessen ist es gelungen, bei vielen der beteiligten AkteurInnen eine Perspektivenerweiterung bezüglich des Gesundheitsverständnisses zu erzielen. Während der Zugang zu Gesundheitsfragen vor dem Projekt überwiegend auf körperliche Momente und eine

---

[5] Konkrete Beispiele für Ergebnisse von Gesundheitszirkeln siehe www.switch2006.at/Themen
[6] Buchinger und Geschwandtner, Solution (2005) (unveröffentlichter Evaluationsbericht)

Orientierung auf Verhaltensänderung beschränkt war, wurden durch den Prozess strukturelle Elemente und Rahmenbedingungen sowie soziale und psychische Momente als verstärkt ernstzunehmende Faktoren erkannt.
- Die Gesundheitszirkelteilnehmerinnen schätzten ihren persönlichen Nutzen aus dem Projekt überwiegend positiv ein. Sie wurden bestärkt sich selbst ernster zu nehmen. Die Zusammenarbeit mit Kolleginnen in diesem Arbeitskreis hat viele neue Sichtweisen eröffnet. Hervorzuheben sind verschiedene Lernerfahrungen, wie einen anderen Umgang mit Problemen oder ein größeres Bewusstsein über eigene Gestaltungsmöglichkeiten.
- Aber auch VertreterInnen des Steuerkreises konstatierten vielfältigen Nutzen, besonders im Zugewinn an Erkenntnissen und neuen Sichtweisen. Durch die Gesundheitszirkelarbeit wurden Probleme sichtbar, die sonst nicht erkannt worden wären.

Die überwiegende Zahl der betrieblichen AkteurInnen hatte sich bis zum Projekt nicht mit der Geschlechterfrage auseinandergesetzt. Diese fehlende Genderkompetenz hat sich auf den Prozess und die Arbeit in den Steuerkreisen ausgewirkt.
- In zwei Betrieben ist es im Rahmen der Gesundheitszirkelarbeit sehr gut gelungen, geschlechtsspezifische Implikationen der Berufsarbeit zu reflektieren, etwa bezüglich der Verknüpfung von Erwartungen von Seiten der Vorgesetzten mit traditionellen weiblichen Rollenbildern. Es konnte auch herausgearbeitet werden, welche frauenspezifischen Muster die Teilnehmerinnen selbst reproduzieren. In zwei Betrieben wurde das Thema der sexuellen Belästigung aufgegriffen.
- Den Blick der betrieblichen EntscheidungsträgerInnen für Genderfragen zu schärfen ist weniger gelungen. So waren viele AkteurInnen rückblickend der Überzeugung, dass die Genderdimension keine relevante Größe darstellt. Für den gendergeschulten Blick wurde jedoch besonders in den Steuerkreisen sichtbar, wie männlich strukturierte und dominierte Sichtweisen auf betrieblicher Ebene – insbesondere auf Frauen und ihre Arbeitssituation – wirken, so zum Beispiel in der Abwertung oder im Belächeln von Gesundheitszirkelergebnissen.

Widerstand auf verschiedenen Ebenen ist eine häufige Reaktion auf die Thematisierung geschlechtsspezifischer Belastungen im Rahmen betrieblicher Gesundheitsförderungsprojekte. Reaktionen von Personen in den Pilotbetrieben haben beispielsweise folgende Formen angenommen:
- Abwehr bei EntscheidungsträgerInnen: „Bei uns werden alle gleich behandelt, ob Frau oder Mann, ob Ausländer oder Inländer, mehr als gleich behandeln kann man nicht."

- Abwehr bei Betroffenen: „Wenn mich das stört, bin ich in diesem Beruf falsch."
- Geschlechtsspezifische Vorurteile und Diskriminierung: „Nichts Schlimmeres als ein Haufen von Frauen ..."; „Frauen sind Dazuverdiener, die gehen nur wegen des Geldes arbeiten, haben den Kopf aber woanders"; „... unsere Mädels ..."
- Abwertung: „Das kann doch kein Problem sein."

Das Schaffen von Bewusstsein ist die Voraussetzung für konstruktive Veränderungen. Als Lernerfahrung aus dem Projekt kann festgehalten werden, dass Trainings für EntscheidungsträgerInnen, die den Blick auf Geschlechterfragen schärfen, unterstützend sein könnten, ebenso wie die begleitete Reflexion der Gesundheitszirkelergebnisse im Steuerkreis mit Fokus auf Genderdimensionen.

12.5 Projektprodukt: Leitfaden

Als zentrales Projektprodukt wurde ein Leitfaden mit dem Titel: „Leitfaden – Geschlecht als Qualitätsmerkmal der betrieblichen Gesundheitsförderung" ausgearbeitet [15].[7]

Der Leitfaden wurde in einem mehrstufigen Verfahren entwickelt: Eine aufgrund von Literaturrecherchen, ExpertInneninterviews und Projekterfahrungen erstellte Erstfassung wurde im Projektbeirat sowie in einem ExpertInnenworkshop diskutiert und danach entsprechend umgearbeitet. Er besteht aus drei Hauptteilen:
- Theoretischer Rahmen zu den Themen Geschlecht, Arbeit und Gesundheit
- Ergebnisse der Gesundheitsförderungsprozesse in den vier Projektbetrieben
- Empfehlungen für eine geschlechtersensible Praxis in der betrieblichen Gesundheitsförderung

Die Integration von Gender Mainstreaming in das Konzept der BGF verlangt die Identifizierung und Berücksichtigung von Geschlechterdifferenzen (wie z. B. in Hinblick auf Lebens- und Arbeitsbedingungen, geschlechtsspezifische Zuschreibungen, Belastungen und Ressourcen) und der Dimension des körperlichen Geschlechts (z. B. bei Fragen der Ergonomie). Darüber hinaus ist darauf zu achten, geschlechtsspezifische Stereotype nicht zu reproduzieren, so werden etwa Vereinbarkeitsprobleme mit Männern kaum

---

[7] Download des Leitfadens unter www.ppm.at/Arbeitgebiete/Gender/Gendermainstreaming in der Betrieblichen Gesundheitsförderung bzw. unter www.ppm.at/ppm/downloads/gem_leitfaden.pdf

thematisiert. Dies kann entlang der vier Hauptqualitätskriterien von betrieblicher Gesundheitsförderung Folgendes bedeuten:
- **Integration in die Unternehmensphilosophie**: Chancengleichheit und die Förderung der besseren Vereinbarkeit von Berufs- und Privatleben für Frauen und Männer werden ins Unternehmensleitbild integriert. Dies setzt einen entsprechenden Willen, das Schaffen förderlicher struktureller Rahmenbedingungen, sowie Bewusstsein über geschlechtsspezifische Ungleichheiten und Unterschiede voraus.
- **Partizipation**: Frauen und Männer werden gleichermaßen (d. h. Frauen vermehrt) in betriebliche Entscheidungsprozesse zu Arbeit und Sicherheit einbezogen. In von einem Geschlecht dominierten Branchen wird auf die Integration des anderen Geschlechts bewusst geachtet. Die Integration von Teilzeit bzw. atypisch Beschäftigten in Gesundheitsförderungsprojekte wird angestrebt. Informations- und Öffentlichkeitsarbeit zum Projekt soll Frauen und Männer ansprechen in Sprache, Medium, Inhalten, Beispielen usw.
- **Ganzheitliches Gesundheitsverständnis**, bio-psycho-soziale Faktoren, Verhältnisse und Verhalten: Zu berücksichtigen sind geschlechtsspezifische Unterschiede in Anforderungen, Belastungen und Bewältigungsstrategien, Belastungen an der Schnittstelle Beruf- und Privatleben, sowie Differenzen zwischen den Geschlechtern.
- **Systematisches Vorgehen**, Projektmanagement von Diagnose bis Evaluation: Die Kategorie Geschlecht ist in biologischer und sozialer Dimension zu berücksichtigen. Frauen und Männer sind zu gleichen Teilen einzubeziehen. Es muss gewährleistet sein, dass die „richtigen" Fragen gestellt werden und geschlechtergerechte Instrumente und Analyseverfahren angewendet werden [9].

Während „der Arbeitnehmer" lange Zeit als geschlechtsneutrales Wesen gesehen wurde und vielfach immer noch wird, wird die Bedeutung der Dimension „Geschlecht" zunehmend reflektiert. Gleichzeitig fehlt es jedoch vielfach an praktischer Erfahrung mit geschlechtssensibler Gesundheitsförderung und entsprechenden Hilfsmitteln, z. B. adäquaten Instrumenten der Ist-Analyse bei Befragungen. Anregungen für das konkrete Vorgehen in BGF-Projekten sind dem Leitfaden zu entnehmen.

12.6 Verankerung von Gender Mainstreaming in der Gesundheitsförderung

Damit die Berücksichtigung der Kategorie Geschlecht in den „Mainstream" der betrieblichen Gesundheitsförderung gelangt, braucht es einen dezidierten politischen Auftrag, welcher von möglichst vielen Einrichtungen und AkteurInnen mitzutragen und umzusetzen ist. Aktuell gibt es dazu bereits einige Bemühungen, was sich u. a. in den Antragsformalitäten für die Gewährung von Projektmitteln niederschlägt.

Genderwissen ist als Teil des Fachwissens in einschlägige Aus- und Weiterbildungen zu integrieren und entsprechend zu vermitteln. Denn eine geschlechtssensible Gesundheitsarbeit setzt Verständnis und Wissen über Geschlechterverhältnisse, Genderaspekte in der Arbeitswelt, Genderaspekte in gesundheitlichen Belangen sowie Sensiblisierung und eine entsprechende Selbstreflexion voraus.

In der Informations- und Öffentlichkeitsarbeit über Anliegen der BGF sowie in Aus- und Weiterbildungen ist darauf zu achten, dass die eingesetzten Beispiele die vielfältigen Arbeits- und Lebensrealitäten von Frauen und Männern widerspiegeln. (Mann am Hochofen oder am Bau als Synonym für schwere Arbeit ist zu ergänzen um Bilder von Frauen und Männern in verschiedenen Arbeitsbereichen).

Aus der Darstellung, Bewertung und Analyse von BGF-Projekten sollte ersichtlich sein, ob und in welcher Form Frauen und Männer einbezogen waren (Hilfsmittel: [8]).

Geschlechtersensible Instrumente (z. B. Fragebögen zur Ist-Analyse) müssen entwickelt werden, um auch geschlechtsspezifische Unterschiede erfassen zu können. Der SALSA-Fragebogen [20] als in Österreich häufig verwendetes Instrument bedarf einer Überarbeitung.

Unter den AkteurInnen und GestalterInnen von BGF sollte eine Diskussion darüber geführt werden, in welcher Weise Fragen der Ungleichbehandlung usw. in Projekten der betrieblichen Gesundheitsförderung aufgegriffen werden können. Denn die Lösung von Problemen der Ungleichbehandlung, Benachteiligung und Diskriminierung im Rahmen der betrieblichen Gesundheitsförderungsarbeit stößt überall dort an Grenzen, wo es um politische Fragen der Verteilung von Macht und Ressourcen geht.

Betriebliche Gesundheitsförderungsprojekte in frauenspezifischen Branchen und Berufen sollten verstärkt gefördert werden. Betriebe, Branchen und Initiativen, die sich verstärkt bemühen, Frauen für die Arbeit in Männerdomänen zu gewinnen (z. B. in Kampagnen „Mädchen/Frauen in technische Berufe"), wären gut beraten, auch entsprechend attraktive (gesunde) Arbeitswelten zu schaffen. Notwendig sind Bedingungen, die die Entfaltung der Ressourcen, Fähigkeiten und Interessen der Mitarbeiterinnen fördern und deren Motivation erhalten. Die BGF-Arbeit kann dabei sehr unterstützend sein, weil sie durch unmittelbare Beteiligung der AkteurInnen vor Ort zu vielen konkreten Anregungen führt.

Projekt „Gender Mainstreaming in der Gesundheitsförderung"

Literatur

[1] Bundesministerium für Familie, Senioren, Frauen und Jugend (Hrsg) (2001) Bericht zur gesundheitlichen Situation von Frauen in Deutschland. Eine Bestandsaufnahme unter Berücksichtigung der unterschiedlichen Entwicklung in West- und Ostdeutschland. Kohlhammer Verlag, Berlin

[2] Bundesministerium für Soziale Sicherheit und Generationen, Zukunftsministerium (Hrsg) (2002) Geschlechtsspezifische Disparitäten. Statistische Analysen zu geschlechtsspezifischen Unterschieden in den Bereichen: Demographische Strukturen/Lebensformen, Bildung, Erwerbstätigkeit, Einkommen/Lebensstandard, Gesundheit, Freizeit, Familiäre Arbeitsteilung/Institutionelle Unterstützung, EU-Vergleich. Bundesanstalt Statistik Österreich, Wien

[3] Ducki A (2000) Belastungen und Ressourcen der Frauenerwerbsarbeit. In: Niedersächsisches Ministerium für Frauen, Arbeit und Soziales, Institut Frau und Gesellschaft, Landesvereinigung für Gesundheit Niedersachsen e.V. (Hrsg) Dokumentation: Frauen, Arbeit und Gesundheit, 10. Tagung des Netzwerkes Frauen/Mädchen und Gesundheit Niedersachsen, 3. November 1999, Hannover, S 8–12

[4] Friczewski F (1994) Gesundheitszirkel als Organisations- und Personalentwicklung: Der "Berliner Ansatz". In: Westermayer G, Bähr B (1994) Betriebliche Gesundheitszirkel, Verlagsgruppe Hogrefe, Göttingen, S 14–24

[5] Fuchs T (2004) Arbeits(Zeit-)belastungen haben ein Geschlecht. In: Arbeit & Ökologie Briefe 5/2004. LinE Gmbh Verlag, Frankfurt/Main, S 29–33

[6] Hurrelmann L, Kolip P (Hrsg) (2002) Geschlecht, Gesundheit und Krankheit. Männer und Frauen im Vergleich. Huber Verlag, Bern

[7] Jahn I (2004) Gender Mainstreaming im Gesundheitsbereich. Materialien und Instrumente zur systematischen Berücksichtigung der Kategorie Geschlecht. Bips, Bremen

[8] Jahn I, Kolip P (2002a) Die Kategorie Geschlecht als Kriterium für die Projektförderung von Gesundheitsförderung Schweiz. Bremer Institut für Präventionsforschung und Sozialmedizin. Bremen

[9] Jahn I, Kolip P (2002b) Frauenbewegung und das Gesundheitswesen. In: Forschungsjournal Neue Soziale Bewegung, Jg 15 Heft 3, S 143–148

[10] Kriegesmann B, Kottmann M, Masurek L, Nowak U (2005) Kompetenz für eine nachhaltige Beschäftigungsfähigkeit, Fb 1038 Schriftenreihe der Bundesanstalt für Arbeitsschutz und Arbeitsmedizin. Wirtschaftsverlag NW, Dortmund/Berlin/Dresden

[11] Maschewsky-Schneider U (2001) Gender mainstreaming im Gesundheitswesen - die Herausforderung eines Zauberwortes. In: Niedersächsisches Ministerium für Frauen, Arbeit und Soziales, Institut Frau und Gesellschaft, Landesvereinigung für Gesundheit Niedersachsen e.V. (Hrsg) Dokumentation: Gender Mainstreaming im Gesundheitswesen, 12. Tagung des Netzwerkes Frauen/Mädchen und Gesundheit Niedersachsen, 7. Dezember 2000, Hannover

[12] Meierjürgen R, Dalkmann S (2006) Gender Mainstreaming im Präventionsangebot einer Krankenkasse. In: Kolip P, Altgeld T (Hrsg) Geschlechtergerechte Gesundheitsförderung und Prävention. Theoretische Grundlagen und Modelle guter Praxis. Juventa Verlag, Weinheim und München, S 245–257

[13] Oppolzer A (2004) Was Arbeitszeit mit Gesundheit zu tun hat. In: Arbeit & Ökologie Briefe 5/2004. LinE Gmbh Verlag, Frankfurt/Main, S 25–28

[14] Pirolt E, Schauer G (2006) Vom Projekt Spagat zu Gender Mainstreaming in der betrieblichen Gesundheitsförderung – Fünf Jahre betriebliche Gesundheitsförderung mit Gender-Perspektive. In: Kolip P, Altgeld T (Hrsg) Geschlechtergerechte Gesundheitsförderung und Prävention. Theoretische Grundlagen und Modelle guter Praxis. Juventa Verlag, Weinheim und München, S 233–243
[15] Pirolt E, Schauer G (2005a) Leitfaden – Geschlecht als Qualitätskriterium der betrieblichen Gesundheitsförderung. ppm, Linz
[16] Pirolt E, Schauer G (2005b) Gender Mainstreaming – Checkliste zur Ist-Standerhebung. ppm, Linz
[17] Pirolt E, Schauer G (2002a) Handbuch „Gesundheitszirkelarbeit mit Frauen". ppm, Linz
[18] Pirolt E, Schauer G (2002b) Erfahrungen, Ergebnisse und Reflexionen eines Gesundheitsförderungsprojektes. ppm, Linz
[19] Resch M (2002) Der Einfluss von Familien- und Erwerbsarbeit auf die Gesundheit. In: Hurrelmann K, Kolip P (Hrsg) Geschlecht, Gesundheit und Krankheit. Huber Verlag, Bern, S 403–418
[20] Rimann M, Udris I (1997) Subjektive Arbeitsanalyse: Der Fragebogen SALSA. In: Strohm O, Eberhard U (Hrsg) Unternehmen arbeitspsychologisch bewerten. Ein Mehr-Ebenen-Ansatz unter besonderer Berücksichtigung von Mensch, Technik und Organisation. vdf Hochschulverlag, Zürich, S 281–297
[21] Siegrist J, Rödl A (2005) Chronischer Distress im Erwerbsleben und depressive Störungen. Epidemiologische und psychobiologische Erkenntnisse und ihre Bedeutung für die Prävention. In: BAUA (Hrsg) Arbeitsbedingtheit depressiver Störungen, Tb 138 Schriftenreihe der Bundesanstalt für Arbeitsschutz und Arbeitsmedizin, S 27–37
[22] Statistik Austria (Hrsg) (2006) Statistik der Lohnsteuer 2003. Bundesanstalt Statistik Österreich, Wien
[23] Statistik Austria (Hrsg) (12/2004) Statistisches Jahrbuch Österreichs 2005. Bundesanstalt Statistik Österreich, Wien
www.ppm.at, www.switch2006.at

KAPITEL 13

Geschlechtergerechtes Gesundheitsmanagement im öffentlichen Dienst

N. Pieck

Zusammenfassung. Ein geschlechtergerechtes Gesundheitsmanagement wird in seiner betrieblichen Ausgestaltung und seinen Ergebnissen Frauen und Männern gleichermaßen gerecht und berücksichtigt die Arbeits- und Lebensbedingungen von Frauen und Männern. Die Evaluation von 23 Projekten in der niedersächsischen Landesverwaltung zeigt, dass dafür die Etablierung partizipativer Prozesse ein wesentlicher Erfolgsfaktor ist. In diesem Beitrag wird skizziert, welche gesundheitsrelevanten Faktoren mit Geschlechterarrangements im Betrieb verzahnt sind und wie diese sich im Rahmen von Gesundheitsmanagement bearbeiten lassen. Wesentlicher Gesundheitsfaktor für Frauen ist die Kompatibilität ihrer Lebensentwürfe und ihrer persönlichen Ziele mit der tatsächlichen Lebenssituation. Die gesellschaftlich zugelassene Rollenvielfalt für Frauen lässt sich nur als Ressource leben und nutzen, wenn die Erwerbsarbeitsbedingungen selbst gesundheitsförderlich gestaltet sind. Von einem Abbau traditioneller Geschlechterarrangements und einem Wandel androzentrischer Organisationskulturen könnten auch Männer gesundheitlich profitieren.

13.1 Einleitung

Dieser Band thematisiert Gender Mainstreaming im betrieblichen Gesundheitsmanagement. Damit sind im Wesentlichen zwei Fragen verknüpft: Wie gestaltet sich ein geschlechtergerechtes betriebliches Gesundheitsmanagement, von dem Frauen und Männer hinsichtlich ihrer Gesundheit und gesundheitsförderlicher Arbeitsbedingungen gleichermaßen profitieren? Welchen Beitrag leistet das geschlechtergerechte Gesundheitsmanagement zur Gleichstellung von Frauen und Männern? Soll geschlechtergerechtes Gesundheitsmanagement gelingen, muss ein betriebliches Gesundheitsmanagement die nach wie vor unterschiedlichen Arbeits- und Lebensbedingungen von Frauen und Männern berücksichtigen. Darüber hinaus darf der Versuch, die Gesundheit zu schützen und zu fördern, nicht zu einer Benachteiligung von Frauen oder Männern führen. Gender Mainstreaming ist als Strategie sehr allgemein formuliert und enthält keine inhaltlichen Vorgaben. Es wird lediglich festgestellt, dass Gender Mainstreaming das Ziel der Gleichstellung verfolgt, in allen Bereichen anzuwenden ist und dass dabei das Geschlechterverhältnis zu berücksichtigen ist (Definition nach Stiegler [29]). Es muss also zunächst einmal geklärt werden, was ein geschlechtergerechtes betriebliches Gesundheitsmanagement denn zu leisten hätte, um auch dem Prinzip Gender Mainstreaming gerecht zu werden. Deshalb soll es im Folgenden darum gehen, die inhaltliche Seite von Gender Mainstreaming im Feld des betrieblichen Gesundheitsmanagements herzuleiten. Dabei sind folgende Fragen leitend: Erstens, was ist überhaupt der Gegenstand eines betrieblichen Gesundheitsmanagements (BGM)? Zweitens, was hat BGM mit der Gleichstellung von Frauen und Männern zu tun? Es soll verdeutlicht werden, welche Faktoren sich sowohl auf die Gesundheit von Frauen und Männern auswirken als auch auf die Gleichstellung der Geschlechter. Damit einher geht die Bestimmung des Geschlechterverhältnisses, welches laut Gender Mainstreaming berücksichtigt werden soll.

13.2 Schnittmengen von Gender Mainstreaming und betrieblichem Gesundheitsmanagement

Für die Bestimmung des Geschlechterverhältnisses ist es erforderlich, sich die überbetrieblichen Strukturen anzuschauen, die wesentlichen Einfluss auf die Reproduktion des Geschlechterverhältnisses haben bzw. dieses in seiner Formbestimmtheit beschreiben. Betriebliches Handeln findet im Kontext dieser Strukturen statt und leistet einen eigenen Anteil zu deren Reproduktion – oder deren Wandel.

13.2.1 Geschlechterverhältnis, Diskriminierungsmechanismen und -strukturen

In dem sich seit einigen Jahren ausweitenden Diskurs zum demographischen Wandel wird vor allem die Vereinbarkeit von Beruf und Familie diskutiert. Die Soziologin und Biografieforscherin Helga Krüger [18] sieht Deutschland in einer Modernisierungsfalle gefangen. Karriere und Kinder sind in Deutschland, verglichen mit anderen europäischen Ländern, nur schwer vereinbar. Bisher werde das Problem zu Lasten der Frauen „gelöst": Die Vereinbarkeit von Familie und Beruf beruht auf einem Geschlechterverhältnis, welches Frauen diskriminiert. Es wird wesentlich durch das Zusammenspiel von Staat, Erwerbsarbeit und Familie konstituiert. Der Bereich der Erwerbsarbeit ist u. a. durch einen nach Geschlecht segregierten Arbeitsmarkt gekennzeichnet. In zahlreichen Berufen sind überwiegend Frauen oder Männer tätig (horizontale Segregation) und Frauen sind nach wie vor in allen Berufen selten in höheren Hierarchieebenen zu finden (vertikale Segregation). Damit einher geht die vergleichsweise geringe Entlohnung so genannter Frauenberufe. Dies wirkt sich als geringere eigenständige Absicherung von Frauen durch die sozialen Sicherungssysteme aus. Die gesellschaftliche Zuständigkeit von Frauen für Kinder und Familie spiegelt sich u. a. in den mangelnden institutionellen Betreuungsmöglichkeiten für Kinder wider. Die Karrierechancen und die Flexibilisierungs- und Unterbrechungsrisiken sind für Frauen und Männer unterschiedlich verteilt. Flexibilisierungen sind, wenn sie die Entscheidungsspielräume der Beschäftigten erweitern, eine Chance, Vereinbarkeit zu erleichtern. Anderenfalls verschärfen sie das Problem tendenziell. Die Öffnungszeiten von Kindergärten und Schulen sind zum Teil von den Arbeits- und Urlaubszeiten abgekoppelt. Daraus sind Anforderungen an die Ausgestaltung öffentlicher Infrastrukturen abzuleiten.

Die strukturellen überbetrieblichen Mechanismen zur Aufrechterhaltung des Geschlechterverhältnisses und die Diskriminierung von Frauen umfassen die geschlechtshierarchische Arbeitsteilung zwischen Frauen und Männern in Beruf und Familie, die Abwertung von Frauenarbeit sowie eine widersprüchliche Strukturierung der gesellschaftlichen Bereiche Erwerbsarbeit und Familie. Letztere besteht meines Erachtens vor allem in Ansprüchen zeitlicher Verfügbarkeit. Teilzeitarbeit ist ein Zeitarrangement, welches überwiegend von Frauen genutzt wird. Die Zunahme der Erwerbsbeteiligung von Frauen kommt hauptsächlich durch eine Zunahme an Teilzeitbeschäftigung zustande [10, S. 171]. Gleichzeitig ist eine Ausweitung der Arbeitszeit von Männern zu beobachten, die einer Gleichverteilung von Unterbrechungsrisiken zwischen Frauen und Männern im Wege steht. Flexibilitätsanforderungen stellen sich demnach für Frauen und Männer anders dar. Teilzeitangebote sind bei gegenwärtigen Betreuungsangeboten (und Ansprüchen an Mutterschaft) eine mögliche Lösung von Vereinbarkeitsproblemen. Damit gehen jedoch ein geringerer Verdienst und eine schlechtere soziale Absicherung sowie schlechtere Weiterbildungs- und Aufstiegschancen einher.

Im Folgenden soll der Blick vom gesamtgesellschaftlichen Zusammenhang auf den Betrieb gerichtet werden.

13.2.2 Geschlechterarrangements im Betrieb

In diesem Abschnitt sollen Prozesse skizziert werden, die auf betrieblicher Ebene einen Beitrag zum Erhalt eines Frauen benachteiligenden Geschlechterverhältnisses leisten.

Forscherinnen wie die Organisationssoziologin Joan Acker untersuchen Organisationen hinsichtlich ihrer Bedeutung für die Gleichstellung der Geschlechter und machen zunächst etwas sichtbar, was im allgemeinen Verständnis unsichtbar ist: Organisationen sind nicht geschlechtsneutral, sie sind vergeschlechtlicht, weil die unterschiedliche Verteilung von Einkommen, Aufgaben und Positionen zwischen Frauen und Männern in ihnen systematisch erfolgt [31, S. 446]. In die Gestaltung der Prozesse der Verteilung von Aufgaben und Positionen fließen Annahmen über die gesellschaftliche Trennung von Produktions- und Reproduktionsarbeit, die zudem geschlechtsspezifisch verteilt sind, mit ein. Sie sind in Organisationen „inkorporiert" und in der vergeschlechtlichten „Substruktur" von Organisationen verankert. Sie leisten damit einen erheblichen Beitrag zur Persistenz des Geschlechterverhältnisses.

Acker spricht – im Gegensatz zur Sprache betrieblicher Akteure – von „Gendering", welches in fünf interagierenden Prozessen stattfindet [1, S. 167]:

1. Der erste Prozess ist die Konstruktion von Trennungen entlang der Geschlechter. Diese bezieht sich auf die Arbeitsteilung zwischen den Geschlechtern, auf erlaubtes Verhalten, räumliche Trennung der Geschlechter, die Verteilung von Macht etc.
2. Der zweite Prozess ist die Konstruktion von Symbolen und Bildern, die diese Trennungen erklären, rechtfertigen, ausdrücken, bekräftigen und sie manchmal auch ablehnen. Die Quellen können dabei sehr verschieden sein. So führen Kanter et al. [16] das Beispiel des Managers als Bild erfolgreicher, kraftvoller Maskulinität an und Cockburn die Verbindung der technischen Kompetenzen mit Männlichkeit. Bei letzterem wirkt die Möglichkeit, dass Frauen solche Fähigkeiten innehaben könnten, als Bedrohung der Männlichkeit der Techniker [5].
3. Der dritte Prozess wird beschrieben als Interaktion zwischen Frauen und Männern, Männern und Männern und Frauen und Frauen mit all den dazugehörigen Mustern der Über- und Unterordnung. Dazu zählt Acker unter anderem Diskussionskulturen, in denen Frauen häufiger unterbrochen werden und Themen durch Männer dominiert werden.
4. Der vierte Prozess bezieht sich auf den Anteil der beschriebenen Prozesse an der Herausbildung vergeschlechtlichter Komponenten der individuellen Identität. Dazu zählt, dass sich Individuen mehr oder weniger bewusst entsprechend den Normen der Organisation als Frauen oder

Männer kleiden, sprechen, Aufgaben wahrnehmen und sich selbst als geschlechtliche Mitglieder der Organisation präsentieren.
5. Der fünfte Prozess bezieht sich auf die Organisationslogik. Gender ist in die fundamentalen Prozesse der Organisation eingebettet, die soziale Strukturen konzeptualisieren und herstellen. Gender ist ein konstitutives Element, welches den meisten gegenwärtigen Organisationen zugrunde liegt. Die Organisationslogik schlägt sich nach Acker in den Regeln der Organisation, in Arbeitsverträgen, Leitlinien oder anderen, zur Steuerung von Organisation notwendigen Instrumenten, nieder. Zu diesen zählen beispielsweise Systeme der Arbeitsbewertung.

Die Orientierung am Leitbild der „Normalarbeitskraft" stellt eines der grundlegenden Hindernisse für die Gleichstellung der Geschlechter dar und lässt sich dem fünften Prozess zuordnen. Denn dem Verständnis der Normalarbeitskraft liegt ein gender bias zugrunde: Es wird unterstellt, dass die Normalarbeitskraft keinen zeitlichen familialen Verpflichtungen unterliegt. Die bestehende gesellschaftliche Organisation von Arbeit setzt voraus, dass die gesellschaftlich notwendige Arbeit in der Familie von Frauen unentgeltlich erbracht wird und Männer somit den Organisationen voll und ganz zur Verfügung stehen. Damit ist die Normalarbeitskraft ein (sozialer) Mann.

Daraus resultieren auf der betrieblichen Ebene Gleichstellungsbarrieren für Frauen. Heintz und Nadai [14] benennen in diesem Zusammenhang identitätsstiftende ordnungsgenerierende Prinzipien der Grenzziehungen (boundary work) und die Unvereinbarkeit von Beruf und Familie. Letztere ist insbesondere auf für Frauen mit Kindern ungünstige Arbeitszeitregelungen und schwer zu realisierende Weiterbildungsanforderungen zurückzuführen [14]. Während Gleichstellungsbarrieren auf der strukturellen Ebene, z. B. Arbeitszeitregelungen, vor allem Frauen benachteiligen, die tatsächlich Familienarbeit leisten, sind alle Frauen von den Geschlechterdifferenzierungen auf der symbolischen Ebene betroffen. Die Erwartung an Männer, karriereorientiert und befreit von Hausarbeit zu sein und an Frauen, Kinder haben zu wollen und diese auch zu betreuen, diskriminiert alle Frauen, unabhängig von ihren tatsächlichen Neigungen und Verpflichtungen [31].

Ebenso stereotypisiert und benachteiligt werden Frauen, wenn Tätigkeiten von Männern als männliche Tätigkeiten stilisiert werden, für die Frauen sich in dieser Logik schlechter eignen. Dies schlägt sich unabhängig von den tatsächlichen individuellen Fähigkeiten in einer Tätigkeitsverteilung zwischen den Geschlechtern nieder und in einer unterschiedlichen Bewertung der Tätigkeit, was beides für die weitere Karriere, Entlohnung etc. relevant sein kann. Heintz und Nadai weisen zudem darauf hin, dass diese Grenzziehungen verstärkt von Männern ausgehen, wenngleich Frauen dies mittragen. Während Grenzziehungen zwischen Frauen und Männern und deren Tätigkeiten für Männer eher eine statussichernde Funktion haben, erzeugen sie für Frauen häufig Double-bind-Situationen. So müssen diese beispielsweise als kompetente Informatikerin technisch versiert sein und sich gleichzeitig als Frau, der aber bestimmte technische Kompetenzen abgesprochen werden, darstellen (vgl. auch [20]). Gleichwohl sind auch Männer mit Erwartungen konfrontiert, eine bestimmte Männlichkeit zu repräsentieren und erfahren ebenfalls Abwertungen, wenn sie diese nicht erfüllen [6].

13.2.3 Arbeit, Gesundheit und Geschlecht

Nachdem im vorangegangenen Abschnitt Prozesse dargestellt wurden, die auf der betrieblichen Ebene soziale Ungleichheit zwischen den Geschlechtern reproduzieren, geht es im Folgenden um den Gegenstandsbereich des betrieblichen Gesundheitsmanagements. Im Fokus steht dabei die gesundheitsförderliche Gestaltung der Arbeitsbedingungen. Ansätze der Gesundheitsprävention im Betrieb zu Raucherentwöhnung, Sportangeboten etc. werden nicht betrachtet. Zentral für die gesundheitsförderliche Gestaltung von Arbeitsbedingungen sind die bestehenden Belastungen und Gesundheitsressourcen (in Anlehnung an Konzepte der Handlungsregulationstheorie, der vollständigen Tätigkeit und des transaktionalen Stressmodells; vgl. zusammenfassend [26]). Es werden hier nicht alle arbeitsbedingten Belastungen aufgelistet, vielmehr wird exemplarisch herausgearbeitet, welche unterschiedlichen Konstellationen von Belastungen und Ressourcen bei Frauen und Männern von Belang sind. Die Arbeitsteilung zwischen den Geschlechtern (segregierter Arbeitsmarkt, innerbetriebliche und familiale Arbeitsteilung) weist Frauen und Männern unterschiedliche Tätigkeiten und einen unterschiedlichen Status zu. Für ein geschlechtergerechtes Gesundheitsmanagement stellt sich die Frage, ob auch die Tätigkeitsbereiche, in denen typischerweise Frauen arbeiten, vom betrieblichen Gesundheitsmanagement bzw. dem Arbeitsschutzsystem erfasst werden. Dies ist oft nicht der Fall [11, 29]. Ähnliches gilt für die Belastungsforschung, die die Grundlagen für eine systematische Erhebung der Gesundheitsrisiken in den Betrieben liefert. Sie befasste sich häufig mit typischen Männerberufen oder testete ihre Modelle und Hypothesen an männlichen Stichproben. Damit blieben typische Belastungen in frauendominierten Tätigkeiten ausgeblendet. Der verengte Blick auf Männer verzerrte zudem den Blick auf den Zusammenhang von (Erwerbs-)Arbeit und Gesundheit insofern, als dass z. B. Belastungen durch die Unvereinbarkeit von Familie und Beruf gar nicht erst in den Blick gerieten. Für ein geschlechtergerechtes Gesundheitsmanagement bedeutet dies, die spezifischen Belastungen und Ressourcen der jeweiligen Tätigkeiten zur Kenntnis zu nehmen und die Konstellationen der Belastungen und Ressourcen in der Erwerbs- und Familienarbeit zu berücksichtigen. Belastungen durch Vereinbarkeitsprobleme wären dann Teil des betrieblichen Verantwortungsbereiches und eben nicht das individuelle Problem der einzelnen Frau oder der wenigen Männer, die sich an der Familienarbeit umfangreich beteiligen. Des Weiteren lassen sich Belastungen benennen, die nicht tätigkeitsbezogen sind. Dazu zählen geschlechtstypische Belastungen wie sexuelle Belästigung, Abwertungen, Geschlechtsrollenkonflikte u. ä.

Prominentes Beispiel für Faktoren, die sowohl gleichstellungs- also auch gesundheitsrelevant sind, ist die Arbeitszeitgestaltung. Teilzeitarbeit ist eine praktische Variante, um akute Vereinbarkeitsprobleme zu lösen. Sie „schützt" die Teilzeitarbeitenden vor Belastungen und Gefährdungen am Arbeitsplatz, dadurch, dass diese den Belastungen und Gefahren für kürzere Zeit ausgesetzt sind. Gleichzeitig ist ihre Tätigkeit häufiger repetitiv und unterfordernd. Sie werden häufig schlechter bezahlt und erwerben eine schlechtere Absicherung im Alter. Sie haben weniger Möglichkeiten, sich zu qualifizieren oder aufzusteigen. Gehobene Positionen sind selten in Teilzeit verfügbar.

Die Gesundheitswissenschaftlerinnen Ducki und Maschewsky-Schneider [7] fassen ihre Befunde zu Frauen, Gesundheit und Arbeit, die auf dem ersten bundesweiten Bericht zur Frauengesundheit [4] basieren, folgendermaßen zusammen:

Wie oben angedeutet, ist die Arbeitsmarktsegregation ein wichtiger Mechanismus bei der Reproduktion des Geschlechterverhältnisses. Sie ist zudem aus gesundheitlicher Perspektive relevant. Frauen arbeiten zu über fünfzig Prozent in nur fünf Branchen [3, S. 164 ff]. Der Gesundheitsbericht untersucht dementsprechend die Belastungen und Ressourcen in den Berufsgruppen Reinigung, Warenverkauf, Bürotätigkeit und sozialpflegerische Berufe. Sie sind seltener in Führungspositionen, verdienen (auch in vergleichbaren Positionen) weniger und arbeiten häufiger in Teilzeit. Damit sind unterschiedliche Belastungen aufgrund der Tätigkeit verbunden. Als Haupt-Risikofaktoren arbeiten Ducki und Maschewsky-Schneider [7] heraus: zeitbezogene Belastungen wie Zeitdruck und Überstunden sowie lange tägliche Arbeitszeiten, hohe Anforderungen an die Konzentration, physikalische Belastungen (demands) und Verantwortung für Menschen. Aus dem bisher Diskutierten wird deutlich, dass sich z. B. hinter den Belastungen durch Arbeitszeitgestaltung für Frauen andere Konstellationen verbergen als bei Männern. Für Frauen mit familialen Verpflichtungen sind Überstunden und lange Arbeitszeiten mit spezifischen Problemen verbunden. Sie verschärfen die Vereinbarkeitsproblematik und bedeuten gleichzeitig einen Mangel an Bewältigungsmöglichkeiten. Arbeitsdichte und Zeitdruck können schwer durch Überstunden abgemildert werden. Arbeitszeitgestaltung ist damit für Gesundheit und Gleichstellung ein relevantes Thema.

Unabhängig von der Tätigkeit ist sexuelle Belästigung ein Gesundheitsrisiko, von dem überwiegend Frauen betroffen sind, was auch mit ihrer Stellung in der Hierarchie in Verbindung gebracht wird. Des Weiteren beleuchten Ducki und Maschewsky-Schneider die Verteilung von gesundheitsrelevanten Ressourcen wie Handlungs- und Entscheidungsspielräume. Frauen verfügen über weniger Ressourcen als Männer, da sie meist am unteren Ende der Hierarchie arbeiten, in Jobs mit starker Reglementierung und Standardisierung. Darüber hinaus verfügen Frauen häufig über weniger Handlungs- und Entscheidungsspielräume als Männer in vergleichbaren Positionen. Als gemeinsames Muster von Belastungen in den fünf Hauptberufsgruppen von Frauen charakterisieren Ducki und Maschewsky-Schneider eine Kombination aus organisatorischen Belastungen, Belastungen durch Arbeitszeit und physischen Belastungen. Im Hinblick auf arbeitsplatzbezogene Ressourcen stellen die Autorinnen fest, dass selbst in den Berufsgruppen, in denen überwiegend Frauen arbeiten, die Breite und Verfügbarkeit der Ressourcen stark von der Geschlechtersegregation abhängen: Ressourcen wie Entscheidungsspielräume, ganzheitliche und abwechslungsreiche Tätigkeiten finden sich eher in höher qualifizierten Tätigkeiten und auf höheren Hierarchieebenen, die auch in „Frauenberufen" häufig mit Männern besetzt sind. Zu den Entscheidungsspielräumen zählt auch die Möglichkeit, Anfangs- und Endzeiten der täglichen Arbeitszeit variieren zu können. Der Dispositionsspielraum ist ebenfalls ungleich auf die Geschlechter verteilt. Frauen haben seltener die Möglichkeit, dies selbst zu bestimmen.

Die Ressourcen und Belastungen von Frauen und Männern verteilen sich auch entlang der geschlechtlichen Arbeitsteilung zwischen Produktions- und Reproduktionsarbeit unterschiedlich. Familienarbeit wird meist von Frauen geleistet, unabhängig davon, ob die Frauen selbst nicht erwerbstätig oder voll erwerbstätig sind. Mit der Hausarbeit gehen spezifische Belastungen einher, und zwar:
- geringer Status der Hausarbeit,
- materielle und soziale Abhängigkeit,
- Gleichzeitigkeit verschiedener Zeitmuster durch Hausarbeit, Kinder und Erwerbstätigkeit (wenn vorhanden oder ausgeübt),
- Isolation,
- Langeweile, Monotonie und physische Belastungen.

Ressourcen in der Hausarbeit sind:
- persönliche Identifikation mit der Arbeit,
- größere Entscheidungsspielräume als in der Erwerbsarbeit.

Ein wesentlicher Faktor für die Gesundheit von Frauen ist die Kompatibilität ihrer Lebensentwürfe und ihrer persönlichen Ziele mit dem tatsächlichen Leben, welches sie führen. Rollenvielfalt, als positive Wendung der Mehrfachbelastung, stellt eine gesundheitliche Ressource mit positivem Effekt dar, wenn sie frei gewählt wurde, die Erwerbsarbeits- und Familienbedingungen zufrieden stellend und von guter Qualität sind. Unter schlechten (Erwerbs-)Arbeitsbedingungen lässt sich die Ressource der Rollenvielfalt nicht realisieren.

13.3 Geschlechtergerechtes betriebliches Gesundheitsmanagement

Geschlechtergerechtes betriebliches Gesundheitsmanagement soll am Beispiel des Konzeptes der niedersächsischen Landesverwaltung und ersten Auswertungen der Erfahrungen aus 46 Projekten skizziert werden. Das niedersächsische Konzept basiert auf einem im Jahr 2000 entwickelten Leitfaden zur Umsetzung von BGM in den Dienststellen des Landes, der eine Umsetzung von Gender Mainstreaming im Feld BGM vorsieht. Zunächst sei daran erinnert, dass Gender Mainstreaming auf die Gleichstellung der Geschlechter unter Berücksichtigung des Geschlechterverhältnisses zielt [29]. In diesem Verständnis geht es also nicht um das Geschlecht als eine biologische Kategorie, sondern um soziale Mechanismen, die zu einer sozialen Ungleichheit zwischen Frauen und Männern als soziale Gruppen führen.

Dabei spielt die soziale Konstruktion von Geschlecht und die innerbetriebliche Arbeitsteilung zwischen Frauen und Männern eine wichtige Rolle. Für die Übertragung von Gender Mainstreaming in das betriebliche Gesundheitsmanagement wird somit von Bedeutung sein, ob und wie Geschlecht dabei konstruiert bzw. dekonstruiert wird. Betriebliche Akteure sind mit dem Problem konfrontiert, einerseits nach Geschlecht zu unterscheiden, z. B. in Befragungen, um unterschiedliche Belastungen von Frauen und Männern wahrnehmen zu können. Andererseits laufen sie dabei Gefahr, Frauen und Männer zu stereotypisieren, wenn es z. B. um die Deutung der Zusammenhänge und möglicher Ursachen geht oder wenn geschlechtergerechtes Gesundheitsmanagement auf die Berücksichtigung vermuteter biologischer Unterschiede von Frauen und Männern reduziert wird.

In der niedersächsischen Landesverwaltung gibt es seit 2002 einen Kabinettsbeschluss zur Einführung eines dienststelleninternen Gesundheitsmanagements und eine Vereinbarung mit den Gewerkschaften und dem Beamtenbund nach § 81 des niedersächsischen Personalvertretungsgesetzes zum Gesundheitsmanagement. Grundlage beider Papiere ist der oben erwähnte Leitfaden. Der Leitfaden bezieht sich auf die in der Luxemburger Deklaration [12] definierten Kriterien (Ganzheitlichkeit, Partizipation, Integration und Projektmanagement) und ergänzt diese durch Gender Mainstreaming. Im Kern wird Gesundheitsmanagement als Strategie der Organisations- und Personalentwicklung verstanden. In seinen Ausführungen zu Gender Mainstreaming definiert der Leitfaden grobe Ziele:

> *„Gesundheitsmanagement (muss) spezifische Belastungen von Frauen und Männern identifizieren und abbauen. Daneben hat Gesundheitsmanagement Prozesse zu unterstützen, die darauf abzielen, die geschlechtliche Arbeitsteilung aufzuheben und damit Belastungen zu reduzieren..."* [25, S. 10]

Dienststellen sind demnach aufgefordert, die möglicherweise belastenden oder überfordernden *Konstellationen* [8] von Arbeitsbedingungen im Beruf und in der Familie abzubauen und gesundheitsförderliche Konstellationen für die Vereinbarkeit von Beruf und Familie, auch für Männer, zu fördern. Darüber hinaus soll Gesundheitsmanagement Prozesse unterstützen, die versuchen, bestehende Diskriminierungsmechanismen abzubauen.

Der Prozess der Einführung und Ausweitung von Gesundheitsmanagement wird durch eine landesweite Steuerungsgruppe und einen Beratungsservice begleitet, die beide 2003 ihre Tätigkeit aufgenommen haben. Das niedersächsische Ministerium für Inneres und Sport stellt jährlich Mittel für die Förderung von Projekten zur Verfügung. Durch ein Antragsverfahren der landesweiten Steuerungsgruppe soll die Qualität der Projekte gesichert werden. Interessierte Dienststellen sind aufgefordert, in ihrem Antrag das geplante Projekt zu skizzieren und darzulegen, wie sie die zugrunde gelegten Prinzipien in ihrem Projekt realisieren werden. Bei der Förderung beschränkt sich die landesweite Steuerungsgruppe in ihren Empfehlungen auf die Förderung der Prozesse (Diagnose, Beratung, Moderation von Beteiligungsgruppen, Evaluation). Ziel der Förderung ist es, die Dienststellen und Akteure darin zu unterstützen, die Prinzipien und Instrumente des Gesundheitsmanagements gemäß des Leitfadens zu erproben und in ihr Alltagshandeln zu integrieren. Die Förderung zielt auf die Implementierung beteiligungsorientierter Prozesse. Die Projekte werden im Rahmen eines Netzwerkes vom Beratungsservice begleitet. Das Netzwerk ermöglicht den Akteuren einen Austausch untereinander sowie eine methodisch angeleitete Reflexion der Projektarbeit. Nach Durchlaufen eines Projektzyklus sieht das

Konzept zur Einführung von Gesundheitsmanagement eine Evaluation der Projekte mit dem Beratungsservice vor. Ziel der Evaluation ist es, zum einen den Projekten eine Reflexion ihres Prozesses zu ermöglichen und zum anderen zu überprüfen, ob eine Implementierung der Prozesse gelungen ist. Das heißt, die Evaluation prüft nicht, ob Gesundheitszirkel ein präventiv wirkendes Instrument sind (dazu vgl. [19, 27]) oder ob die durchgeführten Maßnahmen einen Effekt auf die Fehlzeiten haben. Vielmehr wird geprüft, ob die Voraussetzungen für die Wirksamkeit hergestellt werden konnten. Von den seit 2003 geförderten 46 Projekten sind mittlerweile 23 evaluiert worden. Die Evaluation der Projekte hat die typischen Hürden im Prozess sowie unterstützende Faktoren sichtbar gemacht. Aus der Evaluation der Projekte und den Anträgen auf Förderung wurde deutlich, dass Gender Mainstreaming, trotz Vorgabe im Leitfaden, eine verschwindend geringe Rolle gespielt hat. Von einer systematischen Umsetzung kann nicht die Rede sein: Gender Mainstreaming wurde in der Regel weder durch Ziele noch durch das methodische Vorgehen (Auswertung nach Geschlecht, Tätigkeit, Teilzeit, Vollzeit etc.) operationalisiert. Dennoch gelang es den Projekten, die partizipativ vorgingen, einige der oben skizzierten gleichstellungsrelevanten Faktoren im Sinne des Gender Mainstreaming zu bearbeiten. Um diesem überraschenden Phänomen nachzugehen, wurden Mitglieder der Steuerungsgruppen in vier dieser Projekte interviewt. Die hier skizzierten Ergebnisse basieren auf einer Teilauswertung der Interviews. Im Fokus standen hierbei die Fragen, welche Rolle partizipative Instrumente und Prozesse für ein geschlechtergerechtes Gesundheitsmanagement spielen, welche Gleichstellungsbarrieren sich im Rahmen des BGM bearbeiten lassen und mit welchem Ergebnis.

Das betriebliche Handlungsfeld ist in der Regel auf innerbetriebliche Logiken beschränkt, die jedoch die gesellschaftlichen Rahmenbedingungen (Arbeitsteilung zwischen den Geschlechtern und Segregation des Arbeitsmarktes) voraussetzen (gendered organizations). Gleichzeitig erscheint durch die gesellschaftliche Trennung von Produktions- und Reproduktionsarbeit und die Aufteilung in öffentliche und private Lebensbereiche die geschlechtliche Arbeitsteilung und damit einhergehende soziale Ungleichheiten *als private Entscheidung* der Einzelnen.

> *„Hypothese: Partizipative Ansätze im Gesundheitsmanagement fördern hinreichend lebensweltliche Erfahrungen zu Tage, um diese Engführung zu weiten und organisatorische Handlungsalternativen zu erschließen."*

Dies würde bedeuten, Vereinbarkeit von Familie und Beruf als Verantwortungs-/Einflussbereich der Organisation zu konstruieren und auch neu zu gestalten. Die Hypothese ließe also erwarten, dass die Projekte Themen der Vereinbarkeit von Familie und Beruf bearbeiten und dass neue Arrangements auch umgesetzt werden. Des Weiteren ginge damit einher, auch die Konstellationen von Belastungen und Ressourcen, die aus der noch bestehenden geschlechtlichen Arbeitsteilung herrühren, zu berücksichtigen sowie die tatsächlich geschlechtsspezifischen Risiken für die Gesundheit in der Gestaltung der Arbeit zu berücksichtigen, ohne im Hinblick auf Zugang zur Beschäftigung, Aufstieg, Weiterbildung etc. zu diskriminieren.

13.3.1 Geschlechtergerechtes Gesundheitsmanagement im Praxistest

Zunächst möchte ich kurz den Gesamteindruck aus den geförderten Projekten schildern, der sich als eine auffällige Abwesenheit von Gender Mainstreaming zusammenfassen lässt. Anschließend möchte ich anhand kurzer Fallbeschreibungen aufzeigen, wie durch ein partitizipatives Vorgehen ein geschlechtergerechtes Gesundheitsmanagement erreicht werden kann.

Aus den 44 Anträgen der ersten Förderphase 2003 wurde ersichtlich, dass das Prinzip Gender Mainstreaming, obwohl im Leitfaden dazu Ziele formuliert wurden, in der Projektplanung nicht systematisch angewandt wurde. Lediglich zwei Anträge assoziierten mit Gender Mainstreaming im Gesundheitsmanagement Konflikte um die Arbeitsteilung zwischen Frauen und Männern, Benachteiligung von Teilzeitkräften und Vereinbarkeit von Familie und Beruf. Die restlichen sahen Gender Mainstreaming umgesetzt durch die Beteiligung der Frauenbeauftragten in der Steuerungsgruppe und dadurch, dass Maßnahmen für alle MitarbeiterInnen (Frauen, Männer, Teilzeit, Vollzeit) angeboten würden. Einige wenige bemühten sich, (biologische) Unterschiede zwischen Frauen und Männern zu berücksichtigen (Klimaregulierung für schnell frierende Frauen) oder sahen keine Geschlechterrelevanz. Von den Anträgen in 2003 wurden insgesamt 23 gefördert. Bis Ende 2005 wurden insgesamt 43 Projekte gefördert, von denen 23 im Rahmen eines Workshops evaluiert wurden. Die vergleichende Auswertung der Projekte konzentrierte sich auf Hürden und unterstützende Faktoren bei der Implementierung von Gesundheitsmanagement. In der Selbstbeurteilung der Projekte am Ende der Projekte zur Umsetzung von Gender Mainstreaming gaben die meisten Projekte ebenfalls an, sich nicht systematisch mit dem Thema Gender Mainstreaming befasst zu haben. Die meisten hatten die Frauenbeauftragte beteiligt und im Laufe des Projektes keine Geschlechterrelevanz erkannt. In der Phase der Erprobung des Evaluationskonzeptes wurden die Projekte aufgefordert, sich Schulnoten für die Realisierung des Prinzips Gender Mainstreaming zu geben. Auffälligerweise gaben sich auch solche Projekte eine Fünf oder Sechs, die im Ergebnis durchaus Gender-Themen erfolgreich bearbeitet hatten. Zu einer erfolgreichen Bearbeitung war es jedoch nur in Projekten gekommen, denen es gelungen war, einen partizipativen Prozess durchzuführen. In drei Projekten war die Frauenbeauftragte in der Steuerungsgruppe vertreten. Im vierten Projekt war die Frauenbeauftragte wegen eines personellen Wechsels nicht im Projekt vertreten. In allen Projekten hat es Beteiligungsgruppen gegeben. Im Folgenden wird es im Einzelnen nicht um allgemeine Erfolgsfaktoren oder typische Stolpersteine in den Gesundheitsmanagementprojekten gehen [22], sondern um die mehr oder weniger erfolgreiche Bearbeitung der Geschlechterarrangements und der Belastungs- und Ressourcenkonstellationen in der Organisation.

Wie bereits geschildert, hatten die Projekte keine systematische Bearbeitung des Gender Mainstreaming vorgesehen oder durchgeführt. Dennoch lassen sich Konstellationen beschreiben, in denen Geschlechterarrangements neu verhandelt wurden. Dabei wurden diese Konstellationen durch die Beteiligten durchaus nicht immer als Bearbeitung von Geschlechterkonflikten oder Geschlechterarrangements oder Gleichstellungsbarrieren wahrgenommen. Anhand der folgenden Beispiele soll aufgezeigt werden, inwiefern es den Projekten gelang, die geschlechtstypischen Konstellationen von Belastungen und Ressourcen in Beruf und Familie sowie Gleichstellungsbarrieren zu bearbeiten.

Die Themen in den etablierten Beteiligungsgruppen reichten von gerechter Arbeitsverteilung, Einteilung der Arbeitszeiten, Umgangston, Vereinbarkeit von Familie und Beruf, ungenügende Anzahl von Arbeitsplätzen (räumliche Enge), mangelnde Information und Kommunikation, Kompetenzen, Vorgesetztenverhalten, Arbeitsabläufen bis hin zu körperlichen Belastungen.

Das Thema Arbeitszeit wurde in drei der Projekte thematisiert. Die Lage der Arbeitszeit war hierbei ein wichtiges Thema für die Betroffenen. In einer Großküche z. B. war der Ausgangspunkt die empfundene Ungerechtigkeit in der Besetzung der Frühschicht. Frauen, die auf öffentliche Verkehrsmittel oder die Öffnungszeiten der Kindertagesstätte angewiesen waren, konnten die Frühschicht nicht machen. Dies führte zu Unmut unter den Kolleginnen. Nach einer Analyse der Arbeitsabläufe und der Stoßzeiten konnte durch eine Verstärkung der Belegschaft (mit Teilzeitkräften) die Frühschicht abgeschafft werden. Höchste Priorität bei den Hilfskräften (Frauen) hatten Probleme mit dem Dienstplan und das Thema Gerechtigkeit. In zwei weiteren Projekten wurden Funktionszeiten zur besseren Vereinbarkeit von Familie und Beruf eingeführt. Diese ermöglichen den Beschäftigten eine weitgehend freie Einteilung der Arbeitszeiten, sofern bestimmte Funktionen wie Telefondienst etc. von anderen wahrgenommen werden. In einem Projekt wurde Telearbeit eingeführt. Damit wurden einerseits lange Anfahrtszeiten und Fahrtkosten für die Beschäftigten reduziert und andererseits der Mangel an Platz (Büroräumen) behoben. Mit den entwickelten Maßnahmen wurde den Betroffenen die Vereinbarkeit von Beruf und Familie erleichtert. Damit war die Organisation der Familie nicht mehr so stark von den üblichen Arbeitszeitvorgaben abhängig.

Der oben skizzierte Prozess des Gendering zur Herstellung innerbetrieblicher Arbeitsteilung zwischen den Geschlechtern wurde ebenfalls in der Großküche berührt. Die Befragung zeigte Konflikte zwischen den Berufsgruppen, Unzufriedenheit mit der Arbeitsorganisation und Probleme mit der Information und Kommunikation auf. Es wurde deutlich, dass sich Konflikte zwischen den Köchen als Fachkräfte und den Küchenhilfen als Konflikte zwischen Frauen und Männern deuten lassen: Sie äußerten sich in Beleidigungen und Abwertungen der Frauen und in der Arbeitsteilung zwischen Frauen und Männern. So war ein Ärgernis zwischen männlichen Köchen und weiblichen Hilfskräften die Reinigung stark angebrannter Kessel.

Die Arbeitsteilung zwischen den Geschlechtern ist punktuell neu verhandelt worden. Gleichwohl werden die Grenzen des betrieblichen *Gesundheits*managements deutlich: Die Hilfskräfte sind nach wie vor Frauen. Geschlechtergerechtes betriebliches Gesundheitsmanagement ersetzt keine Gleichstellungspolitik.
Des Weiteren sind Erwartungen und Anforderungen an den Umgang miteinander formuliert worden. Beleidigungen sind hier ebenfalls als Konflikte zwischen den männlichen Fachkräften und den weiblichen Hilfskräften angesprochen worden. Die Einhaltung der vereinbarten Umgangsformen wurde auch seitens der Leitung durch Sanktionen durchgesetzt. Die letzten beiden Beispiele zeigen, dass es den Beteiligungsgruppen gelungen ist, Gendering-Prozesse auf mehreren Ebenen zu bearbeiten. Durch die Neugestaltung der Arbeitsabläufe und Regelung bestimmter Zuständigkeiten ist die Arbeit zwischen Frauen und Männern neu verteilt worden. Gleichzeitig ist auf der Interaktionsebene zwischen den einzelnen Frauen und Männern interveniert worden, indem die Abwertungen und Beleidigungen sanktioniert wurden. Zudem wurde den Frauen durch soziale Unterstützung durch die Projektbeteiligten und untereinander der Rücken gestärkt.

13.4 Fazit

Im Ergebnis ist es den beteiligungsorientierten Projekten gelungen, ein geschlechtergerechtes Gesundheitsmanagement durchzuführen.

Für diesen Erfolg halte ich folgende Faktoren für maßgeblich: Gender Mainstreaming, wenn auch halbherzig verfolgt, war mit dem Gesundheitsmanagement an eine Strategie der Organisationsentwicklung angeknüpft, deren Ziele hinreichend klar formuliert waren und die von den Beteiligten getragen wurden. Darüber hinaus war entscheidend, dass der Abbau von Belastungen aufgrund von Problemen mit der Vereinbarkeit von Familie (care work) und Beruf explizit im Gestaltungsbereich des betrieblichen Gesundheitsmanagements lag. Die Privatisierung der Vereinbarkeitsproblematik konnte im Rahmen des methodischen Vorgehens von Gesundheitsmanagement also punktuell aufgehoben werden. Die adäquate Berücksichtigung der „Geschlechterperspektiven" konnte durch die systematische Beteiligung der Betroffenen sichergestellt werden. Vor allem die Gesundheitszirkel waren geeignet, die lebensweltlichen Zusammenhänge sichtbar zu machen. Sie sind das probate Mittel, um Stereotypisierungen zu vermeiden, da sie in ihrer Methodik auf Kontextualisierung ausgerichtet sind. Sie ermöglichen es, die Anforderungen von Männern und Frauen an eine gesundheitsförderliche Gestaltung von Arbeit im Beruf und in der Familie im Betrieb sichtbar und vor allem verhandelbar zu machen. Der beteiligungsorientierte Zugang scheint zudem im Vergleich zu expertenorientiertem Vorgehen gut geeignet zu sein, die komplexen Zusammenhänge herauszuarbeiten, ohne dabei auf geschlechtsstereotype Zuschreibungen zurückzugreifen.

Literatur

[1] Acker J (1991) Hierachies, jobs, bodies: A theory of gendered organizations. In: Lorber, Judith; Farell, Susan A (Hrsg) The Social Construction of Gender. London, New Delhi, S 162–179
[2] Becker-Schmidt R (2000) Relation, Konnexion, Nexus im Geschlechterverhältnis In: Feministische Theorien zur Einführung, 1. Aufl. – Hamburg. Junius
[3] Bothfeld S, Klammer U et al (2005) WSI FrauenDatenReport. Handbuch zur wirtschaftlichen und sozialen Situation von Frauen. Berlin
[4] Bundesministerium für Jugend, Familie, Soziales und Frauen (1999) Verbundprojekt zur gesundheitlichen Situation von Frauen in Deutschland. Untersuchung zur gesundheitlichen Situation von Frauen in Deutschland. Eine Bestandsaufnahme unter Berücksichtigung der unterschiedlichen Entwicklung in West- und Ostdeutschland. Berlin
[5] Cockburn C (1988) Die Herrschaftsmaschine: Geschlechterverhältnis und technisches Know-how. Berlin
[6] Connell R (1999) Der gemachte Mann. Konstruktion und Krise von Männlichkeiten. Opladen
[7] Ducki A, Maschewsky-Schneider U (2003) Germany: Women, health and work - Main findings of the first federal report on women's health. In: Vogel L: The gender workplace health gap in europe. Brussels, pp 213–222

[8] Ducki A (2000) Belastungen und Ressourcen der Frauenerwerbsarbeit. In: Niedersächsisches Ministerium für Frauen, Arbeit und Soziales: Frauen, Arbeit und Gesundheit. 10. Tagung des Netzwerkes Frauen/Mädchen und Gesundheit Niedersachsen am 3. November 1999 in Hannover. Hannover, S 8–12
[9] Eichler M (1998) Offener und verdeckter Sexismus. Methodisch-methodologische Anmerkungen zur Gesundheitsforschung. In: Arbeitskreis Frauen und Gesundheit im Norddeutschen Forschungsverbund Public Health (Hrsg): Frauen und Gesundheit(en) in Wissenschaft, Praxis und Politik. Bern, Göttingen, Toronto, Seattle, S 34–49
[10] Erlinghagen M (2004) Die Restrukturierung des Arbeitsmarktes. Arbeitsmarktmobilität und Beschäftigungsstabilität im Zeitverlauf. Wiesbaden
[11] European Agency for Safety and Health at Work (2003) Gender issues in safety and health at work. A review. Luxembourg
[12] European Network for Workplace Health Promotion (1997) The Luxembourg Declaration on Workplace Health Promotion in the European Union.
[13] Goldmann M (1997) Globalisierungsprozesse und die Arbeit von Frauen im Dienstleistungsbereich. In: Altvater et al (Hrsg) Turbo-Kapitalismus. Gesellschaft im Übergang ins 21. Jahrhundert. Hamburg, S 155–170
[14] Heintz B, Nadai E et al (1997) Ungleich unter Gleichen. Studien zur geschlechtsspezifischen Segregation des Arbeitsmarktes. Frankfurt am Main
[15] Hofbauer J (2006) Konkurentinnen außer Konkurrenz? Zugangsbarrieren für Frauen im Management aus der Perspektive des Bordieu'schen Distinktions- und Habituskonzepts. Österreichische Zeitschrift für Soziologie. Volume 13, Nummer 4, Dezember
[16] Kanter RM (1977) Men and Women of the Corporation. New York
[17] Knapp G-A (1997) Gleichheit, Differenz, Dekonstruktion: Vom Nutzen theoretischer Ansätze der Frauen- und Geschlechterforschung. In: Krell G (Hrsg): Chancengleichheit durch Personalpolitik. Gleichstellung von Frauen und Männern in Unternehmen und Verwaltungen. Rechtliche Regelungen – Problemanalysen – Lösungen, 3. überarbeitete und erw. Auflage. Wiesbaden
[18] Krüger H (2003) „Wandel der Lebensläufe - Beharrung der Berufsbiographien – Wandel der Geschlechterarrangements. Und der Nachwuchs? – Gestaltungsimperative und Interventions-Chancen der Politik". In: Goldmann M et al. Projektdokumentation Gender Mainstreaming und Demographischer Wandel. Dortmund
[19] Mohr G, Semmer NK (2002) Arbeit und Gesundheit: Kontroversen zu Person und Situation. In: Psychologische Rundschau. Jahrgang 53, Heft 2, S 77–84
[20] Morschhäuser M (1993) Frauen in Männerdomänen. Wege zur Integration von Facharbeiterinnen im Betrieb. Bund Verlag, Köln
[21] Müller U (1999) Geschlecht und Organisation. Traditionsreiche Debatten – aktuelle Tendenzen. In: Nickel HM (Hrsg) Transformation – Unternehmensreorganisation – Geschlechterforschung. Opladen. S 53–75
[22] Pieck N (2006) Gesundheitsmanagement in öffentlichen Verwaltungen geschlechtergerecht gestaltet. Praxisbeispiel aus Niedersachsen. In: Kolip P, Altgeld T (Hrsg) Geschlechtergerechte Gesundheitsförderung und Prävention. Weinheim München
[23] Nickel HM (1999) Erosion und Persistenz. Gegen die Ausblendung des gesellschaftlichen Transformationsprozesses in der Frauen- und Geschlechterforschung. In: Nickel HM (Hrsg) Transformation – Unternehmensreorganisation – Geschlechterforschung. Opladen, S 9–33

[24] Nickel HM (1999) Paradigmen der Frauen- und Geschlechterforschung. In: Nickel HM, Völker S, Hüning H (Hrsg) Transformation – Unternehmensreorganisation – Geschlechterforschung. Opladen, S 9–34
[25] Niedersächsisches Innenministerium (2002) Gesund und aktiv. Leitfaden zur Umsetzung von Gesundheitsmanagement in den Dienststellen des Landes Niedersachsen. Hannover
[26] Resch M (2003) Analyse psychischer Belastungen. Verfahren und ihre Anwendung im Arbeits- und Gesundheitsschutz. Göttingen
[27] Sochert R (1999) Gesundheitsbericht und Gesundheitszirkel. Evaluation eines integrierten Konzepts betrieblicher Gesundheitsförderung
[28] Schulz F, Blossfeld H-P (2006) Wie verändert sich die häusliche Arbeitsteilung im Eheverlauf? Eine Längsschnittstudie der ersten 14 Ehejahre in Westdeutschland. Kölner Zeitschrift für Soziologie und Sozialpsychologie. 58. Jahrgang. Heft 1, S 23–49
[29] Stiegler B (2000) Wie Gender in den Mainstream kommt: Konzepte, Argumente und Praxisbeispiele zur EU-Strategie des Gender Mainstreaming. Bonn
[30] Vogel L (2003) The gender workplace health gap in europe. Brussels
[31] Wilz SM (2004) Organisation: Die Debatte um ‚Gendered Organizations'. In: Becker R, Kortendiek (Hrsg) Handbuch der Frauen- und Geschlechterforschung. Theorie, Methoden, Empirie.Wiesbaden, S 443–449

KAPITEL 14

Gesundheitsförderung für Frauen in Gesundheitsberufen – Vorgehensweisen und Ergebnisse

G. Wildeboer

Zusammenfassung. Der Beitrag fasst zunächst die vorliegenden Daten zur Beschäftigtenstrukur im Gesundheitswesen unter dem Aspekt des Frauenanteils zusammen. Die Gesundheitsberufe zählen zu den quantitativ bedeutsamsten Frauenberufen in Deutschland.
Auf der Basis der Krankenstatistik der AOK wird gezeigt, welche Unterschiede es im Erkrankungsgeschehen zwischen Männern und Frauen gibt und von welchen Diagnosen die Beschäftigten im Gesundheits- und Sozialwesen besonders betroffen sind.
In ca. 350 Betrieben dieser Branche führte die AOK Bayern im Jahr 2005 Analysen und/oder Maßnahmen zur Betrieblichen Gesundheitsförderung durch. Es wird dargestellt, wie Gesundheitsmanagement im Betrieb zum Erhalt und zur Förderung der Gesundheit beitragen kann. Anhand von drei Praxisbeispielen werden das konkrete Vorgehen und die erzielten Ergebnisse veranschaulicht.

14.1 Arbeit im Gesundheitswesen ist Frauenarbeit

Fast drei Viertel aller Beschäftigten im Gesundheitswesen sind weiblichen Geschlechts. Nach den Angaben des Statistischen Bundesamtes entspricht dies einer Anzahl von 3,1 Millionen Frauen bei insgesamt 4,3 Mio. Beschäftigten im Gesundheits-, Veterinär- und Sozialwesen [9]. Die Anzahl der Beschäftigten im Gesundheitssektor nahm in den letzten Jahren kontinuierlich zu, und es ist davon auszugehen, dass sich dieser Trend auch in Zukunft fortsetzen wird.

Bei der Mehrzahl der Berufe im Gesundheitswesen stellen die Frauen die Mehrheit der Beschäftigten: z. B. 86% bei den KrankenpflegerInnen und 87% bei den AltenpflegerInnen. Die Gesundheitsberufe zählen somit zu den quantitativ bedeutsamsten Frauenberufen. Berücksichtigt man, dass es weitere Beschäftigungsverhältnisse im Gesundheitswesen gibt, die nicht den hier erfassten Gesundheitsberufen zuzurechnen sind, wie z. B. Raum- und HausratreinigerInnen, hauswirtschaftliche BetreuerInnen, liegt der Anteil noch höher. Diese genannten Tätigkeiten werden ebenfalls mehrheitlich von Frauen ausgeübt. Bei der AOK Bayern liegt der Anteil der erwerbstätigen weiblichen Pflichtmitglieder im Gesundheits- und Sozialwesen bei 83%.

Frauenarbeit in den Gesundheitsberufen ist zu einem großen Teil Teilzeitarbeit. Während der Anteil der Männer, die hier einer Teilzeitbeschäftigung bzw. einer geringfügigen Beschäftigung nachgehen, bei nur 15% liegt, beträgt der entsprechende Anteil bei den Frauen 48%. Besonders hohe Teilzeitquoten bei den Frauen findet man in den Krankenhäusern und den Pflegeeinrichtungen.

14.2 Geschlechtsspezifische Krankheitsunterschiede

Für das Jahr 2006 weist die Krankenstatistik der AOK Bayern einen Krankenstand von 3,8% auf, dies entspricht durchschnittlich 10,8 Arbeitsunfähigkeitstagen je erwerbstätigem Mitglied. Während die Männer einen Krankenstand von 3,9% aufweisen, liegt der Krankenstand bei den Frauen mit 3,6% deutlich niedriger. Dieser Unterschied ist weniger der Biologie, als vielmehr den unterschiedlichen Beschäftigtenstrukturen geschuldet. Die männlichen Pflichtmitglieder sind überwiegend im verarbeitenden Gewerbe beschäftigt (68%), während die weiblichen Pflichtmitglieder vorwiegend im Dienstleistungssektor tätig sind (60%) [10]. Berufsgruppen, die sowohl einen relativ hohen Frauenanteil als auch einen relativ hohen Krankenstand aufweisen, sind z. B.

- HelferInnen in der Krankenpflege (Frauenanteil 79%, Krankenstand 6,7%)
- Raum- und HausratreinigerInnen (Frauenanteil 80%, Krankenstand 5,9%)
- SozialarbeiterInnen/SozialpflegerInnen (Frauenanteil 85%, Krankenstand 5,9%)

In allen Fällen handelt es sich um Tätigkeiten, die im Gesundheitswesen eine Rolle spielen.

Die Art des Erkrankungsgeschehens zeigt deutliche Unterschiede zwischen Männern und Frauen (Abb. 14.1). So treten Verletzungen bei den Männern fast doppelt so häufig auf wie bei den Frauen. Auch die Muskel- und Skeletterkrankungen sind bei den Männern häufiger die Ursache für Erkrankungen als bei den Frauen. Frauen hingegen sind stärker von psychischen Erkrankungen und von Erkrankungen des Atmungssystems betroffen.

Frauen sind seltener in Arbeitsunfälle verwickelt als Männer. Von den über 1,2 Millionen Arbeitsunfällen 1996 entfielen 83% auf Männer und

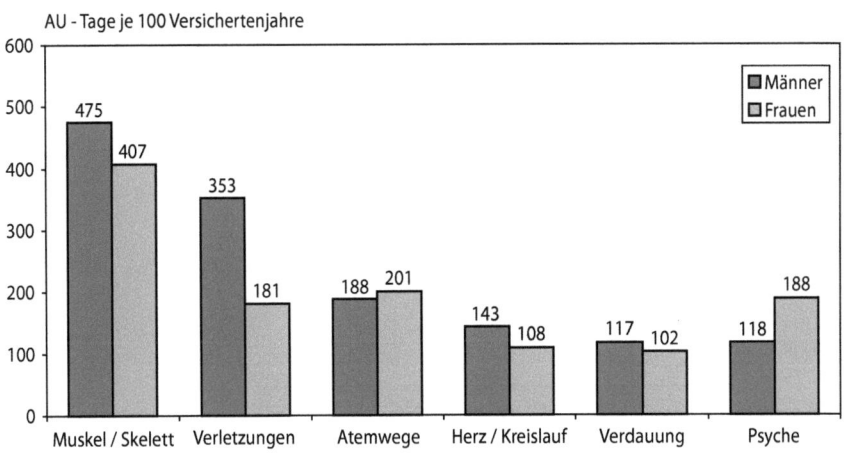

Abb. 14.1. Arbeitsunfähigkeitstage nach Krankheitsarten (ICD-10) und Geschlecht, Erwerbstätige Pflichtmitglieder, AOK Bayern, 2006

nur 17% auf Frauen [3]. Dies ist zum einen eine Konsequenz der geringeren Erwerbsquote von Frauen, zum anderen aber auch eine Folge ihrer geringeren Beschäftigung in unfallträchtigen Branchen.

14.3 Krankenstandskennzahlen für das Gesundheits- und Sozialwesen

Sowohl in der bundesweiten als auch in der bayerischen Wirtschaft ist für die letzten Jahre ein kontinuierlicher Rückgang des Krankenstandes zu verzeichnen. Dies gilt auch für das Gesundheits- und Sozialwesen, in dem der Krankenstand zwischen 2002 und 2006 bundesweit von 5,4% auf 4,4% sank.[1] Dennoch liegt er in dieser Branche regelmäßig über dem Krankenstand aller Erwerbstätigen in Deutschland, der 2006 4,2% betrug. Beschäftigte im Gesundheits- und Sozialwesen weisen einen ebenso hohen Krankenstand auf wie die Beschäftigten im Baugewerbe.

Im Gesundheits- und Sozialwesen werden die meisten Arbeitsunfähigkeitstage (24%) durch Erkrankungen des Muskel- und Skelettsystems verursacht.

Abbildung 14.2 zeigt die Verteilung der Arbeitsunfähigkeiten nach Krankheitsarten in dieser Branche auf der Ebene des Bundeslandes

---

[1] Krankenstand = Anteil der im Auswertungsjahr angefallenen Arbeitsunfähigkeitstage am Kalenderjahr. Datenbasis der Auswertungen sind alle Arbeitsunfähigkeitsfälle, die der AOK per ärztlicher Krankschreibung gemeldet wurden.

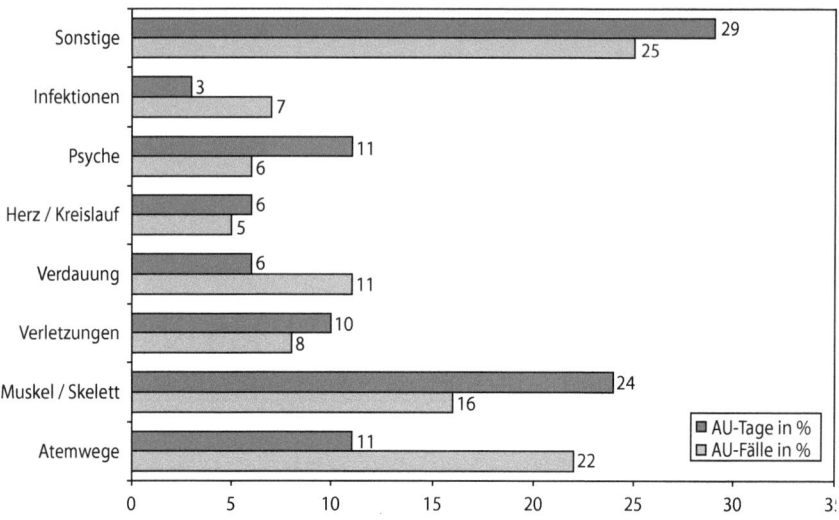

Abb. 14.2. Arbeitsunfähigkeit nach Krankheitsarten im Gesundheits- und Sozialwesen, Erwerbstätige Pflichtmitglieder, AOK Bayern, 2006

Bayern. Psychische Erkrankungen haben mit 11% aller AU-Tage den gleichen Anteil wie Atemwegserkrankungen. Den höchsten Anteil an den AU-Fällen verzeichnen mit 22% die Atemwegserkrankungen. Im Vergleich zu allen AOK-versicherten Arbeitnehmern und Arbeitnehmerinnen in Bayern ist der Anteil der psychischen Erkrankungen an den AU-Tagen im Gesundheits- und Sozialwesen deutlich erhöht. Er liegt um 3 Prozentpunkte höher als bei der Vergleichsgruppe. Auf Bundesebene stellt sich die Situation analog dar. Diese Ergebnisse bestätigen den bereits häufig beschriebenen Tatbestand, dass Beschäftigte in Pflegeberufen überproportional von psychosomatischen und psychiatrischen Erkrankungen betroffen sind [7].

Aus Abbildung 14.3 geht hervor, welche Krankheitsarten für welche Pflegeberufe in Altenpflegeeinrichtungen typisch sind. Die HelferInnen in der Krankenpflege verbuchen mit rund 28% aller AU-Tage den höchsten Anteil an Muskel- und Skeletterkrankungen. Die SozialarbeiterInnen und SozialpflegerInnen (inkl. AltenpflegerInnen) weisen einen hohen Anteil an Atemwegserkrankungen und den höchsten Anteil an psychischen Erkrankungen auf. Bei den Verletzungen liegen die Krankenschwestern mit rund 9% an der Spitze. Der Anteil der psychischen Erkrankungen ist mit rund 12% bei dieser Berufsgruppe ebenfalls sehr hoch.

Gesundheitsförderung für Frauen in Gesundheitsberufen

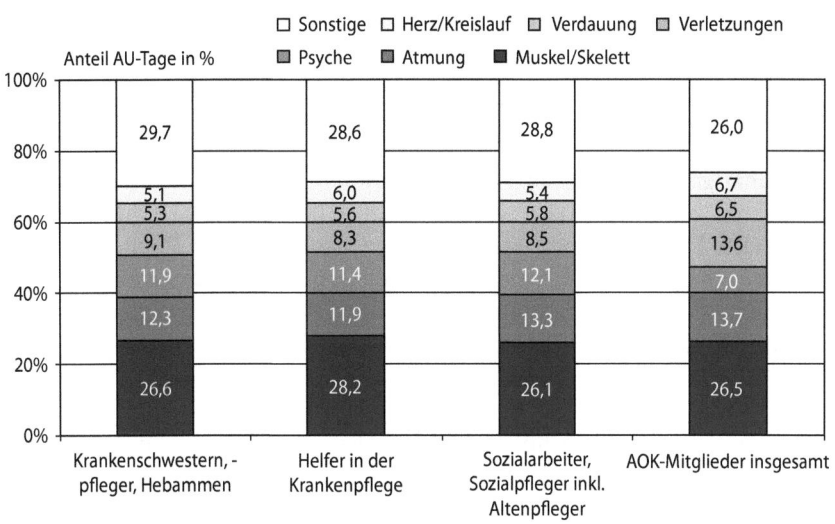

Abb. 14.3. Arbeitsunfähigkeitstage nach Krankheitsarten (ICD 10) in Pflegeberufen, Altenpflegeeinrichtungen (AOK-Mitglieder), 2003, Quelle: I. Küsgens [7]

14.4 Hohe Arbeitsanforderungen im Gesundheitssektor

Die erhöhten krankheitsbedingten Fehlzeiten in Krankenhäusern und Pflegeeinrichtungen sind ein Indikator dafür, dass die Beschäftigten im deutschen Gesundheitssektor hohen Arbeitsanforderungen und Belastungen ausgesetzt sind. Besonderes Kennzeichen dieser Branche ist der Umgang mit kranken, pflegebedürftigen Menschen. Heben und Tragen schwerer Lasten, langes Stehen, ununterbrochenes Gehen sowie Zwangshaltungen sind charakteristische Beanspruchungen für Pflegekräfte. Die Arbeit ist in besonderer Weise durch eine Vielzahl psychischer Belastungsfaktoren gekennzeichnet. Hohe Anforderungen an Aufmerksamkeit und Genauigkeit sind häufig gepaart mit Überforderung durch Zeitdruck und Personalengpässen. Hinzu kommen hohe psychische und soziale Anforderungen, z. B. durch den Umgang mit Konflikten gegenüber den PatientInnen, den Angehörigen, den KollegInnen oder den Vorgesetzten. Die ständige Konfrontation mit Leid und Tod wird emotional als sehr belastend empfunden. In zahlreichen Studien und Veröffentlichungen wird von Gesundheitsgefährdungen der Beschäftigten berichtet, für die Altenpflege z. B. die Berufsgenossenschaft für Gesundheitsdienst und Wohlfahrtspflege [2], für die Krankenhausarbeit z. B. Glaser [4].

TeilnehmerInnen von Gesundheitszirkeln, die von der AOK Bayern für diese Berufsgruppen durchgeführt werden, bestätigen das genannte Belastungsspektrum immer wieder.

Ungünstige Arbeitszeiten stellen ebenfalls einen gravierenden Belastungsfaktor dar. Unsichere Dienstzeiten, Überstunden, Schichtarbeit und geteilte Dienste ziehen nicht nur die Gesundheit der Pflegekräfte in Mitleidenschaft, sondern wirken sich auch negativ auf das Familienleben aus. Solche Arbeitsbedingungen sind ungünstig für die Vereinbarkeit von Familie und Beruf und führen zu zusätzlichen Belastungen in der privaten Lebenssphäre. Aufgrund der vorherrschenden klassischen Rollenverteilungen und den gesellschaftlichen Rollenerwartungen sind Frauen davon in weitaus höherem Maße betroffen als ihre männlichen Kollegen.

14.5 Betriebliches Gesundheitsmanagement als wirksame Strategie zum Erhalt und zur Förderung der Gesundheit

Die Entwicklung eines professionellen Gesundheitsmanagements kann dazu beitragen, gesundheitliche Risiken zu vermindern bzw. zu vermeiden und Gesundheitspotenziale bei den Einzelnen zu mobilisieren.

Die AOK Bayern berät und unterstützt seit Jahren Betriebe bei der Gesundheitsförderung und der Entwicklung eines Gesundheitsmanagements. Von den insgesamt etwa 2000 Betrieben, die im Jahr 2005 in Kooperation mit der AOK Aktivitäten in der Betrieblichen Gesundheitsförderung (BGF) durchführten, gehörten 349 (17%) zum Gesundheits- und Sozialwesen. Davon zählten 65% zum Sozialwesen (v. a. Pflegeeinrichtungen) und 35% zum Gesundheitswesen (v. a. Krankenhäuser).

Erfolgreiche betriebliche Gesundheitsförderung setzt voraus, dass Gesundheitsangebote einerseits auf die besonderen Belange und die finanziellen und organisatorischen Möglichkeiten eines Betriebes, andererseits auf die Bedürfnisse seiner MitarbeiterInnen abgestimmt werden. Für die Entwicklung solcher betriebsspezifischer Programme ist eine fundierte Bestandsaufnahme notwendig. Hierfür leisten die Auswertungen der Arbeitsunfähigkeitsdaten der AOK einen wichtigen Beitrag. Diese Daten werden in der Praxis sowohl betriebsbezogen als auch betriebsübergreifend (z. B. branchenweit) ausgewertet und liefern somit Anhaltspunkte für gezielte Belastungsanalysen.

Generell gilt, dass es keinen Königsweg für alle Einrichtungen gibt, sondern dass jeder Betrieb seinen eigenen Weg finden und gehen muss.

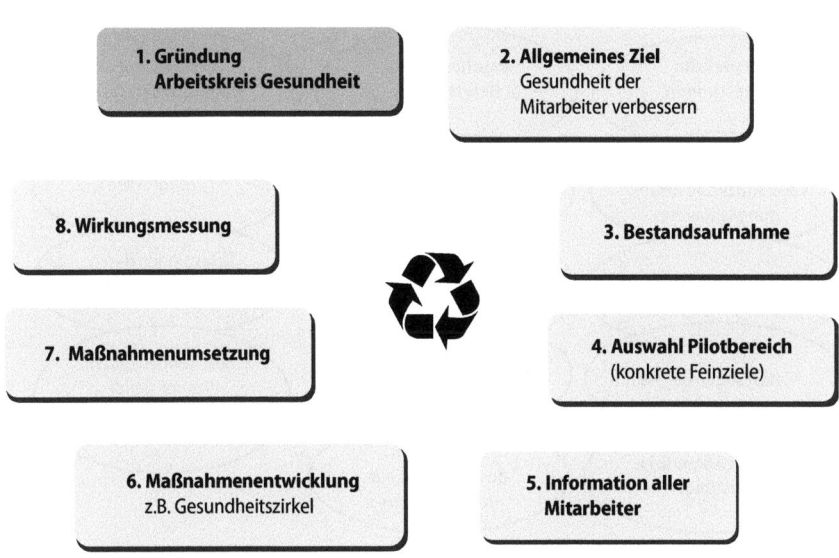

Abb. 14.4. Typischer Projektablauf

Dennoch gibt es Gemeinsamkeiten des Vorgehens und Kriterien für erfolgreiche BGF-Projekte.

Betriebliche Gesundheitsförderung sollte sich an einem prozesshaften und umfassenden Verständnis von Gesundheit orientieren. Damit die begonnenen Aktivitäten nicht "im Sande verlaufen", empfiehlt es sich, das Thema Gesundheit projektorientiert zu bearbeiten (Abb. 14.4). Zunächst gilt es zu klären, wer das Projekt steuert. Zu diesem Zweck wird in den meisten Fällen ein Arbeitskreis Gesundheit eingerichtet, dem die EntscheidungsträgerInnen und GesundheitsexpertInnen im Betrieb sowie Mitglieder des Personal-, Betriebsrates oder der Mitarbeitervertretung angehören. Diesem Gremium obliegt die Planung, Durchführung und Auswertung des Gesundheitsprojektes. Um Aktionismus zu vermeiden, ist es unabdingbar, zunächst die grobe Zielsetzung zu formulieren (Wozu dient das Projekt? Was soll erreicht werden?) und in einem weiteren Schritt eine Bestandsaufnahme durchzuführen. Dies kann z. B. erfolgen, indem die AU-Daten des jeweiligen Betriebs mit Branchenwerten verglichen werden. Manchmal liegen in der Praxis bereits Ergebnisse aus dem Qualitätsmanagement oder auch aus Mitarbeiterbefragungen vor, an die gut angeknüpft werden kann. Speziell für Pflegeeinrichtungen eignet sich der Leitfaden „Gesundheit für Beschäftigte in der Altenpflege", den die AOK Bayern auf der Basis zahlreicher Beratungsprozesse in

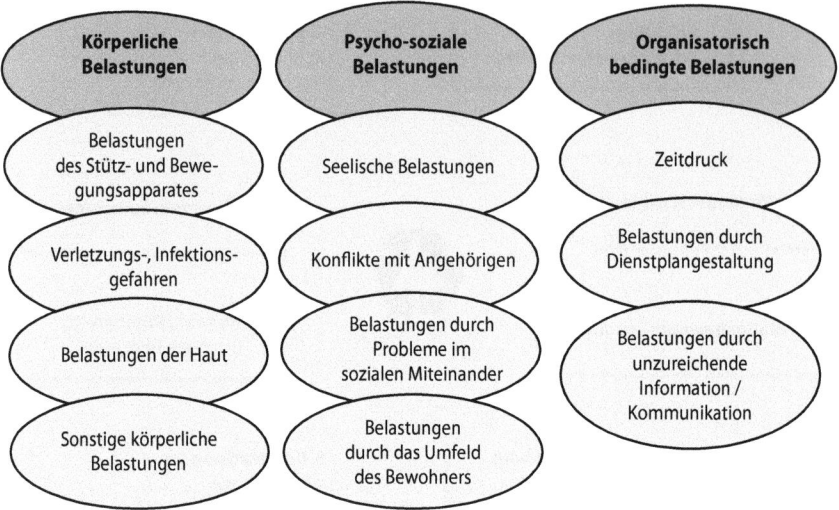

Abb. 14.5. Inhalte des AOK-Pflegeleitfadens

Pflegeeinrichtungen entwickelt hat und der in Projekten zum Einsatz kommt, die in Kooperation mit der AOK durchgeführt werden. Dieser Leitfaden ist ein Selbstbewertungsverfahren zur Analyse und zielgerichteten Intervention im Rahmen des Betrieblichen Gesundheitsmanagements in Pflegeeinrichtungen [8]. Im Leitfaden werden die wesentlichen gesundheitlichen Belastungen dieser Branche aufgezeigt (Abb. 14.5). Er beinhaltet konkrete, in der Praxis erprobte Veränderungsempfehlungen für Führungskräfte und MitarbeiterInnen.

Die Erfahrungen zeigen, dass
- in den verschiedenen Pflegeeinrichtungen relativ homogene arbeitsbedingte Gesundheitsbelastungen vorhanden sind,
- das Belastungsgeschehen durch ein Zusammenwirken von körperlichen, psychischen und organisatorisch bedingten Belastungen gekennzeichnet ist,
- die engen Rahmenbedingungen in der Pflege den Handlungsspielraum der Beschäftigten begrenzen.

Aufgrund dieser branchentypischen Merkmale trägt der Leitfaden zu einem ressourcenschonendem Vorgehen bei, da Erfahrungen anderer Einrichtungen genutzt werden können.

Die Ergebnisse der Ist-Analyse verweisen auf einen oder auch auf mehrere Arbeitsbereiche, Tätigkeitsgruppen, Abteilungen o. ä., für die eine Intervention sinnvoll erscheint. So kann die Analyse z. B. ergeben, dass die unzureichende Kommunikation zwischen den einzelnen Abteilungen ein wesentlicher Grund für Reibungsverluste und Unzufriedenheit ist.

Spätestens an dieser Stelle – besser gleich bei Start des Projektes – erfolgt die umfassende Information aller MitarbeiterInnen, um die Motive, die Ziele, den Nutzen sowie die Ergebnisse der Bestandsaufnahme und die als nächstes ins Auge gefassten Schritte zu erläutern und die Mitwirkung der Beschäftigten an dem weiteren Prozess zu fördern.

An die Bestandsaufnahme, die im Pflegebereich mit Hilfe des genannten Leitfadens erfolgt, kann sich die Durchführung eines Gesundheitszirkels anschließen. Dieser MitarbeiterInnenzirkel identifiziert Belastungsschwerpunkte und erarbeitet Verbesserungs- bzw. Lösungsvorschläge. Die Vorschläge werden vom Arbeitskreis bewertet, der auf der Basis dieser und ggf. zusätzlicher Erkenntnisse einen Maßnahmenplan entwickelt sowie die Umsetzung organisiert und begleitet.

Jeder Projektzyklus schließt mit einer Wirkungsmessung ab, bei der die vorgenommenen Veränderungen und durchgeführten Aktivitäten daraufhin geprüft werden, inwiefern sie zu einer Verbesserung der gesundheitlichen Situation im Betrieb beigetragen haben. Diese Bewertung sollte sowohl aus der Sicht der OrganisatorInnen als auch aus der Sicht der betroffenen MitarbeiterInnen erfolgen, was z. B. mit Interviews oder schriftlichen Befragungen erreicht werden kann.

Im Folgenden werden drei Praxisbeispiele skizziert. Dabei liegt der Fokus auf unterschiedlichen Aspekten in den jeweiligen Projekten, um die Vielfältigkeit der Praxis zu demonstrieren.

14.6 Projektbeispiele

14.6.1 Johanneshaus

Das Johanneshaus ist ein Seniorenwohn- und -pflegeheim mit 30–40 Beschäftigten in Riedenburg, Landkreis Kelheim. Im Herbst 2005 wurde der Geschäftsführung und der Pflegedienstleitung der AOK-Pflegeleitfaden vorgestellt. Gleichzeitig erfolgte eine Beratung durch die AOK, wie ein erfolgversprechendes Projekt zur Betrieblichen Gesundheitsförderung im Johanneshaus aussehen könnte. Der Leitung war es wichtig, dass nicht nur die Pflegekräfte, sondern alle MitarbeiterInnen in das Projekt einbezogen sein sollten (Abb. 14.6). Der Frauenanteil in dieser Einrichtung beträgt 98%, in der Pflege 100%. Ab 2006 arbeiteten zwei – ausschließlich mit Frauen besetzte – Mitarbeitergruppen parallel: die Pflegekräfte auf der einen und die Mitarbeiterinnen aus der Küche, der Verwaltung und der Reinigung auf der anderen Seite. Die Pflegekräfte bearbeiteten nach einer Einführung den Leitfaden in Eigenregie in ihren Teamsitzungen.

Körperliche Belastungen, z. B. beim Transfer Pflegebedürftiger oder langes Stehen/Gehen, aber auch psychosoziale Belastungen wie z. B. der Umgang mit Leid und Tod wurden als Belastungsschwerpunkte identifiziert. Die Gruppe erarbeitete zahlreiche Lösungs- bzw. Verbesserungsvorschläge. Dabei kommt der Fortbildung, aber auch den Teambesprechungen eine wichtige Rolle zu.

Speziell zu den körperlichen Belastungen führte eine Fachkraft der AOK eine Bewegungsanalyse durch. Mithilfe eines standardisierten Beobachtungsverfahrens wurden bewegungsbedingte Belastungsschwerpunkte während des Arbeitalltags unter Berücksichtigung der ergonomischen Gegebenheiten herauskristallisiert und Möglichkeiten der Veränderungen aufgezeigt. Die überwiegend stehenden Tätigkeiten, wie PatientInnen waschen, Bett-Rollstuhl-Transfer oder Essen eingeben, sind die Hauptarbeiten während des Tagesablaufs. Ein Großteil der Mitarbeiterinnen in der Pflege verfügt zwar über Kenntnisse von „rücken- und gelenkschonenden" Arbeitsweisen, kann diese aber während der Alltagstätigkeiten nicht zielgerichtet ein- bzw. umsetzen. Aus diesem Grunde bot die AOK – in Ergänzung zur Bewegungsanalyse – eine arbeitsplatzbezogene Rückenschule für alle Mitarbeiterinnen an. Bei diesem Rückentraining mit den Schwerpunkten „Heben, Bücken, Tragen, Stehen" wurde speziell auf die unterschiedlichen Arbeitsbelastungen und Personengruppen eingegangen. Um auch danach weiterhin „in Bewegung" zu bleiben, schloss sich ein Nordic-Walking-Kurs an, der auf Wunsch der Mitabeiterinnen zustande kam und sich durch eine hohe Teilnahmequote auszeichnete.

Für die Arbeitsbereiche Küche, Verwaltung und Reinigung entwickelte im Frühjahr 2006 ein Gesundheitszirkel mit fünf Mitarbeiterinnen unter der Moderation der AOK insgesamt 17 Lösungs- bzw. Verbesserungsvorschläge zu bestehenden Belastungen in diesen Arbeitsbereichen. Der Blick wandte sich aber auch den schönen Seiten der Arbeit zu, um sich bewusst zu machen, was als befriedigend empfunden wird und warum die Tätigkeit im Johanneshaus gern ausgeübt wird. Es zeigte sich, dass den sozialen Beziehungen ein sehr großer Stellenwert zukommt: 80% aller Antworten zu der entsprechenden Frage bezogen sich auf Aspekte wie „gute Zusammenarbeit", „hilfsbereite Kolleginnen", „Kontakt zu BewohnerInnen".

Für alle Mitarbeiterinnen gleichermaßen wichtig war das Thema „Gesunde Ernährung im Beruf". In einem Vortrag wurden die Beschäftigten über den Zusammenhang von Gesundheit, Wohlbefinden, Leistungsfähigkeit und einer ausgewogenen Ernährung informiert und zu einer gesundheitsorientierten Ernährungsweise motiviert.

Gesundheitsförderung für Frauen in Gesundheitsberufen

Pflegekräfte	Mitarbeiterinnen in der Küche, Reinigung, Verwaltung
identifizierten Belastungen anhand des AOK-Pflegeleitfadens und erarbeiteten 14 Lösungs-/Verbesserungsvorschläge	identifizierten Belastungen im Gesundheitszirkel und erarbeiteten 17 Lösungs-/Verbesserungsvorschläge
	Ergebnis: Die erarbeiteten Verbesserungsvorschläge wurden alle umgesetzt bzw. ihre Umsetzung ist in Planung

Abb. 14.6. Johanneshaus, Riedenburg, Einbindung aller Mitarbeiterinnen

Alle erarbeiteten Lösungs- und Verbesserungsvorschläge wurden umgesetzt bzw. ihre Umsetzung ist in Planung. Die größten Nutzeneffekte der Aktivitäten in der Betrieblichen Gesundheitsförderung sieht das Johanneshaus in der Optimierung der Betriebsorganisation, der Verbesserung der Kommunikation und den Gesundheitsangeboten für die Mitarbeiterinnen.

14.6.2 Marienstift

Das Marienstift ist ein Altenheim des Caritasverbandes für die Stadt Straubing und den Landkreis Straubing-Bogen mit ca. 80 Beschäftigten. Der Frauenanteil bei den Beschäftigten beträgt 85%. 94% der über 100 BewohnerInnen sind pflegebedürftig. Ende 2005 wurde ein Arbeitskreis Gesundheit eingerichtet, dem außer der Geschäfts- und Pflegeleitung auch der Betriebsarzt, die Fachkraft für Arbeitssicherheit, der Sicherheitsbeauftragte, ein Mitarbeitervertreter sowie die AOK angehören. Die MitarbeiterInnen erfuhren gleich im Anschluss an das erste Treffen des Arbeitskreises in schriftlicher Form über das Vorhaben. Zusätzlich erfolgte zu Beginn des Jahres 2006 eine ausführliche mündliche Information der Belegschaft auf zwei Betriebsversammlungen. Auch im Marienstift wurde die Bestandsaufnahme des Arbeitskreises (AU-Daten der AOK, Wissen des Betriebsarztes, betriebliche Krankenstatistik, Wissen der Mitarbeitervertretung) ergänzt um die Erfahrungen und die Sichtweise der MitarbeiterInnen: Im Frühjahr 2006 starteten zwei Gesundheitszirkel unter der Moderation der AOK: der erste mit vier Mitarbeiterinnen aus der Küche und der Hauswirtschaft, der zweite mit acht Mitarbeiterinnen und einem Mitarbeiter in der Pflege. Die über beide Zirkel erstellten Ergebnisberichte wurden allen Beschäftigten in den beiden Bereichen auf je einer Betriebsversammlung vorgestellt.

Die Pflegekräfte identifizierten insgesamt sieben Belastungsschwerpunkte, wobei nicht die körperlichen Belastungen, sondern Belastungen aufgrund von Zeitdruck und der Arbeitsorganisation im Vordergrund standen. So wurde z. B. vorgeschlagen, die Personaleinsatzplanung direkt auf den Stationen zu managen, um die Mitarbeiterinnen stärker in die Gestaltung einzubeziehen. Dies ist einer der Vorschläge, der bereits umgesetzt ist und zu positiven Wirkungen wie z. B. einer höheren Mitarbeiterzufriedenheit geführt hat (Abb. 14.7). Eine der nächsten Aufgaben des Arbeitskreises wird sein, den Umsetzungsstand der insgesamt fast 40 Lösungs- und Verbesserungsvorschläge aus beiden Zirkeln zu prüfen und die erzielten Wirkungen zu erfassen.

Interessant ist, dass die Mitarbeiterinnen sowohl im Johanneshaus als auch im Marienstift in allen Zirkeln darauf hingewiesen haben, dass die gesundheitsförderlichen Aspekte ihrer Arbeit – neben der Existenzsicherung – vor allem darin bestehen, dass sie Kontakt zu anderen Menschen haben und „Menschen helfen" können. Die entscheidende Rolle für das eigene Wohlbefinden spielt dabei ein gutes Verhältnis zu den Kolleginnen sowie die Anerkennung der geleisteten Arbeit. Dies verweist auf die bereits häufig postulierte geschlechtsspezifische Auffassung von Gesundheit: Während Männer Gesundheit zumeist mit „Leistungsfähigkeit" und „Funktionieren" gleichsetzen, scheint für Frauen Gesundheit viel stärker mit der emotionalen Befindlichkeit, dem sozialen Wohlergehen und dem eigenen Körpererleben verbunden zu sein [5].

14.6.3 Krankenhaus St. Josef

Das Caritas-Krankenhaus St. Josef in Regensburg ist ein Haus der Schwerpunktversorgung mit sieben Fachabteilungen und 331 Krankenbetten. Außerdem sind Lehrstühle für Urologie und Gynäkologie/Geburtshilfe angeschlossen. 78% der insgesamt rund 800 Beschäftigten sind Frauen. Seit etlichen Jahren arbeitet St. Josef im Rahmen der Betrieblichen Gesundheitsförderung mit der AOK zusammen.

Um aussagekräftige Kennzahlen zur gesundheitlichen Situation der MitarbeiterInnen zu erhalten, erstellt die AOK jährliche Gesundheitsberichte, auf deren Basis unterschiedliche Maßnahmen durchgeführt wurden. So führte z. B. die Anschaffung einer neuen Schneidemaschine in der Klinikküche zu einem Rückgang der Unfallzahlen.

Gesundheitsförderung für Frauen in Gesundheitsberufen

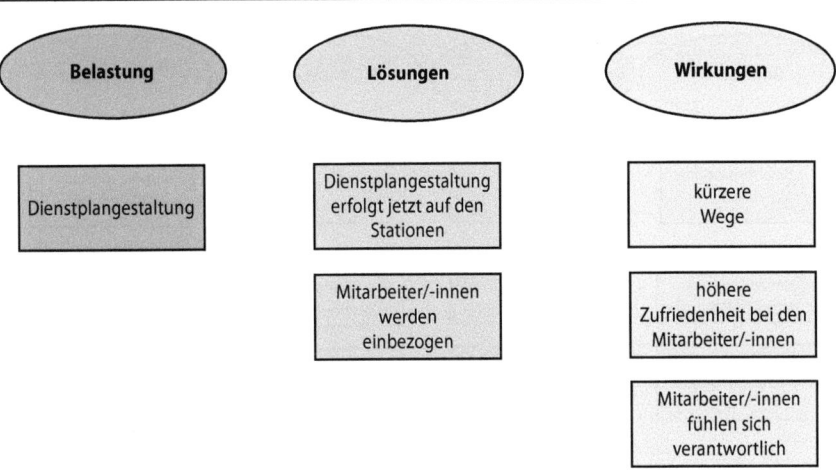

Abb. 14.7. Marienstift, Straubing, Wirkungen der Maßnahmen im Pflegebereich

Als 2002 die Arbeitsunfähigkeitszeiten im hauswirtschaftlichen Dienst, in dem ausschließlich Frauen arbeiten, deutlich anstiegen, entschloss sich das Unternehmen, einen Gesundheitszirkel unter Moderation der AOK durchzuführen. Trotz hoher Arbeitszufriedenheit ergaben sich mehrere Belastungsschwerpunkte. Sie betrafen die Kommunikation mit anderen Berufsgruppen, die Arbeitsorganisation, das Betriebsklima unter Kollegen bzw. Kolleginnen und das PatientInnenverhalten. Einen Ausschnitt hierzu zeigt Abbildung 14.8. Die Umsetzung vieler Verbesserungsvorschläge hat dazu geführt, dass sich die gesundheitliche Situation der Beschäftigten deutlich verbesserte. So begrüßten z. B. die Mitarbeiterinnen, dass sie nun an den Stationsbesprechungen teilnehmen können.

Nach Abstimmung mit den Unternehmensverantwortlichen wurde ein Maßnahmenplan erarbeitet, dessen Umsetzung intern alle vier Monate kontrolliert und ggf. modifiziert wird. Der Erfolg der auf Dauer angelegten Betrieblichen Gesundheitsförderung spiegelte sich in einem seit langem stabil niedrigen Krankenstand bei der Gesamtbelegschaft wider. Die Zirkelarbeit mit den Mitarbeiterinnen des hauswirtschaftlichen Dienstes war ebenfalls sehr erfolgreich. Der Krankenstand konnte in diesem Bereich um 2,5 Prozentpunkte gesenkt werden [1, 6].

14.7 Nutzen der Betrieblichen Gesundheitsförderung

Jedes von der AOK betreute BGF-Projekt wird einer Wirkungsmessung unterzogen. Im Jahr 2006 waren 88,9% der befragten Unternehmen sehr zu-

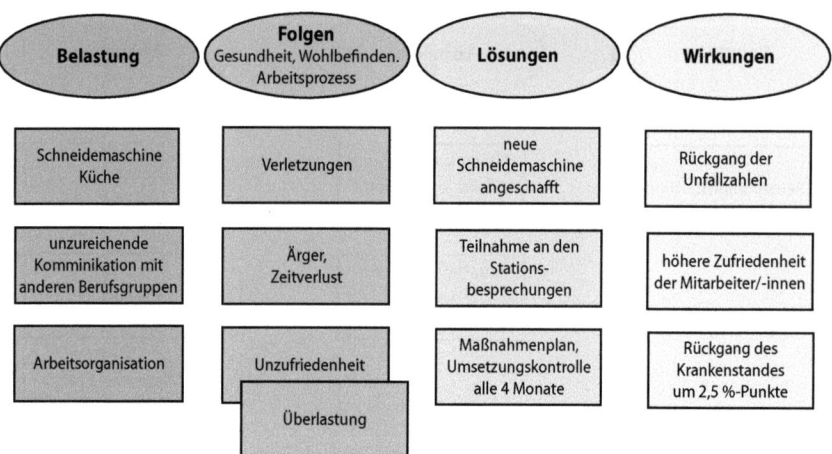

Abb. 14.8. Krankenhaus St. Josef, Regensburg, Verbesserungsvorschläge im hauswirtschaftlichen Dienst

frieden mit dem Projektergebnis (Abb. 14.9). Dabei wurde den Projekten attestiert, dass sie insbesondere dazu beigetragen hätten, die Gesundheitskompetenz bzw. das Gesundheitsverhalten der MitarbeiterInnen sowie die Kommunikation im Betrieb zu verbessern. Etwa drei Viertel der Befragten sehen in diesen beiden Kategorien den höchsten Nutzen. Durch die umgesetzten Maßnahmen der Betrieblichen Gesundheitsförderung konnten außerdem die physischen Belastungen der Belegschaft deutlich reduziert werden. In fast 70% der befragten Unternehmen wurde darin von den Verantwortlichen ein hoher bis sehr hoher Nutzen gesehen.

14.8 Fazit

Die gleiche Professionalität, mit der MitarbeiterInnen im Gesundheitswesen für die Gesundheit und das Wohlbefinden der Klienten tätig sind, sollte auch für die Erhaltung und Förderung der Gesundheit der Beschäftigten selbst gelten. Insbesondere vor dem Hintergrund, dass Arbeit im Gesundheitswesen zum größten Teil – in manchen Bereichen sogar ausschließlich – Frauenarbeit ist, betreffen die geschilderten gesundheitlichen Probleme und Ressourcen überwiegend das weibliche Geschlecht. Projekte der Betrieblichen Gesundheitsförderung im Gesundheitswesen können dazu beitragen, akute Belastungen der Beschäftigten zu verringern, ihr Wohlbefinden im Beruf zu erhöhen und die Gesundheitsressourcen zu stärken. Inwieweit dies auch nachhaltig gelingt, hängt

Zufriedenheit mit ...	2006	2005	2004	
... dem Projektergebnis	88,9%	86,5%	81,9%	hohe bis sehr hohe Zufriedenheit
... der AOK-Unterstützung	98,1%	98,1%	96,3%	

	hoher bis sehr hoher Nutzen	mittlerer Nutzen
◆ Gesundheitskompetenz, -verhalten der Mitarbeiter/-innen verbessert	75,3%	22,2%
◆ Kommunikation verbessert	74,7%	21,6%
◆ Physische Belastungen reduziert	69,3%	25,2%
◆ Gesundheitsangebote für Mitarbeiter/-innen ermöglicht	68,8%	26,9%
◆ Mitwirkungsmöglichkeiten für Mitarbeiter/-innen verbessert	63,4%	28,2%
◆ Strukturen zum Betrieblichen Gesundheitsmanagement entwickelt	62,7%	29,1%
◆ Arbeitssicherheit erhöht	60,2%	26,6%
◆ Betriebsklima und Arbeitszufriedenheit verbessert	59,1%	35,4%
◆ Krankenstand gesenkt	57,7%	28,5%
◆ Betriebliches Verpflegungsangebot verbessert	56,7%	23,3%

Abb. 14.9. Nutzen der Betrieblichen Gesundheitsförderung, Befragung der AOK Bayern von 231 Unternehmen, 2004–2006

im Wesentlichen davon ab, ob aus den „Modellphasen" gelernt und der Prozess kontinuierlich weitergeführt wird, z. B. durch eine Integration in die Betriebsorganisation.

Literatur

[1] AOK Bayern (2005) AOK-Service Gesunde Unternehmen, 12 erfolgreiche Praxisbeispiele zur Betrieblichen Gesundheitsförderung in Bayern. AOK Bayern (Hrsg) Zentrale Gesundheitsförderung, Nürnberg
[2] Berufsgenossenschaft für Gesundheitsdienst und Wohlfahrtspflege (2006) Aufbruch Pflege – Moderne Prävention für Altenpflegekräfte. In: BGW (Hrsg) BGW-Themen, Hamburg
[3] Bundesministerium für Familie, Senioren, Frauen und Jugend (2001) zit. nach W Cornelißen (Hrsg) Gender Datenreport, S 516
[4] Glaser J, Höge T (2005) Spezifische Anforderungen und Belastungen personenbezogener Krankenhausarbeit. In: Badura B, Schellschmidt H, Vetter C (Hrsg), Springer, Berlin Heidelberg New York, S 51–64
[5] Gutierrez-Lobos K (2006) Von der Frauengesundheit zur Gender Medicine, auf dem Kongress am 6.4.2006 in Wien zum Thema Gender medicine: Chance oder Rückschritt? zit. nach: http:// www.gabriele.heinischhosek.spoe.at/ images/Bilder/31408/publiziertes/gendermedicine.doc

[6] Jahnel U (2005) Gesund pflegen – gesund arbeiten, PFLEGEAKTUELL, Fachzeitschrift des Deutschen Berufsverbandes für Pflegeberufe, 59(V): 280-281
[7] Küsgens I (2005) Gesundheitsmanagement in Krankenhäusern und Pflegeeinrichtungen. In: Badura B, Schellschmidt H, Vetter C (Hrsg) Springer, Berlin Heidelberg New York, S 203–219
[8] Resch G, Heimerl K, Weissmann V et al (2005) Gesunde Arbeit in der Altenpflege – ein leitfadenbasiertes Selbstbewertungsverfahren zur Reduktion arbeitsbedingter Belastungen. In: Badura B, Schellschmidt H, Vetter C (Hrsg) Springer, Berlin Heidelberg New York, S 237–251
[9] Statistisches Bundesamt (2007) Pressemitteilung vom 3.4.2007. www.destatis.de
[10] Wildeboer G (2003) Betriebliche Gesundheitsförderung für Frauen – Praxisbeispiele aus AOK-Projekten, Vortrag auf dem Forum Frauengesundheit – Informationsveranstaltung und ExpertInnengespräch des Bayerischen Staatsministeriums für Gesundheit, Ernährung und Verbraucherschutz, 17.3.2003 in Augsburg

Leitfaden gesunder Wiedereinstieg in den Altenpflegeberuf

H. Kowalski · G. Pauli

Zusammenfassung. *Im Auftrag der Bundesanstalt für Arbeitsschutz und Arbeitsmedizin hat das Institut für Betriebliche Gesundheitsförderung BGF GmbH in Köln, eine Tochter der AOK Rheinland/Hamburg, einen Leitfaden für den gesunden Wiedereinstieg in den Altenpflegeberuf entwickelt. Anlass war die Feststellung, dass Wiedereinsteigerinnen nach ihrer Babypause häufig wegen psychischer Störungen arbeitsunfähig wurden und vergleichsweise viele dieser Frauen mit Burnout-Syndromen sogar ganz aus dem Pflegeberuf ausstiegen.*
Während der Babypause (oder anderer Ursachen der längeren Berufsunterbrechung) hatte sich die Arbeitssituation in der Altenpflege erheblich verändert. Mehr ältere, multimorbide und demente Bewohner und Bewohnerinnen erforderten einerseits einen höheren Pflegeaufwand, während andererseits wegen einer zeitaufwändigen Pflegeplanung und -dokumentation zu wenig Zeit für eine gute Pflege blieb. Da Pflegedürftige nach ihrer Aufnahme ins Heim inzwischen nur noch durchschnittlich vier bis fünf Monate leben, empfinden viele Pflegerinnen diese Planungs- und Dokumentationsarbeit, noch dazu mit komplexen PC-technischen Anforderungen, als reine Bürokratie, die sie von ihrer eigentlichen Berufserfüllung abhält. Mangels Bewältigungsmöglichkeiten bzw. -strategien kommt es zu vermehrten Fehlzeiten und Kündigungen.
Durch Befragung von Betroffenen aller Hierarchieebenen im Pflegeheim und Erkenntnissen des betrieblichen Gesundheitsmanagements in Gesundheits- und Pflegeeinrichtungen wurde ein Leitfaden entwickelt, der den Wiedereinstieg in den Beruf erleichtern und Krankheiten vermeiden soll. Die wichtigsten Prinzipien sind die Nutzung der Ausstiegszeit, eine gute und realistische Vorbereitung auf den Wiedereinstieg und ein intensives Kümmern der Führungskräfte und der Teams um die Wiedereinsteigerinnen in den ersten Phasen des Wiedereinstiegs, um den Praxisschock zu vermeiden bzw. zu reduzieren.

15.1 Einleitung

Wiedereinsteigerinnen treffen nach der Rückkehr in den Pflegeberuf auf stark veränderte Bedingungen. Ein höheres Durchschnittsalter, ein gestiegener Anteil multimorbider und dementer Bewohner, höhere Qualitätsanforderungen und Dokumentationsarbeit werden von vielen als sehr belastend empfunden und erschweren eine reibungsarme Wiederaufnahme der Berufstätigkeit.

Im ungünstigsten Fall führen diese Belastungen zu einer Häufung von Fehlzeiten und zu einem endgültigen Ausstieg aus dem Pflegeberuf. Angesichts eines zunehmenden Bedarfs an qualifizierten und engagierten Mitarbeitern in den Pflegeberufen sollten Ursachen, die Engagement und Zufriedenheit beeinträchtigen, gemeinsam von allen Beteiligten angegangen werden, um somit einen endgültigen Berufsausstieg zu verhindern.

Unterstützung in diesem wichtigen Prozess erhalten sowohl Wiedereinsteigerinnen im Altenpflegeberuf als auch die aufnehmenden Einrichtungen durch einen Leitfaden, der die Gruppen auf den Wiedereinstieg vorbereitet und einen gesunden Wiedereinstieg ermöglicht. Der Leitfaden wurde vom Institut für Betriebliche Gesundheitsförderung BGF GmbH in Köln, einer Tochter der AOK Rheinland/Hamburg, im Auftrag der Bundesanstalt für Arbeitsschutz und Arbeitsmedizin entwickelt.

Als Grundvoraussetzung für einen gesunden Wiedereinstieg stellt sich dabei eine frühzeitige intensive Vorbereitung sowohl auf Seiten der Wiedereinsteigerinnen als auch für die Einrichtungen heraus.

Die Empfehlungen des Leitfadens richten sich an die Heime und deren Führungskräfte sowie an die Wiedereinsteigerinnen selbst, unter anderem durch die Stichworte:

- Ausstiegszeit nutzen
  a) Kontakte halten
  b) Angebote zur Weiterbildung anbieten und nutzen

- Wiedereinstieg auf beiden Seiten gut vorbereiten
  c) Schaffen von Rahmenbedingungen in den Einrichtungen
  d) Körperliche und geistige Fitness aufbauen und unterstützen

- Nach dem Wiedereinstieg
  e) Intensive Betreuung und Begleitung (Führung muss sich in der Wiedereinstiegsphase verstärkt kümmern)
  f) Gezielte Vermittlung einrichtungsspezifischen Wissens und Besonderheiten durch Mentoring
  g) Integration in das Team
  h) Unterstützung einfordern

Leitfaden gesunder Wiedereinstieg in den Altenpflegeberuf

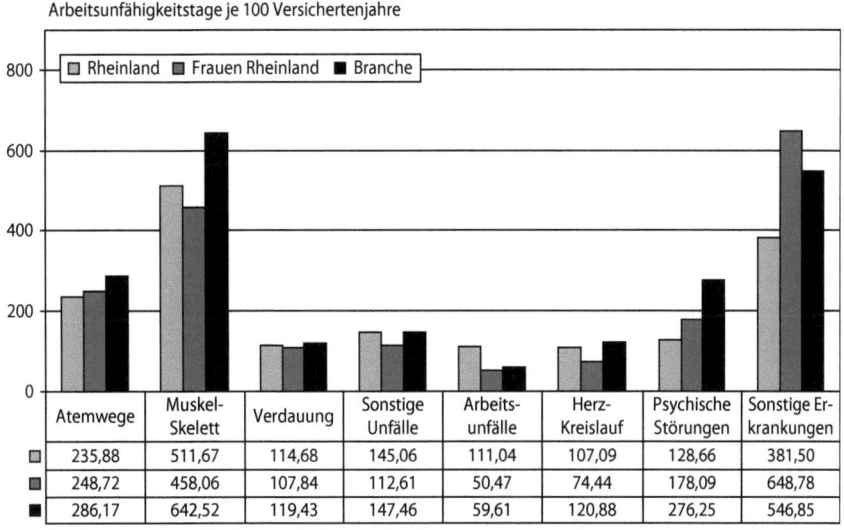

Abb. 15.1. Arbeitsunfähigkeitszeiten nach Diagnosegruppen (ICD 10), Mitglieder der AOK Rheinland, Vergleich Rheinland gesamt, Rheinland nur Frauen, Pflegebranche (N = 26.896), 2006

Veränderungen in der Altenpflege – mehr demente Bewohner und schwierigere Krankheitsbilder, Finanzdruck, aufwändige Pflegeplanung und Pflegedokumentation – haben offenbar zu mehr Belastungen der Pflegekräfte geführt, die sich u. a. in überdurchschnittlich hohen Krankenständen zeigen. Altenpflegeeinrichtungen sind in der Spitzengruppe der betrieblichen Krankenstände [6]. Mit 5,8% überschreitet die krankheitsbedingte Fehlzeitenquote den Durchschnitt aller AOK-Mitglieder mit Beschäftigungsverhältnissen von 4,9% immerhin um 0,9 Prozentpunkte bzw. 18,4%.

Der „Praxis-Schock" bei vielen Wiedereinsteigerinnen führt zu einem starken Belastungs- und Beanspruchungsempfinden, zu Demotivation, Burnout, schwindender Identifizierung mit dem ehemaligen Wunschberuf, zu Krankheit und Fehlzeiten und letztlich zum Berufsausstieg. Besonders die Bürokratie-Anforderungen wurden immer wieder als stark belastend gewertet, vor allem weil dadurch Zeit für die Pflegedürftigen fehlt (Zitat: „Ich bin Fachkraft für Pflegedokumentation und nicht mehr für die Pflege alter Menschen").

Allerdings ist ein wesentlicher Anteil der Stress-Ursachen nicht durch die demographische Entwicklung, durch veränderte gesetzliche Rahmenbedingungen und Qualitätsanforderungen mit Dokumentationspflichten begründet, sondern hausgemacht. Eine gesunde Organisation mit einer gesundheitsgerechten Mitarbeiterführung ist deshalb zusammen mit dem richtigen Umgang mit der eigenen Gesundheit durch die Pflegerinnen und Pfleger der Fokus der Empfehlungen im Leitfaden.

Dieser Belastungsmix führt zu Ausfallzeiten (Abb. 15.1), die von Muskel-Skelett-Erkrankungen dominiert werden, wobei berücksichtigt werden muss, dass sich hinter den Muskel-Skelett-Erkrankungen teilweise auch psychosomatische Zusammenhänge verbergen, die oftmals erst nach längeren Krankheitsverläufen in einer differenzierteren Diagnose Berücksichtigung finden.

15.2 Erhebungsinstrument Interview bzw. Workshop

Zur Erfassung der aktuellen Situation von Wiedereinsteigerinnenn und des Umfeldes wurden teilstandardisierte Leitfadeninterviews eingesetzt. Die Auswertung der Interviews erfolgte mittels qualitativer Inhaltsanalyse. Die dazu erforderlichen Kategoriensysteme wurden teilweise schon im Interviewleitfaden eingeführt. Weitere Auswertungskategorien basierten auf der Literatur-Recherche zum Thema „Wiedereinstieg" und der Analyse des vorliegenden Materials. Anhand dieses Kategoriensystems erfolgte im Anschluss eine Zuordnung des Datenmaterials zu den einzelnen Kategorien.

In sieben Pflegeeinrichtungen (und Trägerschaften) im Rheinland wurden von November 2004 bis Januar 2005 Einzel- und Gruppeninterviews durchgeführt. Neben den Wiedereinsteigerinnen selbst, wurden Personen aus dem direkten Arbeitsumfeld (Kollegen) sowie Wohnbereichsleitungen und Pflegedienstleitungen befragt.

Die Interviewleitfäden dienten als Basis für die Erstellung des Leitfadens „Wiedereinstieg in den Pflegeberuf" für die Zielgruppen der:

- Wiedereinsteigerinnen
- Wohnbereichsleitung
- Kollegen
- Pflegedienstleitung
- Heimleitung/Geschäftsführung

15.3 Belastungs-Schwerpunkte

Eine quantitative Auswertung war nicht möglich, weil sich die Befragten im Kontext der Interviews nicht festlegen wollten oder konnten. Anhand von Mitarbeiterbefragungen mittels standardisierter Fragebögen zur Erfassung von Beanspruchungen der Arbeitsumgebung, der Tätigkeit, der Arbeitsorganisation und der zwischenmenschlichen Beziehungen,

Leitfaden gesunder Wiedereinstieg in den Altenpflegeberuf

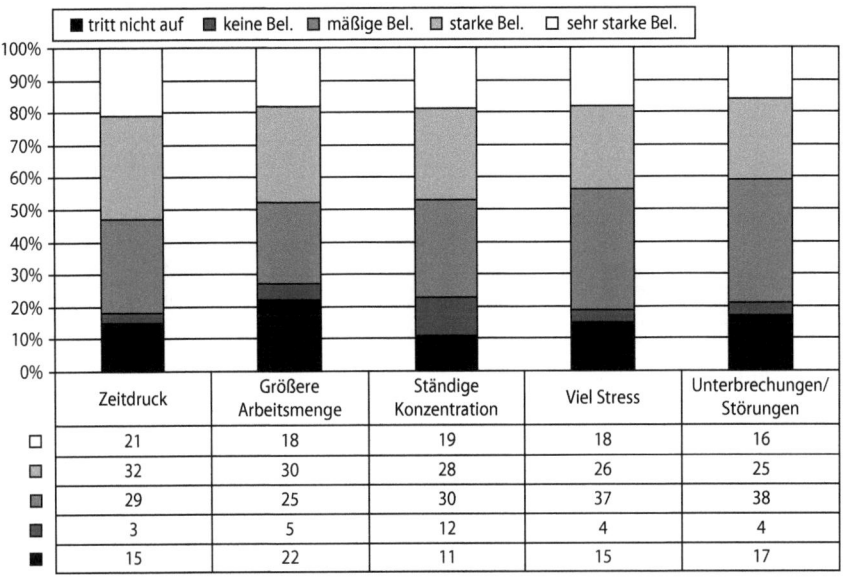

Abb. 15.2. Mitarbeiterbefragung in Alten- und Pflegeheimen, Aspekte der Arbeitssituation (N: 441, Befragungszeitraum 2004)

die das Institut für Betriebliche Gesundheitsförderung im Jahr 2004 in Pflegeeinrichtungen im Rheinland durchgeführt hat, wurde jedoch deutlich, dass es der Mix bzw. die Summe verschiedener Belastungsformen sind, die das Belastungsempfinden ausmachen (Abb. 15.2 und Abb. 15.3).

Eindeutig war jedoch die Klage über die „Pflegebürokratie". Darunter werden vor allem die Pflegeplanung und die Dokumentation der Pflegearbeit verstanden. Dieses Belastungsempfinden wurde bei vielen noch dadurch verstärkt, dass diese Arbeit mittels PC zu erledigen ist. Vor allem die Planung wird von vielen nicht akzeptiert, „weil sie sich nicht lohne", denn im Durchschnitt lebten die Bewohner nach der Heimaufnahme nur noch 4 bis 5 Monate. Die Planung „stehe" oft aber erst nach 2 bis 3 Monaten, so dass der Planungsaufwand mehr oder weniger als „umsonst" empfunden wird. Die zunehmende Pflegebedürftigkeit erfordert eine aufwändigere Planung und Dokumentation.

Bei Nachfragen wurde zudem deutlich, dass die Anforderung, mit moderner PC-Technik zu arbeiten, von vielen Befragten als Belastung empfunden wird. Man hat Angst, das nicht zu beherrschen. Das gilt in besonderer Weise für die Aussteigerinnen, die vor der Pause noch mit

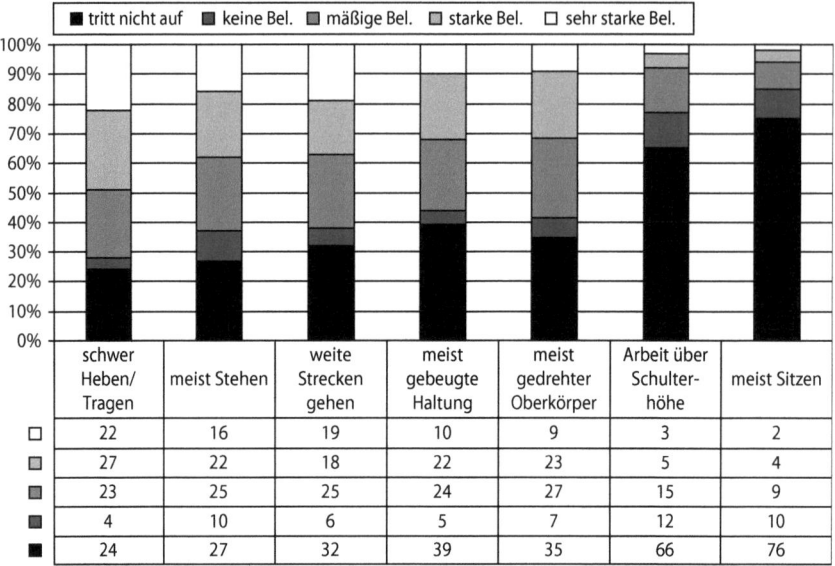

Abb. 15.3. Mitarbeiterbefragung in Alten- und Pflegeheimen, Körperliche Beanspruchung (N: 441, Befragungszeitraum 2004)

Karteikarten gearbeitet haben. Nicht selten erfuhren wir, dass man weiter (heimlich) Karteikarten führt und die Daten dann zusätzlich in einen PC überträgt (Doppelarbeit!). Die Technik-Angst und die Angst vor der Dokumentation verschärfen sich, wenn die deutsche Sprache nicht gut beherrscht wird.

Häufig werden noch „häusliche Probleme" genannt. Viele Pflegekräfte sind alleinerziehend und oftmals auch die einzige Einnahmequelle der Familie.

15.4 Situation der Wiedereinsteigerinnen

Mehrfach trafen wir auf Wiedereinsteigerinnen, die während ihrer Pause ihren beruflichen Status verloren hatten (vor dem Ausstieg Pflegedienstleitung, nachher „einfache" Pflegerin). Zum Teil hing das damit zusammen, dass der Wiedereinstieg über Halbtagstätigkeiten aufgenommen wurde. Die Betroffenen hatten damit nach eigener Aussage aber keine großen Probleme, eher ihre (ehemaligen) Kolleginnen. Mehrfach kam auch der Hinweis (besonders in „BAT-Heimen"), dass ältere Wiedereinsteigerinnen teurer seien als ihre jüngeren Vertretungen.

Erstaunlich viele Befragte berichteten, dass die Zeit zwischen Ausscheiden und Wiedereinstieg gar nicht oder kaum für regelmäßige Kontakte genutzt wird. Das wurde, bis auf Ausnahmen, auch von beiden Seiten nicht aktiv gefördert. Weiterbildungsangebote gab es deshalb in der Zeit der Pause fast überhaupt nicht.

Ein weiteres Grundsatzproblem ist die Arbeitszeit der Wiedereinsteigerinnen. So erfuhren wir bereits im Vorfeld, als wir Heime mit Wiedereinsteigerinnen suchten, dass man keine habe, weil die erst um 8 Uhr ihren Dienst aufnehmen könnten, wenn das Kind im Kindergarten ist. Zwischen 7 und 8 Uhr sei jedoch für die Heime die aufwändigste Zeit (Frühstück, waschen, Betten machen). Wenn andere Heime flexibler auf die Möglichkeiten der Wiedereinsteigerinnen reagieren, führt das gelegentlich zu Neid bzw. Konflikten.

Es gab aber auch positive Beispiele, die eine kollegiale Abstimmung und Rücksichtnahme von beiden Seiten zeigten. So waren einige Wiedereinsteigerinnen bereit, viel häufiger den Wochenenddienst zu übernehmen, weil in dieser Zeit der Ehegatte die Kinderbetreuung übernehmen konnte.

Über mangelnde Kommunikation beschwerten sich einige Wiedereinsteigerinnen, die mit reduzierter Stundenzahl arbeiten. Dienstbesprechungen fanden häufig bei Schichtwechsel statt und zu diesem Zeitpunkt mussten die Wiedereinsteigerinnen ihr Kind vom Kindergarten abholen.

Generell muss festgestellt werden, dass eine systematische Einarbeitung der Wiedereinsteigerinnen nicht stattfindet. Es gibt keine Einarbeitungspläne, Weiterbildungspläne oder Ähnliches. Diese Tatsache wurde vom Pflegepersonal heftig kritisiert. Die üblichen Probleme mit der Abstimmung zwischen Beruf und Familie scheinen uns in den Heimen grundsätzlich leichter zu lösen zu sein, als in vielen anderen Branchen mit sehr starren Arbeitszeiten.

Differenzen zwischen Berufsvorstellung und Wirklichkeit wurden immer wieder geschildert, wobei das nicht unbedingt ein spezifisches Problem der Wiedereinsteigerinnen ist. Pflegerinnen sehen sich häufig als Anwalt der Bewohner und kritisieren deshalb gesetzliche Einschränkungen usw. heftig. Es gab aber auch positive Erfahrungen, z. B. durch Gruppen-Supervisionen, Qualifizierung von Führungskräften, neue Heimleitungen mit offener Kommunikation, Reflexionen nach jeder Besprechung usw.

Die Qualität des Personals scheint sich im Großen und Ganzen den gestiegenen Anforderungen anzupassen, wenn man den Schilderungen Glauben schenken darf. Demgegenüber stehen Klagen, die mangelnde Weiterbildungsmöglichkeiten bzw. eine mangelhafte Bereitschaft zur Weiterbildung anmerken. Besonders kleineren Häusern fehlt offenbar

Kompetenz zur Weiterbildung oder es ist schlichtweg keine Zeit übrig, um bei ca. 50 Beschäftigten eine Fachkraft mehrere Tage auf ein Seminar zu schicken. Im Übrigen hörten wir nur in wenigen Häusern von neuen Wegen der Weiterbildung. Im Weiterbildungsbereich scheinen uns erhebliche Defizite zu bestehen.

Gelobt wird durchweg die Arbeit der Altenpflegeschulen. Von dort bekomme man ausgezeichnete Kollegen. Wenn in diesen Schulen bestimmte Heime besonders empfohlen werden, wird das von diesen als Qualitätsbestätigung verstanden.

Der Aufbau von Qualitätsmanagementsystemen mit Implementierung von Qualitätsbeauftragten hat zur Steigerung der Pflegequalität beigetragen, weshalb diese in der Regel sehr geschätzt werden und deren Arbeit als Unterstützung empfunden wird.

15.5 Elemente eines gesunden Wiedereinstiegs

Ziel des Projekts ist der gesunde Wiedereinstieg in den Altenpflegeberuf. Um dieses Ziel zu erreichen, müssen krankmachende (pathogene) Faktoren beim Wiedereinstieg verhindert, reduziert und/oder bewältigt werden. Gleichzeitig müssen die gesunden (salutogenen) Faktoren beschrieben und gefördert werden. Die grundsätzlichen Erkenntnisse eines betrieblichen Gesundheitsmanagements müssen auch in diesem Projekt berücksichtigt werden. Neben den bekannten und bewährten Lösungswegen durch Optimierung der Arbeitsbedingungen geht es vor allem um die Gestaltung sozialer Systeme.

Ungesunde Organisationen haben nach Badura und Hehlmann [1] folgende Merkmale:
- Paternalistischer Führungsstil
- Steile Hierarchie
- Wenige gemeinsame Überzeugungen, Werte und Verhaltensregeln
- Verbreitetes Misstrauen und Konkurrenzdenken
- Intransparenz von Entscheidungen
- Geringe Partizipationsmöglichkeiten und Handlungsspielräume
- Geringe Weiterbildungsmöglichkeiten
- Ausgeprägte Feindseligkeit bzw. Rivalität zwischen Abteilungen
- Intensive Konflikte zwischen Topmanagement und Belegschaft sowie innerhalb der Belegschaft

Gesunde Organisationen zeichnen sich nach Feststellungen der Verfasser demgegenüber durch folgende Merkmale aus:
- Partnerschaftlicher Führungsstil
- Viele gemeinsame Überzeugungen, Werte und Verhaltensregeln

- Flache Hierarchien
- Vertrauen und gegenseitige Hilfe
- Transparenz von Entscheidungen
- Partizipationsmöglichkeiten und Handlungsspielräume
- Hochentwickeltes System der Weiterbildung
- Gute, abteilungsübergreifende Zusammenarbeit
- Wenig intensive Konflikte zwischen Topmanagement und Belegschaft.

Wenn Wiedereinsteigerinnen auf diese Bedingungen treffen, sind wesentliche betriebliche Voraussetzungen für einen gesunden Wiedereinstieg gegeben. Gesunde Organisationen sind oft das Ergebnis von Gesundheits-Management-Programmen (GMP). Wesentliche Merkmale eines qualitätsgestützen GMP sind:

- Situationsanalyse der pathogenen und der salutogenen Faktoren (u. a. Fehlzeitenstatistik, Mitarbeiterumfrage, Arbeitssituationsanalysen, Ergonomie-Gutachten, Gefährdungsanalysen usw.)
- Gesundheitsberichte der Krankenkasse(n)
- Bildung eines Arbeitskreises Gesundheit, ggf. ergänzt um externe Fachberatung
- Zieldefinition des GMP
- Information und Partizipation aller Mitarbeiterinnen und Mitarbeiter
- Verbesserung der Arbeitsplatzverhältnisse (Ergonomie)
- Verbesserung des Arbeitsplatzverhaltens (z. B. rückengerechtes Arbeiten, Kollegialität usw.)
- Verbesserung des Führungsverhaltens
- Persönliches Gesundheitsverhalten
- Maßnahmen- und Umsetzungsliste mit Ergebniskontrolle

Neben diesen betrieblichen Möglichkeiten bestimmen Umweltbedingungen, wie die häusliche Situation sowie der Rechts- und Finanzrahmen, den Handlungsrahmen für ein betriebliches GMP.

Welche Maßnahmen und welche Verhältnisse/Verhalten helfen können, einen gesunden Wiedereinstieg zu ermöglichen bzw. zu unterstützen, beschreiben die folgenden Unterpunkte.

15.5.1 Ausstiegszeit nutzen

Die Veränderungen der Arbeitswelt und die Schnelllebigkeit des Wissens erfordern ein „lebenslanges Lernen" auch während der Ausstiegszeit. Steht der Wiedereinstieg frühzeitig fest, sollte die Ausstiegszeit von Einrichtung und Mitarbeiter gemeinsam geplant werden, um Wissenslücken zu verringern und soziale Kontakte zu Kollegen aufrecht zu halten. Dieses lebenslange Lernen beinhaltet eine solide Basis für ein kontinuierliches

Lernen und liegt im Verantwortungsbereich des Mitarbeiters und der Organisation, die Rahmenbedingungen und Möglichkeiten schaffen muss. Dazu gehört auch eine frühzeitige Auseinandersetzung mit möglichen Belastungen.

15.5.2 Kontakte halten

Um den Herausforderungen der Wandlungsprozesse gewachsen zu sein, wird ein kontinuierliches Lernen gefordert. Ist ein Wiedereinstieg in den Beruf für die Einrichtung und den Mitarbeiter absehbar und planbar, sollte eine kontinuierliche Begleitung der Ausstiegszeit von beiden Seiten erfolgen. Für die Einrichtung heißt das: regelmäßigen Kontakt zum Mitarbeiter halten. Vor allem bei qualifizierten Arbeitnehmerinnen kann sich diese Ressourcenpflege bei einem späteren Wiedereinstieg positiv gestalten. Ist der Ausstieg kurzzeitig, sollte in Abstimmung mit dem Mitarbeiter möglichst schon vor dem Ausstieg ein Konzept für den Wiedereinstieg geplant werden. Eingliederungszeiten beim Wiedereinstieg können damit verkürzt werden und die Mitarbeiterin steht wieder schneller als volle Arbeitskraft zur Verfügung. Die Wiedereinstiegssituation wird damit aber auch für die Einrichtung und die Mitarbeiterin transparent und planbar. Der regelmäßige Kontakt könnte auch über Krankheits- und Urlaubsvertretungen aufrecht gehalten werden. Die Identifikation mit der Einrichtung bleibt bestehen und eine Erhaltung der fachlichen Kompetenz ist weitgehend gesichert.

15.5.3 Schnupperzeit vor dem Wiedereinstieg

Positiv schätzen die Wiedereinsteigerinnen stufenweise mehrwöchige Wiedereingliederungsprogramme ein. Wobei praktische Erfahrungen in der Anwendung fehlen, und zwar sowohl auf der Einrichtungsseite als auch auf der Seite der Wiedereinsteigerinnen. Unklar ist in beiden Fällen die Finanzierung. Aus dem bestehenden Budget heraus wird es wohl schwierig sein, derartige Programme zu finanzieren.

15.5.4 Auf Wiedereinstieg einstellen

Eine Systematisierung des Vorgehens und eine Planung des Wiedereinstiegs soll sowohl dem einzelnen Mitarbeiter als auch der Organisation Hilfestellung geben. Ein gezieltes Personalmanagement und eine personenzentrierte Mitarbeiterentwicklung als Bestandteile der Personalentwicklung unterstützen dieses Bemühen. Neben der Mitarbeiterorientierung sind aber auch die Rahmenbedingungen der Organi-

Leitfaden gesunder Wiedereinstieg in den Altenpflegeberuf

sation von Belang, sodass im Sinne einer lernenden Organisation alle Beteiligten sich auf den Wiedereinstieg einstellen und die Voraussetzungen dafür schaffen müssen.

15.5.5 Flexibilisierung der Arbeitszeit

Mehr Teilzeitarbeitsplätze und eine flexible Gestaltung der Arbeitszeit können Pflegekräfte motivieren, im Pflegebereich zu arbeiten bzw. an einen Wiedereinstieg in den Beruf zu denken. Viele Altenpflegeeinrichtungen setzen bereits flexible Arbeitszeitmodelle ein und nutzen diese Ansätze auch gezielt als Instrumente zur Personalwerbung. Flexible Arbeitszeitmodelle dienen aber auch dazu, die Arbeitszeiten besser an die Bedürfnisse der Bewohner und Mitarbeiter anzupassen. Der Caritasverband hat beispielsweise in einer Vereinbarung vom Januar 1998 zur „Mobilzeit durch Dienstvereinbarung" (AVR CARITAS, www.avr-kompendium.de) Rahmenbedingungen für eine Flexibilisierung der Arbeitszeit getroffen. Die Umsetzung vor Ort erfolgt über Dienstvereinbarungen.

15.5.6 Teamintegration

Probleme entstehen zwischen Wiedereinsteigerinnen und „normalem" Personal: Wiederensteigerinnen haben häufig andere Arbeitszeiten und sind daher wenig bei Kontakten/Infos beteiligt. Oftmals treten organisatorische Probleme, bedingt durch ihre familiäre Situation (insbesondere bei kranken Kindern), auf. Letztendlich ist die Wiedereinsteigerin „neu" in der Gruppe und muss sich in bestehende Strukturen einfinden. Für ein schnelleres/besseres Einfinden in die bestehende Gruppe können folgende Maßnahmen sinnvoll sein:
- Regelmäßige Teamsitzungen mit allen Mitarbeitern organisieren
- Klare Aufgabenverteilungen (besonders für Teilzeitkräfte), um jedem sein Betätigungsfeld zu verdeutlichen
- Hilfe bei der Koordination der Kinderbetreuung
- Seminare zur Teambildung durchführen
- Gemeinsame Aktivitäten (z. B. Betriebsausflug) planen
- Die „Freiwilligkeit" der Teilnahme
- Eine Gruppengröße, die ein effektives Arbeiten ermöglicht
- Die Zuständigkeit der Gruppe für die gesamte Problembearbeitung (Analyse und Erarbeitung von Lösungsvorschlägen)
- Die Kompetenz in der Bearbeitung der Problemstellung (Teilnehmer analysieren ihren Arbeitsbereich)

- Eine Qualifizierung im Sinne einer Befähigung, sich einzubringen, die sich je nach eingesetztem Instrument auch während des Prozesses entwickeln kann
- Verantwortung für die Ergebnisse

15.6 Förderung eines gesunden Wiedereinstiegs

An einem gesunden Wiedereinstieg nach der Babypause oder anderen Unterbrechungszeiten müssten alle beteiligten Gruppen ein Interesse haben:
Interne Gruppen:
- die Träger der Heime
- die Führungskräfte
- die Kolleginnen und Kollegen

Externe Gruppen:
- die Pflegekassen und der MDK
- die Trägerorganisationen der Heime und die Berufsverbände
- die Agenturen für Arbeit
- die Krankenkassen und Berufsgenossenschaften
- der Staat

und natürlich die Wiedereinsteigerinnen selbst.

Hemmnisse für den Wiedereinstieg, wie wir sie in den vorhergehenden Abschnitten geschildert haben, gilt es zu überwinden. Auf der Basis vieler vorliegenden Analysen und generellen Erkenntnissen zur Wiedereinstiegs-Situation [2, 3] können Rahmenbedingungen und spezielle Voraussetzungen geschaffen werden, durch die die Rückkehr in den Beruf erleichtert und attraktiv wird und eine dauerhafte Beschäftigung im Altenpflegeberuf gefördert wird. Der Leitfaden für den Gesunden Wiedereinstieg in den Altenpflegeberuf richtet sich an die oben genannten Beteiligten.

Literatur

[1] Badura B, Hellmann T (2003). Betriebliche Gesundheitspolitik – Der Weg zur gesunden Organisation. Springer, Berlin
[2] Beckmann P Engelbrech G (Hrsg) Arbeitsmarkt für Frauen 2000 – Ein Schritt vor oder ein Schritt zurück? Kompendium zur Erwerbstätigkeit von Frauen. Beiträge zur Arbeitsmarkt- und Berufsforschung Nr. 179 des Instituts für Arbeitsmarkt- und Berufsforschung der Bundesanstalt für Arbeit 1994
[3] Blum K, Müller U, Schulz P (2004) Wiedereinstieg ehemals berufstätiger Pflegekräfte in den Pflegeberuf. Düsseldorf: Deutsches Krankenhausinstitut e.V. 2004 www.khf.freiburg.de

[4] INQA-Publikation: Gesunder Wiedereinstieg in den Altenpflegeberuf – ein Leitfaden. www.BAuA.de
[5] Institut für Betriebliche Gesundheitsförderung BGF GmbH: Gesunder Wiedereinstig in den Alten- und Pflegeberuf. Leitfaden und Machbarkeitsstudie. www.bgf-institut.de
[6] Küsgens I (2003) Krankheitsbedingte Fehlzeiten in Altenpflegeberufen – Eine Untersuchung der in Altenpflegeeinrichtungen tätigen AOK-Versicherten, 2003. In: Badura B, Schellschmidt H, Vetter C (Hrsg) Fehlzeiten-Report 2004. Springer, Berlin Heidelberg New York

B. Daten und Analysen

KAPITEL 16

Krankheitsbedingte Fehlzeiten in der deutschen Wirtschaft im Jahr 2006

I. Küsgens · K. Macco · C. Vetter

16.1 Branchenüberblick

16.1	Branchenüberblick	261
16.1.0	Einführung	262
16.1.1	Datenbasis und Methodik	263
16.1.2	Allgemeine Krankenstandsentwicklung	267
16.1.3	Verteilung der Arbeitsunfähigkeit	270
16.1.4	Kurz- und Langzeiterkrankungen	271
16.1.5	Krankenstandsentwicklung in den einzelnen Branchen	273
16.1.6	Fehlzeiten nach Bundesländern	281
16.1.7	Fehlzeiten nach Betriebsgröße	284
16.1.8	Fehlzeiten nach Stellung im Beruf	285
16.1.9	Fehlzeiten nach Berufsgruppen	287
16.1.10	Fehlzeiten nach Wochentagen	288
16.1.11	Arbeitsunfälle	290
16.1.12	Krankheitsarten im Überblick	294
16.1.13	Die häufigsten Einzeldiagnosen	301
16.1.14	Krankheitsarten nach Branchen	301
16.1.15	Langzeitfälle nach Krankheitsarten	307
16.1.16	Krankheitsarten nach Diagnoseuntergruppen	310

Zusammenfassung. *Der folgende Beitrag liefert umfassende und differenzierte Daten zu den krankheitsbedingten Fehlzeiten in der deutschen Wirtschaft. Datenbasis sind die Arbeitsunfähigkeitsmeldungen der 9,6 Millionen erwerbstätigen AOK-Mitglieder in Deutschland. Ein einführendes Kapitel gibt zunächst einen Überblick über die allgemeine Krankenstandsentwicklung und wichtige Determinanten des Arbeitsunfähigkeitsgeschehens. Im einzelnen wird u. a. eingegangen auf die Verteilung der Arbeitsunfähigkeit, die Bedeutung von Kurz- und Langzeiterkrankungen und Arbeitsunfällen, regionale Unterschiede in den einzelnen Bundesländern sowie die Abhängigkeit des Krankenstandes von Faktoren wie der Betriebsgröße und der Beschäftigtenstruktur. In elf separaten Kapiteln wird dann detailliert die Krankenstandsentwicklung in den unterschiedlichen Wirtschaftszweigen beleuchtet.*

16.1.0 Einführung

Der in den letzten Jahren zu beobachtende Trend zu niedrigen Krankenständen hat sich weiter fortgesetzt. Auch im Jahr 2006 waren sinkende Krankenstandswerte zu verzeichnen. Bei den mehr als 9 Millionen erwerbstätigen AOK-Mitgliedern sank der Krankenstand von 4,4 auf 4,2%. Dies ist der niedrigste Wert seit mehr als zehn Jahren.

Für die Arbeitgeber und die Krankenkassen bringt der niedrige Krankenstand erhebliche Einsparungen mit sich. Nach Angaben des Instituts der deutschen Wirtschaft sind die Ausgaben der Unternehmen für die Enteltfortzahlung im Krankheitsfall im Jahr 2006 mit 29,6 Milliarden Euro auf den niedrigsten Wert seit 1998 gesunken[1]. Die Ausgaben reduzierten sich 2006 im Vergleich zum Vorjahr um 2,85 Prozent [9].

Die Gründe für die niedrigen Krankenstände sind vielfältig. Wie Umfragen gezeigt haben, führt die angespannte Lage auf dem Arbeitsmarkt dazu, dass viele Arbeitnehmer auf Krankmeldungen verzichten, um ihren Arbeitsplatz nicht zu gefährden. Daneben spielen aber auch strukturelle Faktoren, wie der geringere Anteil älterer Arbeitnehmer, die Abnahme körperlich belastender Tätigkeiten sowie eine verbesserte Gesundheitsvorsorge in den Betrieben eine wichtige Rolle.

Während der Krankenstand insgesamt rückläufig ist, führen jedoch psychische Erkrankungen seit einigen Jahren vermehrt zu Arbeitsausfällen. Sie stellen mittlerweile die vierthäufigste Ursache für Fehlzeiten in deutschen Unternehmen dar. Auch der Anteil psychischer und psychosomatischer Erkrankungen an der Frühinvalidität hat in den letzten Jahren erheblich zugenommen. Inzwischen geht fast ein Drittel der Frühberentungen auf eine psychisch bedingte Erwerbsminderung zurück [6]. Nach Prognosen der WHO ist mit einem weiteren Anstieg der psychischen Erkrankungen zu rechnen. Der Prävention dieser Erkrankungen wird daher in Zukunft wachsende Bedeutung zukommen.

Der in den letzten Jahren festzustellende kontinuierliche Rückgang der krankheitsbedingten Fehlzeiten hat bisher nicht zu einer Nivellierung der teilweise erheblichen Unterschiede zwischen den einzelnen Wirtschaftszweigen und Berufsgruppen geführt. Der folgende Beitrag zeigt, wo die Krankheitsschwerpunkte in den einzelnen Branchen und Berufsgruppen liegen und von welchen Faktoren die Höhe des Krankenstandes abhängt. Ein einführendes Kapitel gibt zunächst einen Überblick über die allgemeine Krankenstandsentwicklung in Deutschland. Im Folgenden wird dann in separaten Kapiteln das Arbeitsunfähigkeitsgeschehen in den einzelnen Wirtschaftszweigen detailliert beleuchtet.

---

[1] Institut der deutschen Wirtschaft, Köln, iwd – Nr. 32, 9. August 2007.

16.1.1 Datenbasis und Methodik

Die folgenden Ausführungen zu den krankheitsbedingten Fehlzeiten in der deutschen Wirtschaft basieren auf einer Analyse der Arbeitsunfähigkeitsmeldungen aller **erwerbstätigen AOK-Mitglieder**. Die AOK ist nach wie vor die Krankenkasse mit dem größten Marktanteil in Deutschland. Sie verfügt daher über die umfangreichste Datenbasis zum Arbeitsunfähigkeitsgeschehen. Bei den Auswertungen wurden auch freiwillig Versicherte berücksichtigt. Ausgewertet wurden die Daten des Jahres 2006. In diesem Jahr waren insgesamt 9,6 Millionen Arbeitnehmer bei der AOK versichert.

Datenbasis der Auswertungen sind sämtliche Arbeitsunfähigkeitsfälle, die der AOK im Jahr 2006 gemeldet wurden.[2] Allerdings werden Kurzzeiterkrankungen bis zu drei Tagen von den Krankenkassen nur erfasst, soweit eine ärztliche Krankschreibung vorliegt. Der Anteil der Kurzzeiterkrankungen liegt daher höher, als dies in den Krankenkassendaten zum Ausdruck kommt. Hierdurch verringern sich die Fallzahlen und die rechnerische Falldauer erhöht sich entsprechend. Langzeitfälle mit einer Dauer von mehr als 42 Tagen wurden in die Auswertungen mit einbezogen, da sie von entscheidender Bedeutung für das Arbeitsunfähigkeitsgeschehen in den Betrieben sind.

Die **Arbeitsunfähigkeitszeiten** werden von den Krankenkassen so erfasst, wie sie auf den Krankmeldungen angegeben sind. Auch Wochenenden und Feiertage gehen dabei in die Berechnung mit ein, soweit sie in den Zeitraum der Krankschreibung fallen. Die Ergebnisse sind daher mit betriebsinternen Statistiken, bei denen nur die Arbeitstage berücksichtigt werden, nur begrenzt vergleichbar. Bei jahresübergreifenden Arbeitsunfähigkeitsfällen wurden nur Fehlzeiten in die Auswertungen miteinbezogen, die im Auswertungsjahr anfielen.

Tabelle 16.1.1 gibt einen Überblick über die wichtigsten Kennzahlen und Begriffe, die in diesem Beitrag zur Beschreibung des Arbeitsunfähigkeitsgeschehens verwendet werden. Die Berechnung der Kennzahlen erfolgt auf der Basis der Versicherungszeiten, d. h. es wird berücksichtigt, ob ein Mitglied ganzjährig oder nur einen Teil des Jahres bei der AOK versichert war bzw. als in einer bestimmten Branche oder Berufsgruppe beschäftigt geführt wurde.

Aufgrund der speziellen **Versichertenstruktur** der AOK sind die Daten nur bedingt repräsentativ für die Gesamtbevölkerung in der Bundesrepublik Deutschland bzw. die Beschäftigten in den einzelnen

---

[2] Durch „Schwangerschaft, Geburt und Wochenbett" (ICD 10, O00–O99) bedingte Arbeitsunfähigkeiten wurden nicht berücksichtigt.

Tabelle 16.1.1. Kennzahlen und Begriffe zur Beschreibung des Arbeitsunfähigkeitsgeschehens

Kennzahl	Definition	Einheit, Ausprägung	Erläuterungen
AU-Fälle	Anzahl der Fälle von Arbeitsunfähigkeit	je AOK-Mitglied bzw. je 100 AOK-Mitglieder in % aller AU-Fälle	Jede Arbeitsunfähigkeitsmeldung, die nicht nur die Verlängerung einer vorangegangenen Meldung ist, wird als ein Fall gezählt. Ein AOK-Mitglied kann im Auswertungszeitraum mehrere AU-Fälle aufweisen.
AU-Tage	Anzahl der AU-Tage, die im Auswertungsjahr anfielen	je AOK-Mitglied bzw. je 100 AOK-Mitglieder in % aller AU-Tage	Da arbeitsfreie Zeiten wie Wochenenden und Feiertage, die in den Krankschreibungszeitraum fallen, mit in die Berechnung eingehen, können sich Abweichungen zu betriebsinternen Fehlzeitenstatistiken ergeben, die bezogen auf die Arbeitszeiten berechnet wurden. Bei jahresübergreifenden Fällen werden nur die AU-Tage gezählt, die im Auswertungsjahr anfielen.
AU-Tage je Fall	mittlere Dauer eines AU-Falls	Kalendertage	Indikator für die Schwere einer Erkrankung
Krankenstand	Anteil der im Auswertungszeitraum angefallenen Arbeitsunfähigkeitstage am Kalenderjahr	in %	War ein Versicherter nicht ganzjährig bei der AOK versichert, wird dies bei der Berechnung des Krankenstandes entsprechend berücksichtigt.
Krankenstand, standardisiert	nach Alter und Geschlecht standardisierter Krankenstand	in %	Um Effekte der Alters- und Geschlechtsstruktur bereinigter Wert
AU-Quote	Anteil der AOK-Mitglieder mit einem oder mehreren Arbeitsunfähigkeitsfällen im Auswertungsjahr	in %	Diese Kennzahl gibt Auskunft darüber, wie groß der von Arbeitsunfähigkeit betroffene Personenkreis ist
Kurzzeiterkrankungen	Arbeitsunfähigkeitsfälle mit einer Dauer von 1–3 Tagen	in % aller Fälle/Tage	Erfasst werden nur Kurzzeitfälle, bei denen eine Arbeitsunfähigkeitsbescheinigung bei der AOK eingereicht wurde
Langzeiterkrankungen	Arbeitsunfähigkeitsfälle mit einer Dauer von mehr als 6 Wochen	in % aller Fälle/Tage	Mit Ablauf der 6. Woche endet in der Regel die Lohnfortzahlung durch den Arbeitgeber, ab der 7. Woche wird durch die Krankenkasse Krankengeld gezahlt

Branchenüberblick

Tabelle 16.1.1. (Fortsetzung)

Kennzahl	Definition	Einheit, Ausprägung	Erläuterungen
Arbeitsunfälle	durch Arbeitsunfälle bedingte Arbeitsunfähigkeitsfälle	je 100 AOK-Mitglieder in % aller AU-Fälle/-Tage	Arbeitsunfähigkeitsfälle, bei denen auf der Krankmeldung als Krankheitsursache „Arbeitsunfall" angegeben wurde, nicht enthalten sind Wegeunfälle
AU-Fälle/Tage nach Krankheitsarten	Arbeitsunfähigkeitsfälle/-tage mit einer bestimmten Diagnose	je 100 AOK-Mitglieder in % aller AU-Fälle bzw. -Tage	Ausgewertet werden alle auf den Arbeitsunfähigkeitsbescheinigungen angegebenen ärztlichen Diagnosen, verschlüsselt werden diese nach der Internationalen Klassifikation der Krankheitsarten (ICD-10)

Wirtschaftszweigen. In Folge ihrer historischen Funktion als Basiskasse weist die AOK einen überdurchschnittlich hohen Anteil an Versicherten aus dem gewerblichen Bereich auf. Angestellte sind dagegen im Versichertenklientel der AOK unterrepräsentiert.

Die Wirtschaftsgruppensystematik entspricht der Klassifikation der Wirtschaftszweige der Bundesagentur für Arbeit (vgl. Anhang). Diese enthält insgesamt fünf Differenzierungsebenen, von denen allerdings bei den vorliegenden Analysen nur die ersten drei berücksichtigt wurden. Unterschieden wird zwischen Wirtschaftsabschnitten, -abteilungen und -gruppen. Ein Abschnitt ist beispielsweise das "Verarbeitende Gewerbe". Dieser untergliedert sich in die Wirtschaftsabteilungen "Chemische Industrie", "Herstellung von Gummi- und Kunststoffwaren", "Textilgewerbe" usw.. Die Wirtschaftsabteilung "Chemische Industrie" umfasst wiederum die Wirtschaftsgruppen "Herstellung von chemischen Grundstoffen", "Herstellung von Schädlingsbekämpfungs- und Pflanzenschutzmitteln" etc. Im vorliegenden Unterkapitel erfolgt die Betrachtung zunächst ausschließlich auf der Ebene der Wirtschaftsabschnitte.³ In den folgenden Kapiteln wird dann auch nach Wirtschaftsabteilungen und teilweise auch nach Wirtschaftsgruppen differenziert. Die Metallindustrie, die nach der Systematik der Wirtschaftszweige der Bundesanstalt für Arbeit zum verarbeitenden Gewerbe gehört, wird, da sie die größte Branche des Landes darstellt, in einem eigenen Kapitel behandelt (s. Kap. 16.9). Auch dem Bereich „Erziehung und Unterricht" wird angesichts der zunehmenden Bedeutung des Bildungsbereichs für die Produktivität der Volkswirtschaft ein eigenes Kapitel gewidmet (vgl. Kap. 16.6). Aus Tabelle 16.1.2 ist die Anzahl der AOK-Mitglieder in den einzelnen Wirtschaftsabschnitten sowie deren Anteil an den sozialversicherungspflichtig Beschäftigten insgesamt⁴ ersichtlich.

Angesichts nach wie vor unterschiedlicher Morbiditätsstrukturen werden neben den Gesamtergebnissen für die Bundesrepublik Deutschland die Ergebnisse für **Ost- und Westdeutschland** separat ausgewiesen.

Die Verschlüsselung der Diagnosen erfolgt nach der 10. Revision des ICD (International Classification of Diseases).⁵ Teilweise weisen die Arbeitsunfähigkeitsbescheinigungen mehrere Diagnosen auf. Um einen Informationsverlust zu vermeiden, werden bei den diagnosebezogenen Auswertungen im Unterschied zu anderen Statistiken⁶, die nur eine

---

[3] Die Abschnitte E (Energie- und Wasserversorgung) und C (Bergbau und Gewinnung von Steinen und Erden) wurden unter der Bezeichnung „Energie/Wasser/Bergbau" zusammengefasst. Der Bereich Dienstleistungen umfasst die Abschnitte H (Gastgewerbe), K (Grundstücks- und Wohnungswesen, Vermietung beweglicher Sachen, Erbringung von Dienstleistungen überwiegend für Unternehmen), N (Gesundheits-, Veterinär- und Sozialwesen), O (Erbringung von sonstigen öffentlichen und persönlichen Dienstleistungen) und P (Private Haushalte). Der Bereich Land- und Forstwirtschaft umfasst die Wirtschaftsabschnitte A (Land- und Forstwirtschaft) und B (Fischerei und Fischzucht). Unter der Bezeichnung „Öffentliche Verwaltung" wurden die Abschnitte L (Öffentl. Verwaltung, für das Jahr 2005 ohne Wirtschaftsgruppe 753: Sozialversicherung und Arbeitsförderung) und Q (Exterritoriale Organisationen) zusammengefasst. Das Verarbeitende Gewerbe umfasst in diesem Unterkapitel auch die Metallindustrie. Als Synonym für den Begriff "Wirtschaftsabschnitte" werden auch die Begriffe Branchen oder Wirtschaftszweige verwandt. Im Text sowie in den Tabellen und Grafiken werden die offiziellen Bezeichnungen der Bundesagentur für Arbeit aus Platzgründen teilweise abgekürzt bzw. pars pro toto verwandt. Die vollständigen Bezeichnungen finden Sie im Anhang.
[4] Errechnet auf der Basis der Beschäftigtenstatistik der Bundesagentur für Arbeit, 2006 [1].
[5] International übliches Klassifikationssystem der Weltgesundheitsorganisation
[6] Beispielsweise die von den Krankenkassen im Bereich der gesetzlichen Krankenversicherung herausgegebene Krankheitsartenstatistik.

Tabelle 16.1.2. AOK-Mitglieder nach Wirtschaftsabschnitten im Jahr 2006

Wirtschaftsabschnitte	Pflichtmitglieder		Freiwillige Mitglieder
	Absolut	Anteil an der Branche (in %)	Absolut
Banken/Versicherungen	104 780	10,5	9 469
Baugewerbe	694 110	45,3	5 760
Dienstleistungen	3 331 801	39,2	40 634
Energie/Wasser/Bergbau	73 563	20,7	4 669
Handel	1 243 085	31,8	16 580
Land- und Forstwirtschaft	210 294	68,2	370
Öffentl. Verwaltung	640 913	38,1	11 986
Verarbeitendes Gewerbe	2 321 173	35,2	68 442
Verkehr/Transport	605 125	40,3	4 788
Sonstige	178 894	18,5	1 781
Alle Branchen	9 403 738	35,7	164 479

(Haupt-)Diagnose berücksichtigen, auch Mehrfachdiagnosen[7] in die Auswertungen mit einbezogen.

16.1.2 Allgemeine Krankenstandsentwicklung

Der Krankenstand der AOK-Mitglieder betrug im Jahr 2006 4,2% (vgl. Tabelle 16.1.3). 49,3% der AOK-Mitglieder meldeten sich mindestens einmal krank. Die Versicherten waren im Jahresdurchschnitt 15,4 Kalendertage krankgeschrieben.[8] 4,9% der Arbeitsunfähigkeitstage waren durch Arbeitsunfälle bedingt.

Im Vergleich zum Vorjahr ging der Krankenstand erneut zurück. Die Zahl der krankheitsbedingten Ausfalltage nahm um 3,6% ab, in Westdeutschland deutlich stärker als in Ostdeutschland (West: -3,7%; Ost: -3,0%). Der Rückgang der Fehlzeiten ist vor allem auf eine geringere Anzahl von Krankmeldungen zurückzuführen (West: -3,4%; Ost: -2,9%). Die durchschnittliche Dauer der Krankmeldungen hingegen blieb

---

[7] Leidet ein Arbeitnehmer an unterschiedlichen Krankheitsbildern (Multimorbidität) kann eine Arbeitsunfähigkeitsbescheinigung mehrere Diagnosen aufweisen. Insbesondere bei älteren Beschäftigten kommt dies häufiger vor.
[8] Wochenenden und Feiertage eingeschlossen.

Tabelle 16.1.3. Krankenstandskennzahlen 2006 im Vergleich zum Vorjahr

	Krankenstand (in %)	Arbeitsunfähigkeiten je 100 AOK-Mitglieder				Tage je Fall	Veränd. z. Vorj. (in %)	AU-Quote (in %)
		Fälle	Veränd. z. Vorj. (in %)	Tage	Veränd. z. Vorj. (in %)			
West	4,27	132,4	-3,4	1559,3	-3,7	11,8	0,0	49,7
Ost	4,00	124,1	-2,9	1461,6	-3,0	11,8	0,0	47,5
Bund	4,23	131,0	-3,4	1542,9	-3,6	11,8	0,0	49,3

konstant.. Nach einem leichten Anstieg in 2005 sank die Zahl der von Arbeitsunfähigkeit betroffenen AOK-Mitglieder (AU-Quote: Anteil der AOK-Mitglieder mit mindestens einem AU-Fall) in Westdeutschland um 2,4 Prozentpunkte. Auch in Ostdeutschland nahm die AU-Quote im Jahr 2006 weiter ab (um 1,1 Prozentpunkte) (vgl. Abb. 16.1.1).

Im Jahresverlauf wurde mit 5,2 % der höchste Krankenstand im Februar erreicht, während der niedrigste Wert im August (3,5 %) zu verzeichnen war. Im Vergleich zum Vorjahr blieben die Krankenstände weitgehend

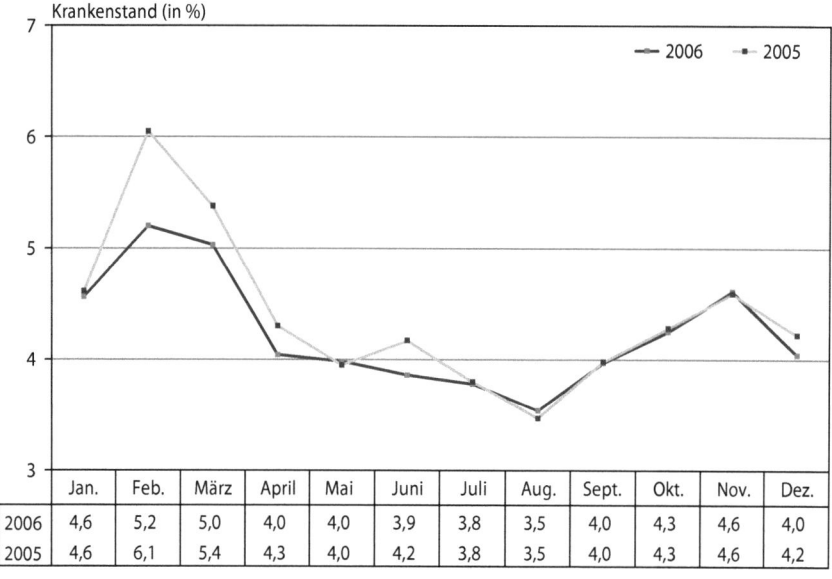

Abb. 16.1.1. Krankenstand 2006 im saisonalen Verlauf im Vergleich zum Vorjahr, AOK-Mitglieder

Branchenüberblick

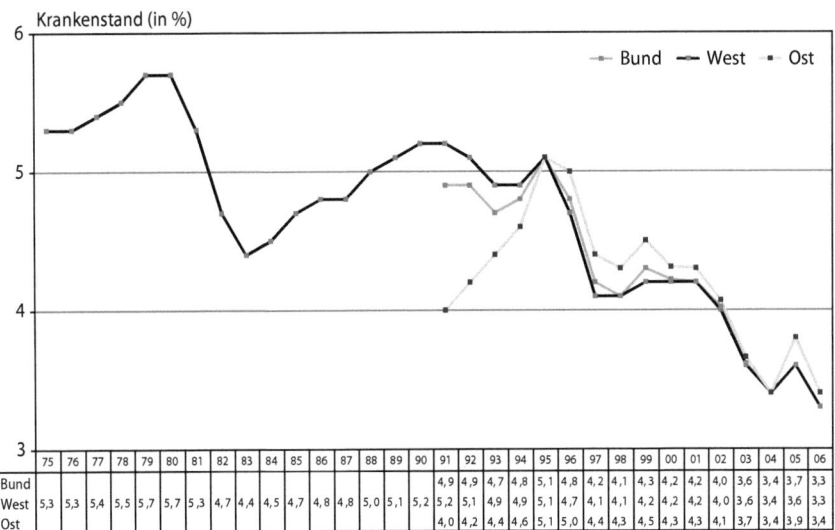

Abb. 16.1.2. Krankenstand 1975–2006. Gesetzliche Krankenversicherung: Arbeitsunfähig kranke Pflichtmitglieder in %. Quelle: Bundesministerium für Gesundheit

konstant. In den Monaten Februar und März 2005 fielen sie aufgrund einer ausgeprägten Grippewelle allerdings deutlich höher aus.

Abbildung 16.1.2 zeigt die längerfristige Entwicklung des Krankenstandes in den Jahren 1975 bis 2006 auf der Basis von Stichtagserhebungen der gesetzlichen Krankenkassen.[9] Seit Mitte der neunziger Jahre ist ein starker Rückgang der Krankenstände zu verzeichnen. Im Jahr 2003 unterschritt der Krankenstand mit einem Wert von 3,6% erstmals die 4%-Marke. 2006 sank der Krankenstand nach einem vorübergehenden Anstieg im Jahr 2005 auf 3,3% und erreichte damit den niedrigsten Stand seit der Wiedervereinigung.

Bis zum Jahr 1995 war der Krankenstand in Ostdeutschland stets niedriger als in Westdeutschland. In den Jahren 1996 bis 2006 waren dann je-

---

[9] Dabei wird jeweils zum Monatsersten der prozentuale Anteil der arbeitsunfähigen Pflichtmitglieder ermittelt. Aus den 12 Stichtagswerten des Jahres und dem Stichtagswert vom 1.1. des Folgejahres wird als arithmetisches Mittel ein Jahresdurchschnittswert errechnet. Unberücksichtigt bleiben dabei die Rentner, Studenten, Jugendlichen und Behinderten, Künstler, Wehr-, Zivil- und Grenzschutzpflichtdienstleistende, landwirtschaftliche Unternehmer sowie Vorruhestandsgeldempfänger, da für diese Gruppen in der Regel keine Arbeitsunfähigkeitsbescheinigungen von einem behandelnden Arzt ausgestellt werden. Die AU-Bescheinigungen sind vom Arzt unmittelbar an die Krankenkasse zu senden, die sie zur Ermittlung des Krankenstandes auszählt.

doch in den neuen Ländern meist etwas höhere Werte als in den alten zu verzeichnen. Diese Entwicklung wird vom Institut für Arbeitsmarkt- und Berufsforschung auf Verschiebungen in der Altersstruktur der erwerbstätigen Bevölkerung zurückgeführt [3]. Diese war nach der Wende zunächst in den neuen Ländern günstiger, weil viele Arbeitnehmer vom Altersübergangsgeld Gebrauch machten. Dies habe sich aufgrund altersspezifischer Krankenstandsquoten in den durchschnittlichen Krankenständen niedergeschlagen. Inzwischen sind diese Effekte jedoch ausgelaufen.

16.1.3 Verteilung der Arbeitsunfähigkeit

Im Jahr 2006 waren 49,3% der AOK-Mitglieder von Arbeitsunfähigkeit betroffen (Arbeitsunfähigkeitsquote). Davon meldeten sich 24,5% einmal, 12,5% zweimal und 12,3% dreimal oder häufiger krank (vgl. Abb. 16.1.3).

Der Anteil der Arbeitnehmer, die das ganze Jahr überhaupt nicht krank geschrieben waren, hat in den letzten Jahren zugenommen. Er stieg von 44,7% im Jahr 2000 auf 50,7% im Jahr 2006.

Abbildung 16.1.4 zeigt die Verteilung der kumulierten Arbeitsunfähigkeitstage auf die AOK-Mitglieder in Form einer Lorenzkurve. Daraus ist ersichtlich, dass der überwiegende Teil der Tage sich auf einen relativ

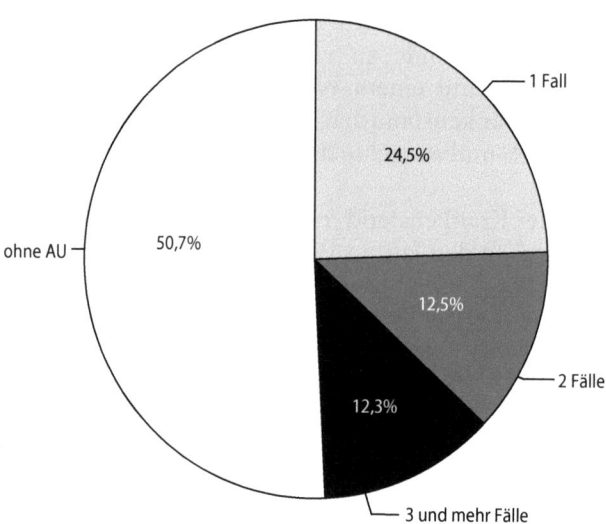

Abb. 16.1.3. Arbeitsunfähigkeitsquote: AOK-Mitglieder mit Arbeitsunfähigkeit (in %), 2006

Branchenüberblick

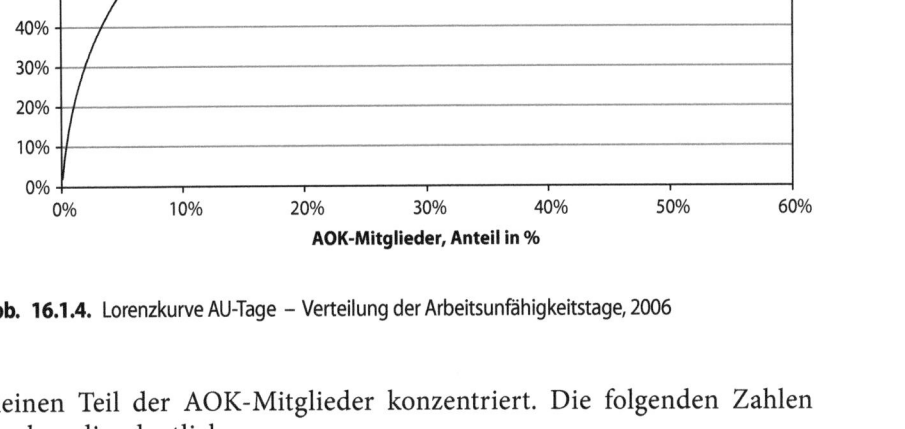

Abb. 16.1.4. Lorenzkurve AU-Tage – Verteilung der Arbeitsunfähigkeitstage, 2006

kleinen Teil der AOK-Mitglieder konzentriert. Die folgenden Zahlen machen dies deutlich:
- Ein Fünftel der Arbeitsunfähigkeitstage entfällt auf nur 1% der Mitglieder.
- Die Hälfte der Tage wird von lediglich 5% der Mitglieder verursacht.
- 80% der Arbeitsunfähigkeitstage gehen auf nur 17% der AOK-Mitglieder zurück.

16.1.4 Kurz- und Langzeiterkrankungen

Die Höhe des Krankenstandes wird entscheidend durch länger dauernde Arbeitsunfähigkeitsfälle bestimmt. Die Zahl dieser Erkrankungsfälle ist zwar relativ gering, diese sind aber für eine große Zahl von Ausfalltagen verantwortlich (vgl. Abb. 16.1.5). 2006 waren fast die Hälfte aller Arbeitsunfähigkeitstage (49,3%) auf lediglich 7,7% der Arbeitsunfähigkeitsfälle zurückzuführen. Dabei handelt es sich um Fälle mit einer Dauer von mehr als vier Wochen. Besonders zu Buche schlagen Langzeitfälle, die sich über mehr als sechs Wochen erstrecken. Obwohl ihr Anteil an den Arbeitsunfähigkeitsfällen im Jahr 2006 nur 4,3% betrug, verursachten sie 39,3% des gesamten AU-Volumens. Langzeitfälle sind häufig auf chronische Erkrankungen zurückzuführen. Der Anteil der Langzeitfälle nimmt mit zunehmendem Alter deutlich zu.

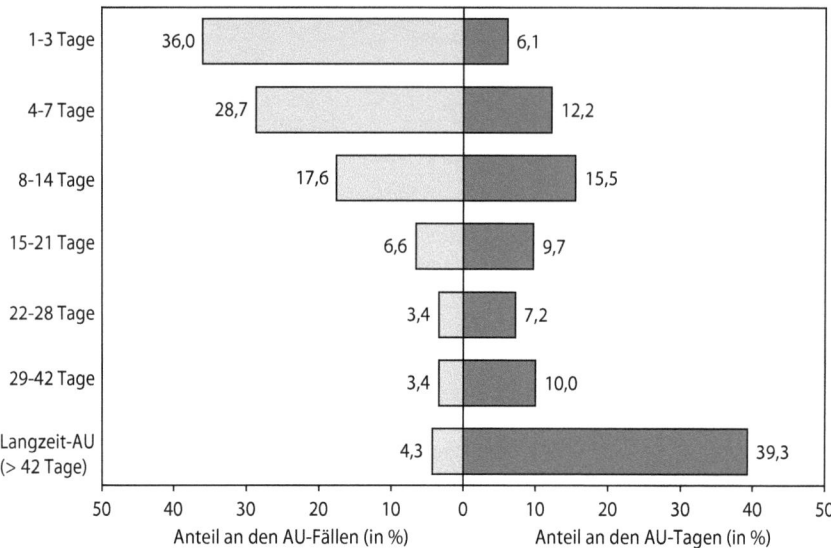

Abb. 16.1.5. Arbeitsunfähigkeitstage und -fälle nach der Dauer, 2006

Kurzzeiterkrankungen wirken sich zwar häufig sehr störend auf den Betriebsablauf aus, spielen aber, anders als häufig angenommen, für den Krankenstand nur eine untergeordnete Rolle. Auf Arbeitsunfähigkeitsfälle mit einer Dauer von 1 bis 3 Tagen gingen 2006 lediglich 6,1% der Fehltage zurück, obwohl ihr Anteil an den Arbeitsunfähigkeitsfällen 36,0% betrug. Da viele Arbeitgeber in den ersten drei Tagen einer Erkrankung keine ärztliche Arbeitsunfähigkeitsbescheinigung verlangen, liegt der Anteil der Kurzzeiterkrankungen allerdings in der Praxis höher, als dies in den Daten der Krankenkassen zum Ausdruck kommt. Nach einer Befragung des Instituts der deutschen Wirtschaft [7] hat jedes zweite Unternehmen die Attestpflicht ab dem ersten Krankheitstag eingeführt. Der Anteil der Kurzzeitfälle von 1 bis 3 Tagen an den krankheitsbedingten Fehltagen in der privaten Wirtschaft beträgt danach insgesamt durchschnittlich 11,3%. Auch wenn man berücksichtigt, dass die Krankenkassen die Kurzzeit-Arbeitsunfähigkeit nicht vollständig erfassen, ist also der Anteil der Erkrankungen von ein bis drei Tagen am Arbeitsunfähigkeitsvolumen insgesamt nur gering. Von Maßnahmen, die in erster Linie auf eine Reduzierung der Kurzzeitfälle abzielen, ist daher kein durchgreifender Effekt auf den Krankenstand zu erwarten. Maßnahmen, die auf eine Senkung des Krankenstandes abzielen, sollten vorrangig bei den Lang-

Branchenüberblick

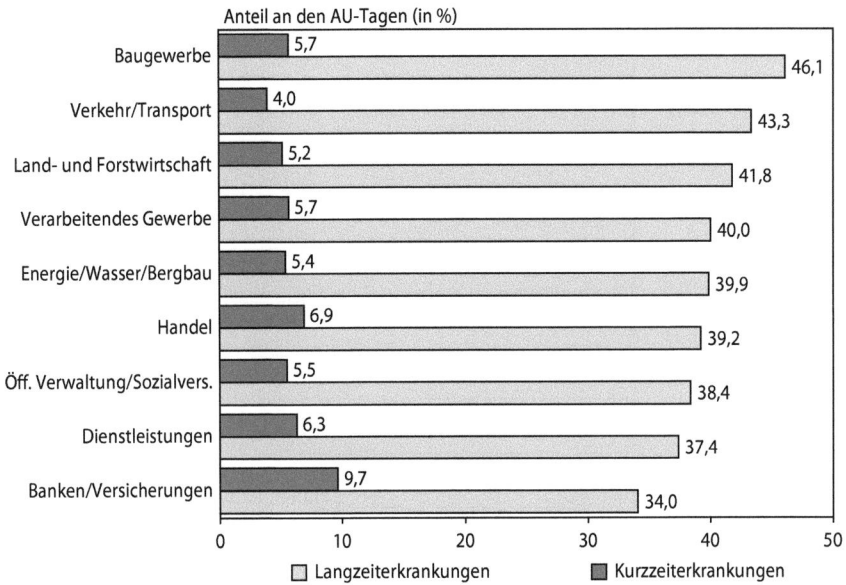

Abb. 16.1.6. Anteil der Kurz- und Langzeiterkrankungen an den Arbeitsunfähigkeitstagen nach Branchen, 2006

zeitfällen ansetzen. Welche Krankheitsarten für die Langzeitfälle verantwortlich sind, wird in Kapitel 16.1.15 dargestellt.

Im Vergleich zum Vorjahr hat sich 2006 der Anteil der Langzeiterkrankungen[10] nur geringfügig verändert. Die AU-Fälle blieben konstant und bei den AU-Tagen war ein Anstieg um 0,8 Prozentpunkte zu verzeichnen.

Am höchsten war der Anteil der Langzeiterkrankungen 2006 ebenso wie in den Vorjahren mit 46,1% im Baugewerbe und am niedrigsten bei Banken und Versicherungen (34,0%). Der Anteil der Kurzzeiterkrankungen schwankte in den einzelnen Wirtschaftszweigen zwischen 9,7% bei Banken und Versicherungen und 4,0% im Bereich Verkehr und Transport (vgl. Abb. 16.1.6).

16.1.5 Krankenstandsentwicklung in den einzelnen Branchen

Im Jahr 2006 wiesen die öffentlichen Verwaltungen – wie bereits in den Vorjahren – mit 5,0% den höchsten Krankenstand, Banken und Ver-

---
[10] Mit einer Dauer von mehr als sechs Wochen.

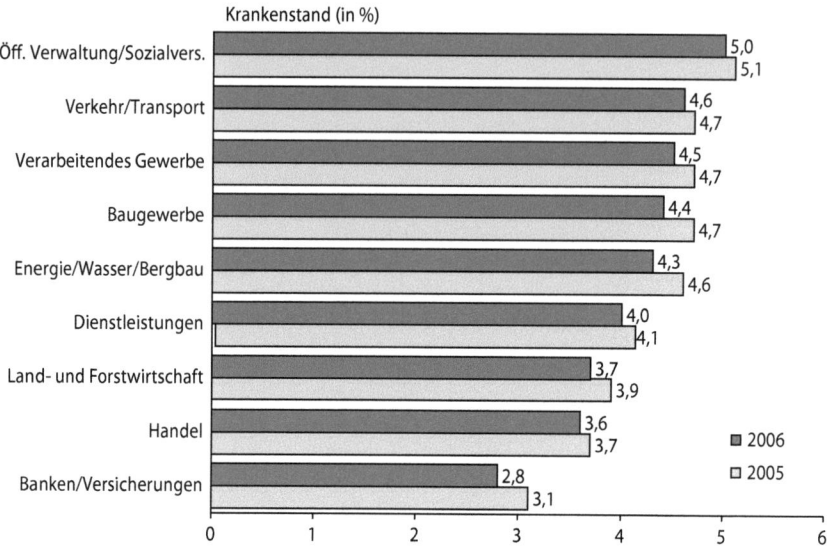

Abb. 16.1.7. Krankenstand nach Branchen, 2006 im Vergleich zum Vorjahr,

sicherungen mit 2,8% den niedrigsten Krankenstand auf (vgl. Abb. 16.1.7). Bei dem hohen Krankenstand in der öffentlichen Verwaltung muss allerdings berücksichtigt werden, dass ein großer Teil der in diesem Sektor beschäftigten AOK-Mitglieder keine Bürotätigkeiten ausübt, sondern in gewerblichen Bereichen mit teilweise sehr hohen Arbeitsbelastungen tätig ist, wie z. B. im Straßenbau, in der Straßenreinigung und Entsorgung, in Gärtnereien etc.. Insofern sind die Daten, die der AOK für diesen Bereich vorliegen, nicht repräsentativ für die gesamte öffentliche Verwaltung. Hinzu kommt, dass die in den öffentlichen Verwaltungen beschäftigten AOK-Mitglieder eine im Vergleich zur freien Wirtschaft ungünstige Altersstruktur aufweisen, die zum Teil für die erhöhten Krankenstände mitverantwortlich ist. Schließlich spielt auch die Tatsache, dass die öffentlichen Verwaltungen ihrer Verpflichtung zur Beschäftigung Schwerbehinderter stärker nachkommen als andere Branchen, eine erhebliche Rolle. Der Anteil erwerbstätiger Schwerbehinderter liegt im öffentlichen Dienst um etwa 50% höher als in anderen Sektoren (6,6% der Beschäftigten in der öffentlichen Verwaltung gegenüber 4,2% in anderen Beschäftigungssektoren). Nach einer Studie der Hans-Böckler-Stiftung ist die gegenüber anderen Beschäftigungsbereichen höhere Zahl von Arbeitsunfähigkeitsfällen im öffentlichen Dienst knapp zur Hälfte allein

Branchenüberblick

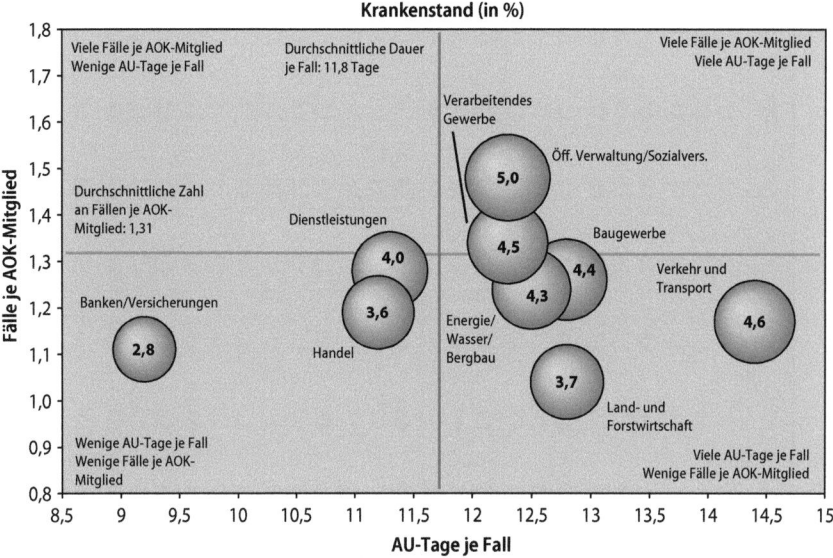

Abb. 16.1.8. Krankenstand nach Branchen: Bestimmungsfaktoren, 2006

auf den erhöhten Anteil an schwerbehinderten Arbeitnehmern zurückzuführen [4].[11]

Im Vergleich zum Vorjahr ging der Krankenstand 2006 in allen Branchen zurück. Die Höhe des Krankenstandes resultiert aus der Zahl der Krankmeldungen und deren Dauer. Bei den öffentlichen Verwaltungen und im verarbeitenden Gewerbe lag sowohl die Zahl der Krankmeldungen als auch die mittlere Dauer der Krankheitsfälle über dem Durchschnitt (vgl. Abb. 16.1.8). Der überdurchschnittlich hohe Krankenstand im Baugewerbe und im Bereich Verkehr/Transport war dagegen ausschließlich auf die lange Dauer (12,8 bzw. 14,4 Tage) der Arbeitsunfähigkeitsfälle zurückzuführen. Auf den hohen Anteil der Langzeitfälle in diesen Branchen wurde bereits in Kapitel 16.1.4 hingewiesen. Die Zahl der Krankmeldungen war dagegen im Baugewerbe und im Bereich Verkehr/Transport geringer als im Branchendurchschnitt (vgl. Tabellen 16.3.2 und 16.12.2).

---

[11] Vgl. dazu den Beitrag von Gerd Marstedt et al. in: Badura B, Litsch M, Vetter C (Hrsg) (2001) Fehlzeiten-Report 2001, Springer, Berlin (u. a.). Weitere Ausführungen zu den Bestimmungsfaktoren des Krankenstandes in der öffentlichen Verwaltung finden sich im Beitrag von Alfred Oppolzer in: Badura B, Litsch M, Vetter C (Hrsg) (2000) Fehlzeiten-Report 1999, Springer, Berlin (u. a.).

Tabelle 16.1.4. Krankenstandsentwicklung 1993–2006 (in %)

Wirtschaftsabschnitte		1993	1994	1995	1996	1997	1998	1999	2000	2001	2002	2003	2004	2005	2006
Banken/ Versicherungen	West	4,2	4,4	3,9	3,5	3,4	3,5	3,6	3,6	3,5	3,5	3,3	3,1	3,1	2,7
	Ost	2,9	3,0	4,0	3,6	3,6	3,6	4,0	4,1	4,1	4,1	3,5	3,2	3,3	3,2
	Bund	3,9	4,0	3,9	3,5	3,4	3,5	3,7	3,6	3,6	3,5	3,3	3,1	3,1	2,8
Baugewerbe	West	6,7	7,0	6,5	6,1	5,8	6,0	6,0	6,1	6,0	5,8	5,4	5,0	4,8	4,6
	Ost	4,8	5,5	5,5	5,3	5,1	5,2	5,5	5,4	5,5	5,2	4,6	4,1	4,0	3,8
	Bund	6,2	6,5	6,2	5,9	5,6	5,8	5,9	5,9	5,9	5,7	5,3	4,8	4,7	4,4
Dienstleistungen	West	5,6	5,7	5,2	4,8	4,6	4,7	4,9	4,9	4,9	4,8	4,6	4,2	4,1	4,0
	Ost	5,4	6,1	6,0	5,6	5,3	5,2	5,6	5,5	5,4	5,2	4,7	4,2	4,0	3,8
	Bund	5,5	5,8	5,3	4,9	4,7	4,8	5,0	5,0	4,9	4,8	4,6	4,2	4,1	4,0
Energie/Wasser/ Bergbau	West	6,4	6,4	6,2	5,7	5,5	5,7	5,9	5,8	5,7	5,5	5,2	4,9	4,8	4,4
	Ost	4,8	5,2	5,0	4,1	4,2	4,0	4,4	4,4	4,4	4,5	4,1	3,7	3,7	3,6
	Bund	5,8	6,0	5,8	5,3	5,2	5,3	5,6	5,5	5,4	5,3	5,0	4,6	4,6	4,3
Handel	West	5,6	5,6	5,2	4,6	4,5	4,6	4,6	4,6	4,6	4,5	4,2	3,9	3,8	3,7
	Ost	4,2	4,6	4,4	4,0	3,8	3,9	4,2	4,2	4,2	4,1	3,7	3,4	3,3	3,3
	Bund	5,4	5,5	5,1	4,5	4,4	4,5	4,5	4,6	4,5	4,5	4,2	3,8	3,7	3,6
Land- und Forstwirtschaft	West	5,6	5,7	5,4	4,6	4,6	4,8	4,6	4,6	4,6	4,5	4,2	3,8	3,5	3,3
	Ost	4,7	5,5	5,7	5,5	5,0	4,9	6,0	5,5	5,4	5,2	4,9	4,3	4,3	4,1
	Bund	5,0	5,6	5,6	5,1	4,8	4,8	5,3	5,0	5,0	4,8	4,5	4,0	3,9	3,7
Öffentl. Verwaltung/ Sozialversicherung	West	7,1	7,3	6,9	6,4	6,2	6,3	6,6	6,4	6,1	6,0	5,7	5,3	5,3	5,1
	Ost	5,1	5,9	6,3	6,0	5,8	5,7	6,2	5,9	5,9	5,7	5,3	5,0	4,5	4,7
	Bund	6,6	6,9	6,8	6,3	6,1	6,2	6,5	6,3	6,1	5,9	5,6	5,2	5,1	5,0
Verarbeitendes Gewerbe	West	6,2	6,3	6,0	5,4	5,2	5,3	5,6	5,6	5,6	5,5	5,2	4,8	4,8	4,6
	Ost	5,0	5,4	5,3	4,8	4,5	4,6	5,2	5,1	5,2	5,1	4,7	4,3	4,2	4,1
	Bund	6,1	6,2	5,9	5,3	5,1	5,2	5,6	5,6	5,5	5,5	5,1	4,7	4,7	4,5
Verkehr/Transport	West	6,6	6,8	4,7	5,7	5,3	5,4	5,6	5,6	5,6	5,6	5,3	4,9	4,8	4,7
	Ost	4,4	4,8	4,7	4,6	4,4	4,5	4,8	4,8	4,9	4,9	4,5	4,2	4,2	4,1
	Bund	6,2	6,4	5,9	5,5	5,2	5,3	5,5	5,5	5,5	5,5	5,2	4,8	4,7	4,6

Ebenso wie in den Vorjahren war der Krankenstand auch im Jahr 2006 in den meisten Wirtschaftszweigen in Ostdeutschland niedriger als in Westdeutschland. Im Bereich Energie, Wasser, Bergbau sowie im Baugewerbe lag er 0,8 Prozentpunkte unter dem westdeutschen Niveau. In der Land- und Forstwirtschaft (0,8 Prozentpunkte) sowie bei den Banken und Versicherungen (0,5 Prozentpunkte) waren jedoch in den neuen Bundesländern höhere Werte festzustellen.

Tabelle 16.1.4 zeigt die Krankenstandsentwicklung in den einzelnen Branchen in den Jahren 1993 bis 2006, differenziert nach West- und Ostdeutschland. Im Vergleich zum Vorjahr ging der Krankenstand im Jahr 2006 in West- und Ostdeutschland in fast allen Branchen zurück oder blieb stabil.

Einfluss der Alters- und Geschlechtsstruktur

Die Höhe des Krankenstandes hängt entscheidend vom Alter der Beschäftigten ab. Die krankheitsbedingten Fehlzeiten nehmen mit steigendem Alter deutlich zu. Die Höhe des Krankenstandes variiert auch in Abhängigkeit vom Geschlecht (Abb. 16.1.9).

Zwar geht die Zahl der Krankmeldungen mit zunehmendem Alter zurück, die durchschnittliche Dauer der Arbeitsunfähigkeitsfälle steigt

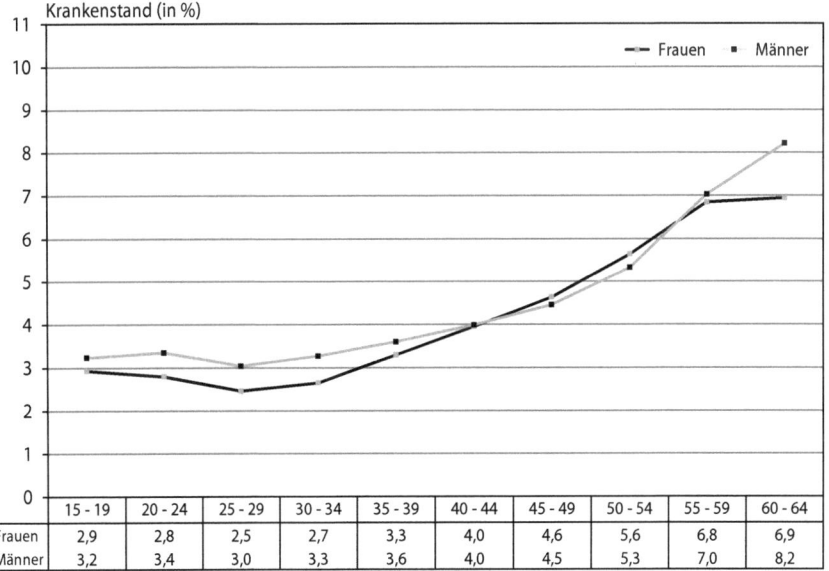

Abb. 16.1.9. Krankenstand 2006 nach Alter und Geschlecht, AOK-Mitglieder

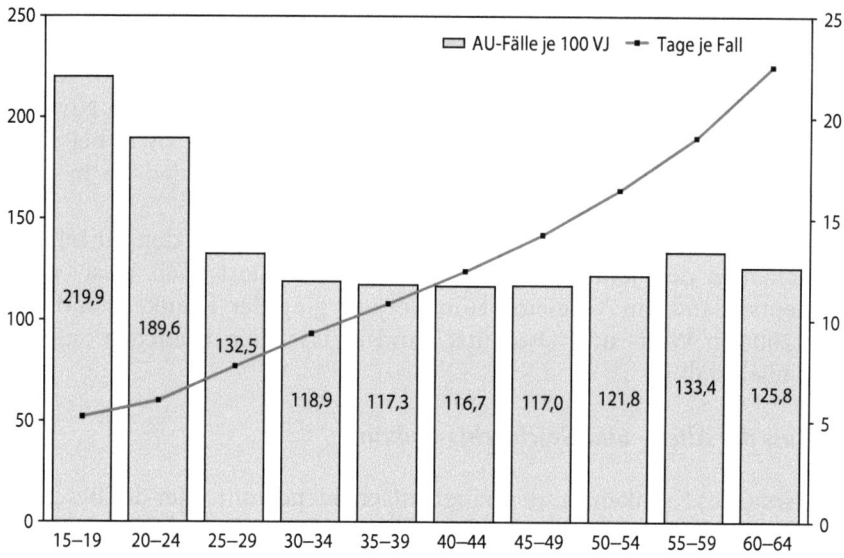

Abb. 16.1.10. Arbeitsunfähigkeitsfälle nach Altersgruppen: Fallhäufigkeit und Falldauer, AOK-Mitglieder, 2006

jedoch kontinuierlich an (Abb. 16.1.10). Ältere Mitarbeiter sind also seltener krank als ihre jüngeren Kollegen, fallen aber, wenn sie erkranken, in der Regel wesentlich länger aus. Der starke Anstieg der Falldauer hat zur Folge, dass der Krankenstand trotz der Abnahme der Krankmeldungen mit zunehmendem Alter deutlich ansteigt. Hinzu kommt, dass ältere Arbeitnehmer im Unterschied zu ihren jüngeren Kollegen häufiger von mehreren Erkrankungen gleichzeitig betroffen sind (Multimorbidität). Auch dies kann längere Ausfallzeiten mit sich bringen.

Da die Krankenstände in Abhängigkeit von Alter und Geschlecht sehr stark variieren, ist es sinnvoll, beim Vergleich der Krankenstände unterschiedlicher Branchen oder Regionen die Alters- und Geschlechtsstruktur zu berücksichtigen. Mit Hilfe von Standardisierungsverfahren lässt sich errechnen, wie der Krankenstand in den unterschiedlichen Bereichen ausfiele, wenn man eine durchschnittliche Alters- und Geschlechtsstruktur zugrunde legen würde. Abbildung 16.1.11 zeigt die standardisierten

Branchenüberblick

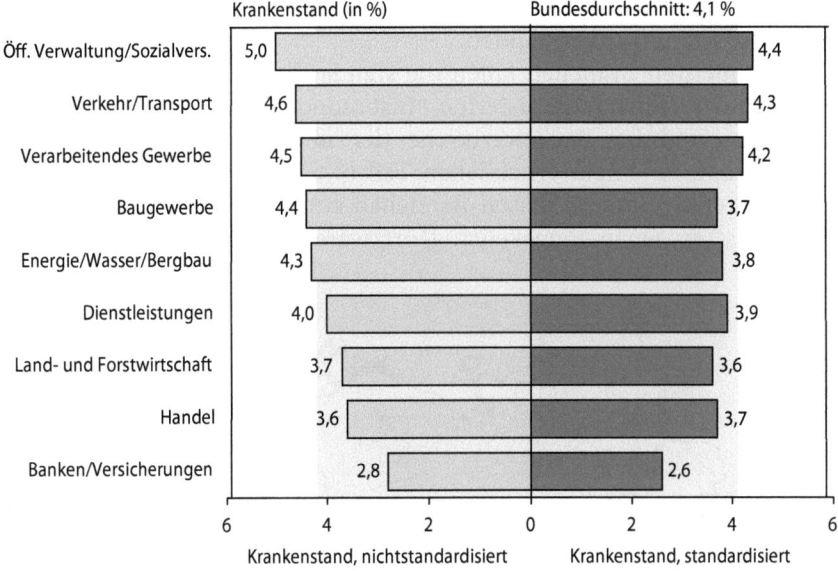

Abb. 16.1.11. Krankenstand nach Branchen, alters- und geschlechtsstandardisiert, 2006

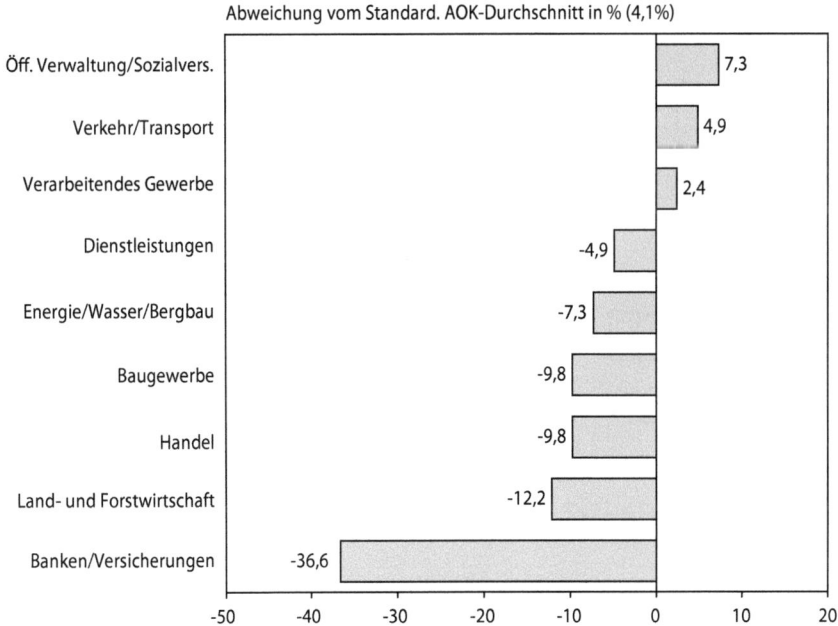

Abb. 16.1.12. Krankenstand nach Branchen, 2006, Abweichungen der alters- und geschlechtsstandardisierten Krankenstände vom Bundesdurchschnitt

Werte für die einzelnen Wirtschaftszweige im Vergleich zu den nicht standardisierten Krankenständen.[12]

In den meisten Branchen fallen die standardisierten Werte niedriger aus als die nicht standardisierten. Insbesondere in der öffentlichen Verwaltung und im Baugewerbe ist der überdurchschnittlich hohe Krankenstand zu einem erheblichen Teil (0,6 bzw. 0,7 Prozentpunkte) auf die Altersstruktur in diesen Bereichen zurückzuführen. Im Handel dagegen ist es genau umgekehrt. Dort wären bei einer durchschnitt-

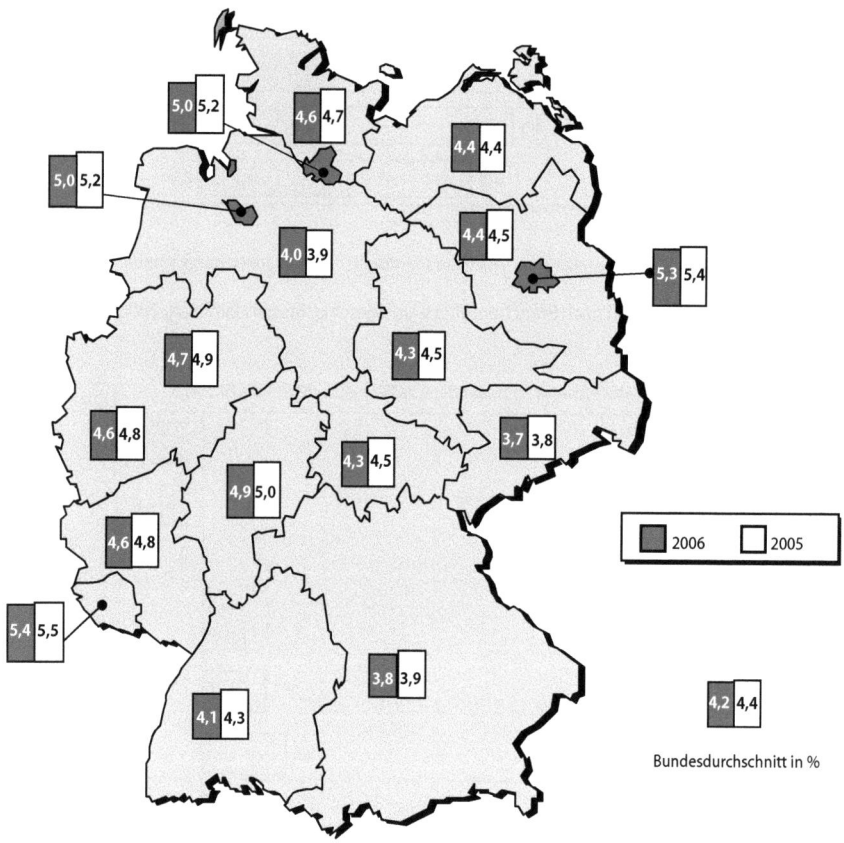

Abb. 16.1.13. Krankenstand nach Landes-AOK's im Vergleich zum Vorjahr

---

[12] Berechnet nach der Methode der direkten Standardisierung. Zugrunde gelegt wurde die Alters- und Geschlechtsstruktur der erwerbstätigen Mitglieder der gesetzlichen Krankenversicherung insgesamt im Jahr 2000 (Mitglieder mit Krankengeldanspruch). Quelle: VDR-Statistik.

lichen Altersstruktur etwas höhere Krankenstände zu erwarten (0,1 Prozentpunkte).

Abbildung 16.1.12 zeigt die Abweichungen der standardisierten Krankenstände vom Bundesdurchschnitt. In der öffentlichen Verwaltung, im Bereich Verkehr/Transport und dem verarbeitenden Gewerbe liegen die standardisierten Werte über dem Durchschnitt. Die günstigsten Werte sind bei den Banken und Versicherungen zu verzeichnen. In diesem Bereich ist der standardisierte Krankenstand 36,6% niedriger als im Bundesdurchschnitt. Dies ist in erster Linie auf den hohen Angestelltenanteil in dieser Branche zurückzuführen (vgl. Kap. 16.1.9).

16.1.6 Fehlzeiten nach Bundesländern

Der Krankenstand in West- und Ostdeutschland unterschied sich wie in den Vorjahren im Jahr 2006 nur geringfügig (West: 4,3%; Ost: 4,0%) (vgl. Tabelle 16.1.3). Zwischen den einzelnen Bundesländern gab es jedoch erhebliche Unterschiede im Krankenstand (Abb. 16.1.13). Die höchsten Krankenstände waren 2006 in den Stadtstaaten Berlin (5,3%), Bremen (5,0%) und Hamburg (5,0%) sowie im Saarland (5,4%) zu verzeichnen. Die niedrigsten Krankenstände wiesen die Bundesländer Sachsen (3,7%), Bayern (3,8%) und Niedersachsen (4,0%) auf.

Die hohen Krankenstände in den Stadtstaaten kommen auf unterschiedliche Weise zustande. In Berlin, Bremen und Hamburg lag sowohl

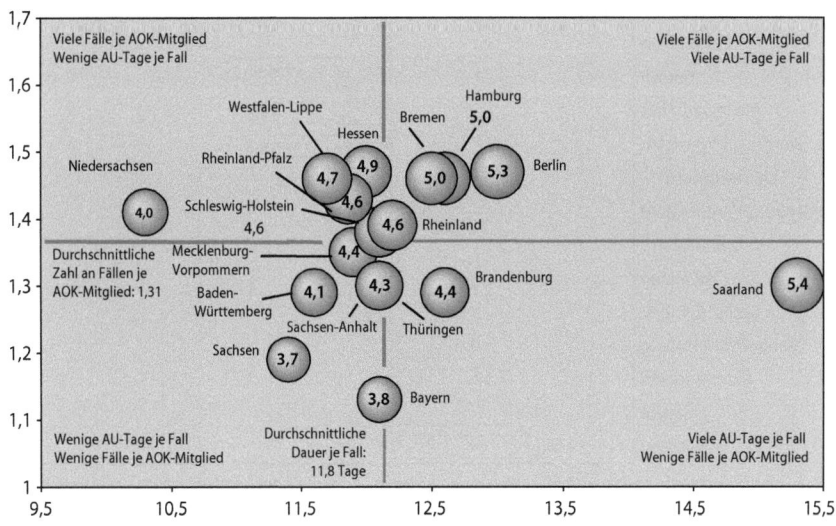

Abb. 16.1.14. Krankenstand nach Landes-AOK's: Bestimmungsfaktoren, 2006

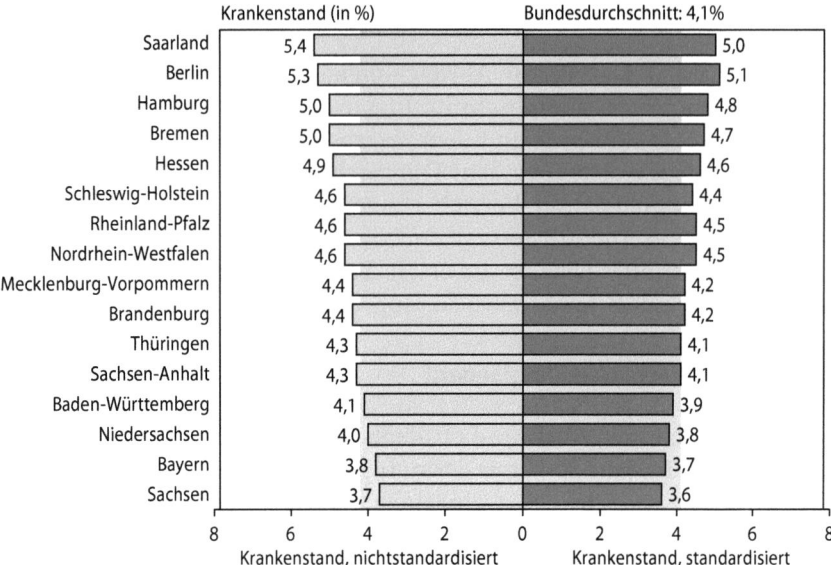

Abb. 16.1.15. Krankenstand nach Bundesländern, alters- und geschlechtsstandardisiert, 2006

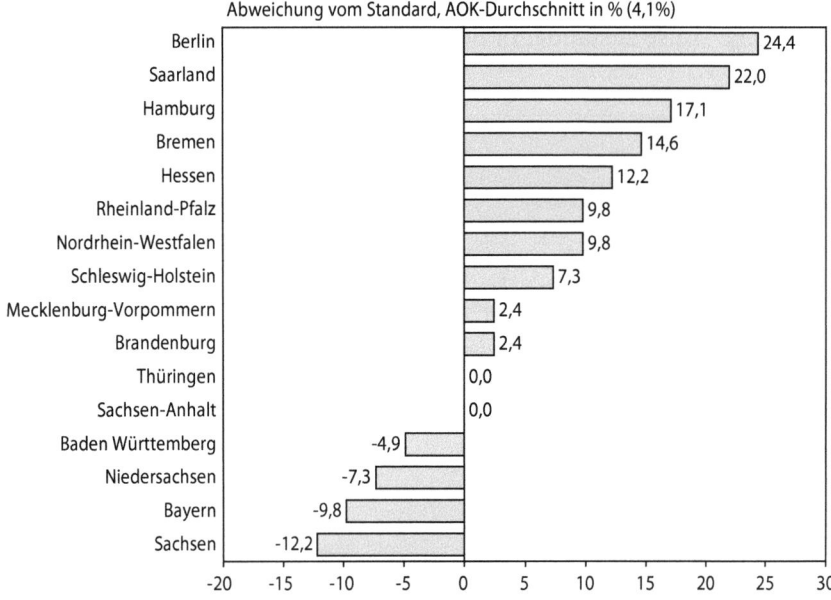

Abb. 16.1.16. Krankenstand nach Bundesländern, 2006, Abweichungen der alters- und geschlechts-

Tabelle 16.1.5. Krankenstandskennzahlen 2006 im Vergleich zum Vorjahr

	Arbeitsunfähigkeiten je 100 AOK-Mitglieder				Tage je Fall	Veränd. z. Vorj. (in %)
	Fälle	Veränd. z. Vorj. (in %)	Tage	Veränd. z. Vorj. (in %)		
Baden Württemberg	128,5	-5,0	1484,7	-5,7	11,6	0,0
Bayern	113,4	-3,1	1373,1	-4,3	12,1	-1,6
Berlin	147,5	-1,7	1922,1	-2,7	13,0	-1,5
Brandenburg	128,8	-3,4	1620,9	-2,1	12,6	1,6
Bremen	145,9	-4,6	1838,4	-3,3	12,6	1,6
Hamburg	146,4	-3,2	1836,4	-3,5	12,5	-0,8
Hessen	147,5	-3,0	1774,7	-3,2	12,0	-0,8
Mecklenburg-Vorpommern	135,3	-3,1	1609,4	-0,7	11,9	2,6
Niedersachsen	140,8	-1,4	1451,8	2,0	10,3	3,0
Rheinland	137,9	-4,4	1664,8	-4,0	12,1	0,8
Rheinland-Pfalz	143,5	-3,7	1697,1	-3,8	11,8	0,0
Saarland	129,9	-2,8	1983,5	-1,0	15,3	2,0
Sachsen	118,6	-2,3	1349,1	-3,0	11,4	-0,9
Sachsen-Anhalt	129,8	-3,2	1571,7	-3,3	12,1	0,0
Schleswig-Holstein	138,6	-0,5	1691,9	-0,3	12,2	0,0
Thüringen	129,5	-3,9	1571,1	-4,2	12,1	-0,8
Westfalen-Lippe	146,2	-3,4	1706,5	-4,4	11,7	-0,8
Bund	131,0	-3,4	1542,9	-3,6	11,8	0,0

die Zahl der Arbeitsunfähigkeitsfälle als auch deren durchschnittliche Dauer über dem Bundesdurchschnitt (Abb. 16.1.14). Im Saarland ist der hohe Krankenstand dagegen ausschließlich auf die lange Dauer der Arbeitsunfähigkeitsfälle zurückzuführen. Die Zahl der Arbeitsunfähigkeitsfälle war dort geringer als im Bundesdurchschnitt.

Inwieweit sind die regionalen Unterschiede im Krankenstand auf unterschiedliche Alters- und Geschlechtsstrukturen zurückzuführen? Abbildung 16.1.15 zeigt die nach Alter und Geschlecht standardisierten Werte für die einzelnen Bundesländer im Vergleich zu den nicht standardisierten Krankenständen.[13] Durch die Berücksichtigung der Alters-

---

[13] Berechnet nach der Methode der direkten Standardisierung. Zugrunde gelegt wurde die Alters- und Geschlechtsstruktur der erwerbstätigen Mitglieder der gesetzlichen Krankenversicherung insgesamt (Mitglieder mit Krankengeldanspruch). Quelle: VDR-Statistik.

und Geschlechtsstruktur relativieren sich die beschriebenen regionalen Unterschiede im Krankenstand nur geringfügig. Die oben beschriebene Verteilungsstruktur bleibt im wesentlichen erhalten. Bei den Stadtstaaten Berlin, Hamburg und Bremen fallen die standardisierten Werte lediglich um 0,2 bzw. 0,3 Prozentpunkte niedriger aus als die Rohwerte. Sachsen, Bayern und Niedersachsen erzielen auch nach der Standardisierung die günstigsten Werte.

Abbildung 16.1.16 zeigt die Abweichungen der standardisierten Krankenstände vom Bundesdurchschnitt. Die höchsten Werte weisen Berlin und das Saarland auf. Dort liegen die standardisierten Werte 24,4% bzw. 22,0% über dem Durchschnitt. Die günstigsten Werte sind in Sachsen, Bayern und Niedersachsen zu verzeichnen. In diesen Bundesländern ist der standardisierte Krankenstand deutlich niedriger als im Bundesdurchschnitt.

Im Vergleich zum Vorjahr hat im Jahr 2006 sowohl die Zahl der Arbeitsunfähigkeitsfälle als auch die Zahl der Arbeitsunfähigkeitstage in allen Bundesländern außer Niedersachsen weiter abgenommen (s. Tabelle 16.1.5). Bei den Krankmeldungen waren die stärksten Rückgänge in Baden-Württemberg (-5,0%), Bremen (-4,6%) und im Rheinland (-4,4 %) zu verzeichnen. Die Arbeitsunfähigkeitstage gingen am stärksten in Baden-Württemberg (-5,7%), Westfalen-Lippe (-4,4%) und Bayern (-4,3%) zurück. Hingegen stiegen die Arbeitsunfähigkeitstage in Niedersachsen um zwei Prozentpunkte.

16.1.7 Fehlzeiten nach Betriebsgröße

Mit zunehmender Betriebsgröße steigt die Anzahl der krankheitsbedingten Fehltage. Während die Mitarbeiter von Betrieben mit 10–99 AOK-Mitgliedern im Jahr 2006 durchschnittlich 16,2 Tage fehlten, fielen in Betrieben mit 500–999 AOK-Mitgliedern pro Mitarbeiter 18,7 Fehltage an (vgl. Abb. 16.1.17).[14] In größeren Betrieben mit 1000 und mehr AOK-Mitgliedern nimmt dann allerdings die Zahl der Arbeitsunfähigkeitstage wieder deutlich ab. Dort waren 2006 nur 17,6 Fehltage je Mitarbeiter zu verzeichnen.

Eine Untersuchung des Instituts der Deutschen Wirtschaft kam zu einem ähnlichen Ergebnis [7]. Mit Hilfe einer Regressionsanalyse konnte darüber hinaus nachgewiesen werden, dass der positive Zusammenhang zwischen Fehlzeiten und Betriebsgröße nicht auf andere Einflussfaktoren

---

[14] Als Maß für die Betriebsgröße wird hier die Anzahl der AOK-Mitglieder in den Betrieben zugrunde gelegt, die allerdings in der Regel nur einen Teil der gesamten Belegschaft ausmachen.

Branchenüberblick

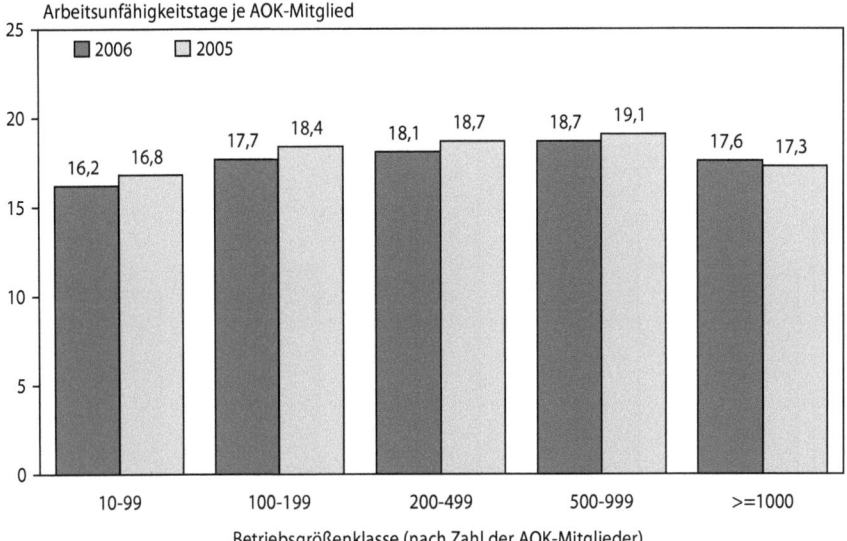

Abb. 16.1.17. Arbeitsunfähigkeitstage nach Betriebsgröße, 2006 im Vergleich zum Vorjahr

wie zum Beispiel die Beschäftigtenstruktur oder Schichtarbeit zurückzuführen ist, sondern unabhängig davon gilt.

Im Vergleich zum Vorjahr nahm die Zahl der Arbeitsunfähigkeitstage im Jahr 2006 lediglich bei Betrieben mit 1000 und mehr AOK-Mitgliedern zu (0,3 Prozentpunkte). Bei allen übrigen Betriebsgrößen war sie rückläufig.

16.1.8 Fehlzeiten nach Stellung im Beruf

Die krankheitsbedingten Fehlzeiten variieren erheblich in Abhängigkeit von der beruflichen Stellung (vgl. Abb. 16.1.18). Die höchsten Fehlzeiten weisen Arbeiter auf (18,9 Tage je AOK-Mitglied), die niedrigsten Angestellte (11,4 Tage). Facharbeiter (16,3 Tage), Meister, Poliere (12,7 Tage) und Auszubildende (12,2 Tage) liegen hinsichtlich der Fehltage im Mittelfeld. Diese Rangfolge findet sich fast durchgängig in allen Branchen wieder.

Im Vergleich zum Vorjahr nahm im Jahr 2006, abgesehen von den Angestellten, bei denen die Zahl konstant blieb, die Zahl der Arbeitsunfähigkeitstage bei allen Statusgruppen weiter ab.

Worauf sind die erheblichen Unterschiede in der Höhe des Krankenstandes in Abhängigkeit von der beruflichen Stellung zurückzuführen?

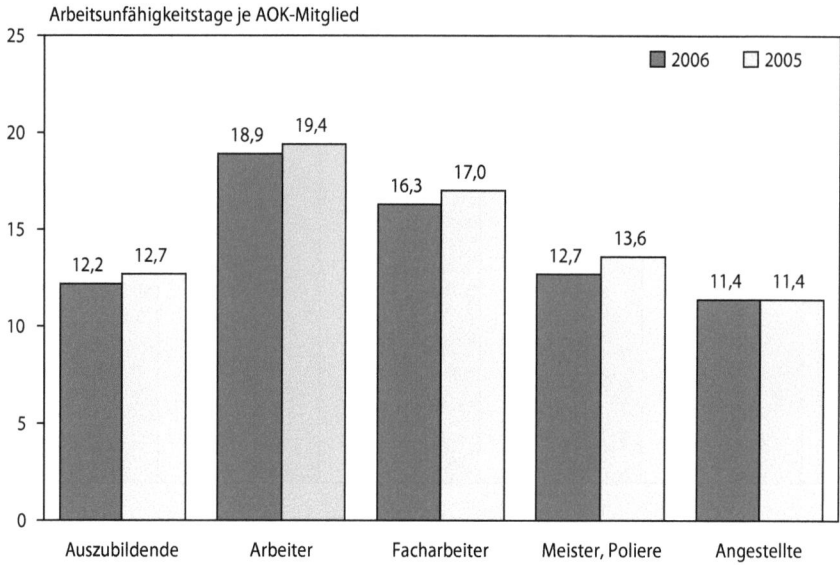

Abb. 16.1.18. Arbeitsunfähigkeitstage nach Stellung im Beruf, 2006 im Vergleich zum Vorjahr

Zunächst muss berücksichtigt werden, dass Angestellte häufiger als Arbeiter bei Kurzerkrankungen von ein bis drei Tagen keine Arbeitsunfähigkeitsbescheinigung vorlegen müssen. Dies hat zur Folge, dass bei Angestellten die Kurzzeiterkrankungen in geringerem Maße von den Krankenkassen erfasst werden als bei Arbeitern. Dann ist zu bedenken, dass gleiche Krankheitsbilder je nach Art der beruflichen Anforderungen durchaus in einem Fall zur Arbeitsunfähigkeit führen können, im anderen Fall aber nicht. Bei schweren körperlichen Tätigkeiten, die im Bereich der industriellen Produktion immer noch eine große Rolle spielen, haben Erkrankungen viel eher Arbeitsunfähigkeit zur Folge als etwa bei Bürotätigkeiten. Hinzu kommt, dass sich die Tätigkeiten von gering qualifizierten Arbeitnehmern im Vergleich zu höher qualifizierten Beschäftigten in der Regel durch ein größeres Maß an physiologisch-ergonomischen Belastungen, eine höhere Unfallgefährdung und damit durch erhöhte Gesundheitsrisiken auszeichnen. Eine nicht unerhebliche Rolle dürfte schließlich auch die Tatsache spielen, dass in höheren Positionen das Ausmaß an Verantwortung, aber gleichzeitig auch der Handlungsspielraum und die Gestaltungsmöglichkeiten zunehmen. Dies führt zu größerer Motivation und stärkerer Identifikation mit der beruflichen Tätigkeit. Aufgrund dieser Tatsache ist in der Regel der Anteil motivationsbedingter Fehlzeiten bei höherem beruflichen Status geringer.

Branchenüberblick

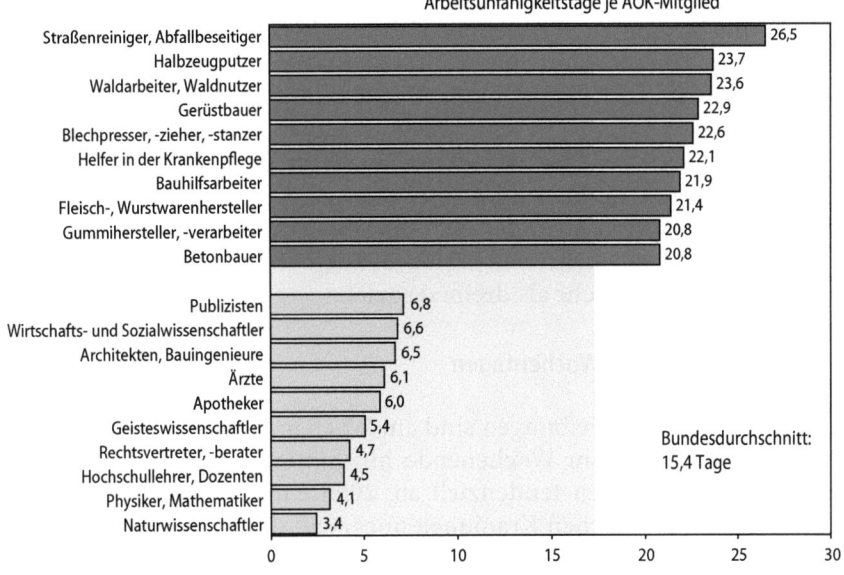

Abb. 16.1.19. 10 Berufsgruppen mit hohen und niedrigen Fehlzeiten, 2006

Nicht zuletzt muss berücksichtigt werden, dass sich das niedrigere Einkommensniveau bei Arbeitern ungünstig auf die außerberuflichen Lebensverhältnisse wie z. B. die Wohnsituation, die Ernährung und die Erholungsmöglichkeiten auswirkt. Untersuchungen haben auch gezeigt, dass bei einkommensschwachen Gruppen verhaltensbedingte gesundheitliche Risikofaktoren wie Rauchen, Bewegungsarmut und Übergewicht stärker ausgeprägt sind als bei Gruppen mit höheren Einkommen [5].

16.1.9 Fehlzeiten nach Berufsgruppen

Auch bei den einzelnen Berufsgruppen gibt es große Unterschiede hinsichtlich der krankheitsbedingten Fehlzeiten (s. Abb. 16.1.19). Die Art der ausgeübten Tätigkeit hat erheblichen Einfluss auf das Ausmaß der Fehlzeiten. Die meisten Arbeitsunfähigkeitstage weisen Berufsgruppen aus dem gewerblichen Bereich auf, wie beispielsweise Straßenreiniger, Halbzeugputzer und Waldarbeiter. Dabei handelt es sich häufig um Berufe mit hohen körperlichen Arbeitsbelastungen und überdurchschnittlich vielen Arbeitsunfällen (vgl. Kap. 16.1.11). Einige der Berufsgruppen mit hohen Krankenständen sind auch in besonders hohem Maße psychischen Arbeitsbelastungen ausgesetzt, wie beispielsweise Helfer in der Krankenpflege. Die niedrigsten Krankenstände sind bei akademischen

Berufsgruppen wie z. B. Naturwissenschaftlern, Hochschullehrern, Apothekern und Ärzten zu verzeichnen. Während Naturwissenschaftler im Jahr 2006 im Durchschnitt nur 3,4 Tage krank geschrieben waren, waren es bei den Straßenreinigern und Abfallbeseitigern 26,5 Tage, also fast achtmal so viel.

Auch der Anteil der Beschäftigten, die von Arbeitsunfähigkeit betroffen sind, differiert in den einzelnen Berufsgruppen erheblich. Bei den Naturwissenschaftlern meldeten sich im Jahr 2006 nur 22,9% der AOK-Mitglieder ein- oder mehrmals krank. Bei den Straßenwarten waren es dagegen 71,4%, also mehr als dreimal soviel.

16.1.10 Fehlzeiten nach Wochentagen

Die meisten Krankschreibungen sind am Wochenanfang zu verzeichnen (vgl. Abb. 16.1.20). Zum Wochenende hin nimmt die Zahl der Arbeitsunfähigkeitsmeldungen tendenziell ab. 2006 entfiel knapp ein Drittel (32,3%) der wöchentlichen Krankmeldungen auf den Montag.

Bei der Bewertung der gehäuften Krankmeldungen am Montag muss allerdings berücksichtigt werden, dass der Arzt am Wochenende in der Regel nur in Notfällen aufgesucht wird, da die meisten Praxen geschlossen sind. Deshalb erfolgt die Krankschreibung für Erkrankungen, die am

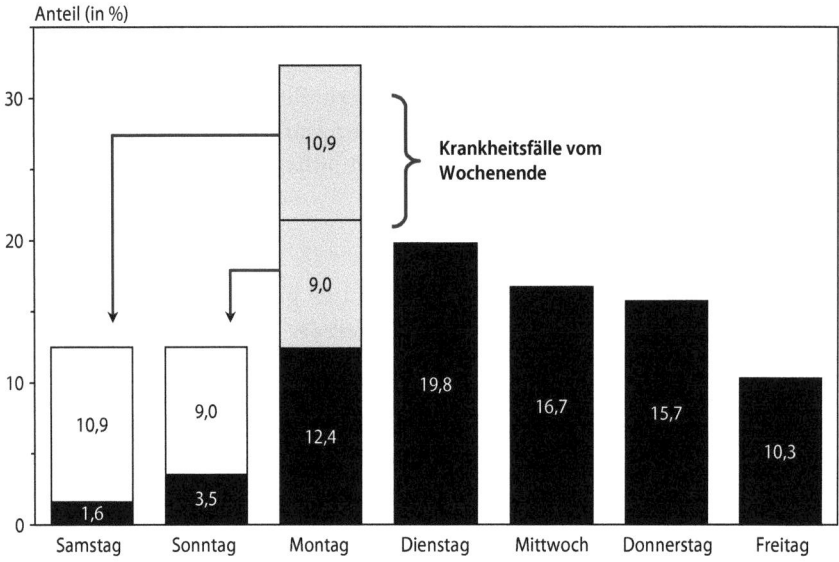

Abb. 16.1.20. Arbeitsunfähigkeitsfälle nach AU-Beginn, 2006

Wochenende bereits begannen, in den meisten Fällen erst am Wochenanfang. Insofern sind in den Krankmeldungen vom Montag auch die Krankheitsfälle vom Wochenende mitenthalten. Die Verteilung der Krankmeldungen auf die Wochentage ist also in erster Linie durch die ärztlichen Sprechstundenzeiten bedingt [2]. Dies wird häufig in der Diskussion um den "blauen Montag" nicht bedacht.

Geht man davon aus, dass die Wahrscheinlichkeit zu erkranken an allen Wochentagen gleich hoch ist und verteilt die Arbeitsunfähigkeitsmeldungen vom Samstag, Sonntag und Montag gleichmäßig auf diese drei Tage, beginnen am Montag – "wochenendbereinigt" – nur noch 12,4% der Krankheitsfälle. Danach ist der Montag nach dem Freitag (10,3%) der Wochentag mit der geringsten Zahl an Krankmeldungen.

Das Ende der Arbeitswoche wird von der Mehrheit der Ärzte als Ende der Krankschreibung bevorzugt (vgl. Abb. 16.1.21). 2006 endeten 44,8% der Arbeitsunfähigkeitsfälle am Freitag. Nach dem Freitag ist der Mittwoch der Wochentag, an dem die meisten Krankmeldungen (13,6%) abgeschlossen sind.

Da meist bis Freitag krankgeschrieben wird, nimmt der Krankenstand gegen Ende der Woche hin zu (vgl. Abb. 16.1.21). Daraus abzuleiten, dass am Freitag besonders gerne "krank gefeiert" wird, um das Wochenende auf Kosten des Arbeitgebers zu verlängern, erscheint wenig plausibel,

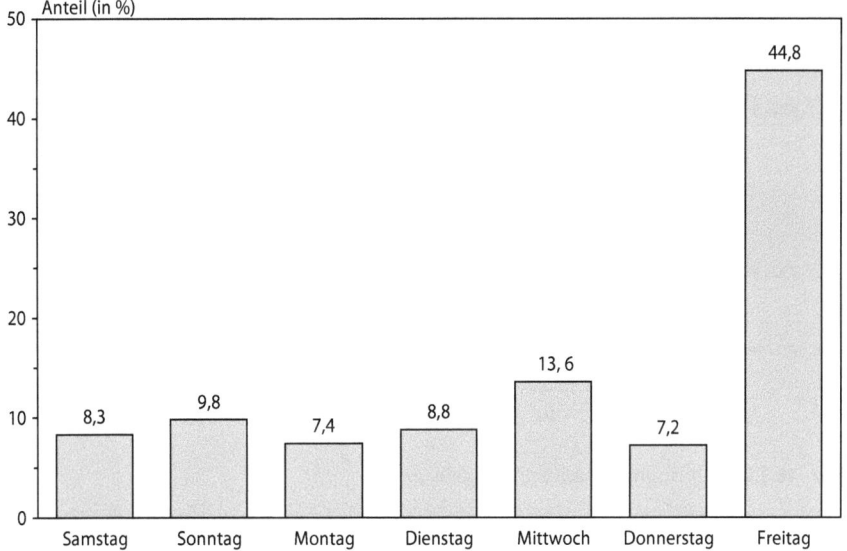

Abb. 16.1.21. Arbeitsunfähigkeitsfälle nach AU-Ende, 2006

insbesondere wenn man bedenkt, dass der Freitag der Werktag mit den wenigsten Krankmeldungen ist.

16.1.11 Arbeitsunfälle

Im Jahr 2006 waren 4,9% der Arbeitsunfähigkeitsfälle auf Arbeitsunfälle zurückzuführen. Diese waren für 6,1% der Arbeitsunfähigkeitstage verantwortlich. Bezogen auf 1000 AOK-Mitglieder waren 65 Arbeitsunfälle mit einem Arbeitsunfähigkeitsvolumen von 953 Tagen zu verzeichnen. Die durchschnittliche Falldauer eines Arbeitsunfalls betrug 14,8 Tage. Im Vergleich zum Vorjahr blieb die Zahl der Arbeitsunfälle konstant und die darauf zurückgehenden Fehlzeiten stiegen leicht an (2005: 65 Fälle und 946 Tage je 1000 AOK-Mitglieder).

In kleineren Betrieben kommt es wesentlich häufiger zu Arbeitsunfällen als in größeren Betrieben (vgl. Abb. 16.1.22).[15] Die Unfallquote in Betrieben mit 10–49 AOK-Mitgliedern war im Jahr 2006 1,7-mal so hoch wie in Betrieben mit 1000 und mehr AOK-Mitgliedern. Auch die durchschnittliche Dauer einer unfallbedingten Arbeitsunfähigkeit ist in kleineren Betrieben höher als in größeren Betrieben, was darauf hindeutet, dass

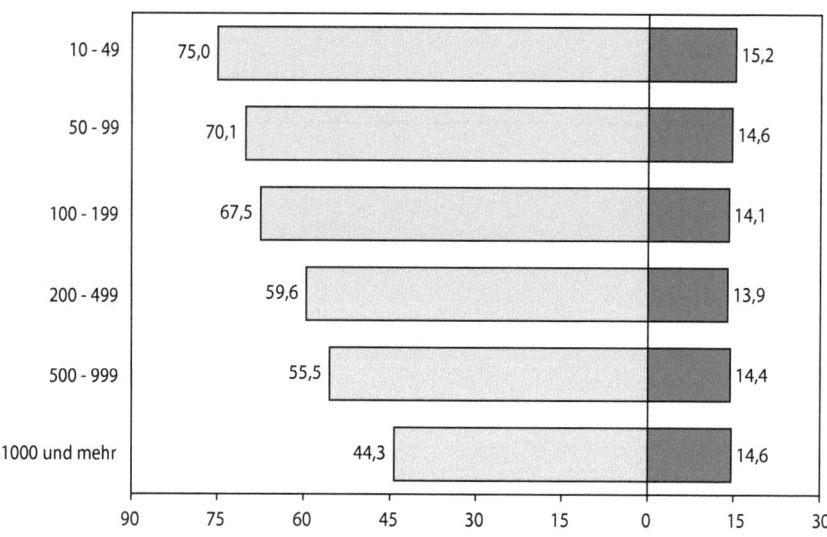

Abb. 16.1.22. Arbeitsunfälle nach Betriebsgröße, 2006

---

[15] Als Maß für die Betriebsgröße wird hier die Anzahl der AOK-Mitglieder in den Betrieben zugrunde gelegt, die allerdings in der Regel nur einen Teil der gesamten Belegschaft ausmachen (vgl. Kap. 16.1.7).

Branchenüberblick

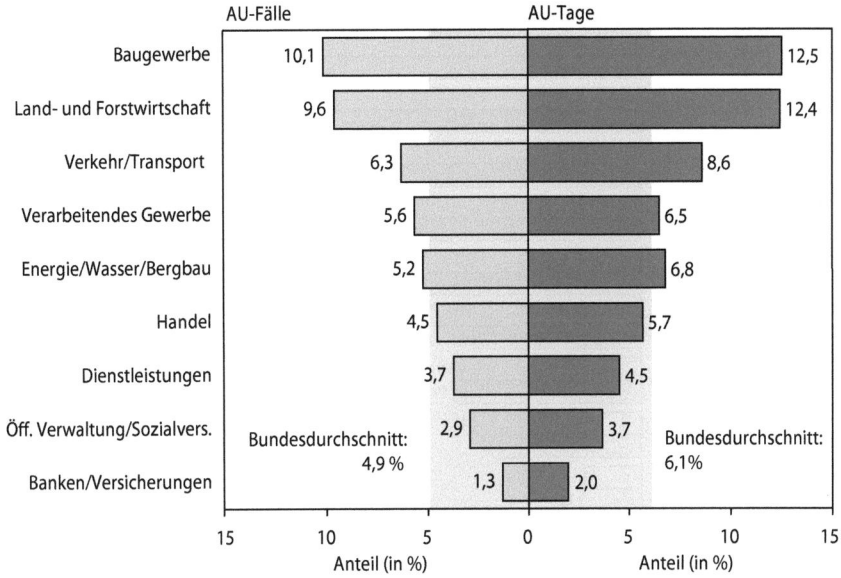

Abb. 16.1.23. Arbeitsunfälle nach Branchen 2006

dort häufiger schwere Unfälle passieren. Während ein Arbeitsunfall in einem Betrieb mit 10–49 AOK-Mitgliedern durchschnittlich 15,2 Tage dauerte, waren es in Betrieben mit 200–499 AOK-Mitgliedern lediglich 13,9 Tage.

In den einzelnen Wirtschaftszweigen variiert die Zahl der Arbeitsunfälle erheblich, die meisten sind im Baugewerbe zu verzeichnen (vgl. Abb. 16.1.23). Dort war der Anteil der Arbeitsunfälle an den Arbeitsunfähigkeitsfällen im Jahr 2006 mehr als siebenmal so hoch wie im Bereich Banken und Versicherungen. 10,1% der AU-Fälle und 12,5% der AU-Tage gingen auf Arbeitsunfälle zurück. Im Baugewerbe wäre der Krankenstand (4,4%) ohne die arbeitsbedingten Unfälle um 0,6 Prozentpunkte niedriger. Neben dem Baugewerbe waren auch in der Land- und Forstwirtschaft (9,6% der Fälle), im Bereich Verkehr und Transport (6,3% der Fälle), im verarbeitenden Gewerbe (5,6% der Fälle) sowie im Bereich Energie, Wasser und Bergbau (5,2% der Fälle) überdurchschnittlich viele Arbeitsunfälle zu verzeichnen. Den geringsten Anteil an Arbeitsunfällen verzeichneten die Banken und Versicherungen mit 1,3% der Fälle und die öffentliche Verwaltung mit 2,9% der Fälle.

In Ostdeutschland ist zwar die Zahl der Arbeitsunfälle etwas geringer als in Westdeutschland (Ost: 64 Fälle je 1000 AOK-Mitglieder; West:

Krankheitsbedingte Fehlzeiten in der deutschen Wirtschaft im Jahr 2006

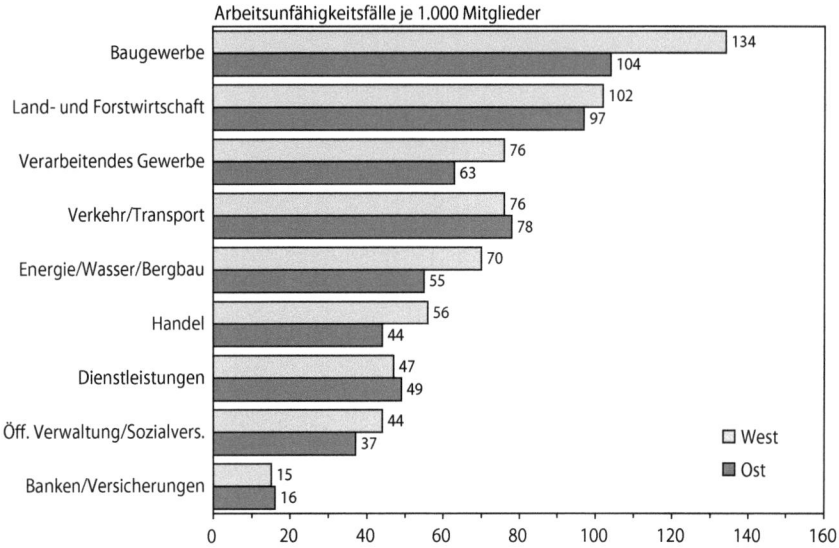

Abb. 16.1.24. Arbeitsunfälle nach Branchen in West- und Ostdeutschland, 2006

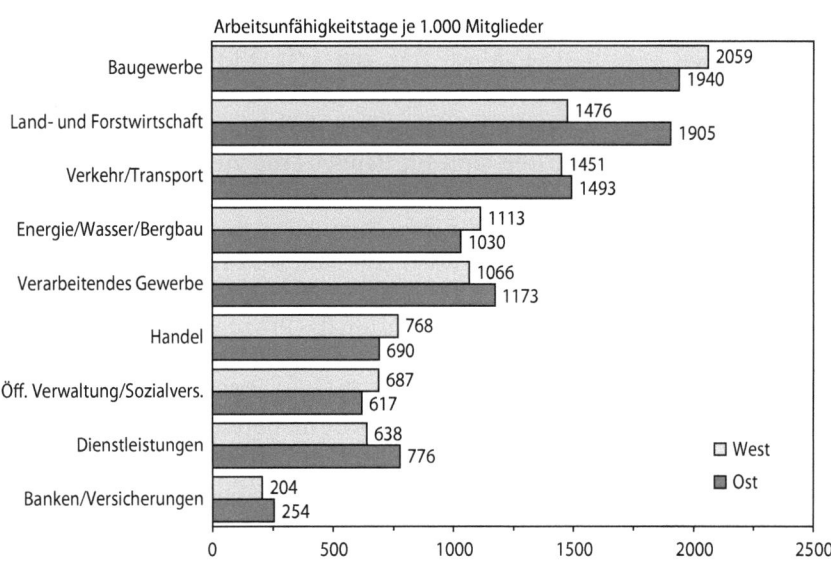

Abb. 16.1.25. Fehlzeiten durch Arbeitsunfälle nach Branchen in West- und Ostdeutschland, 2006

Tabelle 16.1.6. Arbeitsunfähigkeitstage durch Arbeitsunfälle nach Berufsgruppen, 2006

Tätigkeit	AU-Tage je 1000 AOK-Mitglieder
Waldarbeiter, Waldnutzer	4094
Betonbauer	4028
Kraftfahrzeugführer	3992
Wächter, Aufseher	3981
Straßenreiniger, Abfallbeseitiger	3948
Sonstige Bauhilfsarbeiter, Bauhelfer	3763
Sonstige Tiefbauer	3714
Raum-, Hausratreiniger	3485
Transportgeräteführer	3447
Maurer	3406
Helfer in der Krankenpflege	3397
Zimmerer	3397
Dachdecker	3378
Lager-, Transportarbeiter	3365
Straßenbauer	3276
Hauswirtschaftliche Betreuer	3274
Warenprüfer, -sortierer	3262
Fleisch-, Wurstwarenhersteller	3259
Sonstige Montierer	3248
Lagerverwalter, Magaziner	3230
Sozialarbeiter, Sozialpfleger	3217
Pförtner, Hauswarte	3200
Bauhilfsarbeiter	3198
Maler, Lackierer (Ausbau	3114

67), die durchschnittliche Dauer der Fälle ist jedoch deutlich höher (16,4 vs. 14,4 Tage). Daher ist auch der Anteil der Arbeitsunfälle am Krankenstand in den östlichen Bundesländern größer als in den westlichen (Abb. 16.1.24).

Insbesondere in der Land- und Forstwirtschaft sowie im Dienstleistungsbereich war die Zahl der auf Arbeitsunfälle zurückgehenden Arbeitsunfähigkeitstage in Ostdeutschland höher als in Westdeutschland (vgl. Abb. 16.1.25). Im Baugewerbe, im Bereich Energie, Wasser, Bergbau, im Handel sowie in der öffentlichen Verwaltung fielen dagegen in Ostdeutschland weniger unfallbedingte Ausfallzeiten an.

Tabelle 16.1.6 zeigt die Berufsgruppen, die in besonderem Maße von arbeitsbedingten Unfällen betroffen sind. Spitzenreiter sind Waldarbeiter (4094 AU-Tage je 1000 AOK-Mitglieder), Betonbauer (4028 AU-Tage je

1000 AOK-Mitglieder) und Kraftfahrzeugführer (3992 AU-Tage je 1000 AOK-Mitglieder).

16.1.12 Krankheitsarten im Überblick

Das Krankheitsgeschehen wurde im Jahr 2006 wie bereits in den Vorjahren im wesentlichen von sechs großen Krankheitsgruppen bestimmt: Muskel- und Skeletterkrankungen, Atemwegserkrankungen, Verletzungen, psychischen und Verhaltensstörungen, Herz-/Kreislauferkrankungen sowie Erkrankungen der Verdauungsorgane (vgl. Abb. 16.1.26). 69,9% der Arbeitsunfähigkeitsfälle und 71,2% der Arbeitsunfähigkeitstage gingen auf das Konto dieser sechs Krankheitsarten. Der Rest verteilte sich auf sonstige Krankheitsgruppen.

Der häufigste Anlass für Krankschreibungen waren Atemwegserkrankungen. Im Jahr 2006 ging mehr als jeder fünfte Arbeitsunfähigkeitsfall (21,0%) auf diese Krankheitsart zurück. Aufgrund einer relativ geringen durchschnittlichen Erkrankungsdauer betrug der Anteil der Atemwegserkrankungen am Krankenstand allerdings nur 11,7%. Die meisten Arbeitsunfähigkeitstage wurden durch Muskel- und Skeletterkrankungen verursacht, die häufig mit langen Ausfallzeiten verbunden sind. Allein auf diese Krankheitsart waren 2006 24,4% der Arbeitsunfähigkeitstage

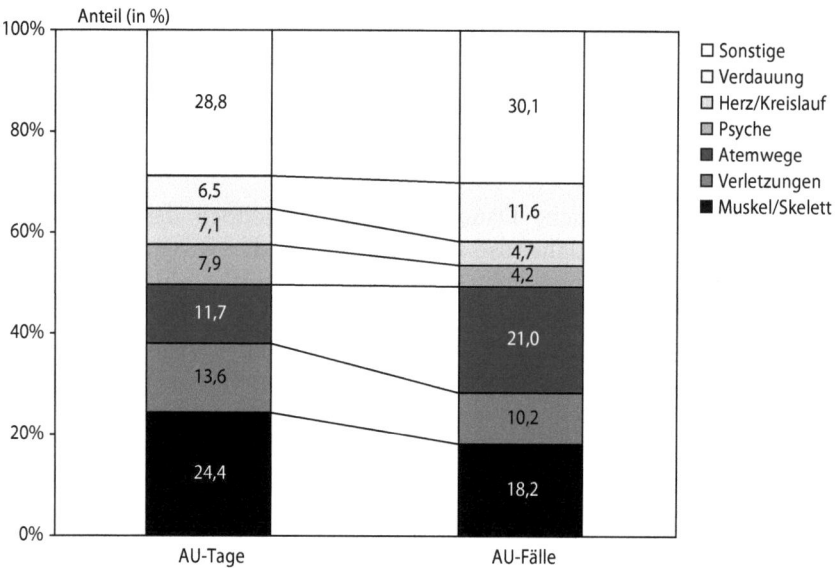

Abb. 16.1.26. Arbeitsunfähigkeit nach Krankheitsarten, 2006

Branchenüberblick

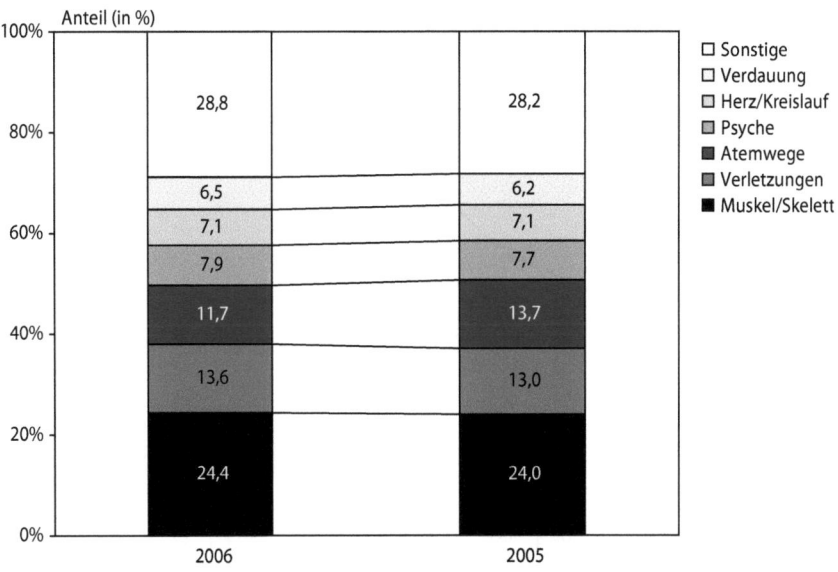

Abb. 16.1.27. Arbeitsunfähigkeitstage nach Krankheitsarten, 2006 im Vergleich zum Vorjahr

zurückzuführen, obwohl sie nur für 18,2% der Arbeitsunfähigkeitsfälle verantwortlich war.

Abbildung 16.1.27 zeigt die Anteile der Krankheitsarten an den krankheitsbedingten Fehlzeiten im Jahr 2006 im Vergleich zum Vorjahr. Eine leichte Zunahme ist bei den Verletzungen (0,6 Prozentpunkte), den Muskel- und Skeletterkrankungen (0,4 Prozentpunkte), der Erkrankungen der Verdauungsorgane (0,3 Prozentpunkte), sowie den psychischen und Verhaltensstörungen (0,2 Prozentpunkte) zu verzeichnen. Dagegen ist bei den Atemwegserkrankungen eine Abnahme um zwei Prozentpunkte zu verzeichnen, wobei zu bedenken ist, dass in 2005 eine ausgeprägte Grippewelle zu einem deutlichen Anstieg der Atemwegserkrankungen führte.

Die Abbildungen 16.1.28 und 16.1.29 zeigen die Entwicklung der häufigsten Krankheitsarten in den Jahren 1996 bis 2006 in Form einer Indexdarstellung. Ausgangsbasis ist dabei der Wert des Jahres 1995. Dieser wurde auf 100 normiert. Wie in den Abbildungen deutlich erkennbar ist, haben die psychischen und Verhaltensstörungen in den letzten Jahren zugenommen. Die Zahl der auf diese Krankheitsart zurückgehenden Arbeitsunfähigkeitsfälle ist seit 1995 um 60,0%, die der -tage um

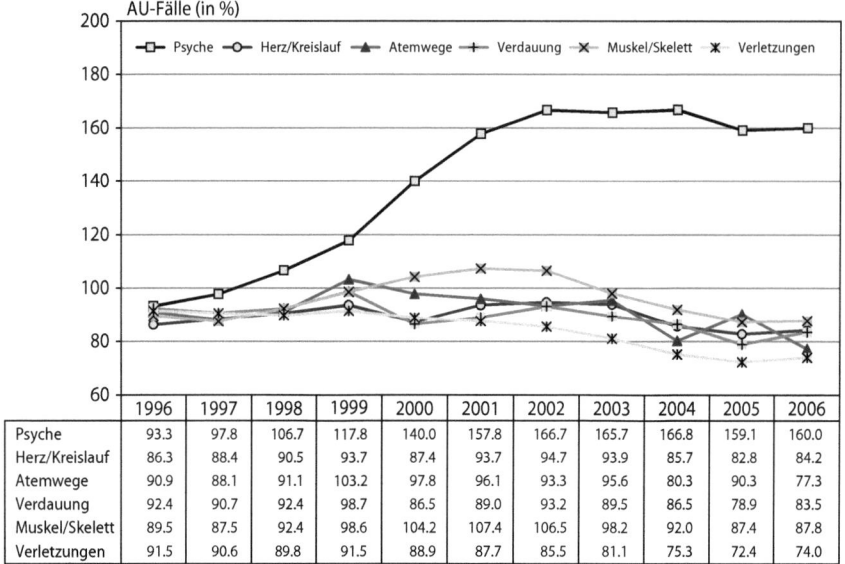

Abb. 16.1.28. Arbeitsunfähigkeitsfälle nach Krankheitsarten 1996–2006, Indexdarstellung (1995=100%)

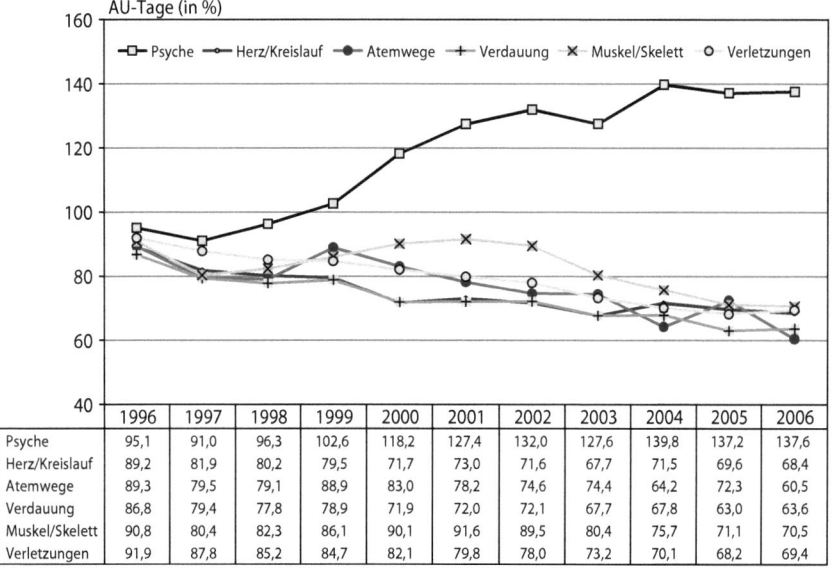

Abb. 16.1.29. Arbeitsunfähigkeitstage nach Krankheitsarten 1996–2006, Indexdarstellung (1995=100%)

37,6% gestiegen[16]. In den Jahren 2000 und 2001 war ein besonders starker Anstieg der Krankmeldungen aufgrund psychischer Störungen zu verzeichnen. Dies dürfte nicht nur auf eine Zunahme der Erkrankungsraten, sondern auch auf veränderte Diagnosestellungen in den Arztpraxen (Wechsel des Diagnoseschlüssels von ICD-9 zu ICD-10 im Jahr 2000)[17] zurückzuführen sein.

Fehlzeiten aufgrund von Atemwegserkrankungen, Erkrankungen des Verdauungssystems, Herz-/Kreislauferkrankungen, Muskel-/Skeletterkrankungen und Verletzungen haben dagegen seit 1996 deutlich abgenommen. So reduzierten sich die Arbeitsunfähigkeitstage, die auf Atemwegserkrankungen zurückgingen, um 39,5%, wobei allerdings die durch Atemwegserkrankungen bedingten Fehlzeiten aufgrund von Jahr zu Jahr unterschiedlich stark auftretenden Grippewellen teilweise erheblichen Schwankungen unterlagen. Fehlzeiten durch Erkrankungen des Verdauungssystems reduzierten sich um 36,4%. Auch die durch Herz-/Kreislauferkrankungen, Muskel-/Skeletterkrankungen und Verletzungen bedingten Fehltage gingen seit 1996 um fast ein Drittel zurück.

Zwischen West- und Ostdeutschland sind nach wie vor deutliche Unterschiede in der Verteilung der Krankheitsarten festzustellen (vgl. Abb. 16.1.30). In den westlichen Ländern verursachen insbesondere Muskel-/Skeletterkrankungen (3,5 Prozentpunkte) und psychische Erkrankungen (1,5 Prozentpunkte) deutlich mehr Fehltage als in den neuen Bundesländern. In Ostdeutschland dagegen ging ein höherer Anteil an Ausfalltagen auf das Konto von Verletzungen (2,0 Prozentpunkte), Atemwegserkrankungen (1,3 Prozentpunkte), Erkrankungen des Herz-/Kreislauf- (1,2 Prozentpunkte) und des Verdauungssystems (1,2 Prozentpunkte).

---

[16] Die Zunahme von durch psychische Störungen bedingten Arbeitsunfähigkeiten ist nicht nur bei AOK-Mitgliedern, sondern auch bei den Versicherten anderer Krankenkassen zu beobachten. So berichtet beispielsweise die DAK von einem Anstieg der AU-Fälle aufgrund psychischer Erkrankungen um 70% in den Jahren 1997 bis 2004. Die Zahl der AU-Tage stieg im gleichen Zeitraum um 69% (DAK-Gesundheits-Report 2005). Nach Angaben der Betriebskrankenkassen nahmen die Krankentage bei Psychischen Erkrankungen in den Jahren 2001–2006 um 17% zu (Pressemitteilung des BKK-BV vom 23.07.2007).

[17] Die Verschlüsselung der Diagnosen erfolgte bis zum Jahr 1999 nach der 9. Revision des ICD (International Classification of Diseases). Im Jahr 2000 wurde auf die 10. Revision umgestellt. Der ICD-10 ist insgesamt feiner gegliedert und nimmt z. T. andere Zuweisungen der Diagnosen zu den Diagnosegruppen vor. Zudem war bis 1999 die Verschlüsselung Sache der Krankenkassen. Seit 2000 erfolgt diese direkt durch die Krankenhäuser und Vertragsärzte.

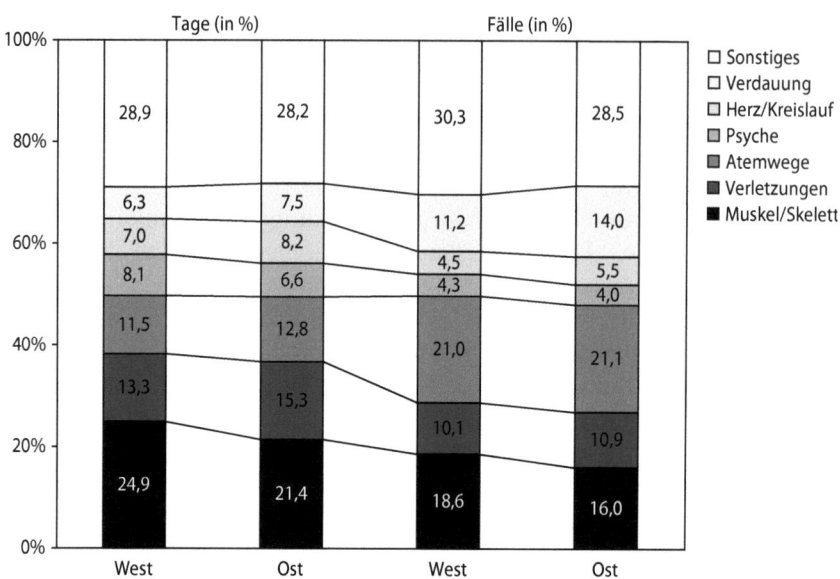

Abb. 16.1.30. Arbeitsunfähigkeit nach Krankheitsarten in West- und Ostdeutschland, 2006

Auch in Abhängigkeit vom Geschlecht ergeben sich deutliche Unterschiede in der Morbiditätsstruktur (vgl. Abb. 16.1.31). Insbesondere Verletzungen und muskuloskelettale Erkrankungen führen bei Männern häufiger zur Arbeitsunfähigkeit als bei Frauen. Dies dürfte damit zusammen hängen, dass Männer nach wie vor in größerem Umfang körperlich beanspruchende und unfallträchtige Tätigkeiten ausüben als Frauen. Auch der Anteil der Erkrankungen des Verdauungssystems und der Herz- und Kreislauferkrankungen an den Arbeitsunfähigkeitsfällen und -tagen ist bei den Männern höher als bei den Frauen. Bei den Herz- und Kreislauferkrankungen ist insbesondere der Anteil an den AU-Tagen bei den Männern deutlich höher als bei den Frauen, da diese in stärkerem Maße von schweren und langwierigen Erkrankungen wie Herzinfarkt betroffen sind.

Psychische Erkrankungen und Atemwegserkrankungen kommen dagegen bei Frauen häufiger vor als bei Männern. Bei den psychischen Erkrankungen sind die Unterschiede besonders groß. Während sie bei den Männern in der Rangfolge nach AU-Tagen erst an sechster Stelle stehen, nehmen sie bei den Frauen bereits den dritten Rangplatz ein.

Abbildung 16.1.32 zeigt die Bedeutung der Krankheitsarten für die Fehlzeiten in den unterschiedlichen Altersgruppen. Aus der Abbildung ist deutlich zu ersehen, dass die Zunahme der krankheitsbedingten

Branchenüberblick

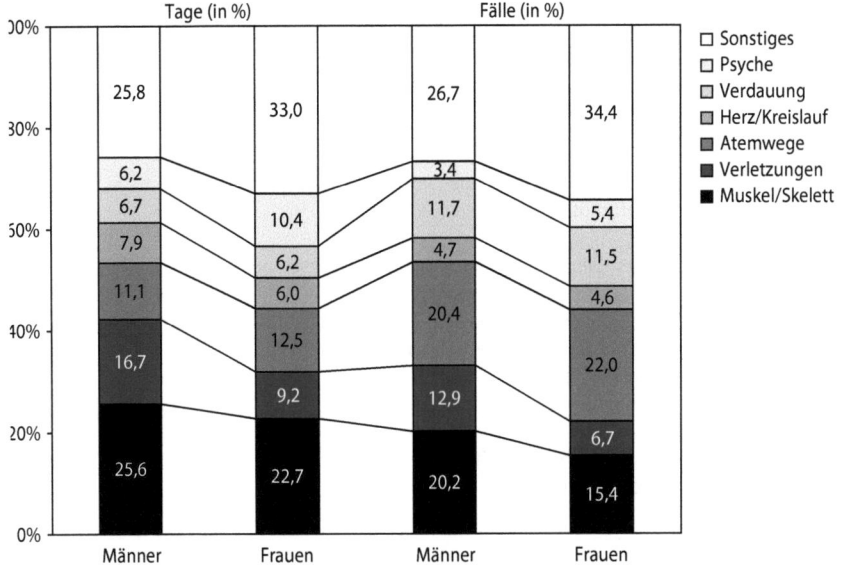

Abb. 16.1.31. Arbeitsunfähigkeit nach Krankheitsarten und Geschlecht, 2006

Ausfalltage mit dem Alter vor allem auf den starken Anstieg der Muskel- und Skeletterkrankungen und der Herz- und Kreislauferkrankungen zu-

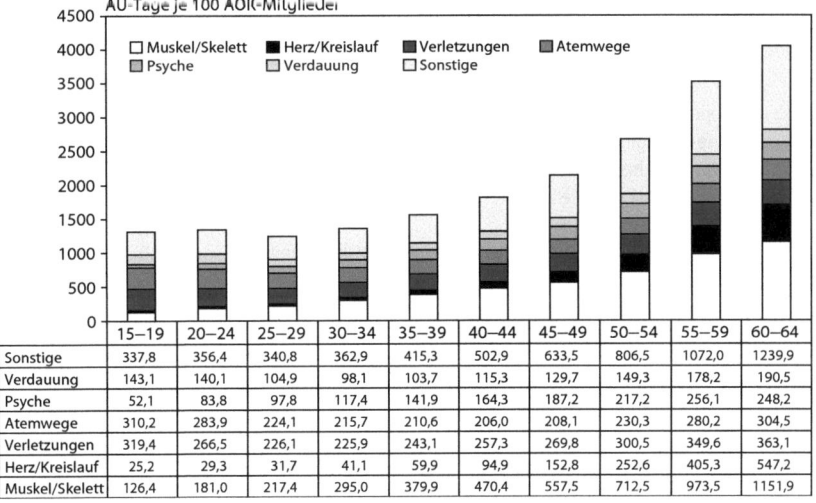

	15–19	20–24	25–29	30–34	35–39	40–44	45–49	50–54	55–59	60–64
Sonstige	337,8	356,4	340,8	362,9	415,3	502,9	633,5	806,5	1072,0	1239,9
Verdauung	143,1	140,1	104,9	98,1	103,7	115,3	129,7	149,3	178,2	190,5
Psyche	52,1	83,8	97,8	117,4	141,9	164,3	187,2	217,2	256,1	248,2
Atemwege	310,2	283,9	224,1	215,7	210,6	206,0	208,1	230,3	280,2	304,5
Verletzungen	319,4	266,5	226,1	225,9	243,1	257,3	269,8	300,5	349,6	363,1
Herz/Kreislauf	25,2	29,3	31,7	41,1	59,9	94,9	152,8	252,6	405,5	547,2
Muskel/Skelett	126,4	181,0	217,4	295,0	379,9	470,4	557,5	712,5	973,5	1151,9

Abb. 16.1.32. Arbeitsunfähigkeitstage je 100 AOK-Mitglieder nach Alter und Krankheitsarten, 2006

Tabelle 16.1.7. Anteile der 40 häufigsten Einzeldiagnosen an den AU-Fällen und AU-Tagen, 2006

ICD-10	Bezeichnung	AU-Fälle (in %)	AU-Tage (in %)
M54	Rückenschmerzen	7,3	7,2
J06	Akute Infektionen an mehreren oder nicht näher bezeichneten Lokalisationen der oberen Atemwege	5,7	2,6
K52	Sonstige nichtinfektiöse Gastroenteritis und Kolitis	3,3	1,2
J20	Akute Bronchitis	3,0	1,6
A09	Diarrhoe und Gastroenteritis, vermutlich infektiösen Ursprungs	2,3	0,8
J40	Bronchitis, nicht als akut oder chronisch bezeichnet	2,1	1,1
K08	Sonstige Krankheiten der Zähne und des Zahnhalteapparates	2,1	0,5
T14	Verletzung an einer nicht näher bezeichneten Körperregion	1,7	1,5
K29	Gastritis und Duodenitis	1,6	0,9
I10	Essentielle (primäre) Hypertonie	1,5	2,5
J03	Akute Tonsillitis	1,5	0,7
B34	Viruskrankheit nicht näher bezeichneter Lokalisation	1,3	0,6
R10	Bauch- und Beckenschmerzen	1,3	0,7
J01	Akute Sinusitis	1,3	0,6
J02	Akute Pharyngitis	1,1	0,5
M53	Sonst. Krankheiten d. Wirbelsäule u. d. Rückens, and. nicht klass.	1,1	1,3
J32	Chronische Sinusitis	1,1	0,6
F32	Depressive Episode	1,0	2,2
M51	Sonstige Bandscheibenschäden	0,9	2,3
R51	Kopfschmerz	0,9	0,4
M77	Sonstige Enthesopathien	0,8	1,0
M75	Schulterläsionen	0,8	1,5
M99	Biomechanische Funktionsstörungen, and. nicht klassifiziert	0,8	0,6
S93	Luxation, Verstauchung und Zerrung der Gelenke und Bänder in Höhe des oberen Sprunggelenkes und des Fußes	0,8	0,8
F43	Reaktionen auf schwere Belastungen und Anpassungsstörungen	0,7	1,1
M25	Sonstige Gelenkkrankheiten, anderenorts nicht klassifiziert	0,7	0,8
M23	Binnenschädigung des Kniegelenkes [internal derangement]	0,7	1,3
J11	Grippe, Viren nicht nachgewiesen	0,7	0,3
J04	Akute Laryngitis und Tracheitis	0,7	0,3
M79	Sonst. Krankheiten des Weichteilgewebes, and. nicht klassifiziert	0,6	0,6
R11	Übelkeit und Erbrechen	0,6	0,3
R42	Schwindel und Taumel	0,6	0,4
B99	Sonstige und nicht näher bezeichnete Infektionskrankheiten	0,6	0,3
G43	Migräne	0,6	0,2
R50	Fieber unbekannter Ursache	0,6	0,3
F45	Somatoforme Störungen	0,6	0,8
N39	Sonstige Krankheiten des Harnsystems	0,5	0,4
M65	Synovitis und Tenosynovitis	0,5	0,6
M47	Spondylose	0,5	0,7
E66	Adipositas	0,5	1,0
	Summe	55,0	43,1
	Sonstige	45,0	56,9
	Gesamt	100,0	100,0

rückzuführen ist. Während diese beiden Krankheitsarten bei den jüngeren Altersgruppen noch eine untergeordnete Bedeutung haben, verursachen sie in den höheren Altersgruppen die meisten Arbeitsunfähigkeitstage. Bei den 60- bis 64-Jährigen gehen mehr als ein Viertel (28,5%) der Ausfalltage auf das Konto der muskuloskelettalen Erkrankungen. Muskel-/Skeletterkrankungen und Herz-/Kreislauferkrankungen zusammen sind bei dieser Altersgruppe für fast die Hälfte des Krankenstandes (42,0%) verantwortlich. Neben diesen beiden Krankheitsarten nehmen vor allem auch Fehlzeiten aufgrund psychischer Erkrankungen und Verhaltensstörungen in den höheren Altersgruppen vermehrt zu, allerdings in deutlich geringerem Ausmaß.

16.1.13 Die häufigsten Einzeldiagnosen

Nachdem im letzten Kapitel dargestellt wurde, welche Krankheitsarten das Arbeitsunfähigkeitsgeschehen dominieren, soll nun auf der Ebene der Einzeldiagnosen aufgezeigt werden, welche Krankheitsbilder im einzelnen das Krankheitsgeschehen bestimmen. In Tabelle 16.1.7. sind die 40 häufigsten Diagnosen nach Anzahl der Arbeitsunfähigkeitsfälle aufgelistet. Auf diese Diagnosen waren im Jahr 2006 55,0% aller AU-Fälle und 43,1% aller AU-Tage zurückzuführen.

Unter den häufigsten Diagnosen sind Krankheitsbilder aus dem Bereich der Muskel- und Skeletterkrankungen besonders zahlreich vertreten. Die mit Abstand häufigste Diagnose, die zu Krankmeldungen führt, sind Rückenschmerzen. Darauf waren im Jahr 2006 7,3% der AU-Fälle und 7,2% der AU-Tage zurückzuführen.

Neben Erkrankungen aus dem Bereich der muskuloskelettalen Erkrankungen sind Atemwegserkrankungen, Erkrankungen des Verdauungssystems, psychische Erkrankungen sowie unspezifische Symptome am stärksten unter den häufigsten Einzeldiagnosen anzutreffen.

16.1.14 Krankheitsarten nach Branchen

Bei der Verteilung der Krankheitsarten bestehen erhebliche Unterschiede zwischen den Branchen, die im folgenden für die wichtigsten Krankheitsgruppen aufgezeigt werden.

Muskel- und Skeletterkrankungen

Die Muskel- und Skeletterkrankungen verursachen in fast allen Branchen außer Banken und Versicherungen anteilmäßig die meisten Fehltage (vgl. Abb. 16.1.33). Ihr Anteil an den Arbeitsunfähigkeitstagen bewegte sich

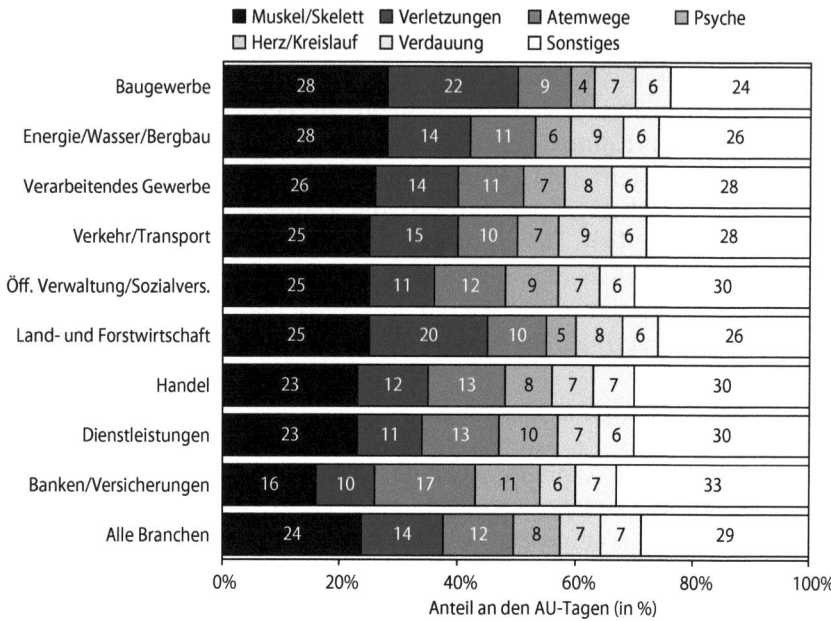

Abb. 16.1.33. Arbeitsunfähigkeitstage nach Branchen und Krankheitsarten, 2006

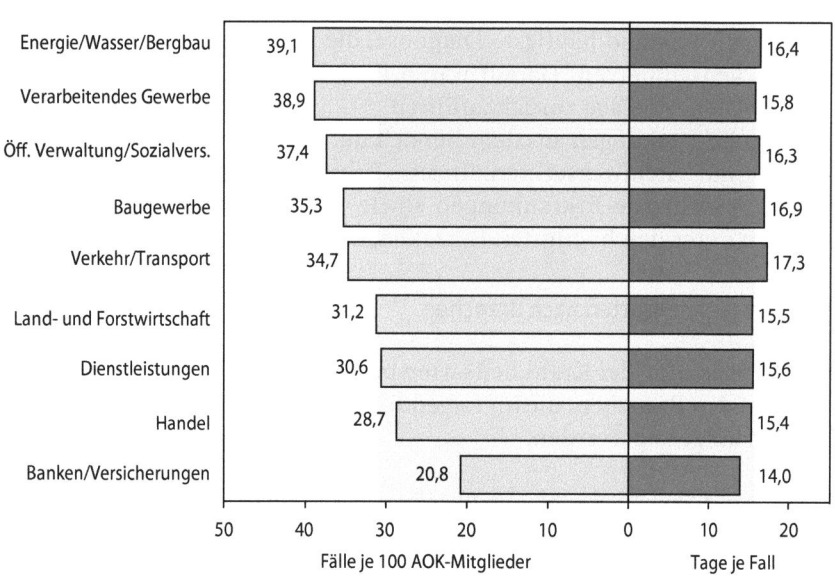

Abb. 16.1.34. Krankheiten des Muskel- und Skelettsystems und des Bindegewebes nach Branchen, 2006

Branchenüberblick

im Jahr 2006 in den einzelnen Branchen zwischen 16% bei Banken und Versicherungen und 28% im Baugewerbe. In Wirtschaftszweigen mit überdurchschnittlich hohen Krankenständen sind häufig die muskuloskelettalen Erkrankungen besonders ausgeprägt und tragen wesentlich zu den erhöhten Fehlzeiten bei.

Abbildung 16.1.34 zeigt die Anzahl und durchschnittliche Dauer der Krankmeldungen aufgrund von Muskel- und Skeletterkrankungen in den einzelnen Branchen. Die meisten Arbeitsunfähigkeitsfälle waren im Bereich Energie/Wasser/Bergbau zu verzeichnen, fast doppelt so viele wie bei den Banken und Versicherungen, wo die Zahl der Krankheitsfälle am niedrigsten ausfiel. Überdurchschnittlich hoch war die Anzahl der Fälle auch im verarbeitenden Gewerbe, in der öffentlichen Verwaltung, im Baugewerbe, im Bereich Verkehr und Transport sowie in der Land- und Forstwirtschaft.

Die muskuloskelettalen Erkrankungen sind häufig mit langen Ausfallzeiten verbunden. Die mittlere Dauer der Krankmeldungen schwankte im Jahr 2006 in den einzelnen Branchen zwischen 14 Tagen bei Banken und Versicherungen und 17,3 Tagen im Bereich Verkehr und Transport. Im Branchendurchschnitt lag sie bei 15,8 Tagen.

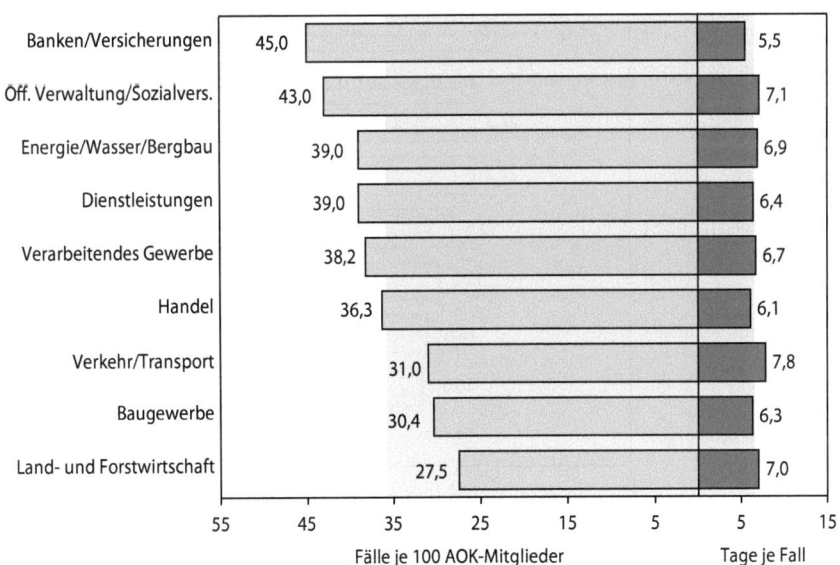

Abb. 16.1.35. Krankheiten des Atmungssystems nach Branchen, 2006

Atemwegserkrankungen

Die meisten Erkrankungsfälle aufgrund von Atemwegserkrankungen waren im Jahr 2006 bei den Banken und Versicherungen zu verzeichnen (vgl. Abb. 16.1.35). Überdurchschnittlich viele Fälle fielen auch in der öffentlichen Verwaltung, im Bereich Energie/Wasser/Bergbau, im Dienstleistungsbereich, im verarbeitenden Gewerbe und im Handel an.

Aufgrund einer großen Anzahl an Bagatellfällen ist die durchschnittliche Erkrankungsdauer bei dieser Krankheitsart relativ gering. Im Branchendurchschnitt liegt sie bei 6,5 Tagen. In den einzelnen Branchen bewegte sie sich im Jahr 2006 zwischen 5,5 Tagen bei Banken und Versicherungen und 7,8 Tagen im Bereich Verkehr und Transport.

Der Anteil der Atemwegserkrankungen an den Arbeitsunfähigkeitstagen (vgl. Abb. 16.1.33) ist bei den Banken und Versicherungen (17%) am höchsten, im Baugewerbe (9,0%) am niedrigsten.

Verletzungen

Der Anteil der Verletzungen an den Arbeitsunfähigkeitstagen variiert sehr stark zwischen den einzelnen Branchen (vgl. Abb. 16.1.33). Am höchsten ist er in Branchen mit vielen Arbeitsunfällen. Im Jahr 2006 be-

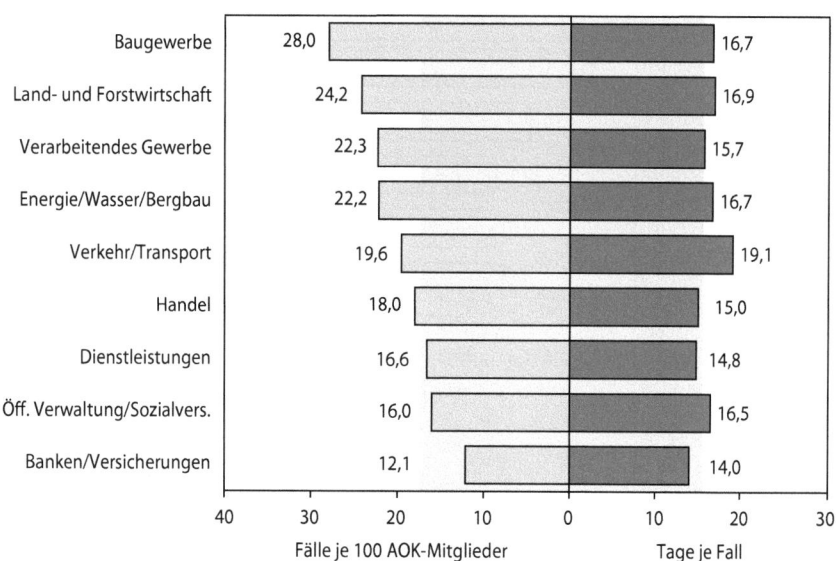

Abb. 16.1.36. Verletzungen, Vergiftungen und bestimmte andere Folgen äußerer Ursachen, nach Branchen, 2006

Branchenüberblick

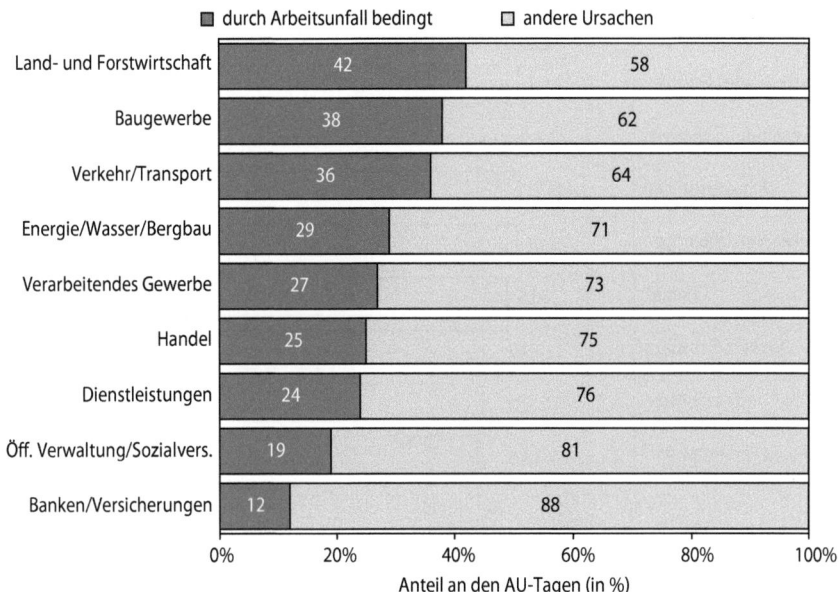

Abb. 16.1.37. Anteil der Arbeitsunfälle an den Verletzungen nach Branchen, 2006

wegte er sich zwischen 10% bei den Banken und Versicherungen und 22% im Baugewerbe. Das Baugewerbe ist Spitzenreiter bei den Verletzungen. Dort war die Zahl der Fälle mehr als doppelt so hoch wie bei Banken und Versicherungen (vgl. Abb. 16.1.36). Die Dauer der verletzungsbedingten Krankmeldungen schwankte in den einzelnen Branchen zwischen 14 Tagen bei Banken und Versicherungen und 19,1 Tagen im Bereich Verkehr und Transport.

Ein erheblicher Teil der Verletzungen ist auf Arbeitsunfälle zurückzuführen. In der Land- und Forstwirtschaft, dem Baugewerbe sowie im Bereich Verkehr und Transport gehen bei den Verletzungen mehr als ein Drittel der Fehltage auf Arbeitsunfälle zurück (vgl. Abb. 16.1.37). Am niedrigsten ist der Anteil der Arbeitsunfälle bei den Banken und Versicherungen. Dort beträgt er lediglich 12%.

Erkrankungen der Verdauungsorgane

Auf Erkrankungen der Verdauungsorgane gingen im Jahr 2006 in den einzelnen Branchen 6% bis 7% der Arbeitsunfähigkeitstage zurück (vgl. Abb. 16.1.33). Die Unterschiede zwischen den Wirtschaftszweigen hinsichtlich der Zahl der Arbeitsunfähigkeitsfälle sind relativ gering

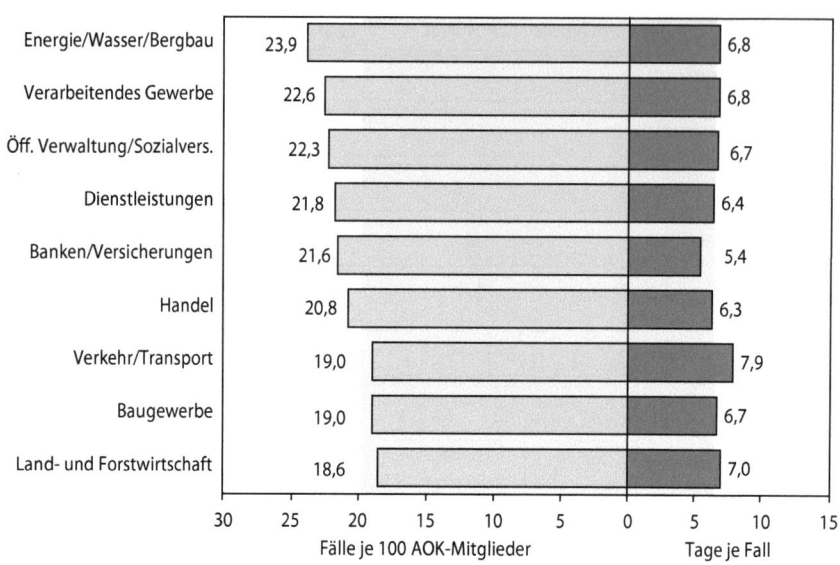

Abb. 16.1.38. Krankheiten des Verdauungssystems nach Branchen, 2006

(vgl. Abb. 16.1.38). Die meisten Erkrankungsfälle waren im Bereich Energie, Wasser, Bergbau, im verarbeitenden Gewerbe und in der öffentlichen Verwaltung zu verzeichnen. Am niedrigsten war die Zahl der Arbeitsunfähigkeitsfälle in der Land- und Forstwirtschaft. Die Dauer der Fälle betrug im Branchendurchschnitt 6,5 Tage. In den einzelnen Branchen bewegte sie sich zwischen 5,4 und 7,9 Tagen (vgl. Abb. 16.1.38).

Herz- und Kreislauferkrankungen

Der Anteil der Herz- und Kreislauferkrankungen an den Arbeitsunfähigkeitstagen lag im Jahr 2006 in den einzelnen Branchen zwischen 6% und 9% (vgl. Abb. 16.1.33). Die meisten Erkrankungsfälle waren im Bereich Energie, Wasser und Bergbau zu verzeichnen. Am niedrigsten war die Anzahl der Fälle bei den Beschäftigten im Baugewerbe. Herz- und Kreislauferkrankungen bringen oft lange Ausfallzeiten mit sich. Die Dauer eines Erkrankungsfalls bewegte sich in den einzelnen Wirtschaftsbereichen zwischen 12,8 Tagen bei den Banken und Versicherungen und 23,0 Tagen im Baugewerbe (vgl. Abb. 16.1.39).

Branchenüberblick

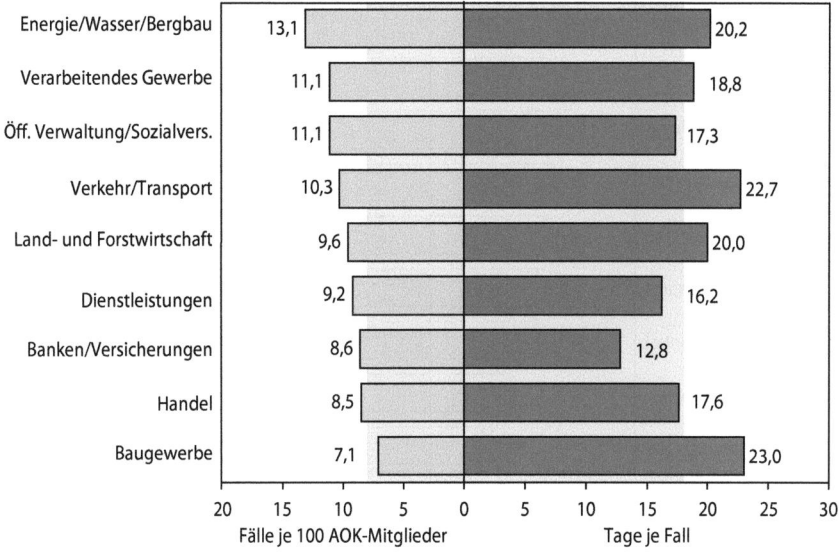

Abb. 16.1.39. Krankheiten des Kreislaufsystems nach Branchen, 2006

Psychische und Verhaltensstörungen

Der Anteil der psychischen und Verhaltensstörungen an den krankheitsbedingten Fehlzeiten schwankte in den einzelnen Branchen erheblich. Die meisten Erkrankungsfälle sind im tertiären Bereich zu verzeichnen. Während im Baugewerbe und in der Land- und Forstwirtschaft nur 4 % bzw. 5 % der Arbeitsunfähigkeitsfälle auf psychische und Verhaltensstörungen zurückgingen, waren es im Dienstleistungsbereich und bei den Banken und Versicherungen 10 % bzw. 11 %. Die durchschnittliche Dauer der Arbeitsunfähigkeitsfälle bewegte sich in den einzelnen Branchen zwischen 21,0 und 23,6 Tagen (vgl. Abb. 16.1.40).

16.1.15 Langzeitfälle nach Krankheitsarten

Langzeitarbeitsunfähigkeit mit einer Dauer von mehr als sechs Wochen stellt sowohl für die Betroffenen als auch für die Unternehmen und Krankenkassen eine besondere Belastung dar. Daher kommt der Prävention der Erkrankungen, die zu derart langen Ausfallzeiten führen, eine spezielle Bedeutung zu.

Krankheitsbedingte Fehlzeiten in der deutschen Wirtschaft im Jahr 2006

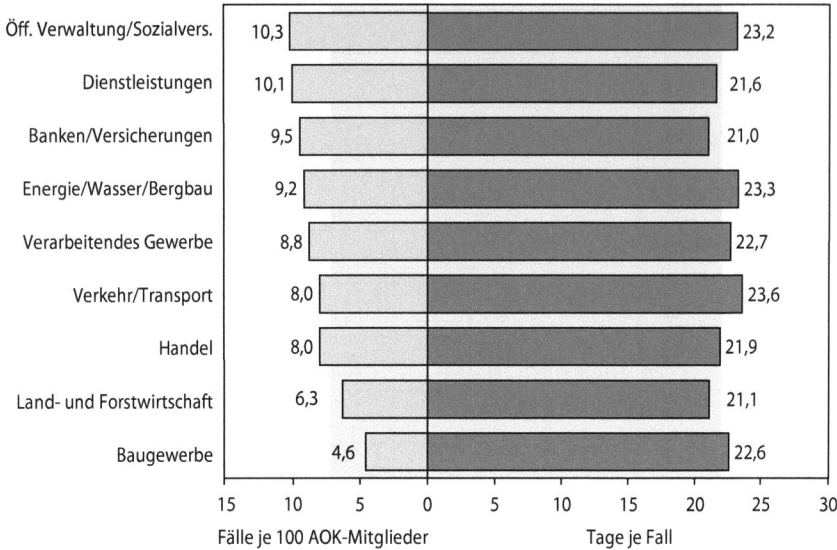

Abb. 16.1.40. Psychische und Verhaltensstörungen nach Branchen, 2006

Abbildung 16.1.41 zeigt, welche Krankheitsarten für die Langzeitfälle verantwortlich sind. Ebenso wie im Arbeitsunfähigkeitsgeschehen insgesamt spielen auch hier die Muskel- und Skeletterkrankungen und

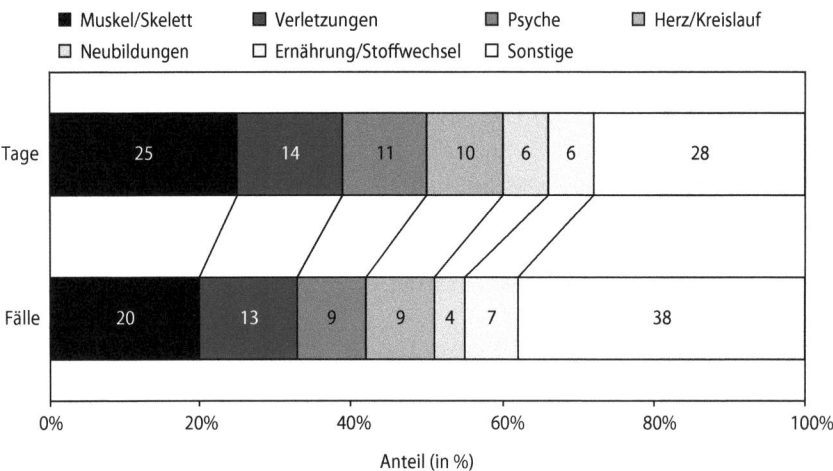

Abb. 16.1.41. Langzeit-Arbeitsunfähigkeit (> 6 Wochen) nach Krankheitsarten, 2006

Branchenüberblick

Verletzungen eine entscheidende Rolle. Auf diese beiden Krankheitsarten gingen 2006 bereits 39% der durch Langzeitfälle verursachten Fehlzeiten zurück. An dritter und vierter Stelle stehen die psychischen und Verhaltensstörungen sowie die Herz-/Kreislauferkrankungen mit einem Anteil von 11% bzw. 10% an den durch Langzeitfälle bedingten Fehlzeiten. Der Rest verteilt sich auf Neubildungen, Ernährungs- und Stoffwechselkrankheiten sowie sonstige Krankheitsarten.

Auch in den einzelnen Wirtschaftsabteilungen geht die Mehrzahl der durch Langzeitfälle bedingten Arbeitsunfähigkeitstage auf die o. g. Krankheitsarten zurück (vgl. Abb. 16.1.42). Der Anteil der muskuloskelettalen Erkrankungen ist am höchsten im Baugewerbe (29%). Bei den Verletzungen werden die höchsten Werte ebenfalls im Baugewerbe (22%) und in der Land- und Forstwirtschaft erreicht (21%). Die psychischen und Verhaltensstörungen verursachen bezogen auf die Langzeiterkrankungen die meisten Ausfalltage bei Banken und Versicherungen (17%). Der Anteil der Herz-/Kreislauferkrankungen ist am ausgeprägtesten im Bereich Verkehr und Transport sowie im Bereich Energie, Wasser und Bergbau (jeweils 12%).

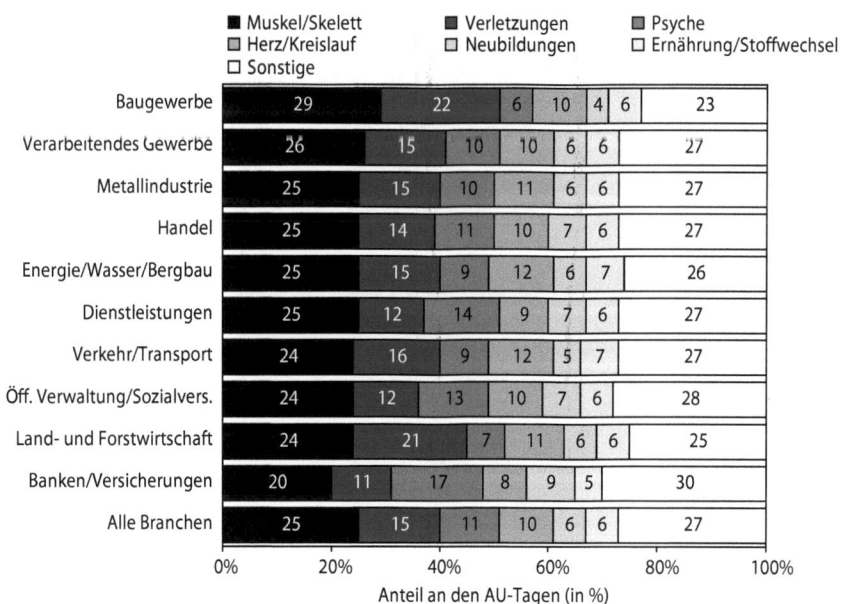

Abb. 16.1.42. Langzeit-Arbeitsunfähigkeit nach Branchen und Krankheitsarten, 2006

16.1.16 Krankheitsarten nach Diagnoseuntergruppen

Muskel- und Skeletterkrankungen

Bei den Muskel- und Skeletterkrankungen dominieren die Rückenerkrankungen (vgl. Abb. 16.1.43). Auf sie entfallen im Branchendurchschnitt mehr als die Hälfte der durch diese Krankheitsart verursachten Krankmeldungen (55% der AU-Fälle und 50% der AU-Tage). Daneben spielen vor allem Arthropathien und Krankheiten der Weichteilgewebe eine Rolle. Der Rest entfällt auf und sonstige Erkrankungen.

Bei den Muskel- und Skeletterkrankungen sind die Rückenerkrankungen in allen Wirtschaftsabteilungen vorherrschend. Ihr Anteil an den Arbeitsunfähigkeitstagen lag im Jahr 2006 in den einzelnen Branchen zwischen 48% und 54%. An zweiter Stelle standen in allen Wirtschaftszweigen die Arthropathien; deren Anteil an den Muskel- und Skeletterkrankungen bewegte sich zwischen 21 und 26%. Auf Krankheiten der Weichteilgewebe gingen in den einzelnen Branchen 19 bis 21% der durch diese Krankheitsart bedingten Arbeitsunfähigkeitstage zurück.

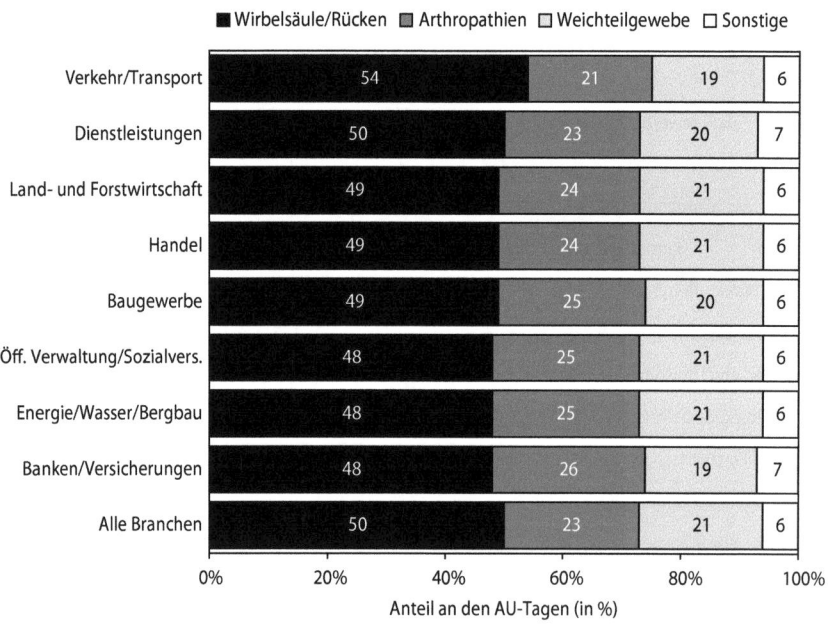

Abb. 16.1.43. Krankheiten des Muskel-, Skelett-Systems und Bindegewebserkrankungen nach Branchen und Diagnoseuntergruppen, 2006

Branchenüberblick

Verletzungen, Vergiftungen und bestimmte andere Folgen äußerer Ursachen

Nach dem ICD-10 erfolgt die Klassifikation der Verletzungen nach der betroffenen Körperregion. Abbildung 16.1.44 zeigt die Verteilung der Diagnoseuntergruppen in den einzelnen Branchen. Für die meisten Ausfalltage waren Verletzungen im Bereich von Knie und Unterschenkel verantwortlich.

Erkrankungen des Atmungssystem

Bei den Erkrankungen des Atmungssystems dominieren akute Infektionen der oberen und unteren Atemwege sowie chronische Krankheiten der unteren Atemwege. Zu den Infektionen gehören u. a. Erkältungen, Hals- und Rachenentzündungen sowie Entzündungen der Neben- und Kieferhöhlen. Darauf entfielen zusammen im Branchendurchschnitt mehr als die Hälfte (58%) der krankheitsbedingten Fehltage aufgrund von Atemwegserkrankungen. Chronische Krankheiten der unteren Atem-

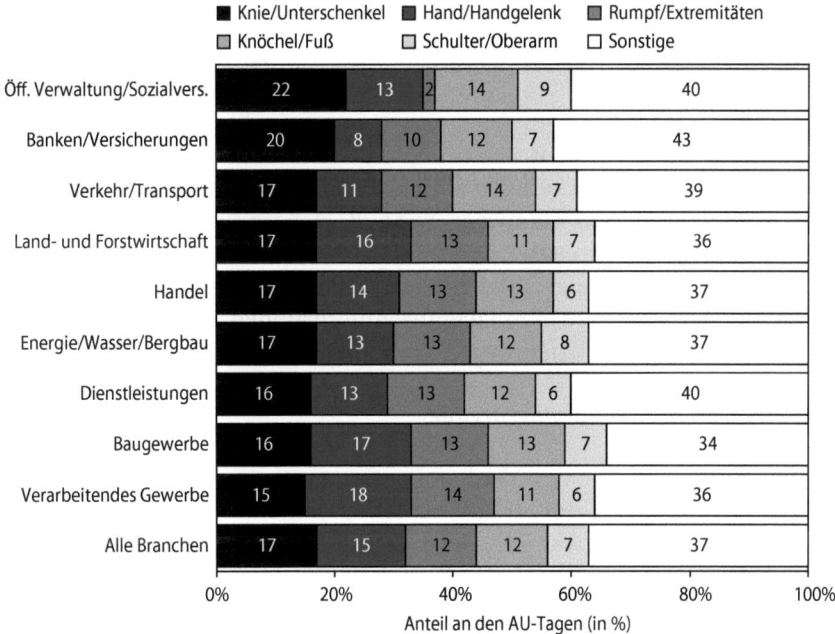

Abb. 16.1.44. Verletzungen, Vergiftungen und bestimmte andere Folgen äußerer Ursachen, nach Branchen und Diagnoseuntergruppen, 2006

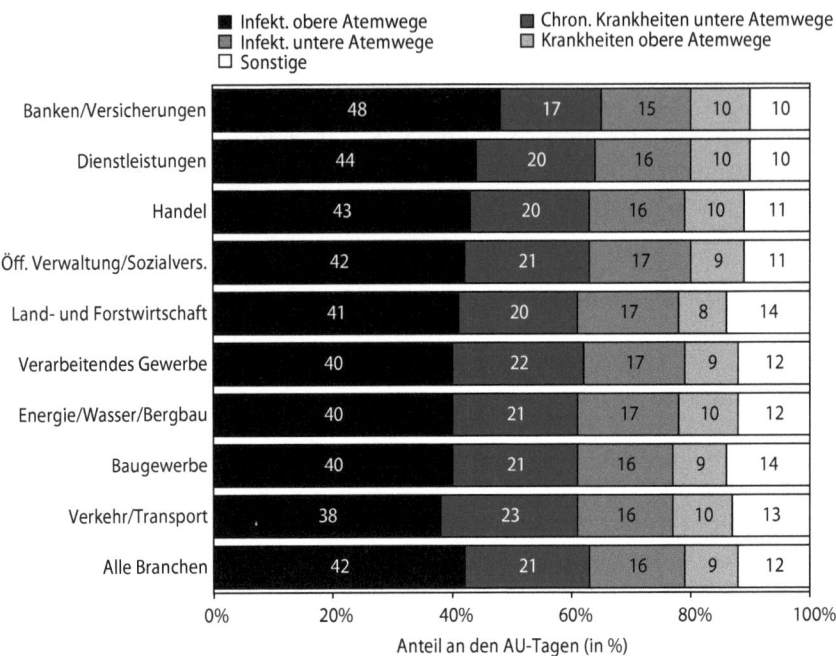

Abb. 16.1.45. Krankheiten des Atmungssystems nach Branchen und Diagnoseuntergruppen, 2006

wege, wie z. B. Bronchitis, waren für 21% der Ausfallzeiten aufgrund von Atemwegserkrankungen verantwortlich. Weitere 9% gingen auf sonstige Krankheiten der oberen Atemwege, wie z. B. Heuschnupfen, zurück. Der Rest verteilte sich auf sonstige Krankheiten.

Abbildung 16.1.45 zeigt aufgegliedert nach den einzelnen Branchen die Anteile der verschiedenen Diagnoseuntergruppen an den Arbeitsunfähigkeitstagen, die auf Atemwegserkrankungen zurückgehen.

Erkrankungen der Verdauungsorgane

Bei den Erkrankungen des Verdauungssystems entfiel im allgemeinen Branchendurchschnitt der größte Anteil auf nichtinfektiöse Enteritis und Kolitis-Fälle und zwar 34% der Fälle und 24% der Tage. An zweiter Stelle standen Krankheiten der Speiseröhre, des Magens und des Zwölffingerdarms mit einem Anteil von 22% an den Arbeitsunfähigkeitstagen. Auf dem dritten Rangplatz folgen Hernien (Nabel-, Leistenbrüche). Der Rest entfiel auf Krankheiten des Darms, der Mundhöhle, der Speicheldrüsen und der Kiefer sowie sonstige Erkrankungen.

Branchenüberblick

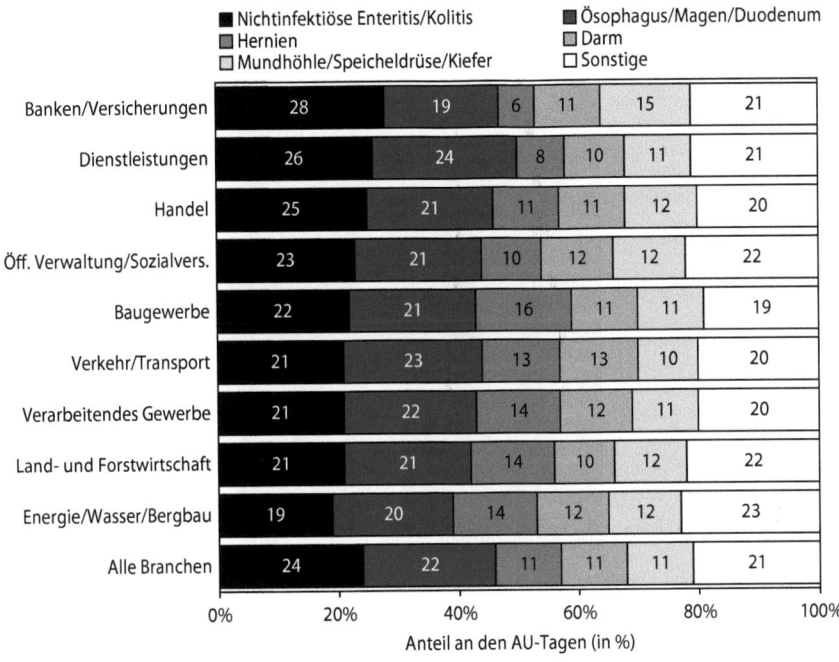

Abb. 16.1.46. Krankheiten des Verdauungssystems nach Branchen und Diagnoseuntergruppen, 2006

Abbildung 16.1.46 zeigt, welche Rolle die unterschiedlichen Diagnoseuntergruppen in den einzelnen Wirtschaftszweigen spielten. In den meisten Branchen geht der Löwenanteil der durch Erkrankungen der Verdauungsorgane bedingten Arbeitsunfähigkeitstage auf nichtinfektiöse Enteritis und Kolitis-Fälle sowie Krankheiten der Speiseröhre, des Magens und des Zwölffingerdarms zurück (zusammen 39 bis 50%).

Krankheiten des Kreislaufsystems

Bei den Herz- und Kreislauferkrankungen entfielen im Branchendurchschnitt anteilmäßig die meisten Krankheitstage auf Hypertoniefälle und ischämische Herzkrankheiten, wie z. B. Herzinfarkt. Auf diese beiden Diagnosegruppen gingen im Branchendurchschnitt zusammen mehr als die Hälfte (54%) der durch Krankheiten des Herz-/Kreislaufsystems verursachten Arbeitsunfähigkeitstage zurück. Den dritten und vierten Rangplatz nahmen sonstige Formen der Herzkrankheit (z. B. Herzklappenkrankheiten oder Herzmuskelentzündungen) sowie Krank-

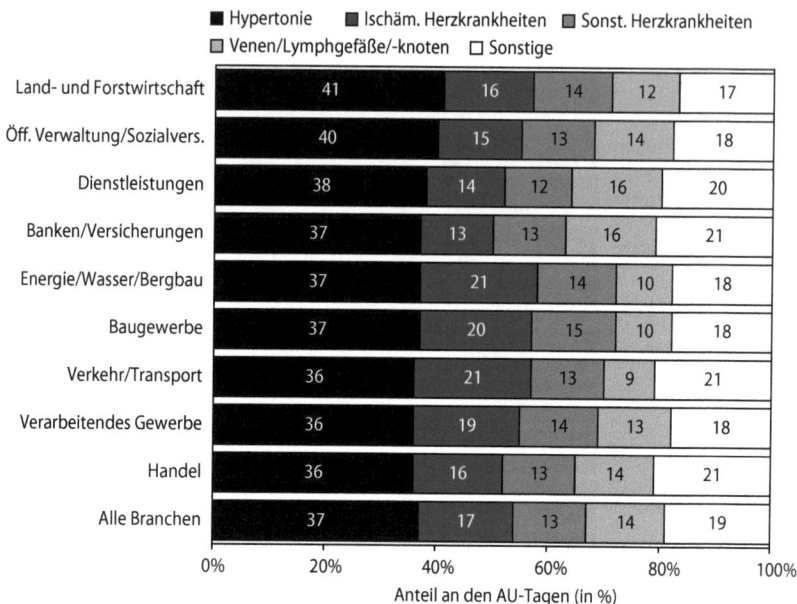

Abb. 16.1.47. Krankheiten des Kreislaufsystems nach Branchen und Diagnoseuntergruppen, 2006

heiten der Venen, der Lymphgefäße und der Lymphknoten ein. Der Rest entfiel auf sonstige Erkrankungen des Kreislaufsystems.

Der Anteil der ischämischen Herzkrankheiten an den auf Herz- und Kreislauferkrankungen zurückgehenden Arbeitsunfähigkeitstagen variiert in den einzelnen Branchen sehr stark (Abb. 16.1.47). Er bewegte sich 2006 zwischen 13% bei Banken und Versicherungen und 21% im Bereich Verkehr und Transport sowie Energie, Wasser und Bergbau. Auch hinsichtlich des Anteils der durch Erkrankungen der Venen, Lymphgefäße und sonstige Krankheiten des Kreislaufsystems verursachten Fehltage gibt es in den einzelnen Branchen große Unterschiede. Der Anteil an den AU-Tagen bewegt sich zwischen 9 und 16%. Der Anteil der Hypertonie und Hochdruckkrankheiten schwankte zwischen 36 und 41%.

Psychische und Verhaltensstörungen

Bei den psychischen und Verhaltensstörungen dominieren neurotische, Belastungs- und somatoforme Störungen, zu denen u. a. Phobien und andere Angststörungen gehören, sowie affektive Störungen, bei denen insbesondere Depressionen eine wichtige Rolle spielen. Diese beiden

Branchenüberblick

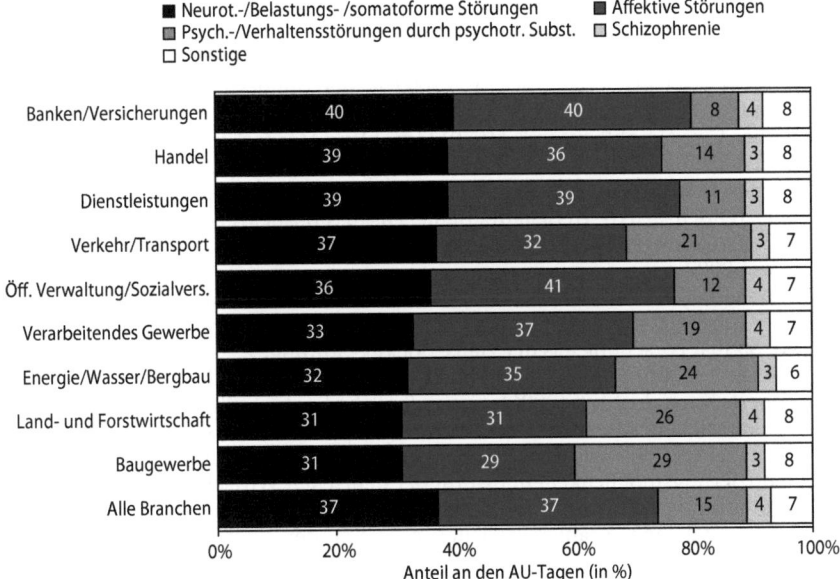

Abb. 16.1.48. Psychische und Verhaltensstörungen nach Branchen und Diagnoseuntergruppen, 2006

Diagnosegruppen haben im Branchendurchschnitt einen Anteil von jeweils 37% an den auf psychische Erkrankungen zurückgehenden Arbeitsunfähigkeitstagen. Auf psychische und Verhaltensstörungen durch psychotrope Substanzen, wie z. B. die Alkoholabhängigkeit, gingen 15% der Krankheitstage zurück. Schizophrenie, schizotype und wahnhafte Störungen waren für 4% der Fehltage verantwortlich. Der Rest entfiel auf sonstige Erkrankungen.

Abbildung 16.1.48 zeigt die Anteile der Diagnoseuntergruppen an den Arbeitsunfähigkeitstagen in den einzelnen Branchen. Die Anteile der Diagnoseuntergruppen variierten in den einzelnen Wirtschaftszweigen sehr stark. Dies gilt in besonderem Maße für psychische und Verhaltensstörungen durch psychotrope Substanzen. Während im Baugewerbe 29% der durch psychische Erkrankungen verursachten Ausfalltage auf Suchterkrankungen zurückgingen, waren es bei Banken und Versicherungen lediglich 8%.

Literatur

[1] Bundesagentur für Arbeit (2006) Sozialversicherungspflichtig Beschäftigte nach Wirtschaftszweigen der WZ 2003 in der Bundesrepublik Deutschland, Stand Juni 2006, Nürnberg
[2] Ferber C von, Kohlhausen K (1970) Der „blaue Montag" im Krankenstand. In: Arbeitsmedizin, Sozialmedizin, Arbeitshygiene, Heft 2, S 25–30
[3] Kohler H (2002) Krankenstand – Ein beachtlicher Kostenfaktor mit fallender Tendenz, IAB-Werkstattbericht, Diskussionsbeiträge des Instituts für Arbeitsmarkt- und Berufsforschung der Bundesanstalt für Arbeit, Ausgabe Nr. 1/30.1.2002
[4] Marstedt G, Müller R (1998) Ein kranker Stand? Fehlzeiten und Integration älterer Arbeitnehmer im Vergleich Öffentlicher Dienst – Privatwirtschaft. Berlin: Ed. Sigma, Forschung aus der Hans-Böckler-Stiftung; 9
[5] Mielck A (2000) Soziale Ungleichheit und Gesundheit. Huber, Bern
[6] Robert Koch Institut (2006) Gesundheitsbedingte Frühberentung. Schwerpunktbericht der Gesundheitsberichterstattung des Bundes. Berlin
[7] Schnabel C (1997) Betriebliche Fehlzeiten, Ausmaß, Bestimmungsgründe und Reduzierungsmöglichkeiten, Institut der deutschen Wirtschaft, Köln
[8] Bundesministerium für Gesundheit (2007) Vorläufige Rechnungsergebnisse der gesetzlichen Krankenversicherung nach der Statistik KV 45.1, 1.–4. Quartal

16.2 Banken und Versicherungen

Tabelle 16.2.1	Entwicklung des Krankenstands der AOK-Mitglieder	318
Tabelle 16.2.2	Anzahl der Fälle und Dauer der Arbeitsunfähigkeit der AOK-Mitglieder	318
Tabelle 16.2.3	Arbeitsunfähigkeit der AOK-Mitglieder nach Bundesländern	319
Tabelle 16.2.4	Arbeitsunfähigkeit der AOK-Mitglieder nach Wirtschaftsabteilungen	320
Tabelle 16.2.5	Kennzahlen der Arbeitsunfähigkeit der AOK-Mitglieder nach ausgewählten Berufsgruppen	321
Tabelle 16.2.6	Dauer der Arbeitsunfähigkeit der AOK-Mitglieder	322
Tabelle 16.2.7	Tage der Arbeitsunfähigkeit je AOK-Mitglied nach Wirtschaftsabteilung und Betriebsgröße	322
Tabelle 16.2.8	Krankenstand in Prozent nach der Stellung im Beruf	323
Tabelle 16.2.9	Tage der Arbeitsunfähigkeit je AOK-Mitglied nach der Stellung im Beruf	323
Tabelle 16.2.10	Anteil der Arbeitsunfälle an den AU-Fällen und -Tagen in Prozent nach Wirtschaftsabteilungen	323
Tabelle 16.2.11	Tage und Fälle der Arbeitsunfähigkeit durch Arbeitsunfälle nach Berufsgruppen	324
Tabelle 16.2.12	Tage der Arbeitsunfähigkeit je 100 AOK-Mitglieder nach Krankheitsarten	324
Tabelle 16.2.13	Fälle der Arbeitsunfähigkeit je 100 AOK-Mitglieder nach Krankheitsarten	325
Tabelle 16.2.14	Verteilung der Arbeitsunfähigkeitstage nach Krankheitsarten in Prozent	325
Tabelle 16.2.15	Verteilung der Arbeitsunfähigkeitsfälle nach Krankheitsarten in Prozent	326
Tabelle 16.2.16	Anteile der 40 häufigsten Einzeldiagnosen an den AU-Fällen und AU-Tagen	327
Tabelle 16.2.17	Anteile der 40 häufigsten Diagnoseuntergruppen an den AU-Fällen und AU-Tagen	328

Tabelle 16.2.1. Entwicklung des Krankenstands der AOK-Mitglieder in der Branche Banken und Versicherungen in den Jahren 1994 bis 2006

Jahr	Krankenstand in %		
	West	Ost	Bund
1994	4,4	3,0	4,0
1995	3,9	4,0	3,9
1996	3,5	3,6	3,5
1997	3,4	3,6	3,4
1998	3,5	3,6	3,5
1999	3,6	4,0	3,7
2000	3,6	4,1	3,6
2001	3,5	4,1	3,6
2002	3,5	4,1	3,5
2003	3,3	3,5	3,3
2004	3,1	3,2	3,1
2005	3,1	3,3	3,1
2006	2,7	3,2	2,8

Tabelle 16.2.2. Anzahl der Fälle und Dauer der Arbeitsunfähigkeit der AOK-Mitglieder in der Branche Banken und Versicherungen in den Jahren 1994 bis 2006

Jahr	AU-Fälle je 100 Mitglieder			Tage je Fall		
	West	Ost	Bund	West	Ost	Bund
1994	114,7	71,8	103,4	12,8	14,1	13,0
1995	119,3	111,2	117,9	11,9	13,8	12,2
1996	108,0	109,3	108,1	12,2	12,5	12,2
1997	108,4	110,0	108,5	11,5	11,9	11,5
1998	110,6	112,2	110,7	11,4	11,7	11,4
1999	119,6	113,3	119,1	10,8	11,6	10,9
2000	125,6	148,8	127,1	10,5	10,2	10,5
2001	122,2	137,5	123,1	10,6	10,8	10,6
2002	125,0	141,3	126,1	10,1	10,6	10,2
2003	126,0	137,1	127,0	9,5	9,4	9,5
2004	117,6	127,7	118,8	9,7	9,3	9,6
2005	122,6	132,0	123,8	9,2	9,0	9,1
2006	108,1	126,7	110,7	9,2	9,1	9,2

Tabelle 16.2.3. Arbeitsunfähigkeit der AOK-Mitglieder in der Branche Banken und Versicherungen nach Bundesländern im Jahr 2006 im Vergleich zum Vorjahr

Land	Kranken-stand (in %)	Arbeitsunfähigkeiten je 100 AOK-Mitglieder				Tage je Fall	Veränd. z. Vorj. (in %)	AU-Quote (in %)
		AU-Fälle	Veränd. z. Vorj. (in %)	AU-Tage	Veränd. z. Vorj. (in %)			
Baden-Württemberg	2,5	100,2	-14,5	916,7	-12,5	9,1	2,2	45,3
Bayern	2,5	90,6	-13,5	899,7	-15,0	9,9	-2,0	41,7
Berlin	3,3	115,0	-7,8	1208,4	-11,8	10,5	-4,5	38,5
Brandenburg	3,0	121,6	-5,7	1107,5	-10,4	9,1	-5,2	48,6
Bremen	3,5	116,1	-13,5	1284,2	-9,0	11,1	5,7	49,9
Hamburg	4,0	141,0	-6,0	1463,9	-10,6	10,4	-4,6	49,3
Hessen	3,2	126,7	-12,4	1183,4	-14,6	9,3	-3,1	48,5
Mecklenburg-Vorpommern	3,4	129,6	-9,4	1239,1	-0,1	9,6	10,3	50,4
Niedersachsen	2,8	122,7	-7,1	1008,1	-0,5	8,2	6,5	49,8
Nordrhein-Westfalen	3,0	129,2	-9,3	1110,9	-10,1	8,6	-1,1	49,9
Rheinland-Pfalz	3,0	125,1	-6,5	1102,8	-7,0	8,8	-1,1	52,0
Saarland	3,6	107,0	-25,5	1327,5	-14,4	12,4	14,8	46,4
Sachsen	3,2	125,8	-3,4	1155,9	-1,0	9,2	2,2	54,7
Sachsen-Anhalt	3,4	132,9	-1,3	1254,2	-1,1	9,4	0,0	52,5
Schleswig-Holstein	3,1	123,7	-7,3	1148,7	-8,3	9,3	-1,1	49,3
Thüringen	2,9	131,2	-9,0	1065,9	-18,0	8,1	-10,0	53,1
West	2,7	108,1	-11,8	992,9	-11,6	9,2	0,0	46,1
Ost	3,2	126,7	-4,0	1155,4	-2,9	9,1	1,1	54,0
Bund	2,8	110,7	-10,6	1015,6	-10,3	9,2	1,1	47,2

Tabelle 16.2.4. Arbeitsunfähigkeit der AOK-Mitglieder in der Branche Banken und Versicherungen nach Wirtschaftsabteilungen im Jahr 2006

Wirtschafts-abteilung	Krankenstand (in %)		Arbeitsunfähigkeiten je 100 AOK-Mitglieder		Tage je Fall	AU-Quote (in %)
	2006	2006 stand.*	Fälle	Tage		
Kreditgewerbe	2,7	2,5	110,0	990,1	9,0	48,8
Versicherungsgewerbe	3,3	3,2	124,4	1199,5	9,6	47,3
Assoziierte Tätigkeiten	2,7	2,7	100,8	983,6	9,8	39,1
Branche insgesamt	2,8	2,6	110,7	1015,6	9,2	47,2
Alle Branchen	4,2	4,1	131,0	1542,9	11,8	49,3

* Krankenstand alters- und geschlechtsstandardisiert

Banken und Versicherungen

Tabelle 16.2.5. Kennzahlen der Arbeitsunfähigkeit der AOK-Mitglieder nach ausgewählten Berufsgruppen in der Branche Banken und Versicherungen im Jahr 2006

Tätigkeit	Kranken-stand (in %)	Arbeitsunfähigkeiten je 100 AOK-Mitglieder		Tage je Fall	AU-Quote (in %)	Verteilung der AOK-Mitglieder in der Branche (in %)
		Fälle	Tage			
Bankfachleute	2,6	116,8	937,1	8,0	52,6	54,6
Bürofachkräfte	2,9	112,8	1067,4	9,5	43,9	11,6
Bürohilfskräfte	3,8	110,7	1373,8	12,4	42,8	2,2
Datenverarbeitungsfachleute	2,5	111,8	919,4	8,2	47,7	0,9
Köche	6,2	147,7	2266,8	15,3	64,6	0,9
Krankenversicherungsfachleute (nicht Sozialversicherung)	4,0	155,5	1453,0	9,3	55,7	1,7
Lebens-, Sachversicherungsfachleute	3,2	133,9	1156,0	8,6	48,8	10,9
Pförtner, Hauswarte	4,0	96,3	1466,1	15,2	46,7	1,2
Raum-, Hausratreiniger	5,2	116,9	1895,0	16,2	52,9	4,9
Stenographen, Stenotypistinnen, Maschinenschreiber	3,7	122,9	1340,3	10,9	52,5	1,0
Branche insgesamt	2,8	110,7	1015,6	9,2	47,2	1,2*

* Anteil der AOK-Mitglieder in der Branche an allen AOK-Mitgliedern

Tabelle 16.2.6. Dauer der Arbeitsunfähigkeit der AOK-Mitglieder in der Branche Banken und Versicherungen im Jahr 2006

Fallklasse	Branche hier		Alle Branchen	
	Anteil Fälle in %	Anteil Tage in %	Anteil Fälle in %	Anteil Tage in %
1–3 Tage	44,1	9,7	36,0	6,1
4–7 Tage	28,3	15,0	28,7	12,2
8–14 Tage	14,6	16,1	17,6	15,5
15–21 Tage	4,8	9,0	6,6	9,7
22–28 Tage	2,8	7,2	3,4	7,2
29–42 Tage	2,4	8,9	3,4	10,0
Langzeit-AU (> 42 Tage)	3,0	34,0	4,3	39,3

Tabelle 16.2.7. Tage der Arbeitsunfähigkeit je AOK-Mitglied nach Wirtschaftsabteilung und Betriebsgröße in der Branche Banken und Versicherungen im Jahr 2006

Wirtschafts-abteilung	Betriebsgröße (Anzahl der AOK-Mitglieder)					
	10–49	50–99	100–199	200–499	500–999	≥1000
Kreditgewerbe	9,9	10,3	10,8	11,7	12,9	11,1
Versicherungsgewerbe	12,9	13,7	14,4	11,2	12,8	–
Assoziierte Tätigkeiten	12,4	18,6	14,6	20,8	–	–
Branche insgesamt	10,4	11,0	11,3	11,8	12,9	11,1
Alle Branchen	15,8	17,3	17,7	18,1	18,7	17,6

Banken und Versicherungen

Tabelle 16.2.8. Krankenstand in Prozent nach der Stellung im Beruf in der Branche Banken und Versicherungen im Jahr 2006, AOK-Mitglieder

Wirtschaftsabteilung	Stellung im Beruf				
	Auszubildende	Arbeiter	Facharbeiter	Meister, Poliere	Angestellte
Kreditgewerbe	2,1	4,8	3,3	3,3	2,6
Versicherungsgewerbe	2,3	6,5	3,9	1,8	3,6
Assoziierte Tätigkeiten	2,8	3,4	3,0	1,7	2,8
Branche insgesamt	2,2	4,9	3,3	2,9	2,8
Alle Branchen	3,3	5,2	4,5	3,5	3,1

Tabelle 16.2.9. Tage der Arbeitsunfähigkeit je AOK-Mitglied nach der Stellung im Beruf in der Branche Banken und Versicherungen im Jahr 2006

Wirtschaftsabteilung	Stellung im Beruf				
	Auszubildende	Arbeiter	Facharbeiter	Meister, Poliere	Angestellte
Kreditgewerbe	7,7	17,7	12,0	12,1	9,7
Versicherungsgewerbe	8,4	23,6	14,2	6,5	13,0
Assoziierte Tätigkeiten	10,2	12,5	10,9	6,0	10,2
Branche insgesamt	8,0	17,9	12,1	10,5	10,2
Alle Branchen	12,2	18,9	16,3	12,7	11.4

Tabelle 16.2.10. Anteil der Arbeitsunfälle an den AU-Fällen und -Tagen in Prozent nach Wirtschaftsabteilungen in der Branche Banken und Versicherungen im Jahr 2006, AOK-Mitglieder

Wirtschaftsabteilung	Arbeitsunfähigkeiten	
	AU-Fälle in %	AU-Tage in %
Kreditgewerbe	1,3	2,0
Versicherungsgewerbe	1,1	2,1
Assoziierte Tätigkeiten	1,1	1,6
Branche insgesamt	1,3	2,0
Alle Branchen	4,9	6,1

Tabelle 16.2.11. Tage und Fälle der Arbeitsunfähigkeit durch Arbeitsunfälle nach Berufsgruppen in der Branche Banken und Versicherungen im Jahr 2006, AOK-Mitglieder

Tätigkeit	Arbeitsunfähigkeit je 1000 AOK-Mitglieder	
	AU-Tage	AU-Fälle
Lagerverwalter, Magaziner	2812,4	80,4
Kraftfahrzeugführer	1285,7	66,7
Köche	963,2	74,0
Pförtner, Hauswarte	578,0	33,0
Raum-, Hausratreiniger	479,6	25,6
Lebens-, Sachversicherungsfachleute	271,2	16,5
Bürofachkräfte	161,2	9,6
Bankfachleute	139,9	13,0

Tabelle 16.2.12. Tage der Arbeitsunfähigkeit je 100 AOK-Mitglieder nach Krankheitsarten in der Branche Banken und Versicherungen in den Jahren 1995 bis 2006

Jahr	AU-Tage je 100 Mitglieder					
	Psyche	Herz/ Kreislauf	Atemwege	Verdauung	Muskel/ Sklelett	Verletzungen
1995	102,9	154,9	327,6	140,1	371,0	179,5
1996	107,8	129,5	286,2	119,4	339,3	166,9
1997	104,8	120,6	258,1	112,5	298,0	161,1
1998	109,3	112,8	252,3	109,3	313,9	152,2
1999	113,7	107,6	291,2	108,7	308,3	151,0
2000	138,4	92,5	281,4	99,1	331,4	145,3
2001	144,6	99,8	264,1	98,8	334,9	147,6
2002	144,6	96,7	254,7	105,1	322,6	147,3
2003	133,9	88,6	261,1	99,0	288,0	138,2
2004	150,2	92,8	228,5	103,7	273,1	136,5
2005	147,5	85,1	270,1	100,1	248,8	132,1
2006	147,2	79,8	224,6	98,8	243,0	134,0

Banken und Versicherungen

Tabelle 16.2.13. Fälle der Arbeitsunfähigkeit je 100 AOK-Mitglieder nach Krankheitsarten in der Branche Banken und Versicherungen in den Jahren 1995 bis 2006

Jahr	AU-Fälle je 100 Mitglieder					
	Psyche	Herz/Kreislauf	Atemwege	Verdauung	Muskel/Skelett	Verletzungen
1995	4,1	8,2	43,8	19,1	20,0	10,7
1996	3,8	6,6	39,8	17,9	17,2	9,9
1997	4,1	6,8	39,8	17,8	16,9	9,8
1998	4,5	6,9	40,4	18,1	18,0	9,7
1999	4,8	6,9	46,4	19,0	18,6	10,3
2000	5,8	6,3	45,3	16,6	19,9	10,0
2001	6,6	7,1	44,4	17,3	20,5	10,3
2002	6,8	7,1	44,0	19,0	20,6	10,5
2003	6,9	7,1	46,5	18,7	19,5	10,3
2004	7,1	6,5	40,6	19,0	18,4	9,8
2005	7,0	6,5	47,7	17,9	18,1	9,7
2006	7,0	6,2	40,8	18,3	17,4	9,6

Tabelle 16.2.14. Verteilung der Arbeitsunfähigkeitstage nach Krankheitsarten in Prozent in der Branche Banken und Versicherungen im Jahr 2006, AOK-Mitglieder

Wirtschaftsabteilung	AU-Tage in %						
	Psyche	Herz/Kreislauf	Atemwege	Verdauung	Muskel/Skelett	Verletzungen	Sonstige
Kreditgewerbe	10,1	5,6	16,4	7,0	18,0	9,7	33,2
Versicherungsgewerbe	12,0	6,0	16,2	7,5	17,2	9,5	31,6
Assoziierte Tätigkeiten	12,3	6,3	14,6	7,4	15,0	9,3	35,1
Branche insgesamt	10,6	5,8	16,2	7,1	17,5	9,7	33,2
Alle Branchen	7,9	7,1	11,7	6,5	24,4	13,6	28,8

Tabelle 16.2.15. Verteilung der Arbeitsunfähigkeitsfälle nach Krankheitsarten in Prozent in der Branche Banken und Versicherungen im Jahr 2006, AOK-Mitglieder

Wirtschafts-abteilung	AU-Fälle in %						
	Psyche	Herz/Kreislauf	Atemwege	Verdauung	Muskel/Skelett	Verletzungen	Sonstige
Kreditgewerbe	4,5	4,1	27,6	12,3	11,7	6,4	33,5
Versicherungsgewerbe	5,5	4,2	27,0	12,0	12,0	6,5	32,9
Assoziierte Tätigkeiten	5,0	4,2	25,8	12,3	10,7	6,4	35,5
Branche insgesamt	4,7	4,2	27,3	12,2	11,6	6,4	33,6
Alle Branchen	4,2	4,7	21,0	11,6	18,2	10,2	30,0

Tabelle 16.2.16. Anteile der 40 häufigsten Einzeldiagnosen an den AU-Fällen und AU-Tagen in der Branche Banken und Versicherungen im Jahr 2006, AOK-Mitglieder

ICD-10	Bezeichnung	AU-Fälle in %	AU-Tage in %
J06	Akute Infektionen der oberen Atemwege	7,5	3,8
M54	Rückenschmerzen	4,3	4,6
J20	Akute Bronchitis	3,4	2,0
K52	Nichtinfektiöse Gastroenteritis und Kolitis	3,4	1,4
K08	Sonstige Krankheiten d. Zähne und d. Zahnhalteapparates	2,6	0,8
A09	Diarrhoe und Gastroenteritis	2,5	1,0
J40	Nicht akute Bronchitis	2,5	1,5
J01	Akute Sinusitis	2,0	1,1
J03	Akute Tonsillitis	2,0	1,0
B34	Viruskrankheit	1,8	0,9
J02	Akute Pharyngitis	1,7	0,8
J32	Chronische Sinusitis	1,6	0,9
K29	Gastritis und Duodenitis	1,5	0,8
R10	Bauch- und Beckenschmerzen	1,4	0,8
F32	Depressive Episode	1,2	3,2
I10	Essentielle Hypertonie	1,2	2,0
J04	Akute Laryngitis und Tracheitis	1,2	0,6
R51	Kopfschmerz	0,9	0,5
G43	Migräne	0,9	0,4
T14	Verletzung an einer nicht näher bezeichneten Körperregion	0,9	0,8
F43	Reaktionen auf schwere Belastungen u. Anpassungsstörungen	0,9	1,6
N39	Sonstige Krankheiten des Harnsystems	0,8	0,5
M53	Sonstige Krankheiten der Wirbelsäule und des Rückens	0,8	1,0
J11	Grippe	0,8	0,4
Z38	Lebendgeborene nach dem Geburtsort	0,8	0,4
B99	Sonstige Infektionskrankheiten	0,7	0,4
F45	Somatoforme Störungen	0,7	1,1
M51	Sonstige Bandscheibenschäden	0,7	1,8
S93	Luxation, Verstauchung und Zerrung der Gelenke und Bänder in Höhe des oberen Sprunggelenkes und des Fußes	0,6	0,6
F48	Andere neurotische Störungen	0,6	0,8
R11	Übelkeit und Erbrechen	0,6	0,4
R50	Fieber unbekannter Ursache	0,6	0,4
R42	Schwindel und Taumel	0,6	0,4
M99	Biomechanische Funktionsstörungen	0,6	0,5
J00	Akute Rhinopharyngitis	0,6	0,3
J98	Sonstige Krankheiten der Atemwege	0,6	0,3
M23	Binnenschädigung des Kniegelenkes	0,5	1,0
R53	Unwohlsein und Ermüdung	0,5	0,5
N30	Zystitis	0,5	0,2
M77	Sonstige Enthesopathien	0,4	0,7
	Summe hier	57,4	42,2
	Restliche	42,6	57,8
	Gesamtsumme	100,0	100,0

Tabelle 16.2.17. Anteile der 40 häufigsten Diagnoseuntergruppen an den AU-Fällen und AU-Tagen in der Branche Banken und Versicherungen im Jahr 2006, AOK-Mitglieder

ICD-10	Bezeichnung	AU-Fälle in %	AU-Tage in %
J00–J06	Akute Infektionen der oberen Atemwege	14,7	7,5
M40–M54	Krankheiten der Wirbelsäule und des Rückens	6,1	8,1
J20–J22	Sonstige akute Infektionen der unteren Atemwege	3,9	2,3
J40–J47	Chronische Krankheiten der unteren Atemwege	3,9	2,7
K50–K52	Nichtinfektiöse Enteritis und Kolitis	3,8	1,9
K00–K14	Krankheiten der Mundhöhle, Speicheldrüsen und Kiefer	3,2	1,0
A00–A09	Infektiöse Darmkrankheiten	3,2	1,3
R50–R69	Allgemeinsymptome	2,8	2,4
F40–F48	Neurotische, Belastungs- und somatoforme Störungen	2,4	4,4
J30–J39	Sonstige Krankheiten der oberen Atemwege	2,4	1,6
M60–M79	Krankheiten der Weichteilgewebe	2,2	3,3
R10–R19	Symptome bzgl. Verdauungssystem und Abdomen	2,2	1,4
K20–K31	Krankheiten des Ösophagus, Magens und Duodenums	2,1	1,3
M00–M25	Arthropathien	2,1	4,3
B25–B34	Sonstige Viruskrankheiten	2,0	1,1
G40–G47	Episod. und paroxysmale Krankheiten d. Nervensystems	1,6	1,2
F30–F39	Affektive Störungen	1,5	4,4
N30–N39	Sonstige Krankheiten des Harnsystems	1,4	0,8
I10–I15	Hypertonie	1,3	2,2
J10–J18	Grippe und Pneumonie	1,3	1,0
Z20–Z29	Pot. Gesundheitsrisiken bzgl. übertragbarer Krankheiten	1,2	0,6
T08–T14	Verletzungen Rumpf, Extremitäten u.a. Körperregionen	1,1	1,0
N80–N98	Krankheiten des weiblichen Genitaltraktes	1,0	1,1
O60–O75	Komplikationen bei Wehentätigkeit und Entbindung	0,9	0,6
S90–S99	Verletzungen der Knöchelregion und des Fußes	0,9	1,2
R00–R09	Symptome bzgl. Kreislauf- und Atmungssystem	0,9	0,7
I95–I99	Sonstige Krankheiten des Kreislaufsystems	0,9	0,5
O30–O48	Betreuung der Mutter	0,8	0,6
I80–I89	Krankheiten der Venen, Lymphgefäße und -knoten	0,8	0,9
S80–S89	Verletzungen des Knies und des Unterschenkels	0,8	1,9
K55–K63	Sonstige Krankheiten des Darmes	0,8	0,8
B99–B99	Sonstige Infektionskrankheiten	0,8	0,4
D10–D36	Gutartige Neubildungen	0,7	1,0
R40–R46	Symptome bzgl. Wahrnehmung, Stimmung, Verhalten	0,7	0,6
O20–O29	Sonstige mit Schwangerschaft verbundene Krankheiten	0,7	0,7
M95–M99	Sonstige Krankheiten des Muskel-Skelett-Systems	0,7	0,6
H65–H75	Krankheiten des Mittelohres und des Warzenfortsatzes	0,7	0,4
E70–E90	Stoffwechselstörungen	0,6	1,1
J95–J99	Sonstige Krankheiten des Atmungssystems	0,6	0,4
Z70–Z76	Sonstige Krankheiten	0,6	0,9
	Summe hier	80,3	70,2
	Restliche	19,7	29,8
	Gesamtsumme	100,0	100,0

16.3 Baugewerbe

Tabelle 16.3.1	Entwicklung des Krankenstands der AOK-Mitglieder.	330
Tabelle 16.3.2	Anzahl der Fälle und Dauer der Arbeitsunfähigkeit der AOK-Mitglieder	330
Tabelle 16.3.3	Arbeitsunfähigkeit der AOK-Mitglieder nach Bundesländern.	331
Tabelle 16.3.4	Arbeitsunfähigkeit der AOK-Mitglieder nach Wirtschaftsabteilungen.	332
Tabelle 16.3.5	Kennzahlen der Arbeitsunfähigkeit der AOK-Mitglieder nach ausgewählten Berufsgruppen	333
Tabelle 16.3.6	Dauer der Arbeitsunfähigkeit der AOK-Mitglieder.	334
Tabelle 16.3.7	Tage der Arbeitsunfähigkeit je AOK-Mitglied nach Wirtschaftsabteilung und Betriebsgröße	334
Tabelle 16.3.8	Krankenstand in Prozent nach der Stellung im Beruf.	335
Tabelle 16.3.9	Tage der Arbeitsunfähigkeit je AOK-Mitglied nach der Stellung im Beruf	335
Tabelle 16.3.10	Anteil der Arbeitsunfälle an den AU-Fällen und -Tagen in Prozent nach Wirtschaftsabteilungen	336
Tabelle 16.3.11	Tage und Fälle der Arbeitsunfähigkeit durch Arbeitsunfälle nach Berufsgruppen.	337
Tabelle 16.3.12	Tage der Arbeitsunfähigkeit je 100 AOK-Mitglieder nach Krankheitsarten.	338
Tabelle 16.3.13	Fälle der Arbeitsunfähigkeit je 100 AOK-Mitglieder nach Krankheitsarten.	338
Tabelle 16.3.14	Verteilung der Arbeitsunfähigkeitstage nach Krankheitsarten in Prozent.	339
Tabelle 16.3.15	Verteilung der Arbeitsunfähigkeitsfälle nach Krankheitsarten in Prozent.	339
Tabelle 16.3.16	Anteile der 40 häufigsten Einzeldiagnosen an den AU-Fällen und AU-Tagen.	340
Tabelle 16.3.17	Anteile der 40 häufigsten Diagnoseuntergruppen an den AU-Fällen und AU-Tagen.	341

Tabelle 16.3.1. Entwicklung des Krankenstands der AOK-Mitglieder in der Branche Baugewerbe in den Jahren 1994 bis 2006

Jahr	Krankenstand in %		
	West	Ost	Bund
1994	7,0	5,5	6,5
1995	6,5	5,5	6,2
1996	6,1	5,3	5,9
1997	5,8	5,1	5,6
1998	6,0	5,2	5,8
1999	6,0	5,5	5,9
2000	6,1	5,4	5,9
2001	6,0	5,5	5,9
2002	5,8	5,2	5,7
2003	5,4	4,6	5,3
2004	5,0	4,1	4,8
2005	4,8	4,0	4,7
2006	4,6	3,8	4,4

Tabelle 16.3.2. Anzahl der Fälle und Dauer der Arbeitsunfähigkeit der AOK-Mitglieder in der Branche Baugewerbe in den Jahren 1994 bis 2006

Jahr	AU-Fälle je 100 Mitglieder			Tage je Fall		
	West	Ost	Bund	West	Ost	Bund
1994	155,3	137,3	150,2	14,9	13,5	14,6
1995	161,7	146,9	157,6	14,7	13,7	14,5
1996	145,0	134,8	142,2	15,5	14,0	15,1
1997	140,1	128,3	137,1	14,6	14,0	14,5
1998	143,8	133,8	141,4	14,7	14,0	14,5
1999	153,0	146,3	151,5	14,2	13,9	14,1
2000	157,3	143,2	154,5	14,1	13,8	14,1
2001	156,3	141,5	153,6	14,0	14,1	14,0
2002	154,3	136,0	151,2	13,8	14,0	13,8
2003	148,8	123,0	144,3	13,3	13,7	13,3
2004	136,6	110,8	131,9	13,4	13,7	13,4
2005	136,0	107,1	130,8	13,0	13,7	13,1
2006	131,6	101,9	126,2	12,7	13,7	12,8

Tabelle 16.3.3. Arbeitsunfähigkeit der AOK-Mitglieder in der Branche Baugewerbe nach Bundesländern im Jahr 2006 im Vergleich zum Vorjahr

Land	Kranken-stand (in %)	Arbeitsunfähigkeiten je 100 AOK-Mitglieder				Tage je Fall	Veränd. z. Vorj. (in %)	AU-Quote (in %)
		AU-Fälle	Veränd. z. Vorj. (in %)	AU-Tage	Veränd. z. Vorj. (in %)			
Baden-Württemberg	4,8	137,3	-3,2	1760,9	-6,3	12,8	-3,8	52,7
Bayern	3,9	111,4	-3,0	1423,2	-6,0	12,8	-3,0	46,0
Berlin	5,0	122,9	0,3	1824,7	-6,0	14,8	-6,9	37,9
Brandenburg	3,9	102,4	-6,5	1435,5	-6,9	14,0	-0,7	40,7
Bremen	5,1	136,3	-1,7	1869,3	-2,5	13,7	-0,7	49,9
Hamburg	6,0	140,4	-7,0	2199,2	-6,5	15,7	0,6	49,8
Hessen	5,3	140,8	-4,4	1936,1	-6,5	13,7	-2,8	51,4
Mecklenburg-Vorpommern	3,9	102,6	-5,2	1406,6	-3,1	13,7	2,2	40,7
Niedersachsen	3,8	131,5	-1,7	1391,6	-1,1	10,6	1,0	49,9
Nordrhein-Westfalen	5,0	145,8	-4,6	1831,4	-7,2	12,6	-2,3	52,1
Rheinland-Pfalz	5,1	150,3	-2,5	1856,8	-4,3	12,4	-1,6	54,8
Saarland	6,0	139,9	-0,1	2179,3	-1,8	15,6	-1,3	51,3
Sachsen	3,7	97,4	-5,9	1346,2	-3,9	13,8	2,2	42,2
Sachsen-Anhalt	4,1	110,0	-2,9	1503,4	-5,0	13,7	-2,1	42,0
Schleswig-Holstein	4,6	137,7	-1,2	1691,3	-5,7	12,3	-4,7	50,8
Thüringen	4,0	108,8	-2,1	1458,4	-5,1	13,4	-2,9	43,5
West	4,6	131,6	-3,2	1665,7	-5,9	12,7	-2,3	49,8
Ost	3,8	101,9	-4,9	1400,2	-4,6	13,7	0,0	42,1
Bund	4,4	126,2	-3,5	1617,6	-5,7	12,8	-2,3	48,4

Tabelle 16.3.4. Arbeitsunfähigkeit der AOK-Mitglieder in der Branche Baugewerbe nach Wirtschaftsabteilungen im Jahr 2006

Wirtschafts-abteilung	Krankenstand (in %)		Arbeitsunfähigkeiten je 100 AOK-Mitglieder		Tage je Fall	AU-Quote (in %)
	2006	2006 stand.*	Fälle	Tage		
Bauinstallation	4,1	3,6	132,7	1478,4	11,1	51,0
Hoch- und Tiefbau	4,7	3,7	120,5	1725,2	14,3	47,4
Vermietung von Baumaschinen und -geräten mit Bedienungspersonal	5,0	3,7	113,1	1806,9	16,0	46,8
Vorbereitende Baustellenarbeiten	4,5	3,8	109,9	1628,6	14,8	40,9
Sonstiges Baugewerbe	4,2	3,8	133,3	1541,1	11,6	48,3
Branche insgesamt	4,4	3,7	126,2	1617,6	12,8	48,4
Alle Branchen	4,2	4,1	131,0	1542,9	11,8	49,3

* Krankenstand alters- und geschlechtsstandardisiert

Baugewerbe

Tabelle 16.3.5. Kennzahlen der Arbeitsunfähigkeit der AOK-Mitglieder nach ausgewählten Berufsgruppen in der Branche Baugewerbe im Jahr 2006

Tätigkeit	Kranken-stand (in %)	Arbeitsunfähigkeiten je 100 AOK-Mitglieder		Tage je Fall	AU-Quote (in %)	Verteilung der AOK-Mitglieder in der Branche (in %)
		Fälle	Tage			
Bauhilfsarbeiter	5,5	124,9	2010,2	16,1	53,5	2,4
Baumaschinenführer	4,8	96,9	1756,6	18,1	46,3	1,6
Betonbauer	5,8	133,7	2132,3	15,9	47,5	2,8
Bürofachkräfte	2,2	74,0	792,0	10,7	34,4	5,1
Dachdecker	5,2	154,0	1896,6	12,3	53,8	3,7
Elektroinstallateure, -monteure	3,9	135,8	1435,3	10,6	53,2	7,0
Fliesenleger	4,7	130,5	1713,1	13,1	49,2	1,8
Gerüstbauer	6,4	157,1	2326,4	14,8	51,7	1,4
Isolierer, Abdichter	5,2	130,1	1897,9	14,6	46,2	2,2
Kraftfahrzeugführer	4,9	95,4	1772,6	18,6	45,1	1,9
Maler, Lackierer (Ausbau)	4,3	148,5	1564,5	10,5	51,7	7,2
Maurer	4,8	122,3	1736,1	14,2	48,0	11,7
Rohrinstallateure	4,4	149,8	1621,0	10,8	58,2	8,1
Sonstige Bauhilfsarbeiter, Bauhelfer	4,4	122,4	1592,8	13,0	39,4	7,0
Sonstige Tiefbauer	4,9	110,0	1787,5	16,2	49,3	3,0
Straßenbauer	4,7	130,9	1731,7	13,2	51,8	2,5
Stukkateure, Gipser, Verputzer	5,3	153,8	1939,5	12,6	52,6	1,9
Tischler	3,9	128,7	1425,1	11,1	51,2	2,6
Zimmerer	4,6	132,5	1679,7	12,7	52,0	3,2
Branche insgesamt	4,4	126,2	1617,6	12,8	48,4	7,3*

* Anteil der AOK-Mitglieder in der Branche an allen AOK-Mitgliedern

Tabelle 16.3.6. Dauer der Arbeitsunfähigkeit der AOK-Mitglieder in der Branche Baugewerbe im Jahr 2006

Fallklasse	Branche hier		Alle Branchen	
	Anteil Fälle in %	Anteil Tage in %	Anteil Fälle in %	Anteil Tage in %
1–3 Tage	37,6	5,7	36,0	6,1
4–7 Tage	27,2	10,5	28,7	12,2
8–14 Tage	16,8	13,6	17,6	15,5
15–21 Tage	6,4	8,7	6,6	9,7
22–28 Tage	3,3	6,2	3,4	7,2
29–42 Tage	3,4	9,2	3,4	10,0
Langzeit-AU (> 42 Tage)	5,4	46,1	4,3	39,3

Tabelle 16.3.7. Tage der Arbeitsunfähigkeit je AOK-Mitglied nach Wirtschaftsabteilung und Betriebsgröße in der Branche Baugewerbe im Jahr 2006

Wirtschaftsabteilung	Betriebsgröße (Anzahl der AOK-Mitglieder)					
	10–49	50–99	100–199	200–499	500–999	≥1000
Bauinstallation	15,7	17,5	17,1	19,4	13,5	–
Hoch- und Tiefbau	17,7	19,0	18,6	18,2	21,9	–
Vermitetung von Baumaschinen und -geräten mit Bedienungspersonal	21,0	12,9	–	–	–	–
Vorbereitende Baustellenarbeiten	15,9	18,1	16,5	–	–	–
Sonstiges Ausbaugewerbe	16,7	18,0	18,2	14,1	–	–
Branche insgesamt	17,0	18,6	18,2	18,2	18,7	–
Alle Branchen	15,8	17,3	17,7	18,1	18,7	17,6

Tabelle 16.3.8. Krankenstand in Prozent nach der Stellung im Beruf in der Branche Baugewerbe im Jahr 2006, AOK-Mitglieder

Wirtschaftsabteilung	Stellung im Beruf				
	Auszubildende	Arbeiter	Facharbeiter	Meister, Poliere	Angestellte
Bauinstallation	3,6	4,6	4,4	3,7	2,3
Hoch- und Tiefbau	4,4	5,1	5,0	3,9	2,5
Vermitetung von Baumaschinen und -geräten mit Bedienungspersonal	2,7	5,0	5,4	8,4	2,0
Vorbereitende Baustellenarbeiten	5,0	5,0	4,4	3,6	2,6
Sonstiges Baugewerbe	4,1	4,6	4,5	3,9	2,6
Branche insgesamt	4,0	4,9	4,7	3,9	2,4
Alle Branchen	3,3	5,2	4,5	3,5	3,1

Tabelle 16.3.9. Tage der Arbeitsunfähigkeit je AOK-Mitglied nach der Stellung im Beruf in der Branche Baugewerbe im Jahr 2006, AOK-Mitglieder

Wirtschaftsabteilung	Stellung im Beruf				
	Auszubildende	Arbeiter	Facharbeiter	Meister, Poliere	Angestellte
Bauinstallation	13,2	16,9	16,2	13,3	8,3
Hoch- und Tiefbau	16,2	18,6	18,2	14,3	9,0
Vermitetung von Baumaschinen und -geräten mit Bedienungspersonal	9,9	18,3	19,6	30,3	7,3
Vorbereitende Baustellenarbeiten	18,4	18,1	15,9	13,1	9,5
Sonstiges Baugewerbe	14,9	16,8	16,3	14,3	9,3
Branche insgesamt	14,6	17,9	17,3	14,1	8,8
Alle Branchen	12,2	18,9	16,3	12,7	11,4

Tabelle 16.3.10. Anteil der Arbeitsunfälle an den AU-Fällen und -Tagen in Prozent nach Wirtschaftsabteilungen in der Branche Baugewerbe im Jahr 2006, AOK-Mitglieder

Wirtschaftsabteilung	Arbeitsunfähigkeiten	
	AU-Fälle in %	AU-Tage in %
Bauinstallation	8,6	10,5
Hoch- und Tiefbau	11,9	14,3
Vermitetung von Baumaschinen und -geräten mit Bedienungspersonal	11,1	14,0
Vorbereitende Baustellenarbeiten	11,5	14,7
Sonstiges Baugewerbe	8,1	10,0
Branche insgesamt	10,1	12,5
Alle Branchen	4,9	6,1

Tabelle 16.3.11. Tage und Fälle der Arbeitsunfähigkeit durch Arbeitsunfälle nach Berufsgruppen in der Branche Baugewerbe im Jahr 2006, AOK-Mitglieder

Tätigkeit	Arbeitsunfähigkeit je 1000 AOK-Mitglieder	
	AU-Tage	AU-Fälle
Zimmerer	3756,5	227,8
Betonbauer	3559,8	182,5
Gerüstbauer	3469,2	195,5
Dachdecker	3246,3	218,3
Bauhilfsarbeiter	2619,5	148,3
Maurer	2593,2	153,1
Sonstige Bauhilfsarbeiter, Bauhelfer	2548,9	153,7
Sonstige Tiefbauer	2456,8	122,2
Feinblechner	2272,9	163,7
Isolierer, Abdichter	2237,6	125,3
Stukkateure, Gipser, Verputzer	2210,8	132,0
Kraftfahrzeugführer	2177,6	105,5
Tischler	2034,2	151,8
Straßenbauer	1990,2	126,2
Rohrinstallateure	1908,2	152,8
Baumaschinenführer	1890,8	92,5
Erdbewegungsmaschinenführer	1849,5	87,9
Elektroinstallateure, -monteure	1596,7	114,5
Maler, Lackierer (Ausbau)	1465,7	106,7
Fliesenleger	1276,5	98,5

Tabelle 16.3.12. Tage der Arbeitsunfähigkeit je 100 AOK-Mitglieder nach Krankheitsarten in der Branche Baugewerbe in den Jahren 1995 bis 2006

Jahr	AU-Tage je 100 Mitglieder					
	Psyche	Herz/Kreislauf	Atemwege	Verdauung	Muskel/Skelett	Verletzungen
1995	69,1	208,2	355,9	205,2	780,6	602,6
1996	70,5	198,8	308,8	181,0	753,9	564,8
1997	65,3	180,0	270,4	162,5	677,9	553,6
1998	69,2	179,1	273,9	160,7	715,7	548,9
1999	72,2	180,3	302,6	160,6	756,0	547,9
2000	80,8	159,7	275,1	144,2	780,1	528,8
2001	89,0	163,6	262,0	145,0	799,9	508,4
2002	90,7	159,7	240,8	141,0	787,2	502,0
2003	84,7	150,0	233,3	130,8	699,3	469,0
2004	102,0	158,3	200,2	132,1	647,6	446,6
2005	101,1	155,2	227,0	122,8	610,4	435,3
2006	91,9	146,4	184,3	119,4	570,6	442,6

Tabelle 16.3.13. Fälle der Arbeitsunfähigkeit je 100 AOK-Mitglieder nach Krankheitsarten in der Branche Baugewerbe in den Jahren 1995 bis 2006

Jahr	AU-Fälle je 100 Mitglieder					
	Psyche	Herz/Kreislauf	Atemwege	Verdauung	Muskel/Skelett	Verletzungen
1995	2,6	8,0	43,5	23,6	38,5	34,4
1996	2,5	7,0	37,3	21,3	35,0	31,7
1997	2,7	7,0	35,5	20,5	34,4	31,9
1998	2,9	7,3	37,1	20,9	37,0	31,7
1999	3,1	7,5	41,7	22,4	39,5	32,2
2000	3,6	6,9	39,2	19,3	41,2	31,2
2001	4,2	7,3	39,0	19,7	42,3	30,3
2002	4,4	7,3	36,7	20,2	41,8	29,7
2003	4,3	7,1	36,7	19,1	38,2	28,6
2004	4,4	6,6	30,6	18,6	36,0	26,8
2005	4,2	6,5	34,7	17,0	34,2	25,7
2006	4,1	6,4	29,1	17,8	33,8	26,4

Baugewerbe

Tabelle 16.3.14. Verteilung der Arbeitsunfähigkeitstage nach Krankheitsarten in Prozent in der Branche Baugewerbe im Jahr 2006, AOK-Mitglieder

Wirtschafts-abteilung	AU-Tage in %						
	Psyche	Herz/ Kreislauf	Atem-wege	Verdau-ung	Muskel/ Skelett	Verlet-zungen	Sonstige
Bauinstallation	4,8	6,8	10,8	6,2	26,4	21,0	23,9
Hoch- und Tiefbau	4,2	7,6	7,9	5,6	28,8	22,4	23,4
Vermitetung von Baumaschinen und -geräten mit Bedienungs-personal	5,7	10,6	7,9	4,6	27,6	20,8	22,8
Vorbereitende Baustellen-arbeiten	4,3	8,0	8,5	5,7	26,4	21,8	25,3
Sonstiges Bugewerbe	4,8	6,2	10,1	6,1	28,1	20,9	23,6
Branche insgeamt	4,5	7,2	9,0	5,9	28,0	21,7	23,6
Alle Branchen	7,9	7,1	11,7	6,5	24,4	13,6	28,8

Tabelle 16.3.15. Verteilung der Arbeitsunfähigkeitsfälle nach Krankheitsarten in Prozent in der Branche Baugewerbe im Jahr 2006, AOK-Mitglieder

Wirtschafts-abteilung	AU-Fälle in %						
	Psyche	Herz/ Kreislauf	Atem-wege	Verdau-ung	Muskel/ Skelett	Verlet-zungen	Sonstige
Bauinstallation	2,5	3,7	21,2	11,8	19,0	15,8	26,0
Hoch- und Tiefbau	2,6	4,4	16,4	10,9	22,9	17,9	24,9
Vermitetung von Baumaschinen und -geräten mit Bedienungs-personal	3,2	6,1	15,2	12,7	22,5	15,7	24,6
Vorbereitende Baustellen-arbeiten	3,1	5,0	15,6	10,1	23,8	16,7	25,7
Sonstiges Bugewerbe	2,7	3,5	19,7	11,7	21,1	15,6	25,7
Branche insgeamt	2,6	4,0	18,5	11,3	21,4	16,8	25,4
Alle Branchen	4,2	4,7	21,0	11,6	18,2	10,2	30,0

Tabelle 16.3.16. Anteile der 40 häufigsten Einzeldiagnosen an den AU-Fällen und AU-Tagen in der Branche Baugewerbe im Jahr 2006, AOK-Mitglieder

ICD-10	Bezeichnung	AU-Fälle in %	AU-Tage in %
M54	Rückenschmerzen	8,5	7,9
J06	Akute Infektionen der oberen Atemwege	5,0	1,9
K52	Nichtinfektiöse Gastroenteritis und Kolitis	3,3	1,0
T14	Verletzung an einer nicht näher bezeichneten Körperregion	3,0	2,5
J20	Akute Bronchitis	2,7	1,2
A09	Diarrhoe und Gastroenteritis	2,4	0,7
K08	Sonstige Krankheiten der Zähne und des Zahnhalteapparates	2,2	0,4
J40	Nicht akute Bronchitis	1,9	0,9
J03	Akute Tonsillitis	1,5	0,6
K29	Gastritis und Duodenitis	1,4	0,7
I10	Essentielle Hypertonie	1,4	2,5
S93	Luxation, Verstauchung und Zerrung der Gelenke und Bänder in Höhe des oberen Sprunggelenkes und des Fußes	1,3	1,3
B34	Viruskrankheit	1,2	0,4
M51	Sonstige Bandscheibenschäden	1,2	3,0
J01	Akute Sinusitis	1,0	0,4
M53	Sonstige Krankheiten der Wirbelsäule und des Rückens	1,0	1,1
M23	Binnenschädigung des Kniegelenkes	1,0	1,9
M77	Sonstige Enthesopathien	1,0	1,1
J02	Akute Pharyngitis	1,0	0,4
M75	Schulterläsionen	1,0	1,8
R10	Bauch- und Beckenschmerzen	0,9	0,4
M99	Biomechanische Funktionsstörungen	0,9	0,6
M25	Sonstige Gelenkkrankheiten	0,9	1,0
S61	Offene Wunde des Handgelenkes und der Hand	0,9	0,8
J32	Chronische Sinusitis	0,8	0,4
R51	Kopfschmerz	0,8	0,3
S83	Luxation, Verstauchung und Zerrung des Kniegelenkes und von Bändern des Kniegelenkes	0,8	1,4
S60	Oberflächliche Verletzung des Handgelenkes und der Hand	0,7	0,5
J11	Grippe	0,6	0,2
T15	Fremdkörper im äußeren Auge	0,6	0,1
M79	Sonstige Krankheiten des Weichteilgewebes	0,6	0,4
S80	Oberflächliche Verletzung des Unterschenkels	0,6	0,5
M47	Spondylose	0,6	0,8
M70	Krankheiten des Weichteilgewebes im Zusammenhang mit Beanspruchung, Überbeanspruchung und Druck	0,6	0,6
R50	Fieber unbekannter Ursache	0,6	0,2
S62	Fraktur im Bereich des Handgelenkes und der Hand	0,5	1,3
S20	Oberflächliche Verletzung des Thorax	0,5	0,5
M17	Gonarthrose	0,5	1,3
B99	Sonstige Infektionskrankheiten	0,5	0,2
M65	Synovitis und Tenosynovitis	0,5	0,6
	Summe hier	56,4	43,8
	Restliche	43,6	56,2
	Gesamtsumme	100,0	100,0

Tabelle 16.3.17. Anteile der 40 häufigsten Diagnoseuntergruppen an den AU-Fällen und AU-Tagen in der Branche Baugewerbe im Jahr 2006, AOK-Mitglieder

ICD-10	Bezeichnung	AU-Fälle in %	AU-Tage in %
M40–M54	Krankheiten der Wirbelsäule und des Rückens	11,3	13,3
J00–J06	Akute Infektionen der oberen Atemwege	9,4	3,6
M60–M79	Krankheiten der Weichteilgewebe	4,6	5,6
M00–M25	Arthropathien	3,9	6,8
K50–K52	Nichtinfektiöse Enteritis und Kolitis	3,7	1,2
T08–T14	Verletzungen Rumpf, Extremitäten u.a. Körperregionen	3,6	3,0
J20–J22	Sonstige akute Infektionen der unteren Atemwege	3,1	1,4
J40–J47	Chronische Krankheiten der unteren Atemwege	3,1	1,9
A00–A09	Infektiöse Darmkrankheiten	3,1	0,9
S60–S69	Verletzungen des Handgelenkes und der Hand	2,9	3,8
K00–K14	Krankheiten Mundhöhle, Speicheldrüsen und Kiefer	2,8	0,6
R50–R69	Allgemeinsymptome	2,5	1,6
S90–S99	Verletzungen der Knöchelregion und des Fußes	2,2	2,8
K20–K31	Krankheiten des Ösophagus, Magens und Duodenums	2,1	1,2
S80–S89	Verletzungen des Knies und des Unterschenkels	1,9	3,7
R10–R19	Symptome bzgl. Verdauungssystem und Abdomen	1,7	0,9
I10–I15	Hypertonie	1,6	2,9
J30–J39	Sonstige Krankheiten der oberen Atemwege	1,5	0,8
S00–S09	Verletzungen des Kopfes	1,4	1,3
B25–B34	Sonstige Viruskrankheiten	1,4	0,5
M95–M99	Sonstige Krankheiten des Muskel-Skelett-Systems	1,1	0,8
J10–J18	Grippe und Pneumonie	1,0	0,7
R00–R09	Symptome bzgl. Kreislauf- und Atmungssystem	1,0	0,7
F40–F48	Neurotische, Belastungs- und somatoforme Störungen	1,0	1,4
S20–S29	Verletzungen des Thorax	0,9	1,2
G40–G47	Episod. und paroxysmale Krankheiten des Nervensystems	0,9	0,8
S40–S49	Verletzungen der Schulter und des Oberarmes	0,8	1,5
F10–F19	Psychische Störungen durch psychotrope Substanzen	0,8	1,3
L00–L08	Infektionen der Haut und der Unterhaut	0,8	0,7
I80–I89	Krankheiten Venen, Lymphgefäße und -knoten	0,8	0,8
E70–E90	Stoffwechselstörungen	0,7	1,5
G50–G59	Krankheiten von Nerven, -wurzeln und Nervenplexus	0,7	1,1
S50–S59	Verletzungen des Ellenbogens und des Unterarmes	0,7	1,4
T15–T19	Folgen des Eindringens eines Fremdkörpers	0,7	0,1
I20–I25	Ischämische Herzkrankheiten	0,6	1,6
F30–F39	Affektive Störungen	0,6	1,3
R40–R46	Sympt. bzgl. Wahrnehmung, Stimmung, Verhalten	0,6	0,4
K55–K63	Sonstige Krankheiten des Darmes	0,6	0,6
B99–B99	Sonstige Infektionskrankheiten	0,6	0,2
I3–I52	Sonstige Formen der Herzkrankheit	0,6	1,2
	Summe hier	83,3	77,1
	Restliche	16,7	22,9
	Gesamtsumme	100,0	100,0

16.4 Dienstleistungen

Tabelle 16.4.1	Entwicklung des Krankenstands der AOK-Mitglieder	343
Tabelle 16.4.2	Anzahl der Fälle und Dauer der Arbeitsunfähigkeit der AOK-Mitglieder	343
Tabelle 16.4.3	Arbeitsunfähigkeit der AOK-Mitglieder nach Bundesländern	344
Tabelle 16.4.4	Arbeitsunfähigkeit der AOK-Mitglieder nach Wirtschaftsabteilungen im Jahr 2006	345
Tabelle 16.4.5	Kennzahlen der Arbeitsunfähigkeit der AOK-Mitglieder nach ausgewählten Berufsgruppen	346
Tabelle 16.4.6	Dauer der Arbeitsunfähigkeit der AOK-Mitglieder	347
Tabelle 16.4.7	Tage der Arbeitsunfähigkeit je AOK-Mitglied nach Wirtschaftsabteilung und Betriebsgröße	348
Tabelle 16.4.8	Krankenstand in Prozent nach der Stellung im Beruf	349
Tabelle 16.4.9	Tage der Arbeitsunfähigkeit je AOK-Mitglied nach der Stellung im Beruf	350
Tabelle 16.4.10	Anteil der Arbeitsunfälle an den AU-Fällen und -Tagen in Prozent nach Wirtschaftsabteilungen	351
Tabelle 16.4.11	Tage und Fälle der Arbeitsunfähigkeit durch Arbeitsunfälle nach Berufsgruppen	352
Tabelle 16.4.12	Tage der Arbeitsunfähigkeit je 100 AOK-Mitglieder nach Krankheitsarten	353
Tabelle 16.4.13	Fälle der Arbeitsunfähigkeit je 100 AOK-Mitglieder nach Krankheitsarten	353
Tabelle 16.4.14	Verteilung der Arbeitsunfähigkeitstage nach Krankheitsarten in Prozent	354
Tabelle 16.4.15	Verteilung der Arbeitsunfähigkeitsfälle nach Krankheitsarten in Prozent	355
Tabelle 16.4.16	Anteile der 40 häufigsten Einzeldiagnosen an den AU-Fällen und AU-Tagen	356
Tabelle 16.4.17	Anteile der 40 häufigsten Diagnoseuntergruppen an den AU-Fällen und AU-Tagen	357

Dienstleistungen

Tabelle 16.4.1. Entwicklung des Krankenstands der AOK-Mitglieder in der Branche Dienstleistungen in den Jahren 1994 bis 2006

Jahr	Krankenstand in %		
	West	Ost	Bund
1994	5,7	6,1	5,8
1995	5,2	6,0	5,3
1996	4,8	5,6	4,9
1997	4,6	5,3	4,7
1998	4,7	5,2	4,8
1999	4,9	5,6	5,0
2000	4,9	5,5	5,0
2001	4,9	5,4	4,9
2002	4,8	5,2	4,8
2003	4,6	4,7	4,6
2004	4,2	4,2	4,2
2005	4,1	4,0	4,1
2006	4,0	3,8	4,0

Tabelle 16.4.2. Anzahl der Fälle und Dauer der Arbeitsunfähigkeit der AOK-Mitglieder in der Branche Dienstleistungen in den Jahren 1994 bis 2006

Jahr	AU-Fälle je 100 Mitglieder			Tage je Fall		
	West	Ost	Bund	West	Ost	Bund
1994	136,9	134,9	136,6	14,0	14,6	14,1
1995	144,7	149,1	145,5	13,5	14,5	13,7
1996	133,7	142,5	135,3	13,7	14,3	13,8
1997	132,0	135,1	132,5	12,8	13,9	13,0
1998	136,6	136,4	136,6	12,6	13,5	12,8
1999	146,2	155,7	147,6	12,2	13,1	12,3
2000	152,7	165,0	154,3	11,8	12,3	11,9
2001	150,0	155,2	150,7	11,8	12,7	12,0
2002	149,6	152,6	150,0	11,7	12,4	11,8
2003	146,4	142,9	145,9	11,4	11,9	11,4
2004	132,8	127,3	131,9	11,6	12,0	11,7
2005	131,7	121,6	130,1	11,3	11,9	11,4
2006	130,3	118,3	128,3	11,2	11,8	11,3

Tabelle 16.4.3. Arbeitsunfähigkeit der AOK-Mitglieder in der Branche Dienstleistungen nach Bundesländern im Jahr 2006 im Vergleich zum Vorjahr

Land	Kranken-stand (in %)	Arbeitsunfähigkeiten je 100 AOK-Mitglieder				Tage je Fall	Veränd. z. Vorj. (in %)	AU-Quote (in %)
		AU-Fälle	Veränd. z. Vorj. (in %)	AU-Tage	Veränd. z. Vorj. (in %)			
Baden-Württemberg	3,7	123,9	-1,7	1351,1	-3,1	10,9	-1,8	45,0
Bayern	3,5	110,3	0,3	1283,6	-1,9	11,6	-2,5	41,1
Berlin	5,2	140,4	-2,6	1906,2	-2,2	13,6	0,7	42,3
Brandenburg	4,3	122,8	-4,1	1567,3	-2,8	12,8	1,6	44,5
Bremen	4,8	144,9	-4,9	1757,8	-4,6	12,1	0,0	47,6
Hamburg	4,8	147,0	-0,9	1743,9	-1,1	11,9	0,0	44,9
Hessen	4,6	145,3	-0,4	1664,4	-1,7	11,5	-0,9	47,3
Mecklenburg-Vorpommern	4,2	125,9	-2,6	1539,8	-0,5	12,2	1,7	43,5
Niedersachsen	3,8	141,4	1,1	1400,0	3,4	9,9	2,1	48,4
Nordrhein-Westfalen	4,2	138,5	-2,3	1539,7	-3,2	11,1	-0,9	46,8
Rheinland-Pfalz	4,3	142,7	-2,1	1553,6	-4,0	10,9	-1,8	47,9
Saarland	4,7	127,8	-2,4	1702,1	-2,9	13,3	-0,7	41,0
Sachsen	3,5	113,5	-2,3	1289,8	-3,7	11,4	-0,9	45,1
Sachsen-Anhalt	4,1	119,6	-2,7	1505,2	-1,4	12,6	1,6	44,0
Schleswig-Holstein	4,5	137,1	0,3	1643,9	0,6	12,0	0,0	47,3
Thüringen	4,2	127,2	-3,0	1523,8	-3,7	12,0	-0,8	44,9
West	4,0	130,3	-1,1	1461,3	-2,1	11,2	-0,9	45,2
Ost	3,8	118,3	-2,7	1401,4	-3,1	11,8	-0,8	44,7
Bund	4,0	128,3	-1,4	1451,2	-2,3	11,3	-0,9	45,1

Dienstleistungen

Tabelle 16.4.4. Arbeitsunfähigkeit der AOK-Mitglieder in der Branche Dienstleistungen nach Wirtschaftsabteilungen im Jahr 2006

Wirtschafts-abteilung	Krankenstand (in %)		Arbeitsunfähigkeiten je 100 AOK-Mitglieder		Tage je Fall	AU-Quote (in %)
	2006	2006 stand.*	Fälle	Tage		
Abwasser- und Abfallbeseitigung und sonstige Entsorgung	6,1	5,0	152,5	2234,3	14,7	58,0
Datenverarbeitung und Datenbanken	2,2	2,5	99,0	787,6	8,0	37,9
Erbringung von Dienstleistungen überwiegend für Unternehmen	4,0	4,0	141,3	1450,6	10,3	42,7
Erbringung von sonstigen Dienstleistungen	3,5	3,8	130,1	1278,3	9,8	48,7
Forschung und Entwicklung	3,1	3,1	118,7	1132,7	9,5	44,5
Gastgewerbe	3,2	3,3	95,0	1163,4	12,2	35,5
Gesundheits-, Veterinär- und Sozialwesen	4,4	4,2	133,4	1619,9	12,1	53,5
Grundstücks- und Wohnungswesen	3,9	3,6	109,4	1428,1	13,1	43,7
Interessenvertretungen sowie kirchliche und sonstige Vereinigungen	4,1	3,7	144,2	1494,6	10,4	50,9
Kultur, Sport und Unterhaltung	3,4	3,3	98,7	1223,4	12,4	34,7
Private Haushalte	2,4	2,4	67,8	888,5	13,1	30,4
Vermietung beweglicher Sachen ohne Bedienungspersonal	3,7	3,7	109,8	1360,3	12,4	43,0
Branche insgesamt	4,0	3,9	128,3	1451,2	11,3	45,1
Alle Branchen	4,2	4,1	131,0	1542,9	11,8	49,3

* Krankenstand alters- und geschlechtsstandardisiert

Tabelle 16.4.5. Kennzahlen der Arbeitsunfähigkeit der AOK-Mitglieder nach ausgewählten Berufsgruppen in der Branche Dienstleistungen im Jahr 2006

Tätigkeit	Krankenstand (in %)	Arbeitsunfähigkeiten je 100 AOK-Mitglieder		Tage je Fall	AU-Quote (in %)	Verteilung der AOK-Mitglieder in der Branche in %
		Fälle	Tage			
Bürofachkräfte	2,7	119,0	1003,6	8,4	44,8	6,2
Friseur(e/innen)	2,7	142,8	986,9	6,9	50,7	1,8
Hauswirtschaftliche Betreuer	5,3	130,7	1926,2	14,7	50,8	2,5
Heimleiter, Sozialpädagogen	3,6	122,7	1330,3	10,8	52,7	1,4
Helfer in der Krankenpflege	6,1	147,3	2213,9	15,0	59,0	2,9
Hoteliers, Gastwirte	2,7	116,3	996,6	8,6	42,5	1,2
Kindergärtnerinnen, Kinderpflegerinnen	3,4	148,9	1231,4	8,3	58,3	1,7
Köche	4,1	111,2	1482,6	13,3	41,3	8,1
Kraftfahrzeugführer	5,5	126,9	2012,0	15,9	48,3	1,4
Krankenschwestern, -pfleger, Hebammen	3,9	118,4	1429,0	12,1	52,8	5,0
Lager-, Transportarbeiter	4,7	170,4	1729,8	10,2	44,8	2,3
Pförtner, Hauswarte	4,1	93,9	1503,8	16,0	42,7	1,5
Raum-, Hausratreiniger	5,3	130,1	1930,5	14,8	49,3	8,7
Restaurantfachleute, Stewards/ Stewardessen	2,9	89,6	1057,8	11,8	32,8	4,0
Sozialarbeiter, Sozialpfleger	5,0	142,9	1831,1	12,8	55,6	4,8
Sprechstundenhelfer	2,0	111,7	734,4	6,6	45,5	3,5
Gästebetreuer	3,5	100,2	1284,7	12,8	36,8	1,4
Verkäufer	3,6	112,7	1310,8	11,6	40,6	2,1
Wächter, Aufseher	4,7	110,0	1699,7	15,5	42,3	1,6
Branche insgesamt	4,0	128,3	1451,2	11,3	45,1	35,2*

* Anteil der AOK-Mitglieder in der Branche an allen AOK-Mitgliedern

Tabelle 16.4.6. Dauer der Arbeitsunfähigkeit der AOK-Mitglieder in der Branche Dienstleistungen im Jahr 2006

Fallklasse	Branche hier		Alle Branchen	
	Anteil Fälle in %	Anteil Tage in %	Anteil Fälle in %	Anteil Tage in %
1–3 Tage	35,6	6,3	36,0	6,1
4–7 Tage	29,9	13,4	28,7	12,2
8–14 Tage	17,7	16,2	17,6	15,5
15–21 Tage	6,4	9,9	6,6	9,7
22–28 Tage	3,3	7,1	3,4	7,2
29–42 Tage	3,2	9,7	3,4	10,0
Langzeit-AU (> 42 Tage)	4,0	37,4	4,3	39,3

Tabelle 16.4.7. Tage der Arbeitsunfähigkeit je AOK-Mitglied nach Wirtschaftsabteilung und Betriebsgröße in der Branche Dienstleistungen im Jahr 2006

Wirtschafts-abteilung	Betriebsgröße (Anzahl der AOK-Mitglieder)					
	10–49	50–99	100–199	200–499	500–999	≥1000
Abwasser- und Abfallbeseitigung und sonstige Entsorgung	20,1	23,5	25,6	27,8	31,6	5,3
Datenverarbeitung und Datenbanken	9,5	13,6	11,2	7,2	12,6	–
Erbringung von Dienstleistungen überwiegend für Unternehmen	15,2	16,4	16,2	16,3	18,1	14,5
Erbringung von sonstigen Dienstleistungen	15,0	17,3	18,1	17,9	–	29,2
Forschung und Entwicklung	11,5	13,7	14,7	12,6	17,1	–
Gastgewerbe	12,4	15,4	16,7	17,9	17,0	19,7
Gesundheits-, Veterinär- und Sozialwesen	18,0	18,4	18,4	18,5	19,9	17,8
Grundstücks- und Wohnungswesen	16,3	19,4	21,6	21,7	15,0	–
Interessenvertretungen sowie kirchliche und sonstige Vereinigungen	15,8	16,9	18,5	18,0	14,7	14,9
Kultur, Sport und Unterhaltung	13,4	15,6	15,8	14,1	11,4	19,6
Private Haushalte	13,1	16,0	7,0	10,1	–	–
Vermietung beweglicher Sachen ohne Bedienungspersonal	14,1	15,4	17,9	23,3	–	–
Branche insgesamt	15,6	17,4	17,5	17,6	18,9	16,3
Alle Branchen	15,8	17,3	17,7	18,1	18,7	17,6

Tabelle 16.4.8. Krankenstand in Prozent nach der Stellung im Beruf in der Branche Dienstleistungen im Jahr 2006, AOK-Mitglieder

Wirtschaftsabteilung	Stellung im Beruf				
	Auszu-bildende	Arbeiter	Fach-arbeiter	Meister, Poliere	Ange-stellte
Abwasser- und Abfallbeseitigung und sonstige Entsorgung	3,5	7,1	5,6	4,2	3,3
Datenverarbeitung und Datenbanken	2,0	4,1	3,0	2,2	2,2
Erbringung von Dienstleistungen überwiegend für Unternehmen	2,8	4,5	4,3	3,1	2,6
Erbringung von sonstigen Dienstleistungen	3,1	4,4	2,9	2,8	3,2
Forschung und Entwicklung	2,4	5,7	4,4	3,5	2,3
Gastgewerbe	3,3	3,3	3,1	2,9	2,5
Gesundheits-, Veterinär- und Sozialwesen	3,1	6,9	4,8	4,0	3,9
Grundstücks- und Wohnungswesen	2,8	4,7	4,7	3,7	2,8
Interessenvertretungen sowie kirchliche und sonstige Vereinigungen	4,7	6,1	4,8	3,0	3,5
Kultur, Sport und Unterhaltung	2,9	3,8	4,1	2,6	2,7
Private Haushalte	2,4	2,5	2,6	1,8	2,0
Vermietung beweglicher Sachen ohne Bedienungspersonal	3,0	4,5	4,3	3,3	2,5
Branche insgesamt	3,1	4,6	3,9	3,3	3,3
Alle Branchen	3,3	5,2	4,5	3,5	3,1

Tabelle 16.4.9. Tage der Arbeitsunfähigkeit je AOK-Mitglied nach der Stellung im Beruf in der Branche Dienstleistungen im Jahr 2006

Wirtschaftsabteilung	Stellung im Beruf				
	Auszubildende	Arbeiter	Facharbeiter	Meister, Poliere	Angestellte
Abwasser- und Abfallbeseitigung und sonstige Entsorgung	12,7	25,9	20,3	15,4	12,0
Datenverarbeitung und Datenbanken	7,1	15,1	11,1	8,2	7,9
Erbringung von Dienstleistungen überwiegend für Unternehmen	10,2	16,3	15,6	11,2	9,5
Erbringung von sonstigen Dienstleistungen	11,5	16,2	10,7	10,3	11,5
Forschung und Entwicklung	8,7	20,8	16,1	12,8	8,5
Gastgewerbe	12,2	11,9	11,2	10,6	9,1
Gesundheits-, Veterinär- und Sozialwesen	11,2	25,1	17,5	14,4	14,1
Grundstücks- und Wohnungswesen	10,2	17,1	17,1	13,4	10,2
Interessenvertretungen sowie kirchliche und sonstige Vereinigungen	17,1	22,1	17,5	11,0	12,6
Kultur, Sport und Unterhaltung	10,4	14,0	15,9	9,4	9,9
Private Haushalte	8,7	9,2	9,5	6,5	7,3
Vermietung beweglicher Sachen ohne Bedienungspersonal	11,0	16,6	15,5	12,1	9,0
Branche insgesamt	11,5	16,9	14,4	11,9	12,0
Alle Branchen	12,2	18,9	16,3	12,7	11,4

Tabelle 16.4.10. Anteil der Arbeitsunfälle an den AU-Fällen und -Tagen in Prozent nach Wirtschaftsabteilungen in der Branche Dienstleistungen im Jahr 2006, AOK-Mitglieder

Wirtschaftsabteilung	Arbeitsunfähigkeiten	
	AU-Fälle in %	AU-Tage in %
Abwasser- und Abfallbeseitigung und sonstige Entsorgung	7,4	8,9
Datenverarbeitung und Datenbanken	1,5	2,1
Erbringung von Dienstleistungen überwiegend für Unternehmen	4,7	5,9
Erbringung von sonstigen Dienstleistungen	2,4	3,6
Forschung und Entwicklung	2,6	3,5
Gastgewerbe	4,8	5,1
Gesundheits-, Veterinär- und Sozialwesen	2,4	2,8
Grundstücks- und Wohnungswesen	4,5	5,8
Interessenvertretungen sowie kirchliche und sonstige Vereinigungen	2,7	3,4
Kultur, Sport und Unterhaltung	4,9	7,1
Private Haushalte	2,7	4,1
Vermietung beweglicher Sachen ohne Bedienungspersonal	6,1	8,6
Branche insgesamt	3,7	4,5
Alle Branchen	4,9	6,1

Tabelle 16.4.11. Tage und Fälle der Arbeitsunfähigkeit durch Arbeitsunfälle nach Berufsgruppen in der Branche Dienstleistungen im Jahr 2006, AOK-Mitglieder

Tätigkeit	Arbeitsunfähigkeit je 1000 AOK-Mitglieder	
	AU-Tage	AU-Fälle
Industriemechaniker/innen	2298,6	177,1
Straßenreiniger, Abfallbeseitiger	2093,3	123,6
Kraftfahrzeugführer	1925,4	99,4
Elektroinstallateure, -monteure	1252,6	89,1
Lager-, Transportarbeiter	1231,5	96,0
Glas-, Gebäudereiniger	955,3	64,1
Pförtner, Hauswarte	932,9	55,2
Wächter, Aufseher	800,1	38,2
Köche	736,4	57,1
Raum-, Hausratreiniger	643,7	39,6
Hauswirtschaftliche Betreuer	606,4	37,2
Helfer in der Krankenpflege	559,2	33,2
Verkäufer	491,6	39,1
Restaurantfachleute, Stewards/Stewardessen	491,2	37,2
Sozialarbeiter, Sozialpfleger	471,0	31,0
Hoteliers, Gastwirte	469,1	42,8
Heimleiter, Sozialpädagogen	442,5	31,4
Krankenschwestern, -pfleger, Hebammen	371,5	26,0
Bürofachkräfte	201,5	15,4
Sprechstundenhelfer	150,3	15,5

Tabelle 16.4.12. Tage der Arbeitsunfähigkeit je 100 AOK-Mitglieder nach Krankheitsarten in der Branche Dienstleistungen in den Jahren 1995 bis 2006

Jahr	AU-Tage je 100 AOK-Mitglieder					
	Psyche	Herz/ Kreislauf	Atem- wege	Verdau- ung	Muskel/ Skelett	Verlet- zungen
1995	131,2	189,5	388,0	196,9	577,8	304,6
1996	126,7	166,6	350,8	173,5	529,5	285,6
1997	120,9	153,0	309,8	159,5	467,4	267,9
1998	129,5	150,0	307,2	155,3	480,0	260,5
1999	137,2	147,1	343,9	159,4	504,9	260,8
2000	163,5	131,5	321,8	142,8	543,2	249,3
2001	174,7	135,5	303,0	143,3	554,2	246,0
2002	180,1	131,4	289,1	143,9	542,4	239,2
2003	175,1	125,2	289,3	134,6	491,7	226,0
2004	187,1	130,4	247,0	133,3	463,9	216,7
2005	179,3	123,3	275,1	121,8	429,9	208,9
2006	181,7	122,7	234,5	125,9	435,3	217,8

Tabelle 16.4.13. Fälle der Arbeitsunfähigkeit je 100 AOK-Mitglieder nach Krankheitsarten in der Branche Dienstleistungen in den Jahren 1995 bis 2006

Jahr	AU-Fälle je 100 AOK-Mitglieder					
	Psyche	Herz/ Kreislauf	Atem- wege	Verdau- ung	Muskel/ Skelett	Verlet- zungen
1995	5,4	9,8	47,1	23,3	30,4	18,9
1996	5,1	8,6	43,5	22,0	27,9	17,7
1997	5,4	8,7	41,8	21,6	27,1	17,3
1998	5,8	8,9	43,3	22,0	28,7	17,4
1999	6,3	9,2	48,9	24,1	31,3	18,0
2000	7,7	8,3	45,8	20,4	33,4	17,2
2001	8,6	9,0	44,8	20,9	34,5	17,2
2002	8,9	9,0	43,5	21,9	34,1	16,7
2003	8,8	8,9	44,7	20,9	31,5	15,8
2004	8,8	7,9	37,4	20,0	29,2	14,6
2005	8,2	7,4	41,7	18,2	27,2	13,9
2006	8,4	7,6	36,5	19,6	28,0	14,7

Tabelle 16.4.14. Verteilung der Arbeitsunfähigkeitstage nach Krankheitsarten in Prozent in der Branche Dienstleistungen im Jahr 2006, AOK-Mitglieder

Wirtschafts-abteilung	AU-Tage in %						
	Psyche	Herz/Kreislauf	Atemwege	Verdauung	Muskel/Skelett	Verletzungen	Sonstige
Abwasser- und Abfallbeseitigung und sonstige Entsorgung	5,9	8,5	10,3	6,0	28,9	15,3	25,2
Datenverarbeitung und Datenbanken	9,6	5,4	18,4	8,6	15,5	10,2	32,3
Erbringung von Dienstleistungen überwiegend für Unternehmen	8,2	6,2	12,9	7,0	23,7	13,0	28,9
Erbringung von sonstigen Dienstleistungen	9,0	6,1	12,9	7,2	21,6	11,1	32,1
Forschung und Entwicklung	8,3	6,1	15,8	7,0	21,0	11,1	30,7
Gastgewerbe	9,1	6,7	11,1	7,1	22,0	13,0	31,1
Gesundheits-, Veterinär- und Sozialwesen	11,4	6,3	12,1	6,1	22,9	9,3	31,9
Grundstücks- und Wohnungswesen	8,4	8,7	10,9	6,6	23,4	12,2	29,8
Interessenvertretungen sowie kirchliche und sonstige Vereinigungen	9,9	6,5	14,5	6,8	20,7	10,6	31,0
Kultur, Sport und Unterhaltung	9,7	6,8	12,5	6,5	20,7	13,9	29,9
Private Haushalte	8,9	6,7	9,3	6,1	22,5	10,9	35,7
Vermietung beweglicher Sachen ohne Bedienungspersonal	7,2	7,6	10,6	6,5	24,4	16,2	27,5
Branche insgeamt	9,6	6,5	12,4	6,6	23,0	11,5	30,5
Alle Branchen	7,9	7,1	11,7	6,5	24,4	13,6	28,8

Tabelle 16.4.15. Verteilung der Arbeitsunfähigkeitsfälle nach Krankheitsarten in Prozent in der Branche Dienstleistungen im Jahr 2006, AOK-Mitglieder

Wirtschafts-abteilung	AU-Fälle in %						
	Psyche	Herz/Kreislauf	Atemwege	Verdauung	Muskel/Skelett	Verletzungen	Sonstige
Abwasser- und Abfallbeseitigung und sonstige Entsorgung	3,5	5,5	17,5	11,2	23,4	12,2	26,6
Datenverarbeitung und Datenbanken	4,6	3,7	28,7	12,8	11,5	6,5	32,2
Erbringung von Dienstleistungen überwiegend für Unternehmen	4,5	4,3	21,2	11,8	18,2	9,9	30,2
Erbringung von sonstigen Dienstleistungen	4,6	4,3	22,1	12,7	14,6	7,7	34,1
Forschung und Entwicklung	4,5	4,3	25,2	12,5	14,7	7,5	31,3
Gastgewerbe	5,1	4,6	19,4	11,5	16,3	10,3	32,7
Gesundheits-, Veterinär- und Sozialwesen	5,7	4,5	22,4	11,4	15,4	7,1	33,5
Grundstücks- und Wohnungswesen	4,7	5,7	19,7	11,5	18,2	9,4	30,8
Interessenvertretungen sowie kirchliche und sonstige Vereinigungen	4,8	4,5	24,6	11,9	14,4	7,6	32,1
Kultur, Sport und Unterhaltung	5,5	5,0	22,0	10,8	15,5	10,1	31,1
Private Haushalte	5,7	6,0	18,3	9,9	16,5	8,1	35,6
Vermietung beweglicher Sachen ohne Bedienungspersonal	4,0	4,9	19,7	11,5	18,6	11,8	29,6
Branche insgesamt	5,0	4,5	21,6	11,6	16,6	8,7	31,9
Alle Branchen	4,2	4,7	21,0	11,6	18,2	10,2	30,0

Tabelle 16.4.16. Anteile der 40 häufigsten Einzeldiagnosen an den AU-Fällen und AU-Tagen in der Branche Dienstleistungen im Jahr 2006, AOK-Mitglieder

ICD-10	Bezeichnung	AU-Fälle in %	AU-Tage in %
M54	Rückenschmerzen	6,7	6,9
J06	Akute Infektionen der oberen Atemwege	5,8	2,7
K52	Nichtinfektiöse Gastroenteritis und Kolitis	3,5	1,4
J20	Akute Bronchitis	3,0	1,7
A09	Diarrhoe und Gastroenteritis	2,5	0,9
J40	Nicht akute Bronchitis	2,2	1,2
K08	Sonstige Krankheiten der Zähne und des Zahnhalteapparates	1,8	0,5
K29	Gastritis und Duodenitis	1,8	1,0
J03	Akute Tonsillitis	1,6	0,8
R10	Bauch- und Beckenschmerzen	1,5	0,9
I10	Essentielle Hypertonie	1,4	2,2
T14	Verletzung an einer nicht näher bezeichneten Körperregion	1,4	1,2
B34	Viruskrankheit	1,4	0,6
J01	Akute Sinusitis	1,3	0,7
F32	Depressive Episode	1,3	2,8
J02	Akute Pharyngitis	1,2	0,5
M53	Sonstige Krankheiten der Wirbelsäule und des Rückens	1,1	1,3
J32	Chronische Sinusitis	1,1	0,6
R51	Kopfschmerz	1,0	0,5
F43	Reaktionen auf schwere Belastungen und Anpassungsstörungen	0,9	1,5
M51	Sonstige Bandscheibenschäden	0,8	2,0
M77	Sonstige Enthesopathien	0,7	0,9
J04	Akute Laryngitis und Tracheitis	0,7	0,4
M99	Biomechanische Funktionsstörungen	0,7	0,6
G43	Migräne	0,7	0,3
M75	Schulterläsionen	0,7	1,3
R11	Übelkeit und Erbrechen	0,7	0,3
S93	Luxation, Verstauchung und Zerrung der Gelenke und Bänder in Höhe des oberen Sprunggelenkes und des Fußes	0,7	0,7
N39	Sonstige Krankheiten des Harnsystems	0,7	0,5
F45	Somatoforme Störungen	0,7	0,9
J11	Grippe	0,6	0,3
M25	Sonstige Gelenkkrankheiten	0,6	0,7
R42	Schwindel und Taumel	0,6	0,4
B99	Sonstige Infektionskrankheiten	0,6	0,3
M79	Sonstige Krankheiten des Weichteilgewebes	0,6	0,6
R50	Fieber unbekannter Ursache	0,6	0,3
M23	Binnenschädigung des Kniegelenkes	0,6	1,2
F48	Andere neurotische Störungen	0,5	0,7
M65	Synovitis und Tenosynovitis	0,5	0,7
Z38	Lebendgeborene nach dem Geburtsort	0,5	0,2
	Summe hier	55,3	43,2
	Restliche	44,7	56,8
	Gesamtsumme	100,0	100,0

Tabelle 16.4.17. Anteile der 40 häufigsten Diagnoseuntergruppen an den AU-Fällen und AU-Tagen in der Branche Dienstleistungen im Jahr 2006, AOK-Mitglieder

ICD-10	Bezeichnung	AU-Fälle in %	AU-Tage in %
J00–J06	Akute Infektionen der oberen Atemwege	11,0	5,2
M40–M54	Krankheiten der Wirbelsäule und des Rückens	9,1	11,3
K50–K52	Nichtinfektiöse Enteritis und Kolitis	3,9	1,6
J40–J47	Chronische Krankheiten der unteren Atemwege	3,5	2,5
J20–J22	Sonstige akute Infektionen der unteren Atemwege	3,4	1,9
M60–M79	Krankheiten der Weichteilgewebe	3,4	4,5
A00–A09	Infektiöse Darmkrankheiten	3,2	1,2
R50–R69	Allgemeinsymptome	3,0	2,2
M00–M25	Arthropathien	2,7	5,2
K20–K31	Krankheiten des Ösophagus, Magens und Duodenums	2,5	1,5
R10–R19	Symptome bzgl. Verdauungssystem und Abdomen	2,4	1,5
F40–F48	Neurotische, Belastungs- und somatoforme Störungen	2,4	3,8
K00–K14	Krankheiten Mundhöhle, Speicheldrüsen und Kiefer	2,4	0,7
J30–J39	Sonstige Krankheiten der oberen Atemwege	1,8	1,1
T08–T14	Verletzungen Rumpf, Extremitäten u.a. Körperregionen	1,7	1,5
F30–F39	Affektive Störungen	1,6	3,9
I10–I15	Hypertonie	1,6	2,5
B25–B34	Sonstige Viruskrankheiten	1,6	0,7
G40–G47	Episod. und paroxysmale Krankheiten des Nervensystems	1,4	1,1
S60–S69	Verletzungen des Handgelenkes und der Hand	1,2	1,5
S90–S99	Verletzungen der Knöchelregion und des Fußes	1,1	1,4
N30–N39	Sonstige Krankheiten des Harnsystems	1,1	0,7
J10–J18	Grippe und Pneumonie	1,1	0,8
R00–R09	Symptome bzgl. Kreislauf- und Atmungssystem	1,0	0,7
N80–N98	Krankheiten des weibl. Genitaltraktes	1,0	1,0
S80–S89	Verletzungen des Knies und des Unterschenkels	1,0	1,9
I95–I99	Sonstige Krankheiten des Kreislaufsystems	0,9	0,5
I80–I89	Krankheiten Venen, Lymphgefäße und -knoten	0,9	1,1
M95–M99	Sonstige Krankheiten des Muskel-Skelett-Systems	0,8	0,7
Z20–Z29	Pot. Gesundheitsrisiken bzgl. übertragbarer Krankheiten	0,8	0,4
R40–R46	Sympt. bzgl. /Wahrnehmung, Stimmung und Verhalten	0,8	0,6
G50–G59	Krankheiten von Nerven, -wurzeln und Nervenplexus	0,7	1,3
S00–S09	Verletzungen des Kopfes	0,7	0,6
E70–E90	Stoffwechselstörungen	0,7	1,1
O60–O75	Komplikationen bei Wehentätigkeit und Entbindung	0,6	0,4
F10–F19	Psychische Störungen durch psychotrope Substanzen	0,6	1,1
B99–B99	Sonstige Infektionskrankheiten	0,6	0,3
K55–K63	Sonstige Krankheiten des Darmes	0,6	0,6
D10–D36	Gutartige Neubildungen	0,6	0,9
O20–O29	Sonstige Krankheiten der Mutter bzgl. Schwangerschaft	0,6	0,6
	Summe hier	80,0	72,1
	Restliche	20,0	27,9
	Gesamtsumme	100,0	100,0

16.5 Energie, Wasser und Bergbau

Tabelle 16.5.1	Entwicklung des Krankenstands der AOK-Mitglieder	359
Tabelle 16.5.2	Anzahl der Fälle und Dauer der Arbeitsunfähigkeit der AOK-Mitglieder	359
Tabelle 16.5.3	Arbeitsunfähigkeit der AOK-Mitglieder nach Bundesländern	360
Tabelle 16.5.4	Arbeitsunfähigkeit der AOK-Mitglieder nach Wirtschaftsabteilungen	361
Tabelle 16.5.5	Kennzahlen der Arbeitsunfähigkeit der AOK-Mitglieder nach ausgewählten Berufsgruppen	362
Tabelle 16.5.6	Dauer der Arbeitsunfähigkeit der AOK-Mitglieder	363
Tabelle 16.5.7	Tage der Arbeitsunfähigkeit je AOK-Mitglied nach Wirtschaftsabteilung und Betriebsgröße	363
Tabelle 16.5.8	Krankenstand in Prozent nach der Stellung im Beruf	364
Tabelle 16.5.9	Tage der Arbeitsunfähigkeit je AOK-Mitglied nach der Stellung im Beruf	364
Tabelle 16.5.10	Anteil der Arbeitsunfälle an den AU-Fällen und -Tagen in Prozent nach Wirtschaftsabteilungen	365
Tabelle 16.5.11	Tage und Fälle der Arbeitsunfähigkeit durch Arbeitsunfälle nach Berufsgruppen	366
Tabelle 16.5.12	Tage der Arbeitsunfähigkeit je 100 AOK-Mitglieder nach Krankheitsarten	367
Tabelle 16.5.13	Fälle der Arbeitsunfähigkeit je 100 AOK-Mitglieder nach Krankheitsarten	367
Tabelle 16.5.14	Verteilung der Arbeitsunfähigkeitstage nach Krankheitsarten in Prozent	368
Tabelle 16.5.15	Verteilung der Arbeitsunfähigkeitsfälle nach Krankheitsarten in Prozent	369
Tabelle 16.5.16	Anteile der 40 häufigsten Einzeldiagnosen an den AU-Fällen und AU-Tagen	370
Tabelle 16.5.17	Anteile der 40 häufigsten Diagnoseuntergruppen an den AU-Fällen und AU-Tagen	371

Energie, Wasser und Bergbau

Tabelle 16.5.1. Entwicklung des Krankenstands der AOK-Mitglieder in der Branche Energie, Wasser und Bergbau in den Jahren 1994 bis 2006

Jahr	Krankenstand in %		
	West	Ost	Bund
1994	6,4	5,2	6,0
1995	6,2	5,0	5,8
1996	5,7	4,1	5,3
1997	5,5	4,2	5,2
1998	5,7	4,0	5,3
1999	5,9	4,4	5,6
2000	5,8	4,4	5,5
2001	5,7	4,4	5,4
2002	5,5	4,5	5,3
2003	5,2	4,1	5,0
2004	4,9	3,7	4,6
2005	4,8	3,7	4,6
2006	4,4	3,6	4,3

Tabelle 16.5.2. Anzahl der Fälle und Dauer der Arbeitsunfähigkeit der AOK-Mitglieder in der Branche Energie, Wasser und Bergbau in den Jahren 1994 bis 2006

Jahr	AU-Fälle je 100 Mitglieder			Tage je Fall		
	West	Ost	Bund	West	Ost	Bund
1994	143,8	117,4	136,7	16,1	14,0	15,6
1995	149,0	126,4	143,3	15,6	13,9	15,2
1996	139,1	112,4	132,3	15,7	13,8	15,3
1997	135,8	107,1	129,1	14,8	13,8	14,6
1998	140,4	108,1	133,4	14,8	13,6	14,6
1999	149,7	118,8	143,4	14,4	13,5	14,2
2000	148,8	122,3	143,7	14,3	13,1	14,1
2001	145,0	120,3	140,4	14,3	13,5	14,2
2002	144,9	122,0	140,7	13,9	13,4	13,8
2003	144,2	121,6	139,9	13,2	12,4	13,0
2004	135,2	114,8	131,1	13,1	11,9	12,9
2005	139,1	115,5	134,3	12,7	11,7	12,5
2006	127,1	112,8	124,2	12,7	11,7	12,5

Tabelle 16.5.3. Arbeitsunfähigkeit der AOK-Mitglieder in der Branche Energie, Wasser und Bergbau nach Bundesländern im Jahr 2006 im Vergleich zum Vorjahr

Land	Kranken-stand in %	Arbeitsunfähigkeiten je 100 AOK-Mitglieder				Tage je Fall	Veränd. z. Vorj. (in %)	AU-Quote in %
		AU-Fälle	Veränd. z. Vorj. (in %)	AU-Tage	Veränd. z. Vorj. (in %)			
Baden-Württemberg	4,2	123,9	-8,6	1517,0	-11,6	12,2	-3,2	53,9
Bayern	4,1	110,9	-7,6	1507,0	-8,2	13,6	-0,7	50,8
Berlin	3,0	75,6	-37,3	1098,3	-33,3	14,5	5,8	32,6
Brandenburg	3,3	104,1	-5,7	1220,1	-5,7	11,7	0,0	49,9
Bremen	4,7	141,7	-6,3	1716,0	-2,0	12,1	4,3	55,3
Hamburg	2,0	152,4	-13,2	715,6	-37,3	4,7	-27,7	46,1
Hessen	5,3	143,6	-5,1	1927,1	-3,0	13,4	2,3	58,5
Mecklenburg-Vorpommern	4,0	121,8	-2,6	1446,0	-4,6	11,9	-1,7	53,2
Niedersachsen	3,6	118,7	-8,1	1321,9	-3,7	11,1	4,7	49,4
Nordrhein-Westfalen	4,9	144,3	-10,3	1803,5	-8,8	12,5	1,6	59,1
Rheinland-Pfalz	4,6	133,3	-7,1	1696,6	-10,1	12,7	-3,1	56,6
Saarland	6,4	142,9	-2,5	2326,5	-2,4	16,3	0,0	55,5
Sachsen	3,4	111,9	-2,5	1250,3	-0,8	11,2	1,8	52,3
Sachsen-Anhalt	4,0	104,6	-2,2	1450,6	2,4	13,9	5,3	49,8
Schleswig-Holstein	4,8	129,8	-6,0	1768,9	1,3	13,6	7,9	54,7
Thüringen	3,9	125,8	1,8	1439,7	-7,9	11,4	-9,5	54,1
West	4,4	127,1	-8,6	1619,4	-8,4	12,7	0,0	54,1
Ost	3,6	112,8	-2,3	1314,9	-2,5	11,7	0,0	52,1
Bund	4,3	124,2	-7,5	1556,8	-7,4	12,5	0,0	53,7

Tabelle 16.5.4. Arbeitsunfähigkeit der AOK-Mitglieder in der Branche Energie, Wasser und Bergbau nach Wirtschaftsabteilungen im Jahr 2006

Wirtschafts-abteilung	Krankenstand (in %)		Arbeitsunfähigkeiten je 100 AOK-Mitglieder		Tage je Fall	AU-Quote (in %)
	2006	2006 stand.*	Fälle	Tage		
Energieversorgung	4,1	3,7	127,3	1483,3	11,7	53,9
Erzbergbau	5,9	4,5	152,4	2145,9	14,1	61,0
Gewinnung von Erdöl und Erdgas, Erbringung damit verbundener Dienstleistungen	2,7	1,9	92,3	998,3	10,8	39,3
Gewinnung von Steinen und Erden, sonstiger Bergbau	4,5	3,8	111,2	1642,8	14,8	51,4
Kohlenbergbau, Torfgewinnung	4,3	3,2	113,9	1555,7	13,7	45,9
Wasserversorgung	4,8	4,1	138,9	1766,3	12,7	60,4
Branche insgesamt	4,3	3,8	124,2	1556,8	12,5	53,7
Alle Branchen	4,2	4,1	131,0	1542,9	11,8	49,3

* Krankenstand alters- und geschlechtsstandardisiert

Tabelle 16.5.5. Kennzahlen der Arbeitsunfähigkeit der AOK-Mitglieder nach ausgewählten Berufsgruppen in der Branche Energie, Wasser und Bergbau im Jahr 2006

Tätigkeit	Krankenstand (in %)	Arbeitsunfähigkeiten je 100 AOK-Mitglieder		Tage je Fall	AU-Quote (in %)	Verteilung der AOK-Mitglieder in der Branche in %
		Fälle	Tage			
Betriebsschlosser, Reparaturschlosser	4,8	143,8	1741,0	12,1	61,6	3,8
Bürofachkräfte	2,9	122,4	1041,3	8,5	51,7	10,3
Elektroinstallateure, -monteure	4,0	129,1	1471,1	11,4	58,0	12,9
Energiemaschinisten	4,2	104,2	1549,2	14,9	52,9	2,1
Erdbewegungsmaschinenführer	4,4	99,9	1620,2	16,2	50,1	2,1
Erden-, Kies-, Sandgewinner	5,1	115,0	1867,8	16,2	52,7	1,8
Kraftfahrzeugführer	5,2	124,1	1910,5	15,4	54,3	8,1
Kraftfahrzeuginstandsetzer	4,7	136,0	1728,3	12,7	59,3	1,2
Lager-, Transportarbeiter	6,1	145,1	2223,8	15,3	63,7	1,1
Maschinenschlosser	4,4	125,7	1602,1	12,7	57,5	1,4
Maschinenwärter, Maschinistenhelfer	4,3	121,2	1572,8	13,0	57,1	1,9
Raum-, Hausratreiniger	6,6	157,6	2393,5	15,2	63,3	2,4
Rohrinstallateure	5,3	144,2	1936,5	13,4	63,9	4,2
Rohrnetzbauer, Rohrschlosser	4,9	145,8	1785,0	12,2	64,1	5,6
Sonstige Techniker	3,1	101,7	1131,2	11,1	47,3	1,2
Steinbearbeiter	4,2	130,2	1538,8	11,8	55,3	2,5
Steinbrecher	5,3	124,7	1940,5	15,6	54,4	1,6
Straßenreiniger, Abfallbeseitiger	5,9	163,7	2166,2	13,2	67,1	1,8
Branche insgesamt	4,3	124,2	1556,8	12,5	53,7	0,8*

* Anteil der AOK-Mitglieder in der Branche an allen AOK-Mitgliedern

Energie, Wasser und Bergbau

Tabelle 16.5.6. Dauer der Arbeitsunfähigkeit der AOK-Mitglieder in der Branche Energie, Wasser und Bergbau im Jahr 2006

Fallklasse	Branche hier		Alle Branchen	
	Anteil Fälle in %	Anteil Tage in %	Anteil Fälle in %	Anteil Tage in %
1–3 Tage	34,8	5,4	36,0	6,1
4–7 Tage	26,9	10,7	28,7	12,2
8–14 Tage	18,3	15,2	17,6	15,5
15–21 Tage	7,2	10,1	6,6	9,7
22–28 Tage	4,0	7,8	3,4	7,2
29–42 Tage	4,0	11,0	3,4	10,0
Langzeit-AU (> 42 Tage)	4,9	39,9	4,3	39,3

Tabelle 16.5.7. Tage der Arbeitsunfähigkeit je AOK-Mitglied nach Wirtschaftsabteilung und Betriebsgröße in der Branche Energie, Wasser und Bergbau im Jahr 2006

Wirtschaftsabteilung	Betriebsgröße (Anzahl der AOK-Mitglieder)					
	10–49	50–99	100–199	200–499	500–999	≥1000
Energieversorgung	14,8	15,5	17,0	16,4	16,4	21,8
Erzbergbau	20,9	–	22,0	–	–	–
Gewinnung von Erdöl und Erdgas, Erbringung damit verbundener Dienstleistungen	10,4	12,4	15,4	–	–	–
Gewinnung von Steinen und Erden, sonstiger Bergbau	16,6	16,9	18,5	20,7	–	–
Kohlenbergbau, Torfgewinnung	14,9	18,0	–	–	–	–
Wasserversorgung	18,7	18,1	17,0	19,6	–	–
Branche insgesamt	16,0	16,2	17,2	17,1	16,4	21,8
Alle Branchen	15,8	17,3	17,7	18,1	18,7	17,6

Tabelle 16.5.8. Krankenstand in Prozent nach der Stellung im Beruf in der Branche Energie, Wasser und Bergbau im Jahr 2006, AOK-Mitglieder

Wirtschaftsabteilung	Stellung im Beruf				
	Auszu-bildende	Arbeiter	Fach-arbeiter	Meister, Poliere	Ange-stellte
Energieversorgung	2,8	6,5	4,5	2,7	3,1
Erzbergbau	1,4	6,9	6,2	0,8	5,3
Gewinnung von Erdöl und Erdgas, Erbringung damit verbundener Dienstleistungen	2,8	4,8	3,0	3,2	1,5
Gewinnung von Steinen und Erden, sonstiger Bergbau	3,0	5,1	4,5	3,7	2,7
Kohlenbergbau, Torfgewinnung	3,4	4,1	5,3	2,9	1,5
Wasserversorgung	2,9	7,2	5,3	2,4	2,9
Branche insgesamt	2,8	5,7	4,6	2,8	3,0
Alle Branchen	3,3	5,2	4,5	3,5	3,1

Tabelle 16.5.9. Tage der Arbeitsunfähigkeit je AOK-Mitglied nach der Stellung im Beruf in der Branche Energie, Wasser und Bergbau im Jahr 2006

Wirtschaftsabteilung	Stellung im Beruf				
	Auszu-bildende	Arbeiter	Fach-arbeiter	Meister, Poliere	Ange-stellte
Energieversorgung	10,1	23,7	16,5	9,9	11,3
Erzbergbau	5,1	25,1	22,6	3,0	19,4
Gewinnung von Erdöl und Erdgas, Erbringung damit verbundener Dienstleistungen	10,4	17,4	10,9	11,8	5,4
Gewinnung von Steinen und Erden, sonstiger Bergbau	10,9	18,5	16,5	13,5	9,7
Kohlenbergbau, Torfgewinnung	12,5	15,0	19,3	10,7	5,3
Wasserversorgung	10,8	26,4	19,2	8,8	10,7
Branche insgesamt	10,3	20,7	16,9	10,2	11,0
Alle Branchen	12,2	18,9	16,3	12,7	11,4

Tabelle 16.5.10. Anteil der Arbeitsunfälle an den AU-Fällen und -Tagen in Prozent nach Wirtschaftsabteilungen in der Branche Energie, Wasser und Bergbau im Jahr 2006, AOK-Mitglieder

Wirtschaftsabteilung	Arbeitsunfähigkeiten	
	AU-Fälle in %	AU-Tage in %
Energieversorgung	4,0	5,2
Erzbergbau	7,3	6,4
Gewinnung von Erdöl und Erdgas, Erbringung damit verbundener Dienstleistungen	3,2	5,5
Gewinnung von Steinen und Erden, sonstiger Bergbau	8,9	10,9
Kohlenbergbau, Torfgewinnung	9,9	15,7
Wasserversorgung	4,5	5,2
Branche insgesamt	5,2	6,8
Alle Branchen	4,9	6,1

Tabelle 16.5.11. Tage und Fälle der Arbeitsunfähigkeit durch Arbeitsunfälle nach Berufsgruppen in der Branche Energie, Wasser und Bergbau im Jahr 2006, AOK-Mitglieder

Tätigkeit	Arbeitsunfähigkeit je 1000 AOK-Mitglieder	
	AU-Tage	AU-Fälle
Erden-, Kies-, Sandgewinner	2639,9	96,6
Steinbrecher	2469,7	122,1
Steinbearbeiter	2231,8	165,1
Erdbewegungsmaschinenführer	1966,7	99,1
Formstein-, Betonhersteller	1881,7	172,6
Straßenreiniger, Abfallbeseitiger	1804,4	121,1
Fördermaschinisten, Seilbahnmaschinisten	1790,5	102,6
Baumaschinenführer	1739,5	105,5
Kraftfahrzeugführer	1711,7	73,7
Lager-, Transportarbeiter	1561,5	74,7
Betriebsschlosser, Reparaturschlosser	1510,3	120,8
Bauhilfsarbeiter	1499,6	109,3
Rohrinstallateure	1380,1	81,3
Kraftfahrzeuginstandsetzer	1229,7	91,8
Rohrnetzbauer, Rohrschlosser	1024,1	87,6
Elektroinstallateure, -monteure	963,7	63,5
Maschinenschlosser	805,3	61,6
Energiemaschinisten	707,5	35,6
Maschinenwärter, Maschinistenhelfer	611,2	63,6
Bürofachkräfte	228,5	17,2

Energie, Wasser und Bergbau

Tabelle 16.5.12. Tage der Arbeitsunfähigkeit je 100 AOK-Mitglieder nach Krankheitsarten in der Branche Energie, Wasser und Bergbau in den Jahren 1995 bis 2006

Jahr	AU-Tage je 100 Mitglieder					
	Psyche	Herz/Kreislauf	Atemwege	Verdauung	Muskel/Skelett	Verletzungen
1995	97,5	225,6	388,0	190,5	713,0	381,6
1996	95,0	208,2	345,8	168,6	664,2	339,2
1997	96,1	202,5	312,8	159,4	591,7	326,9
1998	100,6	199,5	314,8	156,4	637,4	315,3
1999	109,0	191,8	358,0	159,4	639,7	333,0
2000	117,1	185,3	305,5	140,8	681,8	354,0
2001	128,8	179,0	275,2	145,3	693,3	354,0
2002	123,5	176,2	262,8	144,0	678,0	343,6
2003	125,3	167,0	276,9	134,4	606,6	320,6
2004	136,6	179,8	241,9	143,2	583,5	301,5
2005	134,4	177,8	289,5	134,6	547,0	299,8
2006	131,5	180,1	232,2	131,8	540,1	294,5

Tabelle 16.5.13. Fälle der Arbeitsunfähigkeit je 100 AOK-Mitglieder nach Krankheitsarten in der Branche Energie, Wasser und Bergbau in den Jahren 1995 bis 2006

Jahr	AU-Fälle je 100 Mitglieder					
	Psyche	Herz/Kreislauf	Atemwege	Verdauung	Muskel/Skelett	Verletzungen
1995	3,5	9,4	45,0	22,7	35,2	22,1
1996	3,4	8,5	40,8	21,0	32,2	19,3
1997	3,6	8,6	39,5	20,8	31,8	19,4
1998	3,9	8,9	40,6	20,8	34,3	19,4
1999	4,2	9,1	46,6	22,2	35,5	19,9
2000	4,7	8,4	40,2	18,6	37,5	20,5
2001	5,1	9,1	37,6	19,2	38,0	20,4
2002	5,5	9,2	36,7	20,2	38,3	19,6
2003	5,8	9,5	39,4	20,1	35,5	19,0
2004	5,7	8,9	33,9	20,2	34,5	17,7
2005	5,5	8,9	40,4	18,7	33,2	17,5
2006	5,6	8,9	33,7	19,3	32,9	17,7

Tabelle 16.5.14. Verteilung der Arbeitsunfähigkeitstage nach Krankheitsarten in Prozent in der Branche Energie, Wasser und Bergbau im Jahr 2006, AOK-Mitglieder

Wirtschaftsabteilung	AU-Tage in %						
	Psyche	Herz/Kreislauf	Atemwege	Verdauung	Muskel/Skelett	Verletzungen	Sonstige
Energieversorgung	6,9	8,0	12,5	6,6	25,2	13,1	27,8
Erzbergbau	2,8	7,5	8,8	10,3	25,8	12,8	31,9
Gewinnung von Erdöl und Erdgas, Erbringung damit verbundener Dienstleistungen	4,2	8,5	11,0	6,9	30,9	10,5	27,9
Gewinnung von Steinen und Erden, sonstiger Bergbau	5,3	9,8	8,6	5,7	25,9	16,9	27,7
Kohlenbergbau, Torfgewinnung	4,2	4,5	6,9	7,6	27,2	20,4	29,2
Wasserversorgung	6,3	9,4	10,7	6,1	28,0	12,9	26,6
Branche insgeamt	6,3	8,6	11,1	6,3	25,9	14,1	27,6
Alle Branchen	7,9	7,1	11,7	6,5	24,4	13,6	28,8

Tabelle 16.5.15. Verteilung der Arbeitsunfähigkeitsfälle nach Krankheitsarten in Prozent in der Branche Energie, Wasser und Bergbau im Jahr 2006, AOK-Mitglieder

Wirtschafts-abteilung	AU-Fälle in %						
	Psyche	Herz/Kreislauf	Atemwege	Verdauung	Muskel/Skelett	Verletzungen	Sonstige
Energieversorgung	3,6	5,1	22,2	11,9	18,9	9,7	28,7
Erzbergbau	3,5	6,4	18,9	11,8	20,5	12,4	26,5
Gewinnung von Erdöl und Erdgas, Erbringung damit verbundener Dienstleistungen	3,1	5,0	20,3	9,7	23,8	8,8	29,3
Gewinnung von Steinen und Erden, sonstiger Bergbau	3,0	6,1	16,4	11,1	21,8	13,6	28,1
Kohlenbergbau, Torfgewinnung	2,4	3,9	15,1	11,9	23,0	14,1	29,6
Wasserversorgung	3,4	5,7	19,7	11,9	21,0	10,2	28,3
Branche insgeamt	3,4	5,4	20,4	11,7	19,9	10,7	28,5
Alle Branchen	4,2	4,7	21,0	11,6	18,2	10,2	30,0

Tabelle 16.5.16. Anteile der 40 häufigsten Einzeldiagnosen an den AU-Fällen und AU-Tagen in der Branche Energie, Wasser und Bergbau im Jahr 2006, AOK-Mitglieder

ICD-10	Bezeichnung	AU-Fälle in %	AU-Tage in %
M54	Rückenschmerzen	7,5	7,0
J06	Akute Infektionen der oberen Atemwege	5,4	2,3
J20	Akute Bronchitis	3,1	1,6
K52	Nichtinfektiöse Gastroenteritis und Kolitis	2,8	0,9
K08	Sonstige Krankheiten der Zähne und des Zahnhalteapparates	2,7	0,5
J40	Nicht akute Bronchitis	2,2	1,1
I10	Essentielle Hypertonie	2,1	3,1
A09	Diarrhoe und Gastroenteritis	1,9	0,6
T14	Verletzung an einer nicht näher bezeichneten Körperregion	1,7	1,5
J01	Akute Sinusitis	1,3	0,6
B34	Viruskrankheit	1,3	0,6
K29	Gastritis und Duodenitis	1,3	0,7
J03	Akute Tonsillitis	1,3	0,5
M51	Sonstige Bandscheibenschäden	1,2	2,4
M53	Sonstige Krankheiten der Wirbelsäule und des Rückens	1,1	1,3
J02	Akute Pharyngitis	1,1	0,5
J32	Chronische Sinusitis	1,0	0,6
M75	Schulterläsionen	1,0	1,7
M77	Sonstige Enthesopathien	0,9	1,0
R10	Bauch- und Beckenschmerzen	0,9	0,4
M23	Binnenschädigung des Kniegelenkes	0,9	1,6
S93	Luxation, Verstauchung und Zerrung der Gelenke und Bänder in Höhe des oberen Sprunggelenkes und des Fußes	0,8	0,9
M99	Biomechanische Funktionsstörungen	0,8	0,6
F32	Depressive Episode	0,8	1,7
M25	Sonstige Gelenkkrankheiten	0,8	0,9
I25	Chronische ischämische Herzkrankheit	0,7	1,4
J11	Grippe	0,7	0,3
E66	Adipositas	0,7	1,2
M17	Gonarthrose	0,6	1,2
M47	Spondylose	0,6	0,9
R51	Kopfschmerz	0,6	0,3
J04	Akute Laryngitis und Tracheitis	0,6	0,3
E78	Störungen des Lipoproteinstoffwechsels u. sonst. Lipidämien	0,6	1,0
M79	Sonstige Krankheiten des Weichteilgewebes	0,6	0,5
B99	Sonstige Infektionskrankheiten	0,5	0,3
R50	Fieber unbekannter Ursache	0,5	0,3
E11	Typ-II-Diabetes	0,5	0,7
S83	Luxation, Verstauchung und Zerrung des Kniegelenkes und von Bändern des Kniegelenkes	0,5	0,9
F43	Reaktionen auf schwere Belastungen u. Anpassungsstörungen	0,5	0,8
R42	Schwindel und Taumel	0,5	0,4
	Summe hier	54,6	45,1
	Restliche	45,4	54,9
	Gesamtsumme	100,0	100,0

Tabelle 16.5.17. Anteile der 40 häufigsten Diagnoseuntergruppen an den AU-Fällen und AU-Tagen in der Branche Energie, Wasser und Bergbau im Jahr 2006, AOK-Mitglieder

ICD-10	Bezeichnung	AU-Fälle in %	AU-Tage in %
M40–M54	Krankheiten der Wirbelsäule und des Rückens	10,4	12,2
J00–J06	Akute Infektionen der oberen Atemwege	10,0	4,4
M60–M79	Krankheiten der Weichteilgewebe	4,1	5,2
M00–M25	Arthropathien	4,0	6,3
J40–J47	Chronische Krankheiten der unteren Atemwege	3,6	2,4
J20–J22	Sonstige akute Infektionen der unteren Atemwege	3,5	1,8
K00–K14	Krankheiten Mundhöhle, Speicheldrüsen und Kiefer	3,4	0,7
K50–K52	Nichtinfektiöse Enteritis und Kolitis	3,2	1,2
A00–A09	Infektiöse Darmkrankheiten	2,5	0,9
I10–I15	Hypertonie	2,4	3,6
R50–R69	Allgemeinsymptome	2,3	1,7
T08–T14	Verletzungen Rumpf, Extremitäten u.a. Körperregionen	2,1	1,8
K20–K31	Krankheiten d. Ösophagus, Magens und Duodenums	2,0	1,2
J30–J39	Sonstige Krankheiten der oberen Atemwege	1,7	1,0
B25–B34	Sonstige Viruskrankheiten	1,5	0,7
S60–S69	Verletzungen des Handgelenkes und der Hand	1,5	1,9
R10–R19	Symptome bzgl. Verdauungssystem und Abdomen	1,5	0,8
F40–F48	Neurotische, Belastungs- und somatoforme Störungen	1,4	2,1
S90–S99	Verletzungen der Knöchelregion und des Fußes	1,4	1,8
S80–S89	Verletzungen des Knies und des Unterschenkels	1,3	2,5
G40–G47	Episod. und paroxysmale Krankheiten des Nervensystems	1,2	0,9
J10–J18	Grippe und Pneumonie	1,1	0,8
E70–E90	Stoffwechselstörungen	1,0	1,8
R00–R09	Symptome bzgl. Kreislauf- und Atmungssystem	1,0	0,7
F30–F39	Affektive Störungen	1,0	2,2
I20–I25	Ischämische Herzkrankheiten	1,0	2,0
M95–M99	Sonstige Krankheiten des Muskel-Skelett-Systems	0,9	0,7
I80–I89	Krankheiten Venen, Lymphgefäße und -knoten	0,9	0,9
S00–S09	Verletzungen des Kopfes	0,8	0,7
K55–K63	Sonstige Krankheiten des Darmes	0,8	0,8
I30–I52	Sonstige Formen der Herzkrankheit	0,8	1,4
E10–E14	Diabetes mellitus	0,8	1,1
F10–F19	Psychische Störungen durch psychotrope Substanzen	0,7	1,5
G50–G59	Krankheiten von Nerven, -wurzeln und Nervenplexus	0,7	1,1
E65–E68	Adipositas und sonstige Überernährung	0,7	1,3
L00–L08	Infektionen der Haut und der Unterhaut	0,7	0,6
C00–C75	Bösartige Neubildungen	0,7	2,1
Z70–Z76	Sonstige Inanspruchnahme Gesundheitswesen	0,6	1,0
R40–R46	Sympt. bzgl. Wahrnehmung, Stimmung, Verhalten	0,6	0,5
N30–N39	Sonstige Krankheiten des Harnsystems	0,6	0,4
	Summe hier	80,4	76,7
	Restliche	19,6	23,3
	Gesamtsumme	100,0	100,0

16.6 Erziehung und Unterricht

Tabelle 16.6.1	Entwicklung des Krankenstands der AOK-Mitglieder............................	373
Tabelle 16.6.2	Anzahl der Fälle und Dauer der Arbeitsunfähigkeit der AOK-Mitglieder...........................	373
Tabelle 16.6.3	Arbeitsunfähigkeit der AOK-Mitglieder nach Bundesländern.................................	374
Tabelle 16.6.4	Arbeitsunfähigkeit der AOK-Mitglieder nach Wirtschaftsabteilungen...........................	375
Tabelle 16.6.5	Kennzahlen der Arbeitsunfähigkeit der AOK-Mitglieder nach ausgewählten Berufsgruppen...........	376
Tabelle 16.6.6	Dauer der Arbeitsunfähigkeit der AOK-Mitglieder................................	377
Tabelle 16.6.7	Tage der Arbeitsunfähigkeit je AOK-Mitglied nach Wirtschaftsabteilung und Betriebsgröße...........	377
Tabelle 16.6.8	Krankenstand in Prozent nach der Stellung im Beruf...............................	378
Tabelle 16.6.9	Tage der Arbeitsunfähigkeit je Mitglied nach der Stellung im Beruf...............................	378
Tabelle 16.6.10	Anteil der Arbeitsunfälle an den AU-Fällen und -Tagen in Prozent nach Wirtschaftsabteilungen.........	379
Tabelle 16.6.11	Tage und Fälle der Arbeitsunfähigkeit durch Arbeitsunfälle nach Berufsgruppen..................	380
Tabelle 16.6.12	Tage der Arbeitsunfähigkeit je 100 Mitglieder nach Krankheitsarten.................................	381
Tabelle 16.6.13	Fälle der Arbeitsunfähigkeit je 100 Mitglieder nach Krankheitsarten.................................	381
Tabelle 16.6.14	Verteilung der Arbeitsunfähigkeitstage nach Krankheitsarten in Prozent..........................	382
Tabelle 16.6.15	Verteilung der Arbeitsunfähigkeitsfälle nach Krankheitsarten in Prozent..........................	383
Tabelle 16.6.16	Anteile der 40 häufigsten Einzeldiagnosen an den AU-Fällen und AU-Tagen....................	384
Tabelle 16.6.17	Anteile der 40 häufigsten Diagnoseuntergruppen an den AU-Fällen und AU-Tagen....................	385

Erziehung und Unterricht

Tabelle 16.6.1. Entwicklung des Krankenstands der AOK-Mitglieder in der Branche Erziehung und Unterricht in den Jahren 1994 bis 2006

Jahr	Krankenstand in %		
	West	Ost	Bund
1994	6,0	8,3	6,8
1995	6,1	9,8	7,5
1996	6,0	9,5	7,5
1997	5,8	8,9	7,0
1998	5,9	8,4	6,9
1999	6,1	9,3	7,3
2000	6,3	9,2	7,3
2001	6,1	8,9	7,1
2002	5,6	8,6	6,6
2003	5,3	7,7	6,1
2004	5,1	7,0	5,9
2005	4,6	6,6	5,4
2006	4,4	6,1	5,1

Tabelle 16.6.2. Anzahl der Fälle und Dauer der Arbeitsunfähigkeit der AOK-Mitglieder in der Branche Erziehung und Unterricht in den Jahren 1994 bis 2006

Jahr	AU-Fälle je 100 Mitglieder			Tage je Fall		
	West	Ost	Bund	West	Ost	Bund
1994	180,5	302,8	226,3	12,0	10,1	11,0
1995	193,8	352,2	253,3	11,5	10,2	10,8
1996	220,6	364,8	280,3	10,0	9,5	9,7
1997	226,2	373,6	280,6	9,4	8,7	9,0
1998	237,2	376,1	289,1	9,1	8,2	8,7
1999	265,2	434,8	326,8	8,4	7,8	8,1
2000	288,2	497,8	358,3	8,0	6,8	7,5
2001	281,6	495,1	352,8	7,9	6,6	7,3
2002	267,2	507,0	345,5	7,7	6,2	7,0
2003	259,4	477,4	332,4	7,4	5,9	6,7
2004	247,5	393,6	304,7	7,6	6,5	7,0
2005	227,8	387,2	292,1	7,4	6,2	6,8
2006	223,0	357,5	277,6	7,2	6,2	6,7

Tabelle 16.6.3. Arbeitsunfähigkeit der AOK-Mitglieder in der Branche Erziehung und Unterricht nach Bundesländern im Jahr 2006 im Vergleich zum Vorjahr

Land	Krankenstand (in %)	Arbeitsunfähigkeiten je 100 AOK-Mitglieder				Tage je Fall	Veränd. z. Vorj. (in %)	AU-Quote (in %)
		AU-Fälle	Veränd. z. Vorj. (in %)	AU-Tage	Veränd. z. Vorj. (in %)			
Baden-Württemberg	3,3	142,0	-2,1	1189,9	-3,3	8,4	-1,2	45,0
Bayern	3,2	119,4	-3,3	1156,5	-3,7	9,7	0,0	42,7
Berlin	8,1	502,5	-3,6	2944,8	-6,9	5,9	-3,3	62,2
Brandenburg	6,6	381,4	-7,2	2398,0	-8,1	6,3	0,0	61,7
Bremen	5,3	273,6	-10,4	1927,6	-7,5	7,0	2,9	57,1
Hamburg	6,2	285,3	-8,9	2255,5	-22,7	7,9	-15,1	60,4
Hessen	4,9	278,4	2,1	1776,8	2,4	6,4	0,0	56,8
Mecklenburg-Vorpommern	5,9	340,1	-8,0	2139,8	-4,4	6,3	3,3	62,8
Niedersachsen	4,7	257,1	1,3	1714,9	1,7	6,7	1,5	57,1
Nordrhein-Westfalen	4,5	242,7	-3,6	1654,8	-4,5	6,8	-1,4	53,4
Rheinland-Pfalz	5,6	229,6	3,1	2029,2	2,2	8,8	-1,1	57,7
Saarland	5,7	245,6	-6,2	2089,9	-14,5	8,5	-8,6	50,9
Sachsen	5,9	356,4	-7,3	2166,9	-10,6	6,1	-3,2	63,6
Sachsen-Anhalt	6,0	345,3	-9,8	2197,1	-7,8	6,4	3,2	50,1
Schleswig-Holstein	4,0	206,3	-0,0	1447,8	-7,3	7,0	-7,9	51,6
Thüringen	6,2	373,4	-6,5	2270,6	-4,4	6,1	3,4	61,5
West	4,4	223,0	-2,1	1615,0	-3,9	7,2	-2,7	51,8
Ost	6,1	357,5	-7,7	2210,0	-8,2	6,2	0,0	60,0
Bund	5,1	277,6	-5,0	1856,3	-5,9	6,7	-1,5	55,4

Tabelle 16.6.4. Arbeitsunfähigkeit der AOK-Mitglieder in der Branche Erziehung und Unterricht nach Wirtschaftsabteilungen im Jahr 2006

Wirtschafts-abteilung	Krankenstand (in %)		Arbeitsunfähigkeiten je 100 AOK-Mitglieder		Tage je Fall	AU-Quote (in %)
	2006	2006 stand.*	Fälle	Tage		
Erwachsenenbildung und sonstiger Unterricht	5,4	4,1	323,1	1959,6	6,1	53,9
Hochschulen und andere Bildungseinrichtungen des Tertiärbereichs	4,2	3,6	203,9	1518,3	7,4	49,2
Kindergärten, Vor- und Grundschulen	4,2	4,3	148,3	1546,2	10,4	57,5
Weiterführende Schulen	5,5	4,3	307,4	1996,7	6,5	59,4
Branche insgesamt	5,1	4,2	277,6	1856,3	6,7	55,4
Alle Branchen	4,2	4,1	131,0	1542,9	11,8	49,3

* Krankenstand alters- und geschlechtsstandardisiert

Tabelle 16.6.5. Kennzahlen der Arbeitsunfähigkeit der AOK-Mitglieder nach ausgewählten Berufsgruppen in der Branche Erziehung und Unterricht im Jahr 2006

Tätigkeit	Kranken-stand (in %)	Arbeitsunfähigkeiten je 100 AOK-Mitglieder		Tage je Fall	AU-Quote (in %)	Verteilung der AOK-Mitglieder in der Branche in %
		Fälle	Tage			
Bürofachkräfte	4,0	229,1	1475,3	6,4	49,0	9,2
Facharbeiter/innen	4,9	241,9	1804,1	7,5	38,4	1,5
Fachschul-, Berufsschul-, Werklehrer	3,0	98,9	1085,0	11,0	44,1	1,4
Gärtner, Gartenarbeiter	7,2	377,7	2637,0	7,0	63,9	2,2
Groß- und Einzelhandelskaufleute, Einkäufer	5,4	400,3	1962,2	4,9	63,6	1,8
Hauswirtschaftliche Betreuer	5,9	296,6	2156,3	7,3	64,9	1,7
Heimleiter, Sozialpädagogen	3,6	137,7	1312,2	9,5	51,8	2,5
Kindergärtnerinnen, Kinderpflegerinnen	3,4	156,0	1247,2	8,0	59,3	7,1
Köche	6,5	334,2	2371,9	7,1	65,4	4,2
Lehrlinge	6,6	472,3	2402,1	5,1	67,9	5,7
Maler, Lackierer (Ausbau)	7,2	527,0	2639,8	5,0	69,7	2,4
Raum-, Hausratreiniger	6,0	137,6	2186,7	15,9	57,0	4,1
Sonstige Lehrer	2,5	82,7	905,3	11,0	34,8	2,9
Sonstige Mechaniker	7,3	547,3	2674,5	4,9	73,4	1,5
Sozialarbeiter, Sozialpfleger	4,1	174,4	1504,0	8,6	50,3	1,8
Tischler	7,5	512,7	2753,7	5,4	70,2	2,2
Gästebetreuer	7,7	513,0	2820,1	5,5	69,7	1,4
Verkäufer	6,6	475,9	2418,0	5,1	67,0	4,4
Branche insgesamt	5,1	277,6	1856,3	6,7	55,4	1,9*

* Anteil der AOK-Mitglieder in der Branche an allen AOK-Mitgliedern

Tabelle 16.6.6. Dauer der Arbeitsunfähigkeit der AOK-Mitglieder in der Branche Erziehung und Unterricht im Jahr 2006

Fallklasse	Branche hier		Alle Branchen	
	Anteil Fälle in %	Anteil Tage in %	Anteil Fälle in %	Anteil Tage in %
1–3 Tage	48,6	14,1	36,0	6,1
4–7 Tage	29,7	21,7	28,7	12,2
8–14 Tage	13,7	20,6	17,6	15,5
15–21 Tage	3,5	9,1	6,6	9,7
22–28 Tage	1,6	5,7	3,4	7,2
29–42 Tage	1,4	7,2	3,4	10,0
Langzeit-AU (> 42 Tage)	1,5	21,6	4,3	39,3

Tabelle 16.6.7. Tage der Arbeitsunfähigkeit je AOK-Mitglied nach Wirtschaftsabteilung und Betriebsgröße in der Branche Erziehung und Unterricht im Jahr 2006

Wirtschaftsabteilung	Betriebsgröße (Anzahl der AOK-Mitglieder)					
	10–49	50–99	100–199	200–499	500–999	≥1000
Erwachsenenbildung und sonstiger Unterricht	19,5	21,5	23,3	24,7	25,2	19,4
Hochschulen und andere Bildungseinrichtungen des Tertiärbereichs	13,3	18,3	17,1	21,8	12,9	13,1
Kindergärten, Vor- und Grundschulen	15,2	18,7	16,0	21,3	23,6	–
Weiterführende Schulen	17,0	21,3	24,4	24,1	20,1	21,3
Branche insgesamt	17,5	21,0	22,8	23,9	20,9	18,3
Alle Branchen	15,8	17,3	17,7	18,1	18,7	17,6

Tabelle 16.6.8. Krankenstand in Prozent nach der Stellung im Beruf in der Branche Erziehung und Unterricht im Jahr 2006, AOK-Mitglieder

Wirtschaftsabteilung	Stellung im Beruf				
	Auszu-bildende	Arbeiter	Fach-arbeiter	Meister, Poliere	Ange-stellte
Erwachsenenbildung und sonstiger Unterricht	6,6	6,3	4,1	3,9	3,2
Hochschulen und andere Bildungseinrichtungen des Tertiärbereichs	6,2	5,9	4,8	4,3	3,2
Kindergärten, Vor- und Grundschulen	3,2	7,2	6,7	3,4	3,5
Weiterführende Schulen	6,6	7,1	5,4	4,5	3,1
Branche insgesamt	6,5	6,6	4,9	4,1	3,3
Alle Branchen	3,3	5,2	4,5	3,5	3,1

Tabelle 16.6.9. Tage der Arbeitsunfähigkeit je Mitglied nach der Stellung im Beruf in der Branche Erziehung und Unterricht im Jahr 2006, AOK-Mitglieder

Wirtschaftsabteilung	Stellung im Beruf				
	Auszu-bildende	Arbeiter	Fach-arbeiter	Meister, Poliere	Ange-stellte
Erwachsenenbildung und sonstiger Unterricht	24,3	23,2	15,1	14,4	11,6
Hochschulen und andere Bildungseinrichtungen des Tertiärbereichs	22,5	21,6	17,4	15,5	11,8
Kindergärten, Vor- und Grundschulen	11,8	26,4	24,3	12,5	12,9
Weiterführende Schulen	24,1	26,0	19,8	16,4	11,5
Branche insgesamt	23,9	24,1	17,9	14,9	11,9
Alle Branchen	12,2	18,9	16,3	12,7	11,4

Tabelle 16.6.10. Anteil der Arbeitsunfälle an den AU-Fällen und -Tagen in Prozent nach Wirtschaftsabteilungen in der Branche Erziehung und Unterricht im Jahr 2006, AOK-Mitglieder

Wirtschaftsabteilung	Arbeitsunfähigkeiten	
	AU-Fälle in %	AU-Tage in %
Erwachsenenbildung und sonstiger Unterricht	2,5	3,4
Hochschulen und andere Bildungseinrichtungen des Tertiärbereichs	2,6	3,1
Kindergärten, Vor- und Grundschulen	2,4	3,3
Weiterführende Schulen	2,5	3,6
Branche insgesamt	2,5	3,4
Alle Branchen	4,9	6,1

Tabelle 16.6.11. Tage und Fälle der Arbeitsunfähigkeit durch Arbeitsunfälle nach Berufsgruppen in der Branche Erziehung und Unterricht im Jahr 2006, AOK-Mitglieder

Tätigkeit	Arbeitsunfähigkeit je 1000 AOK-Mitglieder	
	AU-Tage	AU-Fälle
Zimmerer	1555,1	184,9
Maurer	1429,1	130,3
Tischler	1303,9	182,8
Kraftfahrzeuginstandsetzer	1289,4	132,9
Sonstige Mechaniker	1137,1	179,2
Köche	1042,2	120,2
Elektroinstallateure, -monteure	1000,4	130,8
Pförtner, Hauswarte	958,2	48,9
Metallarbeiter	915,3	161,1
Maler, Lackierer (Ausbau)	869,9	123,5
Gärtner, Gartenarbeiter	836,1	81,9
Hauswirtschaftliche Betreuer	679,4	71,1
Verkäufer	568,4	69,6
Raum-, Hausratreiniger	506,7	27,9
Groß- und Einzelhandelskaufleute, Einkäufer	481,1	69,1
Sozialarbeiter, Sozialpfleger	300,4	27,4
Bürofachkräfte	293,9	30,1
Kindergärtnerinnen, Kinderpflegerinnen	279,9	28,0
Heimleiter, Sozialpädagogen	276,2	27,7

Tabelle 16.6.12. Tage der Arbeitsunfähigkeit je 100 Mitglieder nach Krankheitsarten in der Branche Erziehung und Unterricht in den Jahren 2000 bis 2006, AOK-Mitglieder

Jahr	AU-Tage je 100 Mitglieder					
	Psyche	Herz/Kreislauf	Atemwege	Verdauung	Muskel/Skelett	Verletzungen
2000	200,3	145,3	691,6	268,8	596,0	357,1
2001	199,2	140,8	681,8	265,8	591,4	342,0
2002	199,6	128,7	623,5	257,3	538,7	327,0
2003	185,4	120,7	596,5	239,2	470,6	296,4
2004	192,8	121,5	544,1	245,2	463,3	302,8
2005	179,7	102,4	557,4	216,9	388,1	281,7
2006	174,6	99,8	481,8	215,6	365,9	282,7

Tabelle 16.6.13. Fälle der Arbeitsunfähigkeit je 100 Mitglieder nach Krankheitsarten in der Branche Erziehung und Unterricht in den Jahren 2000 bis 2006, AOK-Mitglieder

Jahr	AU-Fälle je 100 Mitglieder					
	Psyche	Herz/Kreislauf	Atemwege	Verdauung	Muskel/Skelett	Verletzungen
2000	13,3	16,1	122,5	55,4	56,0	33,8
2001	13,9	16,1	125,5	55,8	56,8	32,9
2002	14,2	15,3	118,9	57,3	54,4	32,0
2003	13,5	14,8	116,7	55,5	48,9	30,0
2004	14,0	12,7	101,0	53,0	46,9	29,1
2005	12,5	11,0	104,0	49,3	40,2	27,7
2006	12,0	11,2	92,8	50,0	38,0	27,7

Tabelle 16.6.14. Verteilung der Arbeitsunfähigkeitstage nach Krankheitsarten in Prozent in der Branche Erziehung und Unterricht im Jahr 2006, AOK-Mitglieder

Wirtschafts-abteilung	AU-Tage in %						
	Psyche	Herz/Kreislauf	Atemwege	Verdauung	Muskel/Skelett	Verletzungen	Sonstige
Erwachsenenbildung und sonstiger Unterricht	7,1	4,1	23,1	10,5	15,0	13,4	26,8
Hochschulen und andere Bildungseinrichtungen des Tertiärbereichs	9,1	4,7	20,2	8,8	18,1	11,3	27,7
Kindergärten, Vor- und Grundschulen	10,5	5,8	15,3	5,9	21,3	9,5	31,6
Weiterführende Schulen	7,1	4,3	22,4	10,2	15,5	13,2	27,2
Branche insgeamt	7,8	4,4	21,5	9,6	16,3	12,6	27,7
Alle Branchen	7,9	7,1	11,7	6,5	24,4	13,6	28,8

Tabelle 16.6.15. Verteilung der Arbeitsunfähigkeitsfälle nach Krankheitsarten in Prozent in der Branche Erziehung und Unterricht im Jahr 2006, AOK-Mitglieder

Wirtschafts-abteilung	AU-Fälle in %						
	Psyche	Herz/Kreislauf	Atemwege	Verdauung	Muskel/Skelett	Verletzungen	Sonstige
Erwachsenenbildung und sonstiger Unterricht	3,5	3,3	28,0	15,7	11,3	8,7	29,6
Hochschulen und andere Bildungseinrichtungen des Tertiärbereichs	4,0	3,7	27,8	14,3	12,2	7,8	30,2
Kindergärten, Vor- und Grundschulen	4,7	4,0	26,9	11,4	13,9	6,4	32,7
Weiterführende Schulen	3,4	3,3	28,8	15,7	10,9	8,7	29,3
Branche insgesamt	3,6	3,4	28,1	15,2	11,5	8,4	29,8
Alle Branchen	4,2	4,7	21,0	11,6	18,2	10,2	30,0

Tabelle 16.6.16. Anteile der 40 häufigsten Einzeldiagnosen an den AU-Fällen und AU-Tagen in der Branche Erziehung und Unterricht im Jahr 2006, AOK-Mitglieder

ICD-10	Bezeichnung	AU-Fälle in %	AU-Tage in %
J06	Akute Infektionen der oberen Atemwege	9,6	6,3
K52	Nichtinfektiöse Gastroenteritis und Kolitis	6,1	3,3
M54	Rückenschmerzen	5,2	5,5
A09	Diarrhoe und Gastroenteritis	3,5	1,8
K29	Gastritis und Duodenitis	3,4	1,9
J20	Akute Bronchitis	3,3	2,7
J03	Akute Tonsillitis	2,8	2,1
R51	Kopfschmerz	2,2	1,0
J40	Nicht akute Bronchitis	2,1	1,6
R10	Bauch- und Beckenschmerzen	1,9	1,2
B34	Viruskrankheit	1,9	1,2
J02	Akute Pharyngitis	1,8	1,1
K08	Sonstige Krankheiten der Zähne und des Zahnhalteapparates	1,6	0,6
J01	Akute Sinusitis	1,5	1,0
T14	Verletzung an einer nicht näher bezeichneten Körperregion	1,3	1,4
R11	Übelkeit und Erbrechen	1,3	0,7
J32	Chronische Sinusitis	1,1	0,8
G43	Migräne	1,1	0,5
J11	Grippe	1,0	0,7
J04	Akute Laryngitis und Tracheitis	1,0	0,7
I95	Hypotonie	0,8	0,4
F32	Depressive Episode	0,8	2,1
J00	Akute Rhinopharyngitis	0,8	0,5
M53	Sonstige Krankheiten der Wirbelsäule und des Rückens	0,8	0,9
S93	Luxation, Verstauchung und Zerrung der Gelenke und Bänder in Höhe des oberen Sprunggelenkes und des Fußes	0,8	1,0
I10	Essentielle Hypertonie	0,7	1,4
B99	Sonstige Infektionskrankheiten	0,7	0,5
F43	Reaktionen auf schwere Belastungen und Anpassungsstörungen	0,7	1,3
F45	Somatoforme Störungen	0,6	0,9
J98	Sonstige Krankheiten der Atemwege	0,6	0,4
I99	Sonstige Krankheiten des Kreislaufsystems	0,6	0,3
M99	Biomechanische Funktionsstörungen	0,6	0,6
N39	Sonstige Krankheiten des Harnsystems	0,6	0,5
R42	Schwindel und Taumel	0,6	0,4
A08	Virusbedingte und sonstige Darminfektionen	0,5	0,3
M25	Sonstige Gelenkkrankheiten	0,5	0,7
G44	Sonstige Kopfschmerzsyndrome	0,5	0,2
R50	Fieber unbekannter Ursache	0,5	0,3
M79	Sonstige Krankheiten des Weichteilgewebes	0,5	0,5
J45	Asthma bronchiale	0,4	0,5
	Summe hier	66,3	49,8
	Restliche	33,7	50,2
	Gesamtsumme	100,0	100,0

Tabelle 16.6.17. Anteile der 40 häufigsten Diagnoseuntergruppen an den AU-Fällen und AU-Tagen in der Branche Erziehung und Unterricht im Jahr 2006, AOK-Mitglieder

ICD-10	Bezeichnung	AU-Fälle in %	AU-Tage in %
J00–J06	Akute Infektionen der oberen Atemwege	17,1	11,7
M40–M54	Krankheiten der Wirbelsäule und des Rückens	6,7	8,0
K50–K52	Nichtinfektiöse Enteritis und Kolitis	6,5	3,6
K20–K31	Krankheiten Ösophagus, Magen und Duodenums	4,4	2,6
A00–A09	Infektiöse Darmkrankheiten	4,3	2,3
J20–J22	Sonstige akute Infektionen der unteren Atemwege	3,7	3,0
R50–R69	Allgemeinsymptome	3,7	2,5
R10–R19	Symptome bzgl. Verdauungssystem und Abdomen	3,4	2,1
J40–J47	Chronische Krankheiten der unteren Atemwege	3,1	2,8
M60–M79	Krankheiten der Weichteilgewebe	2,1	3,1
B25–B34	Sonstige Viruskrankheiten	2,1	1,3
K00–K14	Krankheiten Mundhöhle, Speicheldrüsen und Kiefer	2,0	0,9
G40–G47	Episod. und paroxysmale Krankheiten des Nervensystems	2,0	1,2
J30–J39	Sonstige Krankheiten der oberen Atemwege	1,9	1,6
F40–F48	Neurotische, Belastungs- und somatoforme Störungen	1,9	3,3
T08–T14	Verletzungen Rumpf, Extremitäten u.a. Körperregionen	1,7	1,8
M00–M25	Arthropathien	1,7	3,7
I95–I99	Sonstige Krankheiten des Kreislaufsystems	1,5	0,8
S60–S69	Verletzungen des Handgelenkes und der Hand	1,4	2,2
J10–J18	Grippe und Pneumonie	1,3	1,0
S90–S99	Verletzungen der Knöchelregion und des Fußes	1,2	1,7
N30–N39	Sonstige Krankheiten des Harnsystems	1,0	0,8
F30–F39	Affektive Störungen	1,0	2,8
S80–S89	Verletzungen des Knies und des Unterschenkels	0,9	2,0
N80–N98	Krankheiten des weibl. Genitaltraktes	0,8	0,8
R00–R09	Symptome bzgl. Kreislauf- und Atmungssystem	0,8	0,6
I10–I15	Hypertonie	0,8	1,5
S00–S09	Verletzungen des Kopfes	0,8	0,9
B99–B99	Sonstige Infektionskrankheiten	0,7	0,5
J95–J99	Sonstige Krankheiten des Atmungssystems	0,7	0,5
R40–R46	Sympt. bzgl. Wahrnehmung, Stimmung, Verhalten	0,7	0,6
M95–M99	Sonstige Krankheiten des Muskel-Skelett-Systems	0,7	0,6
H65–H75	Krankheiten des Mittelohres und des Warzenfortsatzes	0,6	0,4
F10–F19	Psychische Störungen durch psychotrope Substanzen	0,5	1,0
Z20–Z29	Pot. Gesundheitsrisiken bzgl. übertragbarer Krankheiten	0,5	0,4
L00–L08	Infektionen der Haut und der Unterhaut	0,5	0,6
I80–I89	Krankheiten Venen, Lymphgefäße und -knoten	0,5	0,7
O20–O29	Sonstige Krankheiten der Mutter bzgl. Schwangerschaft	0,5	0,7
K55–K63	Sonstige Krankheiten des Darmes	0,4	0,5
O30–O48	Betreuung der Mutter	0,4	0,4
	Summe hier	86,5	77,5
	Restliche	13,5	22,5
	Gesamtsumme	100,0	100,0

16.7 Handel

Tabelle 16.7.1	Entwicklung des Krankenstands der AOK-Mitglieder	387
Tabelle 16.7.2	Anzahl der Fälle und Dauer der Arbeitsunfähigkeit der AOK-Mitglieder	387
Tabelle 16.7.3	Arbeitsunfähigkeit der AOK-Mitglieder nach Bundesländern	388
Tabelle 16.7.4	Arbeitsunfähigkeit der AOK-Mitglieder nach Wirtschaftsabteilungen	389
Tabelle 16.7.5	Kennzahlen der Arbeitsunfähigkeit der AOK-Mitglieder nach ausgewählten Berufsgruppen	390
Tabelle 16.7.6	Dauer der Arbeitsunfähigkeit der AOK-Mitglieder	391
Tabelle 16.7.7	Tage der Arbeitsunfähigkeit je AOK-Mitglied nach Wirtschaftsabteilung und Betriebsgröße	391
Tabelle 16.7.8	Krankenstand in Prozent nach der Stellung im Beruf	392
Tabelle 16.7.9	Tage der Arbeitsunfähigkeit je AOK-Mitglied nach der Stellung im Beruf	392
Tabelle 16.7.10	Anteil der Arbeitsunfälle an den AU-Fällen und -Tagen in Prozent nach Wirtschaftsabteilungen	393
Tabelle 16.7.11	Tage und Fälle der Arbeitsunfähigkeit durch Arbeitsunfälle nach Berufsgruppen	393
Tabelle 16.7.12	Tage der Arbeitsunfähigkeit je 100 AOK-Mitglieder nach Krankheitsarten	394
Tabelle 16.7.13	Fälle der Arbeitsunfähigkeit je 100 AOK-Mitglieder nach Krankheitsarten	394
Tabelle 16.7.14	Verteilung der Arbeitsunfähigkeitstage nach Krankheitsarten in Prozent	395
Tabelle 16.7.15	Verteilung der Arbeitsunfähigkeitsfälle nach Krankheitsarten in Prozent	395
Tabelle 16.7.16	Anteile der 40 häufigsten Einzeldiagnosen an den AU-Fällen und AU-Tagen	396
Tabelle 16.7.17	Anteile der 40 häufigsten Diagnoseuntergruppen an den AU-Fällen und AU-Tagen	397

Handel

Tabelle 16.7.1. Entwicklung des Krankenstands der AOK-Mitglieder in der Branche Handel in den Jahren 1994 bis 2006

Jahr	Krankenstand in %		
	West	Ost	Bund
1994	5,6	4,6	5,5
1995	5,2	4,4	5,1
1996	4,6	4,0	4,5
1997	4,5	3,8	4,4
1998	4,6	3,9	4,5
1999	4,6	4,2	4,5
2000	4,6	4,2	4,6
2001	4,6	4,2	4,5
2002	4,5	4,1	4,5
2003	4,2	3,7	4,2
2004	3,9	3,4	3,8
2005	3,8	3,3	3,7
2006	3,7	3,3	3,6

Tabelle 16.7.2. Anzahl der Fälle und Dauer der Arbeitsunfähigkeit der AOK-Mitglieder in der Branche Handel in den Jahren 1994 bis 2006

Jahr	AU-Fälle je 100 Mitglieder			Tage je Fall		
	West	Ost	Bund	West	Ost	Bund
1994	144,1	105,9	138,3	13,1	14,1	13,3
1995	149,7	116,2	144,7	12,8	14,1	13,0
1996	134,3	106,2	129,9	12,9	14,4	13,1
1997	131,3	100,7	126,9	12,3	13,9	12,5
1998	134,1	102,0	129,6	12,3	13,8	12,5
1999	142,7	113,4	138,9	11,9	13,6	12,1
2000	146,5	117,9	143,1	11,6	13,0	11,7
2001	145,4	113,2	141,8	11,5	13,5	11,7
2002	145,5	114,4	142,0	11,4	13,0	11,5
2003	140,5	110,7	136,8	11,0	12,4	11,2
2004	127,0	100,9	123,4	11,2	12,2	11,3
2005	127,9	100,7	123,9	10,9	12,1	11,0
2006	122,7	97,0	118,9	11,0	12,3	11,2

Tabelle 16.7.3. Arbeitsunfähigkeit der AOK-Mitglieder in der Branche Handel nach Bundesländern im Jahr 2006 im Vergleich zum Vorjahr

Land	Kranken-stand (in %)	Arbeitsunfähigkeiten je 100 AOK-Mitglieder				Tage je Fall	Veränd. z. Vorj. (in %)	AU-Quote (in %)
		AU-Fälle	Veränd. z. Vorj. (in %)	AU-Tage	Veränd. z. Vorj. (in %)			
Baden-Württemberg	3,6	121,1	-5,5	1309,5	-5,5	10,8	0,0	48,9
Bayern	3,3	107,0	-4,7	1206,0	-4,3	11,3	0,9	45,3
Berlin	4,0	102,7	-3,3	1457,9	-1,5	14,2	2,2	38,2
Brandenburg	3,7	102,7	0,5	1361,8	3,3	13,3	3,1	43,3
Bremen	4,0	128,0	-2,9	1463,4	0,8	11,4	3,6	49,6
Hamburg	4,6	141,9	-4,0	1689,3	-3,0	11,9	0,8	50,3
Hessen	4,2	135,8	-3,5	1518,7	-2,6	11,2	0,9	50,3
Mecklenburg-Vorpommern	3,6	98,1	-4,6	1299,5	3,1	13,3	8,1	42,5
Niedersachsen	3,4	127,5	-0,6	1233,9	5,0	9,7	5,4	50,2
Nordrhein-Westfalen	3,9	129,6	-4,6	1440,4	-3,6	11,1	0,9	50,2
Rheinland-Pfalz	4,0	135,6	-3,8	1473,4	-3,7	10,9	0,0	52,6
Saarland	5,0	127,9	-3,8	1815,4	1,9	14,2	6,0	49,8
Sachsen	3,0	92,9	-5,2	1089,5	-5,0	11,7	0,0	43,3
Sachsen-Anhalt	3,7	104,3	-0,2	1348,9	-0,4	12,9	-0,8	43,8
Schleswig-Holstein	4,0	130,5	-1,1	1460,0	-0,0	11,2	0,9	50,0
Thüringen	3,5	102,9	-3,0	1274,7	-3,1	12,4	0,0	43,9
West	3,7	122,7	-4,1	1349,6	-3,0	11,0	0,9	48,7
Ost	3,3	97,0	-3,7	1188,5	-2,7	12,3	1,7	43,4
Bund	3,6	118,9	-4,0	1325,8	-3,0	11,2	1,8	47,9

Handel

Tabelle 16.7.4. Arbeitsunfähigkeit der AOK-Mitglieder in der Branche Handel nach Wirtschaftsabteilungen im Jahr 2006

Wirtschafts-abteilung	Krankenstand (in %)		Arbeitsunfähigkeiten je 100 AOK-Mitglieder		Tage je Fall	AU-Quote (in %)
	2006	2006 stand.*	Fälle	Tage		
Einzelhandel	3,4	3,5	110,7	1231,4	11,1	45,0
Großhandel	4,0	3,9	122,9	1473,2	12,0	50,3
Kraftfahrzeug-handel	3,5	3,5	132,6	1288,6	9,7	51,3
Branche insgesamt	3,6	3,7	118,9	1325,8	11,2	47,9
Alle Branchen	4,2	4,1	131,0	1542,9	11,8	49,3

* Krankenstand alters- und geschlechtsstandardisiert

Tabelle 16.7.5. Kennzahlen der Arbeitsunfähigkeit der AOK-Mitglieder nach ausgewählten Berufsgruppen in der Branche Handel im Jahr 2006

Tätigkeit	Krankenstand (in %)	Arbeitsunfähigkeiten je 100 AOK-Mitglieder		Tage je Fall	AU-Quote (in %)	Verteilung der AOK-Mitglieder in der Branche (in %)
		Fälle	Tage			
Bürofachkräfte	2,4	102,0	892,4	8,7	43,5	8,7
Floristen	2,5	92,3	903,9	9,8	40,9	1,0
Groß- und Einzelhandelskaufleute, Einkäufer	2,6	129,2	966,5	7,5	49,4	5,9
Kassierer	3,9	112,9	1434,5	12,7	49,3	2,6
Kraftfahrzeugführer	5,0	110,4	1822,5	16,5	50,7	5,5
Kraftfahrzeuginstandsetzer	3,8	150,3	1394,1	9,3	57,9	7,0
Lager-, Transportarbeiter	4,9	144,7	1785,7	12,3	54,9	7,0
Lagerverwalter, Magaziner	4,8	140,6	1748,5	12,4	57,3	4,6
Raum-, Hausratreiniger	4,1	108,0	1495,9	13,9	47,9	1,0
Verkäufer	3,3	105,1	1202,1	11,4	43,3	25,9
Warenaufmacher, Versandfertigmacher	5,0	146,5	1837,8	12,5	52,3	3,0
Branche insgesamt	3,6	118,9	1325,8	11,2	47,9	13,2*

* Anteil der AOK-Mitglieder in der Branche an allen AOK-Mitgliedern

Handel

Tabelle 16.7.6. Dauer der Arbeitsunfähigkeit der AOK-Mitglieder in der Branche Handel im Jahr 2006

Fallklasse	Branche hier		Alle Branchen	
	Anteil Fälle in %	Anteil Tage in %	Anteil Fälle in %	Anteil Tage in %
1–3 Tage	38,6	6,9	36,0	6,1
4–7 Tage	29,0	13,1	28,7	12,2
8–14 Tage	16,2	15,1	17,6	15,5
15–21 Tage	6,0	9,4	6,6	9,7
22–28 Tage	3,1	6,8	3,4	7,2
29–42 Tage	3,0	9,4	3,4	10,0
Langzeit-AU (> 42 Tage)	4,0	39,2	4,3	39,3

Tabelle 16.7.7. Tage der Arbeitsunfähigkeit je AOK-Mitglied nach Wirtschaftsabteilung und Betriebsgröße in der Branche Handel im Jahr 2006

Wirtschafts-abteilung	Betriebsgröße (Anzahl der AOK-Mitglieder)					
	10–49	50–99	100–199	200–499	500–999	≥1000
Einzelhandel	12,9	14,6	14,8	14,7	16,1	13,9
Großhandel	15,5	17,0	17,3	18,2	18,1	14,9
Kraftfahrzeughandel	13,3	14,7	15,2	17,0	17,5	–
Branche insgesamt	14,1	15,8	15,9	16,1	16,6	13,9
Alle Branchen	15,8	17,3	17,7	18,1	18,7	17,6

Tabelle 16.7.8. Krankenstand in Prozent nach der Stellung im Beruf in der Branche Handel im Jahr 2006, AOK-Mitglieder

Wirtschaftsabteilung	Stellung im Beruf				
	Auszubildende	Arbeiter	Facharbeiter	Meister, Poliere	Angestellte
Einzelhandel	2,9	4,3	3,7	2,7	2,8
Großhandel	2,8	5,1	4,6	4,2	2,7
Kraftfahrzeughandel	3,3	4,2	4,0	3,3	2,4
Branche insgesamt	3,0	4,7	4,1	3,3	2,7
Alle Branchen	3,3	5,2	4,5	3,5	3,1

Tabelle 16.7.9. Tage der Arbeitsunfähigkeit je AOK-Mitglied nach der Stellung im Beruf in der Branche Handel im Jahr 2006

Wirtschaftsabteilung	Stellung im Beruf				
	Auszubildende	Arbeiter	Facharbeiter	Meister, Poliere	Angestellte
Einzelhandel	10,5	15,7	13,4	10,0	10,3
Großhandel	10,2	18,6	16,7	15,3	9,9
Kraftfahrzeughandel	12,0	15,4	14,5	11,9	8,9
Branche insgesamt	10,9	17,3	14,9	12,0	10,0
Alle Branchen	12,2	18,9	16,3	12,7	11,4

Tabelle 16.7.10. Anteil der Arbeitsunfälle an den AU-Fällen und -Tagen in Prozent nach Wirtschaftsabteilungen in der Branche Handel im Jahr 2006, AOK-Mitglieder

Wirtschaftsabteilung	Arbeitsunfähigkeiten	
	AU-Fälle in %	AU-Tage in %
Einzelhandel	3,6	4,4
Großhandel	5,1	6,8
Kraftfahrzeughandel	5,5	6,3
Branche insgesamt	4,5	5,7
Alle Branchen	4,9	6,1

Tabelle 16.7.11. Tage und Fälle der Arbeitsunfähigkeit durch Arbeitsunfälle nach Berufsgruppen in der Branche Handel im Jahr 2006, AOK-Mitglieder

Tätigkeit	Arbeitsunfähigkeit je 1000 AOK-Mitglieder	
	AU-Tage	AU-Fälle
Kraftfahrzeugführer	1961,9	99,2
Landmaschineninstandsetzer	1745,9	155,5
Tischler	1594,0	109,1
Fleischer	1533,2	113,3
Kraftfahrzeuginstandsetzer	1176,9	111,2
Lagerverwalter, Magaziner	1150,8	73,6
Lager-, Transportarbeiter	1137,8	77,5
Elektroinstallateure, -monteure	1102,9	92,3
Warenaufmacher, Versandfertigmacher	785,9	57,0
Verkäufer	437,7	32,3
Kassierer	362,5	26,3
Groß- und Einzelhandelskaufleute, Einkäufer	357,4	32,8
Bürofachkräfte	219,2	16,6

Tabelle 16.7.12. Tage der Arbeitsunfähigkeit je 100 AOK-Mitglieder nach Krankheitsarten in der Branche Handel in den Jahren 1995 bis 2006

Jahr	AU-Tage je 100 Mitglieder					
	Psyche	Herz/ Kreislauf	Atem- wege	Verdauung	Muskel/ Sklelett	Verlet- zungen
1995	101,3	175,6	347,2	183,5	592,8	345,0
1996	92,4	152,5	300,8	153,0	524,4	308,0
1997	89,6	142,2	268,9	143,7	463,5	293,2
1998	95,7	142,2	266,0	140,9	480,4	284,6
1999	100,4	139,6	301,5	142,3	499,5	280,8
2000	113,7	119,8	281,4	128,1	510,3	278,0
2001	126,1	124,0	266,0	128,9	523,9	270,3
2002	131,0	122,5	254,9	129,6	512,6	265,8
2003	127,0	114,6	252,1	121,3	459,2	250,8
2004	136,9	120,4	215,6	120,4	424,2	237,7
2005	135,8	118,1	245,8	113,5	399,1	230,5
2006	137,2	117,7	202,9	115,7	400,5	234,8

Tabelle 16.7.13. Fälle der Arbeitsunfähigkeit je 100 AOK-Mitglieder nach Krankheitsarten in der Branche Handel in den Jahren 1995 bis 2006

Jahr	AU-Fälle je 100 Mitglieder					
	Psyche	Herz/ Kreislauf	Atem- wege	Verdauung	Muskel/ Skelett	Verlet- zungen
1995	4,1	8,5	43,8	22,6	31,9	21,1
1996	3,8	7,1	38,8	20,3	27,6	18,8
1997	4,0	7,4	37,5	20,2	26,9	18,4
1998	4,3	7,6	38,5	20,4	28,3	18,3
1999	4,7	7,8	44,0	21,7	30,0	18,5
2000	5,5	7,0	42,5	19,1	31,3	18,8
2001	6,3	7,6	41,9	19,8	32,5	18,7
2002	6,7	7,7	41,0	20,8	32,0	18,4
2003	6,6	7,6	41,5	19,8	29,4	17,4
2004	6,4	6,8	34,6	19,0	27,1	16,0
2005	6,2	6,6	39,4	17,6	25,9	15,5
2006	6,3	6,7	33,5	18,4	26,0	15,7

Handel

Tabelle 16.7.14. Verteilung der Arbeitsunfähigkeitstage nach Krankheitsarten in Prozent in der Branche Handel im Jahr 2006, AOK-Mitglieder

Wirtschafts-abteilung	AU-Tage in %						
	Psyche	Herz/Kreislauf	Atemwege	Verdauung	Muskel/Skelett	Verletzungen	Sonstige
Einzelhandel	9,2	6,4	11,9	6,8	22,0	11,9	31,9
Großhandel	7,2	7,7	11,1	6,5	24,9	13,9	28,8
Kraftfahrzeughandel	6,5	6,1	13,1	7,0	22,8	17,7	26,9
Branche insgesamt	8,0	6,8	11,8	6,7	23,2	13,6	29,8
Alle Branchen	7,9	7,1	11,7	6,5	24,4	13,6	28,8

Tabelle 16.7.15. Verteilung der Arbeitsunfähigkeitsfälle nach Krankheitsarten in Prozent in der Branche Handel im Jahr 2006, AOK-Mitglieder

Wirtschafts-abteilung	AU-Fälle in %						
	Psyche	Herz/Kreislauf	Atemwege	Verdauung	Muskel/Skelett	Verletzungen	Sonstige
Einzelhandel	4,7	4,3	21,7	12,0	15,3	8,8	33,1
Großhandel	3,9	4,8	20,8	11,7	19,1	10,2	29,6
Kraftfahrzeughandel	3,0	3,5	23,7	12,4	16,4	13,1	27,9
Branche insgesamt	4,1	4,3	21,7	12,0	16,9	10,2	30,9
Alle Branchen	4,2	4,7	21,0	11,6	18,2	10,2	30,0

Tabelle 16.7.16. Anteile der 40 häufigsten Einzeldiagnosen an den AU-Fällen und AU-Tagen in der Branche Handel im Jahr 2006, AOK-Mitglieder

ICD-10	Bezeichnung	AU-Fälle in %	AU-Tage in %
M54	Rückenschmerzen	6,7	6,6
J06	Akute Infektionen der oberen Atemwege	5,9	2,6
K52	Nichtinfektiöse Gastroenteritis und Kolitis	3,5	1,3
J20	Akute Bronchitis	3,0	1,6
A09	Diarrhoe und Gastroenteritis	2,6	0,9
J40	Nicht akute Bronchitis	2,2	1,2
K08	Sonstige Krankheiten der Zähne und des Zahnhalteapparates	2,2	0,5
J03	Akute Tonsillitis	1,7	0,8
T14	Verletzung an einer nicht näher bezeichneten Körperregion	1,7	1,5
K29	Gastritis und Duodenitis	1,6	0,8
B34	Viruskrankheit	1,4	0,6
R10	Bauch- und Beckenschmerzen	1,4	0,8
J01	Akute Sinusitis	1,3	0,6
I10	Essentielle Hypertonie	1,3	2,3
J02	Akute Pharyngitis	1,2	0,5
J32	Chronische Sinusitis	1,1	0,6
M53	Sonstige Krankheiten der Wirbelsäule und des Rückens	1,0	1,1
F32	Depressive Episode	1,0	2,2
M51	Sonstige Bandscheibenschäden	0,9	2,3
R51	Kopfschmerz	0,9	0,4
S93	Luxation, Verstauchung und Zerrung der Gelenke und Bänder in Höhe des oberen Sprunggelenkes und des Fußes	0,8	0,8
M99	Biomechanische Funktionsstörungen	0,8	0,6
M77	Sonstige Enthesopathien	0,8	0,9
F43	Reaktionen auf schwere Belastungen und Anpassungsstörungen	0,7	1,3
M75	Schulterläsionen	0,7	1,3
J04	Akute Laryngitis und Tracheitis	0,7	0,3
J11	Grippe	0,7	0,3
M23	Binnenschädigung des Kniegelenkes	0,7	1,3
M25	Sonstige Gelenkkrankheiten	0,6	0,7
R11	Übelkeit und Erbrechen	0,6	0,3
R50	Fieber unbekannter Ursache	0,6	0,3
B99	Sonstige Infektionskrankheiten	0,6	0,3
G43	Migräne	0,6	0,2
N39	Sonstige Krankheiten des Harnsystems	0,6	0,4
R42	Schwindel und Taumel	0,6	0,4
M79	Sonstige Krankheiten des Weichteilgewebes	0,6	0,5
F45	Somatoforme Störungen	0,6	0,8
M65	Synovitis und Tenosynovitis	0,5	0,6
J00	Akute Rhinopharyngitis	0,5	0,2
Z38	Lebendgeborene nach dem Geburtsort	0,5	0,2
	Summe hier	55,4	40,9
	Restliche	44,6	59,1
	Gesamtsumme	100,0	100,0

Tabelle 16.7.17. Anteile der 40 häufigsten Diagnoseuntergruppen an den AU-Fällen und AU-Tagen in der Branche Handel im Jahr 2006, AOK-Mitglieder

ICD-10	Bezeichnung	AU-Fälle in %	AU-Tage in %
J00–J06	Akute Infektionen der oberen Atemwege	11,2	5,0
M40–M54	Krankheiten der Wirbelsäule und des Rückens	9,0	11,1
K50–K52	Nichtinfektiöse Enteritis und Kolitis	4,0	1,6
J40–J47	Chronische Krankheiten der unteren Atemwege	3,5	2,3
M60–M79	Krankheiten der Weichteilgewebe	3,5	4,6
J20–J22	Sonstige akute Infektionen der unteren Atemwege	3,5	1,8
A00–A09	Infektiöse Darmkrankheiten	3,3	1,2
R50–R69	Allgemeinsymptome	2,9	2,1
M00–M25	Arthropathien	2,8	5,3
K00–K14	Krankheiten Mundhöhle, Speicheldrüsen und Kiefer	2,8	0,7
K20–K31	Krankheiten des Ösophagus, Magens und Duodenumss	2,3	1,3
R10–R19	Symptome bzgl. Verdauungssystem und Abdomen	2,3	1,4
T08–T14	Verletzungen Rumpf, Extremitäten u.a. Körperregionen	2,0	1,8
F40–F48	Neurotische, Belastungs- und somatoforme Störungen	1,9	3,1
J30–J39	Sonstige Krankheiten der oberen Atemwege	1,8	1,1
B25–B34	Sonstige Viruskrankheiten	1,6	0,7
S60–S69	Verletzungen des Handgelenkes und der Hand	1,5	2,0
I10–I15	Hypertonie	1,5	2,6
S90–S99	Verletzungen der Knöchelregion und des Fußes	1,4	1,7
G40–G47	Episod. und paroxysmale Krankheiten des Nervensystems	1,3	1,0
F30–F39	Affektive Störungen	1,2	2,9
S80–S89	Verletzungen des Knies und des Unterschenkels	1,1	2,3
J10–J18	Grippe und Pneumonie	1,1	0,8
R00–R09	Symptome bzgl. Kreislauf- und Atmungssystem	1,0	0,7
N30–N39	Sonstige Krankheiten des Harnsystems	0,9	0,6
M95–M99	Sonstige Krankheiten des Muskel-Skelett-Systems	0,9	0,7
I80–I89	Krankheiten Venen, Lymphgefäße und -knoten	0,9	1,0
S00–S09	Verletzungen des Kopfes	0,8	0,7
I95–I99	Sonstige Krankheiten des Kreislaufsystems	0,8	0,4
N80–N98	Krankheiten des weibl. Genitaltraktes	0,8	0,7
R40–R46	Sympt. bzgl. Wahrnehmung, Stimmung, Verhalten	0,7	0,6
Z20–Z29	Pot. Gesundheitsrisiken bzgl. übertragbarer Krankheiten	0,7	0,4
G50–G59	Krankheiten von Nerven, -wurzeln und Nervenplexus	0,7	1,2
E70–E90	Stoffwechselstörungen	0,7	1,3
K55–K63	Sonstige Krankheiten des Darmes	0,7	0,7
B99–B99	Sonstige Infektionskrankheiten	0,6	0,3
L00–L08	Infektionen der Haut und der Unterhaut	0,6	0,6
F10–F19	Psychische Störungen durch psychotrope Substanzen	0,6	1,2
O60–O75	Komplikationen bei Wehentätigkeit und Entbindung	0,6	0,3
D10–D36	Gutartige Neubildungen	0,5	0,7
	Summe hier	80,0	70,5
	Restliche	20,0	29,5
	Gesamtsumme	100,0	100,0

16.8 Land- und Forstwirtschaft

Tabelle 16.8.1	Entwicklung des Krankenstands der AOK-Mitglieder	399
Tabelle 16.8.2	Anzahl der Fälle und Dauer der Arbeitsunfähigkeit der AOK-Mitglieder	399
Tabelle 16.8.3	Arbeitsunfähigkeit der AOK-Mitglieder nach Bundesländern	400
Tabelle 16.8.4	Arbeitsunfähigkeit der AOK-Mitglieder nach Wirtschaftsabteilungen	401
Tabelle 16.8.5	Kennzahlen der Arbeitsunfähigkeit der AOK-Mitglieder nach ausgewählten Berufsgruppen	402
Tabelle 16.8.6	Dauer der Arbeitsunfähigkeit der AOK-Mitglieder	403
Tabelle 16.8.7	Tage der Arbeitsunfähigkeit je AOK-Mitglied nach Wirtschaftsabteilung und Betriebsgröße	403
Tabelle 16.8.8	Krankenstand in Prozent nach der Stellung im Beruf	404
Tabelle 16.8.9	Tage der Arbeitsunfähigkeit je AOK-Mitglied nach der Stellung im Beruf	404
Tabelle 16.8.10	Anteil der Arbeitsunfälle an den AU-Fällen und -Tagen in Prozent nach Wirtschaftsabteilungen	405
Tabelle 16.8.11	Tage und Fälle der Arbeitsunfähigkeit durch Arbeitsunfälle nach Berufsgruppen	405
Tabelle 16.8.12	Tage der Arbeitsunfähigkeit je 100 AOK-Mitglieder nach Krankheitsarten	406
Tabelle 16.8.13	Fälle der Arbeitsunfähigkeit je 100 AOK-Mitglieder nach Krankheitsarten	406
Tabelle 16.8.14	Verteilung der Arbeitsunfähigkeitstage nach Krankheitsarten in Prozent	407
Tabelle 16.8.15	Verteilung der Arbeitsunfähigkeitsfälle nach Krankheitsarten in Prozent	407
Tabelle 16.8.16	Anteile der 40 häufigsten Einzeldiagnosen an den AU-Fällen und AU-Tagen	408
Tabelle 16.8.17	Anteile der 40 häufigsten Diagnoseuntergruppen an den AU-Fällen und AU-Tagen	409

Land- und Forstwirtschaft

Tabelle 16.8.1. Entwicklung des Krankenstands der AOK-Mitglieder in der Branche Land- und Forstwirtschaft in den Jahren 1994 bis 2006

Jahr	Krankenstand in %		
	West	Ost	Bund
1994	5,7	5,5	5,6
1995	5,4	5,7	5,6
1996	4,6	5,5	5,1
1997	4,6	5,0	4,8
1998	4,8	4,9	4,8
1999	4,6	6,0	5,3
2000	4,6	5,5	5,0
2001	4,6	5,4	5,0
2002	4,5	5,2	4,8
2003	4,2	4,9	4,5
2004	3,8	4,3	4,0
2005	3,5	4,3	3,9
2006	3,3	4,1	3,7

Tabelle 16.8.2. Anzahl der Fälle und Dauer der Arbeitsunfähigkeit der AOK-Mitglieder in der Branche Land- und Forstwirtschaft in den Jahren 1994 bis 2006

Jahr	AU-Fälle je 100 Mitglieder			Tage je Fall		
	West	Ost	Bund	West	Ost	Bund
1994	132,0	114,0	122,7	15,7	15,4	15,5
1995	140,6	137,3	139,2	14,7	15,1	14,9
1996	137,3	125,0	132,3	12,9	16,3	14,2
1997	137,4	117,7	129,7	12,3	15,4	13,4
1998	143,1	121,4	135,1	12,1	14,9	13,0
1999	149,6	142,6	147,6	11,6	14,2	12,3
2000	145,7	139,7	142,7	11,6	14,3	12,9
2001	144,3	130,2	137,6	11,7	15,1	13,2
2002	142,4	126,5	135,0	11,4	15,1	13,0
2003	135,5	120,5	128,5	11,2	14,8	12,8
2004	121,5	109,1	115,6	11,4	14,6	12,8
2005	113,7	102,1	108,4	11,3	15,3	13,0
2006	110,2	96,5	104,3	11,0	15,4	12,8

Tabelle 16.8.3. Arbeitsunfähigkeit der AOK-Mitglieder in der Branche Land- und Forstwirtschaft nach Bundesländern im Jahr 2006 im Vergleich zum Vorjahr

Land	Krankenstand (in %)	Arbeitsunfähigkeiten je 100 AOK-Mitglieder				Tage je Fall	Veränd. z. Vorj. (in %)	AU-Quote (in %)
		AU-Fälle	Veränd. z. Vorj. (in %)	AU-Tage	Veränd. z. Vorj. (in %)			
Baden-Württemberg	3,3	110,8	-7,3	1204,8	-11,4	10,9	-4,4	36,4
Bayern	2,8	89,6	-2,4	1036,2	-7,5	11,6	-4,9	31,3
Berlin	6,1	174,0	6,6	2211,5	6,8	12,7	0,0	44,5
Brandenburg	4,3	91,1	-8,6	1562,0	-2,4	17,1	6,2	38,5
Bremen	3,2	105,2	-11,9	1150,0	-4,1	10,9	9,0	42,1
Hamburg	4,1	130,2	-1,8	1480,3	-10,6	11,4	-8,8	39,5
Hessen	4,3	130,8	-1,4	1583,9	2,8	12,1	4,3	40,1
Mecklenburg-Vorpommern	4,2	90,7	-4,8	1526,4	-0,6	16,8	4,3	38,5
Niedersachsen	3,1	110,8	1,8	1120,7	1,5	10,1	0,0	37,7
Nordrhein-Westfalen	3,4	114,5	-3,9	1224,5	-6,2	10,7	-2,7	32,3
Rheinland-Pfalz	4,1	120,6	-9,4	1485,1	-5,9	12,3	3,4	30,4
Saarland	4,0	141,0	-11,2	1455,5	-6,5	10,3	5,1	44,7
Sachsen	3,8	96,5	-5,3	1396,2	-8,2	14,5	-2,7	41,7
Sachsen-Anhalt	4,1	104,3	-5,8	1485,3	-8,6	14,2	-3,4	39,8
Schleswig-Holstein	3,2	106,9	2,7	1168,8	-0,4	10,9	-3,5	35,6
Thüringen	4,3	100,2	-3,2	1569,6	-1,1	15,7	2,6	44,0
West	3,3	110,2	-3,1	1216,5	-4,9	11,0	-2,7	34,5
Ost	4,1	96,5	-5,5	1488,5	-4,9	15,4	0,7	40,6
Bund	3,7	104,3	-3,8	1334,4	-5,3	12,8	-1,5	36,9

Land- und Forstwirtschaft

Tabelle 16.8.4. Arbeitsunfähigkeit der AOK-Mitglieder in der Branche Land- und Forstwirtschaft nach Wirtschaftsabteilungen im Jahr 2006

Wirtschafts-abteilung	Krankenstand (in %)		Arbeitsunfähigkeiten je 100 AOK-Mitglieder		Tage je Fall	AU-Quote (in %)
	2006	2006 stand.*	Fälle	Tage		
Fischerei und Fischzucht	4,2	4,4	86,3	1525,4	17,7	38,7
Forstwirtschaft	5,0	4,3	132,9	1828,3	13,8	45,7
Landwirtschaft, gewerbliche Jagd	3,6	3,5	102,6	1302,6	12,7	36,4
Branche insgesamt	3,7	3,6	104,3	1334,4	12,8	36,9
Alle Branchen	4,2	4,1	131,0	1542,9	11,8	49,3

* Krankenstand alters- und geschlechtsstandardisiert

Tabelle 16.8.5. Kennzahlen der Arbeitsunfähigkeit der AOK-Mitglieder nach ausgewählten Berufsgruppen in der Branche Land- und Forstwirtschaft im Jahr 2006

Tätigkeit	Krankenstand (in %)	Arbeitsunfähigkeiten je 100 AOK-Mitglieder		Tage je Fall	AU-Quote (in %)	Verteilung der AOK-Mitglieder in der Branche (in %)
		Fälle	Tage			
Bürofachkräfte	2,5	75,8	906,5	12,0	34,2	1,0
Floristen	2,3	93,3	850,6	9,1	41,1	2,1
Gärtner, Gartenarbeiter	3,7	128,8	1334,9	10,4	40,1	30,4
Kraftfahrzeugführer	3,9	92,1	1414,9	15,4	42,5	1,7
Landarbeitskräfte	2,9	74,0	1050,2	14,2	24,2	25,2
Landmaschineninstandsetzer	4,0	95,2	1457,6	15,3	50,7	1,0
Landwirt(e/innen), Pflanzenschützer/innen	3,1	104,5	1120,6	10,7	39,6	4,7
Melker	5,4	87,2	1957,8	22,4	47,6	2,6
Sonstige Bauhilfsarbeiter, Bauhelfer	4,5	133,7	1646,1	12,3	37,1	1,3
Tierpfleger und verwandte Berufe	4,8	86,9	1751,9	20,2	44,4	4,2
Tierzüchter	4,4	99,5	1590,8	16,0	46,0	1,9
Waldarbeiter, Waldnutzer	5,4	140,8	1967,4	14,0	46,6	3,8
Branche insgesamt	3,7	104,3	1334,4	12,8	36,9	2,2*

* Anteil der AOK-Mitglieder in der Branche an allen AOK-Mitgliedern

Land- und Forstwirtschaft

Tabelle 16.8.6. Dauer der Arbeitsunfähigkeit der AOK-Mitglieder in der Branche Land- und Forstwirtschaft im Jahr 2006

Fallklasse	Branche hier		Alle Branchen	
	Anteil Fälle in %	Anteil Tage in %	Anteil Fälle in %	Anteil Tage in %
1–3 Tage	34,0	5,2	36,0	6,1
4–7 Tage	27,5	10,9	28,7	12,2
8–14 Tage	18,9	15,3	17,6	15,5
15–21 Tage	7,1	9,7	6,6	9,7
22–28 Tage	3,7	7,1	3,4	7,2
29–42 Tage	3,7	10,0	3,4	10,0
Langzeit-AU (> 42 Tage)	5,1	41,8	4,3	39,3

Tabelle 16.8.7. Tage der Arbeitsunfähigkeit je AOK-Mitglied nach Wirtschaftsabteilung und Betriebsgröße in der Branche Land- und Forstwirtschaft im Jahr 2006

Wirtschafts-abteilung	Betriebsgröße (Anzahl der AOK-Mitglieder)					
	10–49	50–99	100–199	200–499	500–999	≥1000
Fischerei und Fischzucht	14,6	–	–	–	–	–
Forstwirtschaft	18,6	21,0	23,1	19,5	–	–
Landwirtschaft, gewerbliche Jagd	14,3	15,3	13,9	16,6	8,7	–
Branche insgesamt	14,5	15,6	14,6	17,0	8,7	–
Alle Branchen	15,8	17,3	17,7	18,1	18,7	17,6

Tabelle 16.8.8. Krankenstand in Prozent nach der Stellung im Beruf in der Branche Land- und Forstwirtschaft im Jahr 2006, AOK-Mitglieder

Wirtschaftsabteilung	Stellung im Beruf				
	Auszubildende	Arbeiter	Facharbeiter	Meister, Poliere	Angestellte
Fischerei und Fischzucht	3,1	4,0	4,7	1,0	5,3
Forstwirtschaft	4,4	5,0	5,6	4,6	2,5
Landwirtschaft, gewerbliche Jagd	3,2	3,5	3,9	3,6	2,6
Branche insgesamt	3,3	3,5	4,0	3,7	2,6
Alle Branchen	3,3	5,2	4,5	3,5	3,1

Tabelle 16.8.9. Tage der Arbeitsunfähigkeit je AOK-Mitglied nach der Stellung im Beruf in der Branche Land- und Forstwirtschaft im Jahr 2006

Wirtschaftsabteilung	Stellung im Beruf				
	Auszubildende	Arbeiter	Facharbeiter	Meister, Poliere	Angestellte
Fischerei und Fischzucht	11,4	14,6	17,1	3,8	19,4
Forstwirtschaft	16,1	18,2	20,4	16,8	9,1
Landwirtschaft, gewerbliche Jagd	11,8	12,6	14,1	13,2	9,4
Branche insgesamt	11,9	12,9	14,5	13,3	9,5
Alle Branchen	12,2	18,9	16,3	12,7	11,4

Tabelle 16.8.10. Anteil der Arbeitsunfälle an den AU-Fällen und -Tagen in Prozent nach Wirtschaftsabteilungen in der Branche Land- und Forstwirtschaft im Jahr 2006, AOK-Mitglieder

Wirtschaftsabteilung	Arbeitsunfähigkeiten	
	AU-Fälle in %	AU-Tage in %
Fischerei und Fischzucht	9,0	12,5
Forstwirtschaft	12,3	15,7
Landwirtschaft, gewerbliche Jagd	9,4	12,2
Branche insgesamt	9,6	12,4
Alle Branchen	4,9	6,1

Tabelle 16.8.11. Tage und Fälle der Arbeitsunfähigkeit durch Arbeitsunfälle nach Berufsgruppen in der Branche Land- und Forstwirtschaft im Jahr 2006, AOK-Mitglieder

Tätigkeit	Arbeitsunfähigkeit je 1000 AOK-Mitglieder	
	AU-Tage	AU-Fälle
Waldarbeiter, Waldnutzer	3411,6	200,3
Melker	2862,3	117,2
Tierpfleger und verwandte Berufe	2632,3	116,2
Landwirte, Pflanzenschützer/innen	2123,6	142,1
Landmaschineninstandsetzer	2093,8	133,1
Kraftfahrzeugführer	1847,0	104,0
Tierzüchter	1803,6	110,0
Landarbeitskräfte	1528,3	91,3
Gärtner, Gartenarbeiter	1400,0	101,6

Tabelle 16.8.12. Tage der Arbeitsunfähigkeit je 100 AOK-Mitglieder nach Krankheitsarten in der Branche Land- und Forstwirtschaft in den Jahren 1995 bis 2006

Jahr	AU-Tage je 100 Mitglieder					
	Psyche	Herz/Kreislauf	Atemwege	Verdauung	Muskel/Skelett	Verletzungen
1995	126,9	219,6	368,7	205,3	627,2	415,2
1996	80,7	172,3	306,7	163,8	561,5	409,5
1997	75,0	150,6	270,0	150,6	511,1	390,3
1998	79,5	155,0	279,3	147,4	510,9	376,8
1999	89,4	150,6	309,1	152,1	537,3	366,8
2000	80,9	140,7	278,6	136,3	574,4	397,9
2001	85,2	149,4	262,5	136,2	587,8	390,1
2002	85,0	155,5	237,6	134,4	575,3	376,6
2003	82,8	143,9	233,8	123,7	512,0	368,5
2004	92,8	145,0	195,8	123,5	469,8	344,0
2005	90,1	142,3	208,7	111,3	429,7	336,2
2006	84,3	130,5	164,4	105,6	415,1	341,5

Tabelle 16.8.13. Fälle der Arbeitsunfähigkeit je 100 AOK-Mitglieder nach Krankheitsarten in der Branche Land- und Forstwirtschaft in den Jahren 1995 bis 2006

Jahr	AU-Fälle je 100 Mitglieder					
	Psyche	Herz/Kreislauf	Atemwege	Verdauung	Muskel/Skelett	Verletzungen
1995	4,2	9,1	39,5	20,5	30,8	22,9
1996	3,3	7,4	35,5	19,4	29,8	23,9
1997	3,4	7,4	34,3	19,3	29,7	23,9
1998	3,9	7,8	36,9	19,8	31,5	23,7
1999	4,5	8,2	42,0	21,7	34,0	23,7
2000	4,2	7,6	35,9	18,4	35,5	24,0
2001	4,7	8,2	35,1	18,7	36,4	23,6
2002	4,6	8,3	33,0	19,0	35,7	23,5
2003	4,6	8,0	33,1	17,8	32,5	22,5
2004	4,5	7,2	27,0	17,3	29,9	20,9
2005	4,1	6,7	28,6	14,7	26,8	19,7
2006	4,0	6,5	23,4	15,0	26,9	20,3

Land- und Forstwirtschaft

Tabelle 16.8.14. Verteilung der Arbeitsunfähigkeitstage nach Krankheitsarten in Prozent in der Branche Land- und Forstwirtschaft im Jahr 2006, AOK-Mitglieder

Wirtschafts-abteilung	AU-Tage in %						
	Psyche	Herz/Kreislauf	Atemwege	Verdauung	Muskel/Skelett	Verletzungen	Sonstige
Fischerei und Fischzucht	5,1	9,8	9,3	6,7	25,0	17,0	27,1
Forstwirtschaft	4,2	6,0	8,7	5,3	26,9	24,1	24,8
Landwirtschaft, gewerbliche Jagd	5,1	7,9	9,8	6,3	24,4	19,9	26,7
Branche insgesamt	5,0	7,7	9,7	6,2	24,6	20,2	26,5
Alle Branchen	7,9	7,1	11,7	6,5	24,4	13,6	28,8

Tabelle 16.8.15. Verteilung der Arbeitsunfähigkeitsfälle nach Krankheitsarten in Prozent in der Branche Land- und Forstwirtschaft im Jahr 2006, AOK-Mitglieder

Wirtschafts-abteilung	AU-Fälle in %						
	Psyche	Herz/Kreislauf	Atemwege	Verdauung	Muskel/Skelett	Verletzungen	Sonstige
Fischerei und Fischzucht	3,5	6,1	17,4	12,8	16,7	13,9	29,7
Forstwirtschaft	2,6	4,5	17,1	9,8	23,2	17,9	24,9
Landwirtschaft, gewerbliche Jagd	3,0	5,0	17,7	11,5	20,1	15,1	27,6
Branche insgesamt	3,0	4,9	17,7	11,3	20,3	15,3	27,4
Alle Branchen	4,2	4,7	21,0	11,6	18,2	10,2	30,0

Tabelle 16.8.16. Anteile der 40 häufigsten Einzeldiagnosen an den AU-Fällen und AU-Tagen in der Branche Land- und Forstwirtschaft im Jahr 2006, AOK-Mitglieder

ICD-10	Bezeichnung	AU-Fälle in %	AU-Tage in %
M54	Rückenschmerzen	8,2	7,4
J06	Akute Infektionen der oberen Atemwege	4,6	2,0
K52	Nichtinfektiöse Gastroenteritis und Kolitis	2,9	1,0
J20	Akute Bronchitis	2,6	1,4
K08	Sonstige Krankheiten der Zähne und des Zahnhalteapparates	2,5	0,5
T14	Verletzung an einer nicht näher bezeichneten Körperregion	2,5	2,2
A09	Diarrhoe und Gastroenteritis	2,0	0,6
I10	Essentielle Hypertonie	1,9	2,9
J40	Nicht akute Bronchitis	1,8	0,9
J03	Akute Tonsillitis	1,5	0,7
K29	Gastritis und Duodenitis	1,4	0,8
R10	Bauch- und Beckenschmerzen	1,1	0,6
M53	Sonstige Krankheiten der Wirbelsäule und des Rückens	1,1	1,0
S93	Luxation, Verstauchung und Zerrung der Gelenke und Bänder in Höhe des oberen Sprunggelenkes und des Fußes	1,1	1,1
M77	Sonstige Enthesopathien	1,0	1,1
B34	Viruskrankheit	1,0	0,4
J02	Akute Pharyngitis	0,9	0,4
J01	Akute Sinusitis	0,9	0,4
M51	Sonstige Bandscheibenschäden	0,9	2,0
M99	Biomechanische Funktionsstörungen	0,9	0,6
M25	Sonstige Gelenkkrankheiten	0,8	0,8
M75	Schulterläsionen	0,8	1,3
M23	Binnenschädigung des Kniegelenkes	0,7	1,4
J32	Chronische Sinusitis	0,7	0,4
R51	Kopfschmerz	0,7	0,3
S61	Offene Wunde des Handgelenkes und der Hand	0,7	0,7
S60	Oberflächliche Verletzung des Handgelenkes und der Hand	0,6	0,5
S80	Oberflächliche Verletzung des Unterschenkels	0,6	0,6
M79	Sonstige Krankheiten des Weichteilgewebes	0,6	0,5
S83	Luxation, Verstauchung und Zerrung des Kniegelenkes und von Bändern des Kniegelenkes	0,6	1,0
F32	Depressive Episode	0,6	1,1
M65	Synovitis und Tenosynovitis	0,6	0,6
E66	Adipositas	0,6	1,0
J11	Grippe	0,6	0,2
S20	Oberflächliche Verletzung des Thorax	0,5	0,6
B99	Sonstige Infektionskrankheiten	0,5	0,2
R42	Schwindel und Taumel	0,5	0,3
M17	Gonarthrose	0,5	1,1
R50	Fieber unbekannter Ursache	0,5	0,3
S62	Fraktur im Bereich des Handgelenkes und der Hand	0,5	1,2
	Summe hier	53,0	42,1
	Restliche	47,0	57,9
	Gesamtsumme	100,0	100,0

Tabelle 16.8.17. Anteile der 40 häufigsten Diagnoseuntergruppen an den AU-Fällen und AU-Tagen in der Branche Land- und Forstwirtschaft im Jahr 2006, AOK-Mitglieder

ICD-10	Bezeichnung	AU-Fälle in %	AU-Tage in %
M40–M54	Krankheiten der Wirbelsäule und des Rückens	10,8	11,6
J00–J06	Akute Infektionen der oberen Atemwege	8,9	3,8
M60–M79	Krankheiten der Weichteilgewebe	4,1	4,9
M00–M25	Arthropathien	3,5	5,8
K50–K52	Nichtinfektiöse Enteritis und Kolitis	3,2	1,2
K00–K14	Krankheiten Mundhöhle, Speicheldrüsen und Kiefer	3,2	0,7
T08–T14	Verletzungen Rumpf, Extremitäten u.a. Körperregionen	3,1	2,7
J20–J22	Sonstige akute Infektionen der unteren Atemwege	3,0	1,6
J40–J47	Chronische Krankheiten der unteren Atemwege	2,8	1,9
A00–A09	Infektiöse Darmkrankheiten	2,6	0,8
S60–S69	Verletzungen des Handgelenkes und der Hand	2,5	3,3
R50–R69	Allgemeinsymptome	2,3	1,6
I10–I15	Hypertonie	2,2	3,4
K20–K31	Krankheiten des Ösophagus, Magens und Duodenums	2,1	1,3
S90–S99	Verletzungen der Knöchelregion und des Fußes	1,9	2,4
R10–R19	Symptome bzgl. Verdauungssystem und Abdomen	1,8	1,1
S80–S89	Verletzungen des Knies und des Unterschenkels	1,8	3,6
S00–S09	Verletzungen des Kopfes	1,4	1,3
J30–J39	Sonstige Krankheiten der oberen Atemwege	1,3	0,8
B25–B34	Sonstige Viruskrankheiten	1,2	0,5
F40–F48	Neurotische, Belastungs- und somatoforme Störungen	1,2	1,5
J10–J18	Grippe und Pneumonie	1,0	0,7
M95–M99	Sonstige Krankheiten des Muskel-Skelett-Systems	1,0	0,8
R00–R09	Symptome bzgl. Kreislauf- und Atmungssystem	1,0	0,7
G40–G47	Episod. und paroxysmale Krankheiten d. Nervensystems	1,0	0,8
I80–I89	Krankheiten Venen, Lymphgefäße und -knoten	0,9	1,1
S20–S29	Verletzungen des Thorax	0,9	1,3
E70–E90	Stoffwechselstörungen	0,8	1,3
G50–G59	Krankheiten von Nerven, -wurzeln und Nervenplexus	0,8	1,2
L00–L08	Infektionen der Haut und der Unterhaut	0,8	0,8
F10–F19	Psychische Störungen durch psychotrope Substanzen	0,8	1,3
F30–F39	Affektive Störungen	0,8	1,5
S40–S49	Verletzungen der Schulter und des Oberarmes	0,7	1,5
N30–N39	Sonstige Krankheiten des Harnsystems	0,7	0,6
I20–I25	Ischämische Herzkrankheiten	0,7	1,3
I30–I52	Sonstige Formen der Herzkrankheit	0,6	1,1
R40–R46	Sympt. bzgl. Wahrnehmung, Stimmung, Verhalten	0,6	0,5
S50–S59	Verletzungen des Ellenbogens und des Unterarmes	0,6	1,2
E10–E14	Diabetes mellitus	0,6	1,1
E65–E68	Adipositas und sonstige Überernährung	0,6	1,1
	Summe hier	79,8	75,7
	Restliche	20,2	24,3
	Gesamtsumme	100,0	100,0

16.9 Metallindustrie

Tabelle 16.9.1	Entwicklung des Krankenstands der AOK-Mitglieder	411
Tabelle 16.9.2	Anzahl der Fälle und Dauer der Arbeitsunfähigkeit der AOK-Mitglieder	411
Tabelle 16.9.3	Arbeitsunfähigkeit der AOK-Mitglieder nach Bundesländern	412
Tabelle 16.9.4	Arbeitsunfähigkeit der AOK-Mitglieder nach Wirtschaftsabteilungen	413
Tabelle 16.9.5	Kennzahlen der Arbeitsunfähigkeit der AOK-Mitglieder nach ausgewählten Berufsgruppen	414
Tabelle 16.9.6	Dauer der Arbeitsunfähigkeit der AOK-Mitglieder	415
Tabelle 16.9.7	Tage der Arbeitsunfähigkeit je AOK-Mitglied nach Wirtschaftsabteilung und Betriebsgröße	416
Tabelle 16.9.8	Krankenstand in Prozent nach der Stellung im Beruf	417
Tabelle 16.9.9	Tage der Arbeitsunfähigkeit je AOK-Mitglied nach der Stellung im Beruf	418
Tabelle 16.9.10	Anteil der Arbeitsunfälle an den AU-Fällen und -Tagen in Prozent nach Wirtschaftsabteilungen	419
Tabelle 16.9.11	Tage und Fälle der Arbeitsunfähigkeit durch Arbeitsunfälle nach Berufsgruppen	420
Tabelle 16.9.12	Tage der Arbeitsunfähigkeit je 100 AOK-Mitglieder nach Krankheitsarten	421
Tabelle 16.9.13	Fälle der Arbeitsunfähigkeit je 100 AOK-Mitglieder nach Krankheitsarten	421
Tabelle 16.9.14	Verteilung der Arbeitsunfähigkeitstage nach Krankheitsarten in Prozent	422
Tabelle 16.9.15	Verteilung der Arbeitsunfähigkeitsfälle nach Krankheitsarten in Prozent	423
Tabelle 16.9.16	Anteile der 40 häufigsten Einzeldiagnosen an den AU-Fällen und AU-Tagen	424
Tabelle 16.9.17	Anteile der 40 häufigsten Diagnoseuntergruppen an den AU-Fällen und AU-Tagen	425

Tabelle 16.9.1. Entwicklung des Krankenstands der AOK-Mitglieder in der Branche Metallindustrie in den Jahren 1994 bis 2006

Jahr	Krankenstand in %		
	West	Ost	Bund
1994	6,4	5,3	6,3
1995	6,0	5,1	5,9
1996	5,5	4,8	5,4
1997	5,3	4,5	5,2
1998	5,3	4,6	5,2
1999	5,6	5,0	5,6
2000	5,6	5,0	5,5
2001	5,5	5,1	5,5
2002	5,5	5,0	5,5
2003	5,2	4,6	5,1
2004	4,8	4,2	4,8
2005	4,8	4,1	4,7
2006	4,5	4,0	4,5

Tabelle 16.9.2. Anzahl der Fälle und Dauer der Arbeitsunfähigkeit der AOK-Mitglieder in der Branche Metallindustrie in den Jahren 1994 bis 2006

Jahr	AU-Fälle je 100 Mitglieder			Tage je Fall		
	West	Ost	Bund	West	Ost	Bund
1994	156,5	131,1	153,7	14,2	13,7	14,1
1995	165,7	141,1	163,1	13,6	13,7	13,6
1996	150,0	130,2	147,8	13,9	13,9	13,9
1997	146,7	123,7	144,4	13,1	13,4	13,2
1998	150,0	124,6	147,4	13,0	13,4	13,0
1999	160,5	137,8	158,3	12,8	13,4	12,8
2000	163,1	141,2	161,1	12,6	12,9	12,6
2001	162,6	140,1	160,6	12,4	13,2	12,5
2002	162,2	143,1	160,5	12,5	12,7	12,5
2003	157,1	138,6	155,2	12,0	12,2	12,0
2004	144,6	127,1	142,7	12,2	12,1	12,2
2005	148,0	127,8	145,6	11,9	11,8	11,9
2006	138,8	123,3	136,9	11,9	11,9	11,9

Tabelle 16.9.3. Arbeitsunfähigkeit der AOK-Mitglieder in der Branche Metallindustrie nach Bundesländern im Jahr 2006 im Vergleich zum Vorjahr

Land	Kranken-stand (in %)	Arbeitsunfähigkeiten je 100 AOK-Mitglieder				Tage je Fall	Veränd. z. Vorj. (in %)	AU-Quote (in %)
		AU-Fälle	Veränd. z. Vorj. (in %)	AU-Tage	Veränd. z. Vorj. (in %)			
Baden-Württemberg	4,3	134,2	-8,5	1552,3	-9,2	11,6	-0,9	55,2
Bayern	4,0	125,5	-5,8	1459,5	-5,4	11,6	0,0	53,2
Berlin	5,4	120,7	-8,2	1966,7	-6,5	16,3	1,9	48,8
Brandenburg	4,4	126,0	-3,0	1603,7	-5,4	12,7	-3,1	52,9
Bremen	5,0	147,6	-8,7	1809,8	-3,0	12,3	7,0	56,4
Hamburg	5,4	144,3	-9,6	1966,3	-11,1	13,6	-2,2	56,1
Hessen	5,2	153,8	-5,0	1889,7	-3,8	12,3	1,7	59,6
Mecklenburg-Vorpommern	4,6	133,7	0,8	1668,5	6,1	12,5	5,0	53,7
Niedersachsen	4,1	147,6	-2,9	1504,8	-0,4	10,2	3,0	58,3
Nordrhein-Westfalen	5,1	149,3	-5,4	1866,7	-5,3	12,5	0,0	60,1
Rheinland-Pfalz	5,0	148,1	-4,3	1837,1	-2,6	12,4	1,6	60,1
Saarland	5,7	122,2	-2,2	2093,9	1,4	17,1	3,6	54,6
Sachsen	3,8	118,4	-3,6	1378,5	-2,2	11,6	0,9	53,6
Sachsen-Anhalt	4,2	126,3	-3,1	1544,3	-5,5	12,2	-2,4	52,9
Schleswig-Holstein	5,0	151,4	-3,4	1811,9	-3,0	12,0	0,8	57,9
Thüringen	4,3	133,2	-4,0	1587,5	-5,2	11,9	-1,7	55,2
West	4,5	138,8	-6,2	1656,7	-6,0	11,9	0,0	56,6
Ost	4,0	123,3	-3,5	1463,6	-3,3	11,9	0,8	53,8
Bund	4,5	136,9	-6,0	1632,7	-5,8	11,9	0,0	56,3

Metallindustrie

Tabelle 16.9.4. Arbeitsunfähigkeit der AOK-Mitglieder in der Branche Metallindustrie nach Wirtschaftsabteilungen im Jahr 2006

Wirtschaftsabteilung	Krankenstand (in %) 2006	Krankenstand (in %) 2006 stand.*	Arbeitsunfähigkeiten je 100 AOK-Mitglieder Fälle	Arbeitsunfähigkeiten je 100 AOK-Mitglieder Tage	Tage je Fall	AU-Quote (in %)
Herstellung von Büromaschinen, Datenverarbeitungsgeräten und -einrichtungen	3,4	3,3	120,8	1242,0	10,3	48,5
Herstellung von Geräten der Elektrizitätserzeugung, -verteilung	4,5	4,2	136,8	1649,9	12,1	56,2
Herstellung von Kraftwagen und Kraftwagenteilen	4,8	4,7	136,6	1761,1	12,9	56,7
Herstellung von Metallerzeugnissen	4,7	4,5	142,3	1732,7	12,2	57,2
Maschinenbau	4,1	3,9	130,8	1483,5	11,3	55,2
Medizin-, Mess-, Steuer- und Regelungstechnik, Optik	3,8	3,6	131,3	1384,8	10,5	53,8
Metallerzeugung und -bearbeitung	5,2	4,7	146,6	1905,2	13,0	60,5
Rundfunk- und Nachrichtentechnik	3,9	3,7	134,5	1416,7	10,5	52,9
Sonstiger Fahrzeugbau	4,5	4,1	136,3	1653,3	12,1	55,8
Branche insgesamt	4,5	4,3	136,9	1632,7	11,9	56,3
Alle Branchen	4,2	4,1	131,0	1542,9	11,8	49,3

* Krankenstand alters- und geschlechtsstandardisiert

Tabelle 16.9.5. Kennzahlen der Arbeitsunfähigkeit der AOK-Mitglieder nach ausgewählten Berufsgruppen in der Branche Metallindustrie im Jahr 2006

Tätigkeit	Krankenstand (in %)	Arbeitsunfähigkeiten je 100 AOK-Mitglieder		Tage je Fall	AU-Quote (in %)	Verteilung der AOK-Mitglieder in der Branche (in %)
		Fälle	Tage			
Bauschlosser	5,1	151,9	1855,8	12,2	61,1	2,2
Betriebsschlosser, Reparaturschlosser	4,6	139,8	1687,5	12,1	59,6	1,7
Bürofachkräfte	2,3	103,0	834,8	8,1	46,0	5,1
Dreher	4,4	143,9	1621,7	11,3	60,3	3,4
Elektrogeräte-, Elektroteilemontierer	5,6	158,6	2037,0	12,8	62,5	3,4
Elektrogerätebauer	3,2	130,9	1181,3	9,0	55,0	1,5
Elektroinstallateure, -monteure	4,0	125,5	1445,6	11,5	55,2	2,9
Industriemechaniker/innen	4,3	151,8	1573,5	10,4	55,6	3,1
Kunststoffverarbeiter	5,5	165,5	2011,2	12,2	64,3	1,7
Lager-, Transportarbeiter	5,2	145,7	1888,0	13,0	59,3	2,0
Maschinenschlosser	4,2	136,8	1521,6	11,1	59,7	5,8
Metallarbeiter	5,4	154,4	1974,4	12,8	61,8	9,8
Schweißer, Brennschneider	5,6	155,6	2062,1	13,2	62,0	2,5
Sonstige Mechaniker	3,7	141,6	1350,2	9,5	57,8	1,8
Sonstige Montierer	5,9	156,2	2136,1	13,7	61,7	4,2
Stahlbauschlosser, Eisenschiffbauer	5,4	152,9	1988,5	13,0	61,8	1,8
Warenaufmacher, Versandfertigmacher	5,4	148,9	1989,1	13,4	61,8	1,6
Warenprüfer, -sortierer	5,0	139,6	1823,3	13,1	59,1	1,5
Werkzeugmacher	3,7	135,6	1332,9	9,8	58,9	2,8
Branche insgesamt	4,5	136,9	1632,7	11,9	56,3	13,1*

* Anteil der AOK-Mitglieder in der Branche an allen AOK-Mitgliedern

Tabelle 16.9.6. Dauer der Arbeitsunfähigkeit der AOK-Mitglieder in der Branche Metallindustrie im Jahr 2006

Fallklasse	Branche hier		Alle Branchen	
	Anteil Fälle in %	Anteil Tage in %	Anteil Fälle in %	Anteil Tage in %
1–3 Tage	36,2	6,0	36,0	6,1
4–7 Tage	27,8	11,5	28,7	12,2
8–14 Tage	17,6	15,4	17,6	15,5
15–21 Tage	6,7	9,9	6,6	9,7
22–28 Tage	3,6	7,5	3,4	7,2
29–42 Tage	3,6	10,4	3,4	10,0
Langzeit-AU (> 42 Tage)	4,4	39,3	4,3	39,3

Tabelle 16.9.7. Tage der Arbeitsunfähigkeit je AOK-Mitglied nach Wirtschaftsabteilung und Betriebsgröße in der Branche Metallindustrie im Jahr 2006

Wirtschafts-abteilung	Betriebsgröße (Anzahl der AOK-Mitglieder)					
	10–49	50–99	100–199	200–499	500–999	≥1000
Herstellung von Büromaschinen, Datenverarbeitungs-geräten und -einrichtungen	13,0	11,2	15,6	17,9	11,9	–
Herstellung von Geräten der Elektrizitäts-erzeugung, -verteilung	15,1	16,9	17,1	18,3	19,5	17,1
Herstellung von Kraftwagen und Kraftwagenteilen	15,4	17,1	18,2	19,1	19,6	18,7
Herstellung von Metallerzeugnissen	17,4	18,1	18,5	19,1	19,3	16,6
Maschinenbau	14,6	15,5	15,7	16,1	16,3	15,9
Medizin-, Mess-, Steuer- und Regelungstechnik, Optik	13,0	14,7	16,5	17,2	17,3	–
Metallerzeugung und -bearbeitung	18,3	18,9	19,8	20,0	20,4	19,9
Rundfunk- und Nachrichtentechnik	14,0	14,4	15,1	16,3	16,3	9,6
Sonstiger Fahrzeugbau	17,3	18,6	16,4	19,1	18,0	12,0
Branche insgesamt	15,9	16,8	17,4	18,1	18,3	17,8
Alle Branchen	15,8	17,3	17,7	18,1	18,7	17,6

Tabelle 16.9.8. Krankenstand in Prozent nach der Stellung im Beruf in der Branche Metallindustrie im Jahr 2006, AOK-Mitglieder

Wirtschaftsabteilung	Stellung im Beruf				
	Auszubildende	Arbeiter	Facharbeiter	Meister, Poliere	Angestellte
Herstellung von Büromaschinen, Datenverarbeitungsgeräten und -einrichtungen	2,0	5,1	3,9	5,0	2,3
Herstellung von Geräten der Elektrizitätserzeugung, -verteilung	2,4	5,6	4,2	2,9	2,3
Herstellung von Kraftwagen und Kraftwagenteilen	2,7	5,9	4,4	3,4	2,3
Herstellung von Metallerzeugnissen	3,3	5,6	4,6	3,6	2,4
Maschinenbau	2,6	5,3	4,3	2,9	2,3
Medizin-, Mess-, Steuer- und Regelungstechnik, Optik	2,4	5,0	3,7	2,5	2,4
Metallerzeugung und -bearbeitung	2,7	6,0	4,9	3,8	2,3
Rundfunk- und Nachrichtentechnik	2,1	5,0	3,7	3,0	2,5
Sonstiger Fahrzeugbau	2,7	5,6	5,1	2,7	2,3
Branchen insgesamt	2,7	5,6	4,4	3,2	2,3
Alle Branchen	3,3	5,2	4,5	3,5	3,1

Tabelle 16.9.9. Tage der Arbeitsunfähigkeit je AOK-Mitglied nach der Stellung im Beruf in der Branche Metallindustrie im Jahr 2006

Wirtschaftsabteilung	Stellung im Beruf				
	Auszu-bildende	Arbeiter	Fach-arbeiter	Meister, Poliere	Ange-stellte
Herstellung von Büromaschinen, Datenverarbeitungsgeräten und -einrichtungen	7,4	18,6	14,3	18,3	8,5
Herstellung von Geräten der Elektrizitätserzeugung, -verteilung	8,8	20,4	15,2	10,7	8,3
Herstellung von Kraftwagen und Kraftwagenteilen	9,7	21,6	16,1	12,5	8,4
Herstellung von Metallerzeugnissen	12,0	20,3	16,9	13,0	8,7
Maschinenbau	9,3	19,2	15,6	10,7	8,2
Medizin-, Mess-, Steuer- und Regelungstechnik, Optik	8,7	18,3	13,7	9,2	8,6
Metallerzeugung und -bearbeitung	10,0	22,0	17,9	13,7	8,5
Rundfunk- und Nachrichtentechnik	7,6	18,4	13,5	10,8	9,2
Sonstiger Fahrzeugbau	9,8	20,4	18,6	10,0	8,6
Branche insgesamt	9,8	20,3	16,1	11,7	8,5
Alle Branchen	12,2	18,9	16,3	12,7	11,4

Tabelle 16.9.10. Anteil der Arbeitsunfälle an den AU-Fällen und -Tagen in Prozent nach Wirtschaftsabteilungen in der Branche Metallindustrie im Jahr 2006, AOK-Mitglieder

Wirtschaftsabteilung	Arbeitsunfähigkeiten	
	AU-Fälle in %	AU-Tage in %
Herstellung von Büromaschinen, Datenverarbeitungsgeräten und -einrichtungen	2,6	3,7
Herstellung von Geräten der Elektrizitätserzeugung, -verteilung	3,6	4,4
Herstellung von Kraftwagen und Kraftwagenteilen	4,2	4,6
Herstellung von Metallerzeugnissen	7,7	8,4
Maschinenbau	6,1	6,5
Medizin-, Mess-, Steuer- und Regelungstechnik, Optik	2,8	3,4
Metallerzeugung und -bearbeitung	8,3	8,8
Rundfunk- und Nachrichtentechnik	2,5	3,1
Sonstiger Fahrzeugbau	7,0	8,0
Branche insgesamt	5,9	6,5
Alle Branchen	4,9	6,1

Tabelle 16.9.11. Tage und Fälle der Arbeitsunfähigkeit durch Arbeitsunfälle nach Berufsgruppen in der Branche Metallindustrie im Jahr 2006, AOK-Mitglieder

Tätigkeit	Arbeitsunfähigkeit je 1000 AOK-Mitglieder	
	AU-Tage	AU-Fälle
Halbzeugputzer und sonstige Formgießerberufe	2746,3	232,9
Bauschlosser	2150,4	164,0
Industriemechaniker/innen	2136,6	173,4
Stahlbauschlosser, Eisenschiffbauer	2083,8	156,0
Stahlschmiede	2080,6	162,2
Schweißer, Brennschneider	1946,9	151,0
Landmaschineninstandsetzer	1771,3	165,2
Betriebsschlosser, Reparaturschlosser	1746,9	130,6
Blechpresser, -zieher, -stanzer	1469,6	106,0
Feinblechner	1349,4	124,8
Maschinenschlosser	1269,0	105,0
Warenmaler, -lackierer	1233,1	79,2
Metallarbeiter	1202,8	86,9
Metallschleifer	1190,5	95,5
Dreher	1083,0	93,5
Kunststoffverarbeiter	1059,9	74,2
Lager-, Transportarbeiter	1033,3	64,8
Werkzeugmacher	979,0	90,1
Elektroinstallateure, -monteure	937,3	64,7
Fräser	899,3	92,2

Metallindustrie

Tabelle 16.9.12. Tage der Arbeitsunfähigkeit je 100 AOK-Mitglieder nach Krankheitsarten in der Branche Metallindustrie in den Jahren 2000 bis 2006

Jahr	AU-Tage je 100 Mitglieder					
	Psyche	Herz/Kreislauf	Atemwege	Verdauung	Muskel/Skelett	Verletzungen
2000	125,2	163,1	332,7	148,6	655,7	343,6
2001	134,9	165,4	310,6	149,9	672,0	338,9
2002	141,7	164,9	297,9	151,1	671,3	338,9
2003	134,5	156,5	296,8	142,2	601,3	314,5
2004	151,3	168,4	258,0	143,5	574,9	305,3
2005	150,7	166,7	300,6	136,0	553,4	301,1
2006	147,1	163,0	243,0	135,7	541,1	304,5

Tabelle 16.9.13. Fälle der Arbeitsunfähigkeit je 100 AOK-Mitglieder nach Krankheitsarten in der Branche Metallindustrie in den Jahren 2000 bis 2006

Jahr	AU-Fälle je 100 Mitglieder					
	Psyche	Herz/Kreislauf	Atemwege	Verdauung	Muskel/Skelett	Verletzungen
2000	5,6	8,5	46,5	20,8	39,1	23,5
2001	6,1	9,1	45,6	21,6	40,8	23,1
2002	6,8	9,4	44,1	22,5	41,1	23,1
2003	6,7	9,3	45,1	21,5	37,9	21,7
2004	6,8	8,7	38,0	21,0	36,1	20,4
2005	6,6	8,7	44,4	19,6	35,3	19,9
2006	6,5	8,8	36,7	20,3	35,1	20,2

Tabelle 16.9.14. Verteilung der Arbeitsunfähigkeitstage nach Krankheitsarten in Prozent in der Branche Metallindustrie im Jahr 2006, AOK-Mitglieder

Wirtschafts-abteilung	AU-Tage in %						
	Psyche	Herz/Kreislauf	Atemwege	Verdauung	Muskel/Skelett	Verletzungen	Sonstige
Herstellung von Büromaschinen, Datenverarbeitungsgeräten und -einrichtungen	9,2	7,3	13,8	6,1	21,5	11,3	30,0
Herstellung von Geräten der Elektrizitätserzeugung, -verteilung	8,0	7,5	11,7	6,3	25,7	11,7	29,1
Herstellung von Kraftwagen und Kraftwagenteilen	7,2	7,3	11,7	6,5	28,1	12,7	26,6
Herstellung von Metallerzeugnissen	6,6	7,7	10,8	6,3	25,8	16,1	26,8
Maschinenbau	6,5	7,9	11,5	6,5	24,6	15,1	27,9
Medizin-, Mess-, Steuer- und Regelungstechnik, Optik	8,3	7,5	12,9	6,7	22,3	11,7	30,7
Metallerzeugung und -bearbeitung	6,2	8,0	11,1	6,2	26,3	15,7	26,6
Rundfunk- und Nachrichtentechnik	9,2	7,2	13,1	6,8	23,3	10,4	29,9
Sonstiger Fahrzeugbau	5,8	7,6	11,5	6,6	26,5	15,1	26,9
Branche insgeamt	6,9	7,7	11,5	6,4	25,5	14,4	27,6
Alle Branchen	7,9	7,1	11,7	6,5	24,4	13,6	28,8

Tabelle 16.9.15. Verteilung der Arbeitsunfähigkeitsfälle nach Krankheitsarten in Prozent in der Branche Metallindustrie im Jahr 2006, AOK-Mitglieder

Wirtschafts-abteilung	AU-Fälle in %						
	Psyche	Herz/Kreislauf	Atemwege	Verdauung	Muskel/Skelett	Verletzungen	Sonstige
Herstellung von Büromaschinen, Datenverarbeitungsgeräten und -einrichtungen	4,6	4,7	23,8	11,5	16,8	7,8	30,7
Herstellung von Geräten der Elektrizitätserzeugung, -verteilung	4,3	5,2	20,7	11,5	19,5	8,7	30,2
Herstellung von Kraftwagen und Kraftwagenteilen	4,0	5,0	20,2	11,1	21,8	10,0	27,9
Herstellung von Metallerzeugnissen	3,4	4,8	19,8	11,2	20,2	13,0	27,6
Maschinenbau	3,3	4,9	21,1	11,7	19,0	11,9	28,2
Medizin-, Mess-, Steuer- und Regelungstechnik, Optik	4,4	4,8	22,7	12,1	16,3	8,3	31,3
Metallerzeugung und -bearbeitung	3,4	5,1	19,5	10,9	21,2	13,0	26,9
Rundfunk- und Nachrichtentechnik	4,7	4,9	22,9	12,3	16,8	7,7	30,8
Sonstiger Fahrzeugbau	2,9	5,0	20,4	11,7	20,5	12,4	27,1
Branche insgesamt	3,7	4,9	20,6	11,4	19,7	11,3	28,4
Alle Branchen	4,2	4,7	21,0	11,6	18,2	10,2	30,0

Tabelle 16.9.16. Anteile der 40 häufigsten Einzeldiagnosen an den AU-Fällen und AU-Tagen in der Branche Metallindustrie im Jahr 2006, AOK-Mitglieder

ICD-10	Bezeichnung	AU-Fälle in %	AU-Tage in %
M54	Rückenschmerzen	7,9	7,5
J06	Akute Infektionen der oberen Atemwege	5,7	2,5
J20	Akute Bronchitis	3,1	1,6
K52	Nichtinfektiöse Gastroenteritis und Kolitis	3,0	1,0
K08	Sonstige Krankheiten der Zähne und des Zahnhalteapparates	2,4	0,5
J40	Nicht akute Bronchitis	2,2	1,2
A09	Diarrhoe und Gastroenteritis	2,1	0,7
T14	Verletzung an einer nicht näher bezeichneten Körperregion	1,9	1,7
I10	Essentielle Hypertonie	1,7	2,6
K29	Gastritis und Duodenitis	1,5	0,8
J03	Akute Tonsillitis	1,4	0,6
B34	Viruskrankheit	1,3	0,6
M53	Sonstige Krankheiten der Wirbelsäule und des Rückens	1,2	1,3
J01	Akute Sinusitis	1,2	0,6
R10	Bauch- und Beckenschmerzen	1,1	0,6
J02	Akute Pharyngitis	1,1	0,5
J32	Chronische Sinusitis	1,0	0,6
M51	Sonstige Bandscheibenschäden	1,0	2,3
M77	Sonstige Enthesopathien	1,0	1,2
M75	Schulterläsionen	0,9	1,6
F32	Depressive Episode	0,9	1,9
M99	Biomechanische Funktionsstörungen	0,8	0,6
R51	Kopfschmerz	0,8	0,4
M23	Binnenschädigung des Kniegelenkes	0,8	1,4
M25	Sonstige Gelenkkrankheiten	0,8	0,8
J11	Grippe	0,7	0,3
S93	Luxation, Verstauchung und Zerrung der Gelenke und Bänder in Höhe des oberen Sprunggelenkes und des Fußes	0,7	0,7
M79	Sonstige Krankheiten des Weichteilgewebes	0,6	0,6
T15	Fremdkörper im äußeren Auge	0,6	0,1
R42	Schwindel und Taumel	0,6	0,4
R50	Fieber unbekannter Ursache	0,6	0,3
B99	Sonstige Infektionskrankheiten	0,6	0,3
S61	Offene Wunde des Handgelenkes und der Hand	0,6	0,6
J04	Akute Laryngitis und Tracheitis	0,6	0,3
M47	Spondylose	0,5	0,7
F43	Reaktionen auf schwere Belastungen und Anpassungsstörungen	0,5	0,8
M65	Synovitis und Tenosynovitis	0,5	0,7
I25	Chronische ischämische Herzkrankheit	0,5	1,1
E66	Adipositas	0,5	1,0
R11	Übelkeit und Erbrechen	0,5	0,2
	Summe hier	55,4	43,2
	Restliche	44,6	56,8
	Gesamtsumme	100,0	100,0

Tabelle 16.9.17. Anteile der 40 häufigsten Diagnoseuntergruppen an den AU-Fällen und AU-Tagen in der Branche Metallindustrie im Jahr 2006, AOK-Mitglieder

ICD-10	Bezeichnung	AU-Fälle in %	AU-Tage in %
M40–M54	Krankheiten der Wirbelsäule und des Rückens	10,7	12,4
J00–J06	Akute Infektionen der oberen Atemwege	10,3	4,6
M60–M79	Krankheiten der Weichteilgewebe	4,1	5,3
J40–J47	Chronische Krankheiten der unteren Atemwege	3,6	2,4
J20–J22	Sonstige akute Infektionen der unteren Atemwege	3,5	1,9
M00–M25	Arthropathien	3,4	5,7
K50–K52	Nichtinfektiöse Enteritis und Kolitis	3,3	1,3
K00–K14	Krankheiten Mundhöhle, Speicheldrüsen und Kiefer	3,0	0,7
A00–A09	Infektiöse Darmkrankheiten	2,7	0,9
R50–R69	Allgemeinsymptome	2,7	2,0
T08–T14	Verletzungen Rumpf, Extremitäten u.a. Körperregionen	2,3	2,0
K20–K31	Krankheiten des Ösophagus, Magens und Duodenums	2,3	1,3
S60–S69	Verletzungen des Handgelenkes und der Hand	2,0	2,7
I10–I15	Hypertonie	1,9	3,0
R10–R19	Symptome bzgl. Verdauungssystem und Abdomen	1,8	1,1
J30–J39	Sonstige Krankheiten der oberen Atemwege	1,7	1,1
F40–F48	Neurotische, Belastungs- und somatoforme Störungen	1,6	2,3
B25–B34	Sonstige Viruskrankheiten	1,5	0,7
S90–S99	Verletzungen der Knöchelregion und des Fußes	1,3	1,6
J10–J18	Grippe und Pneumonie	1,2	0,8
F30–F39	Affektive Störungen	1,2	2,6
S80–S89	Verletzungen des Knies und des Unterschenkels	1,1	2,3
G40–G47	Episod. und paroxysmale Krankheiten des Nervensystems	1,1	0,9
R00–R09	Symptome bzgl. Kreislauf- und Atmungssystem	1,1	0,8
I80–I89	Krankheiten Venen, Lymphgefäße und -knoten	0,9	1,1
M95–M99	Sonstige Krankheiten des Muskel-Skelett-Systems	0,9	0,8
S00–S09	Verletzungen des Kopfes	0,8	0,7
E70–E90	Stoffwechselstörungen	0,8	1,5
G50–G59	Krankheiten von Nerven, -wurzeln und Nervenplexus	0,8	1,2
R40–R46	Sympt. bzgl. Wahrnehmung, Stimmung, Verhalten	0,8	0,6
I20–I25	Ischämische Herzkrankheiten	0,7	1,6
F10–F19	Psychische Störungen durch psychotrope Substanzen	0,7	1,4
K55–K63	Sonstige Krankheiten des Darmes	0,7	0,7
L00–L08	Infektionen der Haut und der Unterhaut	0,7	0,7
T15–T19	Folgen des Eindringens eines Fremdkörpers	0,7	0,1
N30–N39	Sonstige Krankheiten des Harnsystems	0,6	0,5
I30–I52	Sonstige Formen der Herzkrankheit	0,6	1,1
B99–B99	Sonstige Infektionskrankheiten	0,6	0,3
I95–I99	Sonstige Krankheiten des Kreislaufsystems	0,6	0,3
E10–E14	Diabetes mellitus	0,6	1,1
	Summe hier	80,9	74,1
	Restliche	19,1	25,9
	Gesamtsumme	100,0	100,0

16.10 Öffentliche Verwaltung

Tabelle 16.10.1	Entwicklung des Krankenstands der AOK-Mitglieder	427
Tabelle 16.10.2	Anzahl der Fälle und Dauer der Arbeitsunfähigkeit der AOK-Mitglieder	427
Tabelle 16.10.3	Arbeitsunfähigkeit der AOK-Mitglieder nach Bundesländern	428
Tabelle 16.10.4	Arbeitsunfähigkeit der AOK-Mitglieder nach Wirtschaftsabteilungen	429
Tabelle 16.10.5	Kennzahlen der Arbeitsunfähigkeit der AOK-Mitglieder nach ausgewählten Berufsgruppen	430
Tabelle 16.10.6	Dauer der Arbeitsunfähigkeit der AOK-Mitglieder	431
Tabelle 16.10.7	Tage der Arbeitsunfähigkeit je AOK-Mitglied nach Wirtschaftsabteilung und Betriebsgröße	431
Tabelle 16.10.8	Krankenstand in Prozent nach der Stellung im Beruf	432
Tabelle 16.10.9	Tage der Arbeitsunfähigkeit je AOK-Mitglied nach der Stellung im Beruf	432
Tabelle 16.10.10	Anteil der Arbeitsunfälle an den AU-Fällen und -Tagen in Prozent nach Wirtschaftsabteilungen	433
Tabelle 16.10.11	Tage und Fälle der Arbeitsunfähigkeit durch Arbeitsunfälle nach Berufsgruppen	433
Tabelle 16.10.12	Tage der Arbeitsunfähigkeit je 100 AOK-Mitglieder nach Krankheitsarten	434
Tabelle 16.10.13	Fälle der Arbeitsunfähigkeit je 100 AOK-Mitglieder nach Krankheitsarten	434
Tabelle 16.10.14	Verteilung der Arbeitsunfähigkeitstage nach Krankheitsarten in Prozent	435
Tabelle 16.10.15	Verteilung der Arbeitsunfähigkeitsfälle nach Krankheitsarten in Prozent	435
Tabelle 16.10.16	Anteile der 40 häufigsten Einzeldiagnosen an den AU-Fällen und AU-Tagen	436
Tabelle 16.10.17	Anteile der 40 häufigsten Diagnoseuntergruppen an den AU-Fällen und AU-Tagen	437

Öffentliche Verwaltung

Tabelle 16.10.1. Entwicklung des Krankenstands der AOK-Mitglieder in der Branche Öffentliche Verwaltung in den Jahren 1994 bis 2006

Jahr	Krankenstand in %		
	West	Ost	Bund
1994	7,3	5,9	6,9
1995	6,9	6,3	6,8
1996	6,4	6,0	6,3
1997	6,2	5,8	6,1
1998	6,3	5,7	6,2
1999	6,6	6,2	6,5
2000	6,4	5,9	6,3
2001	6,1	5,9	6,1
2002	6,0	5,7	5,9
2003	5,7	5,3	5,6
2004	5,3	5,0	5,2
2005*	5,3	4,5	5,1
2006	5,1	4,7	5,0

* ohne Sozialversicherung/Arbeitsförderung

Tabelle 16.10.2. Anzahl der Fälle und Dauer der Arbeitsunfähigkeit der AOK-Mitglieder in der Branche Öffentliche Verwaltung in den Jahren 1994 bis 2006

Jahr	AU-Fälle je 100 Mitglieder			Tage je Fall		
	West	Ost	Bund	West	Ost	Bund
1994	161,2	129,1	152,0	16,2	14,9	15,9
1995	166,7	156,3	164,1	15,6	14,9	15,4
1996	156,9	155,6	156,6	15,4	14,7	15,2
1997	158,4	148,8	156,3	14,4	14,1	14,3
1998	162,6	150,3	160,0	14,2	13,8	14,1
1999	170,7	163,7	169,3	13,8	13,6	13,8
2000	172,0	174,1	172,5	13,6	12,3	13,3
2001	165,8	161,1	164,9	13,5	13,3	13,5
2002	167,0	161,9	166,0	13,0	12,9	13,0
2003	167,3	158,8	165,7	12,4	12,2	12,3
2004	154,8	152,2	154,3	12,5	12,0	12,4
2005*	154,1	134,3	150,0	12,6	12,2	12,5
2006	148,7	144,7	147,9	12,5	11,8	12,3

* ohne Sozialversicherung/Arbeitsförderung

Tabelle 16.10.3. Arbeitsunfähigkeit der AOK-Mitglieder in der Branche Öffentliche Verwaltung nach Bundesländern im Jahr 2006 im Vergleich zum Vorjahr

Land	Kranken-stand (in %)	Arbeitsunfähigkeiten je 100 AOK-Mitglieder				Tage je Fall	Veränd. z. Vorj. (in %)	AU-Quote (in %)
		AU-Fälle	Veränd. z. Vorj. (in %)	AU-Tage	Veränd. z. Vorj. (in %)			
Baden-Württemberg	4,6	136,8	-1,9	1663,1	-3,5	12,2	-1,6	55,9
Bayern	4,6	127,6	-4,6	1682,5	-6,7	13,2	-2,2	53,8
Berlin	5,4	151,3	-2,6	1958,2	-4,7	12,9	-2,3	53,6
Brandenburg	5,5	152,3	-1,6	2000,6	-3,9	13,1	-3,0	60,7
Bremen	6,2	169,5	-4,3	2273,2	-2,5	13,4	1,5	60,8
Hamburg	5,6	159,0	-0,9	2039,2	-1,7	12,8	-0,8	48,8
Hessen	6,0	173,8	-6,8	2173,4	-6,3	12,5	0,8	61,9
Mecklenburg-Vorpommern	5,6	169,3	-1,3	2038,6	-7,2	12,0	-6,3	60,9
Niedersachsen	5,0	163,4	-5,0	1814,8	-2,3	11,1	2,8	60,6
Nordrhein-Westfalen	5,7	165,2	-1,7	2070,4	-3,0	12,5	-1,6	60,5
Rheinland-Pfalz	5,6	162,2	-8,2	2037,5	-8,0	12,6	0,8	61,4
Saarland	6,9	161,1	-8,0	2507,6	-10,5	15,6	-2,5	60,5
Sachsen	4,2	138,4	15,0	1539,8	10,2	11,1	-4,3	57,9
Sachsen-Anhalt	4,8	143,6	-2,8	1760,5	-5,7	12,3	-2,4	56,3
Schleswig-Holstein	5,7	159,1	4,3	2095,0	5,3	13,2	1,5	60,6
Thüringen	5,2	150,6	-4,7	1882,4	-8,2	12,5	-3,8	58,2
West	5,1	148,7	-3,5	1855,8	-4,3	12,5	-0,8	57,8
Ost	4,7	144,7	7,7	1705,0	3,9	11,8	-3,3	58,2
Bund	5,0	147,9	-1,4	1825,5	-2,8	12,3	-1,6	57,9

Öffentliche Verwaltung

Tabelle 16.10.4. Arbeitsunfähigkeit der AOK-Mitglieder in der Branche Öffentliche Verwaltung nach Wirtschaftsabteilungen im Jahr 2006

Wirtschafts-abteilung	Krankenstand (in %)		Arbeitsunfähigkeiten je 100 AOK-Mitglieder		Tage je Fall	AU-Quote (in %)
	2006	2006 stand.*	Fälle	Tage		
Exterritoriale Organisationen und Körperschaften	6,4	5,4	177,5	2340,9	13,2	62,4
Öffentliche Verwaltung	5,0	4,3	144,3	1816,7	12,6	56,9
Sozialversicherung und Arbeitsförderung	4,1	3,4	144,9	1513,3	10,4	58,1
Branche insgesamt	5,0	4,4	147,9	1825,5	12,3	57,9
Alle Branchen	4,2	4,1	131,0	1542,9	11,8	49,3

* Krankenstand alters- und geschlechtsstandardisiert

Tabelle 16.10.5. Kennzahlen der Arbeitsunfähigkeit der AOK-Mitglieder nach ausgewählten Berufsgruppen in der Branche Öffentliche Verwaltung im Jahr 2006

Tätigkeit	Krankenstand (in %)	Arbeitsunfähigkeiten je 100 AOK-Mitglieder		Tage je Fall	AU-Quote (in %)	Verteilung der AOK-Mitglieder in der Branche (n %)
		Fälle	Tage			
Bauhilfsarbeiter	6,4	162,7	2352,0	14,5	65,2	2,8
Bürofachkräfte	3,9	140,0	1438,7	10,3	57,5	25,9
Bürohilfskräfte	6,0	162,0	2186,0	13,5	60,5	1,1
Gärtner, Gartenarbeiter	7,0	212,6	2567,3	12,1	67,4	2,7
Kindergärtnerinnen, Kinderpflegerinnen	3,8	156,2	1370,3	8,8	60,5	5,5
Köche	7,7	191,3	2801,2	14,6	68,6	2,0
Kraftfahrzeugführer	6,7	160,7	2452,9	15,3	64,7	1,9
Krankenschwestern, -pfleger, Hebammen	3,9	120,2	1429,5	11,9	53,5	1,4
Lager-, Transportarbeiter	6,7	179,4	2433,5	13,6	65,6	2,3
Leitende und administrativ entscheidende Verwaltungsfachleute	2,6	90,2	941,2	10,4	39,1	1,1
Pförtner, Hauswarte	5,0	110,6	1821,8	16,5	52,2	3,4
Raum-, Hausratreiniger	6,7	148,2	2455,9	16,6	61,4	9,5
Real-, Volks-, Sonderschullehrer	3,2	112,1	1176,5	10,5	49,0	2,3
Sozialarbeiter, Sozialpfleger	4,2	138,7	1543,5	11,1	54,0	1,5
Stenographen, Stenotypistinnen, Maschinenschreiber	4,7	148,0	1713,0	11,6	60,7	2,4
Straßenreiniger, Abfallbeseitiger	7,7	193,7	2800,6	14,5	69,5	1,8
Straßenwarte	5,9	190,9	2163,4	11,3	72,2	1,2
Wächter, Aufseher	6,2	153,0	2270,3	14,8	58,6	1,1
Waldarbeiter, Waldnutzer	7,1	197,2	2604,0	13,2	71,2	1.6
Branche insgesamt	5,0	147,9	1825,5	12,3	57,9	6,8*

* Anteil der AOK-Mitglieder in der Branche an allen AOK-Mitgliedern

Öffentliche Verwaltung

Tabelle 16.10.6. Dauer der Arbeitsunfähigkeit der AOK-Mitglieder in der Branche Öffentliche Verwaltung im Jahr 2006

Fallklasse	Branche hier		Alle Branchen	
	Anteil Fälle in %	Anteil Tage in %	Anteil Fälle in %	Anteil Tage in %
1–3 Tage	34,5	5,5	36,0	6,1
4–7 Tage	26,9	10,8	28,7	12,2
8–14 Tage	18,8	15,8	17,6	15,5
15–21 Tage	7,2	10,2	6,6	9,7
22–28 Tage	4,1	8,0	3,4	7,2
29–42 Tage	4,0	11,3	3,4	10,0
Langzeit-AU (> 42 Tage)	4,6	38,4	4,3	39,3

Tabelle 16.10.7. Tage der Arbeitsunfähigkeit je AOK-Mitglied nach Wirtschaftsabteilung und Betriebsgröße in der Branche Öffentliche Verwaltung im Jahr 2006

Wirtschafts-abteilung	Betriebsgröße (Anzahl der AOK-Mitglieder)					
	10–49	50–99	100–199	200–499	500–999	≥1000
Exterritoriale Organisationen und Körperschaften	18,2	18,3	26,1	19,3	19,2	26,4
Öffentliche Verwaltung	17,2	18,2	18,9	20,0	22,4	18,1
Sozialversicherung und Arbeitsförderung	15,6	15,9	14,1	17,4	16,3	14,9
Branche insgesamt	17,3	18,1	18,6	19,9	21,0	18,5
Alle Branchen	15,8	17,3	17,7	18,1	18,7	17,6

Tabelle 16.10.8. Krankenstand in Prozent nach der Stellung im Beruf in der Branche Öffentliche Verwaltung im Jahr 2006, AOK-Mitglieder

Wirtschaftsabteilung	Stellung im Beruf				
	Auszubildende	Arbeiter	Facharbeiter	Meister, Poliere	Angestellte
Exterritoriale Organisationen und Körperschaften	1,0	7,5	8,4	4,5	5,5
Öffentliche Verwaltung	2,9	7,4	5,9	4,2	4,0
Sozialversicherung und Arbeitsförderung	2,8	6,6	5,3	5,3	3,9
Branche insgesamt	2,9	7,5	6,1	4,2	4,1
Alle Branchen	3,3	5,2	4,5	3,5	3,1

Tabelle 16.10.9. Tage der Arbeitsunfähigkeit je AOK-Mitglied nach der Stellung im Beruf in der Branche Öffentliche Verwaltung im Jahr 2006

Wirtschaftsabteilung	Stellung im Beruf				
	Auszubildende	Arbeiter	Facharbeiter	Meister, Poliere	Angestellte
Exterritoriale Organisationen und Körperschaften	3,7	27,4	30,6	16,3	20,1
Öffentliche Verwaltung	10,7	27,0	21,6	15,3	14,7
Sozialversicherung und Arbeitsförderung	10,2	23,9	19,3	19,3	14,2
Branche insgesamt	10,6	27,5	22,3	15,2	14,9
Alle Branchen	12,2	18,9	16,3	12,7	11,4

Öffentliche Verwaltung

Tabelle 16.10.10. Anteil der Arbeitsunfälle an den AU-Fällen und -Tagen in Prozent nach Wirtschaftsabteilungen in der Branche Öffentliche Verwaltung im Jahr 2006, AOK-Mitglieder

Wirtschaftsabteilung	Arbeitsunfähigkeiten	
	AU-Fälle in %	AU-Tage in %
Exterritoriale Organisationen und Körperschaften	2,8	3,3
Öffentliche Verwaltung	3,2	4,0
Sozialversicherung und Arbeitsförderung	1,2	1,7
Branche insgesamt	2,9	3,7
Alle Branchen	4,9	6,1

Tabelle 16.10.11. Tage und Fälle der Arbeitsunfähigkeit durch Arbeitsunfälle nach Berufsgruppen in der Branche Öffentliche Verwaltung im Jahr 2006, AOK-Mitglieder

Tätigkeit	Arbeitsunfähigkeit je 1000 AOK-Mitglieder	
	AU-Tage	AU-Fälle
Waldarbeiter, Waldnutzer	3380,8	206,2
Straßenreiniger, Abfallbeseitiger	1872,5	109,9
Tischler	1741,3	123,3
Straßenwarte	1695,9	117,5
Bauhilfsarbeiter	1659,4	108,1
Straßenbauer	1610,6	104,9
Gärtner, Gartenarbeiter	1364,0	107,0
Lager-, Transportarbeiter	1245,1	85,1
Kraftfahrzeuginstandsetzer	1122,5	82,8
Kraftfahrzeugführer	1101,2	59,7
Pförtner, Hauswarte	963,2	52,0
Köche	916,5	63,6
Wächter, Aufseher	870,7	45,8
Elektroinstallateure, -monteure	741,8	54,9
Raum-, Hausratreiniger	574,4	29,7
Real-, Volks-, Sonderschullehrer	370,6	21,7
Kindergärtnerinnen, Kinderpflegerinnen	272,7	20,7
Bürofachkräfte	220,4	15,3

Tabelle 16.10.12. Tage der Arbeitsunfähigkeit je 100 AOK-Mitglieder nach Krankheitsarten in der Branche Öffentliche Verwaltung in den Jahren 1995 bis 2006

Jahr	AU-Tage je 100 Mitglieder					
	Psyche	Herz/Kreislauf	Atemwege	Verdauung	Muskel/Skelett	Verletzungen
1995	168,1	272,1	472,7	226,4	847,3	327,6
1996	165,0	241,9	434,5	199,8	779,1	312,4
1997	156,7	225,2	395,1	184,0	711,5	299,8
1998	165,0	214,1	390,7	178,4	720,0	288,1
1999	176,0	207,0	427,8	179,1	733,3	290,5
2000	198,5	187,3	392,0	160,6	749,6	278,9
2001	208,7	188,4	362,4	157,4	745,4	272,9
2002	210,1	182,7	344,1	157,9	712,8	267,9
2003	203,2	170,5	355,1	151,5	644,3	257,9
2004	213,8	179,9	313,1	153,1	619,0	251,5
2005*	211,4	179,4	346,2	142,3	594,5	252,5
2006	217,8	175,5	297,4	142,8	585,5	248,5

* ohne Sozialversicherung/Arbeitsförderung

Tabelle 16.10.13. Fälle der Arbeitsunfähigkeit je 100 AOK-Mitglieder nach Krankheitsarten in der Branche Öffentliche Verwaltung in den Jahren 1995 bis 2006

Jahr	AU-Fälle je 100 Mitglieder					
	Psyche	Herz/Kreislauf	Atemwege	Verdauung	Muskel/Skelett	Verletzungen
1995	4,2	9,1	39,5	20,5	30,8	22,9
1996	3,3	7,4	35,5	19,4	29,8	23,9
1997	3,4	7,4	34,3	19,3	29,7	23,9
1998	3,9	7,8	36,9	19,8	31,5	23,7
1999	4,5	8,2	42,0	21,7	34,0	23,7
2000	8,1	10,1	50,5	21,3	41,4	17,4
2001	8,9	10,8	48,7	21,7	41,8	17,1
2002	9,4	10,9	47,7	23,0	41,6	17,1
2003	9,4	11,1	50,5	22,8	39,3	16,5
2004	9,6	10,2	43,6	22,5	37,9	15,5
2005	9,4	10,1	47,2	19,7	36,4	15,1
2006	9,4	10,2	42,0	21,3	35,9	15,0

Öffentliche Verwaltung

Tabelle 16.10.14. Verteilung der Arbeitsunfähigkeitstage nach Krankheitsarten in Prozent in der Branche Öffentliche Verwaltung im Jahr 2006, AOK-Mitglieder

Wirtschafts-abteilung	AU-Tage in %						
	Psyche	Herz/Kreislauf	Atem-wege	Verdau-ung	Muskel/Skelett	Verlet-zungen	Sonstige
Exterritoriale Organisationen und Körperschaften	7,8	7,9	11,2	6,2	26,9	10,1	30,0
Öffentliche Verwaltung	8,9	7,4	12,2	5,9	25,0	10,7	29,8
Sozialversicherung und Arbeitsförderung	11,6	6,5	15,1	6,6	18,8	8,6	32,9
Branche insgesamt	9,1	7,4	12,5	6,0	24,6	10,4	30,0
Alle Branchen	7,9	7,1	11,7	6,5	24,4	13,6	28,8

Tabelle 16.10.15. Verteilung der Arbeitsunfähigkeitsfälle nach Krankheitsarten in Prozent in der Branche Öffentliche Verwaltung im Jahr 2006, AOK-Mitglieder

Wirtschafts-abteilung	AU-Fälle in %						
	Psyche	Herz/Kreislauf	Atem-wege	Verdau-ung	Muskel/Skelett	Verlet-zungen	Sonstige
Exterritoriale Organisationen und Körperschaften	4,8	5,6	19,5	10,1	22,2	7,4	30,4
Öffentliche Verwaltung	4,8	5,3	21,5	10,9	18,8	8,1	30,6
Sozialversicherung und Arbeitsförderung	5,3	4,7	24,6	12,1	13,9	5,9	33,5
Branche insgesamt	4,9	5,2	21,7	11,0	18,6	7,8	30,8
Alle Branchen	4,2	4,7	21,0	11,6	18,2	10,2	30,0

Tabelle 16.10.16. Anteile der 40 häufigsten Einzeldiagnosen an den AU-Fällen und AU-Tagen in der Branche Öffentliche Verwaltung im Jahr 2006, AOK-Mitglieder

ICD-10	Bezeichnung	AU-Fälle in %	AU-Tage in %
M54	Rückenschmerzen	7,1	6,9
J06	Akute Infektionen der oberen Atemwege	5,9	2,8
J20	Akute Bronchitis	3,1	1,8
K52	Nichtinfektiöse Gastroenteritis und Kolitis	2,7	1,0
K08	Sonstige Krankheiten der Zähne und des Zahnhalteapparates	2,4	0,5
J40	Nicht akute Bronchitis	2,2	1,3
I10	Essentielle Hypertonie	1,9	2,7
A09	Diarrhoe und Gastroenteritis	1,9	0,7
J01	Akute Sinusitis	1,5	0,7
K29	Gastritis und Duodenitis	1,4	0,7
B34	Viruskrankheit	1,3	0,6
J03	Akute Tonsillitis	1,3	0,6
F32	Depressive Episode	1,3	2,7
M53	Sonstige Krankheiten der Wirbelsäule und des Rückens	1,3	1,4
T14	Verletzung an einer nicht näher bezeichneten Körperregion	1,2	1,1
J32	Chronische Sinusitis	1,2	0,6
J02	Akute Pharyngitis	1,2	0,5
R10	Bauch- und Beckenschmerzen	1,1	0,6
M51	Sonstige Bandscheibenschäden	1,0	2,1
M75	Schulterläsionen	0,9	1,5
M77	Sonstige Enthesopathien	0,9	1,1
J04	Akute Laryngitis und Tracheitis	0,9	0,4
F43	Reaktionen auf schwere Belastungen und Anpassungsstörungen	0,9	1,3
M99	Biomechanische Funktionsstörungen	0,8	0,6
G43	Migräne	0,7	0,3
R51	Kopfschmerz	0,7	0,4
M25	Sonstige Gelenkkrankheiten	0,7	0,8
M23	Binnenschädigung des Kniegelenkes	0,7	1,3
F45	Somatoforme Störungen	0,6	0,9
N39	Sonstige Krankheiten des Harnsystems	0,6	0,4
J11	Grippe	0,6	0,3
M79	Sonstige Krankheiten des Weichteilgewebes	0,6	0,6
E66	Adipositas	0,6	1,1
S93	Luxation, Verstauchung und Zerrung der Gelenke und Bänder in Höhe des oberen Sprunggelenkes und des Fußes	0,6	0,6
M17	Gonarthrose	0,6	1,3
M47	Spondylose	0,6	0,8
R42	Schwindel und Taumel	0,6	0,4
B99	Sonstige Infektionskrankheiten	0,5	0,3
R50	Fieber unbekannter Ursache	0,5	0,3
F48	Andere neurotische Störungen	0,5	0,6
	Summe hier	55,1	44,6
	Restliche	44,9	55,4
	Gesamtsumme	100,0	100,0

Öffentliche Verwaltung

Tabelle 16.10.17. Anteile der 40 häufigsten Diagnoseuntergruppen an den AU-Fällen und AU-Tagen in der Branche Öffentliche Verwaltung im Jahr 2006, AOK-Mitglieder

ICD-10	Bezeichnung	AU-Fälle in %	AU-Tage in %
J00–J06	Akute Infektionen der oberen Atemwege	11,0	5,2
M40–M54	Krankheiten der Wirbelsäule und des Rückens	9,9	11,6
M60–M79	Krankheiten der Weichteilgewebe	3,8	5,0
J40–J47	Chronische Krankheiten der unteren Atemwege	3,7	2,6
J20–J22	Sonstige akute Infektionen der unteren Atemwege	3,6	2,0
M00–M25	Arthropathien	3,5	6,0
K50–K52	Nichtinfektiöse Enteritis und Kolitis	3,1	1,3
K00–K14	Krankheiten Mundhöhle, Speicheldrüsen und Kiefer	3,0	0,7
R50–R69	Allgemeinsymptome	2,7	2,0
A00–A09	Infektiöse Darmkrankheiten	2,4	0,9
F40–F48	Neurotische, Belastungs- und somatoforme Störungen	2,3	3,4
I10–I15	Hypertonie	2,2	3,1
K20–K31	Krankheiten des Ösophagus, Magens und Duodenums	2,1	1,2
J30–J39	Sonstige Krankheiten der oberen Atemwege	1,8	1,1
R10–R19	Symptome bzgl. Verdauungssystem und Abdomen	1,8	1,1
F30–F39	Affektive Störungen	1,7	3,9
B25–B34	Sonstige Viruskrankheiten	1,5	0,7
G40–G47	Episod. und paroxysmale Krankheiten des Nervensystems	1,5	1,1
T08–T14	Verletzungen Rumpf, Extremitäten u.a. Körperregionen	1,5	1,3
J10–J18	Grippe und Pneumonie	1,1	0,8
N30–N39	Sonstige Krankheiten des Harnsystems	1,0	0,7
S90–S99	Verletzungen der Knöchelregion und des Fußes	1,0	1,2
R00–R09	Symptome bzgl. Kreislauf- und Atmungssystem	1,0	0,7
S80–S89	Verletzungen des Knies und des Unterschenkels	1,0	1,9
I80–I89	Krankheiten Venen, Lymphgefäße und -knoten	1,0	1,1
M95–M99	Sonstige Krankheiten des Muskel-Skelett-Systems	0,9	0,7
S60–S69	Verletzungen des Handgelenkes und der Hand	0,9	1,1
E70–E90	Stoffwechselstörungen	0,9	1,4
N80–N98	Krankheiten des weibl. Genitaltraktes	0,8	0,7
K55–K63	Sonstige Krankheiten des Darmes	0,8	0,7
G50–G59	Krankheiten von Nerven, -wurzeln und Nervenplexus	0,7	1,2
R40–R46	Symp. bzgl. Wahrnehmung, Stimmung, Verhalten	0,7	0,6
D10–D36	Gutartige Neubildungen	0,7	0,7
Z70–Z76	Sonstige Inanspruchnahme Gesundheitswesen	0,7	1,0
I95–I99	Sonstige Krankheiten des Kreislaufsystems	0,7	0,4
C00–C75	Bösartige Neubildungen	0,7	2,3
E65–E68	Adipositas und sonstige Überernährung	0,7	1,2
I20–I25	Ischämische Herzkrankheiten	0,7	1,2
I30–I52	Sonstige Formen der Herzkrankheit	0,7	1,0
E10–E14	Diabetes mellitus	0,6	1,1
	Summe hier	80,4	75,9
	Restliche	19,6	24,1
	Gesamtsumme	100,0	100,0

16.11 Verarbeitendes Gewerbe

Tabelle 16.11.1	Entwicklung des Krankenstands der AOK-Mitglieder	439
Tabelle 16.11.2	Anzahl der Fälle und Dauer der Arbeitsunfähigkeit der AOK-Mitglieder	439
Tabelle 16.11.3	Arbeitsunfähigkeit der AOK-Mitglieder nach Bundesländern	440
Tabelle 16.11.4	Arbeitsunfähigkeit der AOK-Mitglieder nach Wirtschaftsabteilungen	441
Tabelle 16.11.5	Kennzahlen der Arbeitsunfähigkeit der AOK-Mitglieder nach ausgewählten Berufsgruppen	442
Tabelle 16.11.6	Dauer der Arbeitsunfähigkeit der AOK-Mitglieder	443
Tabelle 16.11.7	Tage der Arbeitsunfähigkeit je AOK-Mitglied nach Wirtschaftsabteilung und Betriebsgröße	444
Tabelle 16.11.8	Krankenstand in Prozent nach der Stellung im Beruf	445
Tabelle 16.11.9	Tage der Arbeitsunfähigkeit je AOK-Mitglied nach der Stellung im Beruf	446
Tabelle 16.11.10	Anteil der Arbeitsunfälle an den AU-Fällen und -Tagen in Prozent nach Wirtschaftsabteilungen	447
Tabelle 16.11.11	Tage und Fälle der Arbeitsunfähigkeit durch Arbeitsunfälle nach Berufsgruppen	448
Tabelle 16.11.12	Tage der Arbeitsunfähigkeit je 100 AOK-Mitglieder nach Krankheitsarten	449
Tabelle 16.11.13	Fälle der Arbeitsunfähigkeit je 100 AOK-Mitglieder nach Krankheitsarten	449
Tabelle 16.11.14	Verteilung der Arbeitsunfähigkeitstage nach Krankheitsarten in Prozent	450
Tabelle 16.11.15	Verteilung der Arbeitsunfähigkeitsfälle nach Krankheitsarten in Prozent	451
Tabelle 16.11.16	Anteile der 40 häufigsten Einzeldiagnosen an den AU-Fällen und AU-Tagen	452
Tabelle 16.11.17	Anteile der 40 häufigsten Diagnoseuntergruppen an den AU-Fällen und AU-Tagen	453

Tabelle 16.11.1. Entwicklung des Krankenstands der AOK-Mitglieder in der Branche Verarbeitendes Gewerbe in den Jahren 1994 bis 2006

Jahr	Krankenstand in %		
	West	Ost	Bund
1994	6,3	5,5	6,2
1995	6,0	5,3	5,9
1996	5,4	5,9	5,3
1997	5,1	4,5	5,1
1998	5,3	4,6	5,2
1999	5,6	5,2	5,6
2000	5,7	5,2	5,6
2001	5,6	5,3	5,6
2002	5,5	5,2	5,5
2003	5,1	4,8	5,1
2004	4,8	4,4	4,7
2005	4,8	4,3	4,7
2006	4,6	4,2	4,5

Tabelle 16.11.2. Anzahl der Fälle und Dauer der Arbeitsunfähigkeit der AOK-Mitglieder in der Branche Verarbeitendes Gewerbe in den Jahren 1994 bis 2006

Jahr	AU-Fälle je 100 Mitglieder			Tage je Fall		
	West	Ost	Bund	West	Ost	Bund
1994	151,4	123,7	148,0	14,9	15,3	14,9
1995	157,5	133,0	154,6	14,6	15,2	14,7
1996	141,8	122,4	139,5	14,7	15,2	14,8
1997	139,0	114,1	136,1	13,8	14,5	13,8
1998	142,9	118,8	140,1	13,7	14,5	13,8
1999	152,7	133,3	150,5	13,5	14,4	13,6
2000	157,6	140,6	155,7	13,2	13,6	13,3
2001	155,6	135,9	153,5	13,2	14,2	13,3
2002	154,7	136,9	152,7	13,0	13,8	13,1
2003	149,4	132,8	147,4	12,5	13,2	12,6
2004	136,5	120,2	134,4	12,8	13,3	12,8
2005	138,6	119,4	136,0	12,5	13,2	12,6
2006	132,9	115,4	130,5	12,6	13,1	12,7

Tabelle 16.11.3. Arbeitsunfähigkeit der AOK-Mitglieder in der Branche Verarbeitendes Gewerbe nach Bundesländern im Jahr 2006 im Vergleich zum Vorjahr

Land	Kranken-stand (in %)	Arbeitsunfähigkeiten je 100 AOK-Mitglieder				Tage je Fall	Veränd. z. Vorj. (in %)	AU-Quote (in %)
		AU-Fälle	Veränd. z. Vorj. (in %)	AU-Tage	Veränd. z. Vorj. (in %)			
Baden-Württemberg	4,5	135,1	-4,5	1658,3	-4,2	12,3	0,8	55,5
Bayern	4,0	115,4	-3,6	1464,9	-4,4	12,7	-0,8	50,8
Berlin	5,7	127,7	-6,0	2081,8	-2,4	16,3	3,8	50,4
Brandenburg	4,4	114,5	-2,8	1605,7	-0,2	14,0	2,2	51,0
Bremen	5,7	146,8	-4,1	2070,1	-3,6	14,1	0,7	57,8
Hamburg	5,3	143,3	-4,3	1941,5	-3,8	13,5	0,0	55,6
Hessen	5,2	141,3	-4,5	1890,2	-3,3	13,4	1,5	57,0
Mecklenburg-Vorpommern	4,8	127,5	-3,2	1742,3	-2,5	13,7	0,7	52,8
Niedersachsen	4,4	143,2	-4,0	1612,0	1,6	11,3	6,6	57,1
Nordrhein-Westfalen	5,0	142,5	-4,6	1817,2	-4,5	12,8	0,8	57,4
Rheinland-Pfalz	4,9	139,2	-3,9	1773,7	-2,9	12,7	0,8	57,8
Saarland	5,9	123,9	-2,5	2150,0	2,1	17,4	4,8	56,1
Sachsen	3,8	108,7	-3,2	1381,4	-4,4	12,7	-1,6	50,1
Sachsen-Anhalt	4,5	125,3	-0,9	1645,2	-4,9	13,1	-4,4	52,9
Schleswig-Holstein	5,3	146,0	-0,6	1935,3	1,5	13,3	2,3	57,2
Thüringen	4,5	122,6	-4,7	1652,9	-3,5	13,5	1,5	53,0
West	4,6	132,9	-4,1	1673,8	-3,5	12,6	0,8	55,0
Ost	4,2	115,4	-3,4	1515,2	-3,9	13,1	-0,8	51,4
Bund	4,5	130,5	-4,0	1651,9	-3,5	12,7	0,8	54,5

Tabelle 16.11.4. Arbeitsunfähigkeit der AOK-Mitglieder in der Branche Verarbeitendes Gewerbe nach Wirtschaftsabteilungen im Jahr 2006

Wirtschaftsabteilung	Krankenstand (in %)		Arbeitsunfähigkeiten je 100 AOK-Mitglieder		Tage je Fall	AU-Quote (in %)
	2006	2006 stand.*	Fälle	Tage		
Bekleidungsgewerbe	3,9	3,3	116,0	1409,5	12,2	49,7
Chemische Industrie	4,5	4,2	140,6	1656,4	11,8	56,8
Ernährungsgewerbe	4,4	4,3	126,3	1612,6	12,8	52,1
Glasgewerbe, Keramik, Verarbeitung von Steinen und Erden	4,7	4,2	126,4	1730,1	13,7	55,2
Herstellung von Gummi- und Kunststoffwaren	4,8	4,5	141,3	1757,7	12,4	58,8
Herstellung von Möbeln, Schmuck, Musikinstrumenten, Sportgeräten, Spielwaren und sonstigen Erzeugnissen	4,5	4,2	131,7	1636,3	12,4	55,2
Holzgewerbe (ohne Herstellung von Möbeln)	4,5	4,1	128,8	1628,9	12,6	54,1
Kokerei, Mineralölverarbeitung, Herstellung und Verarbeitung von Spalt- und Brutstoffen	3,8	3,8	119,3	1385,0	11,6	49,5
Ledergewerbe	4,7	4,3	123,5	1709,4	13,8	54,2
Papiergewerbe	5,0	4,6	137,5	1807,2	13,1	59,1
Recycling	5,2	4,7	138,6	1880,1	13,6	52,8
Tabakverarbeitung	5,2	4,6	136,8	1900,3	13,9	55,8
Textilgewerbe	4,6	4,1	126,8	1668,0	13,2	54,5
Verlagsgewerbe, Druckgewerbe, Vervielfältigung von bespielten Ton-, Bild- und Datenträgern	3,9	3,6	117,4	1438,7	12,3	50,4
Branche insgesamt	4,5	4,2	130,5	1651,9	12,7	54,5
Alle Branchen	4,2	4,1	131,0	1542,9	11,8	49,3

* Krankenstand alters- und geschlechtsstandardisiert

Tabelle 16.11.5. Kennzahlen der Arbeitsunfähigkeit der AOK-Mitglieder nach ausgewählten Berufsgruppen in der Branche Verarbeitendes Gewerbe im Jahr 2006

Tätigkeit	Krankenstand (in %)	Arbeitsunfähigkeiten je 100 AOK-Mitglieder		Tage je Fall	AU-Quote (in %)	Verteilung der AOK-Mitglieder in der Branche (in %)
		Fälle	Tage			
Backwarenhersteller	3,6	119,5	1323,6	11,1	48,5	2,4
Betriebsschlosser, Reparaturschlosser	4,7	130,4	1729,7	13,3	59,6	1,6
Buchbinderberufe	5,1	143,2	1861,2	13,0	57,4	1,3
Bürofachkräfte	2,2	98,5	815,5	8,3	44,6	5,2
Chemiebetriebswerker	5,3	154,8	1949,3	12,6	62,8	4,2
Druckerhelfer	5,7	146,1	2074,7	14,2	61,4	1,4
Fleisch-, Wurstwarenhersteller	6,0	163,6	2181,1	13,3	60,6	1,6
Fleischer	4,7	130,4	1724,7	13,2	51,3	1,9
Gummihersteller, -verarbeiter	5,7	140,8	2082,4	14,8	62,7	1,5
Holzaufbereiter	4,9	133,2	1798,7	13,5	57,2	2,4
Kraftfahrzeugführer	5,0	109,0	1841,7	16,9	51,5	2,8
Kunststoffverarbeiter	5,3	153,1	1952,3	12,7	62,3	7,4
Lager-, Transportarbeiter	5,1	134,5	1844,2	13,7	55,3	3,0
Lagerverwalter, Magaziner	4,8	136,4	1743,0	12,8	57,8	1,2
Sonstige Papierverarbeiter	5,8	152,6	2131,1	14,0	64,3	1,3
Tischler	4,0	132,8	1456,9	11,0	55,0	3,7
Verkäufer	3,3	104,9	1195,6	11,4	45,7	6,7
Verpackungsmittelhersteller	5,5	152,1	2001,5	13,2	62,5	1,2
Warenaufmacher, Versandfertigmacher	5,6	152,3	2029,1	13,3	60,4	5,0
Branche insgesamt	4,5	130,5	1651,9	12,7	54,5	11,8*

* Anteil der AOK-Mitglieder in der Branche an allen AOK-Mitgliedern

Tabelle 16.11.6. Dauer der Arbeitsunfähigkeit der AOK-Mitglieder in der Branche Verarbeitendes Gewerbe im Jahr 2006

Fallklasse	Branche hier		Alle Branchen	
	Anteil Fälle in %	Anteil Tage in %	Anteil Fälle in %	Anteil Tage in %
1–3 Tage	33,9	5,3	36,0	6,1
4–7 Tage	28,3	11,2	28,7	12,2
8–14 Tage	18,3	15,1	17,6	15,5
15–21 Tage	7,1	9,8	6,6	9,7
22–28 Tage	3,8	7,3	3,4	7,2
29–42 Tage	3,8	10,4	3,4	10,0
Langzeit-AU (> 42 Tage)	4,8	40,8	4,3	39,3

Tabelle 16.11.7. Tage der Arbeitsunfähigkeit je AOK-Mitglied nach Wirtschaftsabteilung und Betriebsgröße in der Branche Verarbeitendes Gewerbe im Jahr 2006

Wirtschaftsabteilung	Betriebsgröße (Anzahl der AOK-Mitglieder)					
	10–49	50–99	100–199	200–499	500–999	≥1000
Bekleidungsgewerbe	13,4	14,0	17,9	16,9	12,4	–
Chemische Industrie	17,3	17,6	17,6	16,9	18,3	14,9
Ernährungsgewerbe	15,2	17,9	18,5	18,9	18,9	18,9
Glasgewerbe, Keramik, Verarbeitung von Steinen und Erden	17,4	17,1	18,7	18,8	16,9	–
Herstellung von Gummi- und Kunststoffwaren	17,2	18,1	19,0	17,9	18,4	17,9
Herstellung von Möbeln, Schmuck, Musikinstrumenten, Sportgeräten, Spielwaren und sonstigen Erzeugnissen	15,3	18,3	18,3	19,8	18,4	–
Holzgewerbe (ohne Herstellung von Möbeln)	16,2	17,2	17,2	19,0	20,4	–
Kokerei, Mineralölverarbeitung, Herstellung und Verarbeitung von Spalt- und Brutstoffen	14,6	15,4	17,4	13,6	–	–
Ledergewerbe	15,2	19,0	18,5	20,9	14,0	–
Papiergewerbe	18,3	18,0	19,8	18,1	14,6	–
Recycling	17,4	20,3	25,8	28,4	29,7	–
Tabakverarbeitung	17,0	24,2	19,0	22,7	14,1	–
Textilgewerbe	16,3	17,2	19,1	18,1	15,2	–
Verlagsgewerbe, Druckgewerbe, Vervielfältigung von bespielten Ton-, Bild- und Datenträgern	14,7	16,8	17,4	18,4	21,7	–
Branche insgesamt	16,1	17,7	18,5	18,4	18,5	17,2
Alle Branchen	15,8	17,3	17,7	18,1	18,7	17,6

Tabelle 16.11.8. Krankenstand in Prozent nach der Stellung im Beruf in der Branche Verarbeitendes Gewerbe im Jahr 2006, AOK-Mitglieder

Wirtschaftsabteilung	Stellung im Beruf				
	Auszu-bildende	Arbeiter	Fach-arbeiter	Meister, Poliere	Ange-stellte
Bekleidungsgewerbe	2,5	4,8	3,7	2,8	2,1
Chemische Industrie	2,3	5,5	4,5	2,7	2,5
Ernährungsgewerbe	3,1	5,4	4,4	3,7	2,9
Glasgewerbe, Keramik, Verarbeitung von Steinen und Erden	3,1	5,3	4,9	4,0	2,5
Herstellung von Gummi- und Kunststoffwaren	2,6	5,5	4,4	3,2	2,3
Herstellung von Möbeln, Schmuck, Musikinstrumenten, Sportgeräten, Spielwaren und sonstigen Erzeugnissen	3,2	5,4	4,3	2,9	2,5
Holzgewerbe (ohne Herstellung von Möbeln)	3,6	5,2	4,4	2,8	2,2
Kokerei, Mineralöl-verarbeitung, Herstellung und Verarbeitung von Spalt- und Brutstoffen	2,3	5,6	3,7	3,8	2,4
Ledergewerbe	2,7	5,5	4,6	4,6	2,2
Papiergewerbe	2,5	5,8	4,5	2,5	2,5
Recycling	3,6	5,5	5,4	3,4	2,8
Tabakverarbeitung	2,4	6,5	4,1	1,0	3,6
Textilgewerbe	2,8	5,3	4,7	3,2	2,4
Verlagsgewerbe, Druckgewerbe, Vervielfältigung von bespielten Ton-, Bild- und Datenträgern	2,6	5,5	3,9	3,6	2,5
Branchen insgesamt	2,9	5,4	4,4	3,3	2,6
Alle Branchen	3,3	5,2	4,5	3,5	3,1

Tabelle 16.11.9. Tage der Arbeitsunfähigkeit je AOK-Mitglied nach der Stellung im Beruf in der Branche Verarbeitendes Gewerbe im Jahr 2006

Wirtschaftsabteilung	Stellung im Beruf				
	Auszubildende	Arbeiter	Facharbeiter	Meister, Poliere	Angestellte
Bekleidungsgewerbe	9,3	17,4	13,7	10,1	7,7
Chemische Industrie	8,5	20,2	16,6	10,0	9,2
Ernährungsgewerbe	11,5	19,9	16,1	13,5	10,7
Glasgewerbe, Keramik, Verarbeitung von Steinen und Erden	11,3	19,3	17,8	14,6	9,3
Herstellung von Gummi- und Kunststoffwaren	9,4	20,0	16,2	11,8	8,5
Herstellung von Möbeln, Schmuck, Musikinstrumenten, Sportgeräten, Spielwaren und sonstigen Erzeugnissen	11,6	19,7	15,6	10,7	9,1
Holzgewerbe (ohne Herstellung von Möbeln)	13,3	18,8	16,2	10,3	8,0
Kokerei, Mineralölverarbeitung, Herstellung und Verarbeitung von Spalt- und Brutstoffen	8,4	20,4	13,6	13,8	8,9
Ledergewerbe	9,9	20,1	16,8	16,9	8,1
Papiergewerbe	9,2	21,1	16,4	9,2	9,1
Recycling	13,1	20,1	19,5	12,3	10,1
Tabakverarbeitung	8,8	23,7	14,8	3,7	13,1
Textilgewerbe	10,1	19,3	17,1	11,8	8,7
Verlagsgewerbe, Druckgewerbe, Vervielfältigung von bespielten Ton-, Bild- und Datenträgern	9,6	20,1	14,1	13,1	9,0
Branche insgesamt	10,6	19,9	16,2	12,1	9,5
Alle Branchen	12,2	18,9	16,3	12,7	11,4

Tabelle 16.11.10. Anteil der Arbeitsunfälle an den AU-Fällen und -Tagen in Prozent nach Wirtschaftsabteilungen in der Branche Verarbeitendes Gewerbe im Jahr 2006, AOK-Mitglieder

Wirtschaftsabteilung	Arbeitsunfähigkeiten	
	AU-Fälle in %	AU-Tage in %
Bekleidungsgewerbe	2,0	2,6
Chemische Industrie	3,0	3,9
Ernährungsgewerbe	6,0	7,0
Glasgewerbe, Keramik, Verarbeitung von Steinen und Erden	7,1	8,7
Herstellung von Gummi- und Kunststoffwaren	4,6	5,2
Herstellung von Möbeln, Schmuck, Musikinstrumenten, Sportgeräten, Spielwaren und sonstigen Erzeugnissen	5,6	6,4
Holzgewerbe (ohne Herstellung von Möbeln)	9,6	12,0
Kokerei, Mineralölverarbeitung, Herstellung und Verarbeitung von Spalt- und Brutstoffen	3,2	5,5
Ledergewerbe	3,3	3,6
Papiergewerbe	5,4	6,9
Recycling	8,3	11,2
Tabakverarbeitung	2,3	3,1
Textilgewerbe	4,4	5,4
Verlagsgewerbe, Druckgewerbe, Vervielfältigung von bespielten Ton-, Bild- und Datenträgern	3,5	4,3
Branche insgesamt	5,4	6,5
Alle Branchen	4,9	6,1

Tabelle 16.11.11. Tage und Fälle der Arbeitsunfähigkeit durch Arbeitsunfälle nach Berufsgruppen in der Branche Verarbeitendes Gewerbe im Jahr 2006, AOK-Mitglieder

Tätigkeit	Arbeitsunfähigkeit je 1000 AOK-Mitglieder	
	AU-Tage	AU-Fälle
Betonbauer	2983,4	151,3
Formstein-, Betonhersteller	2352,3	132,4
Fleischer	2253,8	147,7
Holzaufbereiter	2117,9	132,2
Kraftfahrzeugführer	1856,5	90,0
Tischler	1810,4	133,4
Betriebsschlosser, Reparaturschlosser	1713,3	118,5
Papier-, Zellstoffhersteller	1713,3	100,5
Milch-, Fettverarbeiter	1587,0	99,8
Fleisch-, Wurstwarenhersteller	1566,7	105,0
Lager-, Transportarbeiter	1277,0	72,8
Verpackungsmittelhersteller	1228,6	77,6
Elektroinstallateure, -monteure	1161,1	77,7
Druckerhelfer	1141,3	72,6
Warenaufmacher, Versandfertigmacher	1031,4	67,5
Kunststoffverarbeiter	1023,5	71,7
Lagerverwalter, Magaziner	929,1	67,0
Backwarenhersteller	746,4	59,1
Chemiebetriebswerker	745,0	48,5
Verkäufer	584,1	45,4

Verarbeitendes Gewerbe

Tabelle 16.11.12. Tage der Arbeitsunfähigkeit je 100 AOK-Mitglieder nach Krankheitsarten in der Branche Verarbeitendes Gewerbe in den Jahren 1995 bis 2006

Jahr	AU-Tage je 100 Mitglieder					
	Psyche	Herz/Kreislauf	Atemwege	Verdauung	Muskel/Skelett	Verletzungen
1995	109,4	211,3	385,7	206,4	740,0	411,3
1996	102,2	189,6	342,8	177,6	658,4	375,3
1997	97,3	174,3	303,1	161,3	579,3	362,7
1998	101,2	171,4	300,9	158,4	593,0	353,8
1999	108,4	175,3	345,4	160,7	633,3	355,8
2000	130,6	161,8	314,5	148,5	695,1	340,4
2001	141,4	165,9	293,7	147,8	710,6	334,6
2002	144,0	162,7	278,0	147,5	696,1	329,1
2003	137,8	152,8	275,8	138,0	621,1	307,2
2004	154,2	164,5	236,7	138,9	587,9	297,7
2005	153,7	164,1	274,8	132,3	562,2	291,1
2006	153,0	162,3	226,0	133,6	561,3	298,5

Tabelle 16.11.13. Fälle der Arbeitsunfähigkeit je 100 AOK-Mitglieder nach Krankheitsarten in der Branche Verarbeitendes Gewerbe in den Jahren 1995 bis 2006

Jahr	AU-Fälle je 100 Mitglieder					
	Psyche	Herz/Kreislauf	Atemwege	Verdauung	Muskel/Skelett	Verletzungen
1995	4,1	9,5	47,1	24,9	38,1	25,9
1996	3,8	8,1	42,4	22,5	33,2	23,3
1997	3,9	8,2	40,9	21,9	32,4	23,2
1998	4,3	8,5	42,0	22,2	34,3	23,2
1999	4,7	8,8	48,2	23,5	36,9	23,5
2000	5,8	8,4	43,1	20,0	39,6	21,3
2001	6,6	9,1	41,7	20,6	41,2	21,2
2002	7,0	9,2	40,2	21,4	40,8	20,8
2003	6,9	9,1	41,1	20,4	37,6	19,6
2004	6,9	8,4	34,1	19,8	35,5	18,3
2005	6,7	8,3	39,6	18,4	34,5	17,8
2006	6,7	8,5	33,1	19,3	34,7	18,2

Tabelle 16.11.14. Verteilung der Arbeitsunfähigkeitstage nach Krankheitsarten in Prozent in der Branche Verarbeitendes Gewerbe im Jahr 2006, AOK-Mitglieder

Wirtschafts-abteilung	AU-Tage in %						
	Psyche	Herz/Kreislauf	Atemwege	Verdauung	Muskel/Skelett	Verletzungen	Sonstige
Bekleidungsgewerbe	9,5	7,0	10,3	5,9	24,0	9,6	33,7
Chemische Industrie	7,6	7,7	12,2	6,4	25,4	11,6	29,1
Ernährungsgewerbe	7,1	7,1	10,4	6,4	25,9	14,2	29,0
Glasgewerbe, Keramik, Verarbeitung von Steinen und Erden	5,8	8,3	9,4	5,9	27,7	16,4	26,5
Herstellung von Gummi- und Kunststoffwaren	7,3	7,9	10,9	6,2	27,1	12,8	27,7
Herstellung von Möbeln, Schmuck, Musikinstrumenten, Sportgeräten, Spielwaren und sonstigen Erzeugnissen	7,1	7,6	10,2	6,2	26,9	13,9	28,1
Holzgewerbe (ohne Herstellung von Möbeln)	5,7	6,9	9,5	6,2	26,8	20,1	24,8
Kokerei, Mineralölverarbeitung, Herstellung und Verarbeitung von Spalt- und Brutstoffen	6,5	9,0	12,4	7,5	23,4	13,8	27,3
Ledergewerbe	8,0	8,8	9,7	5,7	25,0	11,2	31,7
Papiergewerbe	7,0	7,8	10,5	5,9	26,9	14,2	27,8
Recycling	6,2	8,1	10,7	6,5	25,2	18,5	24,8
Tabakverarbeitung	9,4	6,7	11,4	6,0	26,8	11,3	28,3
Textilgewerbe	7,6	7,9	10,0	6,4	26,6	12,3	29,1
Verlagsgewerbe, Druckgewerbe, Vervielfältigung von bespielten Ton-, Bild- und Datenträgern	8,7	7,8	11,4	6,5	24,6	12,1	29,0
Branche insgeamt	7,2	7,6	10,6	6,3	26,3	14,0	28,2
Alle Branchen	7,9	7,1	11,7	6,5	24,4	13,6	28,8

Verarbeitendes Gewerbe

Tabelle 16.11.15. Verteilung der Arbeitsunfähigkeitsfälle nach Krankheitsarten in Prozent in der Branche Verarbeitendes Gewerbe im Jahr 2006, AOK-Mitglieder

Wirtschafts-abteilung	AU-Fälle in %						
	Psyche	Herz/Kreislauf	Atemwege	Verdauung	Muskel/Skelett	Verletzungen	Sonstige
Bekleidungsgewerbe	5,0	4,9	19,7	11,9	17,2	6,8	34,5
Chemische Industrie	4,0	5,2	21,2	11,5	20,1	8,6	29,5
Ernährungsgewerbe	3,9	4,8	18,9	11,4	19,4	11,2	30,5
Glasgewerbe, Keramik, Verarbeitung von Steinen und Erden	3,4	5,2	17,9	11,0	22,3	12,8	27,4
Herstellung von Gummi- und Kunststoffwaren	3,9	5,1	19,9	11,1	21,4	10,0	28,7
Herstellung von Möbeln, Schmuck, Musikinstrumenten, Sportgeräten, Spielwaren und sonstigen Erzeugnissen	3,7	5,0	19,3	11,5	20,7	11,0	28,8
Holzgewerbe (ohne Herstellung von Möbeln)	3,0	4,5	18,9	10,8	21,2	15,1	26,6
Kokerei, Mineralölverarbeitung, Herstellung und Verarbeitung von Spalt- und Brutstoffen	4,0	4,9	21,2	12,7	19,0	9,7	28,4
Ledergewerbe	4,6	5,7	18,3	11,3	19,1	8,8	32,1
Papiergewerbe	3,8	4,8	19,3	11,1	21,6	10,8	28,5
Recycling	3,9	5,4	17,7	11,8	21,1	13,4	26,7
Tabakverarbeitung	5,5	5,3	20,0	10,6	20,4	8,0	30,3
Textilgewerbe	4,2	5,3	18,7	11,8	20,6	9,5	29,9
Verlagsgewerbe, Druckgewerbe, Vervielfältigung von bespielten Ton-, Bild- und Datenträgern	4,7	5,2	20,9	11,7	18,5	8,9	30,2
Branche insgesamt	3,9	5,0	19,4	11,3	20,4	10,7	29,3
Alle Branchen	4,2	4,7	21,0	11,6	18,2	10,2	30,0

Tabelle 16.11.16. Anteile der 40 häufigsten Einzeldiagnosen an den AU-Fällen und AU-Tagen in der Branche Verarbeitendes Gewerbe im Jahr 2006, AOK-Mitglieder

ICD-10	Bezeichnung	AU-Fälle in %	AU-Tage in %
M54	Rückenschmerzen	8,1	7,6
J06	Akute Infektionen der oberen Atemwege	5,2	2,2
K52	Nichtinfektiöse Gastroenteritis und Kolitis	3,0	1,0
J20	Akute Bronchitis	2,9	1,5
K08	Sonstige Krankheiten der Zähne und des Zahnhalteapparates	2,2	0,4
A09	Diarrhoe und Gastroenteritis	2,2	0,7
J40	Nicht akute Bronchitis	2,1	1,1
T14	Verletzung an einer nicht näher bezeichneten Körperregion	1,9	1,6
I10	Essentielle Hypertonie	1,7	2,6
K29	Gastritis und Duodenitis	1,5	0,8
J03	Akute Tonsillitis	1,3	0,6
M53	Sonstige Krankheiten der Wirbelsäule und des Rückens	1,2	1,4
R10	Bauch- und Beckenschmerzen	1,2	0,7
B34	Viruskrankheit	1,2	0,5
J01	Akute Sinusitis	1,1	0,5
M51	Sonstige Bandscheibenschäden	1,1	2,5
J02	Akute Pharyngitis	1,0	0,4
M77	Sonstige Enthesopathien	1,0	1,2
M75	Schulterläsionen	1,0	1,7
J32	Chronische Sinusitis	1,0	0,5
F32	Depressive Episode	1,0	1,9
M99	Biomechanische Funktionsstörungen	0,8	0,6
R51	Kopfschmerz	0,8	0,4
M25	Sonstige Gelenkkrankheiten	0,8	0,8
M23	Binnenschädigung des Kniegelenkes	0,8	1,4
S93	Luxation, Verstauchung und Zerrung der Gelenke und Bänder in Höhe des oberen Sprunggelenkes und des Fußes	0,7	0,8
J11	Grippe	0,7	0,3
M79	Sonstige Krankheiten des Weichteilgewebes	0,6	0,6
F43	Reaktionen auf schwere Belastungen und Anpassungsstörungen	0,6	0,9
R42	Schwindel und Taumel	0,6	0,4
M47	Spondylose	0,6	0,8
M65	Synovitis und Tenosynovitis	0,6	0,7
R50	Fieber unbekannter Ursache	0,6	0,3
S61	Offene Wunde des Handgelenkes und der Hand	0,6	0,6
B99	Sonstige Infektionskrankheiten	0,6	0,3
J04	Akute Laryngitis und Tracheitis	0,5	0,2
E66	Adipositas	0,5	1,0
R11	Übelkeit und Erbrechen	0,5	0,3
F45	Somatoforme Störungen	0,5	0,7
M17	Gonarthrose	0,5	1,1
	Summe hier	54,8	43,6
	Restliche	45,2	56,4
	Gesamtsumme	100,0	100,0

Tabelle 16.11.17. Anteile der 40 häufigsten Diagnoseuntergruppen an den AU-Fällen und AU-Tagen in der Branche Verarbeitendes Gewerbe im Jahr 2006, AOK-Mitglieder

ICD-10	Bezeichnung	AU-Fälle in %	AU-Tage in %
M40–M54	Krankheiten der Wirbelsäule und des Rückens	11,0	12,7
J00–J06	Akute Infektionen der oberen Atemwege	9,5	4,1
M60–M79	Krankheiten der Weichteilgewebe	4,3	5,5
M00–M25	Arthropathien	3,5	5,9
J40–J47	Chronische Krankheiten der unteren Atemwege	3,4	2,3
J20–J22	Sonstige akute Infektionen der unteren Atemwege	3,4	1,7
K50–K52	Nichtinfektiöse Enteritis und Kolitis	3,3	1,3
K00–K14	Krankheiten Mundhöhle, Speicheldrüsen und Kiefer	2,8	0,6
A00–A09	Infektiöse Darmkrankheiten	2,8	1,0
R50–R69	Allgemeinsymptome	2,8	2,0
K20–K31	Krankheiten des Ösophagus, Magens und Duodenums	2,3	1,3
T08–T14	Verletzungen Rumpf, Extremitäten u.a. Körperregionen	2,3	2,0
R10–R19	Symptome bzgl. Verdauungssystem und Abdomen	2,0	1,2
I10–I15	Hypertonie	1,9	2,9
S60–S69	Verletzungen des Handgelenkes und der Hand	1,9	2,5
F40–F48	Neurotische, Belastungs- und somatoforme Störungen	1,7	2,5
J30–J39	Sonstige Krankheiten der oberen Atemwege	1,6	1,0
B25–B34	Sonstige Viruskrankheiten	1,4	0,6
S90–S99	Verletzungen der Knöchelregion und des Fußes	1,3	1,6
F30–F39	Affektive Störungen	1,2	2,6
G40–G47	Episod. und paroxysmale Krankheiten d. Nervensystems	1,2	0,9
S80–S89	Verletzungen des Knies und des Unterschenkels	1,1	2,2
J10–J18	Grippe und Pneumonie	1,1	0,7
R00–R09	Symptome bzgl. Kreislauf- und Atmungssystem	1,1	0,7
I80–I89	Krankheiten Venen, Lymphgefäße und -knoten	1,0	1,1
M95–M99	Sonstige Krankheiten des Muskel-Skelett-Systems	1,0	0,8
G50–G59	Krankheiten von Nerven, -wurzeln und Nervenplexus	0,8	1,3
E70–E90	Stoffwechselstörungen	0,8	1,4
S00–S09	Verletzungen des Kopfes	0,8	0,7
R40–R46	Sympt. bzgl. Wahrnehmung, Stimmung, Verhalten	0,8	0,6
N30–N39	Sonstige Krankheiten des Harnsystems	0,8	0,5
F10–F19	Psychische Störungen durch psychotrope Substanzen	0,7	1,4
K55–K63	Sonstige Krankheiten des Darmes	0,7	0,7
I20–I25	Ischämische Herzkrankheiten	0,7	1,5
I95–I99	Sonstige Krankheiten des Kreislaufsystems	0,7	0,4
L00–L08	Infektionen der Haut und der Unterhaut	0,7	0,6
I30–I52	Sonstige Formen der Herzkrankheit	0,6	1,1
B99–B99	Sonstige Infektionskrankheiten	0,6	0,3
Z70–Z76	Sonstige Inanspruchnahme Gesundheitswesen	0,6	0,8
E65–E68	Adipositas und sonstige Überernährung	0,6	1,1
	Summe hier	80,8	74,1
	Restliche	19,2	25,9
	Gesamtsumme	100,0	100,0

16.12 Verkehr und Transport

Tabelle 16.12.1	Entwicklung des Krankenstands der AOK-Mitglieder..................................	455
Tabelle 16.12.2	Anzahl der Fälle und Dauer der Arbeitsunfähigkeit der AOK-Mitglieder	455
Tabelle 16.12.3	Arbeitsunfähigkeit der AOK-Mitglieder nach Bundesländern.....................................	456
Tabelle 16.12.4	Arbeitsunfähigkeit der AOK-Mitglieder nach Wirtschaftsabteilungen.............................	457
Tabelle 16.12.5	Kennzahlen der Arbeitsunfähigkeit der AOK-Mitglieder nach ausgewählten Berufsgruppen	458
Tabelle 16.12.6	Dauer der Arbeitsunfähigkeit der AOK-Mitglieder	459
Tabelle 16.12.7	Tage der Arbeitsunfähigkeit je AOK-Mitglied nach Wirtschaftsabteilung und Betriebsgröße	459
Tabelle 16.12.8	Krankenstand in Prozent nach der Stellung im Beruf..................................	460
Tabelle 16.12.9	Tage der Arbeitsunfähigkeit je AOK-Mitglied nach der Stellung im Beruf	460
Tabelle 16.12.10	Anteil der Arbeitsunfälle an den AU-Fällen und -Tagen in Prozent nach Wirtschaftsabteilungen	461
Tabelle 16.12.11	Tage und Fälle der Arbeitsunfähigkeit durch Arbeitsunfälle nach Berufsgruppen...................	461
Tabelle 16.12.12	Tage der Arbeitsunfähigkeit je 100 AOK-Mitglieder nach Krankheitsarten	462
Tabelle 16.12.13	Fälle der Arbeitsunfähigkeit je 100 AOK-Mitglieder nach Krankheitsarten	462
Tabelle 16.12.14	Verteilung der Arbeitsunfähigkeitstage nach Krankheitsarten in Prozent	463
Tabelle 16.12.15	Verteilung der Arbeitsunfähigkeitsfälle nach Krankheitsarten in Prozent	463
Tabelle 16.12.16	Anteile der 40 häufigsten Einzeldiagnosen an den AU-Fällen und AU-Tagen	464
Tabelle 16.12.17	Anteile der 40 häufigsten Diagnoseuntergruppen an den AU-Fällen und AU-Tagen	465

Verkehr und Transport

Tabelle 16.12.1. Entwicklung des Krankenstands der AOK-Mitglieder in der Branche Verkehr und Transport in den Jahren 1994 bis 2006

Jahr	Krankenstand in %		
	West	Ost	Bund
1994	6,8	4,8	6,4
1995	4,7	4,7	5,9
1996	5,7	4,6	5,5
1997	5,3	4,4	5,2
1998	5,4	4,5	5,3
1999	5,6	4,8	5,5
2000	5,6	4,8	5,5
2001	5,6	4,9	5,5
2002	5,6	4,9	5,5
2003	5,3	4,5	5,2
2004	4,9	4,2	4,8
2005	4,8	4,2	4,7
2006	4,7	4,1	4,6

Tabelle 16.12.2. Anzahl der Fälle und Dauer der Arbeitsunfähigkeit der AOK-Mitglieder in der Branche Verkehr und Transport in den Jahren 1994 bis 2006

Jahr	AU-Fälle je 100 Mitglieder			Tage je Fall		
	West	Ost	Bund	West	Ost	Bund
1994	139,9	101,5	132,6	16,6	16,1	16,5
1995	144,2	109,3	137,6	16,1	16,1	16,1
1996	132,4	101,5	126,5	16,2	16,8	16,3
1997	128,3	96,4	122,5	15,1	16,6	15,3
1998	131,5	98,6	125,7	15,0	16,6	15,3
1999	139,4	107,4	134,1	14,6	16,4	14,8
2000	143,2	109,8	138,3	14,3	16,0	14,5
2001	144,1	108,7	139,3	14,2	16,5	14,4
2002	143,3	110,6	138,8	14,2	16,2	14,4
2003	138,7	105,8	133,8	14,0	15,4	14,1
2004	125,0	97,6	120,6	14,3	15,6	14,4
2005	126,3	99,0	121,8	14,0	15,4	14,2
2006	121,8	94,7	117,2	14,2	15,8	14,4

Tabelle 16.12.3. Arbeitsunfähigkeit der AOK-Mitglieder in der Branche Verkehr und Transport nach Bundesländern im Jahr 2006 im Vergleich zum Vorjahr

Land	Krankenstand (in %)	Arbeitsunfähigkeiten je 100 AOK-Mitglieder				Tage je Fall	Veränd. z. Vorj. (in %)	AU-Quote (in %)
		AU-Fälle	Veränd. z. Vorj. (in %)	AU-Tage	Veränd. z. Vorj. (in %)			
Baden-Württemberg	4,6	121,6	-4,8	1676,8	-3,7	13,8	1,5	47,5
Bayern	4,1	102,4	-2,8	1496,9	-4,6	14,6	-2,0	41,7
Berlin	5,8	116,4	-2,1	2123,9	0,5	18,2	2,2	46,9
Brandenburg	4,4	93,1	-2,8	1606,5	3,3	17,3	6,8	42,0
Bremen	5,7	144,1	-4,3	2093,2	-4,3	14,5	0,0	53,5
Hamburg	5,5	133,6	-0,9	2013,1	1,4	15,1	2,7	48,1
Hessen	5,2	146,2	-2,7	1897,6	-1,4	13,0	1,6	51,0
Mecklenburg-Vorpommern	3,9	90,4	-2,6	1439,9	0,5	15,9	3,2	39,3
Niedersachsen	4,1	120,3	-1,2	1501,0	3,5	12,5	5,0	47,0
Nordrhein-Westfalen	5,1	127,4	-4,2	1864,0	-1,6	14,6	2,8	48,5
Rheinland-Pfalz	4,9	126,1	-5,0	1790,2	-2,8	14,2	2,2	48,2
Saarland	5,9	113,5	-2,7	2152,7	0,7	19,0	3,8	46,3
Sachsen	3,9	93,5	-4,6	1409,0	-3,0	15,1	2,0	42,9
Sachsen-Anhalt	4,4	96,0	-4,1	1603,4	0,4	16,7	5,0	40,6
Schleswig-Holstein	4,8	113,4	-3,1	1762,1	-1,1	15,5	2,0	44,8
Thüringen	4,4	100,9	-5,4	1606,9	-5,5	15,9	0,0	43,7
West	4,7	121,8	-3,6	1727,3	-2,2	14,2	1,4	46,8
Ost	4,1	94,7	-4,3	1492,4	-2,1	15,8	2,6	42,3
Bund	4,6	117,2	-3,8	1687,9	-2,2	14,4	1,4	46,1

Verkehr und Transport

Tabelle 16.12.4. Arbeitsunfähigkeit der AOK-Mitglieder in der Branche Verkehr und Transport nach Wirtschaftsabteilungen im Jahr 2006

Wirtschafts-abteilung	Krankenstand (in %)		Arbeitsunfähigkeiten je 100 AOK-Mitglieder		Tage je Fall	AU-Quote (in %)
	2006	2006 stand.*	Fälle	Tage		
Hilfs- und Nebentätigkeiten für den Verkehr, Verkehrsvermittlung	4,7	4,4	124,5	1717,1	13,8	48,2
Landverkehr, Transport in Rohrfernleitungen	4,7	4,2	104,6	1699,0	16,2	43,7
Luftfahrt	4,6	4,8	162,1	1676,5	10,3	55,2
Nachrichtenübermittlung	4,2	4,3	125,6	1517,3	12,1	44,6
Schifffahrt	3,9	3,4	85,6	1430,3	16,7	34,0
Branche insgesamt	4,6	4,3	117,2	1687,9	14,4	46,1
Alle Branchen	4,2	4,1	131,0	1542,9	11,8	49,3

* Krankenstand alters- und geschlechtsstandardisiert

Tabelle 16.12.5. Kennzahlen der Arbeitsunfähigkeit der AOK-Mitglieder nach ausgewählten Berufsgruppen in der Branche Verkehr und Transport im Jahr 2006

Tätigkeit	Kranken-stand (in %)	Arbeitsunfähigkeiten je 100 AOK-Mitglieder		Tage je Fall	AU-Quote (in %)	Verteilung der AOK-Mitglieder in der Branche (in %)
		Fälle	Tage			
Bürofachkräfte	3,1	109,6	1115,4	10,2	44,6	5,6
Fremdenverkehrsfachleute	2,2	105,5	790,7	7,5	42,5	1,6
Kraftfahrzeugführer	4,8	99,6	1756,8	17,6	42,5	51,7
Kraftfahrzeuginstandsetzer	4,4	127,6	1590,3	12,5	55,5	1,2
Lager-, Transportarbeiter	5,4	154,2	1966,9	12,8	54,3	11,6
Lagerverwalter, Magaziner	5,3	156,1	1947,6	12,5	56,4	2,9
Postverteiler	4,2	133,1	1538,1	11,6	48,0	4,2
Stauer, Möbelpacker	6,1	149,9	2217,3	14,8	53,2	1,0
Verkäufer	3,7	111,9	1349,8	12,1	46,6	1,4
Verkehrsfachleute (Güterverkehr)	2,7	126,2	999,8	7,9	48,2	2,6
Warenaufmacher, Versandfertigmacher	5,7	180,1	2075,0	11,5	56,9	1,1
Branche insgesamt	4,6	117,2	1687,9	14,4	46,1	6,4*

* Anteil der AOK-Mitglieder in der Branche an allen AOK-Mitgliedern

Verkehr und Transport

Tabelle 16.12.6. Dauer der Arbeitsunfähigkeit der AOK-Mitglieder in der Branche Verkehr und Transport im Jahr 2006

Fallklasse	Branche hier		Alle Branchen	
	Anteil Fälle in %	Anteil Tage in %	Anteil Fälle in %	Anteil Tage in %
1–3 Tage	28,7	4,0	36,0	6,1
4–7 Tage	28,5	10,1	28,7	12,2
8–14 Tage	20,3	14,8	17,6	15,5
15–21 Tage	8,2	10,0	6,6	9,7
22–28 Tage	4,3	7,3	3,4	7,2
29–42 Tage	4,3	10,4	3,4	10,0
Langzeit-AU (> 42 Tage)	5,8	43,3	4,3	39,3

Tabelle 16.12.7. Tage der Arbeitsunfähigkeit je AOK-Mitglied nach Wirtschaftsabteilung und Betriebsgröße in der Branche Verkehr und Transport im Jahr 2006

Wirtschafts-abteilung	Betriebsgröße (Anzahl der AOK-Mitglieder)					
	10–49	50–99	100–199	200–499	500–999	≥1000
Hilfs- und Nebentätigkeiten für den Verkehr, Verkehrsvermittlung	17,5	18,4	18,7	18,7	21,7	21,8
Landverkehr, Transport in Rohrfernleitungen	16,6	20,5	22,7	23,2	26,2	24,4
Luftfahrt	15,0	18,1	15,4	22,5	20,1	–
Nachrichtenübermittlung	15,3	16,5	15,9	15,5	17,0	15,3
Schifffahrt	17,5	18,3	13,0	–	–	–
Branche insgesamt	17,0	18,8	19,4	19,9	21,8	19,5
Alle Branchen	15,8	17,3	17,7	18,1	18,7	17,6

Tabelle 16.12.8. Krankenstand in Prozent nach der Stellung im Beruf in der Branche Verkehr und Transport im Jahr 2006, AOK-Mitglieder

Wirtschaftsabteilung	Stellung im Beruf				
	Auszu-bildende	Arbeiter	Fach-arbeiter	Meister, Poliere	Ange-stellte
Hilfs- und Nebentätigkeiten für den Verkehr, Verkehrsvermittlung	3,0	5,4	5,0	4,1	2,8
Landverkehr, Transport in Rohrfernleitungen	3,1	5,0	4,8	4,1	3,4
Luftfahrt	2,8	8,6	5,4	7,6	4,1
Nachrichtenübermittlung	3,1	4,8	4,4	2,5	3,6
Schifffahrt	5,2	4,6	3,9	3,4	2,6
Branche insgesamt	3,0	5,2	4,9	4,1	3,1
Alle Branchen	3,3	5,2	4,5	3,5	3,1

Tabelle 16.12.9. Tage der Arbeitsunfähigkeit je AOK-Mitglied nach der Stellung im Beruf in der Branche Verkehr und Transport im Jahr 2006

Wirtschaftsabteilung	Stellung im Beruf				
	Auszu-bildende	Arbeiter	Fach-arbeiter	Meister, Poliere	Ange-stellte
Hilfs- und Nebentätigkeiten für den Verkehr, Verkehrsvermittlung	10,8	19,8	18,3	14,8	10,3
Landverkehr, Transport in Rohrfernleitungen	11,4	18,1	17,7	14,9	12,3
Luftfahrt	10,4	31.4	19,9	27,6	14,9
Nachrichtenübermittlung	11,4	17,4	16,2	9,0	13,1
Schifffahrt	19,2	16,9	14,2	12,5	9,4
Branche insgesamt	11,1	19,0	17,9	14,8	11,4
Alle Branchen	12,2	18,9	16,3	12,7	11,4

Verkehr und Transport

Tabelle 16.12.10. Anteil der Arbeitsunfälle an den AU-Fällen und -Tagen in Prozent nach Wirtschaftsabteilungen in der Branche Verkehr und Transport im Jahr 2006, AOK-Mitglieder

Wirtschaftsabteilung	Arbeitsunfähigkeiten	
	AU-Fälle in %	AU-Tage in %
Hilfs- und Nebentätigkeiten für den Verkehr, Verkehrsvermittlung	6,6	9,3
Landverkehr, Transport in Rohrfernleitungen	6,3	8,2
Luftfahrt	2,3	3,1
Nachrichtenübermittlung	5,1	7,4
Schifffahrt	8,2	11,4
Branche insgesamt	6,3	8,6
Alle Branchen	4,9	6,1

Tabelle 16.12.11. Tage und Fälle der Arbeitsunfähigkeit durch Arbeitsunfälle nach Berufsgruppen in der Branche Verkehr und Transport im Jahr 2006, AOK-Mitglieder

Tätigkeit	Arbeitsunfähigkeit je 1000 AOK-Mitglieder	
	AU-Tage	AU-Fälle
Stauer, Möbelpacker	2263,4	146,1
Kraftfahrzeugführer	1826,8	81,2
Lagerverwalter, Magaziner	1641,8	94,8
Kraftfahrzeuginstandsetzer	1566,0	122,1
Lager-, Transportarbeiter	1550,4	93,0
Postverteiler	1078,7	73,7
Bürofachkräfte	336,1	19,1

Tabelle 16.12.12. Tage der Arbeitsunfähigkeit je 100 AOK-Mitglieder nach Krankheitsarten in der Branche Verkehr und Transport in den Jahren 1995 bis 2006

Jahr	AU-Tage je 100 Mitglieder					
	Psyche	Herz/Kreislauf	Atemwege	Verdauung	Muskel/Skelett	Verletzungen
1995	94,1	233,0	359,1	205,9	741,6	452,7
1996	88,2	213,7	321,5	181,2	666,8	425,0
1997	83,9	195,5	281,8	163,6	574,0	411,4
1998	89,1	195,2	283,4	161,9	591,5	397,9
1999	95,3	192,9	311,9	160,8	621,2	396,8
2000	114,7	181,9	295,1	149,4	654,9	383,3
2001	124,3	183,1	282,2	152,3	680,6	372,8
2002	135,9	184,2	273,1	152,1	675,7	362,4
2003	136,0	182,0	271,5	144,2	615,9	345,2
2004	154,3	195,6	234,4	143,5	572,5	329,6
2005	159,5	193,5	268,8	136,2	546,3	327,1
2006	156,8	192,9	225,9	135,7	551,7	334,7

Tabelle 16.12.13. Fälle der Arbeitsunfähigkeit je 100 AOK-Mitglieder nach Krankheitsarten in der Branche Verkehr und Transport in den Jahren 1995 bis 2006

Jahr	AU-Fälle je 100 Mitglieder					
	Psyche	Herz/Kreislauf	Atemwege	Verdauung	Muskel/Skelett	Verletzungen
1995	3,5	9,0	33,4	21,0	35,7	24,0
1996	3,7	8,8	38,5	21,0	36,0	23,9
1997	3,4	7,7	34,8	19,4	32,1	22,0
1998	3,6	7,9	33,1	19,0	30,7	21,9
1999	3,8	8,1	34,5	19,2	32,5	21,7
2000	5,2	8,0	37,1	18,0	36,6	21,3
2001	6,1	8,6	36,8	18,9	38,6	21,0
2002	6,6	8,9	36,1	19,5	38,3	20,4
2003	6,7	9,1	36,4	18,7	35,6	19,3
2004	6,8	8,4	30,1	17,7	32,8	17,6
2005	6,7	8,4	34,7	16,6	31,8	17,3
2006	6,7	8,5	29,0	17,1	31,9	17,6

Verkehr und Transport

Tabelle 16.12.14. Verteilung der Arbeitsunfähigkeitstage nach Krankheitsarten in Prozent in der Branche Verkehr und Transport im Jahr 2006, AOK-Mitglieder

Wirtschafts-abteilung	AU-Tage in %						
	Psyche	Herz/Kreislauf	Atemwege	Verdauung	Muskel/Skelett	Verletzungen	Sonstige
Hilfs- und Nebentätigkeiten für den Verkehr, Verkehrsvermittlung	6,7	8,3	10,2	6,2	25,6	15,6	27,3
Landverkehr, Transport in Rohrfernleitungen	7,4	10,0	9,4	5,9	24,5	14,6	28,2
Luftfahrt	9,8	4,3	19,7	6,4	19,6	10,1	30,2
Nachrichtenübermittlung	7,7	5,8	12,3	6,3	24,2	15,4	28,2
Schifffahrt	7,6	9,4	8,5	5,9	22,7	17,5	28,4
Branche insgeamt	7,1	8,7	10,2	6,1	24,9	15,1	27,8
Alle Branchen	7,9	7,1	11,7	6,5	24,4	13,6	28,8

Tabelle 16.12.15. Verteilung der Arbeitsunfähigkeitsfälle nach Krankheitsarten in Prozent in der Branche Verkehr und Transport im Jahr 2006, AOK-Mitglieder

Wirtschafts-abteilung	AU-Fälle in %						
	Psyche	Herz/Kreislauf	Atemwege	Verdauung	Muskel/Skelett	Verletzungen	Sonstige
Hilfs- und Nebentätigkeiten für den Verkehr, Verkehrsvermittlung	4,0	5,1	18,9	11,1	21,1	11,5	28,2
Landverkehr, Transport in Rohrfernleitungen	4,5	6,5	17,2	11,0	20,5	11,3	29,0
Luftfahrt	4,7	3,2	29,4	9,2	14,9	6,5	31,9
Nachrichtenübermittlung	4,6	4,3	20,9	10,9	18,8	11,2	29,3
Schifffahrt	4,4	6,5	17,2	10,6	20,4	13,6	27,3
Branche insgesamt	4,3	5,5	18,7	11,0	20,6	11,3	28,6
Alle Branchen	4,2	4,7	21,0	11,6	18,2	10,2	30,0

Tabelle 16.12.16. Anteile der 40 häufigsten Einzeldiagnosen an den AU-Fällen und AU-Tagen in der Branche Verkehr und Transport im Jahr 2006, AOK-Mitglieder

ICD-10	Bezeichnung	AU-Fälle in %	AU-Tage in %
M54	Rückenschmerzen	8,7	7,9
J06	Akute Infektionen der oberen Atemwege	4,9	2,1
K52	Nichtinfektiöse Gastroenteritis und Kolitis	2,8	1,0
J20	Akute Bronchitis	2,8	1,4
K08	Sonstige Krankheiten der Zähne und des Zahnhalteapparates	2,0	0,4
I10	Essentielle Hypertonie	2,0	3,0
J40	Nicht akute Bronchitis	2,0	1,0
A09	Diarrhoe und Gastroenteritis	2,0	0,6
T14	Verletzung an einer nicht näher bezeichneten Körperregion	1,7	1,5
K29	Gastritis und Duodenitis	1,5	0,8
M53	Sonstige Krankheiten der Wirbelsäule und des Rückens	1,3	1,4
M51	Sonstige Bandscheibenschäden	1,2	2,5
J03	Akute Tonsillitis	1,2	0,5
B34	Viruskrankheit	1,1	0,5
R10	Bauch- und Beckenschmerzen	1,1	0,5
J01	Akute Sinusitis	1,0	0,5
S93	Luxation, Verstauchung und Zerrung der Gelenke und Bänder in Höhe des oberen Sprunggelenkes und des Fußes	1,0	1,0
M75	Schulterläsionen	1,0	1,5
F32	Depressive Episode	0,9	1,7
J02	Akute Pharyngitis	0,9	0,4
J32	Chronische Sinusitis	0,9	0,5
M77	Sonstige Enthesopathien	0,9	0,9
M99	Biomechanische Funktionsstörungen	0,8	0,6
M25	Sonstige Gelenkkrankheiten	0,7	0,7
M23	Binnenschädigung des Kniegelenkes	0,7	1,2
R51	Kopfschmerz	0,7	0,4
E66	Adipositas	0,7	1,3
F43	Reaktionen auf schwere Belastungen und Anpassungsstörungen	0,7	1,0
I25	Chronische ischämische Herzkrankheit	0,7	1,4
M47	Spondylose	0,6	0,8
R42	Schwindel und Taumel	0,6	0,5
J11	Grippe	0,6	0,3
M79	Sonstige Krankheiten des Weichteilgewebes	0,6	0,5
E78	Störungen des Lipoproteinstoffwechsels u. sonst. Lipidämien	0,5	1,0
E11	Typ-II-Diabetes	0,5	0,9
B99	Sonstige Infektionskrankheiten	0,5	0,2
F17	Psychische und Verhaltensstörungen durch Tabak	0,5	0,9
F45	Somatoforme Störungen	0,5	0,6
J04	Akute Laryngitis und Tracheitis	0,5	0,2
R50	Fieber unbekannter Ursache	0,5	0,2
	Summe hier	53,8	44,3
	Restliche	46,2	55,7
	Gesamtsumme	100,0	100,0

Tabelle 16.12.17. Anteile der 40 häufigsten Diagnoseuntergruppen an den AU-Fällen und AU-Tagen in der Branche Verkehr und Transport im Jahr 2006, AOK-Mitglieder

ICD-10	Bezeichnung	AU-Fälle in %	AU-Tage in %
M40–M54	Krankheiten der Wirbelsäule und des Rückens	11,7	13,1
J00–J06	Akute Infektionen der oberen Atemwege	8,9	3,8
M60–M79	Krankheiten der Weichteilgewebe	3,9	4,5
J40–J47	Chronische Krankheiten der unteren Atemwege	3,4	2,3
M00–M25	Arthropathien	3,3	5,0
K50–K52	Nichtinfektiöse Enteritis und Kolitis	3,2	1,3
J20–J22	Sonstige akute Infektionen der unteren Atemwege	3,2	1,6
R50–R69	Allgemeinsymptome	2,7	1,9
K00–K14	Krankheiten Mundhöhle, Speicheldrüsen und Kiefer	2,6	0,6
A00–A09	Infektiöse Darmkrankheiten	2,5	0,9
I10–I15	Hypertonie	2,3	3,5
K20–K31	Krankheiten des Ösophagus, Magens und Duodenums	2,3	1,4
T08–T14	Verletzungen Rumpf, Extremitäten u.a. Körperregionen	2,1	1,8
F40–F48	Neurotische, Belastungs- und somatoforme Störungen	1,9	2,6
R10–R19	Symptome bzgl. Verdauungssystem und Abdomen	1,8	1,0
S90–S99	Verletzungen der Knöchelregion und des Fußes	1,7	2,1
J30–J39	Sonstige Krankheiten der oberen Atemwege	1,6	1,0
S80–S89	Verletzungen des Knies und des Unterschenkels	1,5	2,7
S60–S69	Verletzungen des Handgelenkes und der Hand	1,4	1,8
B25–B34	Sonstige Viruskrankheiten	1,3	0,5
G40–G47	Episod. und paroxysmale Krankheiten des Nervensystems	1,2	1,2
F30–F39	Affektive Störungen	1,2	2,3
R00–R09	Symptome bzgl. Kreislauf- und Atmungssystem	1,1	0,7
J10–J18	Grippe und Pneumonie	1,1	0,8
E70–E90	Stoffwechselstörungen	1,0	1,7
I20–I25	Ischämische Herzkrankheiten	1,0	2,1
S00–S09	Verletzungen des Kopfes	1,0	1,0
M95–M99	Sonstige Krankheiten des Muskel-Skelett-Systems	0,9	0,7
F10–F19	Psychische Störungen durch psychotrope Substanzen	0,9	1,5
I80–I89	Krankheiten Venen, Lymphgefäße und -knoten	0,9	0,9
E65–E68	Adipositas und sonstige Überernährung	0,8	1,4
R40–R46	Sympt. bzgl. Wahrnehmung, Stimmung, Verhalten	0,8	0,7
E10–E14	Diabetes mellitus	0,8	1,4
K55–K63	Sonstige Krankheiten des Darmes	0,7	0,8
G50–G59	Krankheiten von Nerven, -wurzeln und Nervenplexus	0,7	1,0
I30–I52	Sonstige Formen der Herzkrankheit	0,7	1,2
L00–L08	Infektionen der Haut und der Unterhaut	0,7	0,7
S20–S29	Verletzungen des Thorax	0,7	0,9
N30–N39	Sonstige Krankheiten des Harnsystems	0,7	0,5
S40–S49	Verletzungen der Schulter und des Oberarmes	0,7	1,2
	Summe hier	80,9	76,1
	Restliche	19,1	23,9
	Gesamtsumme	100,0	100,0

KAPITEL 17

Krankenstand und Gesundheitsförderung in der Bundesverwaltung

S. VOGLRIEDER

Zusammenfassung. *Der folgende Beitrag fasst den Bericht zum Krankenstand in der unmittelbaren Bundesverwaltung für das Erhebungsjahr 2006 zusammen und vergleicht die Ergebnisse mit denen der AOK-Erhebung. Neben einführenden Angaben zur Personalstruktur der unmittelbaren Bundesverwaltung und zu Methodik und Vergleichbarkeit enthält der Beitrag differenzierte Daten zu den krankheitsbedingten Fehlzeiten im Bundesdienst. Auf die Darstellung der allgemeinen Krankenstandsentwicklung folgen Angaben zum Krankenstand nach Dauer, nach Geschlecht sowie nach Laufbahngruppen. Bei der Gegenüberstellung der Daten von Bundesverwaltung und AOK wird ausführlich auf die vergleichsweise ungünstige Altersstruktur des Bundespersonals und die Bedeutung des Faktors „Lebensalter" für den Krankenstand eingegangen.*
Der letzte Abschnitt befasst sich schließlich mit der systematischen betrieblichen Gesundheitsförderung, die – auch im Rahmen des Regierungsprogramms „Zukunftsorientierte Verwaltung durch Innovationen" – für die Bundesverwaltung verbindlich ist.

17.1 Einführung

Auf Grundlage eines Kabinettbeschlusses vom 14. Januar 1997 erstellt das Bundesministerium des Innern jährlich den Bericht zum Krankenstand in der unmittelbaren Bundesverwaltung. Der zunächst rein statistisch ausgerichtete Bericht ist seit dem Jahr 2004 erheblich ausgeweitet und vor allem um das Thema betriebliche Gesundheitsförderung ergänzt worden.

Angesichts der demographischen Entwicklung (Rückgang der Erwerbsbevölkerung, Zunahme des Anteils älterer Beschäftigter) und knapper werdender personeller/finanzieller Ressourcen wird es immer wichtiger, die Gesundheit der Beschäftigten zu fördern und ihre Leistungsfähigkeit bis zum Eintritt in den Ruhestand zu erhalten. Dabei geht es nicht nur um die Reduzierung betrieblicher bzw. volkswirtschaftlicher Kosten. Gesundheit ist vielmehr ein hohes Gut, dessen Schutz und Pflege sowohl im Interesse der Beschäftigten als auch des Arbeitgebers Bund liegt.

In seiner jetzigen Form stellt der Krankenstandsbericht ein wichtiges Benchmark-Instrument dar, das künftig auch im Rahmen des Projekts „Systematische betriebliche Gesundheitsförderung im unmittelbaren Bundesdienst" im Regierungsprogramm „Zukunftsorientierte Verwaltung durch Innovationen" [6] zum Einsatz kommt.

Um den Vergleich nicht nur innerhalb der Bundesverwaltung, sondern auch mit den Ländern und der Privatwirtschaft zu ermöglichen, wird der Bericht seit dem Jahr 2004 auf den Internetseiten des BMI (www.bmi.bund.de)[1] veröffentlicht und nunmehr erstmals im Fehlzeiten-Report des Wissenschaftlichen Instituts der AOK (WIdO) zusammenfassend vorgestellt.[2]

17.1.1 Die unmittelbare Bundesverwaltung als Teil der öffentlichen Verwaltung

Der öffentliche Dienst ist – gemessen an der Gesamtzahl der Beschäftigten – groß und in seinen Organisationsformen, Leistungen und Berufsgruppen äußerst heterogen. Öffentliche Aufgaben werden von Beamtinnen und Beamten, Richterinnen und Richtern, Soldatinnen und Soldaten sowie Tarifbeschäftigten[3] wahrgenommen. Sie sind beim Bund (Bundesverwaltung), bei den Ländern (Landesverwaltungen) oder bei den Kommunen (Kommunalverwaltungen) beschäftigt [4].

Die folgenden Ausführungen betreffen die unmittelbare Bundesverwaltung. Dazu zählen zum einen die 22 obersten Bundesbehörden, das sind die 14 Bundesministerien, das Bundeskanzleramt, das Bundespräsidialamt, das Bundespresseamt, der Bundesrechnungshof, das Amt des Beauftragten der Bundesregierung für Kultur und Medien und die Verwaltungen von Bundestag, Bundesrat und Bundesverfassungsgericht.

Teil der unmittelbaren Bundesverwaltung sind zum anderen die 82 rechtlich nicht selbstständigen Behörden in den Geschäftsbereichen der obersten Bundesbehörden, also zum Beispiel die Bundespolizei oder die Wasser- und Schifffahrtsverwaltungen, aber auch kleinere Behörden wie

---

[1] Themen A–Z, unter Öffentlicher Dienst/Weitere Themen.
[2] Für alle Angaben zum Krankenstand in der unmittelbaren Bundesverwaltung vgl. [5].
[3] Mit dem Inkrafttreten des Tarifvertrages für den öffentlichen Dienst (TVöD) im Oktober 2005 wurde die Unterscheidung zwischen Angestellten und Arbeiterinnen/Arbeitern aufgehoben. Alternativ zur Bezeichnung „Tarifbeschäftigte" wird auch der Begriff „Arbeitnehmerinnen und Arbeitnehmer" gebraucht.

das Deutsche Archäologische Institut oder die Bundeszentrale für politische Bildung.

17.1.2 Die Personalstruktur der unmittelbaren Bundesverwaltung

Insgesamt arbeiten knapp 300 000 Beschäftigte[4] in der unmittelbaren Bundesverwaltung. Davon waren im Jahr 2006 rund 7,7% in den obersten Bundesbehörden (insbesondere Ministerien) und rund 92,3% in den Geschäftsbereichsbehörden der Ministerien tätig. Vier Ministerien (Bundesministerium der Verteidigung, Bundesministerium des Innern, Bundesministerium der Finanzen, Bundesministerium für Verkehr, Bau und Stadtentwicklung) stellen zusammen mit ihren Geschäftsbereichsbehörden über 83% der Beschäftigten der gesamten unmittelbaren Bundesverwaltung. Die Gesamthöhe des Krankenstandes wird also wesentlich von diesen vier großen Behörden bzw. deren Geschäftsbereichsbehörden beeinflusst.

Der **Frauenanteil** ist mit 35% aller Beschäftigten in der Bundesverwaltung gegenüber 45% in der gesamten Erwerbsbevölkerung relativ gering. Dies ist vor allem auf die in einigen großen Geschäftsbereichsbehörden vorherrschenden typischen „Männerberufe" (z. B. Bundespolizei, Zollverwaltung) zurückzuführen. In den obersten Bundesbehörden liegt der Frauenanteil dagegen bei 47%.

Von den Beschäftigten der unmittelbaren Bundesverwaltung sind 43,7% Beamtinnen und Beamte, 51,3% Tarifbeschäftigte und 5,0% Auszubildende, Anwärterinnen und Anwärter.

Anders als in der AOK-Erhebung werden die Bundesbediensteten im Krankenstandsbericht nicht nach Berufsgruppen oder Stellung im Beruf klassifiziert, sondern nach den vier **Laufbahngruppen** einfacher, mittlerer, gehobener und höherer Dienst. Mit der Laufbahngruppenzugehörigkeit wird näherungsweise die berufliche und soziale Lage der Beschäftigten erfasst, die zu den wesentlichen allgemeinen Einflussfaktoren auf die Höhe der Fehlzeiten zählt. Die Zuordnung zu einer Laufbahngruppe hängt von Ausbildungsstand und Qualifikation ab und ist mit unterschiedlichen Anforderungen, einem unterschiedlichen Maß an Verantwortung sowie entsprechend unterschiedlichen Einkommen verbunden. Sie entspricht in etwa dem Kriterium „Stellung im Beruf" in der AOK-Erhebung.

Über 65% der Beschäftigten der Bundesverwaltung sind im einfachen Dienst (11,1%) und im mittleren Dienst (54,4%) tätig. Auf den gehobenen Dienst entfallen 20,1% und auf den höheren Dienst 8,5% der Beschäftigten.

---

[4] Ohne Soldatinnen/Soldaten, einschließlich Auszubildende und Anwärter/innen.

Typische Berufe im einfachen und mittleren Dienst sind Bote/in, Sekretär/in oder Bürosachbearbeiter/in. Beschäftigte im gehobenen Dienst haben in der Regel ein Fachhochschulstudium absolviert und arbeiten z. B. als Polizeikommissar/in oder technische/r Regierungsoberinspektor/in. Voraussetzung für eine Tätigkeit im höheren Dienst ist ein Hochschulabschluss. Typische Berufe sind z. B. Referent/in oder Referatsleiter/in [4].

17.1.3 Anmerkungen zu Methodik und Vergleichbarkeit

In die Krankenstandsberechnung der AOK gehen auch Wochenenden und Feiertage ein, soweit sie in den Zeitraum der Krankschreibung fallen. Dagegen zählen in der Erhebung der Bundesverwaltung nur die **Arbeitstage**, an denen Beschäftigte arbeitsunfähig waren, als **Fehltage**. So ist es möglich, die Personalausfallkosten auf Grundlage der tatsächlich ausgefallenen Arbeitstage zu berechnen.

Um die Krankenstandszahlen der Bundesverwaltung mit denen der AOK vergleichen zu können, wird die Krankheitsquote nicht in Prozent der 365 Kalendertage, sondern in Prozent der Arbeitstage eines Jahres angegeben. Dabei werden 251 Arbeitstage pro Jahr zugrunde gelegt (365 abzüglich Wochenenden und Feiertage)[5]. Eine Unterscheidung zwischen Teilzeitbeschäftigten und Vollzeitbeschäftigten wird nicht getroffen, die Ausfalltage von Teilzeitbeschäftigten werden als ganze Tage gerechnet. Bei jahresübergreifenden Erkrankungen werden – wie in der AOK-Erhebung – nur die Fehltage gezählt, die im Erhebungsjahr anfielen.

Bei einem Vergleich mit den AOK-Daten ist ferner zu berücksichtigen, dass die AOK Fehltage aufgrund von Kuren (Kosten werden in der Regel von der gesetzlichen Rentenversicherung getragen) und einen Teil der Kurzzeiterkrankungen nicht erfasst, weil für letztere keine Arbeitsunfähigkeitsbescheinigungen ausgestellt werden.[6] In der Erhebung der Bundesverwaltung werden diese Fehlzeiten dagegen erfasst. Für eine rea-

---

[5] Etwaige Abweichungen von den 251 Arbeitstagen (je nach Bundesland und Anzahl der Feiertage) wirken sich nur geringfügig auf die Prozentwerte aus.
[6] Es sei denn, vor Beginn der Rehabilitationsmaßnahmen bestand bereits Arbeitsunfähigkeit und diese besteht fort oder die Arbeitsunfähigkeit wird durch eine interkurrente Erkrankung ausgelöst.(vgl. Richtlinien des Gemeinsamen Bundesausschusses über die Beurteilung der Arbeitsunfähigkeit und die Maßnahmen zur stufenweisen Wiedereingliederung (Arbeitsunfähigkeitsrichtlinien) nach § 92, Abs. 1 Satz 2 Nr. 7, SGB V, in der Fassung vom 1. Dezember 2003, veröffentlicht im Bundesanzeiger 2004, Nr. 61: S. 6501, zuletzt geändert am 19. September 2006, veröffentlicht im Bundesanzeiger Nr. 241: S. 7356.

listische Gegenüberstellung der Fehlzeiten sind die Bundeswerte daher entsprechend zu bereinigen (vgl. Kap. 17.7).

Auch bei den erfassten Kriterien gibt es Unterschiede zwischen den Erhebungen. Die Bundesverwaltung ermittelt den Krankenstand differenziert nach Dauer der Erkrankung, Geschlecht, Laufbahngruppen (einfacher, mittlerer, gehobener, höherer Dienst), Statusgruppen (Beamtinnen/Beamte, Tarifbeschäftigte, Auszubildende und Anwärterinnen/Anwärter) sowie nach Behördenzugehörigkeit (Oberste Bundesbehörde/Geschäftsbereichsbehörden).[7]

Die Anzahl der Krankheitsfälle wird nicht gesondert ausgewiesen. Auch Arbeits- bzw. Dienstunfälle einschließlich Wegeunfälle werden bisher nicht gesondert, sondern zusammen mit den übrigen Fehltagen erfasst. Eine getrennte Auswertung der Arbeits-/Dienstunfälle ist ab der Erhebung 2007 geplant.

Eine Differenzierung der Daten nach Geschlecht wird seit der Erhebung 2004 vorgenommen. Der Krankenstand nach Alter wurde bisher nur einmal stichprobenartig in der Erhebung 2002 erfasst (vgl. Kap. 17.7). Eine regelmäßige Erfassung der Fehlzeiten nach Altersgruppen hat 2007 begonnen, so dass eine Altersstandardisierung des Krankenstandes ab dem kommenden Bericht möglich sein wird.

Die in der AOK-Erhebung übliche Differenzierung der Fehlzeiten nach Branchen, Regionen, Betriebsgrößen und Berufsgruppen ist auf der Grundlage des vorliegenden Datenmaterials für die Bundesverwaltung nicht möglich. Ebenso können keine Aussagen über die Krankheitsursachen getroffen werden, da die Diagnosen auf den AU-Meldungen nur den Krankenkassen, nicht aber dem Arbeitgeber zugänglich sind.

17.2 Kosten der Arbeitsunfähigkeit

Die Erhebung 2006 weist für die unmittelbare Bundesverwaltung einen Krankenstand (einschließlich Rehabilitation) von 15,37 Tagen je Beschäftigte/n bzw. 6,12% (bereinigt: 5,51%, vgl. Kap. 17.7) der gesamten Arbeitstage eines Jahres aus. Das entspricht einer Gesamtsumme von rund 4,6 Mio. Arbeitsunfähigkeitstagen im Jahr und bedeutet, dass täglich über 18 000 Beschäftigte krankheitsbedingt abwesend waren. Damit ist ein dreistelliger Millionenbetrag an Personalkosten für den Bund ohne Gegenleistung geblieben.

---

[7] Auf eine Differenzierung nach Statusgruppen und Behördenzugehörigkeit wird im Folgenden verzichtet, da sie für den Vergleich mit den AOK-Daten nicht relevant ist.

17.3 Allgemeine Krankenstandsentwicklung

Tabelle 17.1 zeigt, dass der Krankenstand im Bundesdienst im Jahr 2006 den niedrigsten Stand seit Beginn der Erhebung erreicht hat. Der generelle Rückgang des Krankenstandes, den die gesetzlichen Krankenversicherungen (GKV) seit mehreren Jahren verzeichnen, ist also auch in der Bundesverwaltung zu beobachten, wenn auch deutlich weniger ausgeprägt als in der freien Wirtschaft (zu möglichen Gründen, insbesondere dem zunehmend hohen Durchschnittsalter der Bundesbeschäftigten, vgl. Kap. 17.7).

Tabelle 17. 1. Krankenstandsentwicklung in der unmittelbaren Bundesverwaltung 1998–2006

	Durchschnittliche Fehltage je Beschäftigte/n	Krankheitsquote in %
1998	16,38	6,53
1999	16,93	6,75
2000	16,77	6,68
2001	16,39	6,53
2002	16,21	6,46
2003	15,74	6,27
2004	15,56	6,20
2005	15,95	6,35
2006	15,37	6,12

17.4 Kurz- und Langzeiterkrankungen

Bei der Erhebung der Fehlzeiten nach Dauer der Erkrankung differenziert der Krankenstandsbericht der Bundesverwaltung nach Kurzzeiterkrankungen (1 bis 3 Arbeitstage), längeren Erkrankungen (4 bis 30 Arbeitstage) und Langzeiterkrankungen über 30 Arbeitstage. Letzteres entspricht in etwa einer Krankheitsdauer von 6 Wochen bzw. 42 Kalendertagen, ist also mit den Langzeiterkrankungen in der AOK-Erhebung vergleichbar. Anders als in der AOK-Erhebung werden in der Bundesverwaltung zudem die Fehlzeiten aufgrund von Rehabilitationsmaßnahmen (Kuren) erfasst. Eine Unterdifferenzierung der längeren Erkrankungen nach Wochen erfolgt dagegen nicht. Tabelle 17.2 zeigt die Verteilung der Fehlzeiten nach der Dauer der Erkrankung.

Im Jahr 2006 lag der Schwerpunkt der Fehltage – wie in den Vorjahren – bei den Erkrankungen von mehr als drei Tagen (82,2%, davon 51,9% längere Erkrankungen von 4 bis 30 Tagen und 30,3% Langzeiterkrankungen über 30 Tage). Rund 15,8% der Fehltage fielen auf Erkrankungen von 1 bis

Tabelle 17.2. Fehltage je Beschäftigte/n nach Dauer der Krankheit 2006

Fehltage	Kurzzeit-erkrankungen 1–3 Tage	Längere Erkrankungen 4–30 Tage	Langzeit-erkrankungen über 30 Tage	Reha-Maßnahmen	Insgesamt
Anzahl	2,43	7,97	4,65	0,31	15,37
in %	15,80	51,90	30,30	2,00	100,00

3 Tagen. Mit einem Anteil von 2% spielten Rehabilitationsmaßnahmen nur eine geringe Rolle.

Von 1998 bis 2006 hat sich die Verteilung der Fehltage auf Kurzzeiterkrankungen, längere Erkrankungen, Langzeiterkrankungen und Rehabilitationsmaßnahmen zwar nicht wesentlich verändert (vgl. Tabelle 17.3). Auffällig ist aber, dass der Anteil der Kurzzeiterkrankungen seit 1998 (11,3%) kontinuierlich leicht gestiegen ist (Ausnahme: 2005). Im Gegenzug ist der Anteil der Erkrankungen ab 4 Tage von 86,8% im Jahr 1998 auf 82,2% im Jahr 2006 gesunken. Der Großteil davon entfällt weiterhin auf längere Erkrankungen von 4 bis 30 Tagen (51,9%) bei leichtem Rückgang gegenüber dem Vorjahr (2005: 53,1%).

Auch der Anteil der Langzeiterkrankungen von über 30 Tagen, der erst seit 2002 gesondert erfasst wird, ist von 31,7% (2002) auf 30,3% (2006) gesunken. Gleiches gilt für den – relativ unbedeutenden – Anteil der Fehltage auf Grund von Rehabilitationsmaßnahmen, der seit 2001 (2,7%) bis 2006 (2,0%) kontinuierlich zurückgegangen ist.

Tabelle 17.3. Verteilung der Fehltage nach der Dauer der Erkrankung von 1998–2006 in Prozent

	1–3 Tage in %	Erkrankungen ab 4 Tagen in %		Reha-Maßnahmen
1998	11,3	86,8		1,9
1999	11,3	86,6		2,1
2000	12,0	85,3		2,7
2001	12,5	84,8		2,7
		4–30 Tage in %	über 30 Tage in %	
2002	13,2	52,6	31,7	2,5
2003	14,0	52,0	31,4	2,5
2004	14,8	51,7	31,2	2,3
2005	14,7	53,1	30,0	2,2
2006	15,8	51,9	30,3	2,0

17.5 Krankenstand nach Geschlecht

Im Jahr 2004 wurde der Krankenstand in der Bundesverwaltung erstmals differenziert nach Geschlecht erhoben. Nach den Ergebnissen der letzten drei Jahre haben Frauen durchgängig etwas höhere Fehlzeiten als Männer (vgl. Tabelle 17.4).

Tabelle 17.4. Durchschnittlicher Krankenstand nach Geschlecht von 2004–2006

	Frauen		Männer		Insgesamt	
	Tage	Quote	Tage	Quote	Tage	Quote
2004*	16,64	6,63%	15,15	6,04%	15,56	6,20%
2005	17,12	6,82%	15,32	6,10%	15,95	6,35%
2006	16,54	6,59%	14,74	5,87%	15,37	6,12%

* In der Erhebung nach Geschlecht für das Jahr 2004 konnte ein großes Ressort noch nicht berücksichtigt werden.

So belegt die Erhebung 2006 einen um durchschnittlich 1,8 Fehltage (rd. 12%) höheren Krankenstand von Frauen gegenüber Männern. Nicht nur beim Vergleich der Gesamtfehlzeiten, sondern auch beim Vergleich der Fehlzeiten innerhalb der einzelnen Laufbahn-, Status- und Behördengruppen weisen die weiblichen Beschäftigten fast in allen Bereichen einen höheren Krankenstand auf als ihre männlichen Kollegen. Auch bei der Differenzierung nach Dauer der Krankheit sind die Fehlzeiten der Frauen jeweils etwas höher als bei den Männern (vgl. Tabelle 17.5).

Als mögliche Ursachen für geschlechtsspezifische Differenzen beim Krankenstand sind generell die unterschiedlichen Erwerbsstrukturen und Arbeitsbedingungen für Männer und Frauen, geschlechtsspezifische Unterschiede im Gesundheitsbewusstsein und der Krankheitsbewältigung

Tabelle 17.5. Fehltage je Beschäftigte/nnach Krankheitsdauer und Geschlecht 2006

Fehltage	Kurzzeit-erkrankungen 1–3 Tage	Längere Erkrankungen 4–30 Tage	Langzeit-erkrankungen über 30 Tage	Reha-Maßnahmen	Insgesamt
Frauen Anzahl	2,83	8,47	4,88	0,36	16,54
in %	17,10	51,20	29,50	2,20	100,00
Männer Anzahl	2,21	7,70	4,54	0,29	14,74
in %	15,00	52,20	30,80	2,00	100,00
Insges. Anzahl	2,43	7,97	4,65	0,31	15,37
in %	15,80	51,90	30,30	2,00	100,00

sowie die Folgen von Doppelbelastungen durch Familie und Beruf zu nennen [7, 10].

Da die Bundesverwaltung keine Möglichkeit hat, die Ursachen der Fehlzeiten zu erfassen, können auch leichte Verzerrungen der Statistik zu ungunsten von Frauen nicht vollständig ausgeschlossen werden (z. B. Erfassung von Fehltagen zur Betreuung erkrankter Kinder). Generell nicht erfasst werden allerdings Fehltage aufgrund von Mutterschutzregelungen. Damit kann weitgehend ausgeschlossen werden, dass Fehlzeiten in Zusammenhang mit Schwangerschaften die Ursache für den höheren Krankenstand der weiblichen Bundesbeschäftigten sind.

17.6 Krankenstand nach Laufbahngruppen

Zu den wichtigsten Ergebnissen der Krankenstandserhebung der Bundesverwaltung zählt die Erkenntnis, dass die Zahl der Fehltage deutlich mit der Laufbahngruppenzugehörigkeit der Beschäftigten korreliert. Je höher die Laufbahngruppe, desto niedriger der Krankenstand, je niedriger die Laufbahngruppe, desto höher der Krankenstand.

Die durchschnittlichen Fehltage steigen von 7,81 (3,11%) im höheren Dienst über 12,69 (5,06%) im gehobenen Dienst und 17,39 (6,93%) im mittleren Dienst auf 19,44 (7,75%) im einfachen Dienst an (vgl. Tabelle 17.6). Der Krankenstand im einfachen Dienst ist zweieinhalb Mal so hoch wie im höheren Dienst, wobei nur die Fehlzeiten im höheren Dienst deutlich unter den Fehlzeiten der AOK-Versicherten liegen. Im gehobenen Dienst entspricht der Krankenstand in etwa dem des AOK-Bereichs öffentliche Verwaltung/Sozialversicherung, während die Fehlzeiten des mittleren und einfachen Dienstes deutlich darüber liegen (vgl. Kap. 17.7).

17.7 Vergleich mit dem Krankenstand der AOK-Versicherten

Da die AOK Fehltage aufgrund von Rehabilitationsmaßnahmen (Kosten werden in der Regel von der gesetzlichen Rentenversicherung getragen) und einen Teil der Kurzzeiterkrankungen nicht erfasst[8], weil für letztere keine Arbeitsunfähigkeitsbescheinigungen erstellt werden, sind die Bundeswerte zum Zwecke des Vergleichs zu bereinigen. Dazu sind sie um die Fehlzeiten durch Rehabilitationsmaßnahmen (0,31 Fehltage für

---

[8] Es sei denn, vor Beginn der Rehabilitationsmaßnahmen bestand bereits Arbeitsunfähigkeit und diese besteht fort oder die Arbeitsunfähigkeit wird durch eine interkurrente Erkrankung ausgelöst (vgl. Richtlinien des Gemeinsamen Bundesausschusses über die Beurteilung der Arbeitsunfähigkeit und die Maßnahmen zur stufenweisen Wiedereingliederung (Arbeitsunfähigkeitsrichtlinien), s. dazu auch Kap. 17.1.3.

Tabelle 17.6. Durchschnittlicher Krankenstand nach Laufbahngruppen von 1998–2006

	Höherer Dienst		Gehobener Dienst		Mittlerer Dienst		Einfacher Dienst		Insgesamt	
	Tage	Quote	Tage	Quote	Tage	Quote	Tage	Quote	Tage	Quote
1998	7,83	3,12%	12,30	4,90%	16,64	6,63%	20,87	8,32%	16,38	6,53%
1999	7,83	3,12%	12,49	4,98%	17,50	6,97%	21,43	8,54%	16,93	6,75%
2000	7,98	3,18%	12,44	4,96%	17,26	6,88%	21,42	8,53%	16,77	6,68%
2001	7,51	2,99%	11,99	4,78%	17,33	6,90%	20,46	8,15%	16,39	6,53%
2002	7,63	3,04%	11,86	4,73%	17,18	6,85%	20,34	8,10%	16,21	6,46%
2003	7,29	2,90%	11,66	4,65%	17,02	6,78%	19,24	7,67%	15,74	6,27%
2004	7,33	2,92%	11,60	4,62%	16,70	6,65%	19,60	7,81%	15,56	6,20%
2005	7,82	3,12%	12,28	4,89%	17,59	7,01%	19,61	7,81%	15,95	6,35%
2006	7,81	3,11%	12,69	5,06%	17,39	6,93%	19,44	7,75%	15,37	6,12%

2006) und um pauschal 50% der Kurzzeiterkrankungen (1,22 Fehltage für 2006) vermindert worden (vgl. Tabelle 17.7).

Der bereinigte Wert in der Bundesverwaltung liegt 2006 mit 5,51% deutlich über dem Gesamtwert der AOK (4,23%), aber auch über dem Wert der im Bereich öffentliche Verwaltung/Sozialversicherung beschäftigten AOK-Versicherten (5,0%). Auch in den Jahren von 1998 bis 2006 sind die Fehlzeiten der Bundesverwaltung jeweils höher als die Gesamtwerte der AOK, während die Werte der AOK für den Bereich öffentliche Verwaltung/Sozialversicherung bis zum Jahr 2003 etwa den Werten für die Bundesverwaltung entsprechen.

Die im Vergleich zu den Gesamtwerten der AOK um rd. 31% höheren Fehlzeiten in der Bundesverwaltung sind vor allem deshalb bemerkenswert, weil der AOK-Wert auf allen Wirtschaftsbereichen einschließlich der mit hohen körperlichen Belastungen verbundenen Tätigkeiten beruht. Trotz des relativ hohen Anteils des einfachen und mittleren Dienstes in der Bundesverwaltung (zusammen rd. 65%) ist nicht davon auszugehen, dass die beruflich-soziale Struktur der Bundesverwaltung ungünstiger als die der AOK-Versicherten ist. Daher kommen als mögliche Erklärung für die relativ hohen Fehlzeiten in der Bundesverwaltung die ungünstige Altersstruktur (vgl. Tabelle 17.8) und ein relativ hoher Anteil von Schwerbehinderten im öffentlichen Dienst in Betracht, ohne

Tabelle 17.7. Krankenstand der AOK-Versicherten insgesamt, der im Bereich öffentliche Verwaltung/Sozialversicherung Beschäftigten AOK-Versicherten und der Beschäftigten der unmittelbaren Bundesverwaltung 1998–2006
(jeweils in % der Kalendertage bzw. der Arbeitstage eines Jahres)

	1998	1999	2000	2001	2002	2003	2004	2005	2006
AOK [1]	5,20	5,40	5,37	5,29	5,19	4,86	4,48	4,39	4,23
davon ÖV [2]	6,20	6,50	6,30	6,10	5,90	5,60	5,20	5,10	5,00
Bund [3]	6,03	6,23	6,10	5,95	5,87	5,67	5,60	5,75	5,51

[1] Gesamtzahlen AOK, Krankenstand der erwerbstätigen AOK-Versicherten in % (bei der AOK versicherte Beschäftigte des Bundes sind enthalten). Quelle: Badura et al. 1999 ff.

[2] AOK-Bereich öffentliche Verwaltung/Sozialversicherung (bei der AOK versicherte Beschäftigte des Bundes sind enthalten). Im Jahr 2005 ohne „Sozialversicherung/Arbeitsförderung". Quelle: Badura et al. 2007.

[3] Bereinigte Zahlen: abgezogen wurden Rehabilitationsmaßnahmen und 50 v. H. der Kurzzeiterkrankungen.

dass insoweit gesicherte Zahlen vorliegen.[9] Hinzu kommt der bessere Kündigungsschutz des öffentlichen Dienstes.

Wissenschaftliche Studien und die Erhebungen der Krankenkassen zeigen, dass die Wahrscheinlichkeit zu erkranken insbesondere durch das Lebensalter beeinflusst wird [3, 8, 16, 17]. Das **altersspezifische Grundmuster** ist dadurch gekennzeichnet, dass die unter 25-Jährigen öfter, aber kürzer arbeitsunfähig sind, während die älteren Erwerbstätigen seltener, aber länger erkranken. Insbesondere bei der Gruppe der über 45-Jährigen steigt die Zahl der Krankheitstage als Folge von chronischen Erkrankungen deutlich an.

Die **Altersstruktur** der Bundesverwaltung weicht mit einem hohen Anteil älterer Beschäftigter deutlich von der allgemeinen Altersstruktur der Erwerbstätigen ab. Nach einer Erhebung des Statistischen Bundesamtes zum Stichtag 30. Juni 2006 [13] waren **53,1%** der Beschäftigten in der Bundesverwaltung **im Alter von 45 und mehr Jahren** und 6,2% jünger als 25 Jahre. Die Vergleichswerte für die erwerbstätige Bevölkerung in Deutschland insgesamt lagen bei 39,0% für die ab 45-Jährigen und 11,9% für die unter 25-Jährigen [14; vorläufige Zahlen]. Die 25- bis 44-Jährigen, die in der gesamten Erwerbsbevölkerung mit 49,1% die stärkste

---

[9] Nach Angaben von Marstedt G, Müller R (1998) ist der Anteil der schwerbehinderten Beschäftigten im öffentlichen Dienst um etwa 50% höher als in anderen Branchen und die höhere Zahl von Arbeitsunfähigkeitsfällen ist knapp zur Hälfte allein darauf zurückzuführen.

Tabelle 17.8. Altersstruktur des Personals der Bundesverwaltung und der Erwerbsbevölkerung insgesamt in den Jahren 2004 bis 2006 (jeweils in %)

Altersgruppen nach Jahren	Unmittelbare Bundesverwaltung			Erwerbsbevölkerung insgesamt		
	2004	2005	2006	2004	2005	2006*
unter 25	5,6	6,1	6,2	11,2	11,4	11,9
25–44	43,8	42,0	40,6	50,4	50,1	49,1
45–59	42,7	43,6	44,9	33,1	33,2	34,1
über 60	7,9	8,3	8,2	5,3	5,3	4,9

* Vorläufige Zahlen. Die endgültigen Ergebnisse werden ca. Mitte September 2007 im Mikrozensus 2006 veröffentlicht.

Altersgruppe bildeten, machten im Bundesdienst nur 40,6% aus (vgl. im Einzelnen Tabelle 17.8; siehe auch [9]).

Der Zusammenhang zwischen Lebensalter und Krankenstand in der unmittelbaren Bundesverwaltung ist im Rahmen der Erhebung 2002 (Berichtszeitraum 1.3.2002 bis 28.3.2003) untersucht worden. Die Auswertung ergab ein signifikantes Ansteigen des Krankenstandes ab der Altersgruppe der 45-Jährigen. In der Altersgruppe der über 60-Jährigen wurde ein leichter Rückgang der Fehltage festgestellt, der auf den so genannten „healthy-worker-effect" zurück zu führen sein dürfte, also das vorzeitige Ausscheiden von gesundheitlich angegriffenen Beschäftigten.

Erst wenn das vergleichsweise hohe Durchschnittsalter der Beschäftigten in der unmittelbaren Bundesverwaltung berücksichtigt und eine entsprechende Standardisierung des Zahlenmaterials vorgenommen wird, ist ein realistischer Vergleich zwischen Bundesdienst und AOK-Versicherten bzw. der Privatwirtschaft insgesamt möglich.

17.8 Betriebliche Gesundheitsförderung

Die jährliche Erhebung zum Krankenstand in der Bundesverwaltung ist eine wichtige Grundlage für die Konzeption von Maßnahmen zur Senkung der Fehlzeiten und zur betrieblichen Gesundheitsförderung. Sie macht die Ausgangslage transparent und liefert Vergleichswerte, die den Handlungsbedarf sichtbar machen. Dabei würde allerdings der Blick auf die reinen Arbeitsunfähigkeitstage den notwendigen Handlungshorizont deutlich verengen.

Da der Bericht mit den Fehlzeiten nur die krankheitsbedingt abwesenden Beschäftigten erfassen kann, ist darauf zu achten, dass der Gesundheitszustand und die Leistungsfähigkeit der anwesenden Beschäftigten nicht außer Betracht bleiben. Gesundheitsökonomische Untersuchungen belegen, dass die Kosten, die durch krankheits- oder motivationsbedingte Einschränkungen der Leistungsfähigkeit „on the job", also bei Anwesenheit, entstehen, eine weitgehend unterschätzte Rolle spielen. Ihr Anteil wird auf 37% der gesamten betrieblichen Gesundheitskosten geschätzt, gegenüber 8% Kosten für krankheitsbedingte Abwesenheiten [15].

Gesundheitsförderung zielt auf die Gesundheit, Lebensqualität und damit die Arbeitsfähigkeit aller Beschäftigten ebenso wie auf die Reduzierung von Fehltagen und Krankheitskosten.

Empfehlungen zur betrieblichen Gesundheitsförderung in der unmittelbaren Bundesverwaltung wurden erstmals im Krankenstandsbericht 2004 veröffentlicht. Sie verdeutlichen, dass betriebliche Gesundheitsförderung alle Maßnahmen zur Verbesserung von Gesundheit und Wohlbefinden am Arbeitsplatz umfasst. Dazu gehören Maßnahmen zur Verbesserung der Arbeitsorganisation und der Arbeitsbedingungen ebenso wie die Förderung einer aktiven Mitarbeiterbeteiligung und die Stärkung individueller gesundheitsrelevanter Kompetenzen.

Allerdings ist betriebliche Gesundheitsförderung nur dann erfolgreich, wenn sie auf einem klaren Konzept basiert, das fortlaufend überprüft und verbessert wird. Den Ausgangspunkt für ein solches Konzept bildet sinnvollerweise die sorgfältige und regelmäßige behördenbezogene Auswertung der Fehlzeiten. Erst wenn der Ist-Zustand (Daten zur Personalstruktur und zum Krankenstand) bekannt ist, können die Ursachen für Fehlzeiten oder gesundheitliche Belastungen ermittelt, die Ziele und Erfolgskriterien der Gesundheitsförderung definiert, und konkrete Maßnahmen und Projekte im Rahmen eines Gesamtkonzeptes dienststellenbezogen und zielgerichtet erarbeitet, umgesetzt, evaluiert und optimiert werden.

Die **Kernelemente** einer systematischen betrieblichen Gesundheitsförderung sind:
- eine regelmäßige, behördenbezogene Analyse der Krankenstandsdaten, um daraus Maßnahmen abzuleiten;
- eine Dienstvereinbarung oder ein von der Hausleitung gebilligtes Konzept zur betrieblichen Gesundheitsförderung;
- ein Steuerungsgremium zur hausinternen Koordinierung und Umsetzung der betrieblichen Gesundheitsförderung;
- die Integration der betrieblichen Gesundheitsförderung in die Personal- und Organisationsentwicklung;
- regelmäßige Veranstaltungen, Seminare und Informationsangebote zu gesundheitsrelevanten Themen;
- die Bereitstellung geeigneter finanzieller und personeller Ressourcen;

- die Einbindung der betrieblichen Gesundheitsförderung in die Führungsaufgabe;
- die Berücksichtigung der betrieblichen Gesundheitsförderung in der Aus- und Fortbildung, speziell der Führungskräfte;
- die Einführung einer behördeninternen Berichterstattung über durchgeführte und geplante gesundheitsförderliche Maßnahmen und deren Ergebnisse;
- die regelmäßige und fortlaufende Fortschrittsprüfung durch die Hausleitung.

Da es zum aktuellen Stand der betrieblichen Gesundheitsförderung in der Bundesverwaltung zuvor keine zusammenfassenden Angaben gab, ist der Bericht 2005 zum Anlass genommen worden, diesen erstmals zu erfassen. Die **standardisierte Abfrage** wurde für das Jahr 2006 wiederholt, um Fortschritte bewerten zu können, und wird auch künftig jährlich zusammen mit der Krankenstandserhebung durchgeführt.

An der Abfrage für das Jahr 2006 haben sich 22 oberste Bundesbehörden und 82 Geschäftsbereichsbehörden beteiligt. Ausgesprochen positiv ist die Rücklaufquote, die von gut 80% im Jahr 2005 auf 100% im Jahr 2006 gestiegen ist (104 von insgesamt 104 Bundesbehörden). Im Folgenden sollen nur die Felder dargestellt werden, in denen Optimierungsbedarf besteht.

Nur ein knappes Viertel aller Behörden verfügt über eine Dienstvereinbarung oder ein hauseigenes Konzept zur betrieblichen Gesundheitsförderung. Entsprechend haben nur jeweils ein knappes Drittel aller Behörden die betriebliche Gesundheitsförderung in die Personal- und Organisationsentwicklung integriert und sehen eine Fortschrittsprüfung durch die Hausleitung vor. Nur ein gutes Fünftel verfügt über ein Steuerungsgremium.

Ein ähnliches Auswertungsbild ergaben die Fragen nach der internen Berichterstattung und nach der Evaluierung durchgeführter Maßnahmen. Schließlich gaben nur ein knappes Viertel der Behörden an, dass die betriebliche Gesundheitsförderung in der Aus- und Fortbildung der Führungskräfte und der übrigen Beschäftigten berücksichtigt wird.

Die Abfrage zeigt also Defizite sowohl bei Planung, Umsetzung, Steuerung und Evaluierung der betrieblichen Gesundheitsförderung als auch bei der Wahrnehmung des Themas als Führungsaufgabe. Positiv zu vermerken ist gleichzeitig, dass sich zahlreiche Behörden in der Planungsphase zur Einführung einer systematischen betrieblichen Gesundheitsförderung befinden, und dass im Vergleich zur Erhebung 2005 bereits Fortschritte zu verzeichnen sind.

So werten mittlerweile über 80 % aller Behörden die Krankenstandsdaten behördenbezogen aus. Alle obersten Bundesbehörden und knapp 87 % der Geschäftsbereichsbehörden bieten Maßnahmen zur Wiedereingliederung von Beschäftigten nach längerer Arbeitsunfähigkeit an. Erste Verbesserungen hat es auch bei der internen Berichterstattung zur betrieblichen Gesundheitsförderung (+ 15 Behörden) und bei der Fortschrittsprüfung durch die Hausleitung (+ 9 Behörden) gegeben.

17.9 Zwischenbilanz und Ausblick

Der hohe Krankenstand und der zunehmende Altersdurchschnitt in der Bundesverwaltung signalisieren deutlichen Handlungsbedarf. Erstmals befassten sich Staatssekretärsrunden in den Jahren 2006 und 2007 mit diesem Thema.

In jährlichen Ressortbesprechungen seit 2006 werden gemeinsame Folgerungen aus dem Krankenstandsbericht und den im Bericht in zusammengefasster Form ausgewerteten Maßnahmen und Konzepten zur Gesundheitsförderung im Bundesdienst erörtert. **Vier Ergebnisse** sind hervorzuheben:

- Das Bundesministerium des Innern bereitet die wesentlichen, in Tabellen verdichteten Daten der bisherigen Krankenstandserhebungen für jedes Ressort (oberste Bundesbehörde und Geschäftsbereichsbehörden) auf und stellt sie diesen zur Verfügung. Gleichzeitig erhalten die Ressorts die entsprechenden Durchschnittsdaten für den unmittelbaren Bundesdienst insgesamt. Damit kann jedes Ressort ein differenziertes „Ranking" (bisher nicht altersstandardisiert) innerhalb seines Geschäftsbereiches sowie einen Grobvergleich mit dem Bundesdienst insgesamt vornehmen.
- Die Abfrage nach dem Stand der betrieblichen Gesundheitsförderung im Bundesdienst im Rahmen des Krankenstandsberichts wird fortgesetzt und der Fortschritt jährlich bewertet.
- Für ein Benchmarking mit der Gesamtwirtschaft und ggf. innerhalb des Bundesdienstes wird eine Altersstandardisierung des Krankenstandes ab der Erhebung 2007 erarbeitet. Sie ist nicht nur wegen eines fairen Vergleichs mit den Krankenkassendaten erforderlich: Das der Gesamtwirtschaft vorauseilende höhere Durchschnittsalter der Beschäftigten im öffentlichen Dienst führt andernfalls zu weiteren Verzerrungen. Hinzu kommt vielmehr, dass sich nur so die Erfolge gesundheitsförderlicher Maßnahmen bewerten lassen, steigt doch mit dem zunehmend höheren Durchschnittsalter der Beschäftigten die Anzahl der Krankentage deutlich an.
- Schließlich ist vor dem Hintergrund der hohen ausfallbedingten jährlichen Personalkosten und zur Stärkung der personellen Ressourcen (Beschäftigungsfähigkeit) die ressortweite Einführung einer systematischen

betrieblichen Gesundheitsförderung in den Umsetzungsplan 2007 zum Regierungsprogramm „Zukunftsorientierte Verwaltung durch Innovationen" aufgenommen worden, den das Bundeskabinett am 28. Februar 2007 beschlossen hat [6]. Mit diesem Umsetzungsplan, der jährlich evaluiert wird, sind alle Entscheidungsträger in den Ressorts und Behörden verpflichtet, eine langfristig angelegte und evaluierbare Gesundheitsförderung als Bestandteil der Personal- und Organisationsentwicklung verbindlich einzuführen.

Literatur

[1] Badura B, Litsch M, Vetter C (Hrsg) (2000) Fehlzeiten-Report 1999. Psychische Belastungen am Arbeitsplatz. Zahlen, Daten, Fakten aus allen Branchen der Wirtschaft. Springer Berlin, Heidelberg
[2] Badura B, Schellschmidt H, Vetter C (Hrsg) (2007) Fehlzeiten-Report 2006. Chronische Krankheiten. Zahlen, Daten, Analysen aus allen Branchen der Wirtschaft. Springer Medizin Verlag, Heidelberg
[3] BKK Bundesverband (Hrsg) (2006) BKK Gesundheitsreport 2006. Demografischer und wirtschaftlicher Wandel – gesundheitliche Folgen. 30. Ausgabe. Essen
[4] Bundesministerium des Innern (Hrsg) (2006) Der öffentliche Dienst in Deutschland. Im Internet abrufbar unter www.bmi.bund.de (Publikationen, Sachgebiet Öffentlicher Dienst)
[5] Bundesministerium des Innern (Hrsg) (2007 a) Krankenstand und betriebliche Gesundheitsförderung in der unmittelbaren Bundesverwaltung. Erhebung 2006 (im Druck). Im Internet abrufbar ab ca. Oktober 2007 unter www.bmi.bund.de (Themen A–Z, Öffentlicher Dienst, Weitere Themen)
[6] Bundesministerium des Innern (Hrsg) (2007 b) Projekt 1.5 Systematische betriebliche Gesundheitsförderung im unmittelbaren Bundesdienst. In: Bundesministerium des Innern (Hrsg) Umsetzungsplan 2007 Regierungsprogramm Zukunftsorientierte Verwaltung durch Innovationen, S 18–19
[7] DAK (Hrsg) (2006) DAK Gesundheitsreport 2006, Hamburg, Berlin
[8] DAK (Hrsg) (2007) DAK Gesundheitsreport 2007, Hamburg, Berlin
[9] Ette A, Micheel F (2005) Die Auswirkungen des demografischen Wandels auf die Bundesverwaltung. Gutachten des Bundesinstituts für Bevölkerungswissenschaft im Auftrag des Bundesministeriums des Innern. Wiesbaden
[10] Europäische Agentur für Sicherheit und Gesundheitsschutz am Arbeitsplatz (Hrsg) (2003) Geschlechtsspezifische Fragen im Zusammenhang mit Sicherheit und Gesundheitsschutz bei der Arbeit. Zusammenfassung eines Berichts der Agentur. Facts Nr. 42. Bilbao.
[11] Marstedt G, Müller R (1998) Ein kranker Stand? Fehlzeiten und Integration älterer Arbeitnehmer im Vergleich Öffentlicher Dienst – Privatwirtschaft. Berlin; Ed. Sigma, Forschung aus der Hans-Böckler-Stiftung: 9
[12] Marstedt G, Müller R, Jansen R (2002) Rationalisierung, Arbeitsbelastungen und Arbeitsunfähigkeit im Öffentlichen Dienst. In: Badura B, Litsch M, Vetter C (Hrsg.) Fehlzeiten-Report 2001. Gesundheitsmanagement im öffentlichen Sektor. Zahlen, Daten, Analysen aus allen Branchen der Wirtschaft. Springer, Berlin, Heidelberg, S 19–37

[13] Statistisches Bundesamt (Hrsg) (2007 a) Beschäftigte des Bundes nach Einstufungen und Altersgruppen 2006. Dienstbericht. Für den Dienstgebrauch der obersten Bundesbehörden. Wiesbaden
[14] Statistisches Bundesamt (Hrsg) (2007 b) Sonderberechnung für das Bundesministerium des Innern. Vorläufige Zahlen. Die endgültigen Ergebnisse werden ca. Mitte September 2007 im Mikrozensus 2006 veröffentlicht
[15] Stork J, Funke U (2005) Aktuelle Entwicklungen des betrieblichen Gesundheitsmanagements in der Automobilindustrie. In: Jonas K, Keilhofer G, Schaller J. Human Resource Management im Automobilbau – Konzepte und Erfahrungen. Verlag Hans Huber, Bern, Göttingen, Toronto, Seattle
[16] Thalmaier A (1999) Bestimmungsgründe von Fehlzeiten: Welche Rolle spielt die Arbeitslosigkeit? Forschungsinstitut zur Zukunft der Arbeit. Discussion Paper Series IZA DP No. 62. Bonn
[17] Vetter C, Küsgens I, Madaus C (2007) Krankheitsbedingte Fehlzeiten in der deutschen Wirtschaft im Jahr 2005. In: Badura B, Schellschmidt H, Vetter C (Hrsg) Fehlzeiten-Report 2006. Chronische Krankheiten. Zahlen, Daten, Analysen aus allen Branchen der Wirtschaft. Springer Medizin Verlag, Heidelberg, S 201–423

Anhang

A 1 Internationale Statistische Klassifikation der Krankheiten und verwandter Gesundheitsprobleme (10. Revision, Version 2006, German Modification)

I. Bestimmte infektiöse und parasitäre Krankheiten (A00–B99)

A00–A09	Infektiöse Darmkrankheiten
A15–A19	Tuberkulose
A20–A28	Bestimmte bakterielle Zoonosen
A30–A49	Sonstige bakterielle Krankheiten
A50–A64	Infektionen, die vorwiegend durch Geschlechtsverkehr übertragen werden
A65–A69	Sonstige Spirochätenkrankheiten
A70–A74	Sonstige Krankheiten durch Chlamydien
A75–A79	Rickettsiosen
A80–A89	Virusinfektionen des Zentralnervensystems
A90–A99	Durch Arthropoden übertragene Viruskrankheiten und virale hämorrhagische Fieber
B00–B09	Virusinfektionen, die durch Haut- und Schleimhautläsionen gekennzeichnet sind
B15–B19	Virushepatitis
B20–B24	HIV-Krankheit [Humane Immundefizienz-Viruskrankheit]
B25–B34	Sonsitge Viruskrankheiten
B35–B49	Mykosen
B50–B64	Protozoenkrankheit
B65–B83	Helminthosen
B85–B89	Pedikulose [Läusebefall], Akarinose [Milbenbefall] und sonstiger Parasitenbefall der Haut
B90–B94	Folgezustände von infektiösen und parasitären Krankheiten
B95–B97	Bakterien, Viren und sonstige Infektionserreger als Ursache von Krankheiten, die in anderen Kapiteln klassifiziert sind
B99	Sonstige Infektionskrankheiten

II. Neubildungen (C00–D48)

C00–C75 Bösartige Neubildungen an genau bezeichneten Lokalisationen, als primär festgestellt oder vermutet, ausgenommen lymphatisches, blutbildendes und verwandtes Gewebe
C76–C80 Bösartige Neubildungen ungenau bezeichneter, sekundärer und nicht näher bezeichneter Lokalisationen
C81–C96 Bösartige Neubildungen des lymphatischen, blutbildenden und verwandten Gewebes, als primär festgestellt und vermutet
C97 Bösartige Neubildungen als Primärtumoren an mehreren Lokalisationen
D00–D09 In-situ-Neubildungen
D10–D36 Gutartige Neubildungen
D37–D48 Neubildungen unsicheren oder unbekannten Verhaltens [siehe Hinweis am Anfang der Krankheitsgruppe D37–D48]

III. Krankheiten des Blutes und der blutbildenden Organe sowie bestimmte Störungen mit Beteiligung des Immunsystems (D50–D89)

D50–D53 Alimentäre Anämien
D55–D59 Hämolytische Anämien
D60–D64 Aplastische und sonstige Anämien
D65–D69 Koagulopathien, Purpura und sonstige hämorrhagische Diathesen
D70–D77 Sonstige Krankheiten des Blutes und der blutbildenden Organe
D80–D90 Bestimmte Störungen mit Beteiligung des Immunsystems

IV. Endokrine, Ernährungs- und Stoffwechselkrankheiten (E00–E90)

E00–E07 Krankheiten der Schilddrüse
E10–E14 Diabetis mellitus
E15–E16 Sonstige Störungen der Blutglukose-Regulation und der inneren Sekretion des Pankreas
E20–E35 Krankheiten sonstiger endokriner Drüsen
E40–E46 Mangelernährung
E50–E64 Sonstige alimentäre Mangelzustände
E65–E68 Adipositas und sonstige Überernährung
E70–E90 Stoffwechselstörungen

Anhang

V. Psychische und Verhaltensstörungen (F00–F99)

F00–F09 Organische, einschließlich symptomatischer psychischer Störungen
F10–F19 Psychische und Verhaltensstörungen durch psychotrope Substanzen
F20–F29 Schizophrenie, schizotype und wahnhafte Störungen
F30–F39 Affektive Störungen
F40–F48 Neurotische, Belastungs- und somatoforme Störungen
F50–F59 Verhaltensauffälligkeiten mit körperlichen Störungen und Faktoren
F60–F69 Persönlichkeits- und Verhaltensstörungen
F70–F79 Intelligenzminderung
F80–F89 Entwicklungsstörungen
F90–F98 Verhaltens- und emotionale Störungen mit Beginn in der Kindheit und Jugend
F99   Nicht näher bezeichnete psychische Störungen

VI. Krankheiten des Nervensystems (G00–G99)

G00–G09 Entzündliche Krankheiten des Zentralnervensystems
G10–G13 Systematrophien, die vorwiegend das Zentralnervensystem betreffen
G20–G26 Extrapyramidale Krankheiten und Bewegungsstörungen
G30–G32 Sonstige degenerative Krankheiten des Nervensystems
G35–G37 Demyelinisierende Krankheiten des Zentralnervensystems
G40–G47 Episodische und paroxysmale Krankheiten des Nervensystems
G50–G59 Krankheiten von Nerven, Nervenwurzeln und Nervenplexus
G60–G64 Polyneuroapathien und sonstige Krankheiten des peripheren Nervensystems
G70–G73 Krankheiten im Bereich der neuromuskulären Synapse und des Muskels
G80–G83 Zerebrale Lähmung und sonstige Lähmungssyndrome
G90–G99 Sonstige Krankheiten des Nervensystems

VII. Krankheiten des Auges und der Augenanhangsgebilde (H00–H59)

H00–H06 Affektionen des Augenlides, des Tränenapparates und der Orbita
H10–H13 Affektionen der Konjunktiva

H15-H22 Affektionen der Sklera, der Hornhaut, der Iris und des Ziliarkörpers
H25-H28 Affektionen der Linse
H30-H36 Affektionen der Aderhaut und der Netzhaut
H40-H42 Glaukom
H43-H45 Affektionen des Glaskörpers und des Augapfels
H46-H48 Affektionen des N. opticus und der Sehbahn
H49-H52 Affektionen der Augenmuskeln, Störungen der Blickbewegungen sowie Akkommodationsstörungen und Refraktionsfehler
H53-H54 Sehstörungen und Blindheit
H55-H59 Sonstige Affektionen des Auges und Augenanhangsgebilde

VIII. Krankheiten des Ohres und des Warzenfortsatzes (H60-H95)

H60-H62 Krankheiten des äußeren Ohres
H65-H75 Krankheiten des Mittelohres und des Warzenfortsatzes
H80-H83 Krankheiten des Innenohres
H90-H95 Sonstige Krankheiten des Ohres

IX. Krankheiten des Kreislaufsystems (I00-I99)

I00-I02 Akutes rheumatisches Fieber
I05-I09 Chronische rheumatische Herzkrankheiten
I10-I15 Hypertonie [Hochdruckkrankheit]
I20-I25 Ischämische Herzkrankheiten
I26-I28 Pulmonale Herzkrankheit und Krankheiten des Lungenkreislaufs
I30-I52 Sonstige Formen der Herzkrankheit
I60-I69 Zerebrovaskuläre Krankheiten
I70-I79 Krankheiten der Arterien, Arteriolen, und Kapillaren
I80-I89 Krankheiten der Venen, der Lymphgefäße und der Lymphknoten, anderenorts nicht klassifiziert
I95-I99 Sonstige und nicht näher bezeichnete Krankheiten des Kreislaufsystems

X. Krankheiten des Atmungssystems (J00-J99)

J00-J06 Akute Infektionen der oberen Atemwege
J10-J18 Grippe und Pneumonie
J20-J22 Sonstige akute Infektionen der unteren Atemwege
J30-J39 Sonstige Krankheiten der oberen Atemwege

Anhang

J40–J47 Chronische Krankheiten oder unteren Atemwege
J60–J70 Lungenkrankheiten durch exogene Substanzen
J80–J84 Sonstige Krankheiten der Atmungsorgane, die hauptsächlich das Interstitium betreffen
J85–J86 Purulente und nekrotisierende Krankheitszustände der unteren Atemwege
J90–J94 Sonstige Krankheiten der Pleura
J95–J99 Sonstige Krankheiten des Atmungssystems

XI. Krankheiten des Verdauungssystems (K00–K93)

K00–K14 Krankheiten der Mundhöhle, der Speicheldrüsen und der Kiefer
K20–K31 Krankheiten des Ösophagus, des Magens und des Duodenums
K35–K38 Krankheiten des Appendix
K40–K46 Hernien
K50–K52 Nichtinfektiöse Enteritis und Kolitis
K55–K63 Sonstige Krankheiten des Darms
K65–K67 Krankheiten des Peritoneums
K70–K77 Krankheiten der Leber
K80–K87 Krankheiten der Gallenblase, der Gallenwege und des Pankreas
K90–K93 Sonstige Krankheiten des Verdauungssystems

XII. Krankheiten der Haut und der Unterhaut (L00–L99)

L00–L08 Infektionen der Haut und der Unterhaut
L10–L14 Bullöse Dermatosen
L20–L30 Dermatitis und Ekzem
L40–L45 Papulosquamöse Hautkrankheiten
L50–L54 Urtikaria und Erythem
L55–L59 Krankheiten der Haut und der Unterhaut durch Strahleneinwirkung
L60–L75 Krankheiten der Hautanhangsgebilde
L80–L99 Sonstige Krankheiten der Haut und der Unterhaut

XIII. Krankheiten des Muskel-Skelett-Systems und des Bindegewebes (M00–M99)

M00–M25 Arthropathien
M30–M36 Systemkrankheiten des Bindegewebes

M40–M54 Krankheiten der Wirbelsäule und des Rückens
M60–M79 Krankheiten der Weichteilgewebe
M80–M94 Osteopathien und Chondropathien
M95–M99 Sonstige Krankheiten des Muskel-Skelett-Systems und des Bindegewebes

XIV. Krankheiten des Urogenitalsystems (N00–N99)

N00–N08 Glomeruläre Krankheiten
N10–N16 Tubulointerstitielle Nierenkrankheiten
N17–N19 Niereninsuffizienz
N20–N23 Urolithiasis
N25–N29 Sonstige Krankheiten der Niere und des Ureters
N30–N39 Sonstige Krankheiten des Harnsystems
N40–N51 Krankheiten der männlichen Genitalorgane
N60–N64 Krankheiten der Mamma [Brustdrüse]
N70–N77 Entzündliche Krankheiten der weiblichen Beckenorgane
N80–N98 Nichtentzündliche Krankheiten des weiblichen Genitaltraktes
N99 Sonstige Krankheiten des Urogenitalsystems

XV. Schwangerschaft, Geburt und Wochenbett (O00–O99)

O00–O08 Schwangerschaft mit abortivem Ausgang
O10–O16 Ödeme, Proteinurie und Hypertonie während der Schwangerschaft, der Geburt und des Wochenbettes
O20–O29 Sonstige Krankheiten der Mutter, die vorwiegend mit der Schwangerschaft verbunden sind
O30–O48 Betreuung der Mutter im Hinblick auf den Feten und die Amnionhöhle sowie mögliche Entbindungskomplikationen
O60–O75 Komplikation bei Wehentätigkeit und Entbindung
O80–O84 Entbindung
O85–O92 Komplikationen, die vorwiegend im Wochenbett auftreten
O95–O99 Sonstige Krankheitszustände während der Gestationsperiode, die anderenorts nicht klassifiziert sind.

XVI. Bestimmte Zustände, die ihren Ursprung in der Perinatalperiode haben (P00–P96)

P00–P04 Schädigung des Feten und Neugeborenen durch mütterliche Faktoren und durch Komplikationen bei Schwangerschaft, Wehentätigkeit und Entbindung

Anhang

P05–P08   Störungen im Zusammenhang mit der
          Schwangerschaftsdauer und dem fetalen Wachstum
P10–P15   Geburtstrauma
P20–P29   Krankheiten des Atmungs- und Herz-Kreislaufsystems, die
          für die Perinatalperiode spezifisch sind
P35–P39   Infektionen, die für die Perinatalperiode spezifisch sind
P50–P61   Hämorrhagische und hämatomologische Krankheiten beim
          Feten und Neugeborenen
P70–P74   Transitorische endokrine und Stoffwechselstörungen, die
          für Feten und das Neugeborene spezifisch sind
P75–P78   Krankheiten des Verdauungssystems beim Feten und
          Neugeborenen
P80–P83   Krankheitszustände mit Beteiligung der Haut und der
          Temperaturregulation beim Feten und Neugeborenen
P90–P96   Sonstige Störungen, die ihren Ursprung in der
          Perinatalperiode haben

XVII. Angeborene Fehlbildungen, Deformitäten und Chromosomenanomalien (Q00–Q99)

Q00–Q07   Angeborene Fehlbildungen des Nervensystems
Q10–Q18   Angeborene Fehlbildungen des Auges, des Ohres, des
          Gesichts und des Halses
Q20–Q28   Angeborene Fehlbildungen des Kreislaufsystems
Q30–Q34   Angeborene Fehlbildungen des Atmungssystems
Q35–Q37   Lippen-, Kiefer- und Gaumenspalte
Q38–Q45   Sonstige angeborene Fehlbildungen des Verdauungssystems
Q50–Q56   Angeborene Fehlbildungen der Genitalorgane
Q60–Q64   Angeboren Fehlbildungen des Harnsystems
Q65–Q79   Angeborene Fehlbildungen und Deformitäten des
          Muskel-Skelett-Systems
Q80–Q89   Sonstige angeborene Fehlbildungen
Q90–Q99   Chromosomenanomalien, anderenorts nicht klassifiziert

XVIII. Symptome und abnorme klinische und Laborbefunde, die anderenorts nicht klassifiziert sind (R00–R99)

R00–R09   Symptome, die das Kreislaufsystem und Atmungssystem
          betreffen
R10–R19   Symptome, die das Verdauungssystem und das Abdomen
          betreffen
R20–R23   Symptome, die die Haut und das Unterhautgewebe betreffen

R25–R29 Symptome, die das Nervensystem und Muskel-Skelett-System betreffen
R30–R39 Symptome, die das Harnsystem betreffen
R40–R46 Symptome, die das Erkennungs- und Wahrnehmungsvermögen, die Stimmung und das Verhalten betreffen
R47–R49 Symptome, die die Sprache und die Stimme betreffen
R50–R69 Allgemeinsymptome
R70–R79 Abnorme Blutuntersuchungsbefunde ohne Vorliegen einer Diagnose
R80–R82 Abnorme Urinuntersuchungsbefunde ohne Vorliegen einer Diagnose
R83–R89 Abnorme Befunde ohne Vorliegen einer Diagnose bei der Untersuchung anderer Körperflüssigkeiten, Substanzen und Gewebe
R90–R94 Abnorme Befunde ohne Vorliegen einer Diagnose bei bildgebender Diagnostik und Funktionsprüfungen
R95–R99 Ungenau bezeichnete und unbekannte Todesursachen

XIX. Verletzungen, Vergiftungen und bestimmte andere Folgen äußerer Ursachen (S00–T98)

S00–S09 Verletzungen des Kopfes
S10–S19 Verletzungen des Halses
S20–S29 Verletzungen des Thorax
S30–S39 Verletzungen des Abdomens, der Lumbosakralgegend, der Lendenwirbelsäule und des Beckens
S40–S49 Verletzungen der Schulter und des Oberarms
S50–S59 Verletzungen des Ellenbogens und des Unterarms
S60–S69 Verletzungen des Handgelenks und der Hand
S70–S79 Verletzungen der Hüfte und des Oberschenkels
S80–S89 Verletzungen des Knies und des Unterschenkels
S90–S99 Verletzungen der Knöchelregion und des Fußes
T00–T07 Verletzung mit Beteiligung mehrer Körperregionen
T08–T14 Verletzungen nicht näher bezeichneter Teile des Rumpfes, der Extremitäten oder anderer Körperregionen
T15–T19 Folgen des Eindringens eines Fremdkörpers durch eine natürliche Körperöffnung
T20–T32 Verbrennungen oder Verätzungen
T33–T35 Erfrierungen
T36–T50 Vergiftungen durch Arzneimittel, Drogen und biologisch aktiver Substanzen

Anhang

T51–T65 Toxische Wirkungen von vorwiegend nicht medizinisch verwendeten Substanzen
T66–T78 Sonstige nicht näher bezeichnete Schäden durch äußere Ursachen
T79 Bestimmte Frühkomplikationen eines Traumas
T80–T88 Komplikationen bei chirurgischen Eingriffen und medizinischer Behandlung, anderenorts nicht klassifiziert
T90–T98 Folgen von Verletzung, Vergiftungen und sonstigen Auswirkungen äußerer Ursachen

XX. Äußere Ursachen von Morbidität und Mortalität (V01–Y98)

V01–X59 Unfälle
X60–X84 Vorsätzliche Selbstbeschädigung
X85–Y09 Tätlicher Angriff
Y10–Y34 Ereignis, dessen nähere Umstände unbestimmt sind
Y35–Y36 Gesetzliche Maßnahmen und Kriegshandlungen
Y40–Y84 Komplikationen bei der medizinischen und chirurgischen Behandlung

XXI. Faktoren, die den Gesundheitszustand beeinflussen und zur Inanspruchnahme des Gesundheitswesen führen (Z00–Z99)

Z00–Z13 Personen, die das Gesundheitswesen zur Untersuchung und Abklärung in Anspruch nehmen
Z20–Z29 Personen mit potenziellen Gesundheitsrisiken hinsichtlich übertragbarer Krankheiten
Z30–Z39 Personen, die das Gesundheitswesen im Zusammenhang mit Problemen der Reproduktion in Anspruch nehmen
Z40–Z54 Personen, die das Gesundheitswesen zum Zwecke spezifischer Maßnahmen und zur medizinischen Betreuung in Anspruch nehmen
Z55–Z65 Personen mit potenziellen Gesundheitsrisiken aufgrund sozio-ökonomischer oder psychosozialer Umstände
Z70–Z76 Personen, die das Gesundheitswesen aus sonstigen Gründen in Anspruch nehmen
Z80–Z99 Personen mit potenziellen Gesundheitsrisiken aufgrund der Familien- oder Eigenanamnese und bestimmte Zustände, die den Gesundheitszustand beeinflussen

A 2 Klassifikation der Wirtschaftszweige (WZ 2003/NACE) Übersicht über den Aufbau nach Abschnitten und Abteilungen

A + B Land- und Forstwirtschaft, Fischerei und Fischzucht

01 Landwirtschaft, Jagd
02 Forstwirtschaft
05 Fischerei und Fischzucht

C Bergbau und Gewinnung von Steinen und Erden

10 Kohlenbergbau, Torfgewinnung
11 Gewinnung von Erdöl und Erdgas, Erbringung damit verbundener Dienstleistungen
12 Bergbau auf Uran- und Thoriumerze
13 Erzbergbau
14 Gewinnung von Steinen und Erden, sonstiger Bergbau

D Verarbeitendes Gewerbe

15 Ernährungsgewerbe
16 Tabakverarbeitung
17 Textilgewerbe
18 Bekleidungsgewerbe
19 Ledergewerbe
20 Holzgewerbe (ohne Herstellung von Möbeln)
21 Papiergewerbe
22 Verlagsgewerbe, Druckgewerbe, Vervielfältigung von bespielten Ton-, Bild- und Datenträgern
23 Kokerei, Mineralölverarbeitung, Herstellung und Verarbeitung von Spalt- und Brutstoffen
24 Herstellung von chemischen Erzeugnissen
25 Herstellung von Gummi- und Kunststoffwaren

26 Glasgewerbe, Herstellung von Keramik, Verarbeitung von Steinen und Erden
27 Metallerzeugung und -bearbeitung
28 Herstellung von Metallerzeugnissen
29 Maschinenbau
30 Herstellung von Büromaschinen, Datenverarbeitungsgeräten und -einrichtungen
31 Herstellung von Geräten der Elektrizitätserzeugung, -verteilung u. Ä.
32 Rundfunk- und Nachrichtentechnik
33 Medizin-, Mess-, Steuer- und Regelungstechnik, Optik und Herstellung von Uhren
34 Herstellung von Kraftwagen und Kraftwagenteilen
35 Sonstiger Fahrzeugbau
36 Herstellung von Möbeln, Schmuck, Musikinstrumenten, Sportgeräten, Spielwaren und sonstigen Erzeugnissen
37 Recycling

E Energie- und Wasserversorgung

40 Energieversorgung
41 Wasserversorgung

F Baugewerbe

45 Baugewerbe

G Handel; Instandhaltung und Reparatur von Kraftfahrzeugen und Gebrauchsgütern

50 Kraftfahrzeughandel; Instandhaltung und Reparatur von Kraftfahrzeugen; Tankstellen
51 Handelsvermittlung und Großhandel (ohne Handel mit Kfz)
52 Einzelhandel (ohne Handel mit Kraftfahrzeugen und ohne Tankstellen); Reparatur von Gebrauchsgütern

H Gastgewerbe

55 Gastgewerbe

I Verkehr und Nachrichtenübermittlung

60 Landverkehr; Transport in Rohrfernleitungen
61 Schifffahrt
62 Luftfahrt
63 Hilfs- und Nebentätigkeiten für den Verkehr; Verkehrsvermittlung
64 Nachrichtenübermittlung

J Kredit- und Versicherungsgewerbe

65 Kreditgewerbe
66 Versicherungsgewerbe
67 Mit dem Kredit- und Versicherungsgewerbe verbundene Tätigkeiten

K Grundstücks- und Wohnungswesen, Vermietung beweglicher Sachen, Erbringung von Dienstleistungen, a.n.g.

70 Grundstücks- und Wohnungswesen
71 Vermietung beweglicher Sachen ohne Bedienungspersonal
72 Datenverarbeitung und Datenbanken
73 Forschung und Entwicklung
74 Erbringung von Dienstleistungen, a.n.g.

L Öffentliche Verwaltung, Verteidigung, Sozialversicherung

75 Öffentliche Verwaltung, Verteidigung, Sozialversicherung

M Erziehung und Unterricht

80 Erziehung und Unterricht

N Gesundheits-, Veterinär- und Sozialwesen

85 Gesundheits-, Veterinär- und Sozialwesen

O Erbringung von sonstigen öffentlichen und persönlichen Dienstleistungen

90 Abwasser- und Abfallbeseitigung und sonstige Entsorgung

91 Interessenvertretungen sowie kirchliche und sonstige
   Vereinigungen (ohne Sozialwesen, Kultur und Sport)
92 Kultur, Sport und Unterhaltung
93 Erbringung von sonstigen Dienstleistungen

P Private Haushalte mit Hauspersonal

95 Private Haushalte mit Hauspersonal

Q Exterritoriale Organisationen und Körperschaften

99 Exterritoriale Organisationen und Körperschaften

Die Autorinnen und Autoren

Prof. Dr. Bernhard Badura

Universität Bielefeld
Fakultät für Gesundheitswissenschaften
Postfach 100 131
33501 Bielefeld

Geboren 1943. Dr. rer. soc., Studium der Soziologie, Philosophie, Politikwissenschaften in Tübingen, Freiburg, Konstanz und Harvard/Mass.; Professor der Fakultät für Gesundheitswissenschaften der Universität Bielefeld; Leiter der Arbeitsgruppe Sozialepidemiologie und Gesundheitssystemgestaltung; Vorstandsvorsitzender der Deutschen Gesellschaft für Public Health (2001–2006); derzeit Vorsitzender der Deutschen Gesellschaft für Prävention und Gesundheitsförderung. Arbeitsschwerpunkte: Sozialepidemiologie, Stressforschung, Gesundheitsförderung, Evaluationsforschung, Rehabilitation, Gesundheitspolitik.

Dr. Beate Beermann

Bundesanstalt für Arbeitsschutz
und Arbeitsmedizin
Friedrich-Henkel-Weg 1–25
44149 Dortmund

Studium der Psychologie mit dem Schwerpunkt Sozialpsychologie und Arbeits- und Organisationspsychologie. Von 1985 bis 1992 wissenschaftliche Mitarbeiterin am Institut für Arbeitsphysiologie an der Universität Dortmund. Seit 1992 wiss. Mitarbeiterin in der Bundesanstalt für Arbeitsschutz und Arbeitsmedizin (BAuA) in der Abteilung „Strategie und Grundsatzfragen"; Seit 2002 Leiterin der Gruppe „Soziale und wirtschaftliche Rahmenbedingungen des Arbeitsschutzes; Arbeitsschutzberichterstattung" mit den Themenschwerpunkten Arbeitszeitgestaltung (Schichtarbeit, Flexibilisierung), neue Arbeitsorganisationsformen, psychosozialer Stress, betriebliche Gesundheitsförderung.

Martina Behr

Universität Bielefeld
Fakultät für Gesundheitswissenschaften
Postfach 100 131
33501 Bielefeld

Ausbildung zur Bankkauffrau. Studium der Medizin in Heidelberg mit Auslandsaufenthalten in der Schweiz (St. Gallen) und Frankreich (Paris). Siebenjährige ärztliche Tätigkeit in den Fachbereichen Neurologie und Psychiatrie/Psychotherapie. Aufnahme des Studiums der Gesundheitswissenschaften an der Universität Bielefeld. Seit 2006 wissenschaftliche Mitarbeiterin an der Fakultät für Gesundheitswissenschaften der Universität Bielefeld mit dem Arbeitsschwerpunkt Sozialkapital in Unternehmen.

Frank Brenscheidt

Bundesanstalt für Arbeitsschutz
und Arbeitsmedizin
Friedrich-Henkel-Weg 1-25
44149 Dortmund

Diplom Wirtschaftsinformatiker. Geboren 1963 in Dortmund. Seit 1991 Mitarbeiter der Bundesanstalt für Arbeitsschutz und Arbeitsmedizin (BauA) in der Gruppe „Soziale und wirtschaftliche Rahmenbedingungen, Arbeitsschutzberichterstattung" mit den Arbeitsschwerpunkten Arbeitszeit, Beschäftigtenbefragung BIBB/BAuA und Arbeitsschutzberichterstattung.

Thomas Bütefisch

Deutsche Rentenversicherung Bund
Hallesche Straße 1
10963 Berlin

Studium der Statistik an der Universität Dortmund, Abschluss: Diplom-Statistiker. Referent im Geschäftsbereich „Forschung, Entwicklung, Statistik" der Deutschen Rentenversicherung Bund mit dem Arbeitsschwerpunkt Rehabilitationsstatistiken.

Dr. habil. Waltraud Cornelißen

Deutsches Jugendinstitut
Nockherstr. 2
81541 München

Soziologin, Jahrgang 1949, seit 1987 Leiterin des Forschungsbereichs Politik, Medien, Öffentlichkeit am Institut Frau und Gesellschaft in Hannover, 1999 Leiterin der Abteilung Geschlechterforschung und Frauenpolitik, seit 2007 Leiterin der Forschungsgruppe Gender und Lebensplanung am Deutschen Jugendinstitut in München, Arbeitsschwerpunkte: Bildung und Geschlecht,

Lebenslagen, Lebensentwürfe und Lebensläufe von jungen Frauen und Männern.

Christian Dressel

ARGE Sonneberg
Bahnhofstr. 44–48
96515 Sonneberg

Jahrgang 1976, Studium der Soziologie in Bamberg. Von 2003 bis 2005 wissenschaftlicher Referent am Deutschen Jugendinstitut in München. Seit 2004 freiberuflicher Sozialwissenschaftler sowie von 2005 bis 2006 wissenschaftlicher Mitarbeiter am Institut für Arbeitsmarkt- und Berufsforschung in Nürnberg. Seit 2006 Geschäftsführer der SGB-II-ARGE: „Job-Center Arbeitsgemeinschaft Landkreis Sonneberg". Forschungsschwerpunkte: Frauenerwerbstätigkeit, Einkommensungleichheit, SGB II und der regionale Arbeitsmarkt.

Gerhard Elsigan

ppm forschung+beratung
Kaplanhofstraße 1
A-4020 Linz

Soziologe und Techniker, Leitungsmitglied der Linzer Akademie für Arbeitsmedizin und Sicherheitstechnik, Arbeitsschwerpunkte: Konzeption und Umsetzung moderner Präventivkräfteausbildungen, Verknüpfung von Arbeitsschutz und Ansätzen der Betrieblichen Gesundheitsförderung, Moderation von Gesundheitszirkel.

Prof. Dr. Toni Faltermaier

Universität Flensburg
Institut für Psychologie
Abteilung Gesundheitspsychologie
und Gesundheitsbildung
Auf dem Campus 1
24943 Flensburg

Dipl. Psychologe, Professor für Gesundheitsbildung. Arbeitsschwerpunkte: Gesundheitspsychologie, Gesundheitswissenschaften, Salutogenese, Stressforschung, Subjektive Gesundheitsvorstellungen und Gesundheitshandeln, lebensweltliche Ansätze der Gesundheitsförderung.

Prof. Dr. Joachim E. Fischer

Institut für Public Health
Medizinische Fakultät Mannheim
Universität Heidelberg
Ludolf-Krehl-Str. 7–11
68167 Mannheim

Studium der Medizin in Freiburg, Dunedin (Neuseeland) und Heidelberg. Nach einer Ausbildung zum Kinderarzt zunächst mehrere Jahre Tätigkeit als Oberarzt der Intensivstation an der Universitätskinderklinik Zürich. Berufsbegleitende Ausbildung in systemischer Therapie und Organisationsentwicklung in Heidelberg sowie Masterstudium an der Harvard School of Public Health. Derzeit Leiter des Mannheimer Instituts für Public Health an der Medizinischen Fakultät Mannheim der Universität Heidelberg, zuvor Leitung einer stressbiologischen Forschungsgruppe am Institut für Verhaltenswissenschaften der ETH Zürich. Forschungsschwerpunkt: biologische Mechanismen, die zwischen psychosozialen Belastungsfaktoren bei der Arbeit und rascherem Altern vermitteln.

Hilmar Hoffmann

Deutsche Rentenversicherung Bund
Hallesche Straße 1
10963 Berlin

Studium der Volkswirtschaftlehre an der Universität Heidelberg, Abschluss: Diplom-Volkswirt. Referent im Geschäftsbereich „Forschung, Entwicklung, Statistik" der Deutschen Rentenversicherung Bund mit dem Arbeitsschwerpunkt Rentenstatistiken.

Prof. Dr. Gerald Hüther

Zentralstelle für Neurobiologische
Präventionsforschung der Universitäten
Göttingen und Mannheim/Heidelberg
Psychiatrische Klinik
v. Siebold-Str. 5
37075 Göttingen

Neurobiologe, Leiter der Zentralstelle für Neurobiologische Präventionsforschung der Psychiatrischen Klinik der Universität Göttingen und des Mannheimer Instituts für Public Health an der Medizinischen Fakultät Mannheim der Universität Heidelberg. Langjährige Tätigkeit als Wissenschaftler am Max-Planck-Institut für experimentelle Medizin in Göttingen und als Leiter des neurobiologischen Forschungslabors der Psychiatrischen Klinik der Universität Göttingen. Forschungsschwerpunkte: Einfluss früher Erfahrungen auf die Hirnentwicklung, Auswirkungen von Angst und Stress, die Bedeutung emotionaler Reaktionen. Autor zahlreicher wissenschaftlicher Publikationen und populärwissenschaftlicher Darstellungen (Sachbuchautor).

Dr. Günther Kittel

ppm forschung+beratung
Kaplanhofstraße 1
A-4020 Linz

Chemiker und Sozialwissenschafter, Arbeitsschwerpunkte: Gesundheit und Sicherheit in kleinen Betrieben sowie Zugang zu und Nutzen von (gesundheitsrelevanter) Information im Betrieb, Qualifizierung von Präventivkräften und betrieblichen wie überbetrieblichen AkteurInnen (www.nanocap.eu). Sein Engagement gilt ArbeiterInnen und der Umwelt der Dritten Welt.

Dr. phil. Petra Kolip

Institut für Public Health und Pflegeforschung
Universität Bremen
Grazer Str. 2
28359 Bremen

Dipl.-Psych., Professorin für Sozialepidemiologie mit dem Schwerpunkt Geschlecht und Gesundheit an der Universität Bremen. Geschäftsführende Direktorin des Instituts für Public Health und Pflegeforschung, Mitglied des wissenschaftlichen Beirats der Bundeszentrale für gesundheitliche Aufklärung und der Stiftung Gesundheitsförderung Schweiz. Arbeitsschwerpunkte: Gender und Gesundheit, Prävention und Gesundheitsförderung, Evidenzbasierung und Evaluation.

Heinz Kowalski

Institut für Betriebliche Gesundheitsförderung
BGF GmbH
Neumarkt 35–37
50667 Köln

Jahrgang 1946, Geschäftsführender Direktor des Instituts für Betriebliche Gesundheitsförderung, Ausbildung zum Sozialversicherungsfachangestellten, 2. Bildungsweg, Studium der Betriebswirtschaft, in verschiedenen Funktionen bei der AOK tätig, zuletzt als Regionaldirektor der AOK Rheinland, seit 1982 in der betrieblichen Gesundheitsförderung aktiv, seit 1996 Leiter des BGF-Instituts.

Dr. rer. soc. Karl Kuhn, M.A.

Bundesanstalt für Arbeitsschutz
und Arbeitsmedizin
Friedrich-Henkel-Weg 1–25
44149 Dortmund

Studium der Sozialwissenschaften an den Universitäten in Tübingen und Lund; im Rahmen seiner Promotion ein Forschungsjahr an der Universität Stockholm. Seit 1981 in der Bundesanstalt für Arbeitsschutz und Arbeitsmedizin (BauA) in Dortmund tätig, gegenwärtig wissenschaftlicher Leiter. Forschung im Rahmen der Tätigkeit über zahlreiche Themen wie Nacht- und Schichtarbeit, psychosoziale Belastungen, ältere Arbeitnehmer, Vorsorgekonzepte und geeignete Konzepte zur Umsetzung von Gesundheitsförderungsmaßnahmen in den Betrieben. Gründung des Europäischen Netzwerkes zur betrieblichen Gesundheitsförderung, seit 1996 Chairman. Mitglied in zahlreichen nationalen und europäischen Gremien.

Ingrid Küsgens

Wissenschaftliches Institut der AOK (WIdO)
Kortrijker Straße 1
53177 Bonn

Diplom-Geografin. Geboren 1963 in Aachen. Studium der Geographie an der RWTH Aachen und der Rheinischen Friedrich-Wilhelms-Universität Bonn. 1991 wissenschaftliche Mitarbeiterin in einem Abgeordnetenbüro des Deutschen Bundestages, Arbeitsschwerpunkte Natur-/Umweltschutz und Abfallwirtschaft. Danach Tätigkeiten im Abfallwirtschafts- und Verlagswesen im Bereich Angewandte Statistik und Programmierung. Seit Mai 2001 wissenschaftliche Mitarbeiterin am WIdO, Projektbereich Betriebliche Gesundheitsförderung.

Dr. P. H. Julia Lademann

Institut für Public Health und Pflegeforschung
Universität Bremen
Grazer Str. 2
28359 Bremen

Diplombiologin, Diplom-Gesundheitswissenschaftlerin (MPH), wissenschaftliche Mitarbeiterin an der Universität Bremen und am Institut für Public Health und Pflegeforschung. Arbeitsschwerpunkte: Geschlechtersensible Gesundheitsberichterstattung, Versorgungsforschung ambulante Pflege, High-Tech Home Care.

Katrin Macco

Wissenschaftliches Institut der AOK (WIdO)
Kortrijker Str. 1
53177 Bonn

Geboren 1976, staatl. gepr. Fremdsprachenkorrespondentin, Studium der Sozialwissenschaften an der Friedrich-Alexander-Universität Erlangen-Nürnberg und an der Universidade Técnica, Lissabon. Von 2004 bis 2007 Praktikantin und Werkstudentin bei der Techniker Krankenkasse, Abteilung Betriebliches Gesundheitsmanagement. Derzeit Praktikantin beim Wissenschaftlichen Institut der AOK, Projektbereich Betriebliche Gesundheitsförderung.

Günther Pauli

Institut für Betriebliche Gesundheitsförderung
BGF GmbH
Neumarkt 35–37
50667 Köln

Krankenpfleger, Studium der Diplom-Pädagogik an der Universität Köln mit den Schwerpunkten Erwachsenenbildung und Gesundheitspädagogik, Studium der Personal- und Organisationsentwicklung am ZFUW der TU Kaiserslautern. Seit 2000 Mitarbeiter im Institut für Betriebliche Gesundheitsförderung BGF GmbH, Köln. Arbeitschwerpunkte: betriebliche Gesundheitsförderung in Altenpflegeinrichtungen.

Nadine Pieck

Weiterbildungsstudium Arbeitswissenschaft
Leibniz Universität Hannover
Schloßwender Straße 5

30159 Hannover

Sozialwissenschaftlerin und wissenschaftliche Mitarbeiterin am Weiterbildungsstudium Arbeitswissenschaft an der Leibniz Universität Hannover. Von 2001 bis 2003 Koordinatorin des Projektes VINGS (Virtual International Gender Studies) am Psychologischen Institut der Universität Hannover. Seit 2003 Lehre und Forschung zu dem Themenschwerpunkt Integration von Gender Mainstreaming in das betriebliche Gesundheitsmanagement und berät Unternehmen und insbesondere Dienststellen der niedersächsischen Landesverwaltung bei der Einführung von betrieblichem Gesundheitsmanagement.

Uwe G. Rehfeld

Deutsche Rentenversicherung Bund
Hallesche Straße 1
10963 Berlin

Leiter des Geschäftsbereichs „Forschung, Entwicklung, Statistik" der Deutschen Rentenversicherung Bund; Studium der Volkswirtschaftslehre in Frankfurt/Main mit den Schwerpunkten Statistik und Sozialpolitik. Aktuelle Themen: Förderung von Forschungsaktivitäten im Forschungsnetzwerk Alterssicherung, Aufbau eines Forschungsdatenzentrums, Leitung verschiedener Projekte, wie z. B. Sondererhebung Altersvorsorge in Deutschland (AVID 2005) und Smart Region.

Manuela Ritter

ppm forschung+beratung
Kaplanhofstraße 1
A-4020 Linz

Soziologin mit besonderem Interesse für Frauen- und Geschlechterforschung sowie qualitative Forschungsmethoden und -zugänge. Ihre Arbeitsschwerpunkte bei ppm liegen in der Konzeption, Leitung (www.switch2006.at), Begleitung und Evaluation von innovativen Projekten der betrieblichen Gesundheitsförderung. Sie moderiert Gesundheitszirkel und arbeitet an deren Weiterentwicklung.

Petra Rixgens

Universität Bielefeld
Fakultät für Gesundheitswissenschaften
Postfach 10 01 31
33501 Bielefeld

Geboren 1969. Zunächst als Hebamme in verschiedenen deutschen Krankenhäusern und in der Arabischen Republik Jemen tätig. Danach Studium des Pflegemanagements an der Fachhochschule Münster und Public Health an der Universität Bielefeld. Weiterbildung zur Qualitätsbeauftragten und EFQM-Assessorin. Mitglied der „Initiative für interprofessionelle Qualität im Gesundheits- und Sozialwesen" (InterPro-Q). Seit 2005 wissenschaftliche Mitarbeiterin der AG1 der Fakultät für Gesundheitswissenschaften der Universität Bielefeld im Forschungsprojekt „Kennzahlenentwicklung und Nutzenbewertung im Betrieblichen Gesundheitsmanagement". Arbeitsschwerpunkte: empirische Krankenhausforschung, insb. Führungsprobleme und Fragen der Interprofessionalität; Sozialkapital von Unternehmen im Produktions- und Dienstleistungssektor.

Anhang

Helmut Schröder

Wissenschaftliches Institut der AOK (WIdO)
Kortrijker Straße 1
53177 Bonn

Geboren 1965. Forschungsbereichsleiter im Wissenschaftlichen Institut der AOK (WIdO) und dort verantwortlich für die Bereiche Arzneimittel, Heilmittel und Betriebliche Gesundheitsförderung. Nach dem Abschluss als Diplom-Soziologe an der Universität Mannheim als wissenschaftlicher Mitarbeiter im Wissenschaftszentrum Berlin für Sozialforschung (WZB), dem Zentrum für Umfragen, Methoden und Analysen e. V. (ZUMA) in Mannheim sowie dem Institut für Sozialforschung der Universität Stuttgart tätig. Seit 1996 wissenschaftlicher Mitarbeiter im WIdO.

Anke Siefer

Bundesanstalt für Arbeitsschutz
und Arbeitsmedizin
Friedrich-Henkel-Weg 1–25
44149 Dortmund

Diplom Statistikerin. Geboren 1972 in Velbert. Seit 2003 Mitarbeiterin der Bundesanstalt für Arbeitsschutz und Arbeitsmedizin in der Gruppe „Soziale- und wirtschaftliche Rahmenbedingungen, Arbeitsschutzberichterstattung" mit den Arbeitsschwerpunkten Unfallstatistik und Arbeitsschutzberichterstattung.

Christian Vetter

Wissenschaftliches Institut der AOK (WIdO)
Kortrijker Straße 1
53177 Bonn

Diplom-Psychologe, Jahrgang 1957. Studium der Psychologie, Soziologie und Philosophie an der Universität Münster. 1988 bis 1991 freiberufliche Tätigkeit im Bereich der Erwachsenenbildung und Personalentwicklung, u. a. Referent am Management-Institut Dr. Kitzmann. 1991 bis 1993 Durchführung von Modellprojekten im Bereich der betrieblichen Gesundheitsförderung für die AOK für den Kreis Warendorf. Seit 1993 wissenschaftlicher Mitarbeiter am WIdO. Arbeitsschwerpunkte: Arbeit und Gesundheit, Gesundheitsmanagement in Unternehmen, betriebliche und branchenbezogene Gesundheitsberichterstattung, Fehlzeitenanalysen, Mitarbeiterbefragungen, Evaluation von Präventionsprogrammen.

Sabine Voglrieder

Bundesministerium des Innern (BMI)
Referat D II 4 /
Zentralstelle für Arbeitsschutz beim BMI
Alt-Moabit 101
10559 Berlin

Jahrgang 1965; Diplom-Politologin. Studium an der Freien Universität Berlin und am Institut d'Etudes Politiques Paris. Seit 2001 Referentin im Bundesministerium des Innern. Arbeitsschwerpunkte u. a.: Arbeitsschutz und Unfallverhütung im Bundesdienst, Krankenstandsbericht der unmittelbaren Bundesverwaltung, betriebliche Gesundheitsförderung.

Dr. rer. nat. Gesine Wildeboer

AOK Bayern – Zentrale
Bruderwöhrdstr. 9
93055 Regensburg

Geboren 1953 in Dielerheide (Ostfriesland). Nach dem Studium der Chemie in Bremen Leiterin eines BMFT-Projektes im Bereich der Umwelttechnik. 1987/88 Lehrauftrag an der Universität Bremen zum Thema: „Frauen in Naturwissenschaft und Technik". Ab 1988 wissenschaftliche Mitarbeiterin beim ECOTEC Institut für chemisch-technische und ökonomische Forschung und Beratung in München. 1989 bis 1996 wissenschaftliche Mitarbeiterin des IMU-Instituts in München und Nürnberg mit den Schwerpunkten Arbeits-, Gesundheitsschutz und betrieblicher Umweltschutz. Hier u. a. Leiterin des von der Hans-Böckler-Stiftung geförderten Projektes zur Reduktion von Gefahrstoffen in Nürnberger Betrieben der Metall- und Elektrobranche. Seit 1996 Beraterin für Betriebliche Gesundheitsförderung der AOK Bayern. Arbeitsschwerpunkte: Gesundheitsmanagement, Betriebliche Gesundheitsförderung in Klein- und Mittelbetrieben.

Klaus Zok

Wissenschaftliches Institut der AOK
Kortrijker Str. 1
53177 Bonn

Diplom-Sozialwissenschaftler. Geboren 1962 in Moers. Seit 1992 wissenschaftlicher Mitarbeiter im Wissenschaftlichen Institut der AOK (WIdO). Arbeitsschwerpunkt Sozialforschung: Neben der Erstellung von Transparenzstudien in einzelnen Teilmärkten des Gesundheitssystems (z. B. Zahnersatz, Hörgeräte, IGeL) Arbeit an strategischen und unternehmensbezogenen Erhebungen und Analysen im GKV-Markt anhand von Versicherten- und Patientenbefragungen.

Sachverzeichnis

A

Alkoholkonsum 11
Allgemeines Gleichbehandlungsgesetz (AGG) 50
Alltagsarbeit 183
Alltagsleben 50
Altenpflegeberuf 246
Altenpflegeschulen 252
Alter 149
– Altersgruppe 471, 478, 483
– Altersstandardisierung 471, 481
– Altersstruktur 467, 476, 477
– Durchschnittsalter 472, 478, 481
– Lebensalter 467, 477, 478
– Reha-relevant 149
Amygdala 25
Androzentrismus 196
Anerkennung 28
Ängste 125
Angststörungen 10
AOK-Mitglieder
– nach Berufen 101
– nach Branchen 100
– nach der Stellung im Beruf 100
Arbeitnehmer, Arbeitnehmerinnen 468
Arbeitnehmerbefragung 137
Arbeitsalltag 125
Arbeitsanforderungen 198
Arbeitsbedingungen 69, 83, 234
– Beanspruchung 83
– Belastung 83
Arbeitsgesellschaft 50, 66
Arbeitsklima 202
Arbeitskultur 201
Arbeitslosigkeit 55, 65
Arbeitsmarkt 50, 51, 65
– nach Geschlecht segregierter 213

Arbeitsmarktlage 54
Arbeitsmarktrisiko 65
Arbeitsmarktsegregation 217
Arbeitsmedizin 198
Arbeitsorganisation 201, 240
Arbeitsort 53
Arbeitsplatz 50, 63
– Krankheit am 124
Arbeitsplatzgarantie 184, 187
Arbeitsplatzgestaltung 139
Arbeitsplatzverlust 126
Arbeitsrecht 53
Arbeitsschutzsystem 216
Arbeitsteilung 199, 216
– familiale 180, 216
– geschlechtshierarchische 213
– innerbetriebliche 216, 224
Arbeitsunfähigkeit 90, 134
Arbeitsunfähigkeitsdaten 98
Arbeitsunfähigkeitsgeschehen
– geschlechtsspezifische Unterschiede 97
Arbeitswelt 62
Arbeitszeit 53, 71, 89, 201, 213, 223
– Arbeitszeitgestaltung 217, 218
– Arbeitszeitregelung 215
– Doppelbelastung 90
– Frühschicht 223
– Funktionszeiten 223
– Schichtdienst 75
– Teilzeitarbeit 213, 217
– Teilzeitbeschäftigung 72, 84
– überlange 72
– Überstunden 74
– Wochenarbeitszeit 73, 89
Arbeit von zu Hause 53, 57
Atemwegserkrankungen 111
Ätiologie 36

B

Bagatellerkrankung 136

Beamte, Beamtinnen 468, 469, 471
Befragungsdaten 124
Befristung 53, 56
Belästigung, sexuelle 195
Belastung 194, 216, 217
– Abwertung 217
– arbeitsbedingte 216
– Doppel- 195
– Geschlechtsrollenkonflikt 217
– geschlechtstypische 217
– Konstellation 216, 217, 223
– körperliche 238
– Mehrfach- 195
– psychisch belastende Arbeitsanforderungen 69
– psychische 69
– psychosoziale 201
– sexuelle Belästigung 217, 218
– tätigkeitsbezogene 217
– Verantwortung für Menschen 217
– zeitbezogene 217
Belastungsforschung 216
Belastungskonstellation 223
Belastungsstörung, posttraumatische 21
Benachteiligung 197
Benchmark 468, 481
Berliner Modell 204
Berufe 57
Berufsbild 66
Berufskategorien 59
Berufskrankheit 91
Berufsorientierung 63
Berufsstatus 123
Beschäftigung, geringfügige 63
Beschäftigungsfeld 66
Beschäftigungsformen 50, 51
Beschäftigungsgrad 64
Beschäftigungssituation 66
Beschäftigungsstruktur 97
Beschäftigungstrend 60

Betreuungsangebot 54
Betreuungsbedarf 184
Betreuungsinfrastruktur 55
Betreuungsleistungen 62, 66
Betreuungssituation 55, 66
Betriebliche Gesundheitsförderung 14, 43, 44, 193, 194, 229
- Arbeitskreis Gesundheit 235
- Gesundheitszirkel 237
Betriebsarzt 239
Betriebsklima 241
Betriebsorganisation 239
Betriebsrat 235
Bewältigungsstrategie 207
Bewegung 41
Bewegungsverhalten 12
Beziehungen, soziale 238
BGF-Maßnahmen 134
Bildungsabschluss 62, 66
Bildungsexpansion 66
Bildungsniveau 62
Binge-Drinking 11
Bundesdienst 467, 468, 472, 478, 481
Bundesministerium 468, 469, 481, 482, 483
Bundesverwaltung 467, 469, 470, 471, 475, 478, 481
Burnout 199
Bürofachkraft 107

C
Chancengleichheit 207
- gesundheitliche 15, 16
- horizontale 16
- vertikale 16

D
Depressionen 8, 10, 21, 29
Deregulierungsmaßnahmen 53, 55
Diagnosegruppen 147
Diagnosen 207, 229
Dienstleistungen 49
- marktbedingte 59
- öffentliche 59
- personenbezogene 59
- soziale und gesundheitsbezogene 60
- unternehmensbezogene 59
Dienstleistungsgesellschaft 66
Dienstleistungssektor 57
Diskriminierung 197, 206
Disposition, personale 36
Dominanzverhalten 29
Doppelbelastung 195
Double-bind-Situationen 216

E
Ehe- und Familienformen 51
Ehrenamt 50
Eigenverantwortung von Frauen 187
Einkommen 71
Elterngeld 185
Elternzeit 178
Elternzeitregelung 177, 184
Empowerment 42, 194
Engagement, bürgerschaftliches 50
Entlohnung 55
Erkrankungen 88
- Beschwerden 87
- des Verdauungssystems 111
- Gesundheitsbeeinträchtigung 85
Ernährer-Hausfrauen-Ehe 53
Ernährermodell 182
Ernährung 41
Ernährungsverhalten 12
Erwerbsarbeit 49, 50, 51, 53
Erwerbsarbeitsgesellschaft 50
Erwerbsarbeitsmarkt 62
Erwerbsbeteiligung 63, 213
- von Müttern 177
Erwerbsbiografie 56
Erwerbsformen, atypische 53
Erwerbslosigkeit 65
Erwerbsminderungsrisiko 152
Erwerbsmuster, gewünschte 182
Erwerbstätigenquote 176
Erwerbstätigkeit 49
Erwerbsunfähigkeit 55, 145
Erwerbsunterbrechung 180
Erziehungsbonus 185
Erziehungsjahr 184
Evaluation 205, 207, 221
Existenz, eigenständige 176

F
Fachkraft für Arbeitssicherheit 239
Fairness 30
Faktoren
- bio-psycho-sozial 207
Familienarbeit 50
Familienfreundlichkeit
- von Betrieben 179
Familienmodell 53
Fehlzeiten 130
Flexibilisierung 213, 255
Flexibilisierungsmaßnahmen 60
Frauenarbeitsplätze 199
Frauenbeschäftigung 51, 62, 66
Frauenbeschäftigungsquote 64

Frauenerwerbstätigkeit 49, 200
Frühberentung 145
Frühinvalidität 145
Frühverrentung 92
Führungskräfte 44, 70
Führungsverhalten 31

G
Ganzheitlichkeit 220
Gehirn
- Amygdala 25
- dendritische Verknüpfungen 23, 24
- Hippocampus 24
- limbisches System 25
- orbifrontaler Cortex 23
- Struktur 22, 23
- Synapsendichte 23
Gehirnentwicklung
- genetische Regulation 28
- Hormoneinfluss 22, 24
- Plastizität 22
- Reaktionsmuster 22
- Reifung 26
- Schwangerschaft 27
Gehirnfunktion
- Angst 25
- komplexere Muster 27
- logisches Denken 26
- Problemlöseverhalten 29
- räumliches Vorstellungsvermögen 23, 25
- soziale Kompetenz 26
Gender 193
Gender-Effekt 123
Gender bias 215
Genderdifferenz, biologische 21
Gendering 214, 224
Gender Mainstreaming 15, 43, 171, 193, 194, 212, 221
- geschlechtsspezifische Gesundheit 171
- systematische Umsetzung 222
Gene 24
Geschlecht 193, 219
Geschlechterarrangements 222, 223
Geschlechterdifferenz 63
Geschlechterdifferenzierung 215
Geschlechterdiskrepanz 63, 64
Geschlechterfrage 67
Geschlechtersegregation 218
- horizontale 213
- vertikale 213
Geschlechtertrennung
- horizontale 84

Sachverzeichnis

- vertikale 84
Geschlechterunterschiede 62, 64
Geschlechterverhältnis 212
- Reproduktion 217
Geschlechterverteilung 56
Geschlechtsneutrale Erziehung 31
Geschlechtssensibilität, fehlende 195
Geschlechtsspezifische Krankheitsunterschiede 230
Geschlechtsspezifischer Faktoren, Bedeutung 117
Gesellschaft
- wissensbasierte 62
Gestaltungsmöglichkeit 205
Gesundheit 159, 161, 165, 166, 194
- depressive Verstimmungen 164, 165, 167, 170
- physische 164, 165, 167
- Wohlbefinden 164, 165, 167, 170
Gesundheits-Management-Programm (GMP) 253
Gesundheits- und Sozialwesen 60
Gesundheitsbericht 17, 240
Gesundheitsberufe 60
Gesundheitsförderung 37, 42, 467, 478, 481
- geschlechtssensible 45
Gesundheitsforschung
- Frauen 198
- Männer 198
Gesundheitskonzept 38
- subjektives 37
Gesundheitskosten 479
Gesundheitsstatus 131
Gesundheitstheorie, subjektive 39
Gesundheitsverhalten 40, 41
Gesundheitsverhaltensweise
- protektive Bedingungen 36
- riskante Bedingungen 36
Gesundheitsverständnis, ganzheitliches 207
Gesundheitsvorstellung 37
Gesundheitswesen 229
Gesundheitszirkel 194
Gesundheitszustand 123
Gewalt 195
Gleichstellung 49, 66
Gleichstellungsbarrieren 215
Gleichstellungsgesetz 50
Gleichstellungspolitik 49, 224
Gleichstellung von Frauen und Männern 175

Gratifikation
- berufliche 204
Grenzziehungen 215
- boundary work 215
Gruppen-Supervision 251

H

Handlungs- und Entscheidungsspielraum 204
Hausarbeit 49, 50, 183, 218
- unentlohnte 65
Heimarbeit 57
Herz-/Kreislauferkrankungen 111
Herzinfarkt 7, 8
Hippocampus 24
Hochschulqualifikation 63

I

Impulskontrolle 23
Interview 200
Interviewleitfaden 200
Ist-Analyse 195, 200

K

Kernfamilie 66
Kinder, betreuungsbedürftige 63, 64
Kinderbetreuungsangebot 64
Kinderbetreuungssystem 54, 63
Kindertagesbetreuung, Ausbau der 185
Kleinkind 180, 181
Koch 107
Kommunikation 239, 251
Kommunikationsmedien, moderne 57
Kompetenz 43
Kontrollanruf 139
Kontrollüberzeugung 39
Kosten 467, 470, 471, 475, 479
- der Arbeitsunfähigkeit 471
- für krankheitsbedingte Abwesenheiten 479
- Gesundheitskosten 479
- Krankheitskosten 479
- Personalausfallkosten 470
- Personalkosten 471, 481
Kraftfahrzeugführer 107
Krankenschwester 107
Krankenstand 247
Krankenstandskennzahlen 101
- Berufsgruppen 107
Krankheiten des Herz-/Kreislaufsystems 8
Krankheitsarten
- nach Berufsgruppen 115
- nach Branche 113

Krankheitsbedingte Fehlzeiten
- geschlechtsspezifische Unterschiede 97
- Krankheitsarten 109
- nach Altergruppen 102
- nach Branche 105
- nach Stellung im Beruf 104
Krankheitskosten 479
Krankheitssymptome 131
Krankheitstheorie, subjektive 40
Krankmeldeverhalten 128
Krankmeldung 122, 131
- Einstellungen zu 122
- Prämie 141
Krebserkrankungen 9
Krippenplatz, Recht auf einen 185

L

Lager- und Transportarbeiter 107
Laiensystem 41
Langzeitstudien 30
Laufbahngruppe 467, 469, 471, 475
Lebens- und Arbeitswelt 194
- frauengerechte 194
- gesundheitsgerechte 194
- männergerechte 194
Lebensalter 467, 477, 478
Lebenserwartung 5
Lebenslanges Lernen 253
Lebererkrankungen 7
Leistungsdruck 199
Leitfaden 206
Limbisches System 23
Logisches Denken 26
Lohneinbuße 180

M

Magersucht 21
Männerbeschäftigungsquote 64
Männererwerbstätigkeit 51, 57, 62
Männer in der Lebensmitte 44
Maßnahmenplan 197
Mehrfachbelastung 195, 219
Mitarbeiterbefragung 159, 163
Mitarbeiterführung 56
Mobbing 89, 127
Modernisierungsprozess 59
Morbidität 35, 97
- geschlechtsspezifische Unterschiede 97
Mortalität 35
Muskel- und Skeletterkrankungen 9, 110, 248
Mutter, „gute" 179

Müttererwerbstätigkeit 64

N
Neubildungen 111
Nichterwerbsarbeit 53
Niedersächsische Landesverwaltung 219
Normalarbeitskraft 215
Normalarbeitsverhältnis 51, 53

O
Organisationen 214
- gesunde 252
- Persistenz des Geschlechterverhältnisses 214
- ungesunde 252
- vergeschlechtlichte 214
- vergeschlechtlichte Substruktur 214
Organisationsentwicklung 225
Organisationskultur 211
- androzentrisch 211
Osteoporose 9

P
Panikattacken 21
Papa-Monate 185
Partizipation 207, 220, 223
Partizipative Ansätze 221
Personalabbau 57, 130
Personalausfallkosten 470
Personalentwicklung 254
Personalkosten 471, 481
Personalstruktur 467, 469, 479
Pflegebürokratie 249
Pluralisierung 51
Präsentismus 121, 128
Prävention 37, 42, 87, 93
- betriebliche Gesundheitsförderung 87
Präventionsangebote 13
Primärprävention 13
Problemlöseverhalten 29
Progesteron 25
Projektmanagement 207
Prozessimplementierung 221
Psychische Erkrankungen 111, 230
Psychische Störungen 10
Psychosoziale Faktoren 36
Public Health Action Cycles 16

Q
Qualifikation 63
Qualifikationsniveau 60
Qualitätsbeauftragter 252
Qualitätsmanagementsystem 252

R
Rationalisierung 57
Rationalisierungsmaßnahmen 53, 55
Rauchen 11
Raum- und Hausratreinigerin 107
Regierungsprogramm „Zukunftsorientierte Verwaltung durch Innovationen" 467, 468, 482
Rehabilitation, medizinische 146
Rentenzugangsalter 151
Ressourcen 42, 194, 208, 216, 217, 218
- arbeitsplatzbezogene 218
- Handlungs- und Entscheidungsspielräume 218
- Konstellation 223
Ressourcenkonstellation 223
Risiken 42
- berufliche 44
Risikofaktoren 36, 37
- Job-Stress 30
- Mangel an Wertschätzung 28
Risikoverhalten 40
Risikowahrnehmung 39
Rollenbilder 195
Rollenvielfalt 219
Rückenschmerzen 9
Rückkehrgespräch 139
Rückkehr in den Beruf 186

S
SALSA-Fragebogen 208
Salutogene Faktoren 36
Scheidungsraten 53
Schnupperzeit 254
Schutzfaktoren 30, 37
Segregation
- berufliche 66
- horizontale und vertikale 70, 198
Sekundarbildung 63
Selbständigenrate 56
Selbstständigkeit 53, 56
Sensiblisierung 208
Serotonin 25
Sex 193
Sex Mortality Ratio 7
Sozialabgabensystem 54
Soziale Absicherung 55
Soziale Kompetenz 26
Soziale Rollen 41
Soziale Unsicherheit 56
Soziale Unterstützung 41
Sozialkapital 159, 161, 162, 167, 171, 172
- Führungskapital 159, 166, 171, 172
- Netzwerkkapital 159, 166, 167, 171, 172
- Wertekapital 159, 166, 171, 172
Sozialversicherung 145
Sport 41
Spracherwerb 25
Standortfaktor 62
Sterblichkeit 5
Stereotypisierung 215
Steuersystem 54
Steuerungskreis 200
Stress 136
Stressbedingungen 36
Stressbewältigung 41
Stressoren 41
Strukturwandel 65
Subjektorientierung 42, 43
Suchterkrankungen 7, 10
Suizid 7
Synapsen 23

T
Tabakkonsum 9, 11
Tarifbeschäftigte 468, 469, 471
Teamintegration 255
Teilzeitarbeit 53, 54, 63, 179
Teilzeitarbeitsplätze 55
Teilzeitbeschäftigte 99
Teilzeitbeschäftigung 66, 178, 230
- unfreiwillige 55
Teilzeitsektor 55
Telearbeit 224
Tertiarisierungsprozess 57
Testosteron 25
Theorie, subjektive 38
Trennung von Produktions- und Reproduktionsarbeit 214

U
Übergewicht 10, 12
Übersterblichkeit 7
Umfragen 125
Unfälle 7
Ungleichbehandlung 208
Unterbrechungsrisiko 213
Unterhalt durch den Partner 187
Unternehmensleitung 56
Urogenitale Erkrankungen 111

V
Väter 182
Verdienstmöglichkeiten 60
Vereinbarkeit 204
Vereinbarkeit von Beruf und

Sachverzeichnis

Familie 63, 64, 212, 221
- Vereinbarkeitsprobleme 213, 217
Verhalten 42, 207
Verhaltensweisen, riskante 36
Verhältnis 42, 207
Verkäuferin 107
Verletzungen 110
Versichertenstruktur
- AOK-Mitglieder 99
Versorgerehe 64
Versorgerinstanz 53
Vollbeschäftigung 50
Vollzeitarbeitsplätze 55
Vorbilder 28
Vorsorgeuntersuchung 41
Vorstellungsvermögen, räumliches 23, 25
Vorurteile
- geschlechtsspezifische 206
Vulnerabilität 27

W

Weiterbildungsangebote 251
Weiterbildungszertifikat 62
Wertschätzung 28
Whitehall-Studie 30
Wiedereinsteigerin 246
- „Praxis-Schock" 247
Wirkungsmessung 241
Wirtschaftszweige 57
Wissensgesellschaft 67
Witwenrente 180
Wochenenddienst 251
Wohlbefinden 240
Workshop 198

Z

Zeitdruck 199, 240
Zuschreibung 196

MIX
Papier aus verantwortungsvollen Quellen
Paper from responsible sources
FSC® C105338

If you have any concerns about our products,
you can contact us on
ProductSafety@springernature.com

In case Publisher is established outside the EU,
the EU authorized representative is:
**Springer Nature Customer Service Center GmbH
Europaplatz 3, 69115 Heidelberg, Germany**

Printed by Libri Plureos GmbH
in Hamburg, Germany